Space Law and Policy

우주법과 정책

김한택 저

도서출판 아진

A-JIN

"내가 가는 길을 그가 아시나니 그가 나를 단련하신 후에는
내가 순금 같이 되어 나오리라 (욥23 : 10)"

Space Law and Policy

Kim, Han Taek

Emiritus Professor School of Law
Kangwon National University, Korea

A-JIN Publishing Co.

머리말

최근 미국과 중국 등 세계 주요국의 달 탐사 경쟁이 갈수록 뜨거워지고 있는데, 지구에서 가장 가까운 천체인 달에는 헬륨3, 희토류, 금속 등의 자원이 풍부하게 발견되어 '인류의 미래 광산'으로 여겨진다. 특히 헬륨3을 핵융합발전에 활용하면 불과 25톤으로 핵폐기물 걱정 없이 미국의 연간 소비전력을 생산할 수 있을 정도이고, 방사능물질도 전혀 발생하지 않는 청정에너지이다. 달의 헬륨3 매장량이 약 110만t으로 추정되는데, 70억 인류가 1만년 동안 에너지원으로 활용할 수 있다. 따라서 헬륨3을 찾기 위한 달 탐사 로봇과 AI 개발에도 더욱 속도가 붙고 있는 것이다. 그야말로 머지않아 '에너지 혁명'이 예고된다고 할 수 있다. 우주에서는 달 자원 못지않게 소행성(Asteroid) 자원도 중요하게 대두되고 있는데, 소행성은 목성 궤도 및 그 안쪽에서 태양 주위를 공전하고 있는 행성보다 작은 천체이다. 태양계가 형성된 뒤 남은 잔해로 만들어진 소행성에는 중금속, 백금 등 희귀한 광물이 지구 표면보다 많이 존재하는 것으로 알려져 있다. 또한 로켓연료와 생활용수로 쓸 수 있는 물 등의 필수 자원도 풍부하다. 이제 우주는 인류에게 '자원의 보고'이고 미래를 추구하는 새로운 장으로 거듭나고 있다. 인간은 바다를 정복하고, 하늘을 정복한 후 마침내 우주까지 정복하기 위하여 힘차게 나아 가고 있는 것이다.

우주과학기술의 발전으로 인류가 얻는 이득도 크지만, 그로 인해 발생하는 법적 문제를 해결할 법제정도 중요하다. 다시 말해서 우주활동으로 인한 제반 법적 문제, 영공과의 관계, 우주물체의 등록문제, 우주비행사가 조난을 당한 경우 이를 구조하는 문제, 우주물체의 반환문제, 우주책임문제, 우주자원채굴, 우주쓰레기문제, 우주의 평화적 이용, 우주관광, 우주운송 등 국제적으로 우주와 관련된 법문제는 결국 국제법의 문제로 귀착되게 된다. 현재 우주법은 1959년 만들어진 유엔의 '우주의 평화적 이용 위원회'(United Nations Committee on the Peaceful Uses of Outer Space, COPUOS)의 법률소위원회(LSC)를 통하여 5개의 국제우주조약(1967년 우주조약, 1968년 구조협정, 1972년 책임협약, 1975년 등록협약, 1979년 달협정)과 조약으로 발전하진 못했지만, 선언, 결의 지침 등 연성법(soft law)으로 이루어져 있다. 또한 이에 따른 우주물체발사허가, 우주물체등록, 우주물체에 대한 감독권, 탑자체 심사기준 등에 관하여 국내우주법의 제정이 이루어 지고 있다. 우주법에 관한 국내법규가 발달할수록 '국제우주법'(International Space Law)과 '국내우주법'(Domestic Space Law)과의 구별이 요구되는데, 아직까지는 일반적으로 '우주법'(Space Law)이라 함은 국제우주법을 지칭하기 때문에 이 책에서도 국제우주법을 대신하여 우주법이라는 용어를 사용한다.

현재 우주의 사영화(privatization)와 상업화(commercialization)에 관하여 미국에서 국내 법규가 활발하게 발전되고 있으며, 소위 '소행성법'(Asteroids Act)으로 불리는 2015년 미국의 상업우주발사경쟁법(Commercial Space Launch Competitiveness Act, CSLCA)은 미국이 1967년 우주조약을 준수하기 위하여 천체(天體, celestial body)에 대한 주권 또는 배타적 권리 및 관할권을 주장하지 않을 것을 분명히 하면서, 민간 우주 기업으로 하여금 달과 소행성을 포함하여 우주에서 추출한 자원을 소유하고 판매할 수 있는 권한을 부여하고 있다. 2017년 룩셈부르크도 미국의 CSLCA를 모델로 한 "우주 자원의 탐사 및 이용에 관한 법률"(Law on the Exploration and Use of Space Resources)을 통과시켰고, 2020년 UAE(United Arab Emirates, 아랍에미리트)도 "국가우주법"(National Space Law)을, 그리고 2021년 일본도 "우주자원 탐사와 개발을 위한 상업적 활동 촉진법"(약칭 우주자원법)을 제정하였다. 항공·우주산업을 정부가 주도하던 올드스페이스(Old Space) 시대는 저물고, 점차 정부보다 민간기업이 이끄는 뉴스페이스(New Space) 시대가 다가오면서 국가들은 재빨리 법제정을 서두르고 있는 것이다.

필자는 1990년 2월 고려대학교 대학원에서 법학박사학위를 받고, 1992년 8월 강원대학교 법과대학 공법학과 교수를 시작으로 법학전문대학원 교수를 거쳐 총 28년간 근무하고 2020년 8월 정년 퇴임을 하였다. 올해가 1984년 8월 고려대학교 대학원에서 우주법논문으로 석사학위를 받고 강원대학교에서 첫 강의를 시작한 지 40년이 되었는데, 본서 "우주법과 정책"(Space Law and Policy)은 학회지에 실린 필자의 34편의 우주법논문들(SSCI, KCI, 일반논문 등)중 20여편의 한국어논문과 필자의 우주법관련 서적을 정리하여 강의교재 및 전문서적에 맞게 제작한 것이다. 본서는 특히 2020년 8월 도서출판 아진을 통해서 출판한 "우주법론(2020)"을 바탕으로 수정·보완한 책인데, 동 서적은 2016년 와이북스를 통해서 발간한 "우주법(2016)"을 업그레이드 시킨 것이다. 이 책들도 물론 학회지에 게재한 필자의 논문들을 강의교재 및 학술서에 맞게 수정·보완한 것들이다. 필자가 이번에 발간된 책 제목을 "우주법과 정책"으로 정하게 된 이유는 우주법이 우주정책과 매우 밀접하게 연결되어 있다고 판단했기 때문인데, 사실 우주법의 경우, 국제공법 계열에 속하지만, 다른 국내 기본법(헌법, 민법, 형법, 행정법, 상법)에 비하면 법 이외의 여러 정책적인 면이 많이 연결되어 있어서 "우주법과 정책"이 좀더 정확한 표현이라고 생각한다. 한 예로 미국이 항공우주국(NASA)을 통해서 달에 사람을 다시 보낸다는 '아르테미스 프로그램'(Artemis Program)을 위해 만든 2020년의 '아르테미스 약정'(Artemis Accords) 경우, 이것은 조약이 아닌데도 불구하고 기존의 우주법과 우주정책에 상당한 파장을 일으키고 있다. 2024년 7월 현재 한국을 비롯하여 43개국이 이 약정에 서명하여 기존의 다른 우주관련 조약들에 비하여 서명국 수가 빠르게 늘고 있다.

본서는 특히 필자가 2020년 8월 정년 후에 등재학술지에 게재한 "우주교통관리(STM)에 관한 우주법연구"(강원법학, 제76권, 2024.8), "우주안보에 관한 우주법 연구"(사법 제67호,

2024.3), “우주의 상업화와 우주자원채굴에 관한 우주법” (통상법률 제162호, 2024.2), “아르테미스 약정의 우주법적 의미에 관한 연구” (항공우주정책·법학회지 제38권 제1호, 2023), “우주책임협약 50년의 국제법적 의미에 관한 연구” (저스티스 통권 189호, 2022.4) 등 여러 편의 논문들이 반영되어 기존의 “우주법론(2020)” 과 차이가 있다. 본서에서는 특히 제1편 제1장 〈우주개발사〉는 가능한 여러 국가들의 우주정책에 따른 우주개발성과를 시대별로 정리하였으며, 제2편 제1장 제3절 〈1972년 책임협약〉은 새롭게 수정·보완하였고, 제3편 제3장은 〈우주안보〉라는 새로운 제목으로 기존의 우주의 평화적 이용과 군사적 이용 문제를 포함시켰다. 그리고 기존의 “우주법론(2020)” 에 없었던 〈아르테미스 약정〉(Artemis Accords)을 분석하여 제2편 제3장에, 그리고 〈우주교통관리(STM)〉를 제3편 제7장에 추가하였다. 또한 제3편 제2장 〈우주의 환경보호〉, 제4장 〈우주자원개발〉, 제5장 〈우주의 상업적 이용〉, 그리고 제4편 〈우주법과 항공법의 비교〉를 부분적으로 수정·보완하였다. 그리고 지금까지 필자가 기존에 출간하였던 항공·우주법관련 서적들에서는 부록 편에 조약 원본과 번역본을 포함시켰는데, 본서에서는 아예 조약을 배제한 이유는 지면상 조약이 차지하는 분량이 많아서 책 가격이 올라가는 면도 있지만, 최근에는 독자들이 조약을 인터넷이나 핸드폰에서 쉽게 찾아볼 수 있기 때문이다. 또한 한국의 국내우주법을 본서에 포함하지 않은 것도 국내법률이 수시로 변경되어 본서의 개정 시점과 큰 차이가 날 것으로 보고 배제하였다.

이 책이 출판되도록 배려해 주신 「도서출판 아진」의 김근배 대표님께 다시 한번 깊은 감사를 드리며, 부족한 필자의 책들을 읽어주시는 독자 여러분들께 감사드린다. 그리고 항상 필자를 믿고 따라주는 나의 가족(부인, 큰아들, 작은 아들)과 제자들에게 고마움을 전한다.

2024. 8.

강원대학교 법학전문대학원

명예교수 김 한 택

차례 Table of Contents

약어표 Abbreviations

AASL	Annals of Air and Space Law
AJIL	American Journal of International Law
BPIL	British Practice in International Law
BYIL	British Yearbook of International Law
CITEJA	Comite International Technique des Experts Juridiques Aeriens
CJTL	Columbia Journal of Transnational Law
CLP	Current Legal Problems
COPUOS	Committee on the Peaceful Uses of Outer Space
CYIL	Canadian Yearbook of International Law
EPIL	Encyclopedia of Public International Law
ER	English Reports
GAOR	General Assembly Official Records
GA Res.	(UN) General Assembly Resolution
Hague Recueil	Recueil des Cours de l'Academie de Droit international
ICJ	International Court of Justice
ICJ Rep.	International Court of Justice,
ICLQ	Reports of Judgements, Advisory Opinion and Orders International and Comparative Law Quaterly
ILA	International Law Association
ILC	International Law Commission
ILM	International Legal Materials
ILR	International Law Reports

JALC	Journal of Air Law and Commerce
JSL	Journal of Space Law
KB	King's Bench(U. K.)
LNTS	League of Nations Treaty Series
PCA	Permanent Court of Arbitration
PCIJ	Permanent Court of International Justice
PCIJ Series A, B, A/B	Permanent Court of International Justice, A(1922-1930; Collection of Judgement), B(1922-1930; Collection of Advisory Opinions), A/B(1931-1940; Collection of Judgement, Orders and Advisory Opinions)
QB	Law Reports, Queen's Bench Division(U. K.) American Law Institute, Restatement(Third) of the Foreign Relations Law of the United States, 2 vols, 1987.
RIAA	Reports of International Arbitral Awards(United Nations)
SC Res.	(UN) Security Council Resolution
UKTS	The United Kingdom Treaty Series
UNCLOS	United Nations Conference on the Law of the Sea
UNGA Res.	United Nations General Assembly Resolution
UNTS	United Nations Treaty Series
UNYB	Yearbook of the United Nations

참고문헌 References

〈국내저서〉

권희석, 우주활동에 대한 국가책임의 국내적 이행, 충남대학교 박사학위논문 (2012).
김종복, 신우주법, 한국학술정보(주) (2011).
김한택, 국제법원론-이론과 실제-, ㈜ 북스힐 (2015).
김한택, 우주법론, 도서출판 아진 (2020).
김한택, 항공법론, 도서출판 아진 (2020).
김한택, 환경분쟁과 국제법(편저) 강원대/환경부 (2012).
김한택, 국제환경조약법, 강원대/환경부 (2011).
김한택, 국제환경법과 정책, 강원대/환경부 (2010).
김홍균, 국제환경법, 제2판, 홍문사 (2015).
노명준, 신국제환경법, 법문사 (2003).
문준조 · 김선이, 현대우주법론, 한국법제연구원 (2009).
J. G. Merrills(강병근 옮김), 제6판, 국제분쟁해결(International Dispute Settlement), 피엔씨미디어 (2021).
박원화 · 정영진, 우주법, 제3판, 한국학술정보(주) (2012).
박찬호 · 김한택, 국제해양법, 개정판, 도서출판 서울경제경영 (2011).
스즈키 가즈토(이용빈 역), 우주개발과 국제정치, 한울 아카데미 (2013).
엄정식, 우주안보의 이해와 분석, 박영사 (2024).
이재곤, 우주활동과 국제환경법, 충남대학교 출판부 (2009).

〈외국저서〉

Barker, Howard A, *Space Debris: Legal and Policy Implications*, Martinus Nijhoff Publishers (1989).
Bender R, *Space Transport Liability-National and International Aspects*, Martinus Nijhoff Publishers (1995).
Birnie, Patricia W & Boyle Alan E, *International Law and the Environment*, 2nd.ed., Clarendon

Press (2002).

van Bogaert, E. R. C, *Aspects of Space Law*, Kluwer Law and Taxation Publishers (1986).

Brownlie Ian, *Principles of Public International Law*, 7th ed., Clarendon Press (2008).

Cassese, Antonio, *International Law*, 2nd ed., Oxford University Press (2005).

Cheng, Bin, *Studies in International Space Law*, Clarendon Press·Oxford (1997).

Cheng Bin, *The Law of International Air Transport*, Stevens & Sons Limited (1962).

Christian Brünner and Alexander Soucek (eds), *Outer Space in Society, Politics and Law*, Springer-Verlag Vienna, (2011).

Christol, Carl Q, *The Modern International Law of Outer Space*, Pergamon Press (1982).

Christol, Carl Q, *Space Law-Past, present and Future*, Kluwer Law and Taxation Publishers (1991).

Dixon Martin, *Textbook on International Law*, 5th ed., Oxford University Press (2005).

Diederiks-Verschoor, I. H. Ph and Kopal, V, *An Introduction to Space Law*, 3rd revised ed., Wolster Kluwer Law and Business (2008).

von der Dunk E. G. and Brus M. M. T. A (eds.), *The International Space Station-Commercial Utilisation from European Legal Perspective*, Martinus Nijhoff Publishers (2006).

von der Dunk F. G with Tronchetti F(ed,), *Handbook of Space Law*, Edward Elga Publishing (2015).

Evans Malcolm D(ed.), *International Law*, Oxford University Press (2003).

Francioni, Francesco & Scovazzi, Tullio(eds.), *International Responsibility for Environmental Harm*, Graham & Trotman (1993).

Gangale Thomas, *The Development of Outer Space-Sovereignty and Property Rights in International Space Law*, Praeger (2009).

Goh Gérardine Meishan, *Dispute Settlement in International Space Law-A Multi-Door Courthouse for Outer Space*, Martinus Nijhoff Publishers (2007).

Gorove Stephen, *Developments in Space Law-Issues and Policies*, Martinus Nijhoff Publishers (1991).

Gorove Stephen, *Studies in Space Law: its Challenges and Prospect*, Leiden: A. W. Sitjhoff (1977).

Haanappel, P. P. C, *The Law and Policy of Air Space And Outer Space-A Comparative Approach*, Kluwer Law International (2003). Academic Publishers (2004).

Hunter B, Salzman J & Zaelke D, *International Environmental Law and Policy*, 3rd ed., Foundation Press (2007).

Hurwitz Bruce A, *State Liability for Outer Space Activities in Accordance with the*

1972 Convention on International Liability for Damage caused by Space Objects, Martinus Nijhoff Publishers (1992).

Jasentuliyana, Nandasiri and Lee, Roy S. K. (eds.), *Manual on Space Law vol. I-IV*, Oceana Publications, Inc. (1979).

Jasentuliyana, Nandasiri(ed.), *Space Law-Development and Scope-, Praeger* (1992).

Jasentuliyana, Nandasiri, *International Space Law and United Nations*, Kluwer Law International (1999).

Jenks C. Wilfred, *Space Law*, New York: Fredrick A./Praeger (1965).

Kayser Valerie, *Launching Space Objects: Issues of Liability and Future Prospects*, Kluwer Academic Publishers (2001).

Lachs Manfred, *The Law of Outer Space: An Experience in Contemporary Law Making*, Sijthoff (1972),

Malanczuk, Peter, *Akehurst's Modern Introduction to International Law*, 7th revised ed., Routledge (1997).

Marboe Irmgard (ed.), *Soft Law in Outer Space-The Function of Non-binding Norms in International Space Law*, Wien: Böhlau, c. (2012).

Matte Nicolas Mateesco(ed.), *Space Activities and Emerging International Law*, McGill University. Institute of Air and Space Law (1984).

Matte, Nicolas Mateesco, *Aerospace Law-Telecommunications Satellites-*, Butterworths (1982).

Meredith Pamela L and Robinson George S, *Space Law: A Case Study for the Practioner*, Kluwer Law International (1992).

Mowlana Hamid, *Global Information and World Communication: New Frontiers in International Relations*, London: Sage (2005).

Nussbaum A, *A Concise History of the Law of Nations*, Macmillian Company (1954).

Oduntan Gbenga, *Sovereignty and Jurisdiction in the Airspace and Outer Space-Legal Criteria for Spatial Delimitation*, Routledge (2011).

Piradov A. S. (ed.), *International Space Law* (translated from the Russian Boris Bilitsky Russian Text 1976 edition), University Press of the Pacific (2000).

Reydams Luc, *Universal Jurisdiction-International and Municipal Legal perspectives-*, Oxford University (2006).

Reynolds Glenn H and Merges Robert P, *Outer Space-Problems of Law and Policy*. 2nd ed., Westview Press (1997).

Scharf Michael P, *Customary International Law in Times of Fundamental Change-Recognizing Grotian Moments*, Cambridge University Press (2013).

Shaw Malcom N, *International Law*, 6th ed., Cambridge University Press (2008),

Schwarzenberger G, *Maual of International Law,* Stevens & Sons Ltd, (1952).

van Traa-Engelman H. L. *Commercial Utilization of Outer Space-Law and Practice-*, Martinus Nijhoff Publishers (1993).

Tronchetti Fabio, *The Exploitation of Natural Resources of the Moon and other Celestial Bodies-A Proposal for a Legal Regime*, Martinus Nijhoff Publishers (2009).

van Traa-Engelman, H. L, *Commercial Utilization of Outer Space-Law and Practice-*, Martinus Nijhoff Publishers (1993).

Viikari, Lotta, *The Environmental Element in Space Law-Assessing the Present and Charting the Future-*, Martinus Nijhoff Publishers (2008).

Wallace Rebecca M. M, International Law, 5th ed., Sweet & Maxwell (2005).

Wolter Deltlev, *Common Security in Outer Space and International Law,* United Nations (2006).

Zhukov G and Kolosov Y, translated by Belitzky B., *International Space Law,* Praeger (1984).

Space Law and Policy

우주법과 정책

01 편

우주활동과 우주법의 형성

01 장

우주개발사

Space Law and Policy

제1절 연대별 우주개발

1950년대

1957년 10월 소련이 니키타 흐루쇼프(Nikita S. Khrushchev, 1894-1971) 서기장 시절 인류 최초의 인공위성 '스푸트니크(Sputnik) 1호'를 발사하였는데, 이 위성의 지름은 57cm, 무게는 83kg인 농구공 크기로 250km 상공에 위치했다. 스푸트니크란 '동반자' 라는 의미이다. 스푸트니크를 쏘아 올린 R-7 로켓은 전설적인 로켓 설계자 세르게이 코롤료프(Sergei Korolev, 1906-1966)[1)]에 의해 서 개발된 로켓이다. 그가 설계한 R-7 로켓은 그 후에도 업그레이드를 거듭해 현재에도 운용되고 있고, 1500회 이상의 발사에 성공한 세계에서 제일 안전한 로켓이며, '로켓계의 폭스바겐(Volkswagen)' 이라고 전해진다. 사실 스푸트니크 1호 발사 2개월 전 소련은 '대륙간 탄도미사일' (Intercontinental ballistic missile, ICBM)을 발사하여 세계를 놀라게 했는데, 스푸트니크 1호 발사는 미국을 매우 놀라게 하였다. 미국 시민들 가운데선 이제 소련 위성이 하늘에서 자신들을 감시할 수 있다고 생각해 부랴부랴 집 주위에 가림막을 세우는 이들도 있었다고 한다.[2)] 미국은 소위 '스푸트니크 쇼크' (Sputnik Crisis)를 받아 우주개발에 박차를 가하게 되는데, 정치인들은 교육계와 과학자들이 지금까지 뭐한 거냐고 비난했고, 학자들은 외교안보당국자들이 자신들의 무능함과 책임을 엉뚱한 곳으로 돌리고 있다고 질타했다. 그야말로 미국 사회 전반이 패닉상태에 빠졌던 것이다. 스푸트니크 쇼크는 소련의 로켓기술과 미사일기술이 미국안보에 큰 위협으로 여겨지게 되고, 미국은 이로 인해 과학기술과 교육부문에서 과감한 개혁을 하게 된다. 특히 미국에서 군사와 과학기술, 항공우주 분야에서 대규모 연구프로젝트와 초대형 투자가 이어졌다.

---

1) 코롤료프는 1950년대에서 1960년대의 소련과 미국의 우주경쟁 기간 동안 소련의 수석 우주 로켓 기술자이자 개발자였다. 비록 항공기 개발자로서 훈련을 받았지만, 디자인 완성도, 조직 그리고 전략적 계획에 있어서 코롤료프의 강점을 인정을 받았다. 1938년 스탈린의 대숙청 때 동료의 밀고로 그는 시베리아의 굴라크에서 거의 6년 이상을 갇혀 지냈다. 1944년 석방과 함께, 로켓 개발자로서 1957년 8월 27일 소련 대륙간탄도미사일(Intercontinental Ballistic Missile, ICBM) 프로그램의 성공을 가져다 준 핵심 인물이 되었고, 1957년 10월 4일, '로켓계의 폭스바겐' 이라고 불리는 R-7 로켓을 사용하여 세계 최초의 인공위성 '스푸트니크 1호' 를 우주공간에 올려 놓았다. 그는 1952년에는 소련 공산당에 입당해 연구 개발에 필요한 자금을 국가로부터 지원받고, 1957년 4월에는 1938년의 체포와 재판이 부당하다는 것이 인정되어 명예 회복에 성공했다. 그는 소련 우주 계획 지도자 자리에 임명되고 초기 스푸트니크 호와 보스토크(Vostok) 호 프로젝트의 성과들을 감독하였다. 1961년 4월 12일 세계 최초의 유인 우주비행을 성공시켰고, 조종사인 유리 가가린은 최초로 우주로 간 인간이 되었다. 그는 1966년 암수술 중에 갑작스레 세상을 떠났다. 그의 장례는 국장으로 치러졌고, 모스크바 붉은 광장의 벽에 소련의 역대 요인들과 함께 묻혔다.

2) [글로벌 돋보기] 미국이 긴장하는 '스푸트니크 순간' …미 · 중 군비경쟁 가속화, KBS 뉴스, 2021.10.30.

인류역사상 위성개발은 제2차 세계대전 시 독일의 V-2로켓[3]에서 시작되었다고 할 수 있는데, '복수의 무기' (Vergeltungswaffe, vengeance weapon)라는 뜻을 가진 V-2로켓은 나치독일의 히틀러 친위대 소령이었던 베르너 폰 브라운(Wernher von Braun, 1912-1977)에 의해서 개발된 세계 최초의 탄도미사일이면서 세계 최초로 100km 상공에 위치한 준궤도(sub-orbital)에 도달한 우주비행체였다. 독일은 1936년부터 발트해 연안의 작은 섬 페네뮌데(Peenemünde)에 대규모 미사일 연구소와 공장을 건설하고,[4] V-2로켓으로 유럽 및 영국의 인구 밀집지역에 공격하여 수많은 사상자를 내었다.

1957년 11월 소련은 Sputnik-2호를 발사하였는데, 러시아어로 '짖는 동물' 이라는 뜻의 '라이카' (Laika)라는 떠돌이 개를 태웠다. 라이카는 발사 후 약 5-7시간 후에 캡슐내부의 고온과 우주비행 스트레스로 인해 죽었지만, 우주비행 동안 신체변화 데이터를 지상으로 전송하여 우주에서 동물이 살 수 있다는 것을 확인시켜 주었다. 이것은 미국에게 앞으로 소련이 인간을 우주로 보내 달과 화성 등 천체를 지배할 것이라는 두려움을 안겨주었다.[5]

미국은 소련의 두 차례에 걸친 위성발사에 충격을 받아 우주개발에 박차를 가하게 되는데, 1957년 12월 8일 미 해군이 개발한 미국 최초의 인공위성 발사체인 '방가드(Vanguard) 로켓' 에 의한 인공위성 발사를 시도했지만, 미국 국민들이 보는 앞에서 실패로 끝났다. 마침내 아이젠하워 대통령은 제2차 세계대전 시 독일의 V-2로켓 제작으로 유명한 폰 브라운으로 하여금 임무를 맡게 하여 1958년 1월 주피터 C 로켓에 의한 14kg의 첫 인공위성인 '익스플로러(Explorer) 1호' 를 발사하였는데, 익스플로러 1호는 지구를 둘러싸고 있는 '방사선벨트' (Radiation Belt)[6]를 처음 발견한다. 폰 브라운은 나치독일이 패망하자 미국으로 자리를 옮겨 머큐리 계획, 아폴로 계획의 우주개발을 책임진 인물이다. 미국은 폰 브라운 덕에 히틀러의 비밀 무기제작소인 페네문데를 미국 땅에 손쉽게 세울 수 있었고, 미국은 폰 브라운을 미국의 뉴 멕시코(New Mexico)의 사막지대에서 비밀리에 V-2를 조립하여 70여 차례 발사 실험을 하였고, 그로 인해 1962년 9월 '새턴 5형 로켓' (Saturn V)을 성공시켰다. 1958년 10월 미국은 제34대 드와이트 D. 아이젠하워(Dwight David Eisenhower, 1890-1969) 대통령 시절 '항공우주국' (National Aeronautics and Space Administration: NASA)을 창설한다.

소련과 미국의 우주경쟁이 국제사회를 불안하게 만들자, 1958년 UN 총회는 18개국으로 구성된 '우주의 평화적 이용에 관한 수시 위원회' (*Ad Hoc* Committee on the Peaceful

3) V는 독일어의 Vergeltungswaffe(보복병기) 라는 뜻이다.
4) 엄정식, *우주안보의 이해와 분석*, 박영사 (2024), 13.
5) 스즈키 가즈토(이용빈 역), *우주개발과 국제정치*, 한울 아카데미 (2013), 51.
6) 태양에서 오는 방사선은 대부분 지구 바깥 대기권에서 차단된다. 이 때문에 인류는 지상에서 안전하게 생활할 수 있다. 지구 자기권은 태양에서 나오는 우주 방사선의 위협으로부터 지구를 보호하는 방패막 역할을 한다. 반면 지구 자기력선이 열려 있는 남북극 방향에서 유입된 일부 저에너지의 전자들은 지구 적도 주변에서 도넛 모양의 띠를 형성한다. 이 영역을 지구 방사선대 또는 반앨런대(Van Allen Belt)라고 부른다. 지구 적도 주변에서 도넛 모양의 띠를 형성한다. 방사선대는 다양한 에너지 대역의 전자로 구성되어 있다. 이들 각각이 다양한 플라즈마 파동과 상호 작용한다. 생성·소멸되면서 총체적 결과물로 안쪽과 바깥 쪽 도넛 모양의 현재 모습을 갖췄다. 방사선대는 강한 방사선 피해를 줄 수 있기 때문에 우주환경에서는 '위험 지대'로 통한다. 인공위성 궤도는 이 위험 지대를 피해서 설정된다(반앨런대 비밀 풀다, 아시아경제, 2017.07.04.)

Uses of Outer Space)를 설립하여 우주의 평화적 이용을 위한 국제협력에 관한 UN 및 UN기관의 활동과 장래의 기구설립문제를 검토하여 보고하도록 하였다. 1959년 UN총회는 우주문제를 계속 다룰 상설위원회가 필요하다고 보아 '우주의 평화적 이용 위원회' (Committee on the Peacefu1 Uses of Outer Space, COPUOS)를 정식으로 설립하였다. COPUOS에 2개의 소위원회(Sub-Committee)를 두고 있는데 하나는 '과학기술소위원회' (Scientific and Technical Sub-Committee)이고 다른 하나는 '법률소위원회' (Legal Sub-Committee)이다. 동 위원회는 우주법 제정의 중심기관으로 활발하게 작업을 하여 우주관계조약들(1967년 우주조약, 1968년 구조협정, 1972년 책임협약, 1975년 등록협약, 1979년 달협정)을 마련하였다.

소련은 1959년 1월 달 탐사선 '루나(Luna) 1호' 를 발사하였는데, 이것은 지구궤도를 벗어나 태양궤도를 공전한 최초의 인공위성으로 기록되고, 같은 해 9월에 발사된 'Luna 2호' 는 달 표면에 충돌하여 지구 이외의 천체에 도달한 최초의 탐사선으로 기록된다. 달은 자전주기와 공전주기가 모두 약 27.3일로 같은데, 달이 스스로 한 바퀴 도는 동안 지구도 한 바퀴 공전하므로 지구에선 늘 '달의 앞면' (near side of the Moon) 밖에 볼 수 없다. 1959년 10월 4일 발사된 'Luna 3호' 는 최초로 '달의 뒷면' (far side of the Moon)을 촬영하였다.

1960년대

1960년 4월 미국은 최초의 기상위성인 '타이로스(Television Infrared Observation Satellite, Tiros) 1호' 발사하였다. 1960년 8월 19일 소련은 '벨카' (Belka)와 '스트렐카' (Strelka)라는 이름의 두 마리 개를 Sputnik-5호에 태워 우주로 보내서 지구궤도를 16바퀴 돈 뒤, 모두 지구로 생환시키는 데 성공했다. 1961년 1월 31일 미국도 침팬지 '햄' (Ham)을 머큐리 레드스톤(Mercury-Redstone) 로켓 속 캡슐에 실려 지구 위 약 250km 높이까지의 우주로 보내 약 7분간 무중력 상태를 경험하고 지구로 귀환하는 데 성공했다. 햄은 역사적인 우주비행을 한 지 22년 후인 1983년 죽었다.[7] 마침내 1961년 4월 소련은 첫 유인우주선 '보스토크(Vostok) 1호' 를 발사하였는데, 소련 공군 중위였던 유리 가가린(Yuri A. Gagarin, 1934-1968)이 1시간 48분간의 우주여행기록을 세움으로써 인류최초의 우주비행사[8]가 되었다. '보스토크' 는 러시아어로 '동쪽' 을 의미한다. 그는 우주에서 지구를 본 감상에 대해 "지구는 푸른빛이었다." 는 유명한 말을 남겼다. 현재 러시아의 세계적인 우주인훈련센터인 '가가린 우주센터' 는 그의 이름을 따서 붙여진 것이다. 성공

---

7) 62년 전 영장류 최초로 우주 간 침팬지 햄, 동아사이언스, 2023.01.21.

8) 우주비행사는 영어로 'astronaut' 인데, NASA에 의하면, 이 용어는 '별의 선원' (star sailor)을 의미하는 그리스어에서 유래되었으며, 궤도와 그 너머로 향하는 NASA 우주선에 탑승하여 승무원으로 발사된 모든 사람을 의미한다고 한다. 간혹 '우주에서 체류하는 사람'이라는 의미로 '우주인' (spaceman)이라고도 부르는데, 이는 '우주비행참여자' (apace flight participant) 등 우주선에 탑승한 모두를 포함하여 사용되고 있다.

적인 우주비행을 마친 유리 가가린은 소령으로 특진되었고, 영웅 칭호를 받았다. 미국에게 가가린의 최초우주비행은 '스푸트니크 쇼크'에 이어 '가가린 쇼크'라는 불명예를 안겨 주었다. 가가린은 6번이나 우주 비행에 성공하였는데, 각국으로부터 여러 메달을 수상하였다. 그러나 1968년 3월 27일, 7번째 우주비행 훈련 중 추락 사고로 34세에 사망했다. 존 F. 케네디 대통령은 1961년 1월 20일 대통령에 취임했는데, 1961년 4월 소련의 유리 가가린이 인류최초로 우주비행에 성공하니 곤경에 빠졌다.[9] 1961년 5월 25일 존 F. 케네디 대통령은 미국 상하원 합동회의에서 다음과 같은 인류역사의 진로를 바꿔놓을 연설을 했다.

"우리는 달에 가는 것을 선택했습니다. 그것은 쉬워서가 아니라 어렵기 때문입니다. 이 도전을 우리는 받아들일 것이며, 연기하지도 않을 것이고, 우리는 승리할 것입니다. 1960년대가 끝나기 전까지는 인간을 달세계에 착륙시키고, 무사히 지구까지 귀환시키는 목표를 달성할 것입니다." [10]

소련은 '보스토크' 2호(1961.08.06.), 3호(1962.08.11), 4호(1962.08.12.), 5호(1963.06.14.), 6호(1963.06.16.)를 계속 발사하였다. 특히 1963년 6월 16일 소련은 '보스토크 6호'에 인류 최초의 여자 우주비행사인 발렌티나 테레쉬코바(Valentina Tereshkova, 1937-)가 71시간 우주여행을 하였다.

1961년 5월 미국의 제35대 존 F. 케네디(John F. Kennedy, 1917-1963) 대통령이 아폴로(Apollo) 계획을 발표한다. 현재 미국 플로리다 주 올랜도(Orlando)에 있는 우주선 발사장 '케네디 우주센터'(Kennedy Space Center)는 케네디의 우주개발을 기념하여 명명한 이름이다. 1961년 12월 프랑스도 '국립우주연구센터'(Centre nationale d'études spatiales; CNES)를 창설한다. 1961년 5월 미 해군소속의 알렌 셰퍼드(Alan B. Shepard, Jr., 1923-1988)가 '머큐리 캡슐 프리덤 7호'(Mercury Capsule Freedom 7)를 타고 15분간 탄도 우주비행을 하여 미국의 첫 번 째 유인 궤도 우주비행사가 되었고, 1962년 2월 미국의 우주비행사인 미 해군전투조종사 출신 죤 글렌(John H. Glenn Jr., 1921-2016)이 '머큐리 캡슐 6호'를 타고 최초로 지구궤도를 4시간 55분 선회하였다. 그는 NASA 은퇴 후 1974년부터 1999년까지 미국 오하이오주 연방상원의원(4선 의원)으로 지내면서 정치인이 되었는데, 1998년 10월 29일 77세의 나이에 우주왕복선 '디스커버리(Discovery)호'에 탑승하여 최초로 나이 많은 우주인으로 기록되기도 하였다. 그의 탑승은 9일 동안의 비행이 노인의 경우 우주여행에 어떤 영향을 받는 지를 실험하는 것이기도 했다. 존 글렌은 2016년 12월 95세를 일기로 생을 마쳤다. 머큐리 계획은 1963년까지 계속되었으며, 합계 총 6기의 우주선이 발사되었는데, 각각 우주선의 이름에는 이미 7이라고 하는 숫자가 붙여져 있었다. 이것은 계획에 참가한 7명 우주 비행사들의 단결과 우정을 나타내고 있는데, 그들은 '머큐리 세븐'(Mercury Seven)으로 불려졌다.

---

9) 스즈키 가즈토(이용빈 역), 53.
10) [위대한 결단-존 F. 케네디]미래를 내다본 우주 계획을 세우다, 중소기업뉴스, 2007.09.18.

1962년 1월 미국은 제2차 유인우주비행계획인 제미니(Gemini) 계획을 발표한다. Gemini는 '쌍둥이' 란 뜻으로 2명의 우주비행사를 태운다는 뜻이다. 제미니 계획은 모두 12회였는데, 최종 12회는 1966년 11월에 행해졌으며, 총 12회 중 2회는 장비실험을 위한 무인비행이었고, 나머지는 유인우주비행이었다.11) 제미니 계획은 '머큐리계획' 과 달착륙을 위한 '아폴로계획' (Project Apollo)을 연결하는 역할을 하였는데, '아폴로 계획' 의 전단계 작업이었다. 이 계획은 랑데부(rendez-vous), 즉 두 개의 우주선이 서로 다른 궤도를 날다가 접근하여 만나는 것과 마침내 도킹(docking, 우주선이나 인공위성이 우주 공간에서 서로 연결되는 것)함으로써 보다 나은 기술을 개발하고 또한 우주비행사에게 장기간 우주비행의 경험을 쌓게 하기 위한 것이었다.

1962년 4월 영국도 첫 과학위성인 '아리엘(Ariel) 1호' 를 미국에 의해 발사한다. 아리엘(Ariel)은 천왕성(Uranus)의 5개 주요위성 중 제1위성 이름이다. 핵심 시스템은 영국 측이 맡았으며, 궤도에 쏘아 올린 것은 미국 NASA가 진행했다. 1962년 7월 10일 미국은 '텔스타(Telstar) 1호' 를 이용하여 최초로 대서양 횡단 생중계 방송을 하게 되는데, Telstar는 위성통신 기법을 이용하여 무선으로 대륙간 전화, 팩스, TV 생중계 등을 가능하게 한 첫 번째 실용급 통신위성이다. 이 위성은 민간기업인 AT&T와 Bell연구소가 중심이 되어 개발했으며, 영국과 프랑스 체신부와 NASA가 관여한 최초의 상업위성이자, 국제적으로 공동개발한 최초의 위성이다. 1962년 12월 14일 미국의 우주탐색선 '마리너(Mariner) 2호' 가 우리가 흔히 '샛별' 이라고 부르는 금성(Venus)에 관한 탐사 작업을 수행하였다. 마리너는 '항해자' (航海者)라는 뜻으로 마리너 2호는 초속 37.7km로 금성에 3만 5000km까지 접근하여 42분간 금성관측을 하여, 금성의 대기 · 온도, 행성공간의 증기, 우주선(물리) · 미립자 등에 관해서 측정하였다. 미국은 1964년 8월 19일 '신콤(Syncom) 3호' 위성을 태평양 상공의 정지궤도12)에 안착시켜 그해 10월에 일본 도쿄에서 개최된 올림픽 경기를 타국에까지 생중계하였다. 그야말로 '지구촌 시대' 가 개막된 것이다.13) 1964년 8월 20일 UN에서 국제통신위성기구(International Telecommunication Satellite Organization: INTELSAT)가 창설된다.14)

소련은 1963년까지 6회에 걸쳐 1인승 우주선 '보스토크' (Vostok)의 실험을 해왔는데, 1964년 10월 최초로 3인승 우주선 '보스호트(Voskhod) 1호' 를 발사하였다. 1965년 3월 '보스호트(Voskhod) 2호' 를 발사하여 미국의 '제미니 4호' 에 앞서 인류사상 최초로

---

11) 유병화·박노형·박기갑, *국제법 II*, 법문사 (2000), 272.

12) 정지궤도(geostationary orbit, GEO)는 위도 0° 인 적도 36,000 km 상공의 원형 궤도이다. 위성이 GEO에 떠 있으면 지구를 한 바퀴 도는데 정확히 24시간이 걸린다. 지상에 있는 사람들 입장에서는 위성이 늘 같은 위치에 멈춰있는 것처럼 보이게 된다.

13) 스즈키 가즈토(이용빈 역), 57.

14) 1961년 UN은 '위성에 의한 통신이 범세계적이며 무차별적으로 세계의 각국 국민의 이용에 제공되도록 국제협력을 추진한다'는 기본원칙을 결의하였다. 1962년 미국은 연방의회의 인가를 받아 설립한 공기업 형태의 통신위성회사인 COMSAT(Communications Satellite Corporation)를 설립하고 국제위성통신망 설치 작업에 착수하였으며, 이 COMSAT을 기반으로 1964년 UN 총회가 결의한 세계상업통신위성기구 설립을 위한 잠정협정에 서방 11개국이 서명함으로써 INTELSAT이 탄생하였다.

알렉세이 레오노프(Alexey Leonov, 1934-2019) 중령이 약 12분간 우주유영(space walk)에 성공하였다. '보스호트'(Voskhod)는 '해돋이'(sunrise)란 뜻이다. 1965년 8월 20일 미국은 '바이킹(Viking) 1, 2호'로 화성(Mars) 탐사에 큰 성과를 올렸다. 바이킹 1호와 2호는 1년 가까이 비행 후, 화성 표면에 연착륙하여, 생물 존재를 확인하기 위해서 실험을 시행하였다. 생물은 발견할 수 없었지만, 그 관측 성과는 매운 큰 것이었다. 1965년 11월 프랑스가 자체 개발한 '디아망(Diamant) 3단 로켓'으로 인공위성 'A(Asterix) 1호' 발사에 성공하였다.

소련은 12번째 시도 끝에 1966년 1월 무인 달 탐색선 '루나(Luna) 9호'를 달의 표면 '폭풍의 바다'(Ocean of Storms)에 착륙시키고, '루나 10호'가 동년 3월 발사되어 달 궤도에 올랐다. 계속해서 동년 8월에 '루나 11호'가, 동년 12월에 '루나 12호'가 달궤도에 올랐으며 그리고 동년 12월에 '루나 13호'가 달표면 '폭풍의 바다'에 연착하여 달표면 사진을 전송하였다. 1966년 3월 1일 소련의 '베네라(Venera) 3호'가 최초로 금성에 착륙하였으나 통신시스템 문제로 데이터 지구전송은 실패하였다. 베네라 3호는 금성과 충돌한 첫 우주선이 된다. 베네라는 금성의 러시아어 이름이다. 1967년 4월 소련의 '소유즈(Soyuz) 1호'가 대기권 돌입 후 난기류로 인해 캡슐의 낙하산이 화염에 휩싸여 지상에 충돌하여 우주비행사 블라디미르 코마로프(Vladimir Komarov, 1927-1967) 대령이 사망하였다. 그는 최초의 유인우주 비행사고 희생자로 기록된다. 1967년 4월 23일 소유즈 1호에 혼자 탑승한 채 발사되어 2차례의 우주비행을 한 최초의 소련인이었다. 이 사고 후 소련은 문제 부분을 개량해 안전한 지구 귀환방법으로 소유즈를 성공적으로 사용하였다. 러시아는 소행성 1836을 '1836 코마로프'로 명명하고 달에도 그의 이름을 딴 크레이터(crater)를 만들어 그를 기리고 있다.[15] '소유즈'는 러시아어로 '연합' 또는 '연방'을 뜻하는 단어로, 예전에 소련(소비에트 연방)의 약칭으로 널리 쓰였다. 1967년 10월 소련의 우주탐색선 '베네라 4호'가 금성에 착륙한다. 베네라 4호는 온도를 측정할 수 있는 캡슐을 금성의 대기 중에 내려 보냈는데, 이 캡슐이 금성의 표면에까지 이르지는 못했지만, 금성의 표면이 매우 뜨거운 상태라는 것을 다시 확인시켜 주었다. 1965년 6월 3일 발사된 미국의 제미니 4호가 지구궤도를 97시간 58분여 동안 비행했는데, 비행 중 우주비행사 에드워드 화이트 주니어(Edward H. White Jr., 1930-1967)가 우주선과 연결된 7.5m의 황금빛 생명줄을 이용해 21분간 우주유영을 하는데 성공하였다. 비록 소련의 레오노프 중령보다 77일 늦었지만, 9분 동안 더 우주유영을 하였다.

1966년 6월 미국의 무인 우주선 '서베이어(Surveyor) 1호'가 미국 최초로 달에 착륙하지만, 달탐사는 본격적으로 미국의 NASA의 아폴로 계획에 의하여 이루어졌다. 아폴로 계획은 1961년부터 1972년까지 일련의 유인 우주 비행 탐사 계획이었다.

아폴로 1호는 1967년 2월 21일 발사되어 지구 궤도를 돌 예정이었다. 이에 앞서 1월 27일 머큐리 계획 창단 멤버인 사령관 거스 그리섬(Gus Grissom, 1926-1967), 우주유영을 한 시니어 조정사 에드워드 화이트 주니어(Edward H. White Jr., 1930-1967), 1800시간

15) 우주비행 중 첫 사망, 코마로프 대령, 매일신문, 2013.04.24.

제트기 조종경력의 조정사 로저 채피(Roger Chaffee, 1935-1967) 등 3명의 우주비행사가 우주선에 올라 예행연습을 하다가 화재로 사망했다.[16] 이 사고로 아폴로 계획은 1년 반 이상 중단됐다. 무인 실험만 계속하다가 본격적인 유인 우주비행은 1968년 10월 11일에 새턴 1B형 로켓으로 발사된 아폴로 7호부터 시작됐다.[17] 11일 동안 지구 주위를 163회 돌고 10월 22일 귀환했다. 최초로 TV 생중계를 했다. 새턴 5형(Saturn V) 로켓을 이용한 첫 아폴로 유인 우주비행은 12월 21일에 발사된 아폴로 8호로, 달 주위를 돌고 지구로 돌아왔다. 달에 착륙하지는 않았지만, 지구를 벗어나 지구 밖 천체인 달 주위를 돈 최초의 유인 우주비행이었다.[18] 아폴로 8호는 1968년 12월 21-27일간의 여행 목적으로, 프랭크 보먼(Frank F Borman, 1928-2023)이 사령관을 맡아 짐 러벨(Jim Lovell Jr., 1928-), 윌리엄 앤더스(William Anders, 1933-2024)와 함께 인류 최초로 달의 궤도에 진입했다. 그들은 달 궤도를 10회 돌면서 달 표면 위로 지구가 떠오르는 모습을 목격한 최초의 인류가 됐다. 이들은 이 장면을 포착한 유명한 사진을 남겼고, 국제천문연맹(International Astronomical Union, IAU)은 2018년 아폴로 8호의 달 도착 50주년을 기념해 이 사진에 '지구돋이' (Earthrise)라는 이름을 붙였다. 또한 아폴로 8호 승무원들은 달을 돌면서 달의 뒷면을 본 최초의 인류가 되었다. 아폴로 8호 임무는 이듬해 아폴로 11호가 달 착륙에 성공하는 데 큰 디딤돌이 된 것으로 평가받는다.[19] 1969년 5월 18일 미국 NASA의 아폴로 계획에 의해 발사된 유인 우주선 중 네 번째인 아폴로 10호(Apollo 10)는 사령관 토마스 스태포드(Thomas P. Stafford, 1930-2024), 사령선 조종사 존 영(John W. Young, 1930-2018), 달 착륙선 조종사 유진 서넌(Eugene Cernan, 1934-2017)을 태우고 발사되어 달까지 갔다. 달을 31회 회전하여 달 착륙선에 의한 달 표면에의 최접근 임무를 수행했다. 달궤도에 도착한 아폴로 10호는 토마스 스태포드와 유진 서넌이 탄 달 착륙선 스누피(Snoopy)가 고도 15.6km까지 내려갔다가 다시

---

16) 동 사건에서 불은 급속히 퍼져 승무원들의 우주복을 녹여 버렸다. 그리섬과 화이트의 우주복은 녹아 붙어 버렸다. 다만 승무원들의 사인은 화재로 인한 소사(燒死, 불에 타 죽는 것)가 아니고, 연기 흡입에 의한 질식사로 확인되었다. 지구 대기 가운데 우리가 호흡하는 데 필요한 산소는 21%에 불과하다. 숨 쉬는 데 전혀 필요 없는 질소가 무려 78%나 된다. 우주인의 호흡을 위해서는 질소를 빼고 산소를 채워야 한다는 생각은 누구나 할 수 있다. NASA의 과학자들도 마찬가지였다. NASA는 사령선에 100% 순수한 산소를 그것도 고압으로 채웠다. 산소 농도가 높으니 기분은 좋고 머리는 맑았다. 지상 통제센터에 "불이야! 선내에 불이 났어!"란 외침이 들려왔다. 통제센터 요원들이 달려가서 해치(Hatch를 열려고 했으나 열 수 없었다. 해치는 안쪽으로 여는 구조였는데, 선내의 압력이 높기 때문에 먼저 감압 조치를 해야 했다. 여기에는 90초가 필요했다. 하지만 나중에 조사한 바에 따르면 우주인들은 화재 후 15초 만에 사망했을 것으로 추정되었다. 화재 사건은 이후 미국 우주선 제작에 큰 교훈으로 작용했다. 우선 해치는 바깥쪽으로 7초 안에 열리도록 했으며, 가연성 재료는 불연성 재료로 대치되었고, 나일론으로 만들던 우주복은 유리섬유로 교체되었다. 선내 기압을 제한했으며, 순수 산소의 사용을 금지했다. 이 화재 사건이 없었다면 아마도 이후 우주인들은 우주에서 사고를 당했을 것이다("1월 27일 아폴로 1호가 폭발한 날" , 한국일보, 2021.01.26.)

17) 아폴로 2호와 아폴로 3호라는 이름은 실제 우주비행에 사용되지 않았다. 아폴로 4호, 5호, 6호는 무인 우주비행이었다. 1967년 11월 9일 발사된 아폴로 4호는 새턴 5형 로켓을 이용해 첫 무인 우주비행을 수행했다. 고도 1만 8,092km까지 도달한 후 지구와 가까워지는 동안 로켓추진으로 더 가속해 사령선이 달에서 귀환하는 속도로 지구 대기권에 진입했다. 1968년 1월 22일에 발사된 아폴로 5호는 달 착륙선을 지구 저궤도에서 시험하는 우주비행이었다. 아폴로 1호에 사용할 예정이었던 새턴 1B형 발사체를 사용했다. 1968년 4월 4일에 발사된 아폴로 6호는 새턴 5형 로켓으로 달만큼 떨어진 거리까지 아폴로 우주선을 보낼 예정이었다. 하지만 1단과 2단 추진체에 문제가 발생해 지구에서 2만 2,000km떨어진 곳까지 갔다 오는 것으로 임무가 수정됐다(새턴 로켓, 유인 달 탐사 경쟁의 승부를 가르다, 한겨레, 2023.07.05.).

18) 새턴 로켓, 유인 달 탐사 경쟁의 승부를 가르다, 한겨레, 2023.07.05.

19) '인류 최초 달 탐사' 우주비행사 프랭크 보먼 별세, 경향신문, 2023.11.12.

올라와서 사령선 찰리 브라운(Charlie Brown)에 도킹했다. 아폴로 10호는 우주 공간에서 컬러텔레비젼으로 생중계한 세계 최초의 방송이라는 진기한 기록을 가지고 있다.

아폴로 계획의 목표는 1969년 7월 미국이 'Apollo 11호'를 발사하여 인간이 처음으로 달 표면에서 걸어 다닐 수 있게 함으로써 마침내 성공하였다. Apollo 11호 사령관 닐 암스트롱(Neil Armstrong, 1930-2012)과 착륙선 '이글(Eagle) 호'의 조종사 에드윈 올드린(Edwin Aldrin, 1930-)이 달의 '고요한 바다'(Sea of Tranquility) 위를 거닐고, 사령·기계선 조종사 마이클 콜린스(Michael Collins, 1930-2021)는 달 궤도에 남아 있었다. 이들은 모두 1930년생 동갑이었는데, 암스트롱과 올드린, 두 사람만 달에 머물렀다. 콜린스는 달궤도를 돌면서 최초로 혼자서 달의 뒷면을 관측하였다. 콜린스는 종종 '역사상 가장 외로운 사람'(the loneliest man in history)으로 불린다.[20] 사령관 닐 암스트롱은 달을 처음으로 밟으면서 "이 첫걸음은 한 인간에게 있어서 작은 발걸음이지만 인류 전체에게 있어서 커다란 첫 도약입니다."(That's one small step for a man, one giant leap for mankind)라고 휴스턴의 NASA 본부[21]와 교신한다. 존 F. 케네디 대통령은 총격으로 사망했어도 미국의 우주개발은 케네디의 의지대로 그대로 추진되었다. 과연 70년대의 시작을 몇 달 앞둔 1969년 7월 20일, 케네디의 약속대로 아폴로 11호는 달에 착륙했다. 달에 착륙한 두 우주비행사들은 착륙선에서 7시간 동안 잠을 잤고, 착륙한 지 21시간 37분 후에 달 착륙선의 윗 부분인 상승단(ascent stage)만으로 이륙하여 달 저궤도를 돌고 있던 사령·기계선과 도킹했다. 암스트롱과 올드린이 사령선으로 이동한 후 달 착륙선을 떼어냈고, 기계선 로켓을 추진해 지구를 향하는 지구 전이궤도에 진입했다. 지구에 가까워졌을 때 지구 대기권에 재진입할 수 있는 위치와 방향으로 조절한 후 기계선을 분리하고 사령선만 대기권에 진입해 공기저항으로 감속해 태평양에 착수(着水)하였다.[22] 달 착륙 후 복귀대책도 미흡하다고 판단한 당시 미국의 제37대 리차드 닉슨(Richard M. Nixon, 1913-1994) 대통령은 "그들은 구조 가능성이 없다는 것을 알면서도 자신들의 희생에 인류의 희망이 있다는 점을 알고 있었다"는 애도문을 준비하기도 했다고 한다.[23] 아폴로 11호 우주비행사들은 달에 머무르면서 달표면에서 21.55kg의 표본을 가져왔다.

1970년대

1970년 2월 일본이 첫 위성인 '람다(Lamda 4) 로켓'으로 시험위성 오스미(Ohsumi)를 궤도에 발사하였는데, 위성 이름은 일본 큐슈에 위치한 오스미 반도에서 유래한다. 일본은 이 위성발사로 소련, 미국, 프랑스에 이어 세계에서 4번째로 인공위성을 자체 발

20) 달 밟는 대신 궤도 남아 아폴로 11호 사령선 지킨 마이클 콜린스 별세, 동아사이언스, 2021.04.29.

21) 미국 텍사스주 휴스턴에 있는 '존슨 우주 센터'(Johnson Space Center)이다. 미국의 모든 유인 우주 계획을 총괄하는 본부로서 NASA에서 운영한다. 존 F. 케네디 대통령의 후임인 미국의 제36대 린든 B. 존슨(Lyndon B. Johnson, 1908-1973) 대통령을 기념하여 명명된 이름이다.

22) 새턴 로켓, 유인 달 탐사 경쟁의 승부를 가르다, 한겨레, 2023.07.05.

23) 1967년 1월 27일-아폴로1호 참사, 동아사이언스, 2005.01.26.

사한 나라가 되었다. '일본 우주개발의 아버지'로 불리는 이토카와 히데오(糸川英夫, 1912-1999) 전 도쿄대 교수가 이끄는 연구개발팀이 성공시킨 것이다. 미국은 1970년 4월 'Apollo 13호' 를 발사하였으나, 지구에서 약 33만km 떨어져 달에 다가갔을 무렵, 기계선의 산소탱크가 터져 달 착륙은 취소됐고, 사령관 짐 러벨(Jim Lovell, 1928-), 사령선 조종사 캔 매팅리(Ken Mattingly, 1936-2023), 달 착륙선 조종사 프레드 헤이스(Fred Haise, 1933-) 등 3명의 우주비행사들은 산소 여유분이 충분하지 않은 사령선에서 달 착륙선으로 이동했다. 이후 기계선의 로켓 대신 달 착륙선의 로켓을 이용해 지구로 귀환하는 궤도에 진입했다. 우주 개발 역사상 "가장 성공적인 실패" 로 기록된다.[24)] 아폴로 13호는 달 뒷면을 지나갈 당시 달 표면 254km 상공을 지나갔는데, 이때 지구에서의 거리는 40만 171km로 인간이 지구에서 가장 먼 곳까지 간 거리이다. 만약에 Apollo 13호가 달 착륙 이후에 기계선에서 산소탱크 폭발이 일어났다면, 탑승한 우주비행사들이 지구로 돌아오지 못하는 최악의 상황이 벌어질 수도 있었다.[25)] 폭발 사고로 인해 달 표면 착륙은 불가능했으나 달의 중력을 이용하는 자유 귀환 궤도를 통해 신속히 지구에 귀환하는 것은 가능했다. 이 사고로 NASA는 우주비행사 구조경험을 하게 된다. 미국 할리우드(Hollywood)는 이들의 긴박한 상황을 영화 "아폴로 13" (Apoll 13)으로 재현하기도 하였다. 아폴로 계획은 17호까지 진행되었다. 달에 착륙한 아폴로 우주선은 11호, 12호, 14호, 15호, 16호, 17호로 총 12명이 달을 밟았는데,[26)] 마지막 우주선인 아폴로 17호에는 사령관 유진 서넌(Eugene A. Cernan, 1934-2017), 사령선 조종사 로널드 에반스(Ronald E. Evans, 1933-1990), 달 착륙선 조종사 해리슨 슈미트(Harrison H. Schmitt, 1935-) 등 우주비행사 3명이 탑승했다. 우주비행사들은 월면차를 이용해 약 110㎏ 월석 표본을 채취했다. 그 표본 중에는 42억년 된 돌이 포함되기도 했다. 당시 슈미트는 우주비행만을 목적으로 훈련받은 사람이 아닌 최초의 지질학자 출신으로 달을 밟았다는 기록도 남겼다. 그는 원래 아폴로 18호에 탑승하기로 했으나, 변경되어 17호에 탑승했다.[27)]

1970년 4월 중국도 최초의 인공위성 '동방홍(東方紅, Dong Fang Hong) 1호' 가 창정(長征, Chang Zheng)[28)] 1호 로켓에 의해 발사되어 위성을 올린 5번째 국가가 되었다.[29)] '중국 로켓의 아버지' 로 불리는 첸쉐썬(錢學森, Qian Xuesen, 1911-2009) 박사가 미국에서 돌아와 15년 만에 이룬 성과였다. 첸 박사는 1935년 국민당 정부 시절, 미국 정부의 지원금을 받고 미국에 유학 가서 미국의 매사추세츠 공과대학교(MIT)를 거쳐 캘리포니아

24) 아폴로 13호의 "가장 성공적인 실패", 한국일보, 2023.04.17.

25) 새턴 로켓, 유인 달 탐사 경쟁의 승부를 가르다, 한겨레, 2023.07.05.

26) 각 우주선마다 3명이 탑승해도 2명은 달에 내린 '문워커' (moon walker)가 되고, 1명은 달에 내리지 못하고 사령선을 지켜야 한다.

27) 아폴로 17호 달 착륙 50주년...이후 밟지못한 달, 머니투데이, 2022.12.08.

28) 장정(長征)은 중국공산당 홍군(紅軍)이 국민당군의 포위망을 뚫고 370일에 거쳐, 12,500km의 거리를 걸어서 산시성(陝西省, 섬서성) 옌안(延安, 연안)으로 탈출한 사건이다. 대서천(大西遷) 또는 대장정(大長征)이라고도 한다.

29) 중국은 2016년에 '동방홍 1호' 위성의 발사 성공을 기념해 4월 24일을 '중국우주항공의 날' 로 지정했다.

공과대학(Caltech)에서 박사학위를 받았는데, 당시 항공우주의 대부라고 불리던 헝가리계 미국인 테로도르 폰 카르만(Theodor von Karman, 1881-1963)은 그의 재능을 칭찬하였다. 제2차대전 당시 미 국방자문위원회에서 미사일 개발의 핵심두뇌 역할을 했다. 그러나 1950년 캘리포니아 공과대학(Caltech)에서 제트추진연구소(Jet Propulsion Laboratory, JPL)를 이끌던 그는 미국에서 불던 매카시즘(McCarthyism)[30]에 걸려 FBI에 의해 체포되어 박해[31]를 받다가 1955년 중국의 적극적인 설득으로 6·25전쟁 시 포로가 된 미군 조종사 11명을 넘기는 대신 교환형식으로 중국으로 송환되었다.[32] 첸쉐썬은 당시 독자적인 인공위성 발사를 요구한 마오쩌둥(毛澤東, 모택동)에게 5년 기초과학-5년 응용과학-5년 설계제작을 합쳐 총 15년의 준비 기간과 전폭적인 지원을 요구하여 1964년 핵무기 개발에 성공하고, 1967년에는 수소폭탄까지 완성하고, 마침내 1970년 '창정 1호' 발사체에 인공위성을 실어 발사에 성공한다.[33]

1970년 12월 소련의 '베네라(Venera) 7호'가 금성에 안착하였는데. 금성은 약 1년 7개월마다 지구로 접근하기 때문에, 그때가 탐사기를 발사할 기회이다. 이 기회를 잡아 소련이 미국보다 먼저 성공시킨 것이다. 베네라 7호는 착륙 후 외부 냉각기를 이용하여 23분간 자료를 전송하였으며, 그것에 의하면 금성의 표면온도는 약 475℃, 대기압(atmospheric pressure, 공기의 무게 때문에 생기는 지구 대기의 압력)은 90기압이었다. 1971년 4월 소련은 세계 최초의 우주정거장[34] '불꽃놀이'란 뜻의 '살류트(Salute)

---

30) 매카시즘(McCarthyism)이란 1950-1954년 미국을 휩쓴 극단적이고 초보수적인 반(反)공산주의 열풍을 말한다. 미국 위스콘신주 출신의 공화당 상원의원 조셉 매카시(Joseph McCarthy, 1908-1957)의 이름에서 나온 말인데, 1950년 3월 29일 워싱턴 포스트의 만화가 허블록(Herbert Lawrence Block, 일명 Herblock)이 자신의 만화에서 매카시즘이라는 용어를 만들었다. 1950년 조셉 매카시 상원의원이 국무부의 공산주의자 명단이 '내 손안에 있다' 고 거짓말을 하면서 시작되었다. 이로 인해 수많은 사람들이 공산주의자와 관련 없이 블랙리스트에 오르거나 직업을 잃거나 외국인은 본국으로 추방되었다. 대표적인 인물로 미국의 핵개발을 성공시킨 '원자폭탄의 아버지' 로 불리는 미국의 이론물리학자 로버트 오펜하이머(Julius Robert Oppenheimer), 영국의 영화배우이며 코미디언인 찰리 채플린 경(Sir Charlie Chaplin), 중국의 첸쉐썬(錢學森) 등이 있다. 조셉 매카시는 대중의 관심이 끊어지자, 술만 마시다 48살의 나이로 쓸쓸히 사망했다(매카시즘은 어떻게 무너질까?, 한겨레, 2023.09.17.). 크리스토퍼 놀란(Christopher E. Nolan) 감독의 2023년 영화 "오펜하이머" (Oppenheimer)가 이 시기의 상황을 잘 그려내고 있다. 2022년 로버트 오펜하이머가 68년 만에, 그가 1967년 사망한 지 55년 만에 공식적으로 소련 스파이 혐의를 벗었다. 2022년 12월 16일(현지시간) 제니퍼 그랜홈 (Jennifer M. Granholm) 미국 에너지부 장관은 오펜하이머의 보안 접근 권한에 대한 1954년 원자력에너지위원회의 결정을 취소했다고 성명을 발표하였다.

31) 미 당국의 조사에도 첸쉐썬이 공산주의자라는 증거는 나오지 않았다. 그런데도 첸쉐썬의 JPL 접근이 금지되고 모든 지위가 박탈되자, 그는 차라리 공산화된 중국으로 가겠다고 선언한다. 이에 놀란 미국 정부는 그의 귀국 짐 꾸러미에 극비 문서가 있다고 덮어씌워, 그의 아내와 미국에서 태어난 아들과 딸 모두를 가택 연금한다.

32) 당시 미 해군참모차장은 "첸 박사는 5개 사단과 맞먹는 전투력을 지녔다. 귀국시키느니 죽이는 게 낫다" 고 했다. 그는 중국이 3대 우주 강국으로 도약하는 데 지대한 역할을 했고, 평생 국보급 대우를 받았다(우주항공청과 존 리, 세계일보, 2024,04.25).

33) 중국, 2020년 우주 '세마리 토끼' 에 도전, 한겨레, 2019.12.28.; 美서 공산주의자 몰려 쫓겨난 중국인 과학자의 '복수', 조선일보, 2020.06.26.

34) 우주정거장은 우주인이 우주에서 각종 임무를 수행하기 위해 만든 공간으로, 별도의 발사체로 미리 우주에 실어날라 설치한다. 이후 발사하는 우주선은 우주인과 화물을 우주정거장으로 실어 나르는 목적으로 사용하고, 우주인은 우주정거장으로 이동해서 주요 활동을 수행한다. 설치는 무인 인공위성처럼, 사용은 유인 인공위성처럼 하는 셈이다. 오랫동안 지구 궤도를 도는 우주정거장에는 우주선이 여러 번 방문할 수 있기 때문에, 우주정거장 하나로 다양한 우주 임무를 순차적으로 수행할 수 있다. 우주생활에 필요한 물자를 충분히 공급하면, 수백일에 이르는 장기간 유인 우주체류도 가능하다(살류트, 스카이랩, ISS, 미르, 톈궁…우주정거장 건설 50년, 한겨레, 2023.10.17.).

1호'[35]를 프로톤-K 로켓에 실려 지구 저궤도(Low Earth Orbit, LEO)로 발사하였다. 이 우주정거장에 도킹(docking)하기 위한 우주선이 '소유즈' 인데, 1967년 제1호가 발사된 이래 살류트와 도킹하여 여러 가지 우주실험을 하였다. 살류트 1호에는 소유즈 유인 우주선이 2차례 다녀갔다. 우주정거장이 발사된 지 3일 후에 발사된 소유즈 10호는 우주선을 우주정거장에 고정하는 소프트 도킹에는 성공했으나 완전한 도킹에는 성공하지 못해, 우주인이 살류트 1호로 이동하지 못했다. 1971년 6월 6일 소련의 소유즈 11호가 살류트 우주정거장과 도킹에 성공하여 23일간 우주 체류를 성공적으로 수행했다. 주요 임무의 하나는 살류트 1호에 설치된 오리온 1호 자외선 우주망원경을 이용한 관측이었다. 소유즈 11호는 6월 30일 살류트 1호를 떠나 지구로 귀환했지만, 지구 재진입 시 3명의 소련 우주비행사 게오르기 도브로볼스키(Georgi Dobrovolski, 1928-1971), 블라디슬라브 볼코프(Vladislav Volkov, 1935-1971), 빅토르 파챠예프(Viktor Patsayev, 1933-1971)가 기내 압력 누수로 사망하게 된다. 대기권 안에서가 아닌 우주에서 우주비행사가 사망한 유일한 기록이다. 귀환 모듈의 내부공간이 좁아서 3명의 우주비행사가 탑승해서 우주복을 착용하지 않았던 것도 사고를 피할 수 없었던 이유의 하나였다.[36] 그러나 소유즈 11호 덕분에 소련은 우주에서 인간이 체류할 수 있다는 가능성을 확인할 수 있었다. 한편 1971년 10월 영국이 자력으로 인공위성 '블랙나이트(Black Knight) 1호' 를 쏘아 올려 세계 6번째 우주국가가 되었다. 1971년 11월 미국의 '마리너(Mariner) 9호' 가 화성 주위를 돌며 수증기의 존재를 밝히고 화성표면 지도를 작성했다.

1973년 5월 14일 미국은 11호에서 17호까지(13호는 고장으로 도중 귀환) 6회에 걸쳐 달을 탐사하는 아폴로계획을 종료하고, 우주정거장 '스카이 랩' (Skylab)[37]이 새턴 로켓

---

35) 살류트 1호의 총 질량은 18.425톤이고 최대 지름 4m, 길이 20m인 크기에 내부 공간의 부피는 99㎥였다. 175일 동안 우주에 머무른 살류트 1호는 1971년 10월 11일 역추진으로 속도를 줄여 태평양 상공의 대기권에 진입해 파괴되었다. 살류트 우주정거장은 1호부터 7호까지 모두 7개가 우주공간에 설치되었다. 모두 하나의 모듈로 만들어 한 번의 발사로 우주공간에 올린 단일 모듈 우주정거장이었다. 이 가운데 1973년 4월 3일 발사된 살류트 2호 우주정거장은 고도 유지와 내부 압력 유지에 실패하면서 우주비행사가 방문하지 못했다. 1974년 6월 25일 발사된 살류트 3호부터 1982년 4월 19일 발사된 살류트 7호까지 성공적으로 설치되어 여러 우주비행사들이 방문했다. 살류트 5호까지는 우주선과 도킹하는 부분이 한 곳밖에 없었다. 귀환할 우주선 없이 우주정거장에 머물면 긴급 상황에 대비할 수 없기 때문에, 우주정거장에서의 임무를 마친 우주비행사들은 타고 온 우주선으로 모두 지구로 귀환하는 방식으로 운영되었다. 이런 상황은 우주선과 도킹할 수 있는 부분이 2개로 늘어난 살류트 6호부터 바뀌었다. 1977년 9월 29일 발사된 살류트 6호를 처음 방문한 우주비행사는 소유즈 26호를 타고 온 우주비행사 2명이었다. 정확히 1달 후 소유즈 27호가 다른 우주비행사 2명을 태우고 살류트 6호에 도착했고, 이들이 짧은 우주 임무를 마치고 6일 후에 귀환할 때는 이미 도킹해 있던 이전 우주선인 소유즈 26호를 타고 귀환했다. 소유즈 26호를 타고 왔던 우주비행사들은 96일간 우주정거장에 머물다가 이듬해 3월 16일 소유즈 27호를 타고 지구로 귀환했다. 소유즈 26호와 소유즈 27호 우주비행사들이 우주정거장에서 일종의 환승을 한 셈이다(살류트, 스카이랩, ISS, 미르, 톈궁…우주정거장 건설 50년, 한겨레, 2023.10.17.).

36) 1973년 9월 27일 발사된 소유즈 12호부터는 우주복을 착용할 수 있는 공간을 확보하기 위해 우주선 탑승 인원을 3명에서 2명으로 줄였다. 탑승 인원이 다시 3명으로 늘어난 때는 1980년으로 새로 디자인된 소유즈 우주선을 사용하면서 부터이다(살류트, 스카이랩, ISS, 미르, 톈궁…우주정거장 건설 50년, 한겨레, 2023.10.17.).

37) 최대 지름 6.6m, 길이 25.1m였고, 내부 공간의 부피는 351.6㎥로 살류트 1호보다 3.5배 이상 컸고, 질량은 76.54톤으로 4배 이상 컸다. 스카이랩에는 3명씩 3번에 걸쳐 총 9명이 방문했다. 1973년 5월25일 발사된 스카이랩 2호의 우주인은 28일간 스카이랩에 머물렀고, 1973년 7월28일 발사된 스카이랩 3호의 우주인은 59일, 1973년 11월16일 발사된 스카이랩 4호의 우주인은 84일간 스카이랩에 머물렀다. 스카이랩에는 '아폴로 망원경 마운트' (Apollo telescope mount)가 부착되어 발사된 후 우주에서 펼쳐졌다. 이 망원경은 가시광선과 자외선, 그리고 엑스선의 일부로 태양을 관측할 수 있는 망

(Saturn Rocket)에 의하여 고도 435 km의 지구 주회 궤도 상에 발사되었다.[38] 스카이랩은 새턴 5형(Saturn V) 로켓의 제3단의 내부에 거주 공간을 만들어서 지구 궤도를 주회하는 우주정거장으로 개조된 것이다. 스카이랩에는 3기의 아폴로 우주선이 도킹하여, 의학, 생리학상의 실험과 기상, 지질 관측 등이 시행되었다. 스카이랩은 1979년 7월 12일 예상보다 일찍 수명을 다하여 대서양 앞바다에 추락하였다.[39]

1974년 12월 프랑스와 독일이 합작하여 통신위성 '심포니(Symphonie) 1호'를 발사하였다. 1975년 미국은 '바이킹(Viking) 1호와 2호'를 발사하여 1년 정도 비행한 후, 화성의 표면에 착륙하여 화성에 생물이 존재하는 지의 여부를 실험하였다. 1975년 유럽우주국(또는 유럽우주기구, European Space Agency, ESA)이 탄생하였다.[40] 1975년 미국의 아폴로 18호와 소련의 소유즈 19호가 대서양 상공 지구 저궤도에서 도킹하는 역사적인 "아폴로-소유즈 테스트 프로젝트" (Apollo-Soyuz test project)'가 성사되었다. 7월 17일 도킹에 성공한 두 나라 우주비행사들은 서로의 우주선을 오가며 공동으로 각종 실험을 진행했다.[41] 그 후 유인 우주비행을 미소 데탕트(Détente, 긴장완화)의 상징으로 활용하자는 계획이 나왔으나, 1979년 소련이 아프가니스탄을 침공하면서 다시 냉전시대로 복귀하였다.[42]

1975년 10월 소련의 베네라 9호와 10호가 처음으로 금성 표면 사진을 전송하였다. 1977년 2월 일본이 첫 통신위성 M-3H 로켓을 발사하고, 1977년 8월 12일 미국 항공우주국(NASA)에서 제작된 최초의 우주왕복선(Space Shuttle)인 '엔터프라이즈호' (Enterprise)가 유인 단독착륙시험에 성공하였다. 그러나 엔터프라이즈호는 엔진이 없고, 방열판이 없이 제작되어 우주 임무는 불가능했다. 이것은 대기상에서의 시험비행을 위해 제작되었다.

1978년 1월 핵발전기를 갖춘 소련의 군사위성 '코스모스(Cosmos) 954'가 귀환하다가 캐나다의 Esclaves 호수에서 분해되어 주위를 오염시켜 소련이 캐나다에 배상한 바 있다. 1978년 2월 22일. 인공위성을 기반으로 한 위성항법 장치인 미국의 첫 GPS(Global Positioning System, 위성항법장치) 위성인 '블록(Block) 1호'가 발사된 이래 주로 군사

원경이다. 스카이랩으로 간 우주인이 직접 수동으로 작동했고, 관측 결과를 찍은 필름을 직접 지구로 가져와 분석했다(살류트, 스카이랩, ISS, 미르, 톈궁…우주정거장 건설 50년, 한겨레, 2023.10.17.).

38) 리처드 닉슨 대통령은 아폴로계획에 관하여 매우 회의적이어서 아폴로 17호를 달에 마지막으로 보낸 후, 아폴로 20호까지의 예산을 스카이 랩 우주정거장을 건설하도록 변경시켰다(스즈키 가즈토, 이용빈 역, 69).

39) 우주정거장을 추락시키는 과정은 우주정거장이 200km 정도의 고도까지 내려올 때까지 기다린 후 역추진을 하면서 시작된다. 역추진으로 우주정거장의 속도를 줄이면, 지구를 반 바퀴 더 돌고난 후에 우주정거장의 위치는 지구에 가까워진다. 이 근지점(perigee)을 충분히 낮추면, 우주정거장은 지구 대기권에 진입한다. 역추진하는 위치로 우주정거장의 대기권 진입과 추락 위치를 조절할 수 있는 것이다. 200km의 고도에서 지구 대기권에 진입하려면 초속 35m 정도를 감속해야 한다. 200km 고도에서 우주정거장의 궤도 공전속도인 초속 7.8km의 200분의 1 정도이다. 지구 주위를 돌던 유인 우주선이 지구로 귀환하는 과정도 이와 비슷하다. 유인 우주선은 보통 폐기 직전의 우주정거장보다 더 높은 고도의 궤도에서 임무를 수행하다 귀환하기 때문에, 지구 대기권에 진입하려면 더 많이 감속해야 한다. 400km의 고도에서 임무를 마친 우주선이 대기권에 재진입하려면 초속 90m 정도를 감속한다(살류트, 스카이랩, ISS, 미르, 톈궁…우주정거장 건설 50년, 한겨레, 2023.10.17.).

40) 현재 ESA에는 영국, 오스트리아, 벨기에, 체코, 덴마크, 에스토니아, 핀란드, 프랑스, 독일, 그리스, 헝가리, 아일랜드, 이탈리아, 룩셈부르크, 네덜란드, 노르웨이, 폴란드, 포르투갈, 루마니아, 스페인, 스웨덴, 스위스 등 22개 회원국이 있다.

41) 50년 전 달 착륙은 미-소 합작품이 될 뻔했다, 한겨레, 2024.06.29.

42) 스즈키 가즈토(이용빈 역), 70.

적인 목적으로 사용되다가, 1994년 24기의 GPS 위성이 모두 발사됨으로써 지구 전체가 GPS 위성의 영역에 소속되게 되었다. GPS는 정밀한 궤도제어를 통해 지구를 하루에 2바퀴씩 정확하게 공전하는 24개의 위성이 지구를 향해 자신의 위치데이터를 발생시킨다. 지상에서는 이를 수신하여 지표상 위치를 파악하는 원리이다.

유인 우주비행이 자리 잡은 1967년 4월 소련은 인터코스모스(Interkosmos) 프로그램을 발족했다. 동맹국들이 소련의 우주비행에 참여하는 계획이었다. 이 프로그램의 유인 우주비행은 살류트 우주정거장이 자리잡으면서 부터 본격적으로 실행되기 시작했다. 첫 수혜자는 체코슬로바키아 우주인 블라디미르 레메크(Vladimir Remek, 1948-)였다. 소련이나 미국 소속이 아닌 첫 우주비행사였다. 소련 우주선 사령관 알렉세이 구바레프(Aleksey Gubarev)와 함께 1978년 3월 2일 발사된 소유즈 28호로 살류트 6호 우주정거장에 도착한 후 3월 10일까지 머물면서 무중력에서의 클로렐라 성장 관찰, 구리, 납, 은, 염화 구리를 녹이는 실험, 인간 신체조직에서 산소를 측정하는 과학 실험을 수행했다.[43)]

1979년 12월 유럽우주국(ESA)이 발사장비개발에 성공하여 독자적으로 남아메리카의 프랑스령 기아나의 기아나 우주 센터에서 '아리안(Arian) 1호' 를 발사하였다. 1975년 인도 최초의 인공위성인 '아리아바타' (Aryabhata)를 당시 소련 로켓에 실어 쏘아 올린 경험을 바탕으로, 1980년 7월 인도가 자체 제작한 SLV-3로켓으로 인공위성 '로히니(Rohini) 1호' 를 발사하여 자력으로 위성을 올린 7번째 국가가 된다. 아리아바타(476-550)는 중세 인도의 유명한 수학자이며, 천문학자였다.

1980년대

1981년 4월 최초의 우주왕복선인 '콜롬비아(Columbia)호' 를 미국이 발사하여 성공시킨다.[44)] 1984년 11월 미국의 우주왕복선 '디스커버리(Discovery)호' 승무원이 우주에서 처음으로 위성 수거 및 수리를 진행하였다. 1984년 2월 7일 우주비행사 브루스 맥캔들리스 2세(Bruce McCandless Jr.)가 우주왕복선 챌린저의 STS-41-B에 탑승하여 임무수행 중 우주배낭 추진체인 MMU(Manned Maneuvering Unit)를 이용해 생명줄 없는 우주유영에 성공한 최초의 인간이 되었다. 1984년 7월 25일 소련의 스베틀라나 사비츠카야(Sveltana Savitskaya, 1948-)가 세계 최초로 우주유영을 한 여자우주비행사로 기록되었다. 한편 1986년 1월 28일 우주왕복선 '챌린저(Challenger)호' 가 발사 후 1분 내에 폭파되는 사고가 발생하여 우주비행사를 비롯한 우주인 7명 모두 사망하고, 이로 인해 다음 발사가 2년 이상 지연되었다.

---

43) 1981년까지는 폴란드, 동독, 불가리아, 헝가리, 베트남, 쿠바, 몽골, 루마니아 등 소련 동맹국의 우주인들이 소유즈 우주선을 타고 살류트 우주정거장에 머물렀다. 이 기간 동안 미국은 유인 우주비행을 전혀 하지 않고 있었다. 1982년부터는 소련 동맹국이 아닌 프랑스, 인도, 시리아, 아프가니스탄, 일본, 영국, 오스트리아 우주인들도 인터코스모스를 통한 유인 우주비행에 참여했다. 살류트 우주정거장에 방문한 우주인은 중복 방문을 포함해 총 80명이다. 이 가운데 11개국 11명이 인터코스모스 프로그램으로 참여했다. 살류트 우주정거장 이후에 건설된 미르 우주정거장에도 7개국 7명의 우주인이 이 프로그램을 통해 우주정거장에 방문했다(살류트, 스카이랩, ISS, 미르, 톈궁…우주정거장 건설 50년, 한겨레, 2023.10.17.).

44) 유병화, *국제법총론*, 일조각 (1983), 599-602.

소련은 살류트에 이어서 1986년 2월 '평화' 를 의미하는 '미르' (Mir)라는 우주정거장을 발사하였는데, 1987년 발사된 서비스모듈(service module, 주거공간)에 8년에 걸쳐 실험모듈들을 접속시켜 1995년에 완공한다. 미르는 지상으로부터 약 400km 상공에 위치하였다. 1988년 11월 15일 소련의 우주왕복선 '부란' (Buran)이 바이코누르 우주 기지에서 발사되어 206분 간에 걸쳐 무인으로 지구 궤도를 주회하고, 발사 장소인 바이코누르 우주 기지의 활주로에 자동 착륙했다. 러시아어로 '눈보라'를 뜻하는 부란은 8년간의 개발 끝에 1988년 완성되었다. 본래 계획은, 1992년에 유인 비행을 실시하는 것이었지만, 1991년의 소련 붕괴와 함께 이 계획은 취소되었고, 1호기 부란은 2002년 5월 12일, 격납고 지붕이 붕괴되어 파괴되었다.[45]

1990년대

1990년 4월 NASA와 ESA가 협력하여 우주왕복선 디스커버리(Discovery)호에 허블우주망원경(Hubble Space Telescope)[46]을 실어 발사하였다. 1989년 3월 캐나다 우주청법에 의해, 1990년 12월 캐나다 정부의 우주 개발 기구인 캐나다 우주청(Canadian Space Agency, CSA)이 설립되었다. 1991년 5월 18일 소유즈 TM-12호를 타고 우주정거장 미르로 우주임무를 수행하기 위해 떠난 세르게이 크리칼료프(Sergei Krikalev)는 소련이 사라지며, 러시아연방을 주축으로 독립국가연방(CIS)이 들어서면서 우주계획에 차질이 발생하여 당초 예정의 2배인 3백 13일 동안 우주정거장 미르에 체류했다가, 1992년 3월 25일 귀환했다.[47] 1993년 4월 중국은 미국의 NASA와 유사하게 우주 개발을 총괄하는 '국가항천국' (國家航天局, China National Space Administration, CNSA)을 설립한다.

미국의 화성 탐사선 '패스파인더(Path Finder)호' 가 1996년 12월 4일 발사되어 1997년 7월 4일 약 1억 9,100만 km를 비행한 끝에 화성에 착륙했다. 우주 로켓 발사 역사상 최초로 착륙에 에어백을 사용하기도 하였다. 1996년 11월 발사된 미 화성 탐사선 '서베이어(Surveyor)호' 가 10개월 후 1997년 9월 화성 표면을 2년간 정밀 조사하기 위해 화성궤도에 진입하였고, 2006년 11월 5일 임무를 종료하였다.

러시아의 미르 우주정거장의 퇴역이 다가오면서 더 큰 규모의 '국제우주정거장' (International Space Station, ISS)이 건설되기 시작했다. ISS 모듈 제작에서부터 미국, 러시아, 유럽 우주국을 중심으로 한 유럽, 캐나다, 일본이 참여한 국제 협업 우주 프로젝트였다. 우주에 올라간 첫 모듈은 러시아 제작한 자랴(Zarya, '새벽' 이라는 뜻) 모듈로 1998년

---

45) 소련 우주왕복선 부란 발사, 부산일보, 2009.01.11.

46) 허블망원경의 크기는 무게 12.2ton, 주거울 지름 2.5m, 경통길이 약 13m인 반사망원경이다.

47) 세르게이 크리칼료프는 MIR에서 실제로 4개월치의 식량으로 313일을 버텨낸 것이다. 원래는 넉 달 남짓 체류하는 단기 임무였으나, 자신의 새로운 국가인 러시아 연방은 그를 교대시키기는 커녕 단순 귀환시킬 돈과 여력도 없었다. 결국 독일에서 귀환 재정을 지원해 줘서 10개월 여만에 지구로 돌아왔다. 러시아연방은 1992년 4월 12일 구소련의 붕괴로 우주 미아(迷兒)가 되어 2배의 일정을 지낸 세르게이의 용기와 영웅다움에 '러시아연방 영웅' 훈장을 수여했다(舊蘇우주迷兒에 "러시아영웅" 훈장, 연합뉴스, 1992.04.13.).

11월 20일 러시아의 프로톤(Proton) 로켓에 실려 발사됐다. 이후 여러 차례 새로운 모듈이 추가되어, 현재 총 16개 모듈로 구성되어 있다. 그 중 6개는 러시아가 제작한 모듈이고, 8개는 미국, 나머지 2개는 각각 일본과 유럽연합(EU)이 제작한 모듈이다. ISS 전체 질량은 우주선이 도킹하지 않았을 경우 약 420톤이고, 내부 공간의 부피는 스카이랩과 미르 우주정거장의 3배 정도인 1000㎥에 이른다.

ISS는 약 400km 고도에서 지구 주위를 돌고 있다. 이 고도의 우주에서도 여전히 남아 있는 아주 미량의 대기로 인해, ISS의 고도는 1달에 약 2km씩 낮아진다. 이 때문에 ISS는 로켓 추진으로 고도를 높이는 작업을 주기적으로 시행한다. 우주에 돌아다니는 잔해와의 충돌을 방지하기 위한 추진도 필요하고, 자세를 제어하기 위한 추진도 필요하다. ISS는 고도유지, 우주잔해 충돌방지, 자세제어를 위해 매년 약 7톤의 로켓 연료를 사용한다. 2023년 현재까지 ISS에는 13명의 민간인 우주여행객을 포함해 20개국 260명이 넘는 사람이 방문했다.[48)]

미국, 일본, 러시아, 캐나다와 ESA 회원국이 국제우주정거장을 평화적인 목적으로 설계, 개발, 운영 및 이용하기 위한 국제협력체제를 구축하기 위해 1998년 "국제우주정거장(ISS) 협력협정" (Agreement among the Government of Canada, Governments of the Member States of the European Space Agency, the Government of Japan, the Government of the Russian Federation, and the Government of the United States of America Concerning Cooperation on the Civil International Space Station)을 체결하였다. 본 협정에서는 우주활동으로 인하여 발생하는 손해의 분배를 위한 체약당사국 및 관련 기관 간의 상호책임면제(cross-waiver of liability) 제도를 채택하고 있다. 이는 ISS를 통하여 우주의 탐사 및 이용에 대한 참여를 장려하기 위한 것이 목적이므로 상호책임면제제도는 이러한 목적을 달성하기 위하여 폭넓게 해석하도록 규정하고 있다.[49)]

2000년대

2000년 11월 첫번째 승무원이 ISS에 도착했고, 2001년 3월 소련의 우주정거장 미르가 1986년부터의 임무를 마치고 지구대기권으로 진입하여 태평양 상공위로 떨어짐으로써 그 임무를 완성하였다. 2001년 5월 미국의 부호 데니스 티토(Dennis Tito, 1940-)가 약 2천만 달러의 우주여행비를 지불하고, 러시아 소유즈 우주선에 탑승하여 국제우주정거장(ISS)에 8일 가까이 머물면서 지구를 128회 공전했고, 몇 가지 과학 실험을 수행했다. 세계 최초의 민간인 ISS 방문객이 되었다. ISS는 당초 2024년까지 운영 예정이었으나, 미국은 다른 참여국과의 합의로 6년 더 연장 운영하기로 했다. 러시아는 2024년까지만 ISS 운영에 참여하고 이후 독자 우주정거장 '러시아 궤도 정거장' (Russian Orbital Service Station,

48) 살류트, 스카이랩, ISS, 미르, 톈궁…우주정거장 건설 50년, 한겨레, 2023.10.17.
49) 동 협정 제16조 1항; 동 협정분석에 관하여 김종복, 국제우주정거장협정의 법제도에 관한 고찰, *항공우주법학회지* 특집호 (2007), 23-25 참조.

ROSS)을 구축한다는 계획이 있다.[50] 2027년에 첫 모듈을 발사하며, 2033년까지 완공을 목표로 하고 있다.[51] 미국 NASA는 수명을 다한 ISS의 궤도를 이탈시켜 태평양으로 밀어 넣어 안전하게 폐기할 '탈궤도 차량'을 개발하고 납품할 기업으로 스페이스X를 선정하였는데, ISS는 2030년 운영이 끝나고 2031년 폐기될 예정이다.[52] 2001년 러시아의 '미르' 우주정거장과 1979년 나사의 '스카이랩' 우주정거장은 지구 대기권에서 불타 사라진 바 있는데, ISS는 미르보다 3배 이상 커서 문제가 될 수도 있다.[53]

2003년 2월 1일 우주왕복선 '콜럼비아(Columbia) 호'가 발사 후 16일간의 우주활동업무를 마치고 지구로 귀환하다가 분해되었는데, 예정착륙시간 16분 전의 사고였다. 이 사고로 우주비행사를 비롯한 7명의 우주인 모두 사망하였다. 2004년 1월 미국 조지 부시(G. Bush) 대통령이 달과 화성탐사를 향한 '우주탐사비전'(Vision for Space Exploration)을 발표하였다. 미국 우주비행사들을 다시 달에 보내 영구기지를 건설하고 궁극적으로는 화성까지 보내겠다는 것이 계획의 골자였다. 미국은 새로운 로켓들과 우주탐사선 개발에 착수했고, 달기지 건설을 위한 계획을 수립 중이다. 2006년 7월 미국은 디스커버리호를 통해 2003년 콜롬비아 왕복선 사고 이후 2년 이상 중단된 우주정거장 수송임무를 재개하였으나, 마침내 미국은 2011년 7월 9일, 우주왕복선 '아틀란티스(Atlantis)호'를 끝으로 추가적인 우주운송시스템 발사 프로그램을 종료시켰다.

2003년 5월 9일 일본 JAXA가 발사한 소행성 탐사선 '하야부사(Hayabusa) 1호'가 2005년 11월 지름 500m의 소행성 이토카와(Itokawa)[54]에 착륙하여 탐사를 한 후, 7년 만인 2010년 6월 13일 지구로 복귀하면서 미립자 2만 5143개를 가져왔다. 하야부사란 일본어로 매를 의미한다. 총 비행거리가 60억km이다. 일본은 미래 자원의 보고로 알려진 소행성에서 샘플을 채취해 지구로 돌아온 유일한 국가이다. 일본은 2003년 10월 과학기술청 산하 NASDA(National Space Development Agency of Japan)와 문부성 산하 ISAS(Institute of Space and Astronautical Science), 그리고 독립법인 NAL(National Aerospace Laboratory of Japan) 등 3개 우주기관들을 통합하여 일본우주항공개발기구인 'JAXA'(Japan Aerospace Exploration Agency)를 탄생시켰고, 2007년 9월 아시아 국가로는 처음으로 달궤도기 '셀레네'(Selene, 일명 'Kakuya')를 성공적으로 발사시켰다.

1999년 11월 중국은 첫 무인우주선 '신의 배'라는 뜻의 '선저우(神舟) 1호'를 성공리에 발사한 것을 계기로 2003년 10월 15일 중국 최초의 우주비행사 양리웨이(楊利偉, 1965-)를 태운 유인우주선 '선저우 5호'를 발사하여 소련과 미국에 이어 세계에서 3번째 유인우주발사국이 되었다. 그동안 우주를 미국과 러시아(구소련 포함)의 전유물이라고 표현해도 될 만큼 양국이 독점하였으나, 이제는 중국의 등장으로 우주개발의 새로운 시대를 예

---

50) 미-러, 우주정거장 2024년까지 연장 운영 합의, 연합뉴스, 2015.03.29.

51) 러시아, 2027년 첫 모듈 발사로 독자 우주정거장 건설 시작, 산경투데이, 2024.07.06.

52) 수명 다한 국제우주정거장 7년 뒤 태평양으로…스페이스X가 처리, 동아사이언스, 2024.06.28.

53) '불타는 결말'? 수명을 다한 국제우주정거장의 최후, BBC NEWS 코리아, 2023.05.07.

54) '일본 우주개발의 아버지'로 불리는 이토카와 히데오(系川英夫) 전 도쿄대 교수를 기념하여 만든 명칭이다.

고하였고, 특히 일본, 인도, 한국을 비롯한 아시아 지역의 우주경쟁이 더욱 박차를 가하게 되었다.[55)]

한편 2005년 중국은 '아시아태평양우주협력기구'(Asia-Pacific Space Cooperation Organization, APSCO)를 만들어 개발도상국에게 로켓발사 기회와 우주기술을 제공해 독자적인 우주클럽의 지도자로 활동하고 있다. 현재 이 기구에는 중국과 방글라데시, 이란, 몽골, 파키스탄, 페루, 타이, 튀르키예(터키) 등 8개 국가 회원국이며 인도네시아, 이탈리아도 APSCO 협약에 서명했다. 그리고 2007년 1월에 실시된 중국의 탄도미사일을 이용한 위성요격실험은 미국, 러시아에 이어 세계 세 번째로 우주를 이용한 군비경쟁에 각 국가들은 매우 민감하게 하였다.[56)] 2005년 10월 12일 선저우 6호는 두 명의 중국 우주비행사 페이쥔룽(費俊龍)과 녜하이성(聶海勝)을 태우고 발사에 성공했다.

2008년 4월 8일 한국 최초의 우주 비행 참가자(Space Flight Participant) 이소연(당시 카이스트 대학원생)이 카자흐스탄 바이코누르 우주센터에서 발사된 소유즈 로켓으로 국제우주정거장(ISS)을 방문하여 11일간(2008.04.08.-04.19) 체류하였다.[57)] 2008년 9월 25일중국의 3번째 유인우주선 선저우 7호가 3명의 우주비행사 자이즈강(翟志剛), 류보밍(劉伯明), 징하이펑(景海鵬)을 태우고 발사되었다. 2008년 9월 27일 우주비행사 자이즈강이 중국 우주비행사로서는 처음으로 약 20분간 우주유영을 하였다.

2008년 10월 22일 인도의 인도우주연구기구(Indian Space Research Organization, ISRO)가 개발한 '찬드라얀(Chandrayaan) 1호'가 인도 남부 안드라프라데시(Andhra Pradesh)주 스리하리코타(Sriharikota)의 사티시다완 우주센터(Satish Dhawan Space Centre, SDSC)에서 인도가 개발한 발사체 PSLV-C11에 실려 무사히 정상 궤도에 진입했다. 찬드라얀 1호는 인도 최초로 달 궤도에 진입해 메마른 달 표면에서 물 분자를 발견하고 낮 동안 달에 대기가 존재한다는 사실을 밝혀냈다. '찬드라얀'은 산스크리트어로 '달 우주선'을 의미한다. 이는 미국, 러시아, 유럽연합(EU), 중국, 일본에 이은 세계 6번째 기록이며, 아시아에서는 3번째 기록이다. 찬드라얀 1호는 총 312일간의 임무를 수행하였고 2009년 8월 29일 연락이 두절되었다.

2010년대

---

55) 동아일보, 2003.10.16.

56) 한국일보, 2007.01.19.

57) 이소연은 전 세계적으로는 475번째, 여성으로서는 49번째 우주인이다. 그녀는 2명의 아시아계 미국인을 포함하여 4번째 아시아 여성 우주인이기도 하다. 세계 최초의 여성 우주인인 발렌티나 테레시코바(Valentina Tereshkova)가 발사장을 깜짝 방문하기도 했으며, 우주선이 지구로 귀환하여 완전히 땅에 떨어지면 구조팀이 해치를 두드리고 그때까지 우주선에서 대기하는 것이 정석인데, 착륙한 곳이 원래 착륙 목표 지점에서 500㎞나 벗어나 있어서 구조팀이 올 때까지 카자흐스탄 유목민들이 돌봤다고 한다(15년 만에 듣는, 한국 최초 우주인의 조금 '낯선' 이야기, 시사IN, 2023.04.06.).

2011년 9월 중국이 세계 3번째 우주 정거장인 '톈궁(天宮, ' 하늘의 궁궐 '이란 뜻)1호' 를 주취안 위성발사센터(酒泉衛星發射中心, Jiuquan Satellite Launch Center, JSLC)에서 쏘아 올려 주목을 끌었는데, 이로써 중국은 미국과 러시아에 이어 세 번째로 우주정거장 건설에 나설 수 있게 되었다. 동년 11월 3일, 우주선 선저우 8호는 톈궁1호에 접근하여 최초의 도킹에 성공했다. 두 우주물체는 결속된 채 비행하다 11월 14일 분리해 2차 도킹 시도, 성공적으로 임무를 완성했다. 2011년 미국은 NASA와 중국의 협력 사업을 금지했지만, 중국의 '우주 굴기(崛起 · 우뚝 일어섬)' 는 멈추지 않았다. 중국은 자체 발사체에서 유 · 무인 우주선, 달 탐사선까지 만들어내며 자체 생태계를 구축했다. 미국의 견제로 국제우주정거장(ISS) 사용이 불가해지자 독자적인 우주정거장 '톈궁' 까지 완공했다.[58] 2012년 6월 16일 3명의 우주비행사를 태운 선저우 9호가 발사에 성공, 톈궁 1호와 처음으로 유인우주선 도킹을 실시했다. 중국 최초의 여성 우주비행사 류양(劉洋, 1978-)이 탑승하여 임무를 수행했다. 톈궁 1호는 선저우 10호까지 도킹에 성공했다.

2013년 6월 11일 주취안 위성발사센터에서 창정2호 F 탑재로켓에 실린 선저우 10호 유인우주선이 발사에 성공했다. 녜하이성(聶海勝), 장샤오광(張曉光), 왕야핑(王亞平) 등 3명의 우주비행사가 탑승해 우주비행을 하였다. 2013년 12월 중국은 달표면에 달착륙선 '창어-3호' 와 달 탐사선 '위투' (玉兎, '옥토끼' 라는 뜻)를 착륙시켰다. 창어(嫦娥)는 '달의 여신 항아' 라는 뜻이다. 이는 1972년 미국이 아폴로 17호로 달탐사계획이 마감된 지 41년 만이다. 중국의 톈궁 1호가 2013년 기능을 완수하고 수면모드로 들어간 뒤 2016년 3월 데이터통신을 마지막으로 지구와 교신이 두절되었는데, 기계 · 기술적 결함이 발생하면서 2016년 9월부터는 통제 불능 상태에 돌입하여, 마침내 톈궁 1호는 발사 후 6년 6개월 후인 2018년 4월 2일 남태평양에 추락했다. 중국의 두번째 우주정거장인 톈궁 2호도 톈궁 1호와 같은 크기로 2016년 9월 15일 발사돼 2년 10개월 후인 2019년 7월 19일 남태평양 상공 대기권에 진입해 소멸되었다. 톈궁 2호에는 선저우 11호로 2명의 우주인이 방문했다.[59]

2014년 10월 24일 인도의 망갈리안(힌디어로 '화성 탐사선' 이란 뜻)이 화성 궤도에 무사히 진입하면서 미국과 옛 소련, 유럽연합(EU)에 이어 인도는 세계 네 번째로 성공하였다. 망갈리안은 2013년 11월 5일 인도 중부 안드라프라데시주에서 로켓에 실려 발사되어, 같은 해 11월 30일 지구궤도를 벗어났고, 약 10개월간 2억㎞를 날아서 화성에 진입했다.[60] 2015년 12월 소련 해체 후 그 기술과 설비를 이어받은 러시아의 항공우주기관인 러시아 연방우주국(Russian Federal Space Agency)과 국영기업인 연합로켓우주공사(United Rocket and Space Corporation, URSC)가 합병하면서 미국의 NASA와 유사한 국영기업인 로스코스모

58) 미국 견제에도 중국 '우주 굴기' … 일본도 박차-동아시아 3국 우주산업 도약-, 조선일보, 2024.05.02.

59) 살류트, 스카이랩, ISS, 미르, 톈궁…우주정거장 건설 50년, 한겨레, 2023.10.17.

60) 인도의 화성 탐사선, 아시아 최초로 화성 궤도 진입, 한겨레, 2014.09.24.

스(ROSCOSMOS, 러시아 연방 우주국)가 탄생한다.

미국이 50년 만에 인류를 다시 달로 보내기 위해 NASA는 2019년 달의 여신 아르테미스의 이름을 따서 '아르테미스 프로젝트'(Artemis Project)를 발표하게 되는데, 이는 미국 주도의 국제 협력 프로그램이자 민간 참여 프로그램이다. 아르테미스 계획은 2017년 12월 11일, 당시 미국의 제37대 대통령이었던 도널드 트럼프(Donald J. Trump, 1946-)가 '우주 정책명령 1호'(Space Policy Directive-1, SPD-1)에 서명하면서 시작되었다. SPD-1의 서명은 '우선 달로 돌아가자'는 우주 탐사 기조, '문 퍼스트'(Moon First)로 미국이 복귀했음을 알리는 사건이었다. 그리고 2020년 10월에는 아르테미스 프로젝트의 참여국들이 지켜야 할 원칙을 담고 있는 '아르테미스 약정'(Artemis Accords)이 발효됐으며, 2024년 7월 현재 43개국이 참여하고 있다.[61]

2020년대

2020년 5월 30일 민간기업 스페이스X가 미국 플로리다주 케이프 커내버럴의 케네디 우주센터에서 NASA 소속 우주비행사 더그 헐리(Douglas G. Hurley)와 밥 벤켄(Robert L. Behnken)을 태운 유인우주선 '크루 드래건'(Crew Dragon)을 우주로 쏘아 올렸다. 미국 땅에서 유인 우주선이 발사된 것은 9년 만의 일이다. 지난 2011년 우주왕복선이 임무를 종료하자 NASA는 소유즈 우주선에 인력 수송을 맡기는 대가로 러시아에 거액을 지불해왔다. '크루 드래건'의 발사로 NASA는 국제우주정거장(ISS)으로 인력을 수송할 때, 러시아에 의존하지 않게 되었다. 도널드 트럼프 대통령은 이날 케네디 우주센터를 찾아 발사 장면을 직접 참관했다.[62]

2020년 7월 23일 중국 남부 하이난 섬(海南島) 원창(文昌) 발사기지에서 창정(長征) 5호 로켓을 이용해 화성 탐사선 '톈원(天問,' 하늘에 묻는다 '라는 뜻) 1호'를 발사함으로써 중국이 화성 탐사 대열에 합류했다. 톈원 1호는 화성 궤도를 도는 궤도선과 착륙선, 바퀴가 6개 달린 태양광 무인 탐사차량 '주룽'(祝融, '불의 신'이라는 뜻)으로 이뤄졌다. 톈원 1호는 2021년 5월 화성 표면에 착륙했는데, 미국, 소련에 이어 세계 3번째 화성 탐사선 착륙 성공이며, 로버의 화성 착륙은 미국에 이어 세계 2번째 기록이다. 중국 화성 탐사차(로버)는 지구 시각으로 92일 동안 화성 표면의 토양, 기후 등을 조사하였다. 1960년대 이후 미국과 소련은 화성 탐사 경쟁을 벌였다. 하지만 소련 해체 이후 지난 20 여년간 화성 탐사는 미국이 주도해왔다. 유럽연합(EU)도 화성 탐사 위성 발사에는 성공했지만, 화성 표면에서 무인 탐사차 운영한 성공한 국가는 미국 밖에 없었다. 화성 탐사는 지구에서 가장 가까울 때 5,760만㎞ 떨어져 있어 통신에 어려움이 있다. 중국도 화성 탐사에 한 차례 실패한 적이 있다. 2011년 러시아 로켓을 이용해 첫 화성 탐사 위성인 '잉훠(螢火 반딧

61) 한국은 2021년 5월에 아르테미스 약정에 서명하여 10번째 참여국이 되었다.

62) 크루 드래건: 스페이스X, 첫 민간 유인우주선 발사 성공, BBC뉴스코리아, 2020.05.31.

불) 1호’를 발사했지만, 궤도 진입에 실패했다. 2021년 화성에 착륙한 톈원 1호는 2030년까지 화성에서 채집한 샘플을 지구로 가져오는 프로젝트를 추진할 계획이다.[63] 2021년 6월 17일 유인우주선 선저우12호가 주취안 위성발사센터에서 성공적으로 발사됐다. 중국의 7번째 유인우주선으로 우주비행사3인을 태우고, 이륙 6시간 32분만에 우주정거장 핵심모듈 '톈허'와 도킹하였다. JAXA의 소행성 탐사선 ‘하야부사(Hayabusa) 2호’는 2014년 12월 3일 발사되어, 약 4년간 52억km를 날아 2018년 6월 27일 지름 900m의 소행성 류구(Ryugu)에 도착하였으며, 2019년 귀환을 시작해 2020년 12월 약 5.4g의 암석 시료를 지구로 가져오는 데 성공했다.

한편 중동의 소국 아랍에미리트(UAE)의 화성탐사선 ‘아말(아랍어로 ’희망‘이라는 뜻)’이 2021년 2월 10일 화성 궤도에 진입하는 데 성공했다. UAE는 미국, 러시아, 유럽, 인도에 이어 세계에서 다섯 번째로 화성 궤도에 진입한 나라가 됐다. UAE는 이른바 우주개발의 새 조류인 뉴 스페이스의 모범 국가로 부른다. UAE는 건국 50주년이 되는 2021년 2월 화성 궤도선을 화성 궤도에 진입시키는 ‘아랍에미리트 화성 계획(EMM)’을 발표하고, 2100년대 화성 이주계획을 추진하는 등 가장 파격적인 우주 계획을 추진하고 있다.[64] UAE는2006년 ‘무함마드 빈 라시드 우주센터’(Mohammad Bin Rashid Space Centre, MBRSC)를 설립한 뒤, 한국 위성개발기업 쎄트렉아이(Satrec Initiative Co., Ltd.)와의 기술협력을 통한 위성 개발에 나서 2009년과 2013년 지구관측위성을 잇따라 공동 개발했다. 이어 2014년 우주청(Space Agency) 설립과 함께 화성 탐사 프로젝트를 출범시키고, 2018년엔 자체 설계・제작한 최초의 위성 ‘칼리파샛’(Khalifasat)을 발사하였다. 또 2019년에는 아랍권에선 처음으로 우주비행사를 ISS에 보냈다.[65]

중국은 2021년 4월 29일 첫 모듈 발사를 시작으로 톈궁 우주정거장을 건설하기 시작했다. 총 3개 모듈로 구성되어 있으며 각 모듈의 질량은 약 22톤이다. 내부 공간은 약 340㎥로 소련의 미르 우주정거장과 비슷한 규모이다. 약 390km 상공을 공전하고 있는 톈궁 우주정거장에는 지금까지 선저우 12호부터 16호까지 다섯 개의 우주선으로 총 15명의 우주인이 방문했다. 2025년에는 쉰톈(巡天) 우주망원경이 설치될 예정이다.[66]

2021년 10월 16일 중국의 창정2호 로켓에 의해 중국의 8번째 유인우주선 선저우 13호가 우주비행사 자이즈강(翟志剛), 왕야핑(王亞平), 예광푸(葉光富)를 태우고 발사에 성공했다. 선저우 13호는 6시간 반을 날아 고도 380km 상공의 우주정거장 중심모듈 톈허(天和, ‘하늘의 조화’ 뜻)와 도킹하는 데 성공했다. 2021년 11월 8일 왕야핑이 선저우 13호 사령관인 자이즈강과 함께 첫 우주선 밖 임무를 성공적으로 마쳤다. 왕야핑은 중국 여성 최초로 우주유영에 성공한 것이다. 이들은 6개월 간 우주에서 중국의 독자 우주정거장인 톈궁 건설을 위한 각종 실험을 수행하고, 2022년 4월 16일 지구로 귀환했다. 이 3명의 우주비행사들은

63) 중국도 뛰어든 화성 전쟁, 탐사선 ‘톈원 1호’ 발사, 조선닷컴, 2020.07.23.
64) ‘불가능은 가능하다’ UAE 화성탐사선 성공에서 얻는 교훈, 동아사이언스, 2021.02.10.
65) UAE, 화성에 이어 ‘소행성대’에도 탐사선 보낸다, 한겨레, 2024.06.29.
66) 살류트, 스카이랩, ISS, 미르, 톈궁…우주정거장 건설 50년, 한겨레, 2023.10.17.

중국 우주개발 역사상 최장 기록인 183일간 우주에 머물렀다.

중국은 2011년부터 톈궁 1-2호 시험을 거친 뒤 결국 2022년 11월 말 우주정거장 '톈궁'을 완공했다. 톈궁은 T자형 구조로 중심 모듈 톈허와, 실험 및 거주 겸용 모듈 원톈, 실험 전용 모듈 멍톈(梦天, '하늘을 꿈꾼다'는 뜻)으로 구성돼 있다. 3개의 모듈을 합친 무게는 66톤이지만, 우주비행사와 화물을 실어나르는 우주선 3개가 도킹할 경우 총 무게는 100톤에 이른다. 톈궁은 국제우주정거장(ISS)보다 크기는 1/3, 무게는 1/5 수준으로, 퇴역한 러시아 미르 우주정거장과 비슷한 크기이다. 비행 궤도는 톈궁이 평균 고도 390km로 국제우주정거장(410-420km)보다 조금 낮다. 설계 수명은 10년이다.[67] 중국은 2030년까지 달에 유인 탐사선을 보내는 것으로 목표로 하고 있다. 무인 탐사선 창어에 이어, 사람도 달 표면에 보내겠다는 것이다. 유인우주선은 '멍저우'(夢舟, '꿈의 배'라는 뜻), 달에 착륙할 탐사선은 '란웨'(攬月, '달을 장악한다'는 뜻)'라는 이름으로 정해졌다. 중국은 멍저우 우주선과 란웨 착륙선을 각각 우주로 보낸 뒤, 멍저우에 탄 우주인 2명을 란웨로 옮겨 태우고 달 착륙을 시도한다는 구상이다. 또한 2027년까지 달에 무인 연구 기지도 설립한다는 계획을 세우고 있다. 우주강국이 기존의 미국과 러시아의 양강 구도에서 미국과 중국으로 바뀌고 있는 것이다.[68]

2022년 두 차례 연기 끝에 11월 16일 미국의 무인 달 궤도선 아르테미스 1호가 발사됐으며, 12월 11일 달 궤도 탐사를 마친 무인우주선 오리온(Orion)의 지구 귀환에 성공했다. 아르테미스 프로젝트를 위해 개발된 발사체는 우주왕복선의 로켓을 개량한 우주 발사 시스템(SLS, Space Launch System)이다. 아르테미스 1호에 사용된 로켓은 높이 98.1m, 무게 2,600t, 최대 추력 4,000t이다. 또한 지속가능한 달 탐사와 거주를 구현하기 위해서 달 궤도에 상주하도록 설계된 우주정거장인 미국의 NASA, 캐나다의 CSA, 유럽의 ESA, 일본의 JAXA가 공동으로 계획하고 있는 루나 게이트웨이(Lunar Orbital Platform-Gateway, LOP-G)의 건설이 추진되고 있다.[69] NASA는 사상 첫 여성 및 유색인종의 달 착륙을 목표로 하는 아르테미스 계획에 따라 첫 승무원을 태운 비행 테스트가 되는 아르테미스 2호의 실시 시기를 2025년 9월로, 남극 부근에서 우주인을 달 착륙시키기 위해 발사하는 아르테미스 3호의 실시 시기를 2026년 9월로 조정하고, 루나 게이트웨이에서의 최초의 미션이 되는 아르테미스 4호는 예정대로 2028년 9월 실시한다고 발표했다.[70]

인도우주연구기구(ISRO)에 의하면 '찬드라얀 3호'를 실은 LVM3 로켓은 2023년 7월 14일 남부 안드라프라데시주 스리하리코타 우주센터에서 발사된 후, 8월 23일 인도의 달 착륙선 '찬드라얀 3호'가 달 남극 착륙에 성공했다. 태양 그림자에 가린 달의 남극에 인류가 도달한 것은 이번이 처음이다. 미국과 소련, 중국에 이어 인도가 네 번째로 달 착륙에 성공했다. 2024년 6월 24일(현지시간) NASA의 소행성 탐사선 '오시리스-렉스'(OSIRIS-REx)가

---

67) 중국 우주정거장 '톈궁' 완성…첫 원정대 3명 도착, 한겨레, 2024.06.29.

68) 미국 견제에도 중국 '우주 굴기'… 일본도 박차-동아시아 3국 우주산업 도약-, 조선일보, 2024.05.02.

69) [역사속 경제리뷰] 아르테미스 프로젝트, 파이낸셜 리뷰, 2024.02.29.

70) NASA의 유인 달 착륙 미션 '아르테미스2', 2026년 9월로 1년 연기, 테크튜브, 2024.01.10.

가져온 지름 565m의 소행성 베누(Bennu)의 암석과 먼지 250g을 담은 캡슐이 미 유타주 사막에 착륙했다.

2024년 7월 9일(현지시간) ESA의 아리안 6호 로켓이 4년 지연 끝에 처음으로 발사됐다. 아리안 6호는 2023년까지 27년간 117회에 걸쳐 유럽을 대표하는 대형 우주 발사체 역할을 한 아리안 5호를 대체하는 유럽의 차세대 로켓이다. 아리안 5호는 인류 최초 혜성탐사선 '로제타'(Rosetta)와 '제임스 웹 우주망원경'(James Webb Space Telescope, JWST) 등을 우주로 실어 나른 바 있다. ESA는 애초 아리안 6호 발사 시기를 2020년으로 계획했으나, 신종 코로나바이러스 감염증(코로나19)과 개발 도중 기술적 문제로 4년 지연됐다. 아리안 6호는 2024년 1번, 2025년에 6번, 2026년에 8번 더 발사될 예정이다.[71)]

71) '4년 지연' 우주 향한 유럽 꿈 담은 아리안 6호 발사, 연합뉴스, 2024.07.10.

제2절 한국의 우주개발

한국의 우주개발과정을 간략하게 살펴보면, 1992년 8월 한국 최초의 인공위성인 '우리별 1호' 를 프랑스의 기아나 우주센터에서 첫 발사한 이래, 1993년에 '우리별 2호' 를, 1993년 과학관측로켓 '과학 1호' 와 '과학 2호' 의 발사를 시작으로 우주개발을 본격적으로 착수하였다. 그리고 1995년에 '무궁화 1호' , 1996년에 '무궁화 2호' , 1999년에 '무궁화 3호' 의 통신 및 방송위성의 발사로 위성의 상업적 이용이 확대되었다. 1999년 소형위성인 '우리별 3호' 와 2003년 '과학기술위성 1호' 는 국내에서 독자적으로 개발된 것으로 소형위성 제작기술이 확립되고, 실용위성인 '다목적 실용위성 1호와 2호' 의 개발로 위성기술기반이 구축되었다. 2006년 KT, 통신방송위성 무궁화5호와 실용급 위성인 아리랑 2호의 발사에 성공하였고, 2010년에는 통신해양기상위성(천리안)과 KT, 통신방송위성 무궁화 6호를 발사하였다.

한국의 우주개발에 대한 열정은 위성을 자체개발하여 자국 발사장에서 발사시키기 위한 것인데, 현재 전라남도 고흥군에 위치한 외나로도에 건설된 나로우주센타(Naro Space Center)가 이를 증명해 주고 있다. 한국은 나로호 1, 2차 발사의 실패(1차는 2009년 8월 25일에 발사되어 실패하고, 2차는 2010년 6월 10일 발사되어 비행 중 폭발되어 추락함)를 딛고 마침내 개발을 시작한 지 11년 만인 2013년 1월 30일 나로호 발사에 성공하였다. 이로써 북한에 이어 11번째 스페이스 클럽(Space Club)에 진입하게 되었다. 나로호는 1단 액체엔진과 2단 고체 킥모터로 구성되는 2단형 발사체인데, 발사체조립과 발사운용은 한국항공우주연구원(KARI)과 러시아 흐루니체프 사(Khrunichev State Research and Production Space Center)가 공동으로 수행하였다.

2022년 6월 21일 한국형 발사체 누리호 KSLV-II호가 국내 연구진이 순수 개발한 로켓에 의해 전남 고흥군 나로우주센터에서 2차 발사에 성공했다. 이로써 한국은 미국, 일본, 러시아 등과 함께 세계 7번째로 무게 1t이상의 인공위성과 우주선을 자력으로 쏘아 올릴 수 있는 국가가 되었다.[1] 또한 한국 최초의 달 탐사선 '다누리(Danuri)호' 가 2022년 8월 5일(한국시간) 미국 플로리다주 케이프 커내버럴 우주군 기지에서 미국 민간우주기업 스페이스X의 팰컨9 로켓에 실려 발사되었다. 2022년 12월 26일 다누리가 목표한 달 임무궤도인 100km에 안착하면서 한국은 러시아 · 미국 · 일본 · 유럽 · 중국 · 인도에 이어 세계에서 달 탐사선을 보낸 7번째 국가가 되었다. 한국형 발사체 '누리호'가 2023년 5월 25일 3차 발사

1) 누리호 발사 성공... '한국, 7대 우주강국 도약' , BBC NEWS 코리아, 2022.06.21.

에 성공했다. 2022년 2차 '시험발사'에 이어 실용위성을 궤도에 올리는 첫 '실전발사'까지 잇따라 성공함으로써 한국 우주산업의 발사체 제작과 발사운용능력에 대한 대내외 신뢰도가 높아지게 되었다.[2)]

한국은 또한 군사위성 보유국 대열에 합류했다. 아나시스 2호가 2020년 7월 21일 미국 케이프 커내버럴 공군기지의 케네디 우주센터에서 성공적으로 발사됐다. 아나시스 2호는 한국군 최초의 군 전용 통신위성이다. 아나시스는 육·해·공군 위성 정보 시스템(Army, Navy, Airforce Satellite Information System, ANASIS)의 약자로 육·해·공 통합전술을 가능케 하는 위성통신 체계를 뜻한다. 아나시스 2호는 미국의 민간 우주탐사 기업인 스페이스X의 재활용 로켓 '팰컨9' 에 실려 우주로 발사되었는데, 고도 약 630㎞ 지점에서 발사체로부터 분리됐고, 이어 첫 교신에 성공했다. 아나시스 2호로 한국은 세계에서 10번째로 전용 군사위성을 확보하게 되었다. 군은 이러한 노력을 통해 군용 통신 분야에서 미군에 대한 의존이 줄어들고 한국군 단독작전 능력이 제고되며, 아나시스 2호가 전시작전통제권 전환에서도 역할을 할 것으로 보고 있다.[3)] 한국은 이른바 '425사업' (군사정찰위성확보사업)에 따라 정찰위성 1호기를 한국 시간으로 2023년 12월 2일 새벽 미국 캘리포니아주 소재 반덴버그 우주군기지에서 민간 우주탐사업체 '스페이스X' 의 '팰컨9' 로켓에 실어 발사했다. '425사업' 은 북한의 주요 전략표적에 대한 감시와 대응을 위해 한국 군의 독자 정찰위성을 자체 연구개발 등을 통해 확보하려는 사업이다.[4)]

또한 2024년 5월 27일 과학기술정보통신부의 산하 행정기관으로 한국판 나사(NASA)인 '우주항공청' (Korea AeroSpace Administration: KASA)이 설립되었는데, 기존의 한국항공우주연구원(Korea Aerospace Research Institute, KARI)과 한국천문연구원(Korea Astronomy and Space Science Institute, KASI)이 우주항공청의 산하 법인으로 편입되었다. 우주항공청은 우주항공 관련 정책, 연구개발, 산업육성, 민군협력, 국제협력, 기반조성, 우주 위험 대비 등 우주에 관한 대부분의 정책을 전담할 것으로 예상된다. 한편 2024년 7월 우주항공청은 룩셈부르크와 우주 분야에서 협력하기로 했다. 룩셈부르크는 미국에 이어 세계에서 2번째로 2017년 "우주자원 탐사 및 활용법" (Law on the Exploration and Use of Space Resources)을 제정하는 등 우주자원 탐사 및 활용 분야에 적극적인 나라인데, 우주경제 활성화, 창업기업 확대 등을 목표로 우주자원 탐사 촉진을 위한 법·제도 구축 등을 위해 노력해왔다. 우주자원 탐사 및 활용법은 우주자원에 관한 국내 입법과 우주자원의 실질적인 채굴을 통해 기업의 우주자원 사적 권리를 인정함으로써 우주자원 소유에 대한 법적 권리를 보장하는 법이다. 양국 모두 아르테미스 약정(Artemis Accords) 서명국이기도 한 만큼 룩셈부르크와 향후 건설적인 협력관계가 구축될 것으로 보인다.[5)]

2) 우리위성 우리기술로 쏘아올렸다--누리호 실전발사 성공, 한겨레, 2023.05.26.
3) 한국군 숙원, 전용 군사위성 띄웠다, 중앙일보, 2020.07.22.
4) 북한 이어 한국도 첫 군사정찰위성 발사 성공… 양측 추가 발사 예고 '위성 경쟁' , VOA, 2023.12.04.
5) 우주항공청, 룩셈부르크와 우주 협력 나선다, 동아사이언스, 2024.07.03.

02 장

우주의 경계획정과 지구정지궤도(GSO)

김한택, 국제법상 대기권상공과 외기권 우주의 경계획정에 관한 연구, *강원법학* 제2권 (1986), 59-84 참조.

Space Law and Policy

제1절 우주의 정의(Definition)와 경계획정

UN의 '우주의 평화적 이용 위원회' (Committee on the Peaceful Uses of Outer Space: COPUOS)에서 우주의 정의 및 경계획정과 '지구정지궤도' (geostationary orbit; 약칭하여 GSO)의 문제를 포함하여 제기된 이 주제의 공식명칭은 "국제전신연합(International Telecommunication Union, ITU)의 권리를 침해하지 않고, GSO의 합리적이며 형평스러운 이용을 보장하는 방법과 수단을 고려함을 포함한 외기권 우주의 정의와 경계획정과 GSO의 성격과 이용에 관한 문제" (Matters relating to the definition and delimitation of outer space and to the character and utilization of geostationary orbit, including consideration of ways and means to ensure the rational and equitable use of the geostationary orbit without prejudice to the role of the International Telecommunication Union)이다.[1]

UN내에서 또는 그 밖에서 이 문제를 연구하고 있는 학자들은 영역구분론자(또는 공간론자, spatialist), 기능론자(functionalist), 관망론자(Wait-and-Seers)들의 견해로 구분할 수 있다. 우선 영역구분론자들의 견해를 살펴보면 1967년 우주조약 제2조에 의하면 우주의 법적 지위가 국가주권이 배제된 국제공역(또는 불융통물, *res extra commercium*)인데 반하여, 1944년 시카고 협약(Chicago Convention)으로 불리는 "국제민간항공협약" (Convention on International Civil Aviation) 제1조[2]와 국제관습법은 영공주권을 인정하고 있으므로 이 두 영역간의 경계는 반드시 획정되어야 한다는 것이다.

영역구분론자들의 여러 견해 중 궤도비행(orbital flight)의 최저높이를 외기권 우주의 최하경계선으로 하자는 이론이 합리적인데, 이 이론은 지금까지 발사된 모든 인공위성을 외기권 우주에 있는 것으로 간주하자는 것이다. 1975년 COPUOS 회기에서 이태리가 90km를 대기권 상공의 경계선으로 하자고 제안한 바 있고,[3] 1976년의 회기에서는 아르헨티나, 벨기에, 이태리가 해발 100km를 경계선으로 할 것을 공동 제안한 바 있다.[4] 그리고 소련은 1977년의 회기에서 해발 100-110km를 외기권 우주의 최저 경계선으로 고정하자고 제안하였고, 1979년의 회기에서는 법률소위원회에 다음과 같은 작업문서(working paper)를 제시한 바 있다.[5]

---

1) N. Jasentuliyana, *International Space Law and The United Nations,* Kluwer Law International (1999), 51.
2) [시카고협약 제1조] "각 국은 그 영토의 상공에서 완전하고 배타적인 주권을 가진다."
3) *The Yearbook of the United Nations* (1975), 87.
4) *The Yearbook of the United Nations* (1976), 65.
5) UN Doc. A/AC, 105/C, 2/L. 121; 소련의 1979년 작업문서에 대한 분석은 Bin Cheng, Studies in International Space Law, Oxford University Press (1998), 452-455 참조.

(1) 해발 100-110km 이상의 지역은 외기권 우주이다.

(2) 대기권 상공과 외기권 우주의 경계획정은 국가들 간의 규정에 의해 정해져 있으므로 해발 100-110km를 초과하지 않는 높이에서 경계획정 조약이 체결되어야 한다.

(3) 국가의 우주물체는 궤도에 진입하고, 발사국 영토로서의 돌아올 목적으로 해발 100-110km보다 낮은 높이에서 다른 국가의 영토 상공을 비행할 권리를 갖는다.

제2절 경계획정에 관한 이론

1. 영역구분론자들(Spacialists)의 견해

(1) 대기권 상공의 주권의 한계는 항공기가 상승할 수 있는 높이까지로 정해야 한다는 주장이다. 이 이론은 주로 1944년 시카고 협약 제7부속서에 명시된 항공기의 정의를 인용하고 있는데, 즉 "육지표면에 공기를 부딪쳐서 얻는 반동이 아닌 공기의 반동으로 대기 중에 지탱할 수 있는 기구" 라는 것이다. 오늘날 항공기가 상승할 수 있는 최대높이는 약 30-40km정도이다.

(2) 대기권 상공은 항공기보다 공기나 대기로서 결정되어야 한다는 것이다. 이에 의하면 대기 중에 포함된 공기의 구성도에 따라 50km, 90km, 200-300km, 500-1000km, 심지어는 수천km까지를 제시하고 있다. 공기가 발견되는 곳까지 대기권 상공을 정해야 된다는 학자도 있다. 이 제안은 수많은 기준을 제시하고 있으므로 심지어는 물리학자들까지도 어떻게 대기권 상공을 정해야 될 것인가에 일치하지 않고 있다.

(3) 폰 카르만(Von Carman) 관할선[1]으로 경계선은 기체역학에서 원심력을 잃는 곳에서 정하여져야 한다는 이론인데 그 높이는 해발 약 83km 정도이다. 그러나 이 선의 안정성이 문제가 되는데 그 이유는 기상조건이 장소에 따라 수시로 변하기 때문이다.

(4) 대기권 상공의 경계선은 지구의 중력이 끝나는 곳에서 이루어져야 된다는 이론이다.

---

1) '카르만 라인' 은 항공공학 및 우주 비행학 분야에서 활발히 활동한 헝가리계 미국인 엔지니어이자 물리학자인 테오도르 폰 카르만(Theodore von Kármán, 1881-1963)의 이름을 따서 명명되었다. 국제항공연맹(Fédération aéronautique Internationale, FAI)에서는 카르만 선을 지구 평균 해수면의 100 킬로미터 상공에서 시작하는 공간으로 정의하고 있다. 한편 조너선 맥도웰(Jonathan C. McDowell) 미국 하버드대 천체물리학 교수는 2018년 10월 국제학술지 '악타 아스트로노티카' (Acta Astronautica)에 카르만 라인을 80㎞로 재설정해야 한다는 논문을 발표했다. 맥도웰 박사는 4만 3000개에 이르는 인공위성 궤도 통계를 분석했는데, 대부분 카르만 라인인 고도 100㎞ 이상으로 궤도를 유지했지만, 50기의 위성은 100㎞ 이하 고도에서도 2회 이상 지구를 돌았음을 발견했다. 이를 분석해보니 인공위성이 궤도를 유지하는 최소 고도는 70-90㎞로 나타났다. 맥도웰 교수는 수학적 모델링을 통해 새로운 경계를 80㎞로 제시했다. 인공위성 통계 자료와 더불어 지구 대기 중 하나인 중간권이 50~90㎞인 점을 감안하고 그 위로는 대기가 희박한 열권이라는 점이 고려됐다. FAI는 이 연구결과를 받아들여 2018년 11월 31일 성명을 내고 2019년에 카르만 라인을 재설정하겠다고 밝혔다. 미 공군과 NASA는 고도 80㎞ 이상 오른 비행사에게 우주 비행사라고 인정하는 배지를 수여하고 있다('어디서부터가 우주일까' 우주 경계 "고도 기준 바뀐다" , 동아사이언스, 2018.12.19.).

과학자들에 의하면 이것은 달과의 관계에서는 327,000km 정도이고 태양과의 관계에서는 그것의 6배나 되는 거리라고 한다. 그러나 지구로부터 너무 멀리 떨어진 경계선은 별 의미가 없을 것이다.

(5) 상공주권은 하부국가가 효과적인 통제를 할 수 있는 곳까지 행사될 수 있다는 이론이다. 이 이론의 단점은 국가들의 항공 및 우주과학의 발전도가 달라 그 규준이 서로 상이하다는 점이다.[2)]

(6) 해양법에서의 수역구분과 마찬가지로 상공을 3분야 즉 영공, 접속상공(또는 중간상공) 그리고 외기권 우주로 나누자는 것이다. 그러나 접속상공의 법적지위 또한 애매하여 구분의 곤란이 따른다. 왜냐하면 이 영역은 하부국가의 주권 하에 있거나 아니면 그것으로부터 자유로워야 하기 때문이다.[3)]

(7) 궤도비행(orbital flight)의 최장높이를 외기권 우주의 최하경계선으로 하자는 이론이다. 즉 지금까지 발사된 모든 인공위성은 외기권 우주에 있는 것으로 간주한다는 생각이다. 1978년 필리핀의 마닐라에서 개최된 세계국제법협회(International Law Association; ILA)에서 결의를 통해 100km를 대기권상공과 외기권우주의 경계선으로 제안된 적이 있다.

2. 기능론자들(Functionalists)의 견해

기능론자들에 의하면 물리적 구분에 의한 경계획정보다는 외기권 우주에서의 활동의 목적에 기초를 두고 이론을 전개한다. 따라서 '항공활동' (aeronautical activities)에 따른 것인가 '우주활동' (astronautical activities)에 따른 것인가 하는 것이 구분의 대상이 된다고 한다. 기능론자들의 견해에 따르면 우주의 정의는 우주활동의 장소에 의하기 보다는 활동에 의하여 정해진다는 것이다. 따라서 우주활동을 목적으로 비행하는 우주물체에는 지구에서 우주까지의 모든 비행에 우주법이 적용되어야 한다는 것이다.[4)] 기능론적 접근법은 다음과 같이 요약될 수 있다.

2) He Qizhi, On Definition and Delimitation of Outer Space, selected Articles from *Chinese Yearbook of International Law* (1983), 114-115.

3) 이와 같은 영역을 "mesospace" 라고 부르며, 여기에 특별한 법체제를 인정하자는 견해이다.

4) I. H. Ph Diederiks-Verschoor and V, Kopal, *An Introduction to Space Law,* 3rd revised ed., Wolster Kluwer Law and Business (2008), 19.

(1) 기능론적 접근법의 출발점은 대기권 상공과 외기권 우주의 모든 구분을 배척한다. 그 이유는 우선 어느 누구도 양자 중 한쪽의 한계를 모르기 때문이며 이러한 개념들은 기능론적 견지에서 볼 때 단지 부속물에 지나지 않기 때문이라는 것이다. 이론상 공간은 단지 하나의 매개체만이 존재하는데 그것은 지구를 둘러싸고 있고 그 자신은 우주 속에 상실되는 coelum(air space) 이라는 것으로 형성되었기 때문이다. 따라서 공간을 대기권(atmosphere), 성층권(stratosphere), 전리층(ionosphere), 대류권(trosphere), 에테르층(ether) 등으로 구분하는 것은 무의미하다는 것이다. 즉, 이러한 매개체들은 하나의 단일체로 파악되어야 한다고 한다.

(2) 우주의 자유와 국가주권의 개념은 기능적 자유와 기능적 주권으로서 파악해야 된다고 한다. 법에 있어서 인간과 실재의 과학, 책임, 자유, 주권 등의 개념은 그것들의 추상적인 인식에서가 아니라 상세하고 구체적인 기능과 관련지어서만 파악되어야 하며 이러한 개념들의 적용은 타당성이 있어야 한다는 것이다.

(3) 기능론적 이론은 영토상공의 비행이나 그 시민의 활동에 대한 기능적 주권과 같은 권리 즉, 국가에 속하는 것으로 인정받는 권리를 배척하지 않는다. 이것이 이해된다면 기능적 주권은 군사안보상 모든 국가의 이익을 고려할 것이다. 따라서 대기권은 상공은 항행목적을 위해서는 국제협약에 의하여 외기권 우주와 같이 자유롭게 설정되어야 한다. 그러나 몇몇 국가들은 아직도 1944년 '통과협정' (transit agreement)으로 불리는 "국제항공업무통과협정" (International Air Services Transit Agreement)에 가담하지 않고 양자협정을 택하고 있는 실정이다. 즉, 그들은 자국의 영토상공을 통제하기를 바라고 그들이 원하는 국가들에게만 '무해통항권' (right of innocent passage) 을 인정하려고 한다.

(4) 외기권 우주의 기능적 자유는 결과를 고려하지 않고 독단적으로 행할 수 있는 권리를 의미하는 것도 아니고 법적근거가 없는 것도 아니다. 기능적 자유란 인도적 과학적, 탐사적 등의 기능의 견지에서만 부여된 자유로서 이해되어야 한다. 개인의 모든 활동에 대하여 행사되는 절대적 권력이 아닌 국가주권과 같이 이 자유는 제한된 통제를 전제하고 있는 어떤 결정된 기능에 관한 것으로서 파악되어야 한다고 한다.

(5) 기능적 접근법에 의하여 항공법은 항공기, 기구(balloon) 또는 공기의 힘을 요구하는 어떠한 물체의 활동에 적용되는 분야의 법이라는 것이다.[5)]

(6) 현재 효력 있는 1967년 우주조약은 기능적 접근법에 기초하고 있으며 대기권 상공과

5) Nicolas Mateesco Matte, *Space Activities and Emerging International Law* (1984), 380-382.

외기권 우주는 경계에 의하기 보다는 서로 다른 활동에 의하여 구분 지워 지고 있다는 것이다.

3. 관망론자들(Wait-and-Seers)의 견해

관망론자들의 견해들의 견해는 다음과 같다. 1979년 COPUOS의 법률소위원회 회기에서 일본이 유일하게 기능론자의 견해를 주장하는 반면 미국을 위시한 영국, 독일 등 국가들은 대기권 상공과 외기권 우주의 경계획정에 대한 조속한 필요성에 반대를 표명하였는데 특히 미국 대표는 다음과 같은 이론을 제기하였다.

(1) 대부분의 국가들이 그와 같은 고도의 경계선을 감시할 능력이 결여되어 있고,

(2) 또한 이와 관련된 과학적, 법적, 기술적, 정치적 요소를 적절히 심사할 능력이 부족하고,

(3) 그와 같은 경계획정이 외기권 우주를 탐사하고 사용할 미래의 노력에 끼칠 방해 내지 심지어는 질식시킬 것 같은 효과를 제기한다는 것이다.

이와 같이 이 이론은 실용주의적(pragmatic) 입장에서 경계획정은 현재 아무런 도움도 주지 못하고 있다는 주장이다. 미국은 영역구분론을 반대하고 있는데 그 이유 중의 하나는 경계획정으로 인하여 우주왕복선(space shuttle)의 활동이 저지될까 하는 우려에서 비롯되었다.[6] 2011년 7월 9일, 아틀란티스(Atlantis) 우주왕복선을 끝으로 추가적인 우주운송제도(Space Transportation System; STS) 발사 프로그램이 종료되었다.

현재 항공기의 상공비행은 지상 약 30km에서 이루어지기 때문에 외기권 우주와 대기권상공의 경계획정이 큰 문제가 없으나, 우주를 비행하는 우주항공기(aerospace plane)의 출현으로 인해 이 문제는 더욱 복잡하게 될 것으로 예상되며, 법적 안정성의 측면에서 반드시 해결되어야 할 주제이다.

4. 근거리우주론(Near-Space)

최근 학자들 간에 등장한 다음과 같은 근거리우주론(Near-Space)이 있다. 상업 및 군사적 이익은 근거리 우주(near space)에서 운영 체제를 개발하기 시작했고, 그러한 시스템에는

6) D. Goedhuis, The Problems of the Frontiers of Outer Space and Air Space, *174 Recueil des Cours de l'Academie de Droit International* (1982), 399.

준궤도수송 차량(suborbital vehicles), 성층권 기구(stratospheric balloons), 대기 위성(pseudo-satellites or atmospheric satellites) 및 고고도 무인 항공기(high-altitude drones)가 포함된다. 이것들이 근거리우주에 도달하는 데는 몇 분, 몇 시간, 몇 주, 몇 달 또는 몇 년이 걸릴 수 있다. 근거리 우주에서의 작업은 고장이나 오작동이 발생했을 때 그 아래 및 대기공간에 대한 잠재적인 위협이 될 수 있다. 그들은 우주외곽(space outbound) 및 귀환 교통(returning traffic)에 대한 위협이기도 하다. 대기권과 우주 간에는 다음과 같은 운영 경계가 존재한다.

160 km	인공위성을 위한 가장 낮은 실제 운행 궤도
120 km	우주 시스템에 대한 재진입 임계 값
50 km	대기 부력의 상한선 (기구)
18 km	민간 항공 교통량의 상한선

이 이론에 의하면 1982년 유엔해양법협약(United Nations Convention on the Law of the Sea, UNCLOS)에 의해 제정된 관할수역을 모델로 하여 새로운 조약이나 1944년 시카고 협약(국제민간항공 협약, Convention on International Civil Aviation) 제12조[7]의 조항에 다음과 같은 규정을 삽입할 필요가 있다는 것이다. 즉, 120km 이상을 우주로 설정하여 우주법의 적용을 받게 하고, 50-120km 공간을 '근거리 우주공간' (Near Space Zone)으로 선포하여 공해(high seas)와 마찬가지로 모두에게 개방되어 모든 국가가 이곳에서 평화로운 이용과 무해통행을 누리며 '비행정보구역' (Flight Information Region)내에서 ICAO에서 정한 항공안전 및 항법규칙에 따라야 하며 이 공간을 비행하는 물체는 항공법의 적용을 받게 한다. 그리고 50km 미만을 대기권 구역으로 정하여 국가 영토 주권에 종속되는 영공이라고 정의하게 한다는 이론이다.[8]

---

7) 〈제12조 항공규칙〉
"각 체약국은 그 영역의 상공을 비행 또는 동 영역 내에서 동작하는 모든 항공기와 그 소재의 여하를 불문하고 그 국적 표지를 게시하는 모든 항공기가 당해지에 시행되고 있는 항공기의 비행 또는 동작에 관한 법규와 규칙에 따르는 것을 보장하는 조치를 취하는 것을 약속한다. 각 체약국은 이에 관한 자국의 규칙을 가능한 한 광범위하게 본협약에 의하여 수시 설정되는 규칙에 일치하게 하는 것을 약속한다. 공해의 상공에서 시행되는 법규는 본협약에 의하여 설정된 것으로 한다. 각 체약국은 적용되는 규칙에 위반한 모든 자의 소추를 보증하는 것을 약속한다."

8) Paul Stephen Dempsey and Maria Manoli, Suborbital Flights and the The Delimitation of Air Space vis-a-vis Outer Space: Functionalism, Spatialism,and State Sovereignty, A Submission to UNOOSA, September 12, (2017), 43-46. *available at*
http://www.unoosa.org/res/oosadoc/data/documents/2018/aac_105c_22018crp/aac_105c_22018crp_9_0_html/AC105_C2_2018_CRP09E.pdf(last visited on Oct, 1, 2018.

제3절 지구정지궤도(GSO)

우주의 정의 및 경계획정과 직접관련이 있는 문제는 지구정지궤도(Geostationary Orbit; 이하 GSO)[1)]인데, 동 궤도는 지구의 적도상공 약 36,000km(22,400 mile)에 위치하여 선(line)의 모양이 아닌 북쪽에서 남쪽의 길이가 150km, 두께가 30km의 원형(ring)으로 이루어져 있는 궤도[2)]로서 한정된 천연자원이다. 따라서 모든 국가들이 형평스럽게 이를 이용할 수 있어야 하며 그것의 이용은 모든 인간의 이익을 위하여 사용되어져야 한다. 그러나 이에 대하여 두 가지 상반된 견해가 존재한다. 우선 77그룹을 중심으로 한 개발도상국이나 동 궤도에 위성을 발사할 능력이 부족한 국가들은 GSO에 접근하고 이를 이용하는 특별한 법적 제도가 이루어 질 것을 요구한다. 특히 1976년 GSO의 특수성을 인식한 적도에 위치한 8개국(브라질, 콜롬비아, 콩고, 에콰도르, 인도네시아, 케냐, 우간다. 자이르)은 콜롬비아의 보고타(Bogota)에서 첫 회의를 가진 후 상기 국가들의 영토상공에 위치한 이 궤도에 대한 천연자원으로서의 주권을 선언하였다. 이를 "보고타 선언"(Bogota Declaration)이라고 한다.[3)] 선언 당시에는 8개국이었으나 나중에 가봉과 소말리아가 합류하였다.

GSO를 천연자원으로써 주장하는 근거로 적도국가는 특정의 UN총회의 결의에 호소할 권리를 가진다고 주장한다. 선언은 "개발도상국의 천연자원에 대한 항구적 주권 및 국가의 경제적 발전을 위한 국내축적원의 확대"(Permanent Sovereignty Over Natural Resources of Developing Countries and Expansion of Domestic Sources of Accumulation for Economic Development, '천연자원 주권선언')라는 1972년 UN 총회 결의 2692(XXV)에서 천명되었듯이 천연의 부와 자원에 대한 항구주권으로의 인민 및 민족의 권리를 재확인하였다. 보고타 선언은 또한 UN결의인 "국가의 경제적 권리・의무헌장"(Charter of Economic Rights and Duties of States)[4)]에서도 언급했다. 이 결의 제2조 1항은 어떠한 국

---

1) 지구정지궤도(Geostationary Orbit)란 지구의 적도 상공 약 36,000km(22,000mile) 지점의 순환궤도로서 이 궤도에 배치된 인공위성은 지구의 자전속도와 일치하여 24시간 만에 한번 씩 지구를 순환하게 된다. 지구의 자전방향과 같은 방향으로 순환하는 이 궤도는 지구에서 볼 때 항상 정지해 있는 궤도로 보이게 된다. 이 GSO의 큰 이점은 이 궤도에 배치된 모든 인공위성은 지구의 매우 넓은 범위를 관찰할 수 있다는 것이다. 한 개의 인공위성이 지구의 약 1/3지역(40%)을 커버할 수 있다. 그러므로 지구통신이나 방송은 단지 3개의 인공위성만 지구정지궤도상에 같은 거리상에만 배치시켜 주면 지구 전 지역에서 수신이 가능하게 된다(G. Zhukov and Y. Kolosov, translated by B. Belitzky, *International Space Law,* Praeger, 1984, 156).

2) M J. Corrigan, How To Go Into Outer Space-Legally, *Trial Lawyer's Guide* (1984), 431.

3) 이 보고타 선언에 참가한 적도국가들은 현재 외기권 우주의 개념은 분명히 정의되어 있지 않고 또한 구분되지도 않은 상태이므로 GSO는 1967년 우주조약에 명시된 외기권 우주에 존재하는 것이 아니라는 것이며 GSO는 제한된 천연자원이고 궤도 하부의 적도국가 상공의 궤도 분할은 하부국가들의 영토의 일부로서 국제법상 일치된 주권을 행사할 수 있다는 것이다. 그러나 공해나 무주지 상공의 GSO에 대해서는 인류공동의 유산으로 간주하고 있다.

가도 그 모든 부, 천연자원 및 경제활동에 대해 그것들을 소유, 사용 및 처분하는 것을 포함한 완전한 항구주권을 자유롭게 행사한다고 선언하고 있다. 보고타 선언에 참가한 적도국가들의 주장의 법적근거는 다음과 같이 요약될 수 있다.

1) GSO는 지구의 성격과 그 중력의 산물이므로 외기권 우주의 일부로 파악될 수 없다는 것과

2) GSO는 제한된 천연자원이고 궤도 하부의 적도국가 상공의 궤도 분할은 하부국가들의 영토의 일부로서 국제법상 일치된 주권을 행사할 수 있다는 것이며(그러나 공해나 무주지 상공의 지구정지궤도에 대해서는 인류공동의 유산으로 간주하고 있다).[5]

3) 현재 외기권 우주의 개념은 분명히 정의되어 있지 않고 또한 구분되지도 않은 상태이므로 GSO는 1967년 우주조약에 명시된 외기권 우주에 존재하는 것이 아니라는 것이며,[6]

4) 현재 GSO에 배치된 위성은 주로 고도로 발달된 우주과학기술을 지닌 몇몇 우주권 국가들의 것이므로 선진국일수록 유리한 위치에 있게 되고, 후진국은 혜택을 전혀 누릴 수 없게 된다는 것이다.[7]

반면, 이와 같은 주장은 미국과 서방국가 심지어는 소련 및 동구권국가들에 의해서도 배척되고 있는데 그들의 주장근거는 다음과 같이 요약될 수 있다.

1) GSO는 다른 궤도와 마찬가지로 모든 국가의 육지나 바다와 같은 전체로서의 지구의 중력의 산물이지 몇몇 국가들의 산물은 아니므로 어떠한 국가도 이 궤도나 다른 궤도에 대하여 배타적 주권을 주장할 수 없다는 것이며,

2) 비록 외기권 우주의 정의와 경계획정이 아직 완성되지 못하였다고 하더라도 몇몇 국가들의 이 궤도나 다른 궤도에 대한 주권행사는 배척되어야 하는데 그 이유는 외기권 우주는 탐사와 사용이 자유라는 원칙(우주조약 제1조) 과 그것은 국가전유의 대상이 될 수 없다는 원칙(우주조약 제2조)이 실정법상 인정된 일반국제법원칙으로서 우주조약의 당사국이건 비당사국이건 모든 국가를 구속하기 때문인 것이다.

3) 비록 GSO가 한정된 천연자원일지라도 그것이 외기권 우주에 배치되는 것이 확실하며 어떠한 국가의 관할권 지배를 받지 않는다는 것이다.

---

4) GA Res. 3281(xxix), UN GAOR, 29th Sess., Supp. No. 31 (1974) 50.

5) He Qizhi, On Definition and Delimitation of Outer Space, selected Articles from *Chinese Yearbook of International Law* (1983), 118.

6) Stephen Gorove, The Geostationary Orbit: Issues of Law and Policy, 73 *American Journal of International Law* (1979), 451.

7) Qizhi, 118.

4) GSO에 인공위성을 배치한다는 의미는 이 궤도의 점유를 의미하는 것이 아니라는 것이다. 이것은 국제전기통신조약(International Telecommunication Treaty)에도 명시되어 있다. 즉 GSO의 사용은 우주조약에 명시된 법적기준에 종속되어야 한다는 것을 의미한다는 것이다.[8)]

이와 같은 GSO의 법적지위는 대기권 상공과 외기권 우주의 경계 획정에 매우 큰 영향을 미치고 있는데, 주지하는 바와 같이 이 궤도의 높이까지(약 35,800km) 국가주권이 인정된다면 그것이 적어도 대기권 상공의 최고지점으로 간주될 수 있어서 이 지점이하에 배치된 위성은 결국 외기권 우주에 있는 것이 아니라는 결론이 생기기 때문이다.

미국을 비롯한 선진국들은 GSO를 규율하는 법적 규제는 외기권 우주의 자유원칙과 매우 밀접한 관계가 있으며 이에 대한 협력과 '무선 주파수대' (radio frequency spectrum)를 유일하게 관리할 수 있는 국제전기통신연합(International Telecommunication Union: ITU)이 GSO를 통제하여야 한다고 주장한다. 더구나 GSO에 대한 예약된 권리나 우선권은 1967년 우주조약 제2조에 명시된 우주의 비전유원칙과 배치된다는 것이다.[9)]

1996년 콜롬비아는 COPUOS의 법률소위원회에 "GSO의 활용에 대한 몇 가지 고려" (Some Considerations concerning the Utilization of the Geostationary Orbit)라는 제목의 작업문서(working paper)를 제출하였는데,[10)] 1993년에 제출하였던 보고서가 기존의 보고타 선언의 입장에서 후퇴하여 GSO가 우주법상의 일부라는 점을 인정하였다면, 1996년 보고서는 개발도상국에 대한 우선권(preferential right) 부여하는 주장을 대폭 완화하여 선진국의 입장을 상당히 수용하는 입장을 밝히고 있다.[11)]

이와 같은 GSO의 법적 지위는 우주의 정의 및 경계 획정에 매우 큰 영향을 미치고 있는데, 만일 이 궤도의 높이(약 36,000km)까지 국가주권이 인정된다면 그것이 적어도 대기권 상공의 최고지점으로 간주될 수 있어서 이 지점 이하에 배치된 위성은 결국 외기권 우주에 있는 것이 아니라는 결론이 나오기 때문이다.

---

8) Qizhi, 118-119; Gorove, 452-453.

9) N. Jasentuliyana, *International Space Law and The United Nations*, Kluwer Law International (1999), 53.

10) UN Doc. A/AC.105/C.2/L.200 and Corr.1, of Mar. 15, 1996. in LSC 35th.

11) 오윤경외, *21세기 현대국제법질서* , 박영사 (2001), 417-418.

03 장

관할권과 우주법

김한택, *국제법원론-이론과 실제*, (주) 북스힐 (2015), 161-170 참조.

Space Law and Policy

제1절 관할권의 성격

관할권을 영어로 'jurisdiction' 이라고 하는데 이 용어는 기술적인 색채가 강하고 그 의미가 정확하지 않기 때문에 주의해서 사용해야 한다. 우선 관할권이 단순히 영토(territory)를 의미하는 경우가 있다. 예를 들어, 영국의 국내법원은 미성년자의 후견(custody)에 관한 사건에서 미성년자를 '재판소의 관할권 밖에' (out of jurisdiction of the court) 데리고 나가지 못하도록 명령할 수 있는데 이때 이것은 '영국의 영토 밖에' (out of England)라는 의미가 된다.[1] 이와 같이 국내공법에서 관할권은 재판소를 의미한다.[2] 그리고 UN헌장에 명시된 국내관할권(domestic jurisdiction)은 특별한 의미를 지닌다. UN헌장 제2조 7항에 "본 헌장의 여하한 규정도 본질적으로 어떠한 국가의 국내관할권내(within the domestic jurisdiction)에 있는 사항에 대해 간섭하도록 UN에 허용하는 것이 아니며 또한 그와 같은 사항을 본 헌장 상 해결방법에 부탁하도록 회원국들에게 요구하는 것도 아니다. 그러나 이 원칙은 제7장 하의 강제조치의 적용을 저해하는 것이 아니다." 라는 규정에서 말하는 국내관할권의 경우가 그것이다. 그러나 대부분의 경우 'jurisdiction' 이란 용어에 대하여 가장 빈번히 사용되는 것은 "한 국가가 자국의 인명과 재산 및 자국에서 발생한 사건에 대하여 행사하는 권력" 이라는 의미를 지칭할 때이다.

관할권에 관한 여러 가지 이론 중에서 영국 런던대학교(UCL) 법과대학의 교수였던 Bin Cheng 교수는 비교적 체계적인 것을 제시하고 있는데 국제법상 국가관할권(state jurisdiction)의 형태를 영토관할권, 준영토관할권 그리고 인적관할권으로 분류하고 있다. 우선 '영토관할권' (territorial jurisdiction)이란 국가가 그 영토 내에서 행사하는 권력의 총체를 의미하며 일반적으로 영토주권에서 유래하나 위임통치, 신탁통치 또는 조차지의 경우에는 조약에서 유래하기도 한다. '준영토관할권' (quasi-territorial jurisdiction)이란 국가가 자국의 선박, 항공기, 우주선 등의 수송수단에 대하여 행사하는 관할권인데 수송수단은 소유권, 국적, 등록 또 다른 인정된 관련성을 통하여 관계국가와 특별한 관계에 있어야 한다. 마지막으로 '인적관할권' (personal jurisdiction)이란 국가의 국민이나 법인체 또는 기업체가 어느 곳에서나 국적을 소유하고 그 보호를 향유하거나 또는 국가에 충성을 맺고 있는 관계에 있을 때 이에 대하여 국가가 행사할 수 있는 권한을 말한다.[3]

---

1) Peter Malanczuk, *Akehurst's Modern Introduction to International Law,* 7th revised ed., Routledge (1997), 109.
2) Luc Reydams, *Universal Jurisdiction-International and Municipal Legal perspectives-,* Oxford University (2006), 4.
3) Bin Cheng, the Extra-terrestrial Application of International Law, 18 *Current Legal Problems* (이하 *CLP*) (1965), 135-136.

위와 같은 국가관할권은 다시 '입법관할권' (*jurisfaction*)과 '집행관할권' (*jurisaction*)으로 나누어 생각할 수 있는데 입법관할권은 국가관할권의 '규범적 요소' (normative element)로서 국가가 타당하고 구속력 있는 법규범을 채택하고 사법기관과 같은 적정기관을 통하여 구속력을 가지고 그와 같은 규범을 구체화시킬 수 있는 권한을 의미한다. 다시 말해서 국가가 그 자국의 영토 또는 자국의 수송수단 또는 자국민에게 적용될 법을 제정하고 필요한 경우에는 그와 같은 법을 해석할 수 있는 권한을 의미한다. 그리고 집행관할권[4]은 국가관할권의 '형식적 요소' (formal element)로서 주어진 시간과 장소에서 법을 실제로 구체화시키고 강제할 수 있는 즉 물리적인 수행을 할 수 있는 권한으로서 법정의 개설 또는 범인의 체포 등을 그 예로 들 수 있다.[5]

이와 같은 입법관할권은 많은 국가의 입법관할권과 충돌 없이 동시에 존재할 수 있으나 집행관할권은 충돌 시에 우선순위가 결정된다. 즉 영토적 집행관할권(territorial *jurisaction*)은 준영토적 집행관할권과 인적 집행관할권(quasi-territorial and personal *jurisaction*)보다 우선하고 준영토적 집행관할권은 인적집행관할권보다 우선한다.[6] 가령 예를 들어 어느 미국 시민이 폴란드선박에 승선을 하고 현재 영국의 영해 내에 있다고 가정하자. 그는 영국의 영토적, 폴란드의 준영토적 그리고 미국의 인적 입법관할권 하에 동시에 있게 된다. 이와 같이 각기 다른 국가의 입법관할권은 문제를 야기하지 않고 동시에 상호 존재할 수 있다.

그러나 집행관할권은 항상 배타적 성격을 지니므로 그 우선순위가 결정되어야 한다. 따라서 위의 예를 확장시킨다면, 폴란드배가 영국의 영해 내에 있을 때에는 이 선박에 승선하고 있는 미국시민은 배타적으로 영국의 영토적 집행관할권 하에 있게 된다. 그러나 이 선박이 영국영해를 떠나 공해 상에 있을 경우, 그는 다시 폴란드의 준영토적 집행관할권 하에 있게 된다. 그러나 그가 선박을 떠나서 어떠한 국가의 지배에도 속하지 않는 사막의 땅, 즉 무주지(無主地, *res nullius*)에 있게 되면 그는 미국의 인적 집행관할권의 지배를 받게 될 것이다.[7] 이와 같이 국가는 입법관할권을 자유롭게 가질 수 있으나 그것의 실제 행사에 관하여는 집행관할권의 지배를 받게 되는 것이다. 다음은 Bin Cheng 교수가 제시하는 국가관할권이 표로 만들어 진 것이다.[8]

---

4) 필자가 1985-1986년 영국 외무성 지원으로 런던대학교 UCL 법대 대학원에서 지도교수인 Bin Cheng 교수에게서 항공·우주법을 수강할 때 *jurisfaction*과 *jurisaction*을 한자로 어떻게 표현할 수 있는가 하는 질문을 한 적이 있는데 중국계 영국인이었던 Cheng교수는 전자를 立法管轄權, 후자를 治法管轄權이라고 표현한 바 있다. 전자에 관하여는 별 문제가 없으나, 그러나 후자에 관하여는 우리말로 이를 치법관할권이라기 보다는 강제관할권내지는 집행관할권이라고 하는 것이 좋다고 생각한다.

5) Bin Cheng, The Extra-terrestrial, 136-7; 제닝스(R. Y. Jennings) 교수나 에이커스트(M. Akerhurst)는 강제관할권을 행정관할권(executive jurisdiction)과 사법관할권(judicial jurisdiction)으로 세분한다; Jennings, The Limits of State Jurisdiction, 32 *Nordiskkrift for International Ret* (1962), 212; M. Akehurst, Jurisdiction in International Law, 46 *BYIL* (1972-3), 145-212 참조.

6) Bin Cheng, Outer Space; The International Framework The International Legal Status of Outer Space, Space Objects, and Spacemen, 10 *Thesaurus Acroasium* (1981) (이하 *Outer Space*로 약칭), 60.

7) Bin Cheng, The Legal Regime of Airspace and Outer Space; The Boundary Problem, Functionalism versus Spatialism: The Major Issues, 5 *Annals of Air and Space Law* (1980), 340-341.

8) Bin Cheng, *Studies in International Space Law*, Clarendon Press·Oxford (1997), 76-78.

형태	영토관할권		준영토관할권		인적관할권	
대상	해양에 인접한 그리고 우주의 토양을 포함한 영토(지구 및 외기권)		선박, 항공기 및 우주선		개인, 법인체 및 기업체	
실질적 범위	영토내 자원 및 사람과 사물 그리고 개인이든 기업체든 사람들의 영토외적 행위를 포함한 전영토에 적용		수송수단에 있던지 어느 곳이든 개인이나 법인체의 활동을 포함하여 수송수단자체와 그에 탑승한 모든 사람과 사물에 적용		개인과 법인체 및 기업체와 그들에 속한 모든 재산과 권리 법적 이윤이 어느 곳에 있든지 적용	
연원	국제관습법: 주권, 전쟁법, 자위권과 복구를 포함한 *status mixtus*. 조약: 보호령, 조차지, 위임통치 및 신탁통치에 대하여 타국이 승인 또는 묵인한 조약		국제법상 기국이나 해적선에 대한 국가관할권. 국제관습법상 국기게양권은 소유자, 임대자 또는 '진정한 유대' 관계자 또는 등록에 의해서 가능. 이는 타 국제법인체에 의해서 동의, 승인 및 공인, 묵인에 의해서도 가능.		국제관습법: 국적에 의해 부여된 법인체나 기업체를 포함한 개인 또는 충성관계자 및 국제밥상 해적에 적용되는 국가관할권 조약: 보호령, 조차지, 위임통치 및 신탁통치에 대하여 타국이 승인 또는 묵인한 조약	
요소	입법관할권	집행관할권	입법관할권	집행관할권	입법관할권	집행관할권
체계 및 순위 Precedence (집행관할권)	다른 입법 관할권과 동등		다른 입법 관할권과 동등		다른 입법 관할권과 동등	
체계 (집행관할권)		첫째		둘째		셋째
순위 (집행관할권)		충돌시 준영토 집행관할권보다 우선		충돌시 영토집행 관할권에 양보해야 하나 인적집행관할 권보다 우선		충돌시 영토 집행관할권과 준영토집행관 할권에 양보
지리적 범위	무한대 (지구 및 외기권)	국가영토, 국가가 책임있는 국제관련 타 영토, 평시나 전시의 영토		타 공인된 국제 인격체의 영토집행 관할권에 종속된 영토 밖의 어느 곳이든 수송수당에 적용된 기국관할권 존재	무한대 (지구 및 외기권)	영토밖의 국가의 인적 관할권에 종속 되는 모든 개인, 법인체, 기업체 또는 타 공인된 국제 인격체의 영토 집행관할권과 준영토집행 관할권에 종속된 영토나 수송 수단에 적용
우주법관련성	외기권에 적용	외기권과 영공의 분명한 경계획정이 요구됨. 국제법의 현존 규칙과 일치하여 설정되고 공인된 주권을 가진 외기권 영토	외기권에 인정	우주에 있는 국가우주선에 적용	외기권에 인정	국가의 인적관할권에 종속된 국민 이나 타인 및 기업체가 우주에 있을 때 적용

TYPE	TERRITORIAL		QUASI-TERRITORIAL		PERSONAL	
Object	*Terra Firma*(terrestrial or extraterrestrial) including adjacent maritime belt, subsoil and superjacent space		Ships, aircraft and spacecraft		Individuals, corporate bodies and business enterprises	
Material Scope	In respect of the whole territory, including all its resources, and persons and things therein, and the extraterritorial activities of all such persons, whether individual or corporate		In respect of the craft themselves and all persons and things therein, including the activities of such persons, individual or corporate, whether on board the craft or elsewhere		In respect of individuals, corporate bodies and business enterprises, and all property, rights and legal interests belonging to them, wherever they may be	
Source	International customary law: sovereignty, law of war and *status mixtus*, including self-defence and reprisals. Treaties with, and recognition or acquiescence of, other international persons, e.g.. protectorates, leased, mandated and trust territories		State jurisdiction over flag-craft and pirate vessels *jure gentium*. Right to flag under international customary law may be based on nationality of owner or charterer, other 'genuine link', and registration. It may also be derived from consent, recognition or acquiescence of other international persons		International customary law: State jurisdiction over nationals, including corporate bodies and business enterprises endowed with nationality, other persons owing allegiance, and pirates *jure gentium*. Treaties with, and recognition or acquiescence of, other international persons, e.g.. jurisdiction over protected persons	
Element	*Jurisfaction*	*Jurisaction*	*Jurisfaction*	*Jurisaction*	*Jurisfaction*	*Jurisaction*
Hierachy and Precedence (Jurisaction)	On a par with other types of jurisfaction		On a par with other types of jurisfaction		On a par with other types of jurisfaction	
Hierarchy (Jurisaction)		First		Second		Third
Precedence (Jurisaction)		In case of conflict, overrides quasi-territorial and personal jurisaction		In case of conflict, gives way to territorial jurisaction but overrides personal jurisaction		In case of conflict, gives way to both territorial and quasi-territorial jurisaction

TYPE	TERRITORIAL		QUASI-TERRITORIAL		PERSONAL	
Element	*Jurisfaction*	*Jurisaction*	*Jurisfaction*	*Jurisaction*	*Jurisfaction*	*Jurisaction*
Geographical Scope	Limitless (terrestrial and extra-terrestrial)	National territory of a State, other territory for the international relations of which it is responsible, and territory under its *occupatio pacifica* or *bellica*		Over flag-craft anywhere outside territories subject to the territorial jurisaction of other recognized international persons.	Limitless (terrestrial and extra-terrestrial)	Over all individuals, corporate bodies and business enterprises subject to a state's personal jurisdiction outside territories or crafts subject to the territorial or quasi-territorial jurisaction of other recognized international persons
Relevance to space law	Extraterrestrially applicable	Stresses the urgent need of clearly delimiting national space from outer space. Will also apply extraterrestrial territories, once sovereignty established and recognized in accordance with existing rules of international law	Extraterrestrially applicable	Applicalbe to national spacecraft in outer space	Extraterrestrially applicable	Applicable to nationals and other persons or entities subject to a State's personal jurisdiction even when they ar in outer space

〈State Jurisdiction〉

제2절 관할권의 적용[1)]

국제법상 관할권의 종류에 관하여 여러 가지 학설이 있는데 크게 분류하여 영토관할권(일명 속지주의 또는 영토주의)과 영토외적관할권(또는 역외관할권)의 두 종류로 분류할 수 있다. 영토관할권은 다시 그 성격에 따라 영토주의와 확장된 영토주의(일명 주관적·객관적 영토주의)로 나눌 수 있고 영토외적관할권은 그 성격에 따라 적극적 국적주의와 소극적 국적주의, 보호 또는 안전주의 및 보편주의로 나눌 수 있다.

1. 영토관할권 (Territorial Jurisdiction)

(1) 영토주의 (Territorial Principle)[2)]

국가는 그 영토 내에서 완전하고 배타적인 관할권을 가진다는 이 원칙은 국제관습법 상 확립된 기본적인 원칙이다. 1928년 네덜란드와 미국사이에 분쟁이 된 "팔마스 섬 사건" (Island of Palmas Case)에서 중재재판관이었던 후버(Max Huber)는 영토주권이야말로 국제관계에 관련된 모든 문제를 해결하는데 있어서 출발점이라고 하였다.[3)] 그러므로 국가는 영토(육지), 영해, 영공에서 발생한 범죄에 관하여, 배타적 관할권을 가진다. 물론 여기서 배타적 관할권의 의미는 입법관할권 뿐만 아니라 집행관할권도 포함하고 있는 개념이다. 1919년의 "파리협약" (Paris Convention on the Regulation of Aerial Navigation) 제1조와 이 협약을 대치시킨 1944년 시카고협약(Convention on the International Civil Aviation) 제1조도 "각 국은 그 영토의 상공에서 완전하고 배타적인 주권을 가진다." 고 명시함으로써 배타적인 영토주의 즉 영공관할권을 표명하고 있다. 이와 같이 체약국에 의한 영공주권원칙의 승인은 그들 상호관계뿐만 아니라 이 협약에 참가하지 않은 비당사국에까지 적용되는 것으로서 국제관습법 상 확립된 원칙이라고 할 수 있다.[4)]

---

1) 김한택, 국제법원론-이론과 실제, 161-170 참조.
2) 이를 '屬地主義', '領域主義' 또는 '犯罪地主義' 라고도 한다.
3) 2 United Nations Reports of International Arbitral Awards, 829, at 838; Bin Cheng, Crimes on Board Aircraft, 9 *CLP* (1959), 182.
4) Bin Cheng, *The Law of International Air Transport*, Stevens & Sons Limited (1962), 120.

따라서 어느 국가의 영토나 영공 영해 상에서 발생한 범죄에 관하여 영토국은 경찰력을 사용하여 범인을 체포할 수 있고 법원을 통해 재판할 수 있는 권한을 가지는 데 항공기가 자국의 것이든 외국항공기든 간에 불문하고 관할권을 행사할 수 있다. 영공문제와 관련하여 이와 같은 원칙을 뒷받침해 줄 수 있는 사건으로 1960년의 "U-2 정찰기 사건" 과 "RB-47 정찰기 사건" 을 들 수 있다. 1960년 5월 1일 소련은 소련상공을 허가 없이 비행하고 있던 미국의 U-2정찰기를 격추시키고 그 조종사를 재판한 후 투옥시켰다. 미국은 소련의 영토적 집행관할권행사에 대하여 항의하지 않았다. 그리고 얼마 후 1960년 7월 1일 소련은 소련근해 공해상에서 소련을 관측하고 있던 미국 정찰기 RB-47기를 위와 같은 혐의로 격추하여 미국이 강력히 소련의 행위를 규탄하였다. 결국 소련은 RB-47기의 두 생존자를 간첩혐의로 처벌하지 않고 돌려보냄으로써 묵시적으로 자국행위의 불법성을 시인한 예가 있다.[5)]

(2) 주관적 · 객관적 영토주의(Subjective-Objective Territorial Principle)

한 국가의 영토 내에서 발생한 범죄에 관하여는 영토관할권의 행사에 문제가 없다. 그러나 서로 다른 요소를 지닌 범죄가 서로 다른 국가에서 발생했을 때에는 문제가 발생한다. 예를 들어, 국경지대에서 영토 밖에서 발사한 총에 의해 자국민이 사살되었을 때 누가 관할권을 가지는가? 이와 같은 문제에 대해서 특히 영미의 코몬로(또는 보통법, common law)계 국가들은 주관적 · 객관적 영토주의라는 확장된 영토주의에 의하여 접근을 하고 있다.

우선 '주관적 영토주의' (subjective territorial jurisdiction)란 범죄가 자국에서 시작되어 자국영역 밖에서 완성되었을 때, 동 범죄에 관하여 범죄가 시작된 영토국가가 관할권을 가질 수 있다는 원칙이고, '객관적 영토주의' (objective territorial jurisdiction)란 이와는 반대로 자국영역 밖에서 시작된 범죄가 자국영역에서 완성되었을 때, 동 범죄에 대한 관할권을 범죄가 완성된 영토국가가 주장할 수 있다는 원칙이다.[6)] 1927년 "로터스 호 사건" (Lotus Case)에서 터키가 프랑스선박과 터키선박의 충돌로 터키선박 내의 선원 8명이 사망했으므로 터키법이 프랑스선원에게 미친다고 해석하는 것에 대하여 프랑스는 강력히 항의했지만 상설국제사법재판소(PCIJ)는 터키선박은 터키의 영토와 동일시될 수 있으므로 터키가 그러한 관할권이 있다고 결정했다.[7)]

그러나 이와 같은 확장된 영토주의는 후술하는 보호주의와 국적주의 같은 영토외적관할권과 구별하기 힘든 경우가 종종 발생한다. 사실 미국 법원은 영토외적관할권에 기초를 둘 수 있는 사건에서도 이와 같은 확장된 영토주의를 적용시킨 경우가 있다. 예를 들어, 미국 시민이 미국 영토 밖에서 미국법을 위반하여 미국 내에 어떠한 영향을 미친 경우에 미국 법원은 영토외적 관할권이론에 속하는 보호주의나 국적주의에 기초하지 않고 확장된 영토

5) Bin Cheng, *Outer Space*, 61-62.
6) R. Y. Jennings, Extra-territorial Jurisdiction and the United States Antitrust Laws, 33 *BYIL* (1957), 156.
7) Martin Dixon, *Textbook on International Law*, 5th ed., Oxford University Press (2005), 136.

주의원칙을 사용한다는 점이다. 외국인에 대하여도 미국과 영국 법원은 이 이론에 입각한 확장된 영토주의를 적용시킨다. 영토 밖에서 행한 외국인의 범죄가 영토국가에 어떤 영향을 준 경우에는 동 외국인은 영토 내에서 범죄를 수행한 것과 같이 간주된다는 것이다.[8)]

2. 영토외적 관할권 (Extra-Territorial Jurisdiction)[9)]

국제관습법 상 국가는 자국영토 밖에서 자국의 안전이나 통화에 대하여 범죄를 행한 자국민이나 외국인에 대하여 관할권을 행사할 수 있다. 그러나 외국 영토에서 행할 수 있는 이와 같은 국가의 관할권은 입법관할권에만 국한되는 점을 유의해야 한다. 왜냐하면 조약 및 국제관습법의 원칙상 어느 국가가 타국의 승인 없이 타국의 영토 내에서 행한 집행관할권은 그 국가의 영토주권을 침해하는 것이기 때문이다. 영토외적 관할권에 관한 문제가 국제법상 중요하게 부각되었던 사건으로는 상설국제사법재판소(PCIJ)가 다루었던 1927년 "로터스 호 사건" (Lotus Case)을 들 수 있다.

(1) (적극적) 국적주의 (Active Nationality Principle)[10)]

국제관습법 상 국가는 영토적 한계와 무관하게 자국민에 대하여 관할권을 행사할 수 있는데 이를 (적극적) 국적주의 혹은 속인주의라고 한다. 물론 이것 역시 입법관할권을 의미하는 것이지 집행관할권의 자유로운 행사를 의미하지는 않는다.[11)] 1927년 "로터스 호 사건" (Lotus Case)에서 미국 출신 존 무어(John Bassett Moore) 판사는 그의 개별의견(separate opinion)에서 동 원칙에 관하여 "어느 누구도 한 국가가 자국의 형법에 외국에 있는 자국민을 종속시킬 권한을 가지는 것에 대하여 문제를 제기할 수 없다." [12)]고 하였다. 이와 같은 원칙은 하버드 로스쿨(Harvard Law School)의 '범죄에 관한 관할권 협약 초안' 제5조에서도 다음과 같이 재확인되고 있다.

"국가는 그 영토 밖에서 행하여 진 범죄에 관하여 다음의 경우에 관할권을 가진다.
(a) 범죄가 수행될 때 동 국가의 국민이었던 자연인, 또는 기소되거나 처벌될 때 동 국가의 국민인 자연인에 의한 행위" [13)]

---

8) M. Cherif Bassiouni, Theories of Jurisdiction and their Application in Extradition Law and Practice, 5 *California Western International Law Journal* (1974), 13-14. 14.

9) 이를 '역외관할권' 이라고도 한다.

10) 이를 '屬人主義' 라고도 한다.

11) Jennings, 153.

12) PCIJ, Rep. A-10. 92.

13) Art. (5), "Draft Convention on Jurisdiction with respect to crime" 29 *American Journal of International Law* (이하 *AJIL*) Supp. (1935), 519.

또한 미국법률협회(ALI)의 'Second Restatement of the Law' 에서도 다음과 같은 원칙을 규정하고 있다.

"(1) 국가는 다음의 경우에 법규를 제정할 수 있다.
(a) 범죄발생지를 불문하고 법적 결과가 자국민의 행위로 귀속될 때." 14)

이와 같은 영토외적 입법관할권(extra-territorial *jurisfaction*)은 각 국가의 자국민에 대한 인적주권(personal sovereignty)에 기초를 두고 있는데 동 원칙에 따르자면 각 국이 자국의 국적을 지닌 선박이나 항공기에 대하여 그것이 공해상이나 무주지에 있건 또는 타국에 있건 또는 타국을 비행하든 간에 영토외적 입법관할권을 행사할 수 있다는 것이다.15) 수많은 국가들이 이와 같은 문제를 다루는 법을 제정하고 있는데 벨기에, 볼리비아, 프랑스, 터키 등은 자국 영토가 아닌 장소를 비행하는 외국 국적의 항공기상에서 자국민에 의하여 발생한 범죄에 대해서는 자국형법을 적용시킬 수 있도록 법을 규정하고 있다.16)

이 원칙은 주로 대륙법 국가들에 의하여 선호되는데, 영국의 경우 반역죄(treason), 살인죄(murder), 과실치사죄(manslaughter), 중혼죄(bigamy), 조세범죄(revenue offences)에 대하여 그리고 미국의 경우는, 반역죄, 마약거래(drug trafficking), 군대에 의한 또는 군대에 대한 범죄(crimes by or against the armed forces)에 대하여 (적극적) 국적주의를 제한적으로 적용하고 있다.17)

(2) 소극적 국적주의 (Passive Personality Principle)

이 원칙은 소극적 속인주의라고도 하는데 국가는 외국에서 외국인이 자국민에 대하여 범죄를 행하였을 경우 그 외국인을 처벌할 권리가 있다는 개념에서 출발한다.18) 이 원칙은 전술한 (적극적) 국적주의를 보완하는 이론으로서 (적극적) 국적주의가 외국에서 범죄를 저지른 자국민에 대하여 관할권을 가지는 데 반하여 소극적 국적주의는 외국에 있는 자국민에 대한 국적국가의 관심 역시 보호되어야 한다는 것이다. 다시 말해서 국가가 추구하는 최대의 복지는 자국민의 복지에 달려 있으므로 국가는 자국민이 외국에 있을 때 자국민에 대하여 범죄를 행한 자에 대하여 처벌할 이해가 있다는 주장이다.19)

이 이론은 다음 항의 보호주의 (또는 안전주의) 원칙의 일부로도 생각할 수 있으나 소극적 국적주의의 대상은 자국민이 어디에 있든 간에 관계없이 그를 보호한다는 것이고, 보호주의는 자국의 영역 밖에서 자국 및 자국 경제관계를 보호하여 그것이 자국 내에 영향을

---

14) Sec. 30, Second Restatement of the Law, Foreign Relations Law of the U.S. (1965), 86.
15) Bin Cheng, Crimes on Board Aircraft, 9 *CLP* (1959), 184.
16) Sami Shubber, *Jurisdiction over Crimes on Board Aircraft*, Martinus Nijhoff (1973), 78.
17) Rebecca M. M. Wallace, *International Law*, 5th ed., Sweet & Maxwell (2005), 120.
18) Jennings, 154.
19) Bassiouni, 43-44.

미치는 범죄를 대상으로 관할권을 행사할 수 있다는 점이 다르다.[20] 그러나 이 이론은 하버드 로스쿨의 연구초안에서는 인정받지 못하였고, 몇몇 학자들로부터 비난의 대상이 되고 있는데, 예를 들어 영국의 제닝스(R. Y. Jennings) 교수는 이것은 영토외적관할권을 정당화시키는 이론 중 가장 문제가 많은 이론이며 또한 쉽게 남용될 가능성이 있으므로 영미계통의 법학에서는 찾아볼 수 없는 것이라고 한다.[21]

그럼에도 불구하고 많은 대륙법계 국가들이 이 이론에 기초하여 법률을 제정하고 있는데[22] 1972년 3월 21일 이스라엘이 이것에 기초하여 형법을 개정한 바 있다. 동 법에 의하면 자국에 영향을 주는 행위(보호주의) 또는 자국의 경제적 이익에 영향을 주는 행위(보호주의) 그리고 자국민에게 해를 주는 행위를 한 자 (소극적 국적주의)는 이스라엘 법정에 종속된다고 규정하고 있다.[23] 또한 이에 관한 국제사건으로는 1927년 "로터스 호 사건" (Lotus Case)을 들 수 있는데 터키는 사망한 자국민에게 대하여 프랑스선원을 체포한 것은 소극적 국적주의에 의한 것이라고 주장한 바 있는데 그 근거는 모든 국가는 자국민에 대하여 외교적 보호권(diplomatic protection)을 행사할 수 있다고 보았다.[24] 그러나 미국 법률협회(ALI)는 동 원칙을 영토외적관할권의 범주에서 다음과 같이 제외시키고 있다.

> "국가는 자국의 영토 밖에서 외국인의 범죄행위가 단순히 자국민에게 영향을 준다는 이유만으로는 그 외국인에게 법적 결과를 귀속시킬 법규를 제정할 권한을 가지지 못한다." [25]

그러나 국제법상 전통적인 관할권이론에서 많은 이론이 제기되었던 소극적 국적주의가 국제테러협약을 통하여 점차적으로 발전되어가고 있는 특징을 볼 수 있다. 1973년의 뉴욕협약 제3조 1항, 1979년 인질협약 제5조 1항(d) 그리고 1988년 로마협약 제6조 2항(b)가 그 예이다.

(3) 보호주의 (Protective Principle)

이를 '안전주의' (security principle) 또는 '보호된 이익주의' (protected interest principle)[26]라고도 하는데 국가가 자국의 안전, 신용, 정치적 독립이나 영토적 보전에 반하는 행위를 한 외국인에 대하여 영토외적관할권을 행사할 수 있는 것을 의미한다.[27] 따라서 간첩죄, 선동죄,

20) Bassiouni, 46.
21) Jennings, 155.
22) 예를 들어 아르헨티나, 벨기에, 볼리비아, 칠레, 프랑스, 레바논, 룩셈부르크, 스페인, 스위스, 독일, 그리스, 루마니아 등을 들 수 있다.
23) 이스라엘 형법 제4조 (a); Bassiouni, 46.
24) Martin Dixon, *Textbook on International Law*, 5th ed., Oxford University Press (2005), 142.
25) Second Restatement, Sec 30(2), 86.
26) Bassiouni, 47.
27) Jennings, 155.

화폐위조 및 비자와 같은 공문서위조, 해외공관의 침범뿐만 아니라 자국의 경제에 실질적으로 위협이 되는 행동 등이 이에 포함된다.[28] 하버드 로스쿨 연구초안도 제7조에 다음과 같이 이 이론의 근거를 제시하고 있다.

"국가는 그 영토 밖에서 외국인이 자국의 안전, 영토보전 및 정치적 독립에 반하는 어떠한 행위를 한 경우에 이에 관한 관할권을 가진다. 다만 이 경우에 범죄를 구성하는 작위 또는 부작위가 그 행위지법상 외국인에게 보장된 자유의 행사인 경우는 제외된다." [29]

따라서 동 초안을 분석하면 범죄혐의자의 행위가 발생한 장소의 법에 의하여 향유되는 권리의 행사인 경우는 영향을 받는 국가의 관할권에는 종속되지 않는다는 것을 의미한다. 가령, 예를 들어 A국에서 자국민이 B국의 정치체제에 대하여 언론의 자유를 가지고 비난을 한 경우, B국은 이에 대하여 관할권을 행사할 수 없다.[30] 이와 같이 보호주의가 인정되는 근거는 국가의 정치적·경제적 중대이익이 관련되는 범죄인데도 범죄의 정치적 성격으로 말미암아 인도가 거부될 수 도 있고, 그렇다고 해서 '범행지법' (*lex loci delicti*)에 의해 반드시 처벌되는 것도 아닌 경우에 발생되는 공백을 메우기 위한 것이라고 할 수 있다. "아이히만 사건" (Eichmann Case)[31]에서 이스라엘이 보호주의를 내세웠지만 이스라엘이 건국되기도 전의 국익이 과연 존재하였는가 하는 의문점이 제기된다.[32]

(4) 보편주의 (Universality Principle)

범죄적 성질을 포함하는 여러 상황이 어떤 종류의 범죄의 진압을 국제공서(international public policy)로서 정당화하는 경우에 자국민 이외의 자에 의한 행위에 대하여 관할권을 인정하는 원칙은 통상 제한적으로 상당수의 국가들이 채용하여 왔다. 그 예로써 살인과 같은 보통범죄사건을 범행지국이 범인의 인도를 거부하고 사건 그 자체를 진행시켜 심리하려고 하지 않는 경우나, 어느 국가의 관할권에도 속하지 않는 지역, 즉 무주지(*res nullius*)나 공유지(*res communis*)에서의 무국적자에 의한 범죄 등이 있다. 영미법계는 이를 관련된 일반원칙에 적대적인 것으로 보고 있는데, 하버드 로스쿨 연구초안[33]은 해적행위범죄를 제외하면 보조적인 권한에 대해서만 보편주의를 근거로 간주하고 있다. 하이재킹(항공기 납치행위)과 마약관련범죄는 보편적 관할권에 속한다.[34] 보편주의를 세분하면 다음과 같다.

---

28) Bowett, 11.
29) 29 *AJIL* (1935) Supp. 543.
30) Shubber, 81.
31) Eichmann Case, 36 *International Law Reports* (1961), 5, 48-49.
32) Dixon, 5th, 139.
33) Harvard Research, 29 *AJIL* (1935) Spec. Suppl. 563-592.
34) Ian Brownlie, *Principles of Public International Law*, 7th ed., Oxford University Press (2008), 305.

1) 허용적 보편주의 (Permissive Universality Principle)[35]

이 원칙은 범죄의 억제는 모든 국가의 공통된 이해라는 사고에 기초하고 있는데 국제법은 국가들에게 국내법에 반하는 범죄와는 별도로 국제법에 반하는 범죄에 대하여 보편적 성질의 형사관할권을 부여하고 있다. 더구나 국제형사재판소가 없었던 시기에 국제법은 국가들로 하여금 그와 같은 보편적인 범죄를 처벌하기 위하여 그들의 국내법원을 사용하도록 하였다. 국제법상 전형적인 예로 해적행위(piracy)를 '인류일반의 적' (*hostis humani generis*)으로 간주하고 있다.[36] 하버드 로스쿨 연구초안도 이것에 관하여 제9조에 "국가는 자국영토 밖에서 국제법상 해적행위를 구성하는 어떠한 범죄를 행한 외국인에 대하여 관할권을 가진다." [37]라고 명시하고 있다.

또한 국제협약으로는 1958년 공해에 관한 협약 제15조와 1982년 UN해양법협약 제101조도 해적행위에 관한 조항을 명시하고 있다. 전쟁범죄(war crimes)도 국제법에 반하는 범죄이나 이것이 보편적 관할권에 속하는가는 분명치 않다. 이스라엘의 예루살렘법정이 "아이히만 사건" (Eichmann Case)에서 이스라엘이 아르헨티나의 영토주권을 위반하면서까지 그를 납치하여 법정에 세웠지만 "국제법에 위반되는 중대한 범죄(*delicta juris gentium*)"라고 하면서 보편적 관할권을 주장하여 처리하였지만, 학자들은 매우 이례적이고 근거가 부족한 것으로 보고 있다. 한편 이스라엘은 아르헨티나에 대하여 영토주권침해에 대한 사죄를 표명하였다. [38]

1948년 "집단살해의 방지와 처벌에 관한 협약" (Convention on the Prevention and Punishment of the Crime of Genocide)이 유사한 내용을 명시하고 있다고 주장하는 학자들이 있으나[39] 보편적 관할권에 관한 조항은 없다.[40] 또한 1973년 인종차별금지협약도 제4조에 체약국은 그들의 관할권에 따라서 범인을 소추하고 처벌하여야 한다고 하였을 뿐 보편적 관할권에 관한 언급은 없다. 영국의 제닝스(R. Y. Jennings) 교수는 여자와 어린아이 및 마약의 밀매와 같은 국제범죄도 보편적 관할권에 포함시킬 것을 주장하지만[41] 아직은 해적행위와 같은 정도의 보편적 관할권이 성립되지 못하고 있다.

그러나 노예무역과 그와 같은 목적으로 공해(high seas)를 이용하는 것은 원래는 국제관습법상 보편적 관할권의 범위 내에 속하지 못하였지만 이에 관하여 19세기 이후 수많은 조약이 이루어졌고 따라서 보편적 관할권의 지배를 받는 '국제범죄' (international crime)로 간주되었다.[42] 1958년 공해에 관한 협약 제13조가 이를 규정하고 있고 1982년 UN해양법협약

---

35) 보편주의를 '世界主義' 라고도 한다.

36) C. Shachor-Landau, Extraterritorial Penal Jurisdiction and Extradition, 29 International and Comparative Law Quaterly (1935), 284.

37) 29 *AJIL* Supp. (1935), 563.

38) Bowett, 12; Dixon, 5th, 143.

39) Shachor-Landau, 284.

40) Bowett, 12.

41) Jennings, 156.

제99조도 다음과 같이 규정하고 있다.

"모든 국가는 자국의 국기게양이 허가된 선박 내 노예수송을 방지하고 처벌하기 위한 그리고 이를 위한 자국 국기의 불법사용을 방지하기 위한 실효적 조치를 취하여야 한다. 국가와 관계없이 어느 선박에 피난한 노예는 사실상 자유이다."

또한 동 협약 제110조(b)도 군함은 공해 상에서 노예무역에 종사하는 선박이라고 의심할 충분할 근거가 있을 때 동 선박을 임검할 수 있음을 명시하고 있다.

2) 의무적 보편주의 (Obligatory Universality Principle)

의무적 보편주의라 함은 범죄의 어떤 관련이 있는 국가는 범인을 자국에서 재판하든지 아니면 다른 관계국에 인도하든지 해야 한다는 원칙이다. 그러므로 '인도 아니면 소추' (*aut dedere, aut judicare*-either extradite or prosecute) 또는 '처벌 아니면 인도' (*aut punire, aut dedere*-either punish or extradite)라는 법언(法諺)이 이를 표현하고 있다. 이 경우는 국가에게 의무를 부과하는 것이기 때문에 의무의 발생요건은 모두 조약에 의해 정해진다. 따라서 그러한 의무를 부담하는 것은 조약 당사국에 국한되며 바로 그러한 점에서 이 경우를 보편주의라 할 수 있는 가라는 문제가 제기된다. 그러나 이러한 종류의 조약은 모든 국가가 가입할 수 있게 되어 있는 무조건 개방조약일 뿐 아니라 속지주의, 속인주의, 보호주의의 경우와는 달리 국가에게 의무를 부과하는 것이기 때문에 보편주의에 입각하는 것이라 해도 지나침은 없으리라 본다.

오늘날 의무적 보편주의가 적용되는 범죄의 대표적인 것으로는 항공범죄행위를 포함한 국제테러행위가 있다. 이 가운데 항공범죄의 방지 및 처벌을 위한 일반조약으로는 1963년 도쿄에서 체결된 "항공기내에서 범한 범죄 및 기타 행위에 관한 협약"(Convention on Offences and Certain Other Acts Committed on Board Aircraft), 1970년 헤이그에서 체결된 "항공기의 불법납치억제를 위한 협약"(Convention for the Suppression of Unlawful Seizure of Aircraft), 그리고 1971년 몬트리올에서 체결된 "민간항공의 안전에 대한 불법행위의 억제를 위한 협약"(Convention for the Suppression of Unlawful Acts Against the Safety of Civil Aviation)이 있고, 국제테러행위의 방지 및 처벌에 관한 것으로는 1973년 "외교관 등 국제적 보호인물에 대한 범죄의 방지 및 처벌에 관한 협약" (Convention on the Prevention and Punishment of Crimes Against Internationally Protected Persons, Including Diplomatic Agents)과 1979년 "인질억류방지에 관한 국제협약"(International Convention Against the Taking of Hostages) 그리고 1988년 로마에서 체결된 "해상항행의 안전에 대한 불법적 행위의 억제를 위한 협약"(Convention for

42) Bassiouni, 54.

the Suppression of Unlawful Acts Against the Safety of Maritime Navigation) 등이 있다. 그리고 테러리즘의 처벌을 위한 지역적 국제협약으로는 1971년 미주기구(Organization of America Stater; OAS) 회원국들에 의해 워싱턴에서 체결된 "국제적 중요성을 가진 사람 및 관련 강탈에 대한 범죄의 형식을 지닌 테러행위의 방지 및 처벌에 관한 협약(일명 OAS 테러협약)"과 1976년 유럽평의회에 의해 채택된 "테러리즘의 억제에 관한 유럽협약"(Convention to Prevent and Punish the Acts of Terrorism Taking the Form of Crimes against Persons and Related Extortion that are of International Significance)이 있다.

04 장

국제법상 영역구분

김한택, 인류공동유산원칙과 우주법, *국제법과 현대법의 신경향*, 신양사 (1993), 107-130 참조.

국제법상 영역구분에 관하여 Bin Cheng 교수는 비교적 설득력 있는 분류방법을 제시하고 있는데 즉 국제법상 영역에는 전통적으로 첫째, '국가영토' (national territory), 둘째, 국가영토로 편입될 가능성이 있는 '무주지' (*territorium nullius* or *res nullius*), 셋째, 법률상 국가전유의 대상이 되지 않는 '국제공역' (*res extra commercium*)이 있고 그리고 마지막으로 영토적 의미에서 국가전유의 대상이 되지 못할 뿐만 아니라 그 곳에 나오는 이익과 자원은 인류의 재산으로 간주해야 한다는 '인류공동유산영역' (*territorium commune humanitatis*)이라는 새로운 개념이 국제법에 출현하게 되었다.[1] 이와 같은 분류방식에 동조하는 학자들로서는 니콜라스 마테(Nicolas M. Matte)교수[2]와 윌실비아 리엄스(Sylvia M. Williams)[3] 교수 등을 들 수 있다.

---

1) Bin Cheng, The Moon Treaty: Agreement Governing the Activities of State on the Moon and Other Celestial Bodies within the Solar System other than the Earth, December 18, 1979(이하 Moon Treaty로 약칭), 33 *Current Legal Problems* (이하 *CLP*) (1980), 213.
2) Nicolas Mateesco Matte, The Common Heritage of Mankind and Outer Space: Toward A New International Order for Survival, 12 *Annals of Air and Space Law* (이하 *AASL*) (1987), 320.
3) Sylvia Maureen Williams, The Law of Outer Space and Natural Resources, 36 *International and Comparative Law Quartely* (이하 *ICLQ*) (1987), 148.

제1절 국가영토

국가영토는 국가가 배타적 지배를 할 수 있는 인적 사항적 장소적인 여러 한계 가운데 특히 장소적 한계를 가리키는 개념이다. 이 영역에 대한 국가의 기능을 영역권이라 하는데 이것은 영역자체를 자유롭게 사용하고 수익하고 처분하는 권리와 영역 내에서 자유로이 통치를 하는 권리를 함께 포함한다.[1)]

UN헌장 제2조 4항은 이러한 국가영토를 무력 기타 비평화적 방법에 의하여 변경시킬 수 없다는 '영토보전의 원칙' (principle of territorial integrity)을 규정하고 있다.[2)] 이와 같은 국가영토는 육지(영토)와 육지에 접속한 수역(영수) 및 양자의 상공(영공)으로 구성되며 영토와 영수의 지하 및 해저도 이에 포함된다. 영토는 육지와 섬을 포함하며 영수는 호소, 하천, 운하, 내해, 항, 만으로 구성된 내수와 군도수역 그리고 영해와 해협으로 구성된다.[3)] 영해 이원의 대륙붕, 접속수역 및 군사수역(안전보장수역) 그리고 공해상공에 설치된 '방공식별구역' (Air Defence Identification Zone; ADIZ)등은 국가의 일정한 관할권이 행사되지만 엄격한 의미에서 영토에 포함되지 않는다. 다만 관할권행사의 정도에 따라 영토에 적용되는 일정한 법규칙들이 제한적으로 적용될 뿐이다.

1) 이한기, *국제법강의*, 박영사 (1992), 28.
2) 유병화, *국제법 I*, 진성사 (1992), 378.
3) 이병조. 이중범, 국제법신강, 일조각 (1993), 36.

제2절 무주지

무주지(*res nullius*)에 관하여 'Black's Law Dictionary' 는 다음과 같이 정의하고 있다.

"어느 누구의 재산이 아닌 것으로서 전소유권자가 최종적으로 이것을 포기했거나 또는 어느 누구에 의해서도 소유되지 못하였거나 또는 (로마법상) 사적소유의 여지가 없는 이유로 소유권자가 없는 물건"[1]

따라서 동지역은 전유(appropriation)나 개발행위를 수행할 수 있는 자에 의하여 소유될 수 있다는 법적추론이 가능하다.[2] 이와 같은 이론은 서구열강들이 비거주지역(uninhabited territory)(실은 서구 유럽인이나 다른 문명인이 살고 있지 않은 지역)을 발견이나 실효적 점령을 통하여 자국의 영토로 편입시키는데 많이 이용되었다.[3]

1) *Black's Law Dictionary*, 6th ed., (1990), 1306.

2) Christopher C. Joyner, Legal Implications of the Concept of the Common Heritage of Mankind, 35 *ICLQ* (1986), 194.

3) Bradley Larschan and Bonni C. Brennan, The Common Heritage of Mankind Principal in International Law, 21 *Columbia Jounal of Transnational Law* (이하 *CJTL*) (1983), 312.

제3절 국제공역 (*res extra commercium*)[1]

동 개념은 '공유물' (*res communis*)과 '국제공역' (또는 불융통물, *res extra commercium*)의 양자를 모두 포함하는 것인데 우선 '공유물' 에 대하여 'Black's Law Dictonary' 에 수록된 정의를 살펴보면 다음과 같다.

> "민법상 모두에게 공통되는 물건으로서 부분적으로는 어느 누구에 의해서도 사용 또는 향유될 수 있으나 빛이나 공기처럼 전체로서는 독점적으로 취득될 수 없는 것" [2]

따라서 공유물은 두 가지 특징을 가지고 있는데 첫째, 전유될 수 없다는 것과 둘째, 모든 사람이 공평하게 이것을 사용할 수 있다는 것이다.[3] 공유물은 국제공역으로도 표현되는데,[4] 엄밀히 분석해 보면 공유물은 각 국가가 이에 대한 지분을 갖고 그 지분의 분할청구권을 가질 수 있다는 것이고 국제공역은 사법상의 불융통물과 같이 소유의 객체로 되나 거래가 금지되는 것인데[5] 두 개념 모두 각 국가가 이것을 전유할 수 없고 공동으로 사용하고 이곳으로부터 이익을 취할 수 있다는 점에서 동일하고, 주로 공해의 법적지위에 관하여 수용되고 있으며[6] 우주에 관하여도 동 개념이 적용되고 있다.[7]

---

1) *res extra commercium*은 '불융통물' 로 해석해야 하나 '국제공역' 이라는 표현이 좋다고 생각한다. 사실 국제공역이라는 표현은 필자가 국내에서 처음 사용하였는데, 점차 국내학자들도 이 용어를 사용하고 있는 것 같다; 박원화정영진, *우주법* 제3판, 한국학술정보, (2012), 46, 86 참조.

2) *Black's Law Dictionary*, 6th ed. (1990), 1304-1305.

3) Larschan & Brennan, 315.

4) Larschan & Brennan, 319.

5) 김명기, 공해개념, *월간고시* (93/1), 138-139.

6) Bin Cheng, Outer Space: The International Legal Framework The International Legal Status of Outer Space, Space Objects and Spacemen(이하 Outer Space), 10 *Thesaurus Acroasium* (1981), 56.

7) Bin Cheng, Outer Space, 75.

제4절 인류공동유산원칙[1)]

우주와 천체의 법적지위에 관하여는 첫째, 일반국제법상의 지위, 둘째, 다자조약 이전의 UN총회 결의, 셋째, 1967년 우주조약상의 지위 그리고 1979년 달조약 상의 지위로 크게 대별해 볼 수 있다.

1. 일반국제법상의 지위

일반국제법상 우주와 천체의 법적지위에 관하여 Bin Cheng 교수는 우주는 공해(high seas)와 같이 국제공역의 지위를 가지며 천체는 마치 콜럼버스(Columbus)가 발견한 신세계와 같이 법적으로 실효적 점령을 통하여 지배할 수 있는 무주지(*res nullius*)와 같다고 하였다.[2)]

다자조약이 이와 같은 일반국제법상 우주와 천체의 법적지위를 어떻게 전환시켰는가하는 문제를 검토해야 하는데 여기서 유의해야 할 점은 다자조약 자체가 일반국제법을 창설한다는 것은 잘못된 사고라는 점이다. 1969년 조약법에 관한 비엔나 협약 제34조에 조약은 제3국에 대하여 그 동의 없이는 의무 또는 권리를 창설하지 않는다고 명시하고 있다. 또한 동 협약 제38조에 동 협약 제34조 내지 제37조의 어느 규정도 조약에 규정된 규칙이 국제관습법의 규칙으로 인정된 그러한 규칙으로서 제3국을 구속하게 되는 것은 배제하지 않는다고 명시하여 국제관습법을 성문화시킨 조약은 조약의 당사국이 아닌 제3자에게도 법적 효력을 지니고 있음을 밝히고 있다.

2. 다자조약이전의 UN총회 결의

인류역사상 최초의 인공위성인 소련의 스푸트니크(Sputnik) 1호가 우주에 발사되기 5년 전인 1952년 UN 법무국 부국장인 샤흐터(Oscar Schachter)는 우주와 천체는 어떠한 국가

1) 김한택, 인류공동유산원칙과 우주법, *국제법과 현대법의 신경향*, 신양사 (1993), 107-130 참조.
2) Bin Cheng, The 1967 Space Treaty, *Journal du Droit International* (1968), 564.

도 이것을 자국의 지배하에 두지 말고 '모든 인류의 공동재산' 으로 파악해야 할 것이라고 강조한 바 있다.[3] 또한 1958년 12월 13일 UN총회는 '인류의 이익을 위하여' (for the benefit of mankind) 우주의 완전한 탐사와 개발을 적극적으로 도모할 의사가 있음을 밝혔다.[4]

우주관계다자조약이 탄생하기 전에 우주와 천체에 관한 법적지위를 고찰하려는 UN의노력은 두 개의 결의문 즉 1961년 12월 20일의 결의 1721 A(XVI)와 1963년 12월 13일의 결의 1962(XVIII) 에 명시되어 있다. 우선 1961년 12월 20일의 결의 1721 A(XVI)의 전문에서 총회는 우주의 평화적 사용과 이 중요한 분야의 국제적인 협조를 강화할 긴급한 필요성에서 '인류의 공동이익' (common interest of mankind)을 인식한다고 하고 있으며 국가들로 하여금 우주에 국제법이 적용됨은 물론 우주와 천체가 국가전유의 대상이 되지 않도록 촉구하고 있다. 또한 1963년 12월 13일의 결의 1962(XVIII)에서 "우주의 탐사 및 이용에 관한 국가의 활동을 규율하는 법원칙의 선언(우주법 선언)" 에서 UN총회는 9가지 원칙들을 선언하였다.

그러나 이와 같은 UN총회의 결의는 단순한 권고사항이지 국가들을 구속하는 법적효력을 갖고 있지는 못하다. 따라서 다자조약 이전의 UN총회 결의들은 우주와 천체의 법적지위에 큰 영향을 미치지 못하고 또한 결의문에서 인류공동유산원칙의 요소들이 간혹 발견되고 있으나 법적구속력을 가지고 있지는 않다. 그러나 이러한 UN총회의 결의문을 우주관계다자조약을 탄생시키기 위한 전주곡의 역할을 하였고, 그 내용이 우주관계다자조약에 전부 반영되었으며, 현 시점에서 본다면 동 선언의 발표이후 이에 반대하는 국가들이 없었으므로 국제관습법으로 발전하였다고 간주할 수 있을 것이다. 국제관습법의 의미는 우주관계다자조약에 가입한 국가들은 물론 이에 가입하지 않은 국가들까지 모든 국가들을 구속한다는 의미이다.

3. 우주조약

1963년 12월 13일 UN총회는 우주활동의 법원칙을 선언하면서 COPUOS로 하여금 이러한 법원칙을 성문화된 조약으로 작성하도록 요구하는 결의를 채택하였다.[5] 이러한 총회의 요구에 따라 COPUOS는 우주활동에 관한 성문법제정작업에 착수하여 수년간의 준비작업과 교섭을 추진하여 원칙조약안을 마련하였다. COPUOS에서 원칙조약안이 마련되자 UN총회는 1966년 12월 19일 UN결의 2222(XVI)를 통하여 국제법상 최초의 우주조약을 탄생시켰다. 1967년 1월 27일에 체결된 이 우주조약의 정식명칭은 "달과 다른 천체를 포함한 외

3) Nicolas M. Matte, Limited Aerospace Natural Resources and Their Regulation, 7 *AASL* (1982), 379.

4) UNGA. Res. 1348 of December 13, 1958. Preamble.

5) UNGA Res. 1962(XVIII), December 13, 1963.

기권의 탐색과 이용에 있어서의 국가활동을 규율하는 원칙에 관한 조약" (Treaty on Principles Governing the Activities of States in the Exploration and Use of Outer Space, including the Moon and Other Celestial Bodies)이다.[6] 1967년 우주조약은 우주활동의 '마그나 카르타' (*Magna Carta*)[7]라고 일컬을 정도로 우주법의 기본원칙을 명시한 것으로서 인류와 우주활동의 관계를 다음과 같이 명시하고 있다.

우선 전문에서 "외기권에 인간의 진입함으로써 인류 앞에 전개된 위대한 전망에 고무되고 평화적 목적을 위한 외기권의 탐색과 이용의 발전에 대한 모든 인류의 공동이익(common interest of all mankind)을 인정하고 … 외기권의 탐색과 이용을… 모든 인민의 이익(for the benefit of all peoples)을 위하여 수행되어야 한다." 고 하고 제1조에 다음과 같이 명시하고 있다.

> "달과 다른 천체를 포함한 외기권의 탐색과 이용은 경제적 또는 과학적 발달의 정도에 관계없이 모든 국가의 이익을 위하여 수행되어야 하고 '모든 인류의 영역' (the province of all mankind)이어야 한다."

위에 명시된 '모든 국가의 이익을 위하여' 라는 구절과 '모든 인류의 영역' 의 구절은 전 우주를 '인류공동의 유산영역' 으로 생각하기에 충분한 것인가? 협약 제정 시부터 국가들은 동 구절의 의미에 관하여 서로 상이한 견해를 나타내고 있었는데 특히 개발도상국은 '모든 인류의 영역' 의 문구를 인류공동유산개념으로 파악하려고 했다.[8]

또한 동 조약 제2조에 "달과 다른 천체를 포함한 외기권은 주권의 주장, 사용 또는 점유의 방법을 통하여 또는 기타 모든 수단에 의하여 국가전유의 대상이 되지 아니한다." 고 규정하고 있는데 이 조항의 의미는 매우 중요하다. 즉 달과 다른 천체들이 법적지위를 무주지(*res nullius*)에서 국제공역(*res extra commmercium*)으로 전환시켰다는 점이다.[9] 앞서 언급한 바와 같이 국제공역은 마치 공해의 지위와 같아서 각 국가가 이곳을 전유할 수 없고, 다만 이곳의 자원을 자유롭게 이용할 수 있을 뿐이다.

1967년 우주조약은 인류공동유산원칙의 요소를 어느 정도 내포하고 있는가? 져디스(D. Geodhuis)는 인류공동유산원칙의 요소로서 첫째, 고려대상의 지역은 전유될 수 없다는 것, 둘째, 반드시 모든 국가가 동 지역의 경영에 참가할 것, 셋째, 동 지역의 자원개발에서 얻어지는 이익은 실질적으로 배분되어야 한다는 것, 그리고 마지막으로 동 지역은 오로지 평화적 목적으로만 사용될 수 있어야 한다는 4가지 요소를 들고 있는데[10] 이러한 모델에

---

6) 1967년 10월 13일 조약 제262호로 한국에 대하여 발효.

7) Rainer Arziner, On the Legal Contents and Significance of the Common Heritage of Mankind in Outer Space Law, *Proceedings of the 28th Colloquium of the Law of Outer Space* (1986), 208.

8) Bradley Larschan and Bonni C. Brennan, The Common Heritage of Mankind Principal in International Law, 21 *Columbia Journal of Transnational Law* (이하 *CJTL*) (1983), 327.

9) Sylvia Maureen Williams, Celestial Bodies, 11 *Encyclopedia of Public International Law* (1989), 52.

10) D. Goedhuis, Some Recent Trends in the International and the Implementation of the Rules of International Space Law, 19 *CJTL* (1981), 213, 218-219.; Larschan & Brennan, 305.

1967년 우주조약을 적용시켰을 때 제4조에서 우주는 평화적 목적을 위하여 사용되어야 한다고 명시하고 있고 제2조는 우주영역의 전유금지를 명시하고 있으나 자원의 국제적인 경영·개발·배분에 관한 규정을 두지 못하므로 인류공동유산원칙의 요소를 충분히 내포하고 있다고 볼 수 없다.[11)]

4. 달협정

달협정(또는 달조약)은 제11조 1항에서 달과 그것의 천연자원은 인류공동유산이라고 명시하여 태양계 내에서 지구를 제외하고 달과 다른 천체와 그것들의 천연자원을 "인류공동유산"이라고 천명한 것이며 이는 국제법사상 최초로 새로운 국제영역인 인류공동유산영역이라는 개념을 소개한 조약이라는데 큰 의의가 있을 것이다.[12)] 또한 제11조 2항은 1967년 우주조약 제2조와 동일하게 달은 주권의 주장, 사용이나 점령, 기타 어떠한 수단에 의해서도 국가전유의 대상이 될 수 없다는 비전유원칙을 재확인하고 있다. 또한 제11조 3항에서 달의 표면 또는 그 지하, 달의 어느 부분이나 달에 위치한 천연자원은 어느 국가, 정부간 또는 비정부간 국제기구, 국가기관, 비정부간 기관 또는 어떠한 자연인의 재산이 될 수 없으며 달의 표면이나 그 지하에 인원, 우주차량, 장비, 시설물, 기지 및 군사시설은 달의 표면이나 지하를 연결한 구조물과 함께 달의 표면이나 지하 또는 어느 지역에 대한 소유권을 창설하지 않는다고 하고 이는 동조 제5항에 언급된 국제제도를 손상하지 않는다고 규정하고 있다. 또한 제11조 4항에서 당사국은 평등에 기초하고 국제법과 이 협정의 규정에 따라 달의 탐사와 이용의 권리를 갖는다고 규정하고 있다. 국제제도와 관련하여 제11조 7항에 다음과 같이 그 목적을 명시하고 있다.

① 달의 천연자원의 질서 있고 안전한 개발
② 동 자원의 합리적 경영
③ 동 자원의 사용기회의 확장
④ 동 자원으로부터 파생하는 이익을 모든 당사국에게 공평하게 분배하되 달의 개발에 직접 또는 간접적으로 공헌한 국가의 노력은 물론 개발도상국의 이익과 필요에 대한 특별한 고려가 있어야 한다.

이와 같은 국제제도는 당사국이 달의 자원이 개발이 가능한 시기에 수립할 의무를 지며 (동 협정 제11조 5항) 또한 이와 같은 국제제도의 수립을 용이하게 하기 위하여 당사국은 달에서 발견되는 모든 천연자원에 관하여 최대로 가능한 범위내에서 UN사무총장, 공중

11) Larschan & Brennan, 328.
12) Bin Cheng, The Legal Regime of Airspace and Outerspace; The Boundary Problem, Fuctionalism versus Spatialism; The Major Premises, 5 *AASL* (1980) 81.

(puplic) 및 국제과학공동체에 알려주어야 한다고 규정하고 있다(동 협정 제11조 6항). 인류공동유산원칙들과 관련되는 사항들로서 이 밖에 다음의 몇가지 사항을 고려할 수 있는데

첫째, 달협정 제3조에 우주의 평화적 사용원칙을 명시하고 있다. 동조 1항은 달과 다른 천체는 당사국에 의해서 오직 평화적 목적을 위해서 사용되어야 한다는 규정을 둠으로써 1967년 우주조약 제4조를 재확인하고 있다. 따라서 동 협정은 1967년 우주조약과 함께 우주에서의 전면적인 비군사화 내지는 모든 군사 활동의 금지의 효과를 가지고 있는 것이다.[13] 그러나 미국은 계속해서 평화적이라는 의미를 비군사적이라기보다 비공격적이라는 의미로 해석하고 있다.[14]

둘째, 비차별적인 과학적조사의 자유를 들 수 있는데 달협정 제4조 1항에 "달의 개발과 이용은 모든 인류의 영역이이 되어야 하고 또한 이것은 모든 국가의 이익을 위하여 그들의 경제적 또는 과학적 발전의 정도에 관계없이 수행되어야 한다." 고 하여 달과 그 천연자원이 그것을 개발할 수 있는 수단을 지닌 국가만이 아니고 모든 인민들의 개선을 위하여 사용되어야 함을 내포하고 있다.[15] 달협정 제6조 2항은 과학적 조사를 수행함에 있어서 또는 과학적조사 중에 체약국은 표본을 수집할 권리와 그와 같은 임무에 도움을 줄 달의 천연자원을 사용할 권리를 갖는다고 규정하고 있다.

마지막으로 환경보전 조항이 있다. 달협정 제7조에는 체약국은 달의 개발과 이용에 있어 환경을 보존하기 위한 조치를 취하고, 그 조치를 UN사무총장에게 보고할 의무가 있다고 규정하고 있다. 또한 체약국은 가능하면 달에 방사성 물질을 배치하기 전에 UN사무총장에게 보고하고 배치 목적을 알려야 한다고 규정하고 있다. 이는 1967년 우주조약 제9조에 명시된 환경보전 조항보다 좀 더 구체적인 규정이라고 볼 수 있다.

인류공동유산(Common Heritage of Mankind; CHM)개념은 공유물이나 국제공역의 관계에서 볼 때 소유권을 행사할 수 없다는 점에서 매우 유사한 것으로 보이나[16] 이것과는 확실히 구분된다. 이에 대하여 Bin Cheng 교수는 다음과 같이 공통점과 차이점을 명확하게 지적하고 있다.

---

13) Bin Cheng, The Moon Treaty: Agreement Governing the Activities of State on the Moon and Other Celestial Bodies within the Solar System other than the Earth, December 18, 1979 (이하 Moon Treaty로 약칭), 33 *Current Legal Problems* (1980), 222.

14) 달협정 채택 후 우주위원회(Outer Space Committee)의 미국 측 대표인 Mr. Hosenball도 이점을 분명히 하고 있다. (A/AC. 105/PV.203) (July 3, 1979). 22.

15) Christopher C. Joyner, Legal Implications of the Concept of the Common Heritage of Mankind, 35 *International and Comparative Law Quarterly* (1986), 197.

16) 이 점에 있어서 국내학자들은 인류공동유산영역을 국제공역과 엄밀히 구별하고 있지 않고 있는 것 같다; 유병화, *국제법 II,* 진성사 (1992), 90; 이한기, 302-304 참조.

“국제공역(*res extra commercium* 또는 *territoruim extra commercium*)과 인류공동유산영역(CHM)이 어떤 국가에 의해서도 영토로서 전유될 수 없다는 점에서 같은 성격을 지니나 전자가 소극적인 개념이고 후자가 적극적인 개념이라는 점에서 차이가 있다. 즉 국제공역에 있어서는 평화 시에 한 국가가 다른 국가의 선박, 항공기, 우주선에 대하여 배타적 준영토관할권[17]을 존중하는 한 일반국제법은 그러한 국가에게 동 지역을 사용할 것과 심지어는 원하면 다소의 남용을 허용하고 있다. 즉 동 지역 내에서 국가들은 천연자원의 취득, 무기실험과 군사훈련을 위해서 광범위한 지역을 봉쇄할 수 있고 심지어는 국내산업쓰레기를 버릴 수 있는 쓰레기장으로서도 이곳을 사용할 수 있다. 그러나 새로 생긴 인류공동유산개념은 아직까지 이에 관한 명확한 정의를 내리고 있지는 못하지만 인류공동유산영역 내에서의 천연자원의 경영, 개발, 분배는 개별국가나 국민의 창의나 재량에 의해서가 아니라 국제공동체(international community)에 의하여 결정될 문제라는 사고를 근본적으로 제시하고 있다.” [18]

따라서 현대국제법에서는 영역을 국가영토, 무주지, 국제공역, 인류공동유산영역으로 구분할 수 있다. 그러나 이중에서 현재 무주지 이론이 적용될 곳은 엄격한 의미에서 거의 사라지고 있다고 볼 수 있는데, [19] 국제사법재판소(ICJ)의 1975년 10월 16일의 “서사하라 사건에 관한 권고적 의견”에서도 국가영토가 아니라고 해서 무주지라고 단언할 수 없음을 분명히 밝히고 있다.[20] 이와 같이 사람이 살고 있으나 아직 국가 영토가 되지 못한 지역을 비국가적 영토라고도 한다.[21]

5. 인류공동유산원칙의 특징

인류공동유산(*territorium commune humanitatis,* Common Heritage of Mankind) 원칙은 국제공역(*res extra commercium* 또는 *territoruim extra commercium*)의 개념보다 발전된 새로운 개념을 제공하면서도 이것의 법적정의가 규정된 문헌은 없다. 그렇다면 이는 법적개념과 동떨어진 단지 도덕적, 철학적 개념인가 그리고 1979 달협정과 1982년 UN해양법협약(United Nations Convention on the Law of the Sea, UNCLOS)에 명시된 인류공동유산원칙은 단순히 선언적 성격의 것인가 하는 문제에 봉착하게 된다. 결론적으로 말해 필자는 국제법상 인류공동유산원칙은 개념정의가 명시된 규정은 없으나 지금까지의 연구를 고려해 볼 때 다음의 요소를 지닌 분명한 법적개념으로 파악될 수 있다.

---

17) Bin Cheng 교수는 관할권을 영토관할권(territorial jurisdiction), 준영토관할권(quasi-territorial jurisdiction) 그리고 인적관할권 (personal jurisdiction)으로 구분하고 있다.; Bin Cheng, The Extra-terrestial Application of International Law, 18 CLP (1965), 135.

18) Bin Cheng, The Legal Regime of Airspace and Outerspace; The Boundary Problem, Fuctionalism versus Spatialism; The Major Premises, 5 *AASL* (1980), 337.

19) 유병화, *국제법 I*, 478.

20) ICJ Reports (1975), 39.

21) 유병화, *국제법 I*, 478.

첫째, 동 원칙이 적용되는 지역의 천연자원은 어느 국가나 자연인 또는 법인도 주권 또는 주권적 권리를 통하여 전유될 수 없다는 비전유(non-appropriation)의 원칙을 내포하고 있다. 이와 같은 비전유의 원칙은 볼프룸(Rüdiger Wolfrum)이 주장하는 바와 같이 국제법상 강행법규(또는 강행규범, *jus cogens*)[39]라고 해도 무리가 없을 것 같다.[40]

둘째, 이는 이 원칙이 적용되는 지역의 천연자원의 관리, 개발 및 분배가 국제 체제(international regime) 하에서 수행되어야 함을 의미한다. 이와 같은 모델로는 1982년 UN 해양법협약에 명시된 국제심해저에 적용되는 제도가 현재 가장 발전된 형태이다. 따라서 달을 비롯한 천체의 개발이 가능해지면 1982년 유엔 해양법협약에 명시된 심해개발 방식이 하나의 모델이 될 수 있다.

셋째, 동 원칙이 적용되는 지역의 탐사 및 자원개발에서 나오는 이익은 인류공동의 유산이므로 각 국가의 국민은 물론 아직 국가를 형성하지 못한 비자치지역의 인민들에게도 그 혜택이 분배되어야 한다. 또한 이익배분원칙에는 동 지역의 개발에 공헌한 국가는 물론 개발도상국의 이익을 고려하며 분배는 단순한 '평균적 정의' 내지는 '교환적 정의' (*justitia commutativa*)보다는 '배분적 정의' (*justitia distributiva*)에 입각하여 이루어져야 한다.

넷째, 동 원칙이 적용되는 지역은 오로지 평화적 목적을 위하여 사용되어야 한다. 이와 아울러 동 지역은 비핵지대(nuclear free zone)를 형성하고 있는 특징을 가지고 있다. 1967년 우주조약 제4조, 1979년 달협정 제3조, 1959년 남극조약 제5조 그리고 1971년의 심해저비핵화조약[41]은 이미 이것을 확인시켜주고 있다. 또한 위에 언급한 지역은 주로 인간거주가 불가능하거나 힘든 지역으로 인간거주지역의 비핵지대, 예를 들면, '틀라텔로코 조약' (Tlatelolco Treaty) 이라고 불리는 1967년의 "라틴아메리카의 핵무기금지조약" (Treaty for the Prohibition of Nuclear in Latin America)[42])과 1985년의 "남태평양비핵지대조약" (South Pacific Nuclear Free Zone Treaty: 일명 라로통가 조약, Rarotonga Treaty), 1995년 동남아시아 지역의 Bangkok 조약(Southeast Asian Nuclear-Weapon-Free Zone

39) '강행규범'(*jus cogens*)은 그로부터의 어떠한 일탈도 허용되지 않으며 그 후에 확립되는 동일한 성질의 일반국제법규에 의해서만 수정될 수 있는 규범으로서, 국가들로 구성되는 국제공동체 전체에 의해서 수락되고 승인되는 규범을 말한다. 강행규범을 변경 또는 종료시킬 수 있는 것은 강행규범뿐이며, 체결 시에 강행규범에 저촉하는 조약은 무효이다(조약법에 관한 비엔나협약 제53조). 또한 체결 후에 조약과 저촉하는 강행규범이 출현한 경우 그 조약은 종료한다(조약법에 관한 비엔나협약 제64조). 조약법에 관한 비엔나협약의 제53조에 강행규범에 관하여 다음과 같이 개념정의가 되어 있다.
"조약은 체결 당시에 일반국제법의 강행규범에 충돌될 때에는 무효이다. 이 협약 상 일반국제법의 강행규범이라 함은 국가들로 구성되는 국제공동체 전체로부터 어떠한 위반도 인정이 아니 되며, 아울러 동일한 성격을 가지는 일반국제법의 후속 법규범에 의해서만 개정가능하다고 간주되어지고 승인된 법규범의 총체이다."

40) Rüdiger Wolfrum, Common Heritage of Mankind, 11 *Encyclopedia of Public International Law* (1989), 67.

41) 공식명칭은 "심해저와 해상 및 하층토에 핵무기 및 다른 대량파괴무기의 설치를 금지하는 조약(Treaty on the Prohibition of the Emplacement of Nuclear Weapons and Weapons of Mass Destruction on the Seabed and the ocean Floor and in the Subsoil Thereof)"

42) United Nation Treaty Series, vol. 634, No. 9068.

Treaty, SEANWFZ), 1996년 아프리카 지역의 Pelindaba 조약(African Nuclear Weapon Free Zone Treaty), 중앙아시아의 Semei 조약(Treaty of Semei, Treaty of Semipalatinsk, or Treaty of Semey)과 함께 비핵지대의 모범을 보여주는 특징을 가지고 있다.

다섯째, 이 원칙이 적용되는 분야는 현재와 미래세대를 위한 환경보전에 초점을 맞춰야 한다. 따라서 이 지역의 환경은 물리적으로 위협을 받거나 생태적으로 훼손되어서는 안된다.

여섯째, 동 원칙이 적용되는 지역에 대한 과학적 조사는 자유롭게 개방적으로 허용될 수 있으며 또한 그와 같은 과학적 조사는 조사에 후원을 한 국가나 정부단체 뿐 아니라 모든 인민의 이익을 위해서 수행되어야 한다.

05 장

우주법의 형성과 연원

Space Law and Policy

제1절 우주법의 형성

1. 우주법의 형성

1957년 10월 4일 소련의 스푸트니크(Sputnik) 1호 발사로 우주활동이 본격적으로 전개되어 가자 이를 규제하기 위한 우주법의 문제가 현실화되기 시작하였다. 스푸트니크 1호가 발사된 지 1개월 후인 1957년 11월 우주법문제가 UN에 제기되었는데, 1958년 UN총회는 18개국으로 구성된 '우주의 평화적 이용에 관한 수시 위원회' (*Ad Hoc* Committee on the Peaceful Uses of Outer Space)를 설립하여 우주의 평화적 이용을 위한 국제협력에 관한 UN 및 UN기관의 활동과 장래의 기구설립문제를 검토하여 보고하도록 하였다.

1959년 UN총회는 우주문제를 계속 다룰 상설위원회가 필요하다고 보아 '우주의 평화적 이용 위원회' (Committee on the Peacefu1 Uses of Outer Space, COPUOS)를 정식으로 설립하였다. 처음에 18개국으로 구성된 이 위원회는 우주법 제정의 중심기관으로 활발하게 작업을 하여 우주관계조약들을 마련하였다. COPUOS에 2개의 소위원회(Sub-Committee)를 두고 있는데 하나는 '과학기술소위원회' (Scientific and Technical Sub-Committee)이고 다른 하나는 '법률소위원회' (Legal Sub-Committee)이다.

COPUOS는 우주법제정작업을 본격적으로 추진하는 동시에 1962년 3월 법률소위원회를 설립하여 우주법제정의 실무를 맡겼다. UN총회는 드디어 1963년 l2월 13일 우주활동을 규제하는 법원칙 선언을 채택하게 되었다. 이 결의의 정식 명칭은 "외기권 우주의 탐사 및 이용에 관한 국가들의 활동을 규제하는 법원칙 선언" (Declaration of Legal Principles Governing the Activities of States in the Exp1oration and Use of Outer Space; '우주법 선언')[1]이다.

UN총회는 우주활동의 법원칙을 선언하면서 같은 날짜에 COPUOS로 하여금 이러한 법원칙을 정식법규로 만드는 조약안을 마련하도록 요구하는 결의를 채택하였다. 이러한 총회의 요구에 따라 COPUOS는 우주활동에 관한 성문법 제정작업에 착수하였다. 몇 년간의 준비작업과 교섭을 추진하여 1966년 12월 COPUOS는 우주활동의 원칙조약안을 마련하였다. COPUOS에서 원칙조약안이 마련되자 신속히 UN총회 제1위원회를 거쳐 드디어 1966년 12월 19일 UN총회에서 채택되었다.[2] 이 조약안은 1967년 1월 27일 60개국의 서명을 받아

1) UN Resolution 1962(XVIII), 13 December 1963.

정식조약으로 체결되었다. 이 조약의 정식명칭은 "달과 다른 천체를 포함한 외기권 우주의 탐사 및 이용에 관한 국가활동을 규제하는 원칙조약" (Treaty on Principles Governing the Activities of States in the Exp1oration and Use of Outer Space, including the Moon and Other Celestial Bodies)이다. 동 조약은 흔히 '우주조약' (Outer Space Treaty)으로 불리는데, 1967년 10월 10일에 효력을 발생하였다.

COPUOS는 계속하여 우주조약에 기초를 두고 우선 시급하다고 생각되는 4개 세부조약안을 마련하였고 이 조약안들은 UN총회의 채택과 서명을 거쳐 다음과 같은 조약으로 확정되었다:

- 달과 다른 천체를 포함한 외기권 우주의 탐사 및 이용에 관한 국가활동을 규제하는 원칙조약(Treaty on Principles Governing the Activities of States in the Exploration and Use of Outer Space, including the Moon and Other Celestial Bodies)은 1967년 1월 27일에 채택되고, 1967년 10월 10일에 효력을 발생하였다(일명 '우주조약')[3]

- 우주비행사의 구조와 외기권 우주에 발사된 물체의 반환에 관한 협정(Agreement on the Rescue of Astronauts, the Return of Astronauts and the Return of Objects Launched into Outer Space)은 1967년 12월 19일 채택되고 1968년 12월 3일에 효력을 발생하였다(일명 '구조협정').[4]

- 우주물체로 인한 손해의 국제책임에 관한 협약(Convention on International Liability for Damage Caused by Space Object)은 1972년 3월 29일 체결되었고 1972년 9월 1일에 효력을 발생하였다(일명 '책임협약').[5]

- 외기권 우주에 발사한 물체의 등록에 관한 협약(Convention on Registration of Objects Launched into Outer Space)은 1975년 1월 14일 체결되었으며 1976년 9월 15일에 효력을 발생하였다(일명 '등록협약').[6]

- 달과 다른 천체에 관한 국가활동을 규율하는 협약(Agreement Governing the Activities of States on the Moon and Other Celestial Bodies)은 1979년 12월 18일 체결되었으며 1984년 7월 11일에 효력을 발생하였다(일명 '달협정').[7]

2024년 7월 현재 위 협정들의 당사국과 서명국은 아래와 같다. 현재 한국과 북한은 달조약을 제외하고 4개의 조약의 당사국이다.

---

2) UNGA Resolution 2222(XXI), 19 December 1966.
3) UNGA Resolution 2222(XXI), 19 December 1966; 1967년 10월 13일 한국에 대하여 발효됨.
4) UNGA Resolution 2345(XXII), 19 December 1967; 1969년 4월 4일 한국에 대하여 발효됨.
5) UNGA Resolution 2777(XXVI), 29 November 1971; 1980년 1월 14일 한국에 대하여 발효됨.
6) UNGA Resolution 3235(XXIX), 12 November 1974; 1981년 10월 15일 한국에 대하여 발효됨.
7) UNGA Resolution 34/68, 5 December 1979. 현재 한국 미가입.

협정명	당사국	서명국
우주조약	115	22
구조협정	98	23
책임협약	98	19
등록협약	72	3
달협정	17	11

〈우주관련조약의 당사국과 서명국 수〉

이와 같이 우주법의 체계를 살펴보면 1967년 우주조약과 이와 관련된 우주법과 그리고 1979년 달협정으로 구분할 수 있다. 전자의 경우에는 우주를 자유지역, 즉 공해와 같은 '국제공역' *(res extra commercium)*으로 파악하여 모든 국가가 자유롭게 탐사하고 이용할 수 있는 반면, 후자는 우주를 '인류공동유산' (Common Heritage of Mankind)으로 봄으로써 우주에 대한 개발을 마치 심해저의 개발을 위한 국제심해기구가 1982년 유엔해양법협약에서 명시하듯이 국제기구를 통하여 개발될 것을 예정하고 있는 점에서 차이가 발견된다.

그밖에 우주에 관한 조약으로 이러한 다자협약 외에 양자협정도 있다. 예를 들면 미국은 1961년부터 1965년까지 브라질, 캐나다, 프랑스, 독일연방공화국, 이탈리아, 일본, 스페인 그리고 영국과 이 같은 협정을 체결하였다. 프랑스도 다수의 동일한 협정을 체결하였고, 인도는 1969년 9월 18일에 발사체 생산을 위한 원조계획에 관하여 미국과 양자협정에 서명하였다. 이 협정 이후, 인도는 1972년 5월 10일과 1975년 4월 23일에 소련과 양자협정을 체결하고, 동 4월에는 소련으로부터 설비원조를 받고 소련기지로부터 위성을 발사하였다.

전술한 모든 협정은 우주법에 특유한 것이지만 어떤 조약은 반드시 우주활동에 관한 것은 아니다. 이러한 목표는 보다 광범위하지만 우주공간에 영향을 미치는 규칙을 설정하고 있다. 1963년 8월 5일에 모스크바에서 체결된 "부분적 핵실험금지조약" (Nuclear Test Ban Treaty)은 그러한 사례이며 이 조약의 각 당사국은 우주공간 또는 수중을 포함한 대기권 또는 대기권 밖에서 핵무기의 실험적 폭발 및 기타 핵폭발도 금지하는 것, 방지하는 것 및 실시하지 않는 것을 약속한다. 1968년 7월 1일에 체결되고 가입을 위해 개방된 "핵무기비확산조약" (Non-Proliferation Treaty: NPT)[8]도 우주공간에 간접적 효과를 주고 있다. 이 조약은 핵무기의 확산금지를 포함하고 어떤 의미에서는 체약국에 의한 이러한 종류의 군비를 수반한 우주공간의 이용을 제한하는 것이다.[9] 이밖에 우주관련내용을 가진 조약으로 아래의 것들이 있다.

---

8) 원래 명칭은 "Treaty on the Non-Proliferation of Nuclear Weapons" 이다.

9) E. R. C, van Bogaert, *Aspects of Space Law*, Kluwer Law and Taxation Publishers (1986), 19.

-1974년 Convention Relating to the Distribution of Programme-Carrying Signals Transmitted by Satellite (Brussels 협정)

-1971년 Agreement Relating to the International Telecommunications Satellite Organization (ITSO 협정)

-1971년 Agreement on the Establishment of the INTERSPUTNIK International System and Organization of Space Communications (INTERSPUTNIK 협정)

-1975년 Convention for the Establishment of a European Space Agency (ESA 협약)

-1976년 Agreement of the Arab Corporation for Space Communications (ARABSAT 협정 (amended in May 1990)

-1976년 Agreement on Cooperation in the Exploration and Use of Outer Space for Peaceful Purposes (INTERCOSMOS 협정)

-1976년 Convention on the International Mobile Satellite Organization, with annex (IMSO 협정)

-1982년 Convention Establishing the European Telecommunications Satellite Organization (EUTELSAT)

-1983년 Convention for the Establishment of a European Organization for the Exploitation of Meteorological Satellites (EUMETSAT 협정)

-1992년 International Telecommunication Constitution and Convention (ITU 헌장 및 협약)

현재 우주법발전에 매우 중요한 역할을 하며 연성법(soft law)이라 볼 수 있는 UN결의들로 다음과 같은 것들이 있다.

- 외기권 우주의 탐사 및 이용에 관한 국가들의 활동을 규율하는 법원칙 선언(Declaration of Legal Principles Governing the Activities of States in the Exp1oration and Use of Outer Space)[10)]

- 국제 직접 TV방영을 위한 국가들의 인공위성 이용을 규율하는 원칙(Principles Governing the Use by States of Artificial Earth Satellites for International Direct Television Broadcasting)[11)]

- 우주로부터 지구의 원격탐사에 관한 원칙(Principles Relating to Remote Sensing of the Earth from Space)[12)]

- 우주에서의 핵원료사용에 관한 원칙(Principles Relevant to the Use of Nuclear Power Sources in Outer Space)[13)]

---

10) UNGA Resolution 1962(XVIII), 13 December 1963. 동 선언의 대부분의 내용은 1967년 우주조약에 명시되었다. 여기서 동 선언을 언급하는 이유는 1967년 우주조약에 가입하지 않은 국가들이 동 선언을 우주법의 근거로 삼을 수 있기 때문이다.

11) UNGA Resolution 37/92, 10 December 1982.

12) UNGA Resolution 41/65, 3 December 1986.

13) Report of the Committee on the Peaceful Uses of Outer Space, U.N.GAOR 47th Session, Supp. No.20, A/47/20,25.

- 개발도상국의 특별한 필요를 고려하면서 모든 국가의 이익과 이해를 위하여 우주의 탐사와 이용에 관한 국제협력에 관한 선언(Declaration on International Cooperation in the Exploration and Use of Outer Space for the Benefit and in the Interests of all States, Taking into Particular Account the Needs of Developing Countries)[14)]

한편 2007년 6월 COPUOS 제527차 회의는 '우주폐기물작업반' 에서 개발한 "우주폐기물감축 가이드라인" (UN Space Debris Mitigation Guidelines)을 승인하였는데, 이 가이드라인은 동년 12월 제62차 UN총회에 제출되어 총회결의로 채택되었고[15)], 그밖에 "헤이그 탄도미사일 비확산 행동규범" (Hague Code of Conduct against Ballistic Missile Proliferation; HCoC), "우주활동에 관한 국제행동규범" (International Code of Conduct for Outer Space Activities; ICoC) 등이 있다.

이렇게 1979년 달협정 이후 COPUOS는 법적 구속력이 있는 조약보다는 비구속적 결의를 채택하고 있는 경향을 보이고 있는데, 여러 가지 이유가 있겠지만 초기에는 우주개발이 미국과 소련이 주도하여 이 두 나라의 견해가 다른 회원국들에게 상당한 영향을 주었으나 유럽우주기구(ESA)의 등장, 중국과 일본, 인도 등 여러 아시아 국가들의 우주개발참여로 합의도출이 쉽지 않게 되었으며, 특히 1958년 18개국으로 시작된 COPUOS의 구성국이 점차 늘어 2024년 현재 102개국이나 되어 의사결정이 쉽지 않은 곳이 된 것도 원인이라고 할 수 있다.[16)]

2. 우주관계조약의 과제

현행 외기권 우주를 규율하는 5개 조약은 1960-70년대에 채택된 것으로서 우주탐사 및 개발기술의 급격한 발전과 급증하는 우주의 상업적 이용추세에 비추어 그 현실성과 시의적절성에 관한 문제가 COPUOS 내에 수시로 제기된 바 있는데, 1995년 멕시코대표가 비공식적인 협의과정에서 우주관련 5개 조약의 지위검토를 법률소위원회에 의제로 포함시킬 것을 제의하여 1998년 제37차 법률소위원회부터 정식으로 승인받아 현재까지 논의 중에 있다. 현재까지 법률소위원회나 작업그룹(working group)에서의 일반적인 분위기는 5개 조약이 개정을 추진하기보다는 조약의 보편성확보와 엄격한 준수를 통해서 그 효율성을 높이는 방안에 더 비중을 두고 있다. 러시아의 경우 2001년 제40차 법률소위원회에서 기존 우주법의 개정보다는 아예 단일 우주법제정의 필요성을 강조하여 '포괄적 우주협약' 의

14) UN Doc. A/AC.105/C.2/L.211. of June 11. 1996.

15) UNGA Resolution 62/217 (A/RES/62/217) of 21 December 2007, para. 26.

16) Ram Jakhu, Legal Issues Relating to the Global Public Interest in Outer Space, 32 *Journal of Space Law* (2006), 89-90; 김한택, 우주조약의 국제법적 의미에 관한 연구, *항공우주정책 · 법학회지*, 제28권 2호 (2013), 227.

개요를 담은 시안까지 제시하고 있어서 기존 우주조약의 지위에 관한 종합적인 검토의 필요성이 요구되고 있다.[17)]

3. 우주의 평화적 이용 위원회(COPUOS)

(1) 우주의 평화적 이용 위원회(COPUOS)

1957년 10월 4일 소련의 Sputnik 1호 발사로 우주활동이 본격적으로 전개되어 가자 이를 규제하기 위한 우주법(space law)의 문제가 현실화되기 시작하였다. Sputnik 1호가 발사된 지 1개월 후인 1957년 11월 우주법문제가 UN에 제기되었는데, 1958년 UN총회는 결의 1348 (XIII)에 따라 18개국으로 구성된 '우주의 평화적 이용에 관한 수시 위원회(*Ad Hoc* Committee on the Peacefu1 Uses of Outer Space)' 를 설립하여 우주의 평화적 이용을 위한 국제협력에 관한 UN 및 UN기관의 활동과 장래의 기구설립문제를 검토하여 보고하도록 하였다.

1959년 UN총회는 결의 1472(XIV)에 따라 우주문제를 계속 다룰 상설위원회가 필요하다고 보아 '우주의 평화적 이용 위원회' (Committee on the Peaceful Uses of Outer Space: COPUOS)를 정식으로 설립하였다. 처음에 18개국으로 구성된 이 위원회는 우주법 제정의 중심기관으로 활발하게 작업을 하여 1967년 우주조약을 비롯하여 많은 조약안을 마련하였다. 2024년 4월 현재 회원국 수는 102개에 달하는데 UN 내에서 가장 큰 위원회이다. COPUOS에는 2개의 상임 소위원회(Sub-Committee)를 두고 있는데 하나는 '과학기술소위원회' (Scientific and Technical Sub-Committee)이고 다른 하나는 '법률소위원회' (Legal Sub-Committee)이다. 이 두 위원회는 컨센서스(consensus)에 기초하여 UN총회에 우주에 관한 사항을 권고한다.[18)] 또한 유럽우주국(ESA), 국제우주연구위원회(COSPAR), 국제우주연맹(IAF), 국제해사위성기구(INMARSAT), 국제전기통신위성기구(INTELSAT), 세계국제법협회(ILA), 국제천문연맹(International Astronomical Union; IAU), 우주탐험협회(Association of Space Explorers; ASE), 국제우주대학(International Space University(ISU), 국제사진측량법 및 원격탐사협회(International Society for Photogrammetry and Remote Sensing; ISPRS), 행성협회(The Planetary Society; TPS) 등의 비UN기구들이 COPUOS 내에 상임 옵서버자격을 가지고 참여하고 있다.[19)]

COPUOS는 우주법 제정작업을 본격적으로 추진하는 동시에 1962년 3월 '법률소위원회'

17) 오윤경 외, *21세기 현대국제법질서*, 박영사 (2001), 420-422; 김한택, 21세기 우주법의 과제, *항공우주법학회지*, 제19권 (2003), 203-204 참조.

18) Lotta Viikari, *The Environmental Element in Space Law-Assessing the Present and Charting the Future-*, Martinus Nijhoff Publishers (2008), p. 97.

19) http://www.unoosa.org/oosa/en/ourwork/copuos/index.html

(Legal Sub-Committee)를 설립하여 우주법제정의 실무를 맡겼다. UN 총회는 드디어 1963년 12월 13일 우주활동을 규제하는 법원칙 선언을 채택하게 되었다. 이 결의의 정식 명칭은 "외기권 우주의 탐사 및 이용에 관한 국가들의 활동을 규제하는 법원칙 선언"(Declaration of Legal Principles Governing the Activities of States in the Exp1oration and Use of Outer Space; '우주법 선언')[20]이다.

이 결의는 우주활동의 포괄적 법원칙을 처음으로 모색하였다는 점에서 의의가 크다. 또한 UN 총회의 결의형식으로 된 이 우주법 원칙의 선언이 정확한 의미의 강제력을 가진 법규범은 아니지만 그 당시 우주활동의 독점적 위치에 있는 미국과 소련이 수락한 법원칙이기 때문에 적어도 우주법 형성의 기초이며 1967년 우주조약에서 구체화되었다. COPUOS의 노력으로 1967년 우주조약, 1968년 구조협정, 1972년 책임협약, 1975년 등록협약, 1979년 달협정이 체결되었다.

COPUOS는 매년 과학기술소위원회(2월), 법률소위원회(4월) 및 본회의(6월)가 오스트리아 비엔나에서 각각 1회씩 개최된다. 따라서 년 3회의 회의가 개최되는 셈이다. 과학기술소위원회는 UN기구의 우주활동, 지구원격탐사, 핵원료 사용, 우주폐기물 등에 관한 기술적 심의 및 권고 수행하고 있고, 법률소위원회는 우주공간의 정의 및 영공과 우주의 경계획정, 1967년 우주조약, 1968년 구조협정, 1972년 책임협약, 1975년 등록협약, 1979년 달협정 등 우주관련조약의 현황과 적용, 핵원료위성(NPS)의 이용원칙의 검토와 개정, 우주폐기물 감축조치, 우주의 평화적 이용과 국내입법 등에 관한 법률적 심의 및 권고를 수행하고 있다. 2024년 현재 한국을 포함하여 총 102개국이 회원국이다. 현재 COPUOS가 다루는 주제들은 UN우주응용프로그램(United Nations Programme on Space Applications), 사회경제학적 발전을 위한 우주기술(Space technology for socioeconomic development), 위성을 이용한 지구관측 관련사항(Matters relating to remote sensing of the Earth by satellite), 우주폐기물(우주쓰레기, Space debris), 우주시스템기반 재해관리 지원(Space-system-based disaster management support), 전지구 위성항법시스템의 최근 개발 현황(Recent developments in global navigation satellite systems), 우주기상(Space weather), 지구근접물체(Near-Earth objects), 우주공간에서의 핵연료 이용(Use of nuclear power sources in outer space), 지속가능한 장기적 우주활동(Long-term sustainability of outer space activities), 우주통신을 포함한 지구정지궤도 관련사항(Examination of the physical nature and technical attributes of the geostationary orbit) 등이다.[21] COPUOS 외에 우주문제와 관련 있는 국제기구로 국제전기통신연합(ITU), 국제전기통신위성기구(INTELSAT), 국제해사위성기구(INMARSAT), 유럽우주국(ESA), 아랍위성통신기구(ARABSAT), 국제우주항행연맹(IAF), 국제우주공간연구위원회(COSPAR), 아시아·태평양우주협력기구(APSCO) 등을 들 수 있다.

---

20) UN Resolution 1962(XVIII), 13 December 1963.

21) COPUOS의 최근 활동에 관하여 정영진, 우주활동 국제규범에 대한 유엔 우주평화적이용위원회 법률소위원회의 최근 논의 현황, *항공우주정책 · 법학회지,* 제29권 제1호 (2014), 127-160 참조.

(2) 국제우주기구의 설립

우주문제를 종합적으로 다룰 국제기구의 설립과 관련하여 달협정이 제정되기 전 협상단계에서 국제우주기구(international space authority)의 설립에 관한 제안들이 있었는데,[22] 특히 소련은 수년간 '세계우주기구' (World Space Organization)의 설립을 주장한 바 있다.[23] 정부간기구이든지 비정부간기구이든지 간에 장래에 우주개발이 활발해지면 우주의 탐사, 개발 및 이용에 관련된 국제상업기구나 컨소시엄(consortium)이 등장할 것이다. 따라서 기존의 INTELSAT이나 INMARSAT(International Maritime Satellite Organization)같은 우주기구도 그와 같은 작업들이 진행되는데 적지 않은 역할을 할 것이다. 또한 국제민간항공기구(International Civil Aviation Organization; ICAO)나 국제해사기구(International Maritime Organization; IMO)와 같이 우주의 상업적 이용과 우주의 오로지 평화적인 목적을 위하여 역할을 할 '국제민간우주기구' (International Civil Space Organization)의 설립을 기대할 수 있는 것이다.[24]

22) A/AC.105/C.2/SR.190(4.5.72), 42; Bin Cheng, *Studies in International Space Law*, 665.
23) A/41/470(1986), 34-38.
24) Cheng Bin, The Commercial Development of Space: The Need for New Treaties, 19 *Journal of Space Law* (1991), 42-43.

제2절 우주법의 연원[1)]

법이 어떠한 형식으로 존재하느냐의 문제, 즉 법의 존재형식을 법원(法源) 또는 법의 연원(*fontes juris*)이라고도 부른다. 1945년 국제사법재판소(ICJ) 규정 제38조 1항은 국제법의 연원(sources)에 관하여 다음과 같이 규정하고 있다.

" 1. 재판소는 제기된 분쟁을 국제법에 따라 결정하며 다음 사항을 결정한다.

a. 이를 제기하는 국가에 의해 명백하게 인정된 법규범을 갖는 보편적 또는 특별한 국제협약(international conventions);
b. 법으로 인정된 일반관행으로서의 국제관습법(international customs);
c. 문명국에 의해서 인정된 법의 일반원칙(general principles of law);
d. 법규범을 결정하는 보조적 수단으로서 제59조의 조건[2)](기판력의 상대성[3)])하에 판례와 여러 나라에서 인정받는 우수한 국제법 학자들의 학설(judicial decisions and teachings)

2. 이 규정은 만일 당사국이 합의하면 재판소가 '형평과 선에 의하여' (*ex aequo et bono*) 결정하는 권한을 해치지 않는다."

이 조항은 국제법의 연원을 열거하고 있다고 일반적으로 인정되고 있다. 그러나 몇몇 학자들은 이 조항이 모든 국제법의 연원을 열거하고 있지 않거나 진정한 의미에서의 연원이 아닌 사항까지도 포함하고 있다고 비난하기도 한다. 그러나 지금까지 이것 말고 일반적인 지지를 얻어낼 만한 연원에 관한 다른 문서는 없다.[4)]

---

1) 이 절은 김한택, *국제법원론-이론과 실제,* (주) 북스힐 (2015), 32-52에서 발췌하여 우주법과 관련부분을 수정 · 보완한 글이다.
2) [제59조] "재판소의 결정은 당사자 간 그리고 그 특정사건이외에는 구속력을 지니지 않는다."
3) 재판이 확정되고 나면 동일한 사건이 소송상에 문제가 되어도 당사자는 확정판결에 반대되는 주장을 할 수 없고, 법원도 먼저 내린 판결과 내용이 다른 판결을 내릴 수 없는데 이것을 旣判力(*res judicata*)이라고 한다. 이러한 기판력이 코몬로(common law) 계통을 제외하면 원칙적으로 동일한 사건과 당사자들에게만 미치는데 이를 '기판력의 상대성' 이라고 한다.
4) Peter Malanczuk, *Akehurst's Modern Introduction to International Law,* 7th revised ed., Routledge (1997), 36.

1. 조약

조약이 법적인 권리와 의무를 수반하며 국제법의 일부를 구성하는 것은 바로 의무감 때문이다. 국제법학자들은 주권국 사이에서도 합의는 존중되어야 한다는 기본적 원리를 표현하기 위해 '조약은 준수되어야 한다.' (*pacta sunt servanda*)라는 법언(法諺)을 사용한다. 초기에는 조약을 준수할 의무에 대한 강제성은 종교적인 의식에 기인하였다. 조약이 적절하고 경건하게 체결되었으면 조약에 법적 구속력이 있다고 생각하였는데 그 이유는 조약을 어길 경우 그 위반자에게 신의 진노가 찾아온다고 여겼기 때문이다.[5] 오늘날 국가들 사이의 조약을 공고히 하기 위하여 그러한 초월적인 힘의 위협 같은 것은 없다. 때때로 조약 또는 국제협정은 반드시 지켜져야 하는 자연법이나 법의 일반 원칙이 있기 때문에 법적 구속력이 있다고 생각한다. 또한 조약의 법적 구속력(강제성)을 설명하기 위해 주권국의 권위를 제시하기도 한다. 국제법 이론에 따르면, 조약은 주권국 서로가 구속을 받기로 합의를 했기 때문에 법적 구속력이 있다고 여겨진다. 국가는 주권에 의하여 그들의 국내문제뿐만 아니라 국제적 관계도 권위적으로 제어할 수 있다는 견해가 바로 이것이다. 이것은 국제적 관행과 일치하는데 즉 국가는 실제로 조약의 의무를 실현시키는 대리인인 것이다.

ICJ 규정은 조약에 관하여 "이를 제기하는 국가에 의해 명백히 인정된 법규범을 갖는 보편적 또는 특별한 국제협약" (international conventions, whether general or particular, establishing rules expressly recognized by the contesting states)이라고 명시하고 있다. 이 조항은 조약을 재판소가 우선적으로 적용할 규칙으로 보고 있으며 많은 학자들이 국제법의 모든 연원 중에서 가장 높은 단계에 두기도 한다. 이와 같은 지위는 대부분 조약이 국제법 규칙의 조건과 그러한 규칙에 의거하여 구속을 받겠다는 국가들의 동의를 모두 명백히 보여주기 때문에 정당화되기도 한다. 실제로 그 밖의 다른 종류의 국제법, 예를 들면 국제관습법이나 법의 일반원칙은 명확성에 있어서 조약보다 좀 더 문제성을 가지고 있는 것은 사실이다. 그러나 이것은 조약이 다른 종류의 국제법을 괴롭히는 문제들로부터 자유롭다는 것을 의미하지는 않는다. 사실, 국제법의 한 형태로써의 조약내지는 국제협정의 운명은 국제관습법의 운명에 단단히 매어 있다. 첫째로, 조약법의 기본적 원리, 즉 "조약은 준수되어야 한다." (*pacta sunt servanda*)는 규칙은 그 자체가 국가의 관습적 관행(customary practice)으로부터 나온 규칙이다. 심지어 국제협정이 법적으로 당사자들을 구속한다는 규정을 가지고 있다고 해도 조약에 의무성을 부여하는 국제관습법의 규칙에 의하여 지지를 받을 때에 그 자체가 실제로 강제성을 갖기도 한다. 두 번째로 조약은 종종 국제관습법의 규칙에 비추어 해석되어야만 하는 경우가 있다. 영국의 코몬로(혹은 普通法, common law)와 관련된 제정법(statute law)처럼, 조약은 종종 기존의 존재하는 법규를 가정하거나 의존하게 된다. 세 번째로, 국제협정은 때때로 국제관습법을 폐지하거나 또는 국

5) A. Nussbaum, *A Concise History of the Law of Nations*, Macmillian Company (1954), 1-3.

제관습법에 의하여 폐지되기도 한다. 이러한 의미에서 볼 때 조약과 국제관습법은 동일한 지위에 있다고 볼 수 있다. 우주법상 다자조약으로는 '1967년 우주조약', '1968년 구조협정', '1972년 책임협약', '1979년 달협정' 등이 있다.

2. 국제관습법

우주법은 국제법이기 때문에 국제관습법이 그 법적규칙의 두 번째 법원일 것이다. 우주조약이 발효되기까지 하토국의 상공과 영역의 인공위성 통항을 그 한 예로서 들 수 있다. 우주조약의 발효 전까지 통항권은 결코 조약에 의해서도 아니고 그 권리가 심지어 우주공간에서 행사되는 때에도 부여되지 않았다. 그러나 이러한 우주비행에 대해서 어느 국가도 발사국의 위성통항에 항의하지 않았다.

관습법규의 존재는 여러 국가의 계속적이고 일반적으로 받아들여진 실행에 의존한다. 이러한 종류의 국가 간 상호의존이 법적으로 구속하고 있다는 인식도 수반되어야 한다. 이 인식, 즉 '법적 확신'(*opinio juris*)은 관습규칙의 존재에 필요한 것이다. 그러나 이러한 법적확신은 장기적으로 계속적 실행이 존재할 필요는 없다. 모든 국가는 어떤 규범을 법적으로 구속력 있는 것으로 인식하고 있다는 것을 외교관계에 의해서 증명하는 것이 본질적으로 필요하다. 이러한 이유에 의해 UN총회에 의한 승인을 법적확신의 표시로 생각하는 것은 논리적일 수 있다. 그러나 여기서 UN의 주요기관이 구속력 있는 규칙을 부과하는 어떠한 권한을 지니는 것은 아니라는 점에 유의해야 한다.

관습법이 제한된 의의만 갖는다는 것은 좀 더 일반적으로 발달된 국제법의 현상이고 우주법에 특유한 것은 아니다. 그러나 우주법은 기술적 발달의 급속함과 밀접하게 결부되어 있기 때문에, 관습법의 사용은 다른 분야의 국제법보다도 더욱 한정된다고 할 수 있다. 이 새로운 법체계는 기술적 진보와 밀접한 관련을 가지고 항상 그 진보에 적응되어야 한다. 이러한 변화를 실현하는 가장 명백한 방법은 조약이다. 조약은 가장 신속하고 명료하게 다수국의 컨센서스(consensus)를 반영한다. 그러나 관습법이 완전하게 배제되는 것은 아니다.

관습법은 또 하나의 창조적 요인이 있다. 관습법은 때때로 일방적 행위의 결과일지도 모른다. 대륙붕에 관한 법이나 제1차 세계대전 전과 1919년 파리협약의 효력발생까지의, 국가영역상의 공간에 대한 주권은 이러한 규칙의 기원을 설명하는 예이다. 어떤 일방적 행위가 다른 여러 국가들의 부정적 반응 또는 항의를 받으며 조정되는 경우, 이것에는 법적확신이 존재하고 새로운 관습법의 승인이 있다고 인정된다. 우주조약의 발효 전 인공위성의 타국 통항에 대해서 어쨌든 어떤 정부도 항의하지 않았다는 점이 이를 뒷받침하고 있다.[6]

6) E R C van Bogaert, *Aspects of Space Law*, Law and Taxation Publishers (1986), 20-21.

(1) 정의 (Definition)

ICJ규정에 의하면 국제관습법을 '법으로서 인정된 일반관행의 증거' (evidence of a general practice accepted as law)라고 명시하고 있다. '관습' (慣習, custom)과 '관행' (慣行, usage)이 종종 상호 교체될 수 있는 동의어처럼 쓰일 때도 있지만 서로 다른 의미를 가지고 있다. 관행은 관습의 희미하고 불명확한 상황이며, 관행이 끝나는 곳에서 관습이 시작된다. 관행은 완전한 법적 증명을 받지 못한 국제적인 행위이며 상충되지만, 관습은 통일적이며 모순되지 않는다. 필자가 판단하건데 국제법상 관습(custom)과 관습법(customary law)은 같은 의미로 쓰이고 있다. 따라서 국제법에서 언급되는 관습 및 관습법은 국제관습법을 가리킨다. 영국의 브라운리(Ian Brownlie) 교수도 국제법에서 말하는 관습법은 국내법에서의 '오래된 관습' (ancient custom)과 다르다고 지적하고 있다.[7] 이와 같이 관행은 법적 의무감을 수반하지 않는 일반적인 '관례' (practice)이다. 예를 들면 바다에서의 의례적 경례행위라든가 외교관의 차량은 주차금지가 면제되는 행위 등이다.

브라운리(Ian Brownlie) 교수는 관습법의 결정적 증거는 매우 많은데 다음과 같은 것들을 제시하고 있다. 예를 들면 외교서한(外交書翰), 정책성명, 언론기사, 정부법률자문의 견해, 군법의 교범, 행정부의 결정이나 관행, 해군의 명령 등과 같은 법적 문제에 관한 공식교범(manual), 국제법위원회(International Law Commission; ILC)에 의해서 작성된 안에 대한 국가들의 논평, 국가의 법률, 국내 또는 국제재판소의 판결, 조약이나 다른 국제문서에 대한 기술, 같은 형식을 갖춘 조약의 유형, 국제기관의 관행, UN총회에서 법적 문제에 관한 결의 등이 여기에 속한다.[8]

(2) 관행의 반복 (Repetition of usage)

단지 한 번의 관행에 의해서 관습법규가 형성되는 것은 아니고 '일정한 기간에 걸쳐 어느 정도의 반복' (a degree of repetition over a period of time)이 존재할 것이 요구된다. ICJ의 1950년 페루와 콜롬비아 간 "망명권 사건" (Asylum Case)에서도 국제관습법은 '끊임없고 한결같은 관행' (constant and uniform usage)에 기초해야 한다고 판시하고 있다.[9] 이와 같은 관행의 계속성(consistency)과 일반성(generality)이 입증이 된다면 특정한 기간은 요구되지 않는다. 그 이유는 시간의 경과는 당연히 관행의 계속성과 일반성의 일부분이기 때문이다. 영공과 대륙붕에 관한 관습법은 비교적 빠르게 형성되었으며 국제재판소도 관습법의 시간적 요소를 강조하지 않고 있다.[10]

---

7) Ian Brownlie, *Principles of Public International Law*, 7th ed., Clarendon Press (2008), 4; 본서의 제5판 한국어 번역본에 관하여는 정영진·황준식 번역(백충현 감수), *이안 브라운리 국제법*, 현암사 (2004), 1-696 참조.

8) Brownlie, 7th, 6.

9) ICJ Rep. (1950), 266, 276-277.

10) Brownlie, 7th, 7.

(3) 국가의 주장과 행위 (What states say and what states do)

혹자는 국가의 관행을 이루는 요소로서 국가의 직접적인 행위만이 이에 해당될 뿐 국가의 단순한 주장은 포함되지 아니한다고 주장한다. 예를 들어서 ICJ 판사였던 캐나다 출신의 존 리드(John E. Read)는 1951년 영국과 노르웨이 간 "어업 사건"(Fisheries Case)에 관한 그의 반대의견(dissenting opinion)에서 한 나라의 일정 해역에 관한 관할권주장은 그 나라가 직접 외국 선박에 대해 강제하지 않는 한 관습법을 창출할 수 없다고 밝혔다.[11] 그러나 20년 후 영국과 아이슬란드 간 "어업관할권 사건"(Fisheries Jurisdiction Case)에서는 ICJ의 14명 판사 중 10명이 관련 국가의 주장이 실제로 강제되었는가의 여부를 고려함이 없이도 그러한 주장 자체로부터 관습법의 존재를 추론하였다.[12] 이와 비슷한 예로 제2차 세계대전 후 전범재판을 행하였던 뉘른베르크(Nürnberg 또는 Nuremberg)재판소는 국제연맹총회와 범미주회의(Pan-American Conference)에서 채택되었던 결의들을 침략전쟁이 '관습법과 국가들의 관행'에 의거하여 범죄행위라고 간주되는데 근거가 되는 문서로서 인용한 바 있다. 따라서 국가관행은 비단 국가가 직접 행위를 한 사항뿐만 아니라 국가가 주장한 내용도 다 같이 포함시키는 입장이라고 보여 진다. 한편 국가의 관행에는 부작위(不作爲, omissions)도 포함된다. 많은 국제법규는 국가들로 하여금 일정한 행위를 하는 것을 금지하고 있고, 따라서 관련 관습법을 증명하는 데는 국가가 적극적으로 행위를 하였는지 뿐만 아니라 소극적으로 어떤 행위를 하지 않았는가를 살펴보는 것도 중요하다.[13]

(4) 법적 확신 (또는 법적 신념, *opinio juris*)

어떤 관행이 국제관습법이 되기 위해서는 이를 인정하는 국가에 의해 구속력 있는 법으로 인정되어야 한다. 부담을 부과하는 관행은 국가가 더 이상 해당 관행과 다르게 행동할 수 없다고 느끼거나 해당 관행을 법으로 유지해야 한다고 확신할 때 관습법이 된다. 이때 그러한 부담이 법적 의무가 된다. 국가관행은 작위(作爲, commission)뿐만 아니라 부작위로도 나타난다. 그러한 소극성에 관한 법적 중요성은 그 동기에 의해서만 판단될 수 있다.

국제관습법은 특히 그 문제에 관심 있는 국가들에 의하여 청구(claim), 항의의 부재(absence of protest)나 다른 국가들의 묵인(acquiescence)에 의하여 형성되므로 국가의 행위에 대하여 다른 국가들이 항의하지 않고 묵인하는 행위는 그와 같은 행위가 적법하다고 추정할 수 있다. 어떤 학자들은 묵인은 국제관습법에 동의하는 것이며 항의의 부재는 곧 승낙이나 마찬가지라고 주장한다. 다시 말해서 어떠한 국가가 그들의 행위가 법적인 것이라고 선언할 때 다른 국가들의 침묵은 '법적 확신'(*opinio juris*)으로 또는 새로운 법

---

11) ICJ Rep. (1951), 161, 191.

12) ICJ Rep. (1974), 3, 47, 56-58, 81-88, 119-120, 135, 161.

13) Peter Malanczuk, *Akehurst's Modern Introduction to International Law,* 7th revised ed., Routledge (1997), 43.

규칙에 대한 동의라고 간주될 수 있는 것이다. 이와 같은 합법화과정에 제동을 걸기 위해서는 국가들의 실제적 항의가 요구된다.[14] 1951년 ICJ의 영국과 노르웨이 간 "어업 사건" (Fisheries Case)의 판결에서도 기존의 관습법규칙에 반대하는 행위를 하는 국가에 대하여 다른 국가들이 이를 묵인했을 경우에는 그 국가는 원래의 규칙에 구속받지 않는다고 간주하였다.[15)]

1963년 12월 13일 유엔총회는 장래의 우주활동에 관련된 법원칙인 "우주공간의 탐사 및 이용을 위한 국가활동을 규율하는 법원칙 선언" (Declaration of Legal Principles Governing the Activities of States in the Exp1oration and Use of Outer Space, '우주법선언')[14)]을 채택하였다. 이 선언은 9개의 원칙으로 구성되어 있는데, ICJ 판사였던 Manfred Lachs도 1963년 우주법원칙은 단순한 권고사항이 아니라 법으로 인정된 문서라고 주장한 바 있다.[15)]

(5) 인스턴트 관습법 (Instant Customary Law)

관습법규칙을 생성하기 위하여 관행과 '법적 확신' (*opinio juris*)이 전통적으로 요구되지만 최근에 이러한 절차가 매우 빨리 형성되는 가능성을 연구할 가치가 있다는 몇 가지 지적이 있는데, 1986년 니카라과와 미국 간 "니카라과 사건" (Nicaragua Case)에서 ICJ가 법적 확신은 추후의 관행에 의해서 인정될 수 있다는 가능성을 분명하게 승인한 것이 이를 뒷받침 해주고 있다. 사실 이 문제는 런던대학교(UCL) 법과대학의 교수였던 Bin Cheng 교수가 1965년 그의 논문[16)]에서 법적 확신과 관행의 관계를 연구하면서 우주법(space law)을 예로 들면서 제기되었다. Bin Cheng 교수는 우주법 발전의 광범위한 틀은 1963년 UN총회 결의인 "외기권 우주의 탐사 및 이용에 관한 국가들의 활동을 규제하는 법원칙 선언" (Declaration of Legal Principles Governing the Activities of States in the Exp1oration and Use of Outer Space; 우주법 선언)[17)]이라고 하면서 관습을 형성하는데 있어서 핵심요소는 '법적 확신' (*opinio juris*)이라는 것이다.[18)]

---

14) Malcom N. Shaw, *International Law*, 4th ed., Cambridge University Press (1997), 70.
15) ICJ Rep. (1951), 116.
14) UN Resolution 1962(XVIII), 13 December 1963.
15) Manfred Lachs, *The Law of Outer Space: An Experience in Contemporary Law Making*, Sijthoff (1972), p. 138.
16) Bin Cheng, United Nations Resolutions on Outer Space: "Instant" International Customary Law ?, 23 *Indian Journal of International Law* (1965), 23.
17) UN Resolution 1962(XVIII), 13 December 1963.
18) Malanczuk, 46.

3. 법의 일반원칙

조약 또는 관습법규로부터 도출될 '법의 일반원칙'은 우주법의 세번째 법원이다. 이러한 개념은 비교법이나 국제법에서 볼 수 있다. 후자에 있어서 법의 일반원칙은 다른 것보다 구체적인 방법으로 공식화하는 것이 가능한데, 예를 들면 의무가 공정하게 수행되어야 한다는 것은 소위 법제도에 있어 원칙이고 국제공법에 있어서 이 원칙은 "약속은 지켜야 한다."(*pacta sunt servanda*)로 불리고 있다. 다른 원칙들, 예를 들면 주권평등에 기초한 국가의 법적 평등, 어떤 상황이 스스로의 존재를 위험하게 하는 경우에 모든 국가가 적용하는 것이 가능한 자위권, 침략의 금지, 타국의 국내문제에 대한 불간섭의 의무 등이 국제법에 속한다.

이러한 원칙이 우주법 같은 '특별법'(*jus specialis*)에도 적용될 수 있는가 아닌가에 관하여는 약간의 의문이 있을 수 있다. 우주법은 국제법의 한 분파이고 이러한 일반원칙은 국제법 전체의 필수적 규범이다. 특별한 조약에 대해서 이것의 적용을 부정하는 것은 국제법의 전 체계를 위험하게 하는 것이기 때문에 특히 곤란하다. 이러한 관점에서 우주법의 법원으로써 이러한 원칙을 생략하는 것은 불가능하다. 조약과 국제관습법, 법의 일반원칙 중 조약이 우주법에서 가장 명백하게 우세한 지위를 수행하고 있다.[19]

한편 에이커스트(M. Akehurst) 교수는 이것을 '국제법상 일반원칙'(general principles of international law)과 '국내법상 일반원칙'(general principles of national law)의 양자를 모두 포함시켜서 보아도 무리가 없다고 주장한다. 그 이유는 법의 일반원칙의 개념이 제시하는 범위가 크면 클수록 조약법과 관습법에서 나타나는 공백을 줄일 수 있기 때문이고 그렇게 해석하는 것이 이 규정을 둔 목적과도 일치하기 때문이라고 한다.[20] 그러나 다수 학자들은 ICJ 규정상 법의 일반원칙을 국내법상 일반원칙이라고 파악하고 있다. 국제재판소에서 법의 일반원칙을 적용시켰던 예를 들면, '당사자 평등의 원칙'[21], '완전배상원칙'[22], '불가항력'[23], '신의성실의 원칙'[24], '기판력의 원칙(*res judicata*)'[25] 등이 이에 속한다. 이밖에 많은 사건에서 '금반언(estoppel)의 원칙'과 '묵인의 원칙'이 원용되었고, '권리남용의 원칙', '누구도 자신의 재판에서 재판관이 될 수 없다는 원칙'(no one can be judge in his own case) 등이 여기에 속한다.[26] 국제법상의 일반원칙의 예로써는 영국의 브라운리 교수는 국가 간 동의(consent), 상호주의(reciprocity), 국가평등의 원칙, 재정(裁定

---

19) van Bogaert, 21-22.
20) Michael Akehurst, *A Modern Introduction to International Law,* 5th ed., George Allen & Unwin (1985) 34-36.
21) ICJ Rep. (1956), 85.
22) PCIJ, Wimbledon호 사건, Series A, No. 1, 32.
23) PCIJ, Seria 공채사건, Series A, No. 20, 39-40.
24) ICJ Rep. (1951) 어업분쟁사건, 142.
25) ICJ Rep. (1954), 61.
26) Brownlie, 7th, 17-18.

또는 판정, awards)과 해결(settlement)의 종국성, 조약의 법적 유효성, 신의 성실의 원칙, 국내관할권, 해양의 자유 등을 제시한다.[27]

4. 판결

ICJ규정 제38조 1항 d)에서 법규범의 결정을 위한 보조수단으로 판결을 적용시키도록 하고 있으며 만일 판결이 적용될 때는 기판력의 상대성을 인정하여 ICJ가 결론을 도출할 때 거의 대부분의 선례를 고려하지만 반드시 선례에 구속될 의무는 없다. 즉 공식적으로 코몬로(common law)상의 '선례구속의 원칙'(*stare decisis* doctrine)[28]은 적용되지 않는다. 그러나 이러한 사법판결과 중재판결은 국제관습법의 중요한 증거가 될 수 있다. 판사는 법규범을 창조할 수 있으며 ICJ는 이 점에서 중요한 역할을 해왔다. 사실 ICJ의 여러 판결 중 몇몇은 국제법상 개혁을 일으켰으며 그것은 추후에 일반적 승인을 얻게 되었다. 그 예로 UN의 법인격을 인정한 "UN 활동 중에 입은 손해의 배상 사건", 개인과 청구국 사이에 국적의 '진정한 관련성'(genuine link)을 확립케 한 "노테봄 사건"(Nottebohm Case), 영해기선을 측정하는 방법을 제시한 영국과 노르웨이 간 "어업 사건"(Fisheries Case) 등을 들 수 있고, 중재판결로는 중립국의 의무를 명시한 "알라바마 호 중재재판"(Alabama Arbitration), 영토주권의 증거를 제시한 "팔마스 섬 중재재판"(Palmas Island Arbitration) 등이 있다.[29]

또한 국내법원에서 내린 판결도 ICJ규정 제38조 1항 d)에 포함되는데, 특히 외교관의 면책특권 등에 관한 국제법규는 국내법원의 판사들의 판결에 의해서 발전되었다. 그러나 이것을 인용할 경우 주의할 것은 국내판사들이 국제법을 적용하는 것 같아도 실제는 그들이 자신들의 국내법의 특정규칙을 적용시키는 경우가 있다는 점이다. 국내법원의 판결은 교전단체, 정부 및 국가 승인, 국가승계, 주권면제, 외교면제, 범죄인(또는 범인)인도, 전쟁범죄, 전시점령, 전쟁상태(state of war)의 개념, 포획법(law of prize)에 관하여 중요한 연원이 되어왔지만, 이러한 판결의 가치는 매우 다양하였으며, 많은 판결이 연원에 대한 협소한 국내적 관점을 제시하거나 매우 부적절하게 사용되기도 하였다.[30]

27) Brownlie, 7th, 19-20.
28) *stare decisis*는 '선례에 따른다.'는 의미로서 코몬로에서는 비슷한 사건의 선판결이 나중의 판결을 구속한다는 원칙이다.
29) Rebecca M. M. Wallace, *International Law*, 5th ed., Thomson/Sweet & Maxwell (2005), 26-27.
30) Brownlie, 7th, 23.

5. 학자들의 견해

ICJ규정 제38조 1항 d)에 사법판결과 함께 "각 국의 가장 권위 있는 국제법학자(publicist)들의 학설" 도 법규범의 결정에 있어 보조수단으로 명시하고 있다. 판결과 마찬가지로 학설도 관습법의 증거가 될 수 있을 뿐 아니라 새로운 법규범의 발전에 보조적 역할을 할 수 있다. 과거에는 현대의 학자들도 부러워 할 정도로 그로티우스(H. Grotius)같은 학자들의 영향이 대단히 컸었다. 실제로 현대에도 구겐하임(Guggenheim), 페어드로스(Verdross), 샤를 루소(C. Rousseau)같은 학자들의 저서들은 국제법에 많은 영향을 주었다. 그러나 개별 학자들의 견해는 주관적이며, 국가적 편견이나 기타 편견을 제시하기도 하기 때문에 유의해야 한다. 따라서 브라운리(I. Brownlie) 교수는 학자들의 견해는 법의 존재증거만을 구성한다는 점을 지적한 바 있다. 20세기 항공법과 우주법에 지대한 영향을 준 학자로 영국 런던대학교(UCL) 법과대학의 항공·우주법 교수였던 Bin Cheng 교수를 들 수 있다.[31] 국제법학자들의 저서와 유사하면서도 적어도 동등한 권위를 지닌 법의 연원으로서 국제법위원회(ILC)에서 작성된 조약초안, ILC에 제시된 보고서와 사무국의 비망록(memoranda), 하버드 로스쿨(Harvard Law School)의 연구초안, 1930년대 헤이그국제법성문화회의의 토론근거, 국제법학회(Institute of International Law)와 기타 전문기구들의 보고서 및 결의 등이 있다.[32]

6. 형평과 선

ICJ규정 제38조 2항은 '형평과 선에 의하여' (*ex aequo et bono*; according to what is fair and good) 재판하도록 규정하고 있다. 여기서 형평(衡平)이란 영국법에서의 기술적인 의미를 가진 형평법(Equity)이 아니라 정의(正義, justice)와 동의어를 의미한다. 이와 같은 형평개념은 자연법과 매우 밀접한 관련을 가지고 있음으로 형평, 정의, 자연법의 세 용어는 상호관련성을 지니고 있다. 역사적으로 볼 때 16-17세기에는 자연법을 국제법의 주요 연원으로 삼았으며 19-20세기에 와서도 중재재판관들은 국제법과 함께 정의와 형평을 적용

31) 현재 대학 및 연구기관에서 항공·우주법 발전을 주도하고 연구업적을 많이 내는 학자들로서 네덜란드 라이덴대학교(Leiden University) 항공·우주법연구소장을 역임하고 미국 네브래스카 링컨대학교 로스쿨(University of Nebraska Lincoln, College of Law)의 우주법·사이버법·국가안보법 프로그램(Space, Cyber, and National Security Law Program)교수로 재직 중인 Frans von der Dunk 교수, 미국 미시시피대학교 로스쿨(University of Mississippi School of Law)의 Joanne Irene Gabrynowicz 명예교수, 캐나다 맥길대학교 법과대학(McGill University, Faculty of Law)의 항공우주법연구소(Institute of Air and Space Law) 소장을 역임한 Ram Jakhu 교수, 명예소장 Paul Stephen Dempsey 교수, ICAO의 Ruwantissa Abeyratne 박사, 미국 조지타운대학교(Georgetown University)의 Paul Larsen 교수 등이 있다.

32) Brownlie, 7th, 24-25.

시킬 권한을 부여받았다. 사실 이러한 현상은 오늘날보다 1920년 이전에 빈번했다. 그와 같은 권한을 부여받지 못한 경우에도 판사나 중재관들은 '형평스러운 고려'(equitable considerations)를 재판의 근거로 삼았다.[33] 그러나 형평이 국제법의 연원이 될 수 있는가에 관하여는 국내법에서와 마찬가지로 부정적이다. 형평은 법의 부재로 인하여 재판 불능 상태를 막아주는 기능을 가진 것이다.

ICJ규정 제38조 2항에 명시된 "이 규정은 만일 당사국이 합의하면 재판소가 형평과 선에 의하여 결정하는 권한을 해치지 않는다."는 의미는 재판소가 다른 규칙보다도 형평을 우선 고려한다는 의미인데, 판사는 소송당사자들로부터 그와 같은 권한을 부여받은 때에만 가능하다고 볼 수 있다.[34] 지금까지 ICJ에 ICJ규정 제38조 2항에 따른 '형평과 선에 의하여' 재판이 의뢰된 적은 없다. 그러나 국제중재재판에서는 '형평과 선에 의하여' 재판하도록 허용 받은 사례가 있다.[35] 공평성(fairness), 정의(justice), 합리성(reasonableness)이라는 의미에서의 형평의 원칙은 일반원칙(general principles)과 유사하지만 다음과 같은 점에서 차이가 나는데, 즉 일반원칙이 절차상 기술에 주로 관련되나, 하나의 개념으로서의 형평은 정의하기는 매우 어려우나 법의 적용에 심오하게 영향을 주는 가를 반영하는 것이라는 데에 있다.[36]

국제적 사건으로는 "북해대륙붕 사건"(North Sea Continental Shelf Case)에서 ICJ는 북해해저를 둘러싸고 분쟁당사국을 구속할만한 관습법이나 조약이 없다고 판단하여 대륙붕 근해의 측면 경계획정에 관한 형평성 있는 원칙들을 만든 바 있고,[37] 또한 영국과 아이슬란드 간 "어업관할권 사건"(Fisheries Jurisdiction Case)에서 ICJ는 어업권에 관한 분쟁에 '형평성 있는 해결'(equitable solution)을 위한 요소들을 제시하고 당사국들이 그에 따라 협상하도록 지시한 바 있다.[38]

7. UN결의

때때로 국제기구는 그의 회원국을 구속하는 결의를 다수결에 의해 채택할 수 있는 권한을 부여받기도 한다. 1974년 11월 12일 유엔은 "국제사법재판소의 역할에 관한 검토"(Review of the role of the International Court of Justice)라는 제목하에 총회결의 3232(XXIX)를 통하여 채택된 결의에서 '선언'(declaration)과 '결의'(resolution)는 국제법의 발전에 반

33) Brownlie, 7th, 55.
34) Wallace, 5th, 25-26.
35) Wallace, 5th, 23.
36) Wallace, 5th, 25.
37) ICJ Rep. (1969), 3, 46-52.
38) ICJ Rep. (1974), 3, 30-35.

영될 수 있는 한 방법으로서 국제사법재판소(ICJ)에 의해서 고려되어야 한다고 권고한 바 있다는 점에 주목할 필요가 있다.[39] 이러한 국제기구의 결의를 엄격하게 구속력을 가진 것도 아니고 전혀 법적 의미가 없는 것도 아닌 그러나 때가 되면 국제관습법으로 굳어질 '연성국제법'(軟性國際法, soft international law)이라고도 부른다.[40]

우주법에서도 조약으로 발전하지는 못하였으나 UN결의를 통하여 법원칙으로 발전한 분야들이 있다. 여기에는 위성을 이용한 직접 TV방영과 원격탐사(remote sensing)를 들 수 있는데 전자의 경우 1983년 2월 4일 UN 총회에서 채택된 "국제 직접 TV방영을 위한 국가들의 인공위성 이용을 규율하는 원칙"(Principles Governing the Use by States of Artificial Earth Satellites for International Direct Television Broadcasting: DBS 원칙)이라는 결의와 후자의 경우 1986년 4월 1일 작업그룹에서 컨센서스(consensus)에 의하여 결의로 채택된 "우주로부터 지구의 원격탐사에 관한 원칙"(Principles Relating to Remote Sensing of the Earth from Space: RS 원칙)이 있다. 또한 우주에서의 핵원료 사용에 관한 문제는 조약으로까지는 발전하지 못하고 UN총회의 결의를 통하여 표결 없이(without vote) 채택된, 1992년 12월 14일 총회결의 47/68인 "우주에서의 핵원료 사용에 관한 원칙"(Principles Relevant to the Use of Nuclear Power Sources in Outer Space: NPS 원칙)[41]이 그것이다. 그리고 1996년 6월 COPUOS의 제39차 회기에서 채택되고 제51차 UN총회 결의의 부속서 형태로 되어 있는 "개발도상국의 특별한 필요를 고려하면서 모든 국가의 혜택과 이익을 위하여 우주의 탐사와 이용에 관한 국제협력에 관한 선언"(Declaration on International Cooperation in the Exploration and Use of Outer Space for the Benefit and in the Interests of all States, Taking into Particular Account the Needs of Developing Countries; '우주혜택선언')이 있는데 이 선언은 그야말로 제목대로 개도국의 특별한 필요를 고려하여 모든 국가의 이익을 위해서, 그리고 국제법에 따라서 우주활동에 관한 국제협력을 수행해야 한다고 천명하고 있다.[42] 이밖에 2007년 6월 COPUOS 제527차 회의는 '우주폐기물작업반'에서 개발한 "우주폐기물감축 가이드라인"(UN Space Debris Mitigation Guidelines)을 승인하였는데, 이 가이드라인은 동년 12월 제62차 UN총회에 제출되어 총회결의로 채택되었다.[43]

UN 총회 결의는 국제법을 구체화하고 점진적으로 발전시키는데 있어서 중대한 영향력을 갖고 있는 것으로 볼 수 있고, 다음과 같은 1996년 ICJ의 "핵무기 위협 및 사용의 적법성에 관한 권고적 의견"에서도 확인된 바 있다.

---

39) Preamble, UNGA Res. 3232(XXIX), November 12, 1974.

40) Seidl-Hohenveldern, International Economic "Soft Law", 163 *Hague Recueil* (1979), 165, 194-213.

41) Report of the Committee on the Peaceful Uses of Outer Space, U.N.GAOR 47th Session, Supp. No.20, A/47/20, 25.

42) UN Doc. AIAC. 105/C.2/L.211 of June 11. 1996.

43) UNGA Resolution 62/217 (A/RES/62/217) of 21 December 2007, para. 26.

"UN총회 결의안은 규칙의 존재나 법적확신(*opinio juris*)의 발생을 성립시킬 수 있다. 이것이 사실인지 여부를 확인하기 위해서는----그 채택의 내용과 상황을 살펴보는 것이 필요하다. 또한 법적 확신이 규범적 성격과 관련하여 존재하는지를 살펴보는 것도 필요하다." [44]

이는 유엔 총회 결의안이 분쟁의 평화적 해결을 국제사회에 대한 국가의 의무로 어떻게 간주되는지 보여주는 사례이다. 이들 결의안이 교섭된 정황을 보면 교섭 당사자들은 해당 결의안에 법적 효력을 부여하려는 의도를 갖고 있었음을 알 수 있다.

첫째, RS원칙과 NPS원칙은 투표(vote) 대신에 컨센서스(consensus)에 의해 채택되었다. 이것은 COPUOS의 모든 회원국들이 여러 원칙들의 조항에 대한 의사표시와 지지를 함에 있어서 컨센서스를 구했다는 것을 의미한다. 근본적인 반대 없이 컨센서스에 의하여 UN총회 결의안을 채택한 것은 법적확신의 유력한 증거로 해석될 수 있다.[45] 국제사법재판소(ICJ)도 1986년 니카라과와 미국 간 "니카라과 사건"(Nicaragua Case)에서 법적 확신(*opinio juris*)은 UN총회 결의에 대한 당사국들의 태도로부터 추론될 수 있다고 판시한 바 있다.[46]

둘째, COPUOS 회원국들이 마침내 원칙에 대한 컨센서스에 도달했다는 사실은 의미가 크다. 이러한 결의안이 성공적으로 채택될 수 있었던 만장일치는 심각한 영향을 받은 국가와 기타 이해관계 국가 모두 법적 확실성을 갖고 있다는 중요한 증거가 될 수 있다. 결의안 채택에 앞서 장기간의 협상 논의가 있었다는 것은 협상 당사자들이 이번 결의안을 통해 우주 활동에 대한 법적 틀을 마련하고자 했다는 것을 의미한다. 만약 결의안에 법적 구속력이 없다면 국가들은 각자의 의제를 그렇게 열심히 추진할 필요가 없었을 것이다.

마지막으로 이들 결의안에는 국가들의 활동에 있어서 그들 간의 분쟁을 평화적인 수단으로 해결 '하여야 할(shall)' 또는 '해야 되는(should)' 의무를 요구하고 있는데, 이러한 표현은 국제법상 확립된 방법으로 선언한 것이다. 이러한 강력한 선언적 표현은 우주활동에 관한 분쟁을 평화적으로 해결하도록 하는 구체화된 의무를 나타낸 것이라고 본다.[47]

---

44) Legality of the Threat or Use of Nuclear weapons, Advisory Opinion, ICJ Rep, 1996 para. 70.

45) Gérardine Meishan Goh, *Dispute Settlement in International Space Law-A Multi-Door Courthouse for Outer Space*, Martinus Nijhoff Publishers (2007), 44.

46) Military and Paramilitary Activities in and against Nicaragua, ICJ Rep. [Merits] para.188.

47) Goh, 44-45; 이영진, 우주활동에 있어서 분쟁의 해결과 예방, *항공우주법학회지*, 제25권 제1호 (2010), 84-187.

02편

우주법의 내용

01 장

우주관련조약

Space Law and Policy

제1절 우주조약[1)]

2024년 8월 기준으로 115개국이 가입하고 22개국이 서명한 1967년 우주조약은 그야말로 우주법의 '마그나 카르타'(*Magna Carta*)라고 불러도 될 정도로 우주법의 가장 기본이 되는 원칙을 담고 있다. 특히 달과 다른 천체를 포함한 우주를 '국제공역'(*res extra commercium*)으로 선언함으로서 우주에 대한 영유권 문제를 종식시켰으며 우주비행사를 '인류의 사절'(envoys of mankind)이라고 함으로서 우주활동은 어느 국가가 개인을 위한 것이 아니라 인류를 위한 것임을 천명하고 있는 것이다. 1967년 우주조약을 포함하여 모두 5개의 조약이 성립되었는데 1967년 우주조약과 그와 관련된 1967년 구조협정, 1972년 책임협정, 1975년 등록협약은 상호 관계가 밀접하고, 1979년 달협정은 1967년 우주조약의 입장과는 근본적으로 다르다.

우주조약은 전문과 본문 17조로 구성되어 있는데, 제1조에서 제13조까지는 실질규정이고, 제14조 이하는 최종규정으로 되어 있다. 전문은 조약작성의 동기, 조약의 정신 및 조약의 목표를 밝히고 있으며, 그 자체가 구속력을 지니고 있고, 본문 각조의 해석의 기준이 될 수 있다. 1969년 "조약법에 관한 비엔나협약"(Vienna Convention on the Law of Treaties, VCLT) 제31조도 이점을 인정하고 있다.

캐나다 맥길(McGill)대학교의 자쿠(Ram Jakhu)교수는 이 조약이 이미 100 여개국이 비준한 조약이라는 면에서 '우주의 헌법'이며 우주활동의 법적기초를 제공하고 있는 원칙조약으로 간주된다고 한다. 그러나 최근 우주기술의 발달로 인한 우주의 상업화(commercialization), 우주의 무기화(weaponisation), 규제완화(deregulaton), 글로벌화(globalization)로 인해 우주조약에 대한 해석과 그 이행방법 및 추후 법 발전에 관한 논쟁이 계속 제기되고 있다. 사실 국제사법재판소(ICJ)의 판례 중 적어도 3/4이 조약의 해석에 관한 문제들[2)]임을 고려해 볼 때 우주조약이 제정된 지 반세기가 되어가는 현시점에서 이 우주조약의 올바른 해석과 함께 이 조약이 가진 국제법상 의미는 중요하다.

---

1) 김한택, 우주조약의 국제법적 의미에 관한 연구, *항공우주정책·법학회지*, 제28권 2호 (2013), 223-258 참조.

2) Ram Jakhu, Legal Issues Relating to the Global Public Interest in Outer Space, 32 *Journal of Space Law* (이하 *JSL*) (2006), 31, 33, 35.

1. 우주에서의 탐사 및 과학조사의 자유

1967년 우주조약 제1조에 의하면 달과 기타 천체를 포함한 외기권 우주의 탐색과 이용은 그들의 경제적 또는 과학적 발달의 정도에 관계없이 모든 국가의 이익을 위하여 수행되어야 하며 '모든 인류의 영역' (province of all mankind)이어야 한다. 달과 기타 천체를 포함한 외기권 우주는 어떠한 종류의 차별 없이 평등의 원칙에 의하여 국제법에 따라 모든 국가가 자유로이 탐색하고 이용하며 천체의 모든 영역에 대한 출입을 개방하며, 달과 기타 천체를 포함한 외기권 우주에 있어서의 과학적 조사의 자유가 있으며 국가는 이러한 조사에 있어서 국제적인 협조를 용이하게 하고 장려한다고 규정하고 있다. 이것은 1963년 우주법선언 원칙 1에서 밝힌 "우주 활동은 모든 인류의 이익을 위해서 행하여져야 한다." 는 원칙을 그대로 반영한 것이다. '모든 인류의 이익' (interest of all mankind)라는 표현은 1959년 남극조약(Antarctic Treaty) 전문[3]에서 처음 발견되며, '모든 인류의 영역' 이라는 표현이 조항으로 명시된 것은 국제협약 상 우주조약이 최초이다.[4] 우주조약 제5조에서는 우주비행사가 '인류의 사절' (envoys of mankind)로 간주되어야 한다고 명시하고 있고, 1979년 달협정 제4조에서 도 달과 기타 천체의 탐사 및 이용이 전 인류의 활동분야가 되어야 하고 또 제11조에서 달 기타 천체의 천연자원은 '인류의 공동유산' (common heritage of mankind)이라고 하였다.[5] 따라서 어떠한 국가도 우주활동이 UN헌장 제2조 7항[6]에 명시된 국내관할권(domestic jurisdiction)사항에 속한다고 주장할 수는 없을 것이다.[7] 우주조약에서 '달과 다른 천체를 포함한 우주' 라는 표현을 계속 사용하고 있는데, 여기서 우주라고 표현할 때 천체를 포함하고 있으며, 천체라고 표현할 때 또한 달을 포함하고 있다.[8] 다시 말해서 우주조약이 단순히 우주라고 표현해도 이미 천체(celestial bodies)를 포함한다는 것이고, 단순히 천체라고 표현을 해도 이미 달을 포함하고 있다는 뜻이다. Bin Cheng 교수는 우주라는 표현을 사용할 때는 '우주공간' (outer void space)과 천체를 구별하여 사용할 필요가 있다고 언급한 바 있다.[9]

우주조약 제1조에서 '우주의 자유이용' 은 국제법상 '오용'(misuse)이나 ' 남용'(abuse)을 허용하는 것이 아니라 금지되지 않은 범위 내에서 타국에 해를 주지 않는 범위의 이용을 의미한다.

---

3) "-----CONVINCED that the establishment of a firm foundation for the continuation and development of such cooperation on the basis of freedom of scientific investigation in Antarctica as applied during the International Geophysical Year accords with the interests of science and the progress of all mankind; N M Matte, Limited Aerospace Natural Resources and Their Regulation, 7 *Annals of Air and Space Law* (이하 *AASL*) (1982), 390.

4) James J. Trimble, The International Law of Outer Space and its Effect on Commercial Space Activity, 11 *Pepperdine Law Review* (1984), 530-531.

5) E. R. C, van Bogaert, *Aspects of Space Law*, Kluwer Law and Taxation Publishers (1986), 54.

6) "이 헌장의 어떠한 규정도 본질상 어떤 국가의 국내관할권에 있는 사항에 간섭할 권한을 국제연합에 부여하지 아니하며, 또는 그러한 사항을 이 헌장에 의한 해결에 맡기도록 회원국에 요구하지 아니한다. 다만, 이 원칙은 제7장에 의한 강제조치의 적용을 해하지 아니한다."

7) C. Wilfred Jenks, *Space Law*, Fredrick A. Praeger (1965), 209.

8) Bin Cheng, *Studies in International Space Law*, Clarendon Press·Oxford (1997), 527.

9) Bin Cheng, Outer Void Space-the Reason for this Neologism in Space Law, *Australian International Law Journal*, International Law Association-Australian Branch (1999), 1.

이렇게 우주활동은 모든 국가들의 이익을 위한다는 원칙과 외기권 우주의 자유로운 탐사와 이용원칙은 조약법은 물론 모든 국가들을 구속하는 국제관습법(international customary law)[10]과 '강행규범' (또는 강행법규, *jus cogens*)으로 발전된 조항이라고 할 수 있다.[11] He Qizhi도 우주조약 제정 30주년을 맞이하여 발표한 논문 "The Outer Space Treaty in Perspective" 에서 이 조항이 국제관습법으로 발전되었다고 한 바 있다.[12] 그리고 달과 기타 천체를 포함한 외기권 우주는 어떠한 종류의 차별 없이(without discrimination of any kind) 평등의 원칙에 의한다는 원칙(on a basis of equality)은 UN헌장 제2조 1항에서 UN 및 그 회원국이 모든 회원국의 주권평등(sovereign equality)의 원칙에 기초하여 행동한다는 조항과 일치하고 있다.

우주활동이 모든 국가의 이익을 위하여 수행되어야 한다는 것은 우주개발국(spacefaring states)뿐만 아니라 개발도상국에 대한 특별한 고려를 해야 함을 의미한다.[13] 따라서 1996년 6월 COPUOS의 제39차 회기에서 채택되고 제51차 UN총회 결의의 부속서 형태로 채택된 "우주혜택선언" (개발도상국의 특별한 필요를 고려하면서 모든 국가의 이익과 이해를 위하여 우주의 탐사와 이용에 관한 국제협력에 관한 선언, Declaration on International Cooperation in the Exploration and Use of Outer Space for the Benefit and in the Interests of all States, Taking into Particular Account the Needs of Developing Countries)[14]은 제목대로 개발도상국의 특별한 필요를 고려하여 모든 국가의 이익을 위해서, 그리고 국제법에 따라서 우주활동에 관한 국제협력을 수행해야 한다고 천명하고 있다. 이와 같은 목적은 우주조약 제1조에 명시된 바와 같이 외기권 우주의 탐사와 이용은 개도국을 고려한 모든 국가의 이익과 이해를 위해서 개발되어야 한다는 원칙에 기초를 두고 있는 것이다.[15]

한편 1967년 우주조약에서 규정하는 천체는 우주 전체에 있는 견고한 자연적 물질을 말하며, 우주조약은 태양계내의 지구를 제외한 달과 천체는 물론 '태양계 밖의' (outside the solar system) 천체까지 적용된다고 할 수 있다. 1979년 달협정 제1조 1항은 우주조약과는 달리 태양계의 천체에만 국한시키고 있으므로 이러한 조항이 없는 우주조약은 태양계 밖의 천체까지 적용시키는 것이 당연하다.[16]

---

10) 국제법에서 국제관습법의 지위는 매우 중요하다. 성문법인 조약과 동등한 위치에 있으며, 조약을 폐기시킬 수 도 있는 힘을 가진 모든 국가를 구속하는 법이다. 우주관습법의 형성에 관하여 V S. Vereshchetin & G M. Danilenkio, Custom As a Source of International Law of Outer Space, *JSL* (1985), 22-35 참조.

11) Jakhu, 43, 48, 49.

12) He Qizhi, The Outer Space Treaty in Perspective, 25 *JSL* (1997), 97.

13) N. Jasentuliyana, Article I of the Outer Space Treaty Revisited, 17 *JSL* (1989), 139.

14) UN Doc. A/AC.105/C.2/L.211. of June 11. 1996.

15) Nandasiri Jasentuliyana, *International Space Law and The United Nations*, Kluwer Law International (1999), 46-47.

16) H. A. Wassenbergh, Speculations on the Law Governing Space Resources, 5 *AASL* (1980), 617.

2. 전유화금지

우주조약 제2조는 달과 기타 천체를 포함한 외기권 우주는 주권의 주장에 의하여 또는 이용과 점유에 의하여 또는 기타 모든 수단에 의한 국가 전용(專用)의 대상이 되지 아니한다고 명시하고 있는데, 1963년 우주법 선언 원칙 3에서 "우주공간과 천체는 주권의 주장, 점유 또는 기타의 수단에 의한 국가에 의해서 취득되지 않는다."는 내용을 그대로 반영한 것이다.

우주의 '비전유원칙' (principle of non-appropriation)은 우주를 마치 공해(公海, high seas)와 같이 누구나 자유롭게 접근하여 사용 수익이 가능하나 점유할 수 없다는 원칙을 내포하는 국제법상 '국제공역' (*res extra commercium*)으로 파악하고 있는 것이다.

Bin Cheng 교수는 우주조약은 동 조약 이전의 국제관습법 상 외기권 우주를 국제공역으로 그리고 천체를 무주지(*res nullius*)의 상태로 보아왔던 입장을 우주와 천체 전부를 국제공역(*res extra commercium*)화하는 데에 기여하였다고 언급한 바 있다.[17] 국제공역은 마치 공해의 지위와 같아서 각 국가가 이곳을 전유할 수 없고, 다만 이곳의 자원을 자유롭게 이용할 수 있을 뿐이다. 이 조항은 우주법의 인접분야인 항공법에서도 찾아볼 수 없는 것으로써 전적으로 1959년 남극조약[18]의 영향을 받았다.[19] 전유화금지의 원칙은 국제조약법의 규범은 물론 모든 국가들을 구속하는 국제관습법과 강행규범(*jus cogens*)으로 발전되는 조항이라고 할 수 있다. 전유화금지는 어떠한 공적인 또는 사적인 실체에 의해서도 금지됨을 의미한다. 일부 학자들은 전유화금지가 국가전유화(national appropriation)만을 의미하는 것이므로 개인이나 사기업체가 전유할 수 있다는 해석을 하고 있으나 이는 분명하게 정부이건 공공기관이건 사적기관이든 어떠한 방법으로도 전유화 될 수 없음을 의미하고 있다.[20] 이와 같은 국제공역의 선언은 15세기 이후 유럽국가들에 의해서 무주지에 대하여 선점으로 원리를 적용시켰던 식민지이론을 배제한 것이라고도 할 수 있다.[21]

He Qizhi는 우주에서의 탐사 및 과학조사의 자유와 비전유원칙은 빠른 시일 내에 국제관습법으로 발전된 '인스턴트 국제관습법' (instant customary international law)이라고 언급한 바

---

17) Bin Cheng, The 1967 Space Treaty, 95 *Journal du Droit International* (1968), 564.

18) 〈남극조약 제4조〉

1. 이 조약의 어떠한 규정도 다음과 같이 해석되지 아니한다.
   (a) 어느 체약당사국이 종전에 주장한 바 있는 남극지역에서의 영토주권 또는 영토에 관한 청구권을 표기하는 것.
   (b) 어느 체약당사국이 남극지역에서의 그 국가의 활동 또는 그 국민의 활동의 결과 또는 기타의 결과로서 가지고 있는 남극 지역의 영토주권에 관한 청구권의 근거를 포기하는 것 또는 감소시키는 것.
   (c) 남극지역에서의 타국의 영토주권, 영토주권에 관한 청구권 또는 그 청구권의 근거를 승인하거나 또는 승인하지 않는 것에 관 하여 어느 체약당사국의 입장을 손상하는 것.
2. 이 조약의 발효 중에 발생하는 여하한 행위 또는 활동도 남극지역에서의 영토주권에 관한 청구권을 주장하거나 지지하거나 또는 부인하기 위한 근거가 되지 아니하며, 또한 남극지역에서의 어떠한 주권적 권리도 설정하지 아니한다. 이 조약의 발효 중에는 남극지역에서의 영토주권에 관한 새로운 청구권 또는 기존 청구권의 확대를 주장할 수 없다.

19) P. P. C. Haanappel, *The Law and Policy of Air Space and Outer Space-A Comparative Approach*, Kluwer Law International (2003), 11-12.

20) Jakhu, 44, 48.

21) Heidi Keefe, Making the Final Frontier Feasible: A Critical Look at the Current Body of Outer Space Law, 7 *Santa Clara Computer & High technology Law Journal* (1995), p. 358.

있다.[22] 사실 이 개념은 Bin Cheng 교수가 1965년 발표한 논문 "United Nations Resolutions on Outer Space: 'Instant' International Customary Law ?" [23]에서 법적확신(*opinio juris*)과 관행의 관계를 설명하면서 우주법 발전의 광범위한 틀은 1963년 우주법선언이라고 하면서 관습법을 형성하는데 있어서 핵심요소는 법적확신이라는 것이다. 따라서 국제관습법형성에서 국가관행과 시간적 요소의 중요성이 부인되는 셈이다.[24]

한편 1979년 달협정은 제11조 1항에서 달과 그것의 천연자원은 '인류공동의 유산' (Common Heritage of Mankind)이라고 명시하면서 제11조 2항에서 1967년 우주조약 제2조와 동일하게 달은 주권의 주장, 사용이나 점령, 기타 어떠한 수단에 의해서도 국가전유의 대상이 될 수 없다는 '비전유원칙' 을 재확인하고 있다. 달협정은 국제제도(international regime)와 관련하여 제11조 7항에 (a) 달 천연자원의 질서 있고 안전한 개발, (b) 달 자원의 합리적 경영, (c) 달 자원의 사용기회의 확장, (d) 달 자원으로부터 파생하는 이익을 모든 당사국에게 공평하게 분배하되 달의 개발에 직접 또는 간접적으로 공헌한 국가의 노력은 물론 개발도상국의 이익과 필요에 대한 특별한 고려가 있어야 한다고 그 목적을 명시하고 있는데, 이와 같은 국제제도는 당사국이 달의 자원개발이 가능한 시기에 수립할 의무를 지며(달협정 제11조 5항), 이와 같은 국제제도의 수립을 용이하게 하도록 당사국은 달에서 발견되는 모든 천연자원에 관하여 최대로 가능한 범위 내에서 UN사무총장, 대중(public) 및 국제과학공동체에 알려주어야 한다고 규정하고 있다(달협정 제11조 6항). 2024년 7월 현재 달협정의 가입국수는 17개국에 불과하고 우주조약의 115개국에 비하면 현저하게 낮으므로 현재의 우주법에서는 인류공동유산 개념이 우주조약에서 명시하는 국제공역(*res extra commercium*)개념보다 우세할 수는 없을 것이다.[25]

3. 국제법의 적용

1963년 우주법 선언 원칙 4에서 "우주 활동은 UN헌장과 국제법에 따라 국제평화와 안전을 위해서 그리고 국제협력과 이해를 위해서 행해져야 한다." 는 내용을 반영한 우주조약 제3조는 당사국들이 우주의 탐사이용활동을 국제평화와 안전의 유지, 국제협력과 이해의 증진에 기여하도록 UN헌장 등 국제법에 따라 수행해야 한다고 규정하고 있다. 국제법규칙을 우주에 적용한다는 것은 제1조에 명시된 '모든 인류의 이익' 을 더욱 더 보장한다는 의미로 해석할 수 있고, 제1조 2항에서 국제법에 따라 자유롭게 이용한다고 규정한 후 제3조에서 별도의 조문으로 우주활동에 국제법을 적용한다고 한 것은 우주의 자유이용체제가 국제법상의 자유이용체제임을 분명히 하려는 것이다. 예를 든다면, UN헌장, 특히 국제분쟁의 평화적 해결수단, 국내문제 불간섭

22) He Qizhi, 97.

23) Bin Cheng, "United Nations Resolutions on Outer Space: 'Instant' International Customary Law ?" , 23 *Indian Journal of International Law* (1965), 23.

24) Peter Malanczuk, *Akehurst's Modern Introduction to International Law*, 7th revised ed., Routledge (1997), 46.

25) 달협정에 관하여 김한택, 달조약의 의미와 전망에 관한 연구, *항공우주법학회지*, 제21권 1호 (2006), 216-236 참조.

원칙 또는 국제기구의 틀에 있어서 협력 등이 적용될 수 있고, 나아가 우주조약 자체가 조약법 및 일반국제법(general international law)에 의해 부여되고 있는 효력의 모든 조건에 규율을 받는다는 의미이다. 따라서 조약의 서명능력, 비준절차, 조약으로부터의 탈퇴, '조약은 준수되어야 한다.' (*pacta sunt servanda*)는 원칙, '계약불이행의 항변' (*exceptio non adimpleti contractus*)의 원칙 및 '사정변경의 원칙' (*rebus sic stantibus*)에 관한 규칙들이 우주조약에 적용될 수 있을 것이다[26)]

1969년 조약법에 관한 비엔나협약 제31조 1항은 "조약은 조약문의 문맥 및 조약의 대상과 목적으로 보아 그 조약의 문면에 부여되는 통상적 의미에 따라 성실하게 해석되어야 한다." 고 명시하고 있고. 조약의 준수에 관한 기본원리인 "*pacta sunt servanda*" 에 관하여 조약법에 관한 비엔나협약 제26조는 "유효한 모든 조약은 당사자들을 법적으로 구속하며, 또한 당사국에 의하여 신의 성실하게(good faith) 이행되어야 한다." 라고 규정하고 있다. 국제협정을 준수하는데 있어서 '신의 성실' 의 개념은 국제법의 기본적인 원리이다. 국제사법재판소(ICJ)의 1957년 "노르웨이 공채 사건" (Norwegian Loans Case)에서 로터팍트(Lauterpacht) 판사는 "신의 성실에 일치하여 법을 지킨 것은 논의할 여지없이 법의 일반원칙이며 또한 국제법의 일부이다." 라는 개별의견(separate opinion)을 제시한 바 있다.[27)]

우주조약의 제정자들도 이 조약이 분명하게 우주활동을 규제하는 법적 구속력을 지닌 법문서로 작성한 것이며 국제법과 국제질서를 위해서 국제평화와 안전을 위해 작성한 것임을 잊어서는 안 된다고 강조하고 있다. 또한 조약법에 관한 비엔나협약 제27조는 일반적으로 당사자는 조약을 이행하는데 실패한 이유로 국내법의 규정을 들 수 없다는 규정을 두고 있는데, 상설국제사법재판소(PCIJ)가 1932년 "단찌히에 있는 폴란드국민의 대우사건" (Treatment of Polish Nationals and Other Person of Polish Origin or Speech in the Danzig Territories)에 관한 권고적 의견에서 "한 국가는 국제법이나 효력 있는 조약의 의무를 회피하기 위해 다른 국가에 대하여 국내 헌법을 원용할 수는 없다." 라는 결정을 내린 바 있다.[28)] 따라서 우주조약의 당사국은 국내법을 이유로 우주조약의 이행을 거부할 수 없다. 한편 우주조약에서 우주활동이 국제법에 따라 행하여 져야 한다함은 우주조약과 일반국제법의 원칙이 충돌할 때에는 "특별법은 일반법에 우선한다." 는 "특별법 우선의 원칙" (*lex specialis derogat legi generali*)에 따라 우주조약이 우선 적용된다는 의미를 내포하고 있다.[29)]

---

26) van Bogaert, 41-42.
27) ICJ Rep. (1957), 9, 53.
28) 1932 PCIJ Rep., ser. A/B, no. 44. at 24.
29) Jakhu, 34, 40, 44.

4. 타국의 권리존중과 협력 및 투명성·개방성의 의무

우주조약 제9조에 달과 기타 천체를 포함한 외기권 우주의 탐색과 이용에 있어서 본 조약의 당사국은 협조와 상호 원조의 원칙에 따라야 하며, 본 조약의 다른 당사국의 상응한 이익을 충분히 고려하면서 달과 기타 천체를 포함한 외기권 우주에 있어서의 그들의 활동을 수행하여야 한다고 규정하고 있다. 영국과 노르웨이간 "어업사건" (Anglo-Norwegian Fisheries Case)에서 국제사법재판소(ICJ)도 "어느 지역에 대한 특정한 경제적 이해를 고려해야 한다." 고 판시한 바 있는데 우주조약 제1조 1항은 개발도상국에 대한 고려를 인정하고 있는 것 같다.[30] 타국의 권리존중의 원칙은 국제조약법의 규범은 물론 모든 국가들을 구속하는 국제관습법과 '강행규범' (또는 강행규범, *jus cogens*)으로 발전되는 조항이라고 할 수 있다.

우주활동시 국가들은 상호 협력해야 한다는 규정은 제1조(우주에서의 탐사 및 과학조사의 자유)와 제3조(국제법의 적용)에서 찾아볼 수 있고, 제10조에서 달과 기타 천체를 포함한 외기권 우주의 탐색과 이용에 있어서 본 조약의 목적에 합치하는 국제적 협조를 증진하기 위하여 본 조약의 당사국은 이들 국가가 발사한 우주 물체의 비행을 관찰할 기회가 부여되어야 한다는 본 조약의 다른 당사국의 요청을 평등의 원칙을 고려하여야 한다. 관찰을 위한 이러한 기회의 성질과 기회가 부여될 수 있는 조건은 관계국가간의 합의에 의하여 결정되어야 한다고 명시하고 있다. 그리고 제11조에 외기권 우주의 평화적 탐색과 이용에 있어서의 국제적 협조를 증진하기 위하여 달과 기타 천체를 포함한 외기권 우주에서 활동을 하는 본 조약의 당사국은 동 활동의 성질, 수행, 위치 및 결과를 실행 가능한 최대한도로 일반 대중 및 국제적 과학단체 뿐만 아니라 UN사무총장에 대하여 통보하는데 동의하여야 하며, 동 정보를 접수한 UN사무총장은 이를 즉각적으로 그리고 효과적으로 유포하도록 하여야 한다고 명시하고 있다. 또한 제12조에서 달과 기타 천체상의 모든 배치소, 시설, 장비 및 우주선은 호혜주의 원칙하에 본 조약의 다른 당사국대표에게 개방되어야 하고, 그러한 대표들에 대하여 안전을 보장하기 위하여 그리고 방문할 설비의 정상적인 운영에 대한 방해를 피하기 위한 적절한 협의를 행할 수 있도록 하고 또한 최대한의 예방수단을 취할 수 있도록 방문 예정에 관하여, 합리적인 사전통고가 부여되어야 한다고 명시하고 있다.

이렇게 현행 국제우주제도는 투명성과 개방성을 규범적으로 요구하고 있는데, 이것은 우주활동이 '전세계적 공공 이익' (global public interest)과 관련되어 있음을 시사하고 있다.[31] 이러한 우주에서의 '전세계적 공공이익' 에 대한 원리는 국제공동체에게 '대세적 의무' (obligation *erga omnes*)[32]를 부과하고 있는데, 우주를 모든 인류의 영역이라고 선언한 점, 우주에서의 협력

30) Anglo-Norwegian Fisheries Case, ICJ (1951), 133.

31) Jakhu, 49, 54.

32) '모든 국가의 관심사' (concern of all states)라는 대세적 의무규범의 존재는 ICJ의 1970년 "바르셀로나 전력회사 사건" (Barcelona Traction Case)에서 다음과 같이 인정되었다.

"한 국가의 국제공동체 전체에 대한 의무와 외교적 보호분야에서 타국에 대해 발생하는 의무 본질적으로 구분되어야 한다. 그 본질상 전자는 모든 국가들의 관심사이다. 관련된 권리들의 중요성을 고려하면, 모든 국가가 그들의 보호에 법적 이익을 갖는 것으로 인정 될 수 있는데, 이들이 바로 대세적 의무(obligation *erga omnes*)이다." (Barcelona Traction Case, ICJ Rep. 1979, 4, 32).

의 의무, 우주비행사를 인류의 사절이라고 한 점, 우주활동에서 해로운 오염을 피하라고 한 점, 우주활동을 국가, 사적 실체 그리고 정부간 조직체(IGOs)로 제한한 점, 우주활동으로 인한 손해배상에 대한 절대책임원칙, 우주에서의 핵무기 및 대량파괴무기 배치 금지, 우주활동의 공개성과 투명성 그리고 국제우주제도의 보편적 적용 등이 이를 뒷받침 해주고 있다.[33]

5. 우주의 군사적 이용의 한계

1963년 우주법 선언 원칙 4에서 "우주활동은 UN헌장과 국제법에 따라 국제평화와 안전을 위해서 그리고 국제협력과 이해를 위해서 행해져야 한다."고 함으로서 우주의 탐사이용은 군사적 목적이 아닌 '평화적 목적'(peaceful purposes)으로 수행되어야 함을 의미하고 있다. 우주조약 제4조 전반부에 의하면 당사국은 핵무기 기타 대량파괴무기[34]를 실은 물체를 지구주위 궤도에 배치할 수 없고 또한 이러한 무기를 우주나 그 천체에 배치할 수 없다고 규정하고 있다. 이는 1959년 남극조약[35]에 이어 우주에 대한 '비핵지대'(Nuclear-Free-Zone)를 형성하고 있는 것이다. 여기서 우주에서의 재래식 무기의 사용은 가능한가 하는 질문이 가능한데, 대부분 학자들은 제4조가 핵무기 기타 대량파괴무기만을 언급하고 있으므로 우주에서의 재래식 무기의 사용은 가능한 것으로 보고 있다. 그러나 기타의 군사적 이용문제에 관하여는 외기권 공간으로서의 우주와 그 안에 있는 천체를 구별하여 천체에 대하여만 엄격하게 규정하고 있다. 한편 1977년 "환경변경기술의 군사적 또는 다른 적대적 이용에 관한 금지 협약"(Convention on the Prohibition of Military or any Other Hostile Use of Environmental Modification Techniques)[36] 제2조[37]도 우주공간을 명시하고 있으므로 우주조약 제4조를 보완하고 있다.[38]

우주조약 제4조 후반부에 의하면 달과 다른 천체는 오로지 '평화적 목적'에 사용하여야 한다.

---

33) Jakhu, 48-49.

34) 대량파괴무기로는 일반적으로 원자탄, 세균 및 화학무기를 의미한다.; 박원화 · 정영진, *우주법* 제3판, 한국학술정보(주) (2012), 113.

35) 〈남극조약 제1조〉
1. 남극지역은 평화적 목적을 위해서만 이용된다. 특히, 군사기지와 방비시설의 설치, 어떠한 형태의 무기실험 및 군사훈련의 시행과 같은 군사적 성격의 조치는 금지된다.
2. 이 조약은 과학적 연구를 위하거나 또는 기타 평화적 목적을 위하여 군의 요원 또는 장비를 사용하는 것을 금하지 아니한다.
〈남극조약 제5조〉
1. 남극지역에서의 모든 핵폭발과 방사선 폐기물의 동 지역에서의 처분은 금지된다.
2. 핵폭발과 방사선 폐기물의 처분을 포함하는 핵에너지의 이용에 관한 국제협정이 체결되고, 제9조에 규정된 회의에 대표를 참가시킬 권리를 가지는 모든 체약당사국이 동 협정의 당사국일 경우, 그러한 협정에 따라 정해진 규칙은 남극지역에 적용된다

36) 16 *International Legal Materials* (1977), 88; 1986년 12월 2일 한국에 대하여 발효.

37) "As used in article 1, the term 'environmental modification techniques' refers to any technique for changing-through the deliberate manipulation of natural processes-the dynamics, composition or structure of the Earth, including its biota, lithosphere, hydrosphere and atmosphere, or of outer space."

38) 김종복, *신우주법*, 한국학술정보(주) (2011), 94-95.

군사기지나 시설의 설치, 무기실험, 군사기동훈련을 천체 상에서는 일체 수행할 수 없고, 다만 과학적 목적이나 다른 평화적 목적을 위하여 군인을 이용하거나 필요한 장비 및 시설을 사용하는 것은 금지되지 않는다고 규정하고 있다. 제4조의 '평화적 목적' 의 의미에 관하여 소련은 '비군사적' (non-military)으로 파악하고 있는 반면에 미국은 우주의 군사적 이용은 '비침략적인' (non-aggressive) 목적에만 국한되어야 한다고 광범위하게 해석하고 있다. 따라서 미국은 군요원의 경우 달과 다른 천체에 자유롭게 접근할 수 있고, 그 이용이 비공격적이고 군사기지의 설치나 무기실험, 군사작전의 수행이 제한된다면 가능하다고 보는 것이다.[39]

우주조약에서 특별한 병기를 언급하지는 않고 있으므로 탄도미사일(ballistic missiles) 또는 로켓(rockets)을 금지하고 있지 않다는 해석이 있다.[40] 다시 말해서 ASAT(anti-satellite weapons, 위성공격무기)와 BMD(ballistic missile defense, 탄도미사일방어)는 금지하지 않고 있으며 미국과 소련이 지금까지 이 두 종류의 무기개발에 관하여는 합법적이라는 견해에 상호 동의해왔고, 소련이 비록 우주의 '비군사적' (non-military)화를 주장하였어도 사실 미국과 마찬가지로 계속해서 우주에 군사위성을 쏘아 올렸다는 점이다.[41] 최근에는 '우주의 군사화' (militarisation of outer space)라는 용어보다는 '우주의 무기화' (weaponisation of outer space)라는 용어를 사용하고 있는데, 현재 우주의 무기화 억제를 언급하고 있는 조약은 우주조약과 1963년의 "부분적 핵실험 금지 협약" (Partial Nuclear Test Ban Treaty)[42]뿐이다. 이렇게 우주무기화를 우려한 중국과 러시아는 UN총회 군축특별회기(UN General Assembly' s Special Session)가 위임한 군축회의(Conference on Disarmament; CD)에 2008년 2월 12일 "우주에서의 무기배치와 우주물체에 대한 무력의 위협이나 사용금지조약안" (Draft Treaty on the Prevention of the Placement of Weapon in Outer Space and of the Threat or Use of Force against Outer Space Objects; PPWT)[43]을 공동으로 제기한 바 있고, 그리고 2014년 6월 10일 러시아와 중국은 "우주 공간에서의 무기배치, 우주물체에 대한 무력 위협 또는 무력 사용 방지에 관한 조약안" (Draft Treaty on the Prevention of the Placement of Weapons in Outer Space, the Threat or Use of Force against Outer Space Objects, 2014 PPWT)이라는 새로운 버전(version)을 제출하였는데, 미국은 현재 우주에서는 무기경쟁이 없다는 이유로 이를 반대하고 있다.

우주기지(또는 우주정거장, space stations)를 궤도에 올리는 것은 조약상의 금지를 위반한 행위는 아니다. 그것은 그 유인기지의 인원과 설비의 여하에 달린 것이다. 만약 이러한 우주물체들이 핵무기 또는 기타의 대량파괴무기를 운반하고 있다면 그것들을 궤도에 올리는 것은 명백하게 위법행위이지만, 이와 같은 종류의 우주장치는 평화적 목적에도 사용할 수 있고 그와 같은 임무의 경우는 우주공간의 군축규칙에 위반된다고 생각되지는 않는다.

적의 위성을 파괴하기 위해서 혹은 주파수를 교란시키거나 설비에 손해를 주어서 기능을

---

39) Bin Cheng, *Studies in International Space Law*, Clarendon Press · Oxford (1997), 515-516.

40) van Bogaert, 68.

41) Jakhu, 85.

42) "대기권 내 우주 공간 및 수중에서 핵무기 실험을 금지하는 조약" (Treaty Banning Nuclear Weapon Tests in the Atmosphere, in Outer Space and Under Water).

43) CD/1839, 29 February 2008.

마비시켜 그러한 위성들을 무용한 것으로 하기 위한 위성요격기술(satellite interception techniques)도 개발할 수 있다. 이와 같은 활동이 우주조약의 규정과 모순되는가 하는 문제의 해답은 조건 여하에 달려있다. 요격행위를 위한 장비가 핵무기 혹은 대량파괴무기를 장치했다면 그것이 궤도에 오를 때에는 위법으로 판단되어야 한다. 장치의 사용이 제4조에 규정된 특정의 금지에 반하는 것이 되기 전에 이와 같은 조건이 충족될 필요가 있다.[44)]

6. 우주물체와 비행사의 구조와 반환

1963년 우주법선언 원칙 7에서 "국가는 우주물체와 그 승무원에 대해서 관할권과 관리의 권한을 가지며, 등록국의 영역 외에서 발견될 이러한 물체들 또는 그 구성부분은 반환되어야 한다."는 것과 원칙 9에서 "우주비행사(astronaut)는 우주공간에 있어 '인류의 사절'(envoys of mankind)로 간주되고, 국가는 외국영역 또는 공해에서 사고, 조난 또는 긴급한 착륙이 있는 경우에는 그들에게 모든 가능한 원조를 주고, 우주비행사는 등록국에 신속하고 안전하게 송환되어야 한다."는 내용을 담고 있다. 이러한 원칙들을 반영한 1967년 우주조약 제5조에 의하면 우주비행사들은 인류가 우주에 보낸 일종의 사절이기 때문에 모든 당사국들은 이들에게 조난이 닥친 경우 가능한 모든 원조를 제공하고 우주비행사와 우주선은 등록국가에 돌려보내야 한다. 또한 우주비행사들이 우주활동 중 다른 국가의 우주비행사들이 조난을 당한 것을 발견한 경우에도 가능한 모든 도움을 주어야 한다고 명시하고 있다. 그리고 당사국들이 우주에서 우주비행사에게 위험한 현상을 발견한 경우에는 관계국이나 UN사무총장에게 신속히 알려야 한다.[45)] 1968년 4월 22일 "우주비행사의 구조와 외기권 우주에 발사된 물체의 반환에 관한 협정"(Agreement on the Rescue of Astronauts, the Return of Astronauts and the Return of Objects Launched into Outer Space)은 이러한 문제를 구체적으로 적용하기 위하여 제정된 것이다.

7. 우주에서의 국가활동에 대한 국제책임

1963년 우주법선언 원칙5에서 "국가는 정부기관(governmental agencies)에 의해서든 비정부실체(non governmental entities)에 의해서든 불문하고 우주공간에 있어 활동에 대하여 국제적 책임을 진다. 비정부실체에 의한 경우 책임당사국은 허가를 발급하고 계속적인 감독

44) van Bogaert, 69.

45) 김한택, 달 협정의 내용 및 우리나라의 비준가능성, *국제법 동향과 실무*, 제8권 no.3·4, 통권 제23호 (2009), 41.

을 행하지 않으면 안 된다. 국제기구에 의해서 활동을 할 경우 그 책임은 당해기관 및 기관의 참가국에 의해 부담을 진다."는 것과 원칙 8에서 "발사국 또는 발사시설을 조달하는 국가는 외국 혹은 그 국민 또는 법인의 손해에 대한 국제적 책임을 진다."는 내용의 책임규정은 1967년 우주조약에도 국가에게 두 가지 형태의 책임을 부과하는 것으로 반영하고 있다. 우선 우주조약 제6조에 의하면 당사국들은 모든 우주활동에 대하여 국제책임을 진다. 이러한 우주활동을 외기권 공간에서 수행하든 천체(celestial bodies)에서 수행하든 또한 정부기관에 의하여 수행하든 비정부기관(non-governmental organization)에서 수행하든 상관없이 관계국가가 국제책임을 진다. 비정부기관이 우주활동을 수행하려면 관계국가의 허가를 받아 그 감독 하에서 수행하여야 한다. 비정부기관에 관한 정의가 불명확하지만 국가가 배타적으로 운영하지 않는 기관을 의미한다. 따라서 국가와 국가관할권 하에 있는 자연인과 법인은 그 행위가 국가로 귀속되어 우주활동 중 국제의무위반행위에 대한 국제책임을 지게 되는 것이다. 최근 비국가적 실체들(non-state entities)의 우주활동이 활발해지면서 이 조항의 중요성이 더해 가고 있다.[46] 또한 이러한 우주활동을 국제기구에서 수행하는 경우에는 국제기구와 회원국들이 다 같이 국제책임을 진다. 여기서 국제기구란 국가가 회원국으로 있는 정부 간 국제기구를 의미하는 것으로서 우주조약 제13조도 정부 간 국제기구(international intergovernmental organizations)라는 표현을 분명하게 하고 있다. 만일 정부 간 국제기구가 아닌 기구에 의한 우주활동의 경우는 관련국가의 허가와 통제를 받아야 하며 이러한 활동으로 인한 손해도 관련국가가 배상하여야 한다.

제6조는 법률소위원회에서 오랫동안 토의의 대상이었다. 소련대표에 의하면 우주활동이 정부기관에 의해서 행해지는 것은 자명한 것이었고, 미국대표는 비정부실체(non-governmental entities)인 통신위성회사(Communication Satellite Organization)가 미국 내의 민간계획자금에서 제공되고 연방법에 따라 연방기관의 규제를 받고 있다는 이유에서 민간기업의 참가를 강조하였다. 따라서 국가의 특별한 허가를 취득하고 계속적으로 국가의 통제를 받는다는 조건하에서 민간회사를 인정하고 있는 현재와 같은 규정이 하나의 타협으로 성립되었다. 이 조약의 목적은 명확하고 엄밀하게 사적인 것과 국가로부터 규제받지 않은 우주활동을 금지시키고 있는 것이기 때문에, 미국 및 소련의 대표도 본 조의 현행의 규정에 합의하게 된 것이다.

또 하나의 문제는 국제기구의 책임문제인데, 국제기구와 그 구성국의 권한에 관한 많은 문제가 해결되지 않으면 안 되었다. 소련의 대표는 국제기구가 국제책임으로부터 면제하는 것에 주저하였고 동시에 국제기구를 우주조약의 당사국과 대등한 자격으로 두는 것에 반대했다. 토의 결과 국제기구와 그것에 참가하고 있는 우주조약의 당사국과의 이중책임이 용인되어 쌍방의 조약준수의 책임을 지게 된 것이다. 이 제6조는 이것보다 더욱 구체적으로 국가의 의무를 정하고 있는 제13조에 의해서 부연되고 있다.

그 다음 1967년 우주조약 제7조에 의하면 우주물체의 발사국이나 발사의뢰국 또는 발사영토국이나 발사설비관할국은 그 우주물체로 인하여 다른 당사국이나 그 국민에 끼친 손해

46) Diederiks-Verschoor & Kopal, 28.

에 대하여 국제책임을 진다. 이러한 우주조약상의 국제책임원칙을 구체적으로 적용하기 위하여 1972년 3월 29일 "우주물체로 인한 손해의 국제책임에 관한 협약" (Convention on International Liability for Damage Caused by Space Objects)을 체결하였다.

8. 우주물체의 등록과 배타적 관할권

1963년 우주법선언 원칙 7의 "국가는 우주물체와 그 승무원에 대해서 관할권과 관리의 권한을 가진다." 는 내용을 반영한 1967년 우주조약 제8조에 의하면 외기권 우주에 발사된 물체 및 그 안에 있는 사람에 대하여는 등록국가가 관할권과 통제권을 갖는다. 또한 우주에 발사된 우주물체의 소유권은 그것이 우주에 있건, 천체에 있건, 지구로 돌아오건 영향을 받지 않는다. 여기서 등록국가는 선박의 국적국가와 그 지위가 비슷하다. 이로써 선박에는 그 선박의 국적국가가, 항공기에는 항공기의 등록국가가 그리고 우주선에는 우주선의 등록국가가 관할권을 가지게 된 것이다. 이와 같이 한 국가의 수송수단이 가지는 관할권을 '준영토관할권' (quasi-territorial jurisdiction)이라고 한다.[47] He Qizhi도 등록국의 배타적 관할권과 등록된 우주물체에 대한 통제는 국제관습법으로 발전되었다고 한 바 있다.[48] 우주물체의 등록과 관할권 문제는 우주비행사의 구조문제와 함께 1974년 11월 12일에 제정된 "외기권 우주에 발사된 물체의 등록에 관한 협약" (Convention on Registration of Objects Launched into Outer Space)에서 상세히 규정하고 있다.

9. 우주의 환경보호

1967년 우주조약 제9조는 우주활동으로 인한 환경피해의 방지규정을 두고 있다.[49] 즉, 달과 기타 천체를 포함한 우주의 탐색과 이용에 있어서 당사국은 협조와 상호 원조의 원칙에 따라야 하며, 다른 당사국의 상응한 이익을 충분히 고려하면서 달과 기타 천체를 포함한 우주에 있어서 그들의 활동을 수행하여야 한다. 당사국은 '유해한 오염' (harmful contamination)을 회피하고 또한 물질의 도입으로부터 야기되는 지구 주변에 '환경의 불리한 변화' (adverse changes in the environment)를 가져오는 것을 회피하는 방법으로 달과 천체를 포함한 우주의 연구를 수행하고, 이들의 탐색을 행하며 필요한 경우에는 이

47) Bin Cheng, *Studies in International Space Law*, 73.
48) He Qizhi, 97.
49) 우주조약 제9조의 제정과정에 관하여 Howard A. Baker, Protection of the Outer Space Environment: History and Analysis Article IX of the Outer Space Treaty, 12 *AASL* (1987), 143-171참조.

목적을 위하여 '적절한 조치' (appropriate measures)를 취하여야 한다. 만약 달과 기타 천체를 포함한 우주에서 국가 또는 그 국민이 계획한 활동 또는 실험이 달과 기타 천체를 포함한 우주의 평화적 탐색과 이용에 있어서 다른 당사국의 활동에 잠재적으로 '유해한 방해' (harmful interference)를 가져올 것이라고 믿을 만한 이유를 가지고 있는 당사국은 이러한 활동과 실험을 행하기 전에 적절한 국제적 협의를 거쳐야 한다.

10. 협력과 분쟁해결

우주조약 제10조에 명시된 바와 같이 달과 기타 천체를 포함한 외기권의 탐색과 이용에 있어서 본 조약의 목적에 합치하는 국제적 협조를 증진하기 위하여 본 조약의 당사국이 이들 국가가 발사한 우주 물체의 비행을 관찰할 기회가 부여되어야 한다는 의미는 본 조약의 다른 당사국의 요청을 평등의 원칙하에 고려하여야 한다는 것을 의미한다. 관찰을 위한 이러한 기회의 성질과 기회가 부여될 수 있는 조건은 관계국가간의 합의에 의하여 결정되어야 한다고 명시하고 있다.

또한 우주조약 제11조는 외기권의 평화적 탐색과 이용에 있어서의 국제적 협조를 증진하기 위하여 달과 기타 천체를 포함한 외기권에서 활동을 하는 본 조약의 당사국은 동 활동의 성질, 수행, 위치 및 결과를 실행 가능한 최대한도로 일반 대중 및 국제적 과학단체 뿐만 아니라 UN사무총장에 대하여 통보하도록 하고, 동 정보를 접수한 UN사무총장은 이를 즉각적으로 그리고 효과적으로 유포하도록 하고 있다. 또한 제12조에서 달과 기타 천체상의 모든 배치소, 시설, 장비 및 우주선은 호혜주의 원칙하에 본 조약의 다른 당사국대표에게 개방되어야 하고, 그러한 대표들에 대하여 안전을 보장하기 위하여 그리고 방문할 설비의 정상적인 운영에 대한 방해를 피하기 위한 적절한 협의를 행할 수 있도록 하고 또한 최대한의 예방수단을 취할 수 있도록 하기 위하여 방문 예정에 관하여, 합리적인 사전통고가 부여되어야 한다고 명시하고 있다.

그리고 제13조에서는 본 조약의 규정은 본 조약의 단일 당사국에 의하여 행해진 활동이나 또는 국제적 정부 간 기구의 테두리 내에서 행해진 경우를 포함한 기타 국가와 공동으로 행해진 활동을 막론하고, 달과 기타 천체를 포함한 외기권의 탐색과 이용에 있어서의 본 조약 당사국의 활동에 적용된다고 하면서, 달과 기타 천체를 포함한 외기권의 탐색과 이용에 있어서 국제적 정부 간 기구가 행한 활동에 관련하여 야기되는 모든 실제적 문제는 본 조약의 당사국이 적절한 국제기구나 또는 본 조약의 당사국인 동 국제기구의 1 또는 2이상의 회원국가와 함께 해결하여야 한다고 명시하고 있다.

11. 개정과 탈퇴

우주조약 제15조에서 본 조약의 당사국은 본 조약에 대한 개정을 제의할 수 있고, 개정은 본 조약당사국의 과반수가 수락한 때에 개정을 수락한 본 조약의 각 당사국에 대하여 효력을 발생하며, 그 이후에는 본 조약을 나머지 각 당사국에 대하여 동 당사국의 수락일자에 발효한다고 규정하고 있다.

그리고 우주조약 제16조에 본 조약의 모든 당사국은 본 조약 발효 1년 후에 기탁국 정부에 대한 서면통고로써 본 조약으로부터의 탈퇴통고를 할 수 있고, 이러한 탈퇴는 탈퇴통고의 접수일자로부터 1년 후에 효력을 발생한다고 명시하고 있다.

12. 강행규범

학자들 중에는 우주조약의 내용에 실질적인 중요성을 부여한 경우도 있다. 그들은 이러한 일반원칙들 중의 일부를 강행규범(또는 강행법규, *jus cogens*)으로 간주하고 있다. 이와 같은 특별한 강행규범적 성격은 우주공간의 탐사·이용이 모든 국가의 이익을 위해서 행해진다는 원칙, 즉 이러한 활동의 자유가 모든 종류의 차별 없이 평등을 기초로 하고 국제법에 따라서 라는 원칙(제1조)에 해당될 것이다. 또한 모든 형태의 취득 또는 주권주장의 금지(제2조), 우주공간의 평화이용의 의무(제4조) 및 우주비행사의 특별한 지위(제5조)가 이와 같은 것으로 인식되고 있다.[50)]

일반국제법상 강행규범은 국가들이 의도적으로 회피할 수 없는 국제법의 근본 원칙들로, 1969년 "조약법에 관한 비엔나 협약"의 제53조에 다음과 같이 개념정의가 되어 있다.

"조약은 체결 당시에 일반국제법의 강행규범에 충돌될 때에는 무효이다. 이 협약 상 일반국제법의 강행규범이라 함은 국가들로 구성되는 국제공동체 전체로부터 어떠한 위반도 인정이 아니 되며, 아울러 동일한 성격을 가지는 일반국제법의 후속 법규범에 의해서만 개정 가능하다고 간주되어지고 승인된 법규범의 총체이다."

사실 강행규범으로 간주되기 위해서는 국가들로 구성된 국제공동체의 전체로부터 인정되고 승인받아야 한다. 이것은 논리적으로 볼 때 지극히 당연하기 때문에 이론(異論)의 여지는 없다. 그러나 현재까지 이러한 검증단계를 통과한 법규범은 극히 드물다. 많은 수의 법규가 논의 대상에 올랐지만 보편적으로 강행규범에 속한다고 인정된 것은 "무력침략금지에

50) van Bogaert, 51-52.

관한 법규범" (rule against aggression)뿐이라고 할 수 있다.[51] 실제로 1986년 니카라과와 미국간 "니카라과 사건" (Nicaragua Case)에서 ICJ에 의해서 무력사용금지의 원칙이 인정된 바 있다. 이처럼 강행규범에 대한 논쟁이 끊이지 않고 있지만, 역시 한 가지 확실한 것은 국제법상 강행규범이란 오로지 국제관습법이나 국제조약으로부터 생성되어질 뿐 나머지 여타 법의 연원에 의해서는 생성이 불가능하다는 것이다.[52]

13. 맺음말

1963년 12월 13일 UN총회의 '우주법선언' 을 반영한 우주조약은 그 세부조약으로 1968년 구조협정, 1972년 책임협약, 1975년 등록협약을 제정하였다. 2024년 7월 기준으로 115개국이 가입하고 22개국이 서명한 우주조약은 그야말로 우주법의 '마그나 카르타' (*Magna Carta*)라고 불릴 정도로 우주법의 가장 기본이 되는 원칙을 담고 있고, 특히 달과 다른 천체를 포함한 우주를 비전유원칙인 '국제공역' (*res extra commercium*)으로 선언함으로서 우주에 대한 영유권 문제를 종식시켰다는 점에서 큰 의미를 찾을 수 있다. 캐나다 맥길(McGill)대학교 Jakhu 교수는 우주조약이 제정된 지 반세기가 되어가는 시점에서 우주조약에서 규정하고 있는 조항 중 우주활동은 모든 국가들의 이익을 위한다는 원칙(제1조), 외기권 우주의 자유로운 탐사와 이용(제1조), 전유화금지(제2조)와 타국의 권리존중(제9조)은 조약법은 물론 모든 국가들을 구속하는 국제관습법과 '강행규범' (*jus cogens*)으로까지 발전된 조항들이라고 주장하고 있다.

더구나 우주에서의 '전세계적 공공이익' (global public interest)에 대한 원리는 국제공동체에게 '대세적 의무' (obligation *erga omnes*)를 부과하고 있는데, 우주를 모든 인류의 영역이라고 선언한 점, 우주에서의 협력의 의무, 우주비행사를 인류의 사절이라고 한 점, 우주활동에서 해로운 오염을 피하라고 한 점, 우주활동을 국가, 사적 실체 그리고 정부간 조직체(IGOs)로 제한한 점, 우주활동으로 인한 손해배상에 대한 절대책임원칙, 우주에서의 핵무기 및 대량파괴무기 배치 금지, 우주활동의 공개성과 투명성 그리고 국제우주제도의 보편적 적용 등이 이를 뒷받침 해주고 있다.

현재 우주조약의 해석을 두고 많은 논란이 있는 조항들이 있고, 제정당시 예상 못했던 우주기술의 발달과 상업화로 인해 보충해야 할 주제도 많이 생겨나서 현재 COPUOS 내에서 1979년 달조약을 포함한 현행 우주관련 5개 조약의 지위검토를 법률소위원회에 의제로 포함시킬 것을 제의하여 1998년 제37차 법률소위원회부터 정식으로 승인받아 현재까지 논의되고 있다. 그러나 필자는 '우주법선언' 의 내용들이 이미 국제관습법으로 굳어 졌으며, 이를 거의 반영한 우주조

51) Military and Paramilitary Activities In and Against Nicaragua(Nicaragua v. United States) Case(Merits), ICJ Rep. (1986), 100; Wallace, 3rd, 33.

52) Malanczuk, 57-58.

약의 상당부분 조항들이 이제는 국제관습법화 되었고, 심지어는 강행규범이 된 조항들도 있다는 면에서 우주조약의 성과는 국제법상 매우 큰 의미를 지녔다고 평가하고 싶다. 앞으로 우주조약 이외에 우주관련세부조약들로도 해결하지 못하는 분야들은 COPUOS나 UN을 통하여 보완적인 결의와 선언들로 계속 반영되어야 할 것이며, 만일 별도의 조약제정이 불가능하다면 적당한 시기에 우주조약을 포함하여 세부조약의 개정을 통하여 또는 추가의정서를 만들어 보완하면 좋을 것이라고 생각한다. 우주조약은 그 개념들의 모호성 때문에 수많은 학자들로부터 비난을 받아왔지만 그럼에도 불구하고 계속 존속해 왔다는 사실을 간과해서는 안 될 것이다.[53]

53) 김한택, 우주조약의 국제법적 의미에 관한 연구, *항공우주정책·법학회지*, 제28권 제2호 (2013.12), 223-258: Kim, Han Teak, Fifty Years of Outer Space Treaty: its retrospect and prospect, 50 *Kangwon Law Review* (2017), 459-583.

제2절 구조협정[1]

1966년 미국 우주비행사 닐 암스트롱(Neil Armstrong)은 우주선내 합선(short circuit)사고 때문에 제미니(Gemini) 8호를 예정보다 앞당겨 착륙 예정지인 대서양이 아닌 태평양에 긴급 착륙해야 했다. 1967년 4월 24일 소련의 우주비행사 블라디미르 코마로프(Valdimir Komarov) 대령이 소유즈(Soyuz) 1호 위성의 통제 불능으로 인해 생명을 잃었고, 1967년 7월 27일 미국의 우주비행사 버질 그리섬(Virgil. I. Grissom), 에드워드 화이트 2세(Edward H. White II), 로저 채피(Roger B. Chaffee)가 아폴로 1호(Apollo 1)로 불리는 AS-204 미션 수행중 발사대에서 지상 테스트를 하다가 발생한 화재로 사망했다. 따라서 국제사회는 우주비행사의 구조를 위한 국제적 규율이 점점 더 긴급한 사항임을 깨닫게 되었다.[2]

1967년 6월 19일 소련이 이러한 문제에 관한 초안을 '우주의 평화적 이용 위원회'(Committee on the Peaceful Uses of Outer Space; COPUOS로 약칭)에 제출하였는데, 우주비행사의 구조 및 송환과 우주물체의 반환 건은 포함되지 않았다.[3] 그 해 9월 소련과 미국은 직접 양국간의 교섭을 하여 마침내 이 문제에 대해서 합의에 이르렀는데, COPUOS는 1967년 11월 3일의 UN총회 결의 2260(XXII)에 의해서 동 초안의 조약화가 진행되도록 하였다. 따라서 COPUOS의 법률소위원회(Legal Sub-Committee)의 특별회기가 소집되고, 조약안이 만들어진 후 즉시 UN총회로 보내졌다. 1967년 11월 19일 여러 나라의 대표들 간에는 사실 책임에 관련된 우주관련조약의 제정이 시급하다고 생각했지만 UN총회는 결의 2345(XXII)를 통해 마침내 "우주비행사의 구조 및 송환 및 우주공간에 발사한 물체의 반환에 관한 협정"(Agreement on the Rescue of Astronauts, the Return of Astronauts and the Return of Objects Launched into Outer Space, '구조협정' 으로 약칭)[4]을 우선적으로 만장일치로 승인하였다. 이 구조협정(Rescue Agreement)은 1968년 4월 22일 서명되고, 동년 12월 3일 발효되었다.

이 협정의 여러 규정들의 제정배경을 살펴보면 비로소 그 제정 의의를 명백하게 파악할 수 있다.[5] 구조협정은 당시에 미국과 소련 양 국가에 의해서 만들어졌다고 해도 과언이 아

---

1) 김한택, 구조협정의 주요 내용과 우주법상 의의에 관한 연구, 213-238 참조.

2) E. R. C, van Bogaert, *Aspects of Space Law*, Law and Taxation Publishers (1986), 99.

3) Doc. A/AC 105/C 2/L 18.

4) UNGA Resolution 2345(XXII), 1968년 4월 22일 체결되었고, 1968년 12월 3일 효력을 발생하였는데, 1969년 4월 4일 한국에 대하여 발효됨.

5) Roy S. K. Lee, Assistance to and Return of Astronauts and Space Objects, in I *Maual on Space Law*(ed., by N, Jasentuliyana and Roy S. K. Lee) (1979), 55-81; 구조협정의 제정과정에 관하여 Carl Q. Christol, *The Modern International Law of the Outer Space*, Pergamon Oress (1982), 152-212 참조.

닌데, 그 이유는 이 두 나라만이 인간을 우주에 보낼 수 있었고, 우주비행사의 구조 및 송환에 관심을 가졌기 때문이다. 한편 미국과 소련 외 우주물체를 우주에 발사할 수 있는 국가들도 나타나면서 우주물체의 반환문제에 관심을 가지게 되어 결국 구조협정은 우주비행사의 구조 및 송환과 우주물체의 회수 및 반환문제를 함께 다루게 되었다.[6] 동 협약은 전문과 10개 조항으로 구성되어 있는데, 6개 조항은 인공우주물체(man-made space objects)의 회수 및 반환, 국제기구의 발사당국 인정 그리고 우주비행사의 구조 및 송환을 다루고 있고, 나머지 4개 조항은 가입, 개정 및 기탁문제를 다루고 있다.[7]

1. 우주물체의 반환

구조협정이 제정된 지 50년을 지나면서 이 협정이 실제로 적용된 것은 우주비행사의 구조 및 송환에 관한 것이 아니라 우주물체에 관한 것이었다. 따라서 이 장에서는 우주물체의 회수 및 반환에 관한 사항을 우주비행사의 구조 및 송환에 관한 것보다 우선적으로 다룬다. 우주물체의 등록에 관하여는 1974년 COPUOS회기에서 각 대표들이 1974년 5월 28일 법률소위원회로 하여금 조약초안을 채택하게 하고, 1974년 11월 12일에 결의3235(XXVX)로 총회에 의해서 승인된 "등록협약" (Registration Convention)이 있다. 사실 우주물체의 등록에 관한 조약이 구조협정보다 먼저 제정되어야 함에도 불구하고, 구조협정은 등록협약보다 7년이나 먼저 제정되었다.

구조협정에서는 우주물체에 관한 정의가 없는 반면 책임협약(Liability Convention) 제1조 (d)는 "우주물체" 라 함은 우주 물체의 구성 부분 및 우주선 발사기, 발사기의 구성부분을 공히 포함한다(The term "space object" includes component parts of a space object as well as its launch vehicle and parts thereof)라고 명시하고 있으며, 등록협약도 제1조 (b)에 같은 내용을 규정하고 있다. 따라서 구조협정상 우주물체는 책임협약이나 등록협약 상 우주물체와 같은 의미로 해석할 수 있다.[8]

1963년 12월 13일 UN총회는 장래의 우주활동에 관련된 법원칙인 "우주공간의 탐사 및 이용을 위한 국가활동을 규율하는 법원칙선언" (Declaration of Legal Principles Governing the Activities of States in the Exp1oration and Use of Outer Space, '우주법선언' 으로 약칭)[9]을 채택하였다. 이 선언은 9개의 원칙으로 구성되어 있는데 그중 제7원칙은 등록국의 관할권 밖

6) Frans G. von der Dunk, A Sleeping Awakens: The 1968 Rescue Agreement After Forty Years, 34 *Journal of Space Law* (이하 *JSL*) (2008), 418.

7) R. Cargill Hall, Rescue and Return of Astronauts on Earth and in Outer Space, 63 *American Journal of International Law* (1969), 205.

8) von der Dunk, 422.

9) UN Resolution 1962(XVIII), 13 December 1963.

에서 발견된 우주물체 내지 그 구성부품은 식별을 위한 정보가 요청된 경우에는 데이터를 제공하는 것을 조건으로 하여 그 국가에게 반환해야 한다고 명시하고 있다. 한편 1963년 10월 7일-11월 8일 제네바에서 개최된 국제전신연합(International Telecommunication Union; ITU)의 "Extraordinary Administration Radio Conference" 에서 채택된 결의 2A(Resolution No. 2A)에서도 우주물체가 조난을 당하거나 위급한 상황에 처할 때 무선통신(radio communication)을 어떻게 다루어야 하는 문제를 다룬 바 있다.[10] 마침내 1967년 "우주조약" (Outer Space Treaty) 제8조는 1963년 우주법선언의 제7원칙에 따라 우주물체가 등록국으로 반환되어야 한다고 규정하고 있다. 우주물체가 등록국으로 반환되어야 하는 주된 이유는 우주물체가 사용선박이나 사용항공기와는 달리 국가소유이므로 군함이나 군용항공기와 유사하기 때문이다.[11] 1963년 우주법선언의 제 원칙들은 현재까지 국제공동체로부터 이의가 제기된 바 없으므로 국제관습법을 형성하였다고 볼 수 있기 때문에[12] 제7원칙의 내용도 국제관습법이라고 할 수 있다.[13] ICJ 판사였던 Manfred Lachs도 1963년 우주법원칙들은 단순한 권고사항이 아니라 법으로 인정된 문서라고 주장한 바 있다. 다시 말해서 우주조약과 구조협정에 가입한 국가는 물론 이 조약의 비당사국들도 제7원칙을 준수해야 한다는 의미이다.

우주물체의 일부 파편이 타국의 영역 내에 추락하는 경우가 발생할 수도 있는데, 실제로 1962년 9월 6일 미국은 소련의 Sputnik-4호에 사용된 금속의 일부가 Wisconsin 주 Manitowoc에 낙하한 것을 알렸으며, 그 이듬해에 소련 대사관에서 그것을 반환한 사례가 있다.[14] 이러한 종류의 사건 중에서 가장 많이 언급된 것은 소련의 원자로를 적재한 중량 5톤 무게의 인공위성 "Cosmos 954 사건" 이 있는데, 동 위성이 1978년 1월 24일에 캐나다의 영역상공에서 연소되면서 그 파편이 캐나다 북서영역까지 흩어졌는데, 발견된 잔해물은 위험한 방사선을 발산하고 있었지만 다행히 인체의 상해라든가 특정의 재산에 대한 손해는 없었다.

구조협정은 이러한 우주물체의 회수 및 반환에 대해서 규정하고 있는데, 구조협정 제5조 4항은 위험성물질의 경우 그 잔해물이 위험 또는 해를 야기하는 성질에 대해서 통지를 받은 발사당국(launching authority)은 즉시 영역국의 지휘 및 감독 하에 위해의 위험을 제거하기 위한 효과적인 조치를 강구한다고 규정하고 있다. 여기서 방사능은 당연히 위험성물질에 포함된다. 이 규정은 만일 발사국이 타국에 해를 준 경우 그와 같은 손해를 완화시키고, 손해에 대하여 배상을 하여야 한다는 국제관습법의 원칙을 원용한 것이다.[15] 바로 "

10) von der Dunk, 414.

11) R. Cargill-Hall, Comments on Salvage and Removal of Man-Made Objects from Outer Space, 33 *Journal of Air Law and Commerce* (1967), 293.

12) von der Dunk, 415.

13) Manfred Lachs, *The Law of Outer Space: An Experience in Contemporary Law Making*, Sijthoff (1972), 138.

14) Vintage Wisconsin: When A Piece Of Sputnik IV Fell In Wisconsin, Chunk Of Soviet Satellite Fell On Manitowoc Street, *available at* https://www.wpr.org/vintage-wisconsin-when-piece-sputnik-iv-fell-wisconsin(last visited on Aug. 7, 2024).

타인에게 해를 주지 않도록 네 자신의 것을 사용하라." (*sic utere tuo ut alienum non laedas;* use your own so as not to injure another)는 법원칙을 적용시킨 것이다.

소련의 공식회답은 1978년 2월 20일의 성명에서 이루어졌는데, 소련정부는 국제조약상의 모든 의무를 다 할 것이며, 잔해물에서 발생할 가능성 있는 결과를 제거하고 그 회수를 위한 협력할 용의가 있다는 것을 명확하게 밝혔으나, 성명서에서 방사능에 관해서는 정확하게 기술하지 않았다. 결국 캐나다는 소련의 어떠한 원조도 거절하였으며, 오히려 제3국에게는 이러한 경우 원조의 의무가 없음에도 불구하고 미국 대통령 카터(Jimmy Carter)가 잔해물의 소재탐사와 기타 회수작업을 위한 원조를 제공하겠다고 캐나다 수상 튀르도(Pierre Turdeau)에게 제의하였는데, 미국의 이러한 제의가 받아들여졌다.

이 사건에서 가장 첫 번째 고려해야 할 사항은 필요한 정보에 관한 것이다. 구조협정의 체약국은 우주물체 또는 그 구성부분이 자국의 관할 하에 있는 영역내의 지구로, 공해(high seas) 또는 어느 국가의 관할 하에도 없는 기타 지역에 추락한 우주물체나 그 구성부분품의 정보를 입수한 경우 또는 그 사실을 안 경우에는 발사당국 및 UN사무총장에게 이를 통보해야 한다(제5조 1항). 캐나다 정부는 제5조 1항을 엄격하게 준수하였는데, 1978년 2월 8일, 캐나다 외무장관은 외교문서를 소련 당국과 UN사무총장에게 보내고 위성 잔해물이 산재함과 그것의 방사능 가능성을 통지했다.[16] 여기서 구조협정 제5조 1항은 경보체제(warning system)를 위한 협약이 아니라는 점에 유의해야 한다. 다시 말해서 체약국이나 발사국은 우주물체가 지구로 떨어지거나 떨어질 것 같다는 사실을 알릴 의무가 없다. 사실 Cosmos 954 사건의 경우 미국은 1977년 12월 19일부터 이 물체가 지구로 떨어져서 파편이 추락할 것이라는 사실을 미리 알고 있었다.[17]

구조협정 제5조 2항에 의하면 우주물체 또는 그 구성부품이 발견된 영역에 대해서 관할권을 갖는 국가는 그 회수를 위한 실현가능한 조치를 취하여야 하는데, 회수의 의무는 우주물체의 발견에 의해 자동적으로 발생하는 것이 아니고 발사당국의 명시적인 요청이 있는 경우에만 실시될 수 있다. 발사당국이 우주물체 또는 그 파편에 아무런 관심도 갖지 않을 수도 있는데, 그러한 경우에는 그것들을 회수하여 발사당국에게 반환해야 할 이유는 전혀 없기 때문이다. 이 경우 동 물체는 방기(放棄)된 것이고 로마법상 '권리의 포기' (*derelictio*)가 된다. Cosmos 954 사건의 경우처럼 회수작업 시 발사당국이 영역국을 원조하겠다고 제의할 수도 있다. 그러나 이 경우 영역국이 이것을 수용할 것인가 거절할 것인가는 전적으로 영역국의 자유이다.[18]

구조협정 제5조 3항은 우주물체의 반환에 관한 중요한 규정이다. 우주조약 제8조는 우주물체가 등록국으로 반환되는 규정을 명시하고 있지만 구조협정의 규정은 이보다 더욱 상세하다. 반환은 발사국의 요청이 있는 경우에만 이루어지며, 반환의 의무는 발사국의 영역 외

15) Bin Cheng, *Studies in International Space Law*, Clarendon Press · Oxford (1999), 280.
16) P. G. Dembling, Cosmos 954 and the Space Treaties, 6 *JSL* (1978), 129.
17) Time, Vol. 111 No. 7 (1978.02.06.), 30 참조.
18) Roy S. K. Lee, 72.

에서 발견된 우주물체에 관한 것이다. 이것은 우주물체가 공해 또는 어느 국가의 관할 하에도 속하지 않는 장소에서 발견된 경우에도 반환이 이행된다는 것을 의미한다. 식별을 위한 데이터의 제공이 발사국에게 요청되는데, 이 정보는 우주물체의 소유권을 정당화하기 위해서 유용하다. 만일 그 데이터가 불충분한 경우에는 우주물체의 반환요청이 거절될 수도 있다. 데이터의 제공은 자동적인 의무사항은 아닌데 그 이유는 우주물체가 식별을 할 수 정도의 충분한 표식을 구비하고 있는 경우에는 데이터의 제공이 요청되지 않을 수도 있다. 그러나 영역국이 식별을 위해서 데이터를 요청할 경우 발사국이 그것을 제공하지 않는 경우에는 그러한 행동이 우주물체에 대한 권리포기로 간주될 수 있다. 식별이 이루어지고 반환요청이 있는 경우에는 반환의무이행의 조건이 정립된다. 따라서 영역국은 우주물체가 정찰활동에 사용되었다는 것을 이유로 반환을 거절할 수는 없을 것이다.[19)]

구조협정은 더 나아가 위험성 또는 유해한 성질을 갖는 우주물체에 관해서 특별한 방법을 규정하고 있다. 체약국은 자국의 관할 하에 있는 영역 또는 발사국의 영역 외에서 발견된 우주물체 또는 그 구성부분이 그와 같은 성질을 가진다고 믿는 경우에는 발사국에게 이 사실을 통지할 수 있다. 발사국은 즉시 위해위험성을 제거하기 위한 효과적인 조치를 강구해야 한다. 그러나 이 경우에도 영역국의 주권을 존중하여야 하며 발사국의 지원활동은 영역국의 지휘감독 하에서 이루어져야 한다(제5조 4항). 이 경우 영역국은 이 위험성에 관하여 발사국에게 통지할 의무는 없으며, 영역국은 위험성제거활동을 자신의 기관에서 실시하는 방법을 선택할 수 있는데, 이때에도 영역국의 주권은 존중되어야 하며 그 의사에 반해서 자국영역에서 외국의 지원을 받을 의무는 없다. 또한 영역국은 이러한 위험성이 있는 물체에 대하여 이를 반드시 회수할 필요는 없다.[20)] 런던대학교(UCL)의 항공·우주법 교수였던 Bin Cheng 교수는 구조협정이 1963년 우주법선언보다 진일보 발전한 내용은 바로 이 제5조 4항이라고 하였다.[21)]

우주물체의 반환에 관하여 구조협정은 영역국에게 넓은 선택의 폭을 제공하고 있는데, 우주물체는 발사당국의 대표에게 반환 또는 그 처분에 맡긴다고 규정하고 있다(제5조 3항). 이 문언에 의한 구체적인 절차는 매우 유연하다고 할 수 있다. 우주물체를 직접 발사당국에 반환할 의무는 영역국에게 없고 물체를 발사당국의 대표의 처분에 맡기게 되는데, 여기서 대표에 관하여는 특별하게 규정되어 있지는 않지만 통상적으로 외교대표, 주재무관(military attaché), 발사국이 이 임무를 위해 지정한 특별요원, 또는 국방부가 될 수 있다. 우주물체를 발사국 대표의 처분에 맡기는 행위가 우주물체를 회수한 국가의 영역에서 해야 하는가 아니면 그 영역 외의 장소에서도 가능한가에 관하여 구조협정은 특별하게 규정하지 않고 있다. 구조협정에 의하면 직접 반환이든 발사당국의 처분에 맡기든지 선택하는 것은 영역국이지만 영역국과 발사당국의 사이에 합의가 필요한 경우도 있을 것이다. 이것은 우

19) van Bogaert, 126-127.

20) Gorove, International Protection of Astronauts and Space Objects, 20 *DePaul Law Review* (1971), 606.

21) Bin Cheng, *Studies in International Space Law*, 269-270.

주물체의 운반에는 발사당국만이 가지고 있는 특별한 기술적 지식이라든가 요원이 있어야 한다는 등 필요한 사항이 존재하여 사정에 따라 달라 질 수 있기 때문이다. 발사당국이 국제기구인 경우 대표를 지정하는 것은 그 기구가 한다. 그러나 그 기구의 구성국이 이 자격과 권한을 가지고 영역국과 절충할 수도 있다. 그러한 경우 그 국가는 당해기구의 규정에 일치하여 법적인 중개자로서 행동을 해야 한다.[22] 한편 미시시피 대학교 로스쿨 교수였던 고로브(Stephen Gorove) 교수는 구조협정상 우주물체 또는 그 구성부품을 발견한 체약국은 우주비행사의 발견과는 달리 유엔사무총장으로 하여금 즉각적인 통지나 공중(公衆)에 대한 성명(public announcement) 또는 신속한 정보의 유포를 하게 할 필요는 없다고 하였다.[23]

구조협정은 회수 및 반환에 요구된 노력과 비용에 대한 보상을 규정할 필요가 있었다. 우주조약 제7조는 발사국이 그 우주물체가 지구상, 대기권 또는 우주공간에서 타 당사국 또는 그 자연인 혹은 법인에게 가한 손해에 대해서 책임을 진다는 것을 명확하게 하고 있다. COPUOS의 법률소위원회가 보상문제를 검토하였는데, 다수의 견해는 제정되는 조약의 규정이 이 문제를 상세하게 다루어야 하며, 가능한 명확하게 정의된 범위 내에 한정되어야 한다는 것이었다. 이 문제가 구조협정 제5조 5항의 초안작업이 대상이 되었는데, 우주물체 또는 그 구성품의 회수 및 반환의 의무이행에 요구된 비용은 발사당국이 부담해야 한다고 규정하고 있다. 그러나 이 의무는 제5조의 2, 3항이 규정하고 있는 경우에만 적용된다. 이것은 발사당국의 요청에 기초해서 우주물체 또는 그 구성부분의 회수에 관계된 비용인가(제5조 2항) 또는 동일한 요청에 기초한 반환 혹은 그 당국의 대표자의 처분에 맡기기 위한 비용인가(제5조 3항)의 문제이다. 사실 발사당국이 우주활동으로 인해 이익을 보기 때문에 이러한 비용을 상환해야 한다는 것은 합리적인 것이다.[24]

제5조에서 '배상'(reimbursement)이라는 단어보다는 '비용'(expense)이라는 용어가 사용되고 있는 것에 주목해야 한다. COPUOS의 법률소위원회에 회부되었던 미국과 소련에 의해 제시된 작업문서에서 비용은 발사당국에 의해서 '상환된다'(shall be reimbursed)고 규정되어 있었다. 그러나 이 초안은 프랑스, 캐나다 기타 여러 국가들의 대표의 제안에 의해 '발사당국이 부담한다'(shall be borne by the launching authority)라는 문언으로 대체되었다. 따라서 이 새 초안은 관계국이 모든 필요한 비용에 관하여 협의할 수 있다는 여지를 남겨 놓고 있다.[25]

제5조 5항에서 발사국은 영역국이 부담한 모든 비용을 지불해야 한다고 규정하고 있는데, 이에 관하여 두 국가의 정부간 합의가 이루어져야 한다. Cosmos 954 사건의 경우 소련이 동 물체의 회수를 요구한 것이 아니라 캐나다가 미국의 도움으로 회수한 것이므로 이러한 비용은 구조협정의 범위에 속한 것이 아니라 "책임협약"(Liability Convention) 을 포함한 다른 국제법규칙에 의해서 해결될 문제였다는 사실에 주목해야 한다.[26] 책임협약은 우

22) van Bogaert, 127.
23) Gorove, 605.
24) van Bogaert, 128.
25) Gorove, 616.

주물체에 의해 입은 손해를, 원자력에 의한 손해까지 포함하여 대상으로 하고 있다. 원자력을 이용한 우주물체에 의한 이 종류의 손해는 '직접원인'(*causa proxima*)으로 간주되며, 청구의 근거는 국제법의 일반원칙에 의한다. 그러나 책임협약 제8조는 손해가 우주물체 혹은 그 구성부분에 의해 발생한 경우의 보상청구에 관한 것이라고 명시하고 있다. 책임협약상 손해의 정의는 제1조(a)에 사망, 신체의 상해 기타의 건강의 장해 및 재산의 멸실 또는 손해라고 명시되어 있으므로, 조약의 명문상 원자력에 의한 손해에 대해서 언급하고 있지 않지만, COPUOS의 법률소위원회에서의 토의과정을 살펴볼 때 핵물질에 의한 손해도 포함한다고 해석할 수 있다.[27] 한편 1992년 UN총회 결의를 통해 채택된 "우주에서의 핵원료 사용에 관한 원칙"(Principles Relevant to the Use of Nuclear Power Sources in Outer Space; 'NPS원칙')[28]중 원칙 제9에서는 "이 원칙의 목적상 배상에는 제3자로부터 받은 원조비용을 포함하여 발견, 회수, 청소작업에 들인 지속적 비용이 포함되어야 한다"고 명시하고 있다.[29]

2. 우주비행사의 구조와 송환

전술한 1967년 4월 24일 소유즈(Soyuz) 1호 사건과 1967년 7월 27일 아폴로 1호(Apollo 1)사고 이후 1970년 4월 11일 짐 러벨(Jim Lovell)을 선장으로 하여 프레드 헤이스(Fred Haise II), 존 스와이거트 2세(John Swigert II) 3명의 우주비행사가 탑승한 아폴로 13호(Apollo 13)가 아폴로 계획에서 세 번째로 달에 착륙할 예정이었으나, 산소탱크 폭발로 인해 달착륙 임무를 수행하지 못하고 달을 선회만 했으며, 4월 17일 극적으로 지구로 귀환한 사건이 있었다.[30] 또한 1971년 6월 23일 소련의 소유즈 11호가 살류트 우주정거장과 도킹에 성공하였지만 지구로 재진입시 게오르기 도브로볼스키(Georgi Dobrovolski), 블라디슬라브 볼코프(Vladislav Volkov), 빅토르 파챠예프(Viktor Patsayev) 3명의 우주비행사가 기내압력 누수로 사망하게 된다. 그리고 1986년 1월 28일 우주왕복선 '챌린저(Challenger)호'

---

26) Roy S. K. Lee, 72.

27) van Bogaert, 155.

28) Report of the Committee on the Peaceful Uses of Outer Space, U.N.GAOR 47th Session, Supp. No.20, A/47/20,25.

29) I. H. Ph Diederiks-Verschoor and V. Kopal, *An Introduction to Space Law*, 3rd revised ed., Wolster Kluwer Law and Business (2008), 34.

30) 이 사건은 매우 극적인 사례로 1995년에 미국영화 "아폴로 13"(Apollo 13)으로 만들어지기도 하였다(1970년 우주선 아폴로 13호 발사, 경향신문, 2009년 4월 10일자 참조). 한편 1965년 3월 18일 소련의 우주비행사 알렉세이 레오노프(Alexei Leonov)가 보스호드(Voshod) 2호를 타고 우주로 가서 약 12분간 인류최초로 우주유영을 성공하였는데, 지구로 귀환하다가 귀환을 위한 자동 안내장치가 고장 나 수동으로 우주선을 조종해야만 했다. 지구에 착륙한 지점도 당초 목표 지점에서 2천㎞나 벗어난 우랄산맥의 눈 덮인 타이가 숲이었는데, 그는 그의 동료 우주비행사 파벨 벨랴에프(Pavel Belyayev)와 함께 숲에서 3일간이나 구조를 기다렸다가 간신히 구조된 사례가 있다. 2017년 러시아 영화 "스페이스 워커"(Spacewalker)가 이들의 구조상황을 잘 그려내고 있다(레오노프 우주유영 50년…"경외와 두려움의 순간이었다", *국민일보*, 2015.03.18. 참조).

가 발사 후 1분 내에 폭파되는 사고가 발생하여 기장 프랜시스 스코비(Francis Scobee)를 비롯한 우주승원 7명 모두 사망하고, 이로 인해 다음 발사가 2년 이상 지연되었다. 2003년 2월 1일 우주왕복선 콜럼비아호도 발사 후 16일간의 우주활동업무를 마치고 지구로 귀환하다가 예정착륙시간 16분전 분해되었는데, 이 사고로 기장 릭 허즈번드(Rick Husband)를 비롯한 7명의 우주승원 모두가 사망하였다. 아폴로 13호를 제외한 위의 사건들은 우주승원 모두가 우주선 내에서 사망한 사건들로 구조협정이 실제로 적용될 수 없는 사건들이었는데, 우주비행사 또는 우주승원이 조난을 당하여 구조협정이 적용된 사례는 아직까지 한 건도 없다.

우주비행사의 구조 및 송환문제는 구조협정에 의해서 규율되고 있다. 이 문제의 중요성은 우주탐사가 시작된 직후부터 인식되었다. COPUOS의 1959년 7월 14일의 보고서는 이미 우주비행사의 송환 및 우주물체의 반환은 우선적으로 받아들여야 할 사안이고 다수국간 조약에 의해서 규율되어야 한다고 기술하고 있다. 동 보고서는 사고, 긴급착륙 또는 의도하지 않은 착륙에 관하여 외국영역을 출입하는 항공기의 승무원에 대한 원조에 관하여 1944년의 "시카고 협약" (국제민간항공에 관한 협약, Convention on the International Civil Aviation)[31]의 제12조 및 제13부속서를 언급하고 있는데, 시카고 협약 제25조가 이 문제를 폭넓게 수용하고 있다. 동 조에 의하면 체약국은 그 영역 내에서 조난당한 항공기에 대해서 실행 가능한 구조조치를 강구할 것, 자국당국의 규제 하에서 그 항공기의 소유자 또는 등록국이 상황에 따라 필요로 하는 조치를 취하는 것에 동의하고 있다. 이와 같이 시카고협약의 규정은 행방불명된 항공기의 수색 시에는 협의가 이루어지도록 하고 있지만, 조난당한 우주비행사 및 우주물체에 관하여는 적용될 수 없는 것이다. 다시 말해서 시카고 협약은 민간항공기만 다루고 있으므로 군용항공기뿐 아니라 통상 발사국의 소유인 우주선에는 협약을 적용시킬 수는 없다. 따라서 위의 보고서에서는 명백하게 우주비행사의 보호조치가 항공법과 같은 방법으로는 정립될 수 없다는 점을 지적하였다.[32]

1963년 우주법선언 제9원칙에 의하면 우주비행사는 우주에서 '인류의 사절' (envoys of mankind)로 간주되고 있는데, 타국의 영역 또는 공해상에서의 사고, 조난 또는 긴급착륙이 발생한 경우에는 각 국가는 가능한 모든 원조를 제공하지 않으면 안 되며, 이와 같이 착륙한 우주비행사는 우주선의 등록국에 신속하게 송환되어야 한다고 규정되어 있다. 구조협정의 초안작성 시 교섭이 개시된 때, 이미 우주조약에서는 개괄적인 표현이지만 이 문제에 관계된 몇 개의 원칙들을 포함하고 있다. 우주조약은 체약국이 우주비행사를 인류의 사절로 간주하고, 사고, 조난, 긴급착륙의 경우에는 가능한 모든 원조를 제공해야 한다고 하면서, 그들은 안전하고 신속하게 등록국에 송환되어야 한다고 규정하고, 체약국은 우주비행사의 생명·신체에 위험을 발생시킬 가능성이 있는 어떠한 현상을 우주 또는 천체에서 발견한 때에는 즉시 다른 체약국 또는 UN사무총장에게 보고해야 한다고 규정하고 있다(제5조). 이 조문은 위에 언급한 1963년의 우주법선언의 제9원칙을 그대로 반영하고 있다.

31) 15 UNTC, p. 295; 1952년 12월 11일 한국에 대하여 발효.

32) Bin Cheng, *Studies in International Space Law*, 277.

한편 젱크스(C. Wilfred Jenks)는 우주비행사에게 '인류의 사절' 이라는 칭호가 부여될 때에는 그가 우주에 있을 때에 자국의 이익을 위하여 행동하지 않고, 전체 인류를 위하여 활동할 때에만 그러한 자격이 부여된다고 주장한 바 있다.[33] '우주비행사' 를 영어로 'astronauts' 로 표현하지만 러시아어에서는 'cosmonaut' 라고 한다.[34] 후자가 전자보다 더 광범위한 의미로 사용되는데 러시아 학자들은 전자가 "별(천체)들을 비행하는 사람" (a person flying to the stars)이라면 후자는 "어떠한 형태로든 우주비행을 하는 사람" (a person making any type of spaceflight)이라고 그 의미를 구분하고 있다.[35] 한편 소련에서는 우주비행을 성공리에 마친 사람들에게 '우주비행조종사' (Pilot-Cosmonaut)라는 칭호를 부여하기도 하였다.[36] 전술한 바와 같이 1963년 우주법선언의 제 원칙들은 현재까지 국제공동체로부터 이의가 제기된 바 없으므로 국제관습법을 형성하였다고 볼 수 있으며, 제9원칙의 내용도 국제관습법이라고 할 수 있다. 다시 말해서 우주조약과 구조협정에 가입한 국가는 물론 이 조약의 비당사국들도 제9원칙을 준수해야 한다는 의미이다.

구조협정에서 우선 첫째로 협정의 범위와 구조의무에 관하여 몇 가지 문제가 제기된다. 우주조약 제5조는 '우주비행사' (astronauts)라는 용어를 사용하고 있는 반면, 구조협정의 전문에서는 우주조약을 언급할 때에는 이 용어를 사용하지만 협정문에서는 보다 넓은 의미를 가진 표현으로서 '우주선의 승원(乘員)' (personnels of spacecraft)이라고 규정하고 있다. 우주비행사라는 용어는 우주선을 조종하는 모든 인간, 또는 우주선내에서 그것을 조종하는데 필요한 인간을 가리키는 것이다. 그러나 이것을 담당하는 사람은 아니지만 우주활동임무를 완수하기 위해서 반드시 필요한 사람이 우주선에 승선하여 우주탐사 및 기타 우주활동의 발전에 실질적으로 도움을 주는 경우가 많다. 예를 들면 우주에서의 임무를 위한 과학자가 함께 탑승하는 경우도 있는데 이들을 승원으로 간주하지 않을 수 없는 것이다. 따라서 우주선에 승선하고 임무의 완수를 위하여 필요한 활동을 하는 모든 인간을 포함하기에는 우주비행사보다는 승원이라는 용어를 사용하는 것이 적절하다. 따라서 구조협정이 승원에 대한 정의를 내리고 있지 않고 있지만 우주비행사, 우주공학자 및 우주과학자가 포함될 수 있을 것이다.[37] 미국 서던캘리포니아 대학교(University of Southern California)의 교수였던 크리스톨(Carl Q. Christol) 교수도 구조협정은 우주승원(space personnel)이라는 표현을 사용하여 우주조약 제5조에서보다 더 광범위한 보호를 규정하고 있으므로, 우주활동에 참여한 모든 승원은 구조협정의 보호를 받을 수 있게 되었다고 언급한 바 있다.[38]

33) A. S. Piradov(ed.), *International Space Law*(translated from the Russian by Boris Belitzky), University Press of the Pacific (2000), 104.

34) von der Dunk, 417.

35) Gennady Zhukov and Yuri Kolosov(translated from the Russian by Boris Belitzky), *Internationa Space Law*, Praeger Publisher (1984), 74.

36) Piradov, 103.

37) Zhao Yun, A Legal Regime for Space Tourism: Creating Legal Certainty in Outer Space 74 *Journal of Air Law and Commerce* (2009), 978.

38) Christol, 183.

구조협정의 초안작업 시점에서는 우주선의 조종에 직접적으로 관계되지 않는 탑승자를 승원에 포함시키는 명확한 규정은 없었다. 그러나 1973년 8월 14일에 발효한 "스페이스랩 협정" (Spacelab Agreement)이 체결될 때 과학자인 승원이 우주왕복선(Space Shuttle)에 탑승할 경우 법적으로 문제가 제기된 바 있다. 엄격하게 말하자면 승원이라는 용어가 우주왕복선과 기타 우주선의 승객까지 포함할 순 없지만 이들도 등록국에 의해 보장되고 있는 보호를 받아야 할 사람들이므로 도덕적인 측면에서 볼 때 이들도 조난을 당하는 경우 승원으로 간주되어야 할 것이다. 우주선의 승원에 관계된 규정을 보면 구조협정은 명확하게 주된 3가지 항목을 포함하고 있는데, 첫째는 사고, 긴급 또는 '의도하지 않은 착륙' (unintended landing)에 대한 보고이고, 둘째는 등록국의 영역 외에 착륙한 승원의 구조에 관한 것이고, 셋째는 승원의 송환 방법에 관한 것이다. 구조협정의 규정은 사고, 조난, 긴급의 또는 의도하지 않은 착륙의 상태를 전제로 하고 있고, 다른 규정들은 이러한 사건이 발생한 후에 적용될 것을 의도하고 있다.[39]

한편 구조협정은 구조의 의무가 적용되는 상태를 특별히 상세하게 다루고 있지 않고 있다. 구조협정은 제1조에 몇 가지의 정보공표의 의무에 대해서 규정하고 있는데, 각 체약국은 우주승원이 사고로 조난당한 경우, 또는 조난 내지 긴급 상태의 상황, 또는 자국의 영역 또는 국가의 관할권 외에 있는 공해 및 기타의 장소에서 의도하지 않은 착륙을 한 경우에 발견되거나 그 정보를 얻은 때에는 즉시 그러한 사태를 발사당국 및 UN사무총장에게 통보해야 한다고 규정하고 있다. 동 조는 사건의 정보를 공표하게 함으로써 통보를 좀 더 명확하게 하고 있다. 즉 조난사실에 대해서 정보를 입수하거나 알게 된 국가는 발사당국이 불명확한 경우 또는 발사당국과 즉시 연결이 취할 수 없는 경우에는 이용가능한 모든 적절한 통신수단을 동원하여 이것을 공표할 것을 의무화하고 있다(제1조 a). UN사무총장은 어느 경우에도 모든 적절하고 이용 가능한 통신수단을 통하여 지체 없이 이 정보를 공표해야 한다. 제1조의 조문에서 '즉시' (immediately)라는 표현과 '지체 없이' (without delay)라는 표현이 사용되고 있는 것에 주목해야 한다. 이러한 표현들이 사용된 이유는 시간을 낭비하는 일 없이 통보가 전달되어야 하기 때문인데, 즉 인간의 생명이 위험에 노출될지 모르고 신속한 행동으로 구출의 가능성이 높으며, 체약국에게는 가능한 한 짧은 시간에 구출하는 의무가 있다는 이유에서 이다. 따라서 구조협정은 조난사실에 대한 '사전 확인' (prior verification)과 '신중한 조사' (careful investigation)의 절차를 규정하고 있지 않다.[40]

구조협정의 제2조는 체약국에게 구조를 위해서 '즉시 가능한 모든 조치를 강구' (immediately take all possible steps)할 것을 요구한다. 이 문언은 1944년 시카고협약이 조난당한 항공기의 구조에 관하여 규정하는 것보다도 더 강도 높은 원조를 규정하고 있다고 해석할 수 있다. 시카고 협약 제25조는 조난당한 항공기를 위해서 강구되는 원조의 조치는 당해국이 실행가능하다고 인정하는 정도라고 규정하고 있다. 항공기의 소유자 또는

39) van Bogaert, 101.

40) Roy S. K. Lee, 60.

그 등록당국은 상황에 따라서 필요한 원조를 영역국의 감독 하에서 제공하는 것이 가능하다. 항공기의 경우 때로는 특별하게 체결된 양국 간 협정이 적용되지만 사고가 사람의 사망 혹은 중대한 상해를 포함하는 또는 항공기 혹은 항공시설의 중대한 기술상의 흠결이 발견된 경우에는 일반원칙으로서 시카고협약 제26조의 규정에 의한 '사실조사' (inquiry)가 필요하다. 사고가 발생한 국가는 국내법이 그 절차를 허용하는 경우에는 국제민간항공기구(ICAO)의 권고에 따라서 사실조사를 개시할 수 있다. 항공기의 등록국은 사실조사에 출석하는 입회인을 임명할 수 있고, 사실조사의 보고 및 소견을 전달받을 수 있다.[41] 이와 같은 상세한 규칙을 수반한 절차가 구조협정을 포함한 우주관계조약들에서는 없다.[42] 한편 시카고 협약의 전신인 1919년 "파리협약" (Paris Convention)으로 불리는 "항공규율에 관한 국제협약" (Convention internationale portant réglementation de la navigation aérienne)[43]은 제22조에서 체약국의 항공기가 착륙한 경우 특히 조난을 당한 경우, 국가항공기도 마찬가지로 구조될 자격을 지닌다고 명시한 바 있다.[44]

구조협정 제3조는 체약국의 영역 외에 착륙한 우주선의 승원에 대한 원조를 규정하고 있다. 우선 승원이 공해 또는 어느 국가의 관할 하에도 없는 기타 지역에 착륙했다는 정보를 입수 또는 그것을 발견한 경우, 수색 및 구조활동을 제공하는 체약국은 필요한 경우에 원조를 할 수 있다. 체약국은 이와 같이 신속한 구조를 지원하는데, 발사당국 및 유엔사무총장에게 그 강구하고 있는 조치 및 그 실시상황을 통보해야 한다. 통보에 관계하는 이러한 규정들은 그 임무를 UN사무총장에게 귀속시키고 있다. 이 규정은 신속하고 지체 없이 행동해야 할 의무에 관한 것인데, UN사무총장은 정보의 공표를 장려하고 시간을 절약하기 위해서 중개를 하는 것이다. 다시 말해서 UN사무총장은 관계국을 통제하기 위해서 행동하는 것은 아니고, 발사국에게 정보가 신속하게 전달되도록 가능한 모든 원조를 제공하고 있는 것이다. 이는 또한 통보를 받은 국가 또는 자국의 기관이 사고, 긴급 또는 의도하지 않은 착륙을 한 것을 발견한 국가가 발사국과 연락을 취하는 기술적 능력을 가지지 못할 경우도 예상한 것이다. 사고, 긴급 또는 의도하지 않은 착륙이 자국의 영역, 공해 혹은 어떤 국가의 관할 하에도 없는 기타 지역상에서 발생한 경우에만 통보의 의무가 존재하는 것으로 볼 수 있다. 이 규정에 의하면 그와 같은 사건이 다른 체약국의 영역 상 혹은 협정의 체약국 이외의 국가가 관할하는 장소에서 발생한 경우에는 그것을 통보할 의무는 없다. 의도하지 않은 착륙이 하이재킹이나 무력, 또는 전면적인 공격으로 인하여 발생한 경우에도 발생할 수 있기 때문이다.[45]

구조협정 제6조에서 '발사당국' (launching authority)이란 발사에 책임을 가지는 국가

---

41) Bin Cheng, *The Law of International Air Transport*, London: Stevens & Sons Limited (1962), 166, 349.

42) van Bogaert, 108.

43) Convention on the Regulation of Aerial Navigation, Paris, 1919, 11 LNTS 173; 1922 UKTS 2, Cmnd, 1609.

44) P. G. Dembling and D. M. Arons, The Treaty on Rescue and Return of Astronauts and Space objects, 9 *William and Mary Law Review* (1968), 645.

45) Gorove, 600-601.

를 말한다고 규정하고 있는데, 우주선의 발사에 책임을 지는 정부간국제기구도 그 기구가 구조협정상의 권리 및 의무를 수용하는 경우에는 포함된다고 부가적으로 명시하고 있다. 단, 그 기구의 구성국의 과반수가 구조협정 및 우주조약의 체약국이 되지 않으면 안 된다는 조건을 달고 있다. 사실 협정의 기초작업의 논의 중에 국제기구를 인정하는 것에 관한 논란이 있었다. 소련과 동구제국들은 처음에 국제기구를 구조협정의 범위 내에 확대하는 것에 반대하였다. 그 이유는 국제기구는 영역을 가지고 있지 않기 때문에 구조협정 제1조에 언급된 의무를 적용하는 것이 불가능하다는 것이었다. 그러나 서방국가들은 반대로 이러한 국제기구들에게 조약이 적용되도록 강하게 주장하였는데, 마침내 소련을 비롯한 동구권 국가들이 영국 대표에 의해 제기된 제안을 수용하면서 그것이 구조협정 제6조가 되었다.[46] 따라서 발사당국은 우주조약 제8조에 명시된 등록국의 개념에서 출발하여 우주선의 "발사에 책임을 지는" (responsible launching) 국가나 '정부간국제기구' (international intergovernmental organization)까지 범위가 확장된 것이다. 구조협정 제6조에서 "책임을 진다" (responsible)는 개념이 명확하게 정의되어 있지는 않은데, 여기에는 기술적인 책임부터 법적인 책임까지 매우 범위가 광범위할 수도 있다.[47] 여기서 국제기구에는 '정부간국제기구' 는 포함되지만 '비정부기구' (non governmental organization; NGO)는 포함되지 못한다는 점에 유념해야 한다.[48] 현재 동 협약 상 정부간국제기구의 조건을 갖추고 활동하는 기관으로 '유럽우주기구' (European Space Agency; ESA)와 '유럽기상위성센터' (European Organization for the Exploitation of Meteorological Satellite; EUMETSAT), '인터스푸트니크' (INTERSPUTNIK: Intersputnik International Organization of Space Communications) 등이 있다.[49]

구조협정은 통보의 의무 외에도 원조를 위한 다양한 방법을 도입하고 있다. 협정의 규정은 우주조약상의 규정에 비하여 한층 광범위하고 정확하다. 우주조약은 우주비행사에 대해서 원조가 제공되는 것, 우주비행사는 우주에서의 활동을 수행하는 경우에 서로 원조해야 한다는 것, 체약국이 우주에서 위험한 현상을 발견한 경우에 다른 체약국 또는 UN사무총장에게 통지해야 한다는 것을 규정하고 있다(제5조). 이에 반해서 구조협정은 체약국의 영역으로의 착륙(제2조)과 공해 또는 어느 국가의 관할 하에도 없는 기타 지역으로의 착륙(제3조)을 명확하게 구분하였다. 우주선의 승원이 협정 제1조에서 규정하는 특별한 사정 하에서 체약국의 영역에 착륙한 경우, 당사국은 즉시 구조에 필요한 모든 조치를 강구하고, 가능한 모든 원조를 제공하지 않으면 안 된다. 동시에 발사당국 및 UN사무총장에게 그 강구된 조치 및 실시상황을 보고해야 한다(제2조).

구조협정의 제2조와 제3조와의 사이에는 명확하게 차이가 있다. 체약국의 영역에 우주선

46) A/AC.105/C.2/SR.86(13, Dec, 1967), p. 13; Bin Cheng, *Studies in International Space Law*, 280.

47) Roy S. K. Lee, 61.

48) Diederiks-Verschoor and Kopal, 33.

49) N. Jassentuliyana, *International Space Law and the United Nations*, Kluwer Law International (1999), 188; Frans von der Dunk, Legal Aspects of Private manned Spaceflight, in *Handbook of Space Law*(eds. by Frans von der Dunk with Fabio Tronchetti), Edward Elga Publishing (2015), 81.

이 착륙한 경우에는 체약국은 "즉시 구조를 위한 모든 가능한 조치를 강구" 하여 원조를 제공한다(제2조). 이 의무는 지체 없이 실행되어야 한다. 그러나 우주선이 공해 또는 어느 국가의 관할 하에도 없는 기타의 지역에 착륙한 경우에는 "필요가 있는 경우에만----원조를 제공하는 것이 가능하다" (---if necessary, extend assistance)(제3조). 따라서 후자의 경우, 수색을 하고, 구조활동에 협력해야 할 절대적인 의무는 없다.[50] 두 개의 요건 중 첫째는 체약국이 원조를 제공할 가능성을 가지는 경우이고, 둘째는 그 활동이 필요한 경우가 전제로 되어 있다. 이 요건이 갖추어져 있는 가 아닌가를 결정하는 것은 항상 체약국이다. 체약국은 실제로는 자신의 활동이나 구조활동 중에서 책임을 져야 할 부분에 관해서는 결정의 자유를 가지고 있다. 그러나 우주비행사의 생명을 구하기 위해서 체약국이 그 모든 기술적 능력을 동원해야 할 도덕적 의무를 지니고 있는 점에는 의심의 여지가 없다고 할 수 있다.[51] 결국 구조협정은 전통적인 주권이론과 공해자유의 원칙, 조난 당한 선원에 대한 구조의 방식을 대체로 따르고 있다고 할 수 있다.[52]

조문 상 우주선이 공해 또는 어느 국가의 관할 하에도 없는 기타 지역에 착륙할 것이 요구된다. 조문의 이와 같은 규정방법은 우주에서 이동 중의 우주기기(space vehicles)를 제외하는 것이고, 궤도상에 있는 우주물체(space objects in orbit)의 위험상태를 대상으로는 하지 않는다는 것이며, 구조협정은 그와 같은 경우에는 적용되지 않는다. 구조협정 제3조는 우주비행사가 착륙한 경우만을 다루지 우주에서 비행을 하다가 조난당한 경우를 다루고 있지 않다. 다시 말해서 '지구에서 우주로의 국제적인 구조' (international earth-to-space rescue)를 다루고 있지 않다.[53] 이러한 경우 우주비행사가 우주공간 혹은 천체에서 활동을 할 때에는 다른 조약체약국의 우주비행사가 모든 가능한 원조를 제공하도록 규정하고 있는 우주조약 제5조의 두 번째 구절[54]이 적용될 수 있다.

구조협정은 우주비행사의 송환에 대해서 제4조에 규정하고 있는데, 구조협정의 모든 체약국에 우주선이 그 영역에 착륙한 경우와 공해 또는 어느 국가의 관할 하에도 없는 기타 지역에 착륙한 것을 체약국의 기관이 발견한 경우 및 그 승원의 송환에 대해서 절대적 의무를 부과하고 있다. 승원은 안전하고 신속하게 발사당국의 대표자에게 인도되어야 한다.[55] 구조협정의 이 조문은 우주조약상의 규정과는 다르다. 우주조약 제5조 1항은 우주비행사를 우주선의 등록국으로 안전하고 신속하게 송환하는 것을 의무로 하고 있다. 이에 대해서 구조협정 제4조는 이들을 발사당국의 대표자에게로 송환할 것을 규정하고 있다. 여기서 우주조약과 등록협약에 모두 가입한 국가들은 두 조약의 의무의 충돌에 직면하게 된다. 그러나

50) Bin Cheng, *Studies in International Space Law*, 278.
51) van Bogaert, 109.
52) Gorove, 602-603.
53) Hall, 206.
54) "외기권 우주와 천체에서의 활동을 수행함에 있어서 한 당사국의 우주비행사는 다른 당사국의 우주비행사에 대하여 모든 가능한 원조를 제공하여야 한다" (In carrying on activities in outer space and on celestial bodies, the astronauts of one State Party shall render all possible assistance to the astronauts of other States Parties).
55) Dembling and Arons, 652.

어떤 면에서는 영역국의 입장에서 등록국으로 송환하기보다는 발사당국의 대표자에게로 송환하는 것이 더 수월할 수 있다. 한편 구조협정에는 우주물체의 반환과는 달리 우주비행사의 구조나 송환에 드는 비용의 지불에 관한 내용은 조문에 없는데, 학자들은 이 점을 구조협정의 미비점으로 보고 있다.[56)]

구조협정 제4조는 우주승원의 송환은 무조건으로 보장되어야 한다고 규정하고 있지만 그 예외의 경우가 발생할 수도 있다. 예를 들어 우주승원의 건강상태가 좋지 못하여 신속하고 안전한 송환을 할 수 없는 경우가 있을 수 있다. 이와 같은 경우에는, 실제로는 우주승원이 체류하고 있는 영역국은 우주승원에게 영역국의 국민과 차별 없이 의료적 보호를 제공해야 하며, 송환을 연기해야 한다. 우주승원의 소속국은 우주승원의 상태에 대해서 완전한 정보를 제공받아야 하며, 영역국은 정규외교절차에 따라서 우주승원의 송환의 시기와 조건을 최종적으로 결정하면 된다. 우주승원이 그 영역국의 국적을 가지고 있는 경우에는 영역국은 발사국에게 우주승원을 송환할 의무를 가지지 않는다. 예를 들면 전술한 스페이스랩 협정의 경우처럼 우주승원이 복수의 국적자에 의해 구성되어 있는 경우가 발생할 수 있다. 또한 우주승원이 발사국으로의 송환을 거부하고 일시 체류하는 영역국으로 '정치적 망명'(political asylum)을 요청하는 경우도 발생할 수 있다. 이것은 미묘한 문제이고 외교상의 불편함과 경우에 따라서는 국제분쟁의 원인이 될 수 있는데, 이러한 경우에는 전통적인 국제법상의 원칙으로써 정치적 망명의 권리와 협정으로부터 도출되는 인도의 의무가 대립하게 된다.[57)] 한편 고로브(Stephen Gorove) 교수는 착륙이 단순한 사고나 조난 또는 긴급사태가 아닌 의도적이었을 경우는 정치적 망명이 허용되어야 할 것이라고 주장한 바 있다.[58)]

구조협정 제8조에서는 우주조약 제15조와 마찬가지로 본 협정의 당사국은 본 협정에 대한 개정을 제의할 수 있다고 규정하고, 개정은 본 협정 당사국의 과반수가 수락할 때, 개정을 수락한 본 협정 당사국에 대하여 효력을 발생하며, 그 이후에 있어서는 본 협정의 나머지 각 당사국에 대하여 동 당사국이 수락한 일자에 발효한다고 규정하고 있다. 제9조에서는 우주조약 제16조와 마찬가지로 본 협정의 모든 당사국은 본 협정 발효 1년 후에 기탁국 정부에 대한 서면 통고로써 본 협정으로부터의 탈퇴 통고를 할 수 있고, 이러한 탈퇴 통고는 탈퇴 통고의 접수일자로부터 1년 후에 효력을 발생한다고 명시하고 있다.

한편 우주법상 분쟁에 관한 법적절차는 우주조약 제9조, 제13조, 책임협약 제9조-18조와 달협정 제8조 및 제15조만이 분쟁해결을 다루고 있지만, 구조협정은 1975년 등록협약과 마찬가지로 분쟁해결을 위한 절차를 규정하고 있지 않다. 따라서 국제분쟁의 해결방법에 관하여 UN헌장 제33조는 "어떠한 분쟁이라도 그것이 계속되어 국제평화와 안전의 유지를 위태롭게 할 우려가 있는 사건에 관하여 그 당사자는 우선 교섭, 심사, 중개, 조정, 중재재판, 사법적 해결, 지역적 기관 또는 지역적 협정의 이용, 기타 당사자가 선택하는 평화적

---

56) Bin Cheng, *Studies in International Space Law*, *op. cit.*, pp. 278-281; Diederiks-Verschoor and Kopal, 33; Francis Lyall, Who is an astronaut? The inadequacy of current international law, 66 *Acta Astronautica* (2010), 1616.

57) van Bogaert, 110-111.

58) Gorove, 602.

수단에 의한 해결을 하도록 하여야 한다." 고 명시함으로써 분쟁을 다루는 기술을 외교절차(diplomatic procedure)에 의한 방법과 사법재판(adjudication)에 의한 방법의 두 범주로 나누고 있는데, 우주분쟁이 발생하는 경우, 이 범주에 의존하면 될 것이다. 이와 같이 국가 간 우주활동 중에 분쟁이 발생할 경우 다른 국제법과 마찬가지로 우주법 분야에서도 국내법과는 달리 분쟁당사국들에게 자동적으로 법적 구제를 추구할 수 있는 제도가 마련되어 있지 않다는 약점이 있고, 국가들도 아직은 전통적인 분쟁해결방법을 선호하는 경향이 있다는 것을 알 수 있다.[60]

3. 우주관광객과 구조협정

1963년 우주법선언 제9원칙에 의하면 우주비행사는 우주에서 '인류의 사절' 로 간주된다. 그리고 타국의 영역 또는 공해상에서의 사고, 조난 또는 긴급착륙이 발생한 경우에는 각 국가는 가능한 모든 원조를 제공하지 않으면 안 되며, 이와 같이 착륙한 우주비행사는 우주물체의 등록국에 신속하게 송환되어야 한다고 규정되어 있다. 또한 우주조약 제5조도 위의 내용을 그대로 조문에 담고 있다. 구조협정에서는 보다 넓은 의미를 가진 표현으로서 우주비행사라는 표현 보다는 '우주승원' 이라고 규정하고 있음을 앞에서 살펴보았다. 그렇다면 우주의 상업화의 일환으로 현재 진행되고 있는 우주관광에 초대받은 우주관광객[61]도 우주조약상 우주비행사처럼 인류의 사절이며 구조협정상 우주선의 승원으로 간주될 것인가 하는 문제가 제기된다. 사실 우주관광은 "고객에게 직접 또는 간접으로 우주관광을 경험하게 하는 상업행위" (any commercial activity offering customers direct and indirect experience with space travel)라고 할 수 있다.[62] 우주관광객은 국제사회의 공익에 기여하는 자가 아니며, 단순히 개인의 만족을 느끼려고 우주여행을 하는 사람들이다. 그들은 우주조약상 인류의 사절이나 구조협정상 우주승원으로 간주되기 곤란한 사람들이다.[63]

지금까지 우주활동의 주체가 국가나 국제기구였는데, 사기업체도 우주활동을 할 수 있는 영역으로 발전되고 있는 상황을 고려할 때 반드시 이 문제는 점검해야 할 사항이다. 예를 들면 2001년 4월 28일 미국의 데니스 티토(Dennis A. Tito)가 미화 약 2천만 달러를 지급하고 러시아 소유즈 TM-32를 타고 국제우주정거장(International Space Station)에 8일 정도 머물면서 지구를 128회 공전한 후 지구로 귀환하여 세계최초의 우주관광객이 되었다. 그 이후 우주관광객의 수는 늘고 있으며 일론 머스크(Elon R. Musk)의 스페이스엑스(SpaceX)사나

60) Karl-Heinz Böckstiegel, Arbitration and Adjudication Regarding Activities in Outer Space, 6 JSL (1978), 4.
61) 우주관광에 관하여 본서 제5장 우주의 상업적 이용, 제2절 우주운송과 우주여행, 2. 우주여행 참조.
62) Stephen Robe & Juergen Cloppenburg, Towards a New Aerospace Convention? Selected Legal Issues of "Space Tourism," in *Proceedings of the Forty-Seventh Colloquium on the Law of Outer Space* (2005), 377.
63) Zhao Yun, 979.

영국의 리처드 브랜슨 경(Sir Richard Branson)이 이끄는 버진 갤럭틱(Virgin Galactic)이 이러한 우주여행사업을 계획하고 수행하고 있다. 만일 히말라야 같은 높은 산에서 조난을 당한 사람을 구조하는 것이나 공해에서 조난을 당한 사람을 구하는 것은 그들의 법적 지위를 떠나서 반드시 구조해야하는 인간적 의무가 존재한다.[64] 그러 나 우주선 탑승의 공식적인 지위를 가지지 못하는 이러한 우주관광객에게도 우주조약상 인류의 사절로 간주되는 우주비행사나 구조협정상 우주선의 승원으로 간주되어 조약을 계속 적용시킬 것인가 하는 문제는 법적인 측면에서 고민하지 않을 수 없는 것이다. 따라서 필요하다면 우주관광객을 위한 특별한 "구조협정에 대한 추가의정서" (Protocol to Rescue Agreement on Space Tourist)같은 법문서가 마련되어야 할 것이다. 이러한 법문서에는 우주관광객이라는 용어보다는 '우주비행참여자' (space flight participant)라는 용어가 사용되면 더 적합할 듯하다. 미국의 "2004년 상업우주발사개정안" (Commercial Space Launch and Amendment Act of 2004, CSLAA)§ 3(b)(9)에서 우주비행참여자라는 용어를 사용하였는데 이는 "승원은 아니나 우주선의 발사와 귀환 시 우주선내에 동행하는 자" (an individual, who is not crew, carried within a launch vehicle or reentry vehicle)라고 정의하여 우주승원과 우주관광객을 분리하고자 하는 시도가 보인다.[65]

그러나 한편 우주관광객이 선박이나 비행기의 승객과는 달리 우주비행사나 우주요원이 받는 훈련과 테스트를 거쳐 우주선에 탑승한다는 특징을 지니고 있는 사람들이라는 점에서 굳이 이들을 구별할 필요가 있는가 하는 문제도 있다. 또한 그들이 우주여행의 어느 고도 여행을 하느냐에 달라질 수 있는데 예를 들어 무중력체험을 하는 지표면 약 100km 상공의 준궤도 비행(sub-orbital flight)의 경우 우주복을 착용하지 않아도 되는 경우가 있는데, 그럴 경우 우주여행객을 우주비행사나 우주승원이라고 할 수 있겠는가 하는 복잡한 문제가 있다. 또한 전술한 바와 같이 구조협정에는 우주물체의 반환과는 달리 우주승원의 구조나 송환에 드는 비용의 지불에 관한 내용은 조문에 없는데, 우주관광객을 구조와 송환에 드는 비용의 문제도 함께 발생할 수 있을 것이다.[66]

---

64) von der Dunk, 434.

65) 17 *Harvard Journal of Law & Technology,* Number 2 (Spring 2004), 627; Mark, Sundahl, The Duty to Rescue Space Tourists and Return Private Spacecraft, 35 *JSL* (2009), 185; Megan, McCauley, Astro-Not? How Current Space Treaties Could Fall Short of Protecting Future Space Tourists, 50 *The University of Pacific Law Review* (2019), 474.

66) Lyall, 1614-1616.

4. 맺음말

구조협정은 우주조약 15개 조문, 책임협약 28개 조문, 등록협약 12개 조문, 달협정 21개 조문에 비하면 조문수가 가장 적은 10개의 조문에 불과한 조약이다. 국가들은 우주비행사의 구조나 우주물체의 반환문제가 얼마나 중요한 가를 알고 있기 때문에 사실 책임협약이나 등록협약이 제정되기도 전에 서둘러 구조협정을 제정한 것이다. 서둘러 제정하다보니 결점이 있을 수밖에 없지만 2024년 7월 현재 구조협정은 당사국이 우주조약 다음으로 많다. 우주조약 당사국이 2024년 7월 현재 115개국, 서명국이 22개국이고, 구조협정은 98개 당사국과 23개 서명국을 가지고 있다.

2018년은 구조협정이 체결된 지 50주년이 되는 해였다. 구조협정의 제정은 대체적으로 국제법과 우주법상 큰 발전이라고 평가된다. 이것은 우주승원의 구조 및 송환 또는 우주물체 혹은 그 구성부품의 반환에 관해서 일정한 보증을 하고 있는 국제협력의 유용한 문서라고 할 수 있다. 현재 시점에서 볼 때 당시엔 우주활동이 아직 실험적인 단계에 있던 시기였는데도 우주비행사에 대한 보다 한층 안전성을 확보하고, 우주물체의 반환을 규정한 것은 높이 평가받을 만하다. 한편 우주조약과 구조협정의 법적 지위와는 별도로 1963년 우주법선언의 제 원칙들은 국제관습법을 형성하였다고 볼 수 있기 때문에 제7원칙(우주물체의 반환)과 제9원칙(우주비행사의 구조)의 내용도 국제관습법이라고 할 수 있다. 다시 말해서 우주조약과 구조협정에 가입한 국가는 물론 이 조약의 비당사국들도 국제관습법 상 제7원칙과 제9원칙을 준수해야 하므로 우주물체를 반환하고 우주비행사를 구조를 해야 한다는 의미이다.

우주개발 초기에 작성된 구조협정은 미국과 소련 등 우주개발국가들간의 요구에 의해서 만들어 졌지만 현재 우주관광을 비롯한 우주의 상업적 활용이 빈번해 지고 있으며 이 분야의 과학기술이 한층 더 발전되어 민간분야의 활동이 두드러지게 나타나고 있다. 이렇게 우주산업이 발전해 갈수록 구조협정의 적용가능성은 많아 질 것이고, 이 협정의 실제적 가치 또한 점차 높아질 것이다. 이와 같이 민간우주산업의 발달로 우주교통이 빈번해 지면 구조협정의 현재의 규정들도 어쩔 수 없이 광범위한 수정을 하게 될 것이고 결과적으로 동 협정의 개정이나 새로운 추가의정서나 협정의 제정이 필요할 시기가 올 것으로 예상된다. 이 경우 구조협정에는 우주물체의 반환과는 달리 우주비행사의 구조 및 송환에 드는 비용의 지불에 관한 내용이 조문에 없는 점을 고려하여 이 문제도 함께 해결해야 할 것이다. 다만 우선적으로 상업적 우주활동을 장려하는 차원에서 우주관광객을 더 안전하게 보호하기 위해서 유엔의 결의를 통하여 이들의 지위를 확립해 줄 필요가 있을 것이다.

제3절 책임협약[1]

1972년에 제정된 "우주물체로 인한 손해의 국제책임에 관한 협약"(The Convention on International Liability for Damage Caused by Space Objects, 이하 '책임협약')[2]이 발효하기 이전은 우주물체에 의해 발생한 손해에 관한 규칙은 국내입법에만 기초하고 있었다. 하지만 국내입법은 거의 우주활동에 의한 사고의 특수성에 대해서는 적당하지도 않고 이 문제에 대해서 적용될 수 없었다. 우주비행에 의해서 야기되는 손해의 국제적 결과는 특유의 문제를 야기하는 가능성을 가지고 있다. 우주물체가 발사국의 영역 내에서 손해를 야기한 경우에는 배상책임, 보상, 손해배상은 모두 그 국가의 국내법에 의해 규정되었다. 국제적인 영향은 없지만 '장래의 법'(*de lege ferenda*)의 관점으로부터도 국내입법은 우주물체의 긴급사태나 우주사고에 관해서 입증하는 것이 곤란한 과실 또는 중과실의 요건에 대해서 충분하게 대응하지 못했다. 손해배상에 대해서 민사법의 전통적인 원칙을 실제로 우주활동에 적용하는 것은 불가능하다. 특히 외국의 영역, 재산, 또는 개인에 대한 손해가 발생한 경우는 배상책임원칙의 충돌에 관한 문제가 발생할 것이다. 각국은 이 문제에 대해서 서로 다른 민사법상의 개념을 가지고 있기 때문이다.[2] 따라서 책임협약이 1972년 3월 29일에 체결되어 서명을 위해 공개되었으며, 1972년 9월 1일 발효되었다.

1. 책임협약의 제 원칙

1963년 12월 13일 유엔총회는 장래의 우주활동에 관련된 법원칙인 "우주공간의 탐사 및 이용을 위한 국가활동을 규율하는 법원칙선언"(Declaration of Legal Principles Governing the Activities of States in the Exp1oration and Use of Outer Space, '우주법선언'으로 약칭)[3]을 채택하였다. 영국 University College London의 항공·우주법 교수였던 Bin Cheng은 동 우주법선언은 비록 법적으로 구속력이 있는 것은 아니지만, 미국과 소련이 같은 해 8월에 체결한

1) 김한택, 우주책임협약 50년의 국제법적 의미에 관한 연구, *저스티스* 통권 제189호, 한국법학원 (2022), 400-426 참조.

2) UNGA Resolution 2777(XXVI), 29 November 1971; 1980년 1월 14일 한국에 대하여 발효됨.

2) E. R. C, van Bogaert, *Aspects of Space Law*, Kluwer Law and Taxation Publishers (1986), 161.

3) UN Resolution 1962(XVIII), 13 December 1963.

"부분적 핵실험금지조약"[4])이후 우주활동분야에서 서로 합의한 '잠정협정'(*modus vivendi*)과도 같다고 한 바 있다.[5])

1963년 우주법선언 원칙5에서 "국가는 정부기관(governmental agencies)에 의해서든 비정부실체(non governmental entities)에 의해서든 불문하고 우주공간의 활동에 대하여 국제적 책임을 진다. 비정부실체에 의한 경우 책임당사국은 허가를 발급하고 계속적인 감독을 행하지 않으면 안 된다. 국제기구에 의해서 활동을 할 경우 그 책임은 당해기관 및 기관의 참가국에 의해 부담을 진다."는 것과 원칙 8에서 "발사국 또는 발사시설을 조달하는 국가는 외국 혹은 그 국민 또는 법인의 손해에 대한 국제적 책임을 진다."는 내용의 책임규정은 1967년 "달과 다른 천체를 포함한 외기권 우주의 탐사 및 이용에 관한 국가활동을 규제하는 원칙조약"(Treaty on Principles Governing the Activities of States in the Exploration and Use of Outer Space, including the Moon and Other Celestial Bodies, '우주조약'으로 약칭)[6]) 제6조와 제7조에서 각각 국가들에게 책임을 부과하고 있다. 책임협약은 우주조약에서 다루지 못했던 '손해', '발사', '우주물체' 등과 같은 주요용어의 뜻을 명확히 하고, '복수의 발사참가국 간의 관계', '손해배상청구절차' 및 '손해에 대한 책임의 종류와 내용'에 대해서 상세히 규정하고 있다.[7])

(1) 용어의 정의

책임협약은 제1조에서 다음과 같이 용어의 정의를 내리고. 첫째, '손해'(damage)라 함은 인명의 손실, 인체의 상해 또는 기타 건강의 손상 또는 국가나 개인의 재산, 자연인이나 법인의 재산 또는 정부 간 국제기구의 재산의 손실 또는 손해를 말하며, 둘째, '발사'(launching)라 함은 발사시도를 포함하며, 셋째, '발사국'(launching states)이라 함은 우주물체를 발사하거나 또는 우주물체의 발사를 야기하는 국가 그리고 우주물체가 발사되는 지역 또는 시설의 소속국을 의미한다고 규정하고 있다. 여기에서 '발사야기'(procure)와 '시설'(facility)이라는 용어가 중요한데, 전자는 발사를 위해서 자본을 제공하거나 또는 발사를 의뢰하는 국가를 의미하고, 후자는 외국에 있는 시설뿐만 아니라 우주, 해저, 기타 국가관할권을 벗어나는 기타지역을 포함하나 착륙시설(landing facility)은 포함하지 않는다.[8]) 마지막으로 '우주물체'(space object)라 함은 우주물체의

---

4) "대기권 내, 우주 공간 및 수중에서 핵무기 실험을 금지하는 조약"(Treaty Banning Nuclear Weapons Tests in the Atmosphere, in Outer Space and Under Water)은 지하를 제외한 모든 핵폭발을 금지함으로써 핵무기 경쟁을 억제하고, 핵폭발에 의한 방사능 강하물의 환경 오염을 방지하는 것을 목적으로 미국, 소련, 영국 3개국이 1963년 8월 5일 모스크바에서 체결하였다.

5) Bin Cheng, International Liability for Damage Caused by Space Objects in *Manual on Space Law,* vol. 1, ed. by N. Jasentuliyana & Roy S. K. Lee, Oceana Publications, Inc. (1979), 85-86.

6) 1967년 1월 27일에 채택되고, 1967년 10월 10일에 효력을 발생하였다(UNGA Resolution 2222(XXI), 19 December 1966). 1967년 10월 13일 한국에 대하여 발효됨.

7) 김승민, 우주환경의 변화와 국제우주법의 한계: 민간우주활동 및 우주폐기물의 증가 관련 이슈를 중심으로, *법학연구,* 연세대학교 법학연구원 (2015), 26.

8) Bruce A. Hurwitz, *State Liability for Outer Space Activities in Accordance with 1972 Convention on International Liability for Damage caused by Space Objects,* Martinus Nijhoff Publishers (1992), 22.

구성부분 및 우주선 발사기, 발사기의 구성부분을 공히 포함한다고 규정하고 있다.

책임협약 제1조 (b)항은 '발사' (launching)에 관하여 정의를 내리지 않고 다만 '발사시도' (attempted launching)를 포함하고 있다. 조문의 내용에 비추어 발사시도란 발사를 시도하였으나 성공적이지 못한 발사를 의미하며, 동 조문은 다만 실패한 발사로 인하여 야기된 손해 또한 책임협약상 배상범위에 포함된다는 것을 의미한다. 휘위츠(Bruce A. Hurwitz)는 동 협약 제7조 (b)항에서 "우주물체의 발사 시점에서부터 또는 그 이후부터 하강 시 까지, 또는 계획된 발사 또는 회수 지역의 최근접지역에 있는 기간 동안 운영에 참가하고 있는 초청 외국인" 에 대하여는 협약의 적용을 배제하고 있는 점에 비추어 '발사' 는 발사시도로부터 시작되는 모든 과정을 포함한다고 하면서, 협약이 피해자 중심인 점을 고려하여 제3자를 보호할 수 있도록 폭넓게 해석하여야 한다고 주장한다.[9)]

손해를 입은 국가는 손해에 대한 배상을 청구하기 위해서 발사국가를 확인해야 한다. 그러나 우주물체를 추적할 수 있는 시설을 가지고 있지 않거나 또는 이러한 시설에 접근할 수 없는 국가는 매우 불리할 수밖에 없으며, 비록 손해를 발생시킨 발사국가를 확인하였다 하더라도 당해 국가가 이를 부인하는 경우 발사국가를 확인하는 것은 매우 어려워지게 된다. 우주물체 등록에 관하여는 특별조약인 1974년 11월 12일에 제정된 "외기권 우주에 발사된 물체의 등록에 관한 협약" (Convention on Registration of Objects Launched into Outer Space, '등록협약' 으로 약칭)이 있는데, 우주물체를 외기권에 발사하는 국가는 이를 유엔(UN)에 등록을 하도록 규정하고 있으나, 이를 이행치 않는 국가들에 대한 제재수단이 없는 실정이다. 따라서 이에 대한 해결책으로 모든 발사국가를 확인할 수 있는 국제 위성감시체제(international satellite monitoring system)의 설립에 관한 논의가 제기되고 있다.[10)]

책임협약의 기술방법은 다른 우주관련 제 조약들과 유사하다. 구조협정, 등록협약 및 달협정에 의해 정하여진 규정은 우주조약에 의해 이미 확립된 일반원칙에 기초하고 있는데, 유사한 절차가 책임협약에도 사용되었다. 배상책임의 기본적인 규칙이 우주조약에 의해 정하여졌는데, 우주조약의 제6조는 우주에서 자국의 활동에 대한 국가의 책임원칙을 확립하였고, 우주조약 제7조는 달과 기타 천체를 포함한 외기권에 우주물체를 발사하거나 또는 그 물체를 발사하여 궤도에 진입케 한 본 조약의 각 당사국과 그 영역 또는 시설로부터 물체를 발사한 각 당사국은 지상, 공간 또는 달과 기타 천체를 포함한 외기권에 있는 이러한 물체 또는 동 물체의 구성부분에 의하여 본 조약의 다른 당사국 또는 그 자연인 또는 법인에게 가한 손해에 대하여 국제적 책임을 진다고 규정하고 있다. 동일한 규정이 우주물체의 구성부분에 대해서도 적용된다. 책임협약에서는 이러한 기본적인 규범을 사고에 관계한 국가의 수에 관한 다양한 상황, 국제기구에 적용가능한 특별한 규칙, 손해가 발생하는 다른 장소, 국제청구의 절차를 고려하여 보다 상세하게 규정하고 있다.[11)]

책임협약 제1조에서 '우주물체' (space object)라 함은 우주물체의 구성부분 및 우주선 발사기, 발사기의 구성부분을 공히 포함한다고 규정하고 있는데, 동 협약에서 핵연료 (Nuclear Power

9) Bruce A. Hurwitz, 21.
10) Yearbook of the International Law Commission, Vol. 1 (1982), 279, para 6; Bruce A. Hurwitz, 22-23.
11) van Bogaert, 163.

Sources, 'NPS' 로 약칭)를 언급한 바는 없으나 이 협약상 우주물체는 NPS를 포함하는 개념으로 파악할 수 있다.[12] 따라서 우주에서 사용될 목적으로 발사된 원자로는 우주물체라고 볼 수 있으므로, 1978년 "Cosmos 954 사건" 에서 캐나다에 떨어진 소련위성은 위성자체는 물론 그 부품 및 원자로가 이러한 정의의 범위에 포함되어 우주물체를 구성한다고 볼 수 있다.[13] 한편 등록협약 제1조도 '우주물체' 라 함은 우주물체의 복합부품과 동 발사 운반체 및 그 부품을 포함한다고 명시하여 책임협약과 유사하게 규정하고 있다.

(2) 협약의 범위

책임협약에서 첫 번째로 주목할 중요한 점은 동 협약의 범위이다. 책임협약의 배상책임의 체계는 외국국가, 외국인 또는 외국재산에 대한 손해에 한정되고 있다. 동 협약의 규정은 발사국의 국민에 의한 우주물체에 의해 발생한 손해에는 적용되지 않고(제7조a), 우주물체의 발사 시, 시기로부터 하강할 때까지의 단계에서 그 물체의 작동에 참여하고 있는 발사국의 국민 또는 우주물체의 발사국의 초청에 의해 발사예정지역 혹은 회수예정지역의 인접지역에 체재하고 있는 외국인에게 발생한 손해에는 적용되지 않는다(제7조b). 발사국의 국민에 대한 손해는 조약의 범위 내에 포함되지 않는다는 규칙은 전통적인 국제법규칙을 적용한 것이다. 이 경우 국가와 그 국민과의 관계는 당해국의 국내입법에 의해 정해져 있다.[14] 이 전통적인 규칙은 주권의 결과인데, 법적 평등과 동일한 자치, 독립은 주권에서 도출된 국가의 기본적 권리이다. 그리고 자치는 국가가 외국의 간섭을 받는 것 없이 자국민에게 적용되는 법을 자유롭게 결정하는 것을 의미하고 있다. 이 권한은 오래된 국제관습법상 규칙의 하나이다. 그러므로 발사국 국민의 손해의 경우[15]는 전적으로 국내법에

---

12) Steven A. Mirmina & David J. Den Herder, Nuclear Power Sources and Future Space Exploration, 6 *Chicago Journal of International Law* (2005), 160.

13) 소련(USSR)은 1977년 9월 18일 50kg의 우라늄연료를 사용하는 핵원자로(nuclear reactor)를 탑재한 5톤 무게의 정찰용 인공위성 Cosmos 954를 발사하였는데, 1978년 1월 25일 이 위성은 기능부전을 일으켜 원래 계획했던 궤도로 진입하지 못하고 다시 지구의 대기권으로 들어올 수밖에 없었다. 동 위성은 캐나다 영공에 진입하여 분해되고 그 잔해가 캐나다 북서부지역 Great Slave 호수를 둘러싼 여러 곳과 그곳에서 Baker 호수를 향해 북동쪽에 떨어졌는데, 그 면적은 오스트리아의 크기에 상당하였다. Cosmos 954의 잔해에 대한 청소작업과 복구작업에 미국의 카터 대통령이 캐나다 수상 튀르도(Turdeau)에게 즉각적인 기술적 도움을 주겠다고 함으로써 1978년 10월까지 진행되었는데, 500 마일에 이르는 영역에서 약 60여개의 방사능오염지역이 포착되었다. 이 작업을 통하여 2개의 파편이 방사능물질임이 확인되었다. 이 지역은 인구가 밀집된 곳이 아니므로 다행히 인명이나 재산의 피해는 없는 것으로 보고되었다; Cosmos 954 사건의 연구에 관하여 Paul G. Dembling, Cosmos 954 and the Space Treaties, 6 *Journal of Space Law* (1978), 129-136; Eilene Galloway, Nuclear Powered Satellites; The U.S.S.R. Cosmos 954 and the Canadian Claim, 12 *Akron Law Review* (1979), 401-415; Bryan Schwartz and Mark L. Berlin, After the Fall; An Analysis of Canadian Legal Claims for Damage Caused by Cosmos 954, 27 *McGill Law Journal* (1982), 676-720; Alexander F. Cohen, Cosmos 954 and the International Law of Satellite Accidents, 10 *Yale Journal of International Law* (1984), 78-91 참조.; 김한택, 우주에서의 핵연료(NPS)사용과 우주법, *항공우주법학회지*, 제22권 1호 (2007), 41-42.

14) Bin Cheng, International Liability for Damage Caused by Space Objects, 101.

15) 자국민 피해의 대표적 예로, 1996년 2월 15일 중국 시창(西昌) 발사장에서 발사된 Intelsat 708 통신위성 사건으로, 창정 3B 로켓이 여기에 사용되었는데, 발사 직후 로켓이 옆으로 기울어 날아갔다. 그 후 발사장 근처의 마을에 추락하여, 중국 공식 발표에 따르면 6명 사망, 57명 부상에 달하는 인명피해가 발생했다. 그러나, 추락한 마을의 인구는 1,000명 내외로 조사되어 실질적인 사망자는 약 100명이라는 분석도 있다. *available at* https://www.washingtonpost.com/wp-srv/politics/daily/may99/coxreport/chapter6.htm(last visited on Aug. 7, 2024).

의해 규율된다. 국내법에 우주사고에 의해 발생한 손해에 대해서 특별한 법규정이 있는 경우에는 국내우주법이 적용되고, 특별한 규정이 없는 경우에는 민사법상의 책임규칙에 의해 규율된다.

책임협약 제7조는 또한 외국인이 우주활동에 참여하고 발사 혹은 회수지역에 인접하는 지역에 발사국에 의해 초청된 경우에는 이 조약의 범위로부터 이러한 외국인을 제외하고 있다. 발사국에 의한 우주활동에 참여하는 외국인은 발사국의 감독·관리의 하에 있다는 것은 명확하다. 만약 외국인과 발사국과의 사이에 손해가 발생한 경우를 위해서 특별한 계약규정이 체결되어 있지 않은 한 발사국의 국내법이 적용된다. 이와 같이 발사지역에 초청된 사람들에 대해서는 동 협약이 적용되지 않는 것은 당연하다. 그 이유는 발사지역은 발사국의 관리하에 있으므로 국내법에 의해 규제되고 있는 장소이기 때문이다.[16)]

(3) 손해의 개념

책임협약은 손해의 개념을 열거하고 있는데, 제1조(d)는 "손해란 사람의 사망 혹은 신체의 상해 기타 건강의 상해 또는 국가, 자연인, 법인의 재산의 멸실 혹은 손해를 말한다." 고 규정하고 있다. 정부간 국제기구에 대한 손해도 동 협약의 범위에 포함되어 있다. 우주의 평화적 이용위원회(Committee on the Peaceful Uses of Outer Space, 'COPUOS' 로 약칭)의 법률소위원회(Legal Subcommittee)에서는 책임협약의 간접손해 및 지연된 손해(indirect and delayed damage)에 관한 언급에 관한 망설임이 있었다. 1967년 회기에 참석한 대표들의 다수가 이러한 개념들이 초안에서는 명확하게 언급되어 있지 않았다고 하였다.[17)] 이 때문에 간접손해나 지연된 손해는 책임조약의 규정에서는 해결되지 못했다. 따라서 우주사고와 이러한 종류의 손해의 인과관계가 입증되지 않는 경우에 그 피해자는 책임협약에 의해서는 보호받지 못한다.

또한 동 협약에서 '사람의 사망 혹은 신체의 상해 기타 건강의 상해' 라고 규정된 의미는 육체적 상해뿐만 아니라 사회의 안녕을 혼란하게 하는 상해와 동일하게, 정신적 상해도 의미한다고 해석될 수 있다. 이 해석의 지지하는 학자로 미국 미시시피 대학교 로스쿨 교수였던 고로브(Stephen Gorove)를 들 수 있는데, 그는 건강이란 '완전한 육체적 정신적 및 사회적 복지의 상태' 라고 서술하고 있는 세계보건기구(WHO) 헌장을 인용하면서, '신체의 상해' 라는 문언은 광의의 표현이고, WHO의 정의나 정신적 상해까지 포함할 수 있다고 하였다.[18)]

배상액의 산정에 관한 규정은 상당한 논의가 있었다. 미국의 제안에 의하면 배상액은 국제법의 원칙, 정의 및 형평에 따라서 결정되어야 한다고 하였다.[19)] 이러한 표현들은 매우 애매하고 중재절차에 있어서 국제사법재판소(International Court of Justice; ICJ) 규정 제38조 1항 c에서 규정되어 있듯이 중재재판관이 '문명국에서 인정된 법의 일반원칙' (general principles of

16) van Bogaert, 163-164.

17) Bin Cheng, International Liability for Damage Caused by Space Objects, 115.

18) Stephen. Gorove, *Studies in Space Law: its Challenges and Prospect*, Leiden: A. W. Sitjhoff (1977), 125; Gennady Zhukov & Yuri Kolosov(translated by Boris Belitzky), *International Space Law*, Praeger (1984), 140.

19) Doc. A/AC 105/C2/L.19-L.58.

law recognized by civilized nations)에 의거하는 것일 수도 있다. 예를 들면, 국가와 외국사기업과의 사이에 어떤 종류의 계약에 관한 절차와 같이 조약규정이 청구에 적용되지 않는 경우 또는 적당한 국제관습법이 없는 경우에는 중재재판은 자주 이러한 법의 일반원칙이라는 법원(法源)에 기초하였다. 배상액의 산정에 관해서 1928년 상설국제사법재판소(Permanent Court of International Justice; PCIJ)의 "호르죠 공장사건" (Chorzow Factory Case)에서 국제법이 완전한 배상을 인정하고 있는 것이 자주 인용되었다.[20] COPUOS 법률소위원회에 참석한 대표들의 다수의견은 사고발생 이전과 동등한 상태로 되도록 완전한 손해배상을 피해자에 대해서 보증하는 규칙이 정해져야 한다고 하였다. 그들의 목적은 로마법상의 원상회복(*restitutio in integrum*)이라는 개념에 의해서 실현되기를 바랬는데, 마침내 1970년 12월 16일의 UN총회결의 2733B[21]에 의해 그것이 채용되었다.

최종적으로 깊은 대립과 긴 시간에 걸쳐 심각한 논의 후 국내법을 언급하는 것을 피하는 것으로 타협이 이루어 졌다. 국제법이 우선하고 완전한 배상이 인정된 것이다. 현재 책임협약의 제12조의 조문은 미국제안이 도입된 것이고, 원상회복의 원칙을 확인하고 있다. 조문은 "발사국이 손해에 대해서…… 지불해야 할 배상액은 청구에 관계된 자연인, 법인, 국가 또는 국제적 정부간기구에 대해서 당해 손해가 발생하지 않았다면 존재할 상태로 회복시킬 배상이 이행될 것이고 국제법과 정의 및 형평의 원칙에 따라서 결정된다" 고 규정하고 있다. 제13조는 또한 원칙으로서 청구국과 배상 지불국이 다른 배상 방식에 합의하지 못할 경우, 배상은 청구국의 통화로 지불되며, 만일 청구국이 요구하면 배상 지불국의 통화로 지불된다고 규정하고 있다. 이 조문은 배상의무의 이행에 관해서 합의를 할 가능성을 관계국에 허용하고 있다. 동 규정은 통화가치에 대해서 다툼이 있을 수 있으나, 피해자에게 통상 거주하는 국가의 경제적 생활수준에 대응하는 국가의 통화로 지불되는 것이 보증되어 있다고 할 수 있다.[22]

책임협약은 국제기구에도 적용된다. 제22조는 '정부간 기구' (inter-governmental organizations)로 규정하면서 국가에 속하지 않는 국제기구 및 국가에 의해서 직접관리 되지 않는 국제기구를 배제하고 있다. 우주활동에 종사하는 비정부기구(non-governmental organizations)의 국제책임에 관하여는 비정부기구가 정부에 의해 허가를 받고 계속적 감독이 이루어지는 것을 필요로 한다(우주조약 제6조). 정부간 기구의 역할은 COPUOS 법률소위원회의 회기에서 오랫동안 토의되었다. 오스트리아, 벨기에, 프랑스, 이탈리아 대표들은 이러한 기구들은 국가와 동일하게 동등의 권리와 의무를 가지는 진정한 조약 당사자로서 취급되어야 한다고 하였다. 그러나 동 유럽의 공산권 국가

---

20) 제1차대전 후 주민투표에 의해 독일로부터 폴란드에 할양된 상부 실레지아 일부의 제반 사항을 1922년 체결된 "독일-폴란드간 실레지아 양도 약정" (제네바 약정)으로 규정하였는데, 제6조는 독일인 및 독일인이 경영하는 회사의 재산·권리·수익을 수용할 수 없다고 하였다. 그러나 폴란드는 1920년 자국 내 소재 독일인 재산을 취득하는 법률을 제정하여 호르죠공장을 독일국고로 귀속시키고, 1922년에는 동 공장의 소유권등기를 완료하였다. 독일은 이 공장은 국유재산이 아니고 회사의 재산이며 수용될 수 없다고 하였다. 독일은 PCIJ에 소송을 제기하였다. PCIJ는 1926년 5월 25일 폴란드의 위법행위로 야기된 손해에 대해 독일에게 배상해야 한다고 판시하였다. 그 후 손해배상에 합치하지 못하고 독일은 1927년 PCIJ에 다시 제소하여 승소판결을 받았다, PCIJ(1928): A.17, p. 29; Joseph A. Burke, Convention on International Liability for Damage Caused by Space Objects: Definition and Determination of Damages After the Cosmos 954 Incident, 8 *Fordham International Law Journal* (1984), 282-283; Bin Cheng, International Liability for Damage Caused by Space Objects, 126-127.

21) *available at* http://www.worldlii.org/int/other/UNGA/1970/112.pdf (last visited on Feb. 7, 2022).

22) van Bogaert, 173-174; Bin Cheng, International Liability for Damage Caused by Space Objects, 125.

대표들은 이 의견에 찬성하지 않았다. 헝가리 대표는 정부간 기구와 그 가맹국의 연대책임을 규정하는 절충안을 제출하였다. 최종적으로는 COPUOS 법률소위원회는 연대책임안이 유지되는 것을 채택하였다. 현재의 책임조약 제22조에서는 우주활동을 행하는 정부간 기구 및 당해 정부간 기구의 가입국은 손해에 대해서 연대해서 책임을 진다. 단, 이러한 가입국들은 책임협약의 체약국이 되어야 한다는 조건이 있다(제22조 3항). 이러한 기구들은 서명, 수락, 비준, 개정, 검토, 탈퇴에 관한 규정을 제외하고 국가와 동일한 권리와 의무를 갖는다. 당해 기구는 이러한 권리와 의무의 수락을 선언하고 당해 기구의 가입국의 과반수가 이 책임협약 및 우주조약의 체약국이 되어야 한다(제22조 1항). 이러한 가입국은 당해 기구가 선언을 행하도록 모든 적절한 조치를 취해야 한다(제22조 2항). 그러므로 책임협약의 범위 내에 정부간 기구를 초청하는 것은 본질적으로 그 가입국 다음인 것이 명백하다.[23)]

배상의 지불에 관하여 보다 적극적인 역할이 국제기구에 부여되었다. 국제기구가 우주손해에 대하여 배상책임을 지는 경우, 청구는 최초에 당해기구에 대한 것이다(제22조 3항a). 손해배상을 지불하는 것이 당사자에 의해 합의되고 또는 합의된 적절한 절차와 같은 다른 방법에 의해 결정된 금액을 당해기구가 6개월 이내에 지불하지 않은 경우에는 청구국은 당해 기구의 가입국에게 호소할 수 있다(제22조 3항 b). 국제기구에 준 손해에 관한 청구는 다른 개념에 의거하고 있다. 국제기구가 손해에 대한 청구를 하는 경우, 기구 자신은 행동하지 않고 그 청구는 기구의 가입국에 의해서 이루어 진다(제22조 4항). 이것은 재차 정부간 기구에 관한 배상책임에서 가입국의 우세한 지위를 보여주는 것이다. 가입국은 솔선해서 행동하고 국제기구와 배상책임을 부담하는 발사국 사이에서 중개자로서 행동해야 한다. 이와 같은 절차는 국제기구가 우주활동에 참가하는 것을 인정하고 결과적으로는 책임협약규정의 범위에 포함한 것을 인정하는 것에 대해서 몇 명의 대표가 부정적인 것으로 보았던 결과의 하나이다. 결국 국제기구의 수락은 타협의 일부분이었지만 국제기구는 책임협약의 완전한 당사자로서는 인정되지 못하고, 국제기구의 역할은 그 가입국의 법적 권한에 종속하도록 하였다.[24)]

(4) 절대책임과 과실책임

책임의 규정에 관해서 책임협약은 절대책임(absolute liability)과 상대적 또는 유인책임(relative or causal liability)과의 사이에 큰 차이를 설정하고 있다. 각 발사국은 자국의 우주물체가 지구 표면에서 발생한 손해 또는 비행 중의 항공기에 준 손해의 배상에 대한 절대책임을 진다(제2조). 손해가 지구 표면 이외의 장소에서 타국의 우주물체 또는 그 물체 내의 사람 혹은 재산에 대해서 발생한 경우에 발사국은 그 사고가 자국의 과실 또는 자국이 책임을 져야 할 자의 과실에 의한 것일 경우에 한하여 책임을 진다(제3조). 이렇게 책임협약에서는 발사국은 중대한 기여 과실이 있거나

23) van Bogaert, 174-175.

24) Stephen Gorove, 120; Bin Cheng, International Liability for Damage Caused by Space Objects, 103-112; Carl Christol, International Liability for Damage Caused by Space Objects, 74 *American Journal of International Law* (1980), 346; van Bogaert, 175.

손해를 일으킬 의도가 있는 경우를 제외하고, 지구 표면 및 비행 중인 항공기에 발생한 손해에 대해 절대적인 책임을 지며, 다른 곳에서 발생한 손해에 대한 책임은 과실에 따라 다르게 배상하도록 규정하고 있다.[25] 이 두 종류의 배상책임의 구별은 우주사고에 관한 책임규칙의 전체계에서 근본적으로 중요하다.

절대책임은 국제법상 새로운 개념이다. 배상책임의 구별은 민법에서 발달되었는데, 예를 들면 프랑스 민법전 제1382조와 벨기에 민법전을 들 수 있다. 20세기 최초의 10년 이래, 이 전통적인 규범은 몇 개의 상황에서 서서히 또 부분적으로 객관적인 배상책임의 개념으로 전환되었다. 이러한 절대책임은 특정의 활동에 관한 특별한 위험에 기초하고 있다. 그것들의 활동의 성질이나 정황은 이러한 종류의 과실을 증명하는 것도 실제상 불가능하다는 점이다. 사회적 관심은 손해에 대한 배상을 요구했고, 과실 없는 배상책임이라는 형태는 예를 들면 프랑스의 산업노동에 의한 사고에 책임(1921년 5월 13일의 법령), 전쟁행위에 의한 손해(1919년 4월 17일 및 1946년 10월 28일의 법령), 혹은 민간항공수송에 대한 손해(1924년 5월 31일의 법령; 항공의 위험)에 관한 법이 발달하였다. 이 새로운 책임의 기반은 서서히 국제법에 있어서도 수용되었고, 중대한 위험을 포함하고 과실의 증명이 실제상 불가능한 특정의 활동분야에 대해서 특히 수용되었다. 절대책임은 국제법에서 과실의 증명이 실제로 불가능한 특정한 활동분야에 대해서 특히 수용되었는데, 항공, 핵물질의 이용 · 수송에 관한 국제법 그리고 해상법의 분야에서도 적용되며, 마침내 우주법에서도 확립된 것이다.[26]

(5) 면책

책임의 면제가 책임협약 제6조에 규정되었는데, 절대책임에 관해서 발사국은 손해의 전부 또는 일부가 청구국 또는 청구국에 의해 대표된 자연인 혹은 법인의 중대한 과실 또는 작위 또는 부작위(손해를 야기하는 것을 의도한 작위 또는 부작위에 한한다)에 의해 초래된 것을 증명되는 경우에는 절대책임으로부터 면제된다(제6조 1항). 이 면제는 절대책임의 특징이다. 절대책임은 과실의 증명이 실질적으로 불가능하거나 규정의 대상으로 되는 행위에 포함되는 위험에 기초하고 있다. 피해자 자신이 중대한 과실 또는 손해를 야기하는 것을 의도한 작위 또는 부작위에 의한 행동을 한 경우, 이미 이것들의 근거가 존재하지 않게 된다. 이와 같은 경우에 절대책임의 법리(*ratio juris*)는 사라지고 이 개념은 이미 적용되지 않는다. 이와 같은 이유에서 책임의 면제가 민법상 인정된 것이다.

제6조의 조문은 또 책임의 분할을 인정하고 있다. 조약문은 "손해의 전부 또는 일부가(wholly or partially) 청구국……의 중대한 과실 또는 행위 또는 부작위(손해를 야기하는 것을 의도한 작위 혹은 부작위에 한한다)에 의해 야기된 것을 발사국이 증명한 경우에는 그 한도에 있어서 절대책임이 면제된다……" 라고 기초하였다. 이 규정에서 발사국은 자국에 과실이 없고 손해가 청구국의 중대한 과실, 손해를 일으키는 것을 의도한 작위 또는 부작위에 의해 발생했다고 입증하는 것이 가

---

25) Bin Cheng International Responsibility and Liability for Launch Activities, 20 *Air & Space Law* (1995), 310.
26) van Bogaert, 165; 김한택, *우주법론*, 도서출판 아진 (2020), 108.

능한 경우에는 모든 책임으로부터 면제될 수 있다. 발사국이 이러한 사실들을 입증하는 것이 불가능한 경우에는 양당사국에 과실이 존재하는 것을 증명할 수 있다면 발사국이 부분적인 책임의 면제를 원용할 수 있다. 청구국이 중과실 또는 의도적인 작위 또는 부작위에 의해 손해의 경감을 하지 않았다고 발사국이 입증할 경우에도 부분적인 책임의 면제가 성립된다.[27)]

누구의 관리도 미치지 않는 소위 '불가항력' (*force majeure*)으로 불리는 상황에 관하여 제6조는 언급하지 않고 있다. COPUOS 법률소위원회의 대표 중에는 조약기초의 토의 단계에서 이러한 결점을 인식하고 있었다. 면책은 동시에 자연재해에 관해서 부여되어야 했다. 하지만 대표들의 다수는 이 종류의 면책을 인정하는 것은 확대해석의 가능성이 있고, 따라서 절대책임의 원칙을 무효로할 수 있다는 의견을 지지했다.[28)]

(6) 연대책임

책임협약은 개별책임과 연대책임의 구별을 전제로 하고 있다. 지구 표면 이외의 영역에서 1개의 발사국의 우주물체 또는 동 우주 물체 상의 인체 또는 재산이 타 발사국의 우주물체에 의하여 손해를 입었을 경우, 그리고 그로 인하여 제3국 또는 제3국의 자연인이나 법인이 손해를 입었을 경우, 전기 2개의 국가는 공동으로 그리고 개별적으로 제3국에 대하여 아래의 한도 내에서 책임을 진다. 첫째는 제3국의 지상에 또는 비행 중인 항공기에 손해가 발생하였을 경우, 제3국에 대한 전기 양국의 책임은 절대적이다(제4조 1항a). 둘째는 지구 표면 이외의 영역에서 제3국의 우주물체 또는 동 우주물체 상의 인체 또는 재산에 손해가 발생하였을 경우, 제3국에 대한 전기 2개국의 책임은 2개국 중 어느 하나의 과실, 혹은 2개국 중 어느 하나가 책임져야 할 사람의 과실에 기인한다(제4조 1항b). 본조 1항에 언급된 공동 및 개별 책임의 모든 경우, 손해에 대한 배상 부담은 이들의 과실 정도에 따라 전기 2개국 사이에 분할된다. 만일 이들 국가의 과실 한계가 설정될 수 없을 경우, 배상 부담은 이들 간에 균등히 분할된다. 이러한 분할은 공동으로 그리고 개별적으로 책임져야 할 발사국들의 하나 또는 전부로부터 이 협약에 의거 당연히 완전한 배상을 받으려 하는 제3국의 권리를 침해하지 않는다(제4조 2항).

책임협약의 기초에 관하여 COPUOS 법률소위원회에서 토의 중 몇 명의 대표는 제4조는 오로지 충돌의 경우에만 관련되어 있다는 지적을 하였다. 그러나 Bin Cheng 교수는 이 문제를 좀 더 검토를 하면 관계하는 우주기관의 물리적인 접촉은 반드시 필요하지는 않다고 하였다. 즉, 우주에 있어서 사고는 다른 방법, 예를 들면 beam에 의해서도 일어날 수도 있다는 것이다.[29)] 하지만 제4조는 제3국에 관한 우주사고의 결과에 대해서 명확하게 규정하고 있다.

책임협약에서는 또한 별도의 연대책임을 규정하고 있다. 2개 또는 그 이상의 국가가 공동으로 우주물체를 발사할 때에는 그들은 발생한 손해에 대하여 공동으로 그리고 개별적으로 책임을 진다

27) W. F. Foster, The Convention on International Liability for Damage Caused by Space Objects, 10 *Canadian Yearbook of International Law* (1972), 161.

28) van Bogaert, 169.

29) Bin Cheng, International Liability for Damage Caused by Space Objects, 122.

(제5조 1항). 또한 동조 제3항에서는 우주 물체가 발사된 지역 또는 시설의 소속국은 공동 발사의 참가국으로 간주된다고 규정하고 있다. 이러한 국가가 특히 언급되고 있다는 것은 이러한 국가들에 손해배상의 청구가 우선 한다고 해석할 수 있다. 제5조는 2항에서 손해에 대하여 배상을 지불한 바 있는 발사국은 공동발사의 타 참가국에 대하여 구상권을 보유한다. 공동 발사참가국들은 그들이 공동으로 그리고 개별적으로 책임져야 할 재정적인 의무의 할당에 관한 협정을 체결할 수 있다. 그러한 협정은 공동으로 그리고 개별적으로 책임져야 할 발사국 중의 하나 또는 전부로부터 이 협약에 의거 완전한 보상을 받으려 하는 손해를 입은 국가의 권리를 침해하지 않는다고 규정하고 있다.[30)]

2. 책임협약 상 분쟁해결

책임협약은 손해배상청구의 절차를 언급하고 있는데, 그 절차는 다른 우주관련 제 조약들에 규정되어 있는 분쟁해결에 관한 절차와 비교해서 보다 상세하게 규정하고 있다. 청구국의 손해배상의 청구는 외교상의 경로를 통해서 발사국에 대해서 행해진다. 관계당사국 간 외교관계가 없는 경우에는 청구국은 다양한 청구절차의 단계에서 제3국에게 자국을 대표할 것을 요청할 수 있다. 이 경우에 제3국이 발사국에 대하여 배상청구를 할 수 있다. 그러나 UN사무총장의 개입에 의해서도 청구할 수 있기 때문에 청구국은 양자택일의 여지가 있다. 또한 UN사무총장은 양당사국이 쌍방 공히 유엔의 회원국인 경우에는 발사국에 대하여 그 청구를 할 수 있다(책임협약 제9조). 국제법상 배상에 관하여는 전술한 바와 같이 상설국제사법재판소(PCIJ)는 "호르죠 공장사건 "(Factory at Chorzow Case, Merits)에서 적용된 '원상회복' (*restitutio in integrum*) 원칙을 참조하면 된다.[31)] 책임협약에서 상세하게 언급하지 않았지만, 국제법상 배상은 이론적으로 세 가지 방법으로 이루어질 수 있는데, 첫째, 원상회복이고, 둘째, 금전배상이 수용 가능한 대체물이고, 세 번째, '사과' (apology)를 통해 피해 당사자를 만족시키거나, 잘못을 '공식인정' (official recognition) 함으로서 배상으로 간주되는 방식이다.[32)]

배상청구를 하는 수단은 외교관계의 관례에 따른다. 타국에 손해배상의 청구를 행하는 국가가 우선 외교교섭이라는 절차를 추구하는 것은 전통적이다. 분쟁에 관하여 국가 사이에 외교관계가 존재하는 않는 경우에는 제3국이 당사국 일방의 대표로 행동할 수 있다. 최종적으로 UN사무총장이 부담한다는 것은 책임협약이 유엔의 기관에 의해 준비되고 채택되었다는 사실의 필연적 결과라고 설명할 수 있다. 청구의 제출에 관해서 또 하나의 문제는 국제기구에 관한 것이다. 우주활동에 참

30) van Bogaert, 171.

31) PCIJ(1928): A.17, p. 29; Joseph A. Burke, Convention on International Liability for Damage Caused by Space Objects: Definition and Determination of Damages After the Cosmos 954 Incident, 8 *Fordham International Law Journal* (1984), 282-283; Bin Cheng, International Liability for Damage Caused by Space Objects, 126-127.

32) Frans G. von der Dunk, Liability versus Responsibility in Space Law: Misconception or Misconstruction?, *Proceedings of the Thirty-fourth Colloquium on the Law of Outer Space* (1992), 364.

가하고 있는 기구에 대해서 청구가 행해질 때, 이러한 국제법주체들은 유엔에 가입하지 않았기 때문에 청구의 제출에 개입하는 UN사무총장의 권한에 관하여 의문을 가질 수도 있다.[33] 오히려 이와 같은 기구가 UN사무총장을 통해서 스스로 청구를 제출할 수 있는가 하는 문제도 또한 발생할 수 있다. 그러나 양자의 문제는 오히려 이론적인 것으로 생각할 수 있다. 우주활동에 참가하고 있는 이와 같은 기구의 가입국은 통상, 책임협약의 당사국이고 언제라도 청구국으로서 행동할 수 있기 때문이다(제22조 4항). 1949년 국제사법재판소(ICJ)는 "유엔 봉사 중에 입은 손해배상에 관한 권고적 의견" (Reparation for Injuries Suffered in the Service of the United Nations)에서 국제기구가 국제법인격을 획득할 충분한 가능성이 있다고 하였다.[34]

책임협약은 청구의 제출에 기한을 정하고 있다. 손해에 대한 배상상청구는 손해의 발생일 또는 책임져야 할 발사국이 확인한 일자 이후 1년 이내에 발사국에 제시될 수 있다(제10조 1항). 그러나 국가가 손해의 발생한 시점을 알지 못하고 또 책임을 지는 발사국을 확인할 수 없는 경우, 청구국은 이러한 사실들을 안 날부터 1년 이내에 청구를 할 수 있다. 이 가산기간은 상당한 주의를 하고 있는 청구국이 당연히 그 사실을 아는 것이 가능한 날의 1년 후를 넘을 수 없는 것이다(제10조 2항). 전술의 기간의 제한은 손해의 전체가 판명되지 않은 경우에도 적용된다. 다만 이와 같은 경우에 청구국은 이러한 기간이 만료한 후에 청구를 수정 및 추가의 문서를 제출할 수 있지만, 이 보충적인 권리는 손해의 전체가 판명된 후 1년을 경과되면 행사할 수 없다(제10조 3항).[35] 이렇게 청구의 제출에 일정한 기간을 부과하는 것은 합리적이다.

책임협약은 또한 '국내구제절차의 완료' (exhaustion of local remedies)의 원칙에 관해서도 규정하고 있다. 전통적인 국제법에서는 국가가 사인에 대한 '외교적 보호' (diplomatic protection)를 위한 방법으로 우선 손해의 구제 혹은 그 보상을 얻기 위해서 국내법에 따라서 규정된 모든 법적수단을 먼저 완료해야 한다.[36] 책임협약은 이 전통적인 규율에 대한 예외를 설정하고 있다. 그 이유는 청구국은 국내구제절차의 완료를 먼저 시도하는 것이 강제되는 것이 아니기 때문이다. 따라서 책임협약 제11조는 사전의 국내적 구제를 완료할 것을 필요로 하지 않는다고 규정하고 있다(제11조 1항). 다만 이 협약상의 어떠한 규정도 국가 또는 그 국가가 대표하고 있는 자연인이나 법인이 발사국의 법원 또는 행정재판소 또는 기관에 보상 청구를 제기하는 것을 방해하지 않는다. 그러나 국가는 청구가 발사국의 법원 또는 행정재판소 또는 기관에 제기되어 있거나 또는 관련 국가를 기속하고 있는 타 국제협정에 의거 제기되어 있는 동일한 손해에 관하여는 이 협약에 의거 청구를 제시할 권리를 가지지 않는다고 규정하고 있다(제11조 2항).

---

33) Bin Cheng, International Liability for Damage Caused by Space Objects, 133-134.

34) 1948년 팔레스타인 전쟁 때 유엔 조정관 베르나돗테(Bernadotte) 백작 등이 현지에서 공무수행 중 이스라엘인에의해서 살해된 것에 대한 손해배상청구권을 가해국에 대하여 유엔이 행사할 수 있는가를 ICJ가 심리한 권고적 의견(Advisory Opinion) 사건이다. ICJ는 유엔이 광범위한 국제법인격을 가지고 국제적 차원에서 행동할 능력을 전제로 하지 않으면 안된다고 하면서 유엔은 국제법인이라고 판결하였다. 또한 국제법상 유엔은 헌장에 명문규정이 없더라도 그 임무 수행상 불가결하다면 필요한 추론으로 헌장에 의하여 부여된 권능을 갖는 것으로 간주되어야 한다고 하였다; ICJ Rep. (1949), 174, 179; Bin Cheng, International Liability for Damage Caused by Space Objects, 104.

35) Bin Cheng, International Liability for Damage Caused by Space Objects, 134.

36) Chittaranjan Felix Amerasinghe, *State Responsibility for Injuries to Aliens*, London, Oxford University Press, Clarendon Press (1967), 171.

COPUOS 법률소위원회는 '외교교섭'(diplomatic negotiation)에 의해서 해결되지 않는 청구에 관한 관할권문제를 해결해야만 했다. 대표 중에는 '강제관할권'(compulsory jurisdiction)을 규정하는 안을 제출하기도 하였다.[37] 1976년 6월 최종적으로 벨기에·브라질·헝가리 대표에 의한 타협을 절충한 공동제안이 채택되어, 이것이 분쟁해결문제에 관한 책임협약의 현재의 규정이 되었다. 결국 절차의 강제적 성격은 포기된 셈이다. 현재의 조문은 청구에 대해서 해결이 청구를 제기한 취지를 청구국이 발사국에게 통보한 일로부터 1년 이내에 외교교섭에 의해서 얻지 못하는 경우에는 분쟁당사국은 어느 쪽인가 일방의 청구에 의해 '청구위원회'(Claims Commission)를 설치하도록 규정하고 있다(제14조). 이 청구위원회는 일종의 '준중재절차'(quasi arbitral process)[38]라고 볼 수 있는데, 3인의 위원에 의해서 구성된다. 1인은 청구국에 의해서 임명되고 또 다른 1인은 발사국에 의해, 나아가 의장인 제3의 위원은 쌍방의 당사국에 의해 공통으로 선택된다. 당사국은 청구위원회의 설치요청 일로부터 2개월 이내에 위원을 임명한다(제15조 1항). 설치요청의 일로부터 4개월 이내에 의장의 선정에 대해서 합의에 도달하지 못하는 경우, 어느 당사국도 유엔사무총장에게 또는 2개월 이내에 의장을 임명하도록 요청할 수 있다(제15조 2항). 당사국의 일방이 전술의 기간 이내에 위원의 임명을 하지 않는 경우 타방의 당사국은 의장이 단일 위원 청구위원회를 구성한다(제16조 1항). 위원회에 공석이 발생한 경우 최초 임명 시 채택된 절차에 따라 보충된다(제16조 2항). 청구위원회의 위원수는 위원회에 제기된 소송에 2 혹은 그 이상의 청구국 또는 발사국이 개입되어 있다는 이유로 증가되지 않는다. 각각의 당사국 그룹은 공동으로 일인의 위원을 임명하고 소정의 2개월의 기간 내에 지명이 행해지지 않는 경우에는 의장이 단일 위원 청구위원회를 구성한다(제17조).[39] 국제법상 가장 잘 알려진 국제심사위원회 중 하나로 1905년 영국과 러시아 간 "도거뱅크 사건"(Dogger Bank Case)을 해결한 위원회가 있는데, 러시아는 아무런 이의 없이 위원회의 결과를 수용하고 영국에 약 30만 달러의 손해를 배상한 바 있다.[40]

협약의 규정에 따라서 청구위원회가 설치된 경우에는 활동을 개시하고 청구위원회는 손해의 배상에 대해서 청구의 당부를 결정하고 그 지불액을 결정한다(제18조). 위원회는 모든 사무적 사항과 회합의 개최장소를 결정할(제16조 4항) 뿐만 아니라 우선 위원회가 그 자신의 절차를 정한다(제16조 3항). 모든 결정 및 판정은 과반수에 의한다(제16조 5항). 청구위원회는 설치된 일로부터 1년 이내에 결정 또는 판정을 내려야 하지만 위원회가 이 기간을 연장하는 것이 필요하다고 판단할 권리를 가지고 있다(제19조 3항). 책임협약의 조문은 청구절차에 대해서 활동의 연장에 관하여 보다 명확한 조건을 규정하지 않고 있다.

---

37) Doc. A/AC.105/C.2/L.7/Rev. 3 Art. 4 and Doc. A/AC.105/C.2/L.19 and L.58, Art. X.

38) Timothy G. Nelson, Regulating the Void: In-Orbit Collisions and Space Debris. 40 *Journal of Space Law* (2015), 115.

39) van Bogaert, 181-183.

40) 도거뱅크 사건(Dogger Bank Case)은 러시아 제국 해군의 발틱 함대가 러·일 전쟁 때 극동으로 향하다가 북해의 도거뱅크 부근에서 1904년 10월 21일과 22일 영국 어선을 일본 어뢰정으로 오인하여 공격하여 어선 한척이 침몰하고 어민 2명이 사망한 사건이다. 당시 일본과 영국은 영·일동맹을 맺은 관계였다. 러시아 정부는 국제 심사위원회의 결과보고에 따라 사망 또는 부상당한 어민에 대한 배상을 하고 침몰한 배에 대하여 새로운 배를 제공하였다; James Brown Scott, 1 *Hague Court of Report*, New York: Oxford University Press, American Branch (1916), 403; Bin Cheng, International Liability for Damage Caused by Space Objects, 141.

책임협약은 청구위원회가 그의 결정(decisions) 또는 판정(awards)을 공표되어야 한다고 규정하면서, 그 인증등본을 당사국 및 UN사무총장에게 송부해야 한다는 것을 규정하고 있다(제19조 4항). 청구위원회에 관한 비용은 모든 당사국 간에 균등하게 분담된다. 다만 청구위원회는 이 원칙에 대해서 별도의 결정을 할 수 있다(제20조). 이와 같은 결정에 관하여 명확한 기준을 규정하는 조항은 존재하지 않는다. 그럼에도 불구하고 관계당사국의 일방의 손해를 발생시키는 중과실 또는 고의는 책임협약에 따라서 일반원칙으로서 규정되어 있는 균등분담의 예외의 이유가 되는 것은 명확하다. 이 예외는 고의(dolus) 또는 과실(culpa lata)에 의해서 이루어지는 행위에 관한 통상의 결과에 상당하는 것인데, 이러한 행위들에 대해서 당사국은 불리한 결과를 부담해야 할 것이다. 책임협약은 또한 이 절차의 결과의 강제력에 관하여 중요한 규정을 두고 있다. 청구위원회의 결정은 당사국이 강제적인 것으로 하는 것에 합의한 경우에는 최종적이며 구속력을 가진다. 합의하지 않은 경우에는 판정은 권고적이고 당사국은 그 판정을 성실하게 고려해야 한다(제19조 2항). 책임협약의 이 규정은 모든 절차의 최종적인 결과가 당사국 자신의 의사에 의존하는 것임을 명확하게 규정하고 있다. 당사국은 최종적인 판정을 법적구속력이 있는 것으로 임의로 합의할 수 있고 혹은 청구위원회에 의한 권고로서 수용할 수 있다. 후자의 경우에 판정의 효과는 관계국의 자유로운 의사에 의해서 결정된다. 결국 당사국은 청구위원회의 최종적인 결정이 중재판정으로서의 의의를 가지는가 혹은 단순한 구속력을 갖지 않는 권고에 지나지 않는가를 임의로 합의할 수 있다.

책임협약에서 분쟁의 평화적 해결을 위한 강제적 규칙에 관한 이러한 결론은 이 문제에 관한 국제법의 발전의 일반적인 경향과 비교할 수 있다. 즉, 국제법 분야에서는 국가는 통상 강제적 절차를 수용하는 것에는 부정적이고 책임협약에 관한 결론도 역시 크게 다르지 않다고 할 수 있다.[41] 따라서 책임협약 제19조 2항의 분쟁해결방식은 피해국에 적대적인 발사국가로 하여금 우주물체로 인한 손상에 대한 영향을 피할 수 있는 간단한 방법을 허용하고 있으며,[42] 또한 동 협약에서 규정하고 있는 분쟁해결제도는 국가의 참여만을 허용하고 있으므로 결과적으로, 분쟁 해결 프레임워크는 민간행위자에 대한 직접적인 집행 권한을 제공하지 않기 때문에 현재 비판을 받고 있고, 어찌 보면 무용지물이라고 표현되기도 한다.[43]

각 국가들은 자국민이 우주손해를 야기한 경우, 대외적으로 배상책임을 부담한 후 해당 자국민을 상대로 구상권을 행사하는 국내법을 보유할 수 있다. 한국의 경우, 2007년에 제정된 "우주손해배상법" 은 책임협약에 따라 정부가 외국정부에 대하여 손해배상을 한 경우에 우주손해를 야기한 개인에 대하여 구상할 수 있음을 규정하고 있다.[44] 또한 동법 제5조[45]에 손해배상액의 한도를

41) van Bogaert, 183-184.

42) *See* Trevor Kehrer, Closing the Liability Loophole: The Liability Convention and the Future of Conflict in Space, 20 *Chicago Journal of International Law* (2019), 178, 187.

43) Christina Isnardi, Problems with Enforcing International Space Law on Private Actors, 58 *Columbia Journal of Transnational Law* (2019), 514.

44) 우주손해배상법 제3조 (국제협약과의 관계 등)
"① 정부는 「우주물체에 의하여 발생한 손해에 대한 국제책임에 관한 협약」에 따라 정부가 외국정부에 대하여 손해배상을 한 경우에는 우주물체 발사자에 대하여 구상할 수 있다." ; 이준, 발사국의 국제법상 지위, *항공우주산업기술동향* 7권 2호 (2009), 7.

45) 우주손해배상법 제5조(손해배상책임 한도액) "우주물체 발사자가 배상하여야 하는 책임한도는 2천억원으로 한다."

2,000억 원으로 설정한 것은 우주개발사업이 고비용, 고위험이 수반되며, 우주사고의 속성상 손해가 발생할 경우, 그 규모가 막대하므로 손해 전액을 배상하게 되면, 초기단계인 우주개발사업에 상당한 제약이 될 수 있음을 고려한 규정이다.[46)]

책임협약의 발효에 관한 규정은 우주조약(제14조) 및 구조협정(제7조)의 규정과 유사하다. 책임협약은 모든 국가에 의해 서명될 수 있다. 이 조약의 효력 발생 전에 이 조약에 서명하지 않았던 국가는 언제든지 이 조약에 가입할 수 있다(책임협약 제24조 1항). 책임협약은 서명 및 가입을 위하여 모든 국가에게 개방되었다. 체약국은 책임협약의 효력 발생 후 1년을 경과한 후 탈퇴할 수 있다(책임협약 제27조). 그러한 국가는 적당한 문서에 의해 3개국(영국, 소련 및 미국)의 기탁정부에게 통지해야 한다. 이 규정은 우주조약(제16조) 및 구조협정(제9조)의 이러한 권리에 관한 문언을 반복하고 있다. 이같은 방식은 등록협약(제11조), 달협정(제20조)에서도 재차 삽입되었다. 책임협약의 개정 절차 및 조건은 다른 우주관련 제 조약과의 유사성을 보여주고 있다. 책임협약의 어느 체약국도 개정을 제안할 수 있다. 개정은 체약국의 과반수에 의해서 수락되어야 하고 각각의 체약국에게 개별적인 수락에 의해 효력을 발생한다(책임협약 제25조). 동일한 규정이 이미 우주조약(제15조), 구조협정(제8조)에 규정되어 있고, 그 후 등록협약(제9조), 달협정(제17조)에도 규정되었다.[47)]

3. 우주책임관련 사례

우주물체가 지상에 있는 자에게 손해를 끼친 사건으로 "Cosmos 954 사건" 을 들 수 있는데, 동 위성이 1978년 1월 24일에 지구로 진입하다가 캐나다의 영역 상공에서 연소되면서 그 파편이 캐나다 북서영역까지 흩어졌는데, 발견된 우주폐기물(또는 우주쓰레기, 우주파편, space debris)은 위험한 방사선을 발산하고 있었지만, 다행히 인체의 상해라든가 특정의 재산에 대한 손해는 없었다. 소련과 캐나다는 책임협약의 당사국임에도 불구하고 동 협약에 의존하지 않고,[48)] 1981년 4월 2일 캐나다 대사와 소련 외무차관사이에 공식적인 의정서인 "Cosmos 954로 인한 캐나다의 손해배상 청구해결에 관한 의정서"(Protocol on Settlement of Canada's Claim for Damages Caused by Cosmos 954)[49)]를 체결하여, 소련이 캐나다에게 3백만 캐나다 달러를 지급하여 배상하였다. 사실 소련은 캐나다에게 '시혜금 방식' (*ex gratia*)으로 지급한 것이다.[50)] 이 사건에서 책임협약은 결국 국제분쟁을 해결하기 위한 효과적인 절차를 수립하는 데 실패하였고, 오직 백그라운드에서만 운영되는 것으로 만족해야 했다.[51)]

---

46) 김선이, 우주손해배상법에 관한 약간의 고찰, *항공우주정책·법학회지* 22권 2호(2007), 10.

47) van Bogaert, 175-176.

48) Pamela L. Meredith & George S. Robinson, *Space Law: A Case Study for the Practioner*, Dordrecht; Boston: Martinus Nijhof (1992), 68.

49) 20 *ILM* (1981), 689.

50) Frans G. von der Dunk, Too-Close Encounters of the Third Party Kind: Will the Liability Convention Stand the Test of the Cosmos 2251-Iridium 33 Collision?, *Proceedings of the International Institute of Space Law* (2009), 200.

또한 1979년 7월 11일, 미국의 "실린더 실험실 및 생활 공간"(cylindrical labs and living spaces) 중 하나인 스카이랩(Skylab)이 궤도에 재진입했다. 지상 요원들이 탐사선을 인구 밀집 지역에서 멀리 떨어뜨리려고 했지만 실패했고, 스카이랩의 잔해들은 호주 아웃백(Outback, 奧地)에 흩어졌다. 호주 정부는 탐사선이 인도양에서 침몰했다고 보고했지만, 웨스턴 오스트레일리아 주 에스페란스(Esperance) 시민들은 잔해들을 발견하여 시에 보고하였다. 이로 인한 부상자는 없었지만 에스페란스 시의회 의장은 미국 정부에 400달러짜리 쓰레기 벌금을 물으라고 요구하였다. 그러나 미국은 이를 지불하지 않았다.[52)]

한편 우주에서 인공위성 간 충돌로 인한 우주폐기물 발생 사건으로 2009년 2월 10일 발생한 "미국의 이리듐(Iridium) 33과 러시아의 코스모스(Cosmos) 2251 간 충돌사건" 을 들 수 있는데, 양측의 위성은 모두 파괴되어 10cm 이상의 파편이 약 1,800개 이상 생성되었다.[53)] 이러한 우주폐기물과 관련하여 책임협약 제1조는 우주물체를 "우주물체의 구성 부품과 발사체 및 그 부품"으로 정의하고 있는데, 몇몇 논평가들은 이 정의에 모든 종류의 파편이 포함된다고 주장한 바 있다.[54)] 그러나 이러한 견해는 책임협약 제1조의 객관적인 해석보다는 우주폐기물 문제에 맞서기 위한 선의의 노력에 더 가깝다고 할 수 있다. 일부 우주폐기물은 책임협약에서 '우주물체' 의 정의에 해당하지만, '구성부품' 을 보면 이 정의가 단편적인 파편까지 확장되는 지는 의문이다. 책임협약은 책임문제에 대한 명확한 지침을 제공하고 있지만 '손해' 에 대한 정의는 사람이나 재산과의 연관성을 강조하고 있으므로 이로 인해 보다 광범위한 환경보호를 촉진하려는 책임협약의 능력을 제한하고 있다고 볼 수 있다.[55)] 한편 '충돌'[56)]이라는 용어는 우주법의 맥락에서 특정한 법적 정의를 가지고 있지 않고, 일반적으로 둘 이상의 우주물체가 서로 '격렬하게 충돌'(striking violently)하거나 통제되지 않은 상태로 지구로 귀환하는 것을 말한다.[57)]

---

51) Alexander F. Cohen, Cosmos 954 and the International Law of Satellite Accidents, 10 *Yale Journal of International Law* (1984), 78, 89; Trevor Kehrer, Closing the Liability Loophole: The Liability Convention and the Future of Conflict in Space, 20 *Chicago Journal of International Law* (2019), 185.

52) Caley Albert, Liability in International Law and the Ramifications on Commercial Space Launches and Space Tourism, 36 *Loyola Los Angeles International & Comparative Law Review* (2014), 254-255; Ian O'Neill, Celebrating July 13, Skylab-Esperance Day, DISCOVERY NEWS, July 14, 2009, *available at* http://news.discovery.com/space/celebrating-july-13-skylab-esperance-day.html(last visited on Feb. 7, 2022).

53) 2009년 2월 10일 시베리아 북부 타이 미르 반도 789km 상공에서 거대한 파편구름이 생성되었다. 활동 중인 미국의 상업 통신위성 이리듐 33과 기능이 소멸된 러시아 통신위성 코스모스 2251 간에 충돌이 발생한 것이다. 이리듐 33호는 발사된 지 12년 된 위성으로 전 세계 25만명의 이용자에게 위성통신 서비스를 제공하는 66개의 이리듐 위성 네트워크 중 하나이며, 그리고 코스모스 2251는 오래전에 작동이 정지된 상태였다. 이리듐 33호와 코스모스 2251호의 무게는 각각 500kg과 900kg이었다; 우주탐사 발목 잡는 인공위성 충돌, 그리고 우주쓰레기-[파퓰러사이언스 공동] 예견된 위성 충돌 사고-, The Science Times, 2009.03.11.; 이강빈, 우주활동에 의하여 발생한 손해배상책임에 관한 연구-관련 사례를 중심으로-, 항공우주법학회지 제26권 제1호(2011), 177-213 참조; The Collision of Iridium 33 and Cosmos 2251: The Shape of Things to Come, *available at* https://ntrs.nasa.gov/citations/20100002023(last visited on Aug. 7, 2024).

54) Bess C. M. Reijnen, Pollution of Outer Space and International Law, 32 *Proceedings of the Colloquium on thr Law of Outer Space* (1990), 130, 135.

55) Lawrence D. Roberts, Addressing the Problem of Orbital Space Debris: Combining International Regulatory and Liability Regimes, 15 *Boston College International & Comparative Law Review* (1992), 64.

56) *See* Oxford Dictionaries, *available at* www.oxforddictionaries.com/definition/english/collision(last visited on Aug. 7, 2024).

57) Joel A. Dennerley, State Liability for Space Object Collisions: The Proper Interpretation of 'Fault' for the Purposes of International Space Law, 29 T*he European Journal of International Law* (2018), 286.

그리고 아마도 가장 주목할 만한 우주물체 재진입 사건은 1997년 1월 22일 로켓에서 떨어지는 6인치 우주 파편 조각이 오클라호마 주 털사(Tulsa) 시에서 공원을 산책하던 Lottie Williams이라는 여성의 어깨를 덮쳤을 때 발생했는데, 다행히도 그녀는 다치지는 않았다. 주요 우주폐기물은 오클라호마 주에서 수백마일 떨어진 텍사스 주에서 발견되었다.

4. 맺음말

2022년은 책임협약이 채택된 지 50년이 되는 해이다. 책임협약에서는 손해배상 청구권자는 국가가 되며, 자연인 또는 법인이 책임협약을 원용하여 발사국을 상대로 직접 청구할 수는 없다. 피해를 입은 자연인 또는 법인의 국적국이 피해국으로서 책임협약을 근거로 손해배상을 청구하는 것이다.[58] 책임협약을 비롯한 우주관계조약은 우주 활동에 대한 국가의 책임만을 다루고 있는데, 항공사 또는 항공기 운영자에게 책임을 부과하는 국제항공법 체제와는 전혀 다르다. 따라서 책임협약은 국가 중심(state-oriented)의 조약인 것이다. 발사국은 중대한 기여 과실이 있거나 손상을 일으킬 의도가 있는 경우를 제외하고 지구 표면 및 비행 중인 항공기에 발생한 손상에 대해 절대적인 책임을 지며, 다른 곳에서 발생한 손상에 대한 책임은 과실에 따라 다르게 배상한다. 따라서 책임협약은 '피해자 중심주의' (victim-oriented)를 내세워, 우주 손해피해자에게 충분하고 형평성 있는 배상이 신속히 행하여지도록, 실체 면과 절차 면에서 비교적 상세하게 규정한 협약이다.[59] 또한 우주물체에 의해 생긴 손해에 관한 배상청구와 관련하여, 외교적 보호권 행사의 요건인 국내 구제절차의 완료원칙이 완화된 특징을 보여주고 있다.[60] 이렇게 책임협약은 정부들이 다른 정부들을 상대로 소송을 제기할 수 있도록 허용하지만, 우주물체에 의해 피해를 입은 민간 기업들은 그들을 대신하여 정부가 소송을 제기해 줄 것을 요청하는 것 이외에는 별 방법이 없다. 그리고 민간 기업이 피해를 야기한다면, 국가는 그들의 국경 내에서 발사된 모든 물체로 인한 피해에 관하여, 즉 우주물체가 발사됐든, 국가 또는 민간행위자가 소유했든 상관없이, 책임을 져야 하기 때문에 피해자에게 배상을 해야 한다.[61]

사실 책임협약이 제정된 지 50년이 되면서 "Cosmos 954 사건"을 제외하고는 지금까지 우주 활동으로 인한 사망, 부상 또는 국제법에 따라 인식할 수 있는 상당한 재산 피해는 없었으며, 국제청구도 제기되지 않았다. 따라서 책임협약을 통해서 우주손해에 대한 책임을 규율하는 기준과 절차가 수립되었다는 것은 인류가 만들어낸 위험으로부터 인류를 보호할 수 있다는 데에 그 의의가 있을 것이다. 그러나 책임 자체가 수많은 국내법 및 국제법 체제에

58) 이준, 8.

59) Joseph A. Burke, 257.

60) 박광동, 우주물체에 의해 발생한 손해의 국제적 책임, 외국법제연구, 한국법제연구원 (2008), 89.

61) Luke Punnakanta, Space Torts: Applying Nuisance and Negligence to Orbital Debris, 86 *Southern California Law Review* (2012), 174.

서 사용되는 개념이자 용어이므로, 별도의 맥락에서는 서로 다른 해석과 적용을 가질 수 있다는 사실에서 더 많은 혼란이 발생할 수 있다. 따라서 책임협약은 지금까지 이러한 논쟁으로부터 자유로울 수는 없었다.[62)]

책임협약에 의해 구상된 이러한 책임제도는협약이 다루는 일부 측면과 관련하여 많은 비평가들에 의해 비판을 받고 있지만, 현재의 우주책임체제가 미국과 소련이 중심이 된 국가 중심의 우주 활동 관리를 위해 설계된 모델이기 때문이다.[63)] 특히, 책임협약에서 상정하는 것과 같은 국제공법 체제는 날로 발전하는 우주의 사유화 및 상업화 현상 또는 항공우주 운송에 관한 기술 발전을 다루기에는 부적절하다는 것이다. 최근 민간기업가와 사업자가 활동 주체가 되어 정부기관과 협력하여 우주운영에 대한 지분을 늘려가는 경향이 있다. 따라서 장래에 우주법은 우주법의 기본원리 준수와 민간 경제분야 역할 사이에서 균형을 찾아야 할 것이다. 우주 활동의 확장의 결과로 우주비행사를 비롯한 우주요원의 수가 증가함에 따라, 우주활동에서 인간 활동을 지배하는 법칙이 점점 더 관련성을 갖게 될 것이다.

---

62) Frans G von der Dunk, Passing the Buck to Rogers: International Liability Issues in Private Spaceflight, 86 *Nebraska Law Review* (2007), 401.

63) Dan St. John, The Trouble with Westphalia in Space: The State-Centric Liability Regime, 40 *Denver Journal of International Law & Policy* (2012), 711.

제4절 등록협약[1)]

물체의 법적지위는 그 등록과 밀접하게 관련되어 있다. 우주활동에서 첫 번째로 밝혀져야 할 사항은 우주에 누가 쏘아올린 어떠한 물체가 존재하는가 하는 점이다. 따라서 우주물체 등록은 우주활동에서 그 무엇보다도 매우 중요한 사항이다.[2)] 1967년 우주법의 대헌장(*Magna Carta*)격인 "달과 다른 천체를 포함한 외기권의 탐색과 이용에 있어서의 국가활동을 규율하는 원칙에 관한 조약" (Treaty on Principles Governing the Activities of States in the Exp1oration and Use of Outer Space, including the Moon and Other Celestial Bodies; 우주조약 또는 OST로 약칭)[3)] 제5조에서 조약 당사국은 우주비행사가 조난을 당한 경우 우주선의 등록국(State of registry)에 안전하고도 신속하게 송환되어야 한다고 규정하여 등록국에 관한 언급을 하고 있으며, 제8조에 외기권에 발사된 물체의 등록국은 동 물체가 외기권 또는 천체에 있는 동안, 동 물체 및 동 물체의 사람에 대한 관할권 및 통제권을 보유한다고 규정하고 있다. 이러한 등록은 우주물체의 법적관계를 증명하는 것이고 또한 그 우주물체의 속성을 표시하는 것으로 국제법상 국적(nationality)의 지위와 비교되는 특별한 법적관계이다.[4)] 그러나 이 조항은 의무성을 가진 조항은 아니며, 등록에 관한 정보도 국내등록 뿐만 아니라 유엔등록에 관하여 언급하지 않고 있다.[5)]

1974년 5월 28일에 유엔의 '우주의 평화적 이용위원회' (the Committee on the Peaceful Uses of Outer Space; COPUOS) 산하 법률소위원회(Legal Subcommittee)는 등록에 관한 조약초안을 채택하였는데, 1974년 11월 12일에 결의 3235(XXVX)로 UN총회에서 승인되었다. 마침내 일명 '등록협약' (Registration Convention)이라고 불리는 "외기권 우주에 발사한 물체의 등록에 관한 협약" (Convention on Registration of Objects Launched into Outer Space)이 1975년 1월 14일 체결되어, 1976년 9월 15일에 효력을 발생하였다.[6)]

---

1) 김한택, 등록협약의 우주법상 의의와 미래과제에 관한 연구, *항공우주정책 · 법학회지* 제32권 제2호 (2020.06,), 377-403 참조.

2) C. Wilfred Jenks, *Space Law*, Stevens, London (1965), 221-222.

3) UNGA Resolution 2222 (XXI), 이 협약은 1967년 1월 27일 체결되었고, 1967년 10월 10일 효력을 발생하였다. 610 UNTS 205; TIAS 6347; 18 UST 2410; UKTS 1968. No. 10; Cmnd. 3198; ATS 1967 No. 24; 6 ILM 386 (1967).

4) John Kish, *The Law of International Spaces*, Sijthoff Leiden (1973), 43; E. R. C, van Bogaert, *Aspects of Space Law*, Law and Taxation Publishers (1986), 115.

5) Bin Cheng, *Studies in International Space Law*, Clarendon Press·Oxford (1997), 484.

6) UNGA Resolution 3235(XXIX), 12 November 1974; 1023 UNTS 15; TIAS 8480; 28 UST 695; UKTS 1978 No. 70; Cmnd. 6256; ATS 1986 No. 5; 14 ILM 43 (1975); Sushma Malik, Registration of Space Objects, 9 *Indian Journal of International Law* (1969), 412; C. Dalfen, Towards an International Convention and the Registration of Space Objects: The Gestation Process, 9 *The Canadian Yearbook of International Law* (1971), 252.

유럽우주국(ESA)에 따르면 1957년 소련의 Sputnik 1호 발사로 시작된 우주 시대의 도래 후 2024년 6월 18일 현재까지 로켓 발사 횟수는 약 6,6400회(고장 제외)이며, 로켓 발사로 인해 지구 궤도(Earth orbit)에 배치한 위성의 수는 약 18,400개이며, 아직 우주에 있는 위성의 수는 약 12,540개이며, 여전히 작동하는 위성의 수는 약 10,000개이다.[7)]

한편 위성과 지상 사이의 연결 속도를 최대한 빠르게 하기 위해 고도 약 550km의 지구 저궤도(Low Earth Orbit, LEO)로 발사된 스페이스X에 의해 건설되고 있는 세계 최초의 우주 인터넷망인 '스타링크'(Starlink)에 관하여 하버드-스미스소니언 천체물리학센터(Harvard-Smithsonian Center for Astrophysics)의 천체물리학자 조나단 맥도웰(Jonathan C. McDowell)에 따르면 2019년 5월 스페이스X가 처음으로 우주로 인터넷 서비스 제공을 위한 스타링크 위성 60개를 스페이스X의 팰컨 9(Falcon 9) 로켓에 실려 발사한 위성 수가 2024년 2월 기준으로 5,828기가 되었고, 이 가운데 5,438기가 현재 궤도에서 작동 중이다. 스페이스X는 2027년까지 1만 2천기, 궁극적으로는 4만 2천기의 저궤도 인터넷 군집위성을 발사한다는 계획이다. 2023년 9월 현재 스타링크는 7개 대륙, 60여개국에서 이용할 수 있으며 가입자가 2백만명을 넘어섰다고 밝혔다.[8)] 스페이스X의 스타링크의 위성 무게는 227kg의 소형 군집위성이다. 이러한 스타링크 위성은 천문학자들의 불만이 대상이 되기도 한다. 일출과 일몰 시점이 되면 스타링크 위성의 날개에서 태양 빛이 반짝이기 때문에 육안으로 볼 수 있다. 이로 인해 망원경 이미지에 줄무늬가 생겨 별과 행성의 시야를 가릴 수 있기 때문이다.[9)]

1. 등록협약의 주요내용과 우주법적 의의

우주물체의 등록에 관한 조약의 필요성은 우선 안전(security)의 관점에서 시작되었다. 우주로 발사되는 우주물체의 수는 점점 증가하고 있는데, 장래에 특정의 궤도가 포화상태가 될 수 있다는 가능성, 특히 지구정지궤도(GSO)에 관해서 문제를 발생할 가능성이 크게 존재하였다. 이렇게 우주활동이 점차 증가하면서 우주공간의 일정 지역에서 충돌을 회피하기 위해서는 국가들이 위성을 발사할 때 상호 조정할 의무가 발생한다. 또한 점차 많은 양의 우주폐기물(space debris)이 존재하면서 이것들이 우주물체와 충돌할 위험성이 증가하고 있었다. 그리고 만일 우주비행사가 긴급한 상황에 처한 경우, 우주물체가 미리 식별되고 우주공간에서 그 위치에 대해서 정확하게 알게 되면 구조대가 우주비행사에 대한 원조 및 구조활동을 용이하게 할 수 있다. 다시 말해서 등록협약은 '구조협정'이 실효적으로 운영되는데 많은 도움을 준다. 사실 우주물체의 등록에 관한 조약이 구조협정보다 먼저 제정

7) Space debris by the numbers, *available at* https://www.esa.int/Space_Safety/Space_Debris/Space_debris_by_the_numbers(last visited on Jan, 5, 2024).
8) 우주인터넷 스타링크, 첫 흑자 선언… "작동 위성 과반은 우리 것", 한겨레, 2023.11.06.
9) 스타링크: 일론 머스크가 수천개의 위성을 발사한 이유, BBC NEWS 코리아, 2022.08.01.

되어야 함에도 불구하고, 등록협약은 구조협정 보다 7년이나 뒤에 제정되었다. 우주물체의 등록은 또한 특히 우주물체에 의해 야기되는 위험에 대해서 책임을 져야 할 발사기관을 밝히는데 도움이 되는데, 그러한 점에서 등록협약은 '책임협약' 의 제 규정이 실효적으로 운영되도록 하는데 유용한 조약이다.[10] 등록협약은 책임협약보다 3년이나 뒤에 제정되었다.

국제사회는 이미 COPUOS 임시위원회(*ad hoc* The Committee on the Peaceful Uses of Outer Space)시절에도 우주물체의 수가 증가하기 때문에 그것들의 식별방법을 준비하고 우주공간에서 그 위치를 미리 알 수 있도록 하는 것이 필요하다고 판단하였다. 마침내 유엔총회는 호주, 캐나다, 이태리, 미국에 의해서 제안된 1961년 12월 20일 결의 1721(XVI)[11]를 통하여 우주물체 발사의 공식적 등록을 위한 모든 필요한 조치들을 COPUOS와 유엔사무총장에게 준비하도록 권고하였다.[12] 그러나 유엔총회의 권고는 국가들에게 정보내용의 세부사항에 대해서 언급하지 못했고, 이 문제에 관한 어떠한 의무사항도 제시하지 못했다.[13] 결국 발사국의 보고는 전적으로 자발적인 것이므로 유엔에의 등록도 동 결의에 의해서 언급되지 않았고 따라서 발사국에 의해서 전달되는 정보 역시 일관되지 못했다. 코카(A. A. Cocca) 교수는 COPUOS의 법률소위원회나 작업그룹(Working Group)이 동 결의에 대한 명확한 해석을 내리지 못한 것은 마치 로마법 상 "법이 구별하지 않으면, 해석자도 구별해서는 안된다" (*Ubi Lex Non Distinguit, Nec Nos Distinguere Debemus;* Where the law does not distinguish, neither should we distinguish)는 원칙과 부합한다며 이것의 명확성에 대하여 비난한 바 있다.[14] 우주법상 국제관습법으로 여겨지는 '우주법 선언' (Space Law Declaration)으로 불리는 1963년 유엔결의 1962(XVIII)에 의해서 만들어진 "우주공간의 탐사 및 이용을 위한 국가활동을 규율하는 법원칙선언" (Declaration of Legal Principles Governing the Activities of States in the Exp1oration and Use of Outer Space)도 제7항에서 국가등록의 개념을 인정하였지만 그것에 관한 국가적 의무는 선언하지 않았다.

우주물체의 발사에 관한 의무적 등록에 관한 문제를 어렵게 하는 것은 주로 군사적 목적의 위성발사로부터 발생했다. 최초로 인용된 1961년의 UN결의 1721(XVI)도 군사위성과 평화목적만으로 사용된 우주물체를 구별을 하지 않았다.[15] 우주강대국은 이 문제에 관해서 국제적인 의무절차의 확립에는 소극적이었고 유엔사무국(Secretariat)에 제공된 정보도 완전한 사실을 전달하는 것이 아니었다.[16] 마침내 1974년 5월 28일에 COPUOS 법률소위원회는 조

---

10) Jenks, 219-224; N. Mateesco Matte, The Convention on Registration of Objects Launched into Outer Space, I *Annals of Air and Space Law* (1976), 232; A. A. Cocca, Registration of Space Objects, in I *Manual on Space Law* (eds. N. Jasentuliyana & Roy S. K. Lee), Oceana Publications (1979), 173.

11) 우주의 평화적 이용에 관한 국제협력(International co-operation in the peaceful uses of outer space), A/RES/1721 (XVI)(20 December 1961).

12) General Assembly, *Official Records*, Sixteenth Session, Supplement No. 17 (A/5100), vol. 1, p. 6; Matte, 233.

13) I. H. Ph. Diederiks-Verschoor & V. Kopal, *An Introduction to Space Law*, 3rd revised ed., Wolster Kluwer (2008), 44.

14) A. A. Cocca, 175, 184.

15) I. H. Ph. Diederiks-Verschoor, Registration of Spacecraft, *New Frontiers in Space Law* (eds. Edward McWhinney & Martin A. Bradley) (1969), 125 *et seq.*

약초안을 채택하고, 1974년 11월 12일에 결의 3235(XXVX)에 의해 총회에서 승인된 '등록협약'이 채택되었다.

등록협약은 그 목적을 조약 전문에서 밝히고 있다. 조약은 우주물체의 등록에 관한 의무적 규칙을 설정하는 것을 의도하였으며, 유엔에 의한 중앙등록제(central register)를 확립하고 우주물체의 식별을 가능하게 하려고 노력하였다. 등록협약은 제1조에 '발사국'(launching state)의 개념을 우주물체를 발사하거나, 발사를 구매한 국가(State which launches or procures the launching of a space object)를 의미한다고 정의하고 있다. 이것은 또한 그 국가의 영역 또는 시설로부터 우주물체가 발사되는 국가뿐 아니라 발사를 위해서 시설을 제공하는 국가도 포함하고 있다.[17] 따라서 발사국이라는 용어의 의미는 발사에 대해서 지배적인 역할을 가지는 모든 국가를 포함하고 있다. 이것은 책임협약 제1조에 규정된 발사국의 정의와 같은 맥락으로 볼 수 있다.[18] 발사국의 정의문제는 매우 중요한데, 그 이유는 OST와 책임협약 상 국가활동의 국제책임과 밀접하게 연관되어 있기 때문이다.

등록협약은 제1조에서 '우주물체'(space object)란 "우주물체의 복합 부품과 동 발사 운반체 및 그 부품을 포함한다."라고 규정하고 있는데, 책임협약 제1조에 명시된 우주물체의 정의와 동일하다. 그리고 '등록국'(State of registry)에 관하여는 우주물체 등록을 한 발사국을 의미한다고 규정하고 있는데, 이 정의는 협약이 등록국을 발사국으로 취급하고 있으며, 국가등록에 관한 내용을 담고 있는 제2조에서도 같은 개념을 사용하고 있다. 이 등록국이란 표현은 OST를 포함한 우주관련조약 중에서 오로지 등록협약에서만 사용되고 있다.[19]

등록협약 제2조는 두 개의 정의를 규정하고 있는데, 그 하나는 발사국의 등록 시 의무사항에 관한 것이고 다른 하나는 UN사무총장에게 정보를 제공하는 것이다. 발사국은 '지구궤도 또는 그 이원'(earth orbit or beyond)에 발사된 모든 우주물체를 등록하여야 한다. 등록협약은 발사시도(attempted launching)된 우주물체는 포함하지 않고 지구궤도 또는 그 이원, 또는 달과 다른 천체나 우주공간 멀리 탐사하는 위성을 의미한다. 따라서 우주공간을 잠시 지나는 물체나 대륙간탄도미사일(ICBM)은 포함되지 않는다고 보아야 한다.[20] 또한 등록은 적절한 등록부에 기입(entry)이라는 방법으로 실행된다. 발사국은 그러한 등록부를 보관할 의무를 진다. 또한 발사국은 UN사무총장에게 그와 같은 등록부의 확정을 통보할 것을 의무사항으로 하고 있다(제2조 1항). 본 항은 발사국이 등록국인 것을 명확하게 하고 있지만 등록국에게 3개의 의무사항이 부과되어 있다. 등록국은 등록부를 보관할 의무를 가지며, 발사된 모든 우주물체는 등록되어야 하고 UN사무총장에게 등록부의 확정을 통보하여야 한다. 이러한 의무들은 발사국이 등록절차에 대하여 우월적 권한을 가지고 있음을 보여주고

16) van Bogaert, 116-117.

17) Bin Cheng, Article VI of the 1967 Space Treaty Revisited: "International Responsibility", "National Activities", and "The Appropriate State", 26 *Journal of Space Law* (1998), 21.

18) Frans von der Dunk with Fabio Tronchetti (eds.), *Handbook of Space Law,* Edward Elga Publishing, 2015.

19) Zhao Yun, Revisiting the 1975 Registration Convention: Time for Revision? (이하 Registration Convention으로 약칭), 11 *Australian Journal of International Law* (2004), 109, 117-118.

20) A. A. Cocca, 181.

있다. 실제로 발사를 하는 국가, 발사시설을 제공하는 국가 및 그 영역 또는 시설로부터 발사가 실행되는 국가가 발사국이지만 실제로 자국의 영역에서 발사가 이루어지는 국가가 등록에 관해서 결정적인 주도권을 가지고 있다.[21]

이러한 지위는 동 조의 다른 항에 의해서 강조되고 있는데, 개별의 등록 내용 및 그 보관의 요건은 관련 등록국에 의해서 결정된다. 등록국의 이러한 자유는 그 국가의 주권적 권리에 대한 확인이다. 당해국은 우주물체를 등록하기 위한 전제조건・방식・요건을 그 국가의 국내입법에 따라서 전적으로 자유롭게 결정하도록 위임받고 있다. 이렇게 자유롭게 적용규칙을 달리 정할 수 있는 국가의 주권적 권리는 해양법 및 항공법에 있어서도 볼 수 있는 것이다.[22]

1982년 UN해양법협약(The United Nations Convention on the Law of the Sea)[23] 제91조 1항은 선박의 국적에 관하여 모든 국가는 선박에 대한 자국국적의 부여, 자국영토에서의 선박의 등록 및 자국기를 게양할 권리에 관한 조건을 정할 수 있고, 일정 국기를 게양할 자격이 있는 선박은 그 국가의 국적을 가지며, 그 국가와 선박 간에는 '진정한 관련성' (genuine link)이 있어야 한다고 규정하고 있다. 또한 모든 국가는 그 국기를 게양할 권리를 부여한 선박에 대하여 그러한 취지의 서류를 발급한다고 규정하고 있다(제91조 2항). 한편 1944년 시카고협약으로 불리는 "국제민간항공협약" (The Convention on International Civil Aviation)[24] 제17조에 의하면 항공기의 국적에 관하여 항공기는 등록국의 국적을 보유하며, 항공기는 한 개 이상의 국가에 유효하게 등록할 수 없다. 단, 그 등록은 일국으로부터 타국으로 변경할 수 있으며(제18조), 제19조에 체약국에 있어서 항공기의 등록 또는 등록의 변경은 그 국가의 법률과 규칙에 의하여 시행한다고 규정하여 등록에 관한 국내법을 인정하고 있다.[25] 이와 유사한 권리가 등록협약을 통하여 우주법 분야에서 등록국에게 인정된 것이다.[26] 이와 같이 한 국가의 수송수단이 가지는 관할권을 '준영토관할권' (quasi-territorial jurisdiction)이라고 하는데, 준영토관할권은 국가가 자국의 선박, 항공기, 우주선 등의 수송수단에 대하여 행사하는 관할권으로 수송수단은 소유권, 국적, 등록 또 다른 인정된 관련성을 통하여 관계국가와 특별한 관계에 있어야 하며,[27] 선박이나, 항공기, 우주선이 국내법에 등록된 경우 이들이 바다, 대기 또는 우주에서 활동할 때에는 마치 등록국가가 활동하는 것으로 간주되는 것이다.[28]

---

21) Stephen Gorove, *Studies in Space Law; its Challenges and Prospects*, Leyden/Sijthoff (1977), 13.

22) van Bogaert, 119.

23) 1982년 12월 10일 채택되고, 1994년 12월 10일 발효되었다; 1833 UNTS 397, 21 ILM 1261 (1982).

24) 동 협약은 1944년 12월 7일 채택되고, 1947년 4월 1일 발효되었다; (1994) 15 UNTS 295.

25) Bin Cheng, *The Law of International Air Transport*, Stevens (1962), 129.

26) van Bogaert, 119.

27) Bin Cheng, *Studies in International Space Law*, 73; Bin Cheng, the Extra-terrestrial Application of International Law, 18 *Current Legal Problems* (1965), 135-136; Bin Cheng 교수는 국제법상 국가관할권(state jurisdiction)의 형태를 세 가지로 분류하는데, 위에 언급한 '준영토관할권' (quasi-territorial jurisdiction) 외에 '영토관할권' (territorial jurisdiction)은 국가가 그 영토 내에서 행사하는 권력의 총체를 의미하며 일반적으로 영토주권에서 유래하나 위임통치, 신탁통치 또는 조차지의 경우에는 조약에서 유래한다고 하며, '인적관할권' (personal jurisdiction)은 국가의 국민이나 법인체 또는 기업체가 어느 곳에서나 국적을 소유하고 그 보호를 향유하거나 또는 국가에 충성을 맺고 있는 관계에 있을 때 이에 대하여 국가가 행사할 수 있는 권한을 의미한다고 설명하였다: 김한택, *우주법*, 와이북스 (2016), 31-32.

발사가 둘 이상의 국가에 의해서 이루어진 경우에도 어느 특정 국가가 대표로 지정되어야 한다. 다시 말해서 공동등록(joint registration)을 인정하지 않고 있다.[29] 따라서 관계국들은 어느 국가가 당해우주물체의 등록을 할 것인가를 함께 결정해야 한다.[30] 그러므로 등록협약 제2조 2항에서 이러한 국가들은 우주물체 및 그 승원(personnel)에 대한 관할권 및 통제의 권한에 관해서 적절한 협정을 체결하는 것은 가능하다고 규정하고 있다. 국가들이 자유롭게 협상할 협정의 대상으로는 기술적 혹은 재정적인 의무 및 부담의 분배 및 등록국의 국적을 갖지 않는 승원의 특별한 지위 등에 관한 것들이 있다. 한편 OST 제5조에서 '우주비행사'(astronaut)를 '인류의 사절'(envoy of mankind)로 간주하고 있는 반면 구조협정에서는 보다 넓은 의미를 가진 표현으로서 우주비행사라는 표현보다는 '우주승원'(space personnel)이라고 규정하고 있는데 등록협약도 승원이라는 표현을 사용하고 있는 것은 발전적이다. 사실 우주비행사는 아니지만 우주활동임무를 완수하기 위해서 반드시 필요한 사람이 우주선에 승선하여 우주탐사 및 기타 우주활동의 발전에 실질적으로 도움을 주는 경우가 많은데, 예를 들면 우주에서의 임무를 위한 우주공학자 및 우주과학자가 포함될 수 있기 때문이다.[31]

관계국은 이렇게 특별협정의 규정을 결정하는 것은 가능하지만 등록국가의 권한과 책임은 등록협약에 의해 유지되어야 한다.[32] 등록협약 제2조 3항에 의하면 각 등록의 내용 및 그것이 유지되는 조건은 관련 등록국에 의하여 결정되어야 한다고 규정하고 있다. 따라서 각 국가는 국내법을 통해 국가 등록부에 기록이 시작되는 시점뿐만 아니라 요구 사항, 절차, 면허절차, 제공할 정보의 범위를 결정할 수 있다. 이러한 요구 사항을 결정하는 것은 국가의 재량이지만 국제등록에 필요한 요구 사항과 유사하게 맞추는 것이 바람직하다.

등록협약 제3조 및 제4조는 국제등록에 관한 것인데, 이 조항들은 임의의 정보제공을 의무적인 규칙에 의하여 제공할 것을 의도하고 있다. UN사무총장은 등록국이 등록협약의 규정 제3조 1항에 따라서 제공하는 모든 정보를 기록한 등록부를 유지할 의무를 진다. 유엔사무국이 보관하는 등록부는 국제적이며 공적인 성격을 지닌다. 실제로 등록협약은 이 등록부에 대한 완전하고 개방된 접근이 보장되어야 한다는 내용을 규정하고 있다(제3조 2항). 따라서 정보가 등록이 되면 모든 국가가 이 정보를 접할 수 있으므로 정보를 제공하는 등록국가로 하여금 매우 신중하고, 더 상세한 정보를 제공하지 못하는 결과를 초래하는 측면도 있다.[33]

등록협약 제4조는 정보의 의무적 성격을 규정하고 이 협약에 의해 도입된 가장 중요한 사항이다. 모든 등록국은 등록된 각각의 우주물체에 관해서 실무적인 정보를 UN사무총장에게

---

28) G. Schwarzenberger, *Maual of International Law*, Stevens & Sons Ltd, (1952) 60; Gbenga Oduntan, *Sovereignty and Jurisdiction in the Airspace and Outer Space-Legal Criteria for Spatial Delimitation*, Routledge (2011), 36.

29) Bin Cheng, Studies in International Space Law, 469.

30) A. A. Cocca, 180.

31) Zhao Yun, A Legal Regime for Space Tourism: Creating Legal Certainty in Outer Space 74 *Journal of Air Law and Commerce* (2009), 978.

32) Matte, 237-238.

33) Diederiks-Verschoor & Kopal, 45-46.

가능한 한 신속하게 제공하여야 한다. 그 정보에는 발사국의 국가명, 발사가 행해진 날짜 및 영역, 노들주기 · 궤도경사각 · 원지점 · 근지점 등의 기본적인 궤도요소가 포함될 것을 요구하고 있고, 우주물체의 일반적 기능도 보고되어야 한다(제4조 1항). 또한 제4조 2항에서 각 등록국은 우주물체에 관한 추가의 정보를 제공할 수 있다고 규정하고 있는데, 동 규정은 정보를 수시로 제공하는 것으로부터, 등록국이 이 추가정보를 자유롭게 결정할 수 있다고 규정하고 있다. 결과적으로 개별 국가는 정보의 내용과 제공에 대한 선택의 자유를 가지고 있다. 보고의무와 관련하여 등록협약은 보고국은 발사국이 아닌 등록국을 의미하고 있다는 데에 주목해야 한다.[34)]

이 추가적 임의의 데이터 보고에 의해서 보충되는 첫 번째 의무적 정보제공의 범주와는 별도로 등록협약은 제4조 3항에서 두 번째의 강제규정을 도입하였다. 각 등록국은 지구궤도에 존재하지 않는 우주물체에 대해서도 UN사무총장에게 통보해야 한다. 이 두 번째 범주의 정보도 첫 번째 것에 뒤지지 않게 중요한 의무를 지닌다. 등록협약이 체결된 이유가 우선적으로 안전이지만 특정궤도가 장래에 포화상태가 되고, 우주물체가 충돌할 위험성을 피하기 위해서는 다른 궤도에 관한 전체적인 파악이 필요하기 때문이다. 등록협약의 이 조항들은 국제협력을 촉진하기 위해 UN사무총장에게 우주활동의 성격, 행동, 위치 및 결과를 통보해야 할 의무를 규정하고 있는 OST 제11조를 보완하고 강화하였다고 볼 수 있다.[35)]

접근이 개방된 국제적 등록을 유지할 의무와 그것을 위한 정보제공의 의무는 확실하게 우주법에 있어 중요한 진보적 사항이다. 그러나 이 강제제도에는 약간의 흠결을 가지고 있는데, 우선 정보의 통지시기에 관한 엄밀한 요구가 없다는 것이다. 등록협약 제4조 1항에 따르면 등록하는 데이터에 관한 정보는 UN사무총장에게 '가능한 한 신속하게' (as soon as practicable) 제공해야 한다고 하고, 또한 제4조 3항에 지구궤도에 존재하지 않는 우주물체에 대해서도 UN사무총장에게 '실행 가능한 최대한도에 있어서 그리고 가능한 한 신속하게' (to the greatest extent feasible and as soon as practicable) 통보해야 한다고 규정하고 있다. 이 규정은 UN사무총장에게 통보할 일시를 결정함에 있어 당해 국가에게 무한한 자유를 인정하고 있는 것이다. 그러나 이 기간의 무제한은 협약의 목적을 위태롭게 할 가능성이 있다. 만일 어느 국가가 우주물체를 우주공간에 발사한 후 등록을 하지 않고 다시 그것을 지구로 귀환시켜 해체시켜 버렸다면 등록협약의 존재의미가 없어지게 될 것이기 때문이다.[36)] 유엔의 등록은 안전이라는 목적과 더 나아가 구조 및 배상책임원칙의 신속한 적용을 위해 식별을 확실하게 실현하는 목적과 우주공간에 발사된 우주물체에 대한 최신 정보를 제공하려는 목적이 있는 것이다.[37)] 따라서 등록협약의 개정이나 추가의정서가 만들어 질 때 정보제공에 관해서는 발사시기에 제공해야한다고 규정이 보완되면 좋을 것이고 적어도 한 달 또는 두 달 이내에는 등록이 이루어 져야 한다고 개정되어야 할 것이다. 이 문제가 해결

34) A. A. Cocca, 182.

35) van Bogaert, 121.

36) A. A. Cocca,182.

37) Gorove, 136; S. M. Williams, The Surprise Convention on the Registration of Space Objects, 28 *Zeitschrift für Luft- und Weitraumrecht(German Journal of Air and Space Law)* (1979), 127.

되지 못하면 등록협약은 물론 책임협약까지 그 존재 자체가 위태롭게 될 우려가 있다.[38]

구조협정 제5조는 각 당사국은 관할구역 또는 공해상에서 발견된 우주물체 또는 그 구성부분에 대하여 발사당국 및 UN사무총장에 통보해야한다고 규정하고 있다. 그러나 우주물체에 표시가 되어 있지 않으면 이것은 거의 불가능할 것이다. 따라서 등록협약 제5조는 지구를 선회하는 궤도 또는 지구를 선회하는 궤도 이원에 발사된 우주물체에 표시된 기탁자 혹은 등록번호 또는 그 양자로서 표시되었을 때 마다 그 사실을 등록국은 UN사무총장에게 등록을 위한 정보를 제공할 것과 UN사무총장은 유엔의 등록부에 이 통지를 기록할 것을 규정하고 있다.[39] 따라서 표시를 하지 않은 우주물체를 발사하는 국가는 국제관습법 상 우주법에 부과되는 의무를 따르지 않겠다는 의사를 표시하는 것으로 밖에 볼 수 없다는 결론이 나온다.[40]

등록협약은 제6조에 타국에 손해를 준 우주물체를 식별하는 방법에 관한 규정을 창설하여 우주법 분야에서 유용한 혁신을 제공하였다. 이 규정은 그 기원을 1973년 3월 COPUOS 법률소위원회에 제출한 미국의 제안에서 찾을 수 있다. 제안서를 검토한 후 조약 초안을 준비한 작업그룹(Working Group)은 법률소위원회와 함께 이 조문을 조약 중에서 가장 중요한 것으로 간주하였다. 또한 등록협약 제6조는 어느 체약국이 자국 또는 자국의 자연인 혹은 법인에게 손해를 준 우주물체를 발견하여 등록협약의 규정을 적용함에도 식별할 수 없는 경우에는 당해 당사국은 다른 당사국, 특히 우주물체의 감시 및 추적을 위한 시설을 지닌 당사국에게 원조를 요청할 수 있다고 규정하고 있다. 다른 당사국은 실행가능한 최대한도에서 그러한 요청에 응해야 한다. 우주물체가 위험 또는 해를 미칠 염려가 있을 경우에도 동일한 법칙이 적용된다. 또한 그러한 요청은 UN사무총장을 통해서 할 수 있다. 손해를 입은 국가는 우주물체를 식별하기 위한 원조를 공평하고 합리적인 조건하에서 제공받게 된다. 이러한 요청을 한 국가는 가능한 최대한도로 요청을 한 사건에 관한 시간, 성질 및 상황에 관하여 정보를 제공하여야 하며, 이러한 원조들이 제공되어야 한다는 약정은 관계국간의 합의에 의한다고 규정하고 있다. '공평하고 합리적인 조건' (equitable and reasonable conditions)이라는 문구로 인해 등록협약은 손해발생의 경우에 도움이 되지 않는 것들을 피하고 있다. 원조가 공여될 환경 · 형식, 조건에 대해서 관계국들은 합의할 수 있다. 등록협약은 이 조항을 통해 근본적으로 국제법상 '형평의 원칙' (principle of equity)을 적용하고 있다고 볼 수 있다.[41]

등록협약은 제7조에 우주활동을 하고 있는 정부간 국제기구(international intergovernmental organizations)에도 이 협약이 정하는 권리 및 의무를 수용할 것을 선언하고 그 당사국의 과반수가 본 조약 및 OST의 당사국인 경우에 적용되고 (제7조 1항), 국제기구가 그와 같은 선언을 수락하는 것을 확보하기 위하여 당사국들은 모든 조치를 취할 의무를 진다고 규정하고 있다(제7조 2항). 이것은 정부간 국제기구에도 국가들과 마찬가지로 준당사국

38) A. A. Cocca, 182.
39) van Bogaert, 122.
40) A. A. Cocca, 188
41) van Bogaert, 122-123.

(quasi-parties)의 지위를 부여한 것인데,[42] 예를 들면 정부간 국제기구의 경우 회원국을 대표하여 어느 한 국가가 대표를 맡게 된다. 유럽우주국(ESA)의 경우 프랑스가, 인터코스모스(Intercosmos)의 경우 소련이 담당하였다.[43] 등록협약의 규정을 정부간 국제기구에 적용하기 위한 조건을 제시한 등록협약 제7조의 내용과 유사한 규정은 이미 우주관련조약들에서도 규정화되었는데, 구조협정(제6조), 책임협약(제22조), 달협정(제16조)에서도 찾아 볼 수 있다.[44] 지금까지 1983년에 유럽우주기구(ESA), 1998년에 유럽기상위성센터(EUMETSAT) 및 유럽통신위성기구(EUTELSAT), 2014년에 인터스푸트니크(Intersputnik) 등 4개의 정부간 국제기구가가 등록협약에 가입하였다.[45] 이러한 정부간 국제기구는 내부등록의 의무를 지며 발사하는 우주물체에 관한 내용을 유엔회원국의 평화와 안보를 담당하는 핵심기관인 유엔안전보장이사회에 투명하게 밝혀야 한다.

또 다른 문제는 정부간 국제기구에 의해 또는 이를 대신해서 발사된 우주물체에 대한 통제 및 관할권에 관련해서 발생할 수 있다. 우주물체가 정부간 국제기구를 위해서 발사된 경우 한 국가에 의해서 발사되었다고 해도 그것에 대해서 관리하는 것은 정부간 국제기구라고 생각하게 된다. 그러나 일반적으로 정부간 국제기구가 입법권과 관할권의 권한을 가질 수 없다. 특히 형사문제가 결부된 사건이 다루어진다면 더욱 그러할 것이다.[46] 이렇게 등록협약의 이러한 접근은 관할권과 통제권은 오직 등록국에 의해서만 가능하기 때문에 다른 발사국들은 이러한 권리를 유지하기 위하여 적절한 조약을 체결해야 한다. 따라서 국제책임은 모든 발사국가에서 부가되지만 관할권과 통제는 단지 등록국가에게만 부가된다고 할 수 있다.[47]

OST나 구조협정, 책임협약이 조약의 비준서 및 가입서를 미국, 영국, 소련 정부에게 기탁하는 규정을 둔 반면, 등록협약 제8조는 UN사무총장에게 기탁되어야 한다고 규정하고 있는데, 이것은 아르헨티나의 제안이 받아들여진 것이고, 전례로 1973년 "외교관 등 국제적 보호인물에 대한 범죄의 방지 및 처벌에 관한 협약" (Convention on the Prevention and Punishment of Crimes Against Internationally Protected Persons, Including Diplomatic Agents)[48]을 들 수 있다. 또한 등록협약은 우주관련 조약상 최초로 아랍어로 작성된 원본을 지닌 조약이다.[49]

---

42) Bin Cheng, Studies in International Space Law, 469.

43) Zhukov & Kosolov, 89.

44) A. A. Cocca, 187.

45) A/AC.105/C.2/2019/CRP.3*
(https://www.unoosa.org/oosa/oosadoc/data/documents/2019/aac.105c.22019crp/aac.105c.22019crp.3_0.html).

46) A. A. Cocca, 187.

47) Zhao Yun, Registration Convention, 110-111.

48) 1973년 12월 14일 채택되고 1977년 2월 20일 효력을 발생하였다; 1035 UNTS 167; 13 ILM 41, (1974).

49) Matte, 240-241.

2. 등록협약의 미래과제

등록협약 제10조에 따르면 협약의 개정문제는 협약발효 후 10년이 경과하였을 시, 협약의 과거 적용에 비추어 개정을 요하느냐를 고려하기 위하여 협약 심사 문제가 유엔총회의 잠정 의제에 포함되어야 하고, 협약이 발효된 후 5년이 경과한 후에는 언제라도 협약 당사국 3분의 1의 요구에 의하여, 그리고 당사국의 과반수의 합의에 의하여 본 협약을 심사하기 위한 당사국 회의를 개최할 수 있다고 하면서 그러한 심사에는 우주물체의 정체 확인에 관련된 것을 포함하여 어떠한 관련 기술적 발달도 특히 고려해야 한다고 규정하고 있다. 등록협약의 이행이 10년이 지난 1986년 UN총회는 그러한 필요가 없다고 결정한 바 있다.[50)]

등록협약이 국제우주법상 등록이라는 세부주제로 성공한 조약으로 제정된 지 거의 50년 동안 별 문제 없이 존재해 왔기 때문에 그것의 적용가능성은 문제가 없는 것 같이 보인다. 그러나 전술한 바와 같이 우선적으로 등록조건의 불분명함과 미흡한 통제관리가 단점으로 지적된다. 또한 OST를 비롯한 다른 우주관련조약들과 마찬가지로 등록협약도 '우주물체'의 정의를 명확하게 규정하지 못하였다.[51)] 사실 우주에 발사된 우주선 또는 위성이 우주물체인가에 대한 합의는 없다.[52)] 등록협약 제4조 3항은 각 등록국은 이전에 정보를 전달하였으나 지구 궤도상에 존재하지 않는 관련 우주물체에 대해서도 가능한 한 최대한도로, 또한 "실행 가능한 최대한도에 있어서 그리고 가능한 한 신속하게" UN사무총장에게 통보하여야 한다고 규정하고 있는데, 그 시기는 반드시 명시되어야 한다. 이러한 문제는 우주폐기물(space debris)의 경우 더욱 복잡하게 발생한다.[53)] 최초 발사국가는 원래 작동 중인 우주물체(functional objects)만을 관리하고 비 작동 우주물체(non-functional objects) 또는 그로인한 우주폐기물에 의한 손해에 대해서 까지 계속해서 책임을 지는가 하는 문제가 발생한다.[54)] 등록협약은 이 문제에 대하여 침묵하고 있다. 이 우주폐기물의 식별이 가능하면 별 문제가 없지만, 식별이 불가능한 경우 문제가 복잡해진다. 따라서 일단 우주물체가 작동을 멈추면, 최초 발사국가는 장래의 피해를 막기 위한 조치를 취해야 한다.[55)] 최초 발사국

---

50) Michel Bourely, Is it Necessary to Re-Negotiate the Convention on Registration?, 30 *Proceedings of the Colloquium of the Law of Outer Space* (1988), 231.

51) Stephen Gorove, Definitional Issues Pertaining to 'Space Object', 37 *Proceedings of the Colloquium of the Law of Outer Space* (1994), 88; and Bin Cheng, 'Space Objects', 'Astronauts' and Related Expressions, 34 *Proceedings of the Colloquium of the Law of Outer Space* (1991), 17.

52) Vladimir Kopal, Some Remarks on Issues Relating to Legal Definitions of 'Space Object', 'Space Debris' and 'Astronaut', *American Institute of Aeronautics and Astronautics* (1994), 1; Karl-Heinz Bockstiegel, The Terms 'Appropriate State' and 'Launching State' in the Space Treaties: Indications of State Responsibility and Liability for State and Private Space Activities", 35 *Proceedings of the Colloquium of the Law of Outer Space* (1992), 15.

53) C. D. Williams, Space: The Cluttered Frontier, 60 *Journal of Air Law and Commerce* (1995), 1148; A. A. Cocca, 180; 우주폐기물에 관하여 김한택, 국제법상 우주폐기물감축 연성법의 역할에 관한 연구, *항공우주정책ㆍ법학회지* (제30권 2호, 2015), 469-497 참조.

54) A. A. Cocca, *op. cit.*, p. 180; B. A. Luxenberg, "Registration on space Objects" in World Wide Space Activities Report prepared by the Sub-Committee on Space Applications of the Committee on Science and Technology-U.S. House of Representatives, 95th Congress, 1st sess. (Sept. 1977), 528.

은 피해를 완화하기 위해 더 많은 지식과 필요한 기술을 가지고 있어야 한다. 이렇게 지속적으로 최초 발사국가에게 책임을 지게 하는 것은 국가들이 위성발사를 할 때 더욱 신중한 결정을 하도록 하려는 것이다.[56]

등록협약의 지속적인 적용에도 불구하고 더 많은 우주활동이 진행되면서 우주활동의 상업화 및 민영화로 인해 우주물체의 등록문제가 자주 발생할 가능성이 있다. 그러므로 지금이야말로 우주활동의 발전을 고려할 때 등록협약에 대한 진지한 검토를 할 때이기도 하다.[57] 특히 '발사국' 에 대한 등록협약 제1조의 현재 정의는 우주활동의 상업화와 민영화로 인해 발생할지 모르는 새로운 문제에 대처하지 못할 것이라는 비판이 제기된다. 2002년 COPUOS의 법률소위원회의 작업그룹에서도 이 문제에 관하여 정부간 논의의 필요성이 제기된 바 있다.[58] 특히 위성발사국이 다른 국가에게 위성을 판매할 경우 등록협약 상 문제가 발생할 수 있다. 위성을 구입한 국가는 발사국가가 아니기 때문에 어떠한 책임도 지지 않을 수 있는데, 그 이유는 책임협약에 따르면 오로지 발사국만이 책임을 부담하기 때문이다. 따라서 관련국가들은 '새로운 국가' (new State)가 양도를 받은 후 발생한 손해에 대하여 원래의 발사국에게 배상하도록 하는 양자 또는 다자협정을 불편하게 체결해야 한다. 따라서 등록협약의 추가의정서나 등록협약의 개정 시에는 발사국의 범위를 새로운 국가까지 포함시켜야 할 것이다.[59] 한편 항공법의 경우 1944년 시카고협약은 제82조에 체약국은 시카고협약이 본 협약의 조항과 양립하지 아니하는 상호간의 모든 의무와 양해를 폐지한다는 것을 승인하고 또한 이러한 의무와 양해를 성립시키지 아니할 것을 약속하는 것을 조건으로 제83조에 본 협약의 규정과 양립하는 협정을 체결할 수 있다고 규정하고 있고, 그 협정은 곧바로 이사회에 등록하게 되고 이사회는 가급적 속히 이를 공표하도록 하고 있다. 또한 1980년 동 협약에 제83조 2(Art. 83 bis)를 신설하여 항공기의 임차대절 또는 상호교환이나 기타 유사한 조처에 항공기의 등록국으로부터 사용국으로의 일정한 권한 및 의무의 이전에 관한 규정을 제정하여 임차항공기의 안전관리를 위한 국제법적 근거를 마련하고 있는데, 이 점을 우주법 학자들은 주목해야 할 것이다.[60] 한편 UN총회는 "발사국 개념의 적용" (Application of the concept of the 'launching State')에 관한 2004년 12월 10일 결의 59/115를 통하여 우주활동의 하는 국가들은 OST를 비롯한 책임협약과 등록협약 상 국제의무를 수행할 것을 촉구한 바 있다. 또한 동 결의에서 COPUOS로 하여금 회원국이

---

55) *See* R. C. Bird, Procedural Challenges to Environmental Regulation of Space Debris, 40 *American Business Law Journal* (2003), 644.

56) Zhao Yun, Registration Convention, 116; *See* Bin Cheng, The Commercial Development of Space: The Need for New Treaties, 19 *Journal of Space Law* (1991), 30; 김한택, 21세기 국제우주법의 과제, *항공우주법학회지* (제18호, 2003), 203-204 참조.

57) Zhao Yun, Registration Convention, 107.

58) Kai-Uwe Schrogl and C. Davies, A New Look at the 'Launching State': The Results of the UNCOPUOS Legal Subcommittee Working Group-Review of the Concept of the 'Launching State' 2000-2002, 44 *Proceedings of the Colloquium of the Law of Outer Space* (2002), 286-301 참조.

59) Zhao Yun, Registration Convention, 110-111, 118.

60) Bin Cheng, Studies in International Space Law, 482.

우주물체의 궤도상 소유권 이전(on-orbit transfer of ownership)에 관한 정보를 자발적으로 보고할 것을 촉구한 바 있다.[61]

최근 준궤도(sub-orbital)를 여행하는 우주비행체를 이용하는 상업시장이 지구에서 38만km 떨어진 달이나 약 400km 상공에서 돌고 있는 국제우주정거장을 다녀오는 기존의 우주관광 시장보다 궤도 접근이 용이하고 가격 수준이 상대적으로 낮기 때문에 점차 인기를 끌고 있다.[62] 영국 우주국(United Kingdom Space Agency; UKSA)도 콘월주와 스코틀랜드 하일랜드 지역에 건설될 우주공항(spaceport)을 이용한 준궤도 우주비행을 위한 법을 마련하였다.[63] 중국도 2028년 준궤도 우주여행 서비스를 선보이기로 하고 전용 우주선을 개발 중에 있다. 이 비행체는 로켓엔진에 의해 구동되고 수직으로 발사되지만 착륙은 수평 활주로에서 이뤄지는 재활용이 가능한 것이다.[64] 준궤도는 지구 대기권과 우주의 경계로도 여겨지는 상공 100km 상의 궤도인데, 몇몇 국가들이 이 경계선을 법으로 정하고 있지만, 국제법상 우주의 경계획정이 아직 합의 된 바는 없다. 사실 준궤도는 엄격하게 말하면 지리적·영역적 기준(geographical/spatial criterion)으로 정해진 것이 아니라, 지구 주변의 궤도 이르지 못한 기술적·활동적 기준(technical/operational criterion)에 의한 것이라는 데에 문제가 있다. 이렇게 준궤도 비행체의 준궤도 체류기간이 매우 짧은 점을 고려할 때 준궤도 우주비행체도 등록협약 상 등록해야 하는 우주물체인가 하는 문제가 발생한다. 그 이유는 등록협약 제2조 1항에서 "우주물체가 지구궤도 또는 그 이원에 발사되었을 때" (When a space object is launched into earth orbit or beyond)라고 규정하고 있기 때문이다.[65] 사실 현재 준궤도여행을 다루는 항공법과 우주법은 존재하지 않는다.[66]

3. 맺음말

OST가 15개 조문, 책임협약이 28개 조문, 달협정이 21개 조문을 지닌 것에 비하면 등록협약은 12개의 조문에 불과한 조약인데, 조문수가 가장 적은 10개 조문의 구조협정보다는 2개 많다. 2024년 7월 현재 OST가 115개 당사국과 22개 서명국, 구조협정은 98개 당사국과 23개 서명국, 책임협약은 98개 당사국과 19개 서명국, 달협정은 17개 당사국과 11개 서명국을 가지고 있는 반면 등록협약은 72개 당사국과 3개 서명국을 가지고 있으므로 당사

61) United Nations A/RES/59/115(25 January 2005).
62) 준궤도여행에 관하여 본서 제5장 우주의 상업적 이용, 제2절 우주운송과 우주여행, 2. 우주여행 참조.
63) 美 이어 英도 상업 우주여행 도전…'준궤도 여행' 허용법 추진-콘월 등에 유럽 첫 우주항 건설 계획도 진행 중, 매일경제, 2019.07.01: '맛보기' 준궤도 우주여행 뜬다, *중앙일보*, 2007.02.08.
64) 중국도 우주여행 준비 박차…"2028년 준궤도여행 서비스", *매일경제*, 2018.06.20.
65) von der Dunk with Tronchetti (eds.), 95-97.
66) Tanja Masson Zwaan, Current Issues & Prospects of International Space Law, 25 *The Korean Journal of Air and Space Law* (2010), 250.

국 수가 우주관련조약 중 4위를 차지한다. 등록협약은 달협정에 비하면 미국과 러시아 등 우주개발국이 참여한 조약으로서 구속력을 많이 가지고 있다고 할 수 있다. 또한 OST가 우주에 관한 근본문제를 포괄적으로 다루었고, 달협정도 OST와 비슷한 문제를 다루었다면 등록협약은 구조협정과 책임협약과 마찬가지로 매우 특별한 주제를 하나의 조약으로 성공시킨 법문서이다.[67] 그러나 등록협약은 국가들의 우주물체 의무등록을 위해 만든 조약이지만 실제적으로는 자발적인 등록에 기초하였기 때문에 기존의 관행에서 벗어나지 못한 조약이기도 하다.[68]

이렇게 등록협약은 전문의 정신이 협약 실체법에서는 잘 반영되지 못한 면도 있으나 한편 공개등록제를 설정하고 유지시킴으로써 대량살상무기를 비밀리에 우주궤도에 배치할 위험성과 미확인 우주물체의 존재 가능성을 감소시켰다고 할 수 있고, 장래 빈번해지는 우주물체에 관한 우주교통관리(space traffic management, STM)에도 도움을 준 조약이다. 네덜란드의 Diederiks-Verschoor 교수는 등록협약의 기능에 관하여 첫째, 잘 정리 된 완전한 정보등록은 우주궤도에 대량살상 무기 배치의 가능성과 의심을 최소화했고, 둘째 국제등록제도 없이는 피해를 준 우주물체를 식별하기 불가능하다는 것을 알게 해주는 것이라고 언급한 바 있다.[69] 등록협약은 OST 제5조, 제8조 및 제11조를 좀 더 상세하게 실행하기 위하여 제정된 조약이다. 그러한 면에서 OST가 일반법이라면 등록협약은 특별법의 지위에 있다고 할 수 있다. 만약 두 법이 충돌할 때에는 "특별법이 일반법에 우선한다"(*Lex specialis derogat legi generali*)는 원칙이 적용될 것이다.[70]

현재 우주물체의 등록에 관하여 두 가지 법제도가 존재하는데, 등록협약에 가입하지 않은 국가들은 UN총회의 1961년 결의 1721(ⅩⅤⅠ)를 따라야 할 것이고,[71] OST의 당사국은 OST 제8조에, 등록협약의 당사국은 등록협약의 지배를 받을 것이다. 전자의 경우 연성법(soft law)이, 후자의 경우 경성법(hard law)가 적용되는 것이다. UN결의 1721 (XVI)은 그 자체로는 구속력은 없지만 지구궤도 또는 그 이상으로 우주물체를 발사하는 국가로 하여금 등록을 위한 발사에 관한 정보를 유엔에 신속하게 제공하도록 요구하는 관습국제법의 규범으로 발전했다고 할 수 있다. 그러나 두 법 체제 모두 제공되는 정보의 성격과 범위에 관하여 통보국가의 재량에 맡기고 있는 한계가 있다.

이밖에 등록협약의 개정이나, 추가의정서 제정 시 고려되어야 할 사항들로 '우주물체'의 정의문제, 우주물체를 구매한 새로운 국가의 발사국 포함문제, 우주물체가 정지되어 발생한 우주폐기물의 경우에 그 책임소재문제, 우주활동의 상업화와 민영화로 인한 새로운 문제에 대처하는 상황과 준궤도를 여행하는 우주비행체를 이용하는 상업시장에서 그러한

67) Frans von der Dunk, The Registration Convention: Background and Historical Context, 46 *Proceedings of the Colloquium of the Law of Outer Space* (2003), 450.

68) A. S. Piradov (ed.), *International Space Law* (translated from the Russian Boris Bilitsky Russian Text 1976 edition), University Press of the Pacific (2000), 154.

69) Diederiks-Verschoor & Kopal, 44.

70) Zhao Yun, 114-115.

71) Zhukov & Kosolov, 91.

우주비행체도 등록을 해야만 하는 우주물체인가 하는 문제들이 검토되어야 할 것이다. 한편 등록협약의 개정보다는 일반국제법에 따라 적극적으로 조약을 해석하거나 등록협약의 미비한 점을 국내법을 제정하여 보완하자는 학자들의 의견도 제시되고 있으나,[72] 등록협약이 개정에 관한 규정을 명백하게 제시하고 있으므로 개정 또는 추가의정서의 제정 방법이 옳다고 생각한다.

72) Kay-Uwe HÖrl and Julian Hermida, Change of Ownership, Change of Registry? Which Objects to Register, What Data to be Furnished, When, and Until When? in *Space Law* (eds., by Frans Lyall and Paul B. Larsen Ashgate) (2007), 261-272.

제5절 달협정과 인류공동유산원칙(CHM)[1]

1967년 6월 아르헨티나의 대사인 코카(Aldo Armando Cocca)가 "우주의 평화적 이용 위원회" (Committee on the Peaceful Uses of Outer Space; COPUOS)의 법률소위원회(Legal Subcommittee)에서 '인류공동의 유산' (Common Heritage of Mankind)의 의미인 *res communis humanitatis*라는 개념을 소개한 바 있는데[2] 1967년 11월 1일 몰타(Malta)의 UN 대사 파르도(Arvid Pardo, 1914-1999)가 제22차 UN총회에서 인류공동유산개념을 심해저에 적용시킬 것을 주장하였다.[3] 심해저를 기존의 상태로 방치할 경우 기술이 앞선 선진국들이 그 자원[4]을 채취하는 데 있어서 독점하게 될 우려가 강력하게 피력되어 결국 제3세계를 비롯한 많은 국가들의 지지속에 마침내 1970년 12월 UN총회는 '심해저를 규율하는 원칙선언' [5]을 채택하고 심해저가 '인류공동의 유산' 이라고 천명하였다. 이 원칙은 마침내 1982년 "UN해양법협약" (United Nations Convention on the Law of the Sea)이 탄생될 때 중요한 원칙으로 작용되어 현재 심해저 자원개발에 적용되고 있다. 그러나 이 협약보다 3년 먼저 탄생한 1979년 "달협정" (또는 달조약, "달과 다른 천체에 관한 국가활동을 규제하는 협정", Agreement Governing the Activities of States on the Moon and Other Celestial Bodies)은 1982년 UN해양법협약과 같은 시기에 교섭되고 유사한 용어들을 사용하면서 제정되었지만[6] 현재 당사자수가 소수에 그치어 그 효력이 약하다. 달협정은 COPUOS를 통해 제정된 5개의 우주관련조약 중 가장 합의를 이루어 내지 못한 조약인데,[7] 협정체결 후 5년이 되어서 칠레, 필리핀, 우루과이, 네덜란드에 이어서 다섯 번째 비준국인 오스트리아가 UN사무총장에게 비준서를 기탁함으로써 1984년 7월 11일에 효력을 발생하였으나, 2024년

1) 김한택, 달조약의 의미와 전망에 관한 연구, *항공우주법학회지* 제21권 1호 (2006), 215-236 참조.

2) UN Doc. A/AC.105/C.2/SR.75. of 13 Nov. 1967 참조.

3) UN GA/Res./234.(XXII), 18 Dec. 1967 참조.

4) 심해저의 많은 부분은 '망간노듈' (manganese nodule)로 덮여있다. 이 물체는 직경 4센티미터 정도로 50% 가량의 망간을 함유하고 있을 뿐만 아니라 구리, 니켈, 코발트와 기타 금속들을 역시 함유하고 있다. 태평양에만 약 1조 5000만톤 가량의 망간 노듈이 흩어져 있으며, 장소에 따라 다르지만 많은 경우 1평방마일 내에 약 10만톤 정도까지 밀집되어 있다고 추산된다. 이는 인류가 최소한 2백년에서 1만 2천년간 사용할 수 있는 양으로 추정된다(동아일보 1989년 12월 21일자 참조).

5) UN GA/Res./2749(XXII), Dec. 17 1970; 원 명칭은 "국가관할권 밖의 해저 및 해상(海床)과 그 지하를 규율하는 원칙선언" (Declaration of Principles Governing the Sea-Bed and the Ocean Floor, and the Subsoil Thereof, beyond the Limits of National Jurisdiction)이다.

6) Nandasiri Jasentuliyana, *International Space Law and The United Nations* (이하 *International Space Law*), Kluwer Law International (1999), 233.

7) Stephen E. Doyle, Using Extraterrestrial Resources Under the Moon Agreement of 1979, 26 *Journal of Space Law* (이하 *JSL*) (1998), 117.

6월 현재 달협정의 비준국은 17개국밖에 안 되는 소수(아르메니아. 호주, 오스트리아, 벨지움, 칠레, 카자흐스탄, 쿠웨이트, 레바논, 멕시코, 모로코, 네덜란드, 파키스탄, 페루, 필리핀, 터키, 우루과이, 베네수엘라)이며, 프랑스, 과테말라, 인도, 루마니아가 서명국인데 우주개발국 중 프랑스와 인도가 서명국이고, 가입국 대부분이 호주와 네덜란드를 제외하면 비 우주개발국이라고 할 수 있다. 따라서 미국과 러시아, 중국을 비롯한 선진우주개발국들이 가입하지 않았고, 한국, 일본도 아직 가입하지 않고 있다. 1967년 우주조약이 2024년 7월 현재 회원국 수가 115개국이며 서명국이 22개국인 점을 고려할 때 달협정은 그 영향력이 아직 미약한 조약임이 분명하다.

1. 달협정의 국제법상 의미

1969년 처음으로 달의 토양이 채취되어 지구에 소개되었을 때 우주자원의 장래 사용문제가 첨예하게 부각되었는데 1970년 7월 3일 아르헨티나 대표가 COPUOS에 "달과 다른 천체의 천연자원을 사용함에 있어서 국가활동을 규제하는 협정안"(Draft Agreement on the Principles Governing Activities on the Use of Natural Resources of the Moon and Other Celestial Bodies)을 제출하였다.[8] 동 협정안은 전문에서 달의 천연자원이 이미 사용되기 시작하였으며 1967년 우주조약은 이와 같은 활동을 규제할 구체적 규정이 없으므로 동 조약을 보충할 필요성이 있다고 강조하였다. 동 협정안 제1조는 "달과 다른 천체의 천연자원은 모든 인류의 공동유산이다."라고 선언하고 그와 같은 천연자원의 사용으로부터 파생되는 이익은 좀 더 나은 생활수준과 경제 및 사회발전을 증진시키기 위하여 모두에게 향유되어야 한다고 명시하고 있다.[9] 그 후 몇 년 동안의 교섭 끝에 1979년 12월 18일 전문과 21개 조항으로 이루어진 "달협정"(이하 MA)이 반대 없이 컨센서스(consensus) 방식으로 당시 152개국이었던 UN회원국들에 의해서 채택되었다.

MA는 태양계 내에서 지구를 제외하고 달과 다른 천체와 그것들의 천연자원을 "인류공동유산"(Common Heritage of Mankind)이라고 천명한 것이며, 이는 국제법 사상 최초로 새로운 국제영역인 인류공동유산영역이라는 개념을 소개한 조약이라는데 큰 의의가 있을 것이다.[10] 여기서 다른 천체란 태양계에 국한되는가 아니면 은하계 등도 포함되는가 하는 문제가 논란의 대상이 되었으나 현재의 과학수준을 고려하여 태양계만으로 국한하자는 스웨덴

8) Committee on the Peaceful Uses of Outer Space, Legal Sub-Committee, 9th Session, UN Doc. A/AC 105/C. 2/L. 71 and Corr.1(1970).

9) Nicolas Mateesco Matte, The Common Heritage of Mankind and Outer Space; Toward a New International Order for Survival, 12 *Annals of Air and Space Law* (이하 *AASL*) (1987), 328,

10) Bin Cheng, Outer Space: Legal Framework The International Legal Status of Outer Space, Space Objects and Spacemen, 10 *Thesaurus Acrosium* (1981) 81.

의 주장이 관철되어 태양계의 천체를 의미하게 되었다.[11] MA 제1조 1항은 "이 협정의 달에 관한 규정은 지구를 제외한 태양계내의 기타 천체에도 적용된다. 단 지구를 제외한 태양계내의 기타 천체 어느 것에 대하여 특별법규범이 효력을 발생하는 경우에는 그러하지 않다." 고 규정하고 있다. MA가 태양계내의 지구를 제외한 달과 천체에 적용된다면 1967년 우주조약은 태양계내의 지구를 제외한 달과 천체는 물론 '태양계 밖의' (outside the solar system) 천체까지 적용된다고 할 수 있다.[12] MA의 중요한 내용으로 다음의 몇 가지 사항을 고려할 수 있다.

우선, MA 제3조에 우주의 평화적 사용원칙을 명시하고 있다. MA 제3조 1항은 달과 다른 천체는 당사국에 의해서 오직 평화적 목적을 위해서 사용되어야 한다는 규정을 둠으로써 1967년 우주조약 제4조를 재확인하고 있는데, MA 제2조에서는 달에서의 모든 활동은 국제법, 특히 UN헌장과 함께 1970년 10월 24일 UN총회에서 채택된 "우호관계선언"[13], 국제평화와 안전, 모든 당사국의 이익을 고려하여 평화적인 목적으로만 행해져야 한다고 명시하고 있다. 또한 MA 제3조는 이를 위하여 당사국은 달 주위의 궤도나 달에 이르는 기타의 궤도 또는 달 주위에 핵무기나 기타의 대량파괴무기를 탑재한 물체를 배치하거나 사용할 수 없다고 규정하고 있다. 따라서 MA는 우주조약과 함께 우주에서의 전면적인 비군사화 내지는 모든 군사활동의 금지의 효과를 가지고 있다.[14] 그러나 재래무기의 배치는 허용될 수 있다는 입장을 취하는 학자도 있는데,[15] 사실 미국 정부는 평화적이라는 의미를 '비군사적'(non-military)이라기보다 '비공격적'(non-aggressive)이라는 의미로 해석하고 있다.[16]

그리고 MA 제3조에서 우주조약에서 볼 수 없는 표현인 달에서 무력의 사용과 위협은 물론 '다른 적대행위나 적대행위의 위협'(any other hostile act or threat of hostile act)을 금지하고 있는데 이 표현은 1977년 "환경수정기술에 관한 제네바 협약" (원 명칭은 "환경변경기술의 군사적 또는 다른 적대적 이용에 관한 금지 협약", Convention on the Prohibition of Military or any Other Hostile Use of Environmental Modification Techniques)[17]에 나오는 '그와 같은 기술의 군사적 사용이나 어떠한 적대적 이용' (military or any hostile use of such techniques)이라는 표현과 유사하다.[18] 또한 비차별적인 과학적 조사의 자유를 들 수 있는데 MA 제4조 1항에 "달의 개발과 이용은 모든 인류의 영역이 되어야 하고

---

11) UN Doc. A/AC. 105/196.

12) H. A. Wassenbergh, Speculations on the Law Governing Space Resources, 5 *AASL* (1980), 617.

13) 원 명칭은 "UN헌장에 따른 국가 간의 우호관계와 협력에 관한 국제법원칙에 관한 선언" (Declaration on Principles of International Law concerning Friendly Relations and Cooperation among States in Accordance with the Charter of the United Nations)이다.

14) Bin Cheng, Moon Treaty: Agreement Governing the Activities of States on the Moon and Other Celestial Bodies within the Solar System Other than Earth, December 18, 1979, 33 *Current Legal Problems* (이하 *CLP*) (1980), 222.

15) John H. Works, Jr., The Moon Treaty, 9 Denver Journal of International Law and Policy (1980), 283.

16) 달조약 채택 후 우주위원회(Outer Space Committee)의 미국 측 대표인 Hosenball도 이점을 분명히 하고 있다; A/AC. 105/PV.203, 22(July 3, 1979) 참조.

17) 16 *International Legal Materials* (1977), 88; 1986년 12월 2일 한국에 대하여 발효.

18) Bin Cheng, *Studies in International Space Law*, Clarendon Press · Oxford (1997), 413.

또한 이것은 모든 국가의 이익을 위하여 그들의 경제적 또는 과학적 발전의 정도에 관계없이 수행되어야 한다." 고 하여 달과 그 천연자원이 그것을 개발할 수 있는 수단을 지닌 국가만이 아니고 모든 인민들의 개선을 위하여 사용되어야 함을 내포하고 있다.[19] MA 제5조 1항은 우주조약과 마찬가지로 당사국은 달의 탐사 및 이용에 관련된 자국의 활동에 대하여 실행가능한 최대한도까지 UN사무총장과 공중(公衆) 및 국제과학계에 통지해야 하고, 일시, 목적, 위치, 궤도조건 및 존속기간에 대한 정보는 발사 후 가급적 신속히 달로 향하는 각 임무 때마다 제공되어야 하며, 단, 과학적 성과를 포함한 각 임무의 성과에 대한 정보는 당해 임무의 완료를 기다려 제공되어야 한다고 규정하고 있다. MA 제6조 2항은 과학적 조사를 수행함에 있어서 또는 과학적 조사 중에 체약국은 표본을 수집할 권리와 그와 같은 임무에 도움을 줄 달의 천연자원을 사용할 권리를 갖는다고 규정하고 있다.

MA 제8조는 모든 국가는 달 위에서 어떠한 탐사활동도 할 수 있으며 이를 위해 필요한 우주물체, 사람, 우주선, 장비, 시설물을 달에 착륙시키거나 설치할 수 있다고 규정하고, 이러한 활동을 수행함에 있어서 당사국은 타인의 활동을 방해해서는 안 되며 그러한 경우 관련당사자들과 협의할 것을 규정하고 있다. 또한 MA 제9조는 유인 및 무인 우주정거장을 건설할 수 있다고 하고, UN사무총장에게 그러한 우주정거장의 위치와 목적을 알리도록 하고 있다. 또한 당해 당사국은 그 후 1년 간격으로 UN사무총장에게 당해 정거장의 계속이용의 유무 및 당해 기지의 목적 변경의 유무를 통지해야 한다고 규정하고 있다. 그리고 MA 제10조는 당사국들에게 달에 머무는 사람들의 생명과 건강을 보장하는 실제적인 조치를 취할 것을 요구하고 있는데, 동조 제2항에서 당사국은 달 위에서의 조난자에게 자국의 기지, 설비, 차량 기타 시설물의 피난처를 제공해야 한다고 규정하고 있다.

그리고 환경보전조항을 들 수 있는데 MA 제7조는 달의 개발과 사용에 있어서 체약국은 환경을 보전할 조치를 취해야 할 의무를 지며, UN사무총장에게 그들에 의해서 취해지는 조치를 보고하도록 규정하고 있다. 또한 체약국은 가능한 한 UN사무총장에게 달에 방사능물질을 배치하기 전에 보고해야 하며 그와 같은 배치의 목적을 알려야 한다고 규정하고 있다.[20] 그리고 동조 제3항에 당사국은 다른 당사국의 권리에 영향을 미치는 일 없이 과학적으로 흥미 있는 달의 지역을 국제과학보존지구로서 지정하는 것을 고려하고, 당해 지역에 대하여 다른 당사국 및 UN사무총장에게 보고해야 하며, 단, 그 지정에 대해서는 특별한 보호 규약이 UN의 관계전문기관과의 협의 하에 이루어 질 것을 요구하고 있다. MA 제7조는 우주조약 제9조에 명시된 환경보전조항보다는 좀 더 구체화된 규정으로 볼 수 있다.

그리고 제12조에 달에 사람과 구조물, 다른 시설물을 발사한 국가는 관할권을 가지고 이를 통제할 권한을 가진다고 규정하고 있으나 국제책임의 범위에 관하여는 규정하고 있지 않다. 제13조에서 당사국은 자국이 발사한 것이 아닌 우주물체 또는 그 구성부분이 달 위

---

19) Chistopher C Joyner, Legal Implications of the Concept of The Common Heritage of Mankind, 35 *International and Comparative Law Quarterly* (1986), 197.

20) 김한택, 달 협정의 내용 및 우리나라의 비준가능성, *국제법 동향과 실무*, vol. 8 no. 3·4 통권 제23호, (2009), 48.

에서 충돌착륙, 불시착륙 기타 예정외의 착륙을 한 것을 안 때에는, 그 국가는 당해 발사당사국 및 UN사무총장에 신속히 통지해야 한다고 규정하고 있다.

MA는 책임문제에 관하여 제14조 제1항에 우주조약과 마찬가지로 이 협정의 당사국은 달 위에서의 자국의 활동에 대하여 그 활동이 정부기관에 의하여 행해지는지 비정부실체에 의하여 행해지는지에 상관없이 국제적 책임을 지고, 자국의 활동이 이 협정의 규정을 준수하여 행해지도록 하는 것에 국제적 책임을 지며, 당사국은 자국의 관할 하에 있는 비정부실체가 자국의 허가 및 계속적 감독 하에서만 달의 활동에 종사할 것을 보증한다고 규정하고 있다. 그리고 제2항에 우주조약 및 1972년 책임협약의 규정에 덧붙여, 달 위에서의 보다 광범위한 활동의 결과로서 달 위에서 야기되는 손해에 대한 책임에 대하여 상세한 협약이 필요함을 인식한다고 하며, 그와 같은 협약은 모두 이 협정의 제18조에서 정하는 절차에 따라 작성되어야 한다고 규정하고 있다.

MA는 제15조에 만일 어느 당사국이 타 당사국의 조약 적용에 의심이 있으면 달의 평화적 이용에 관한 국가 간 협상이 고려되어 질 수 있다고 명시하고 있는데 사법적 강제관할권 조항은 없다. 또한 이러한 협상이 효과적으로 수행되도록 UN사무총장의 역할을 규정하고 있다. 동조 제3항에 당해 협의가 상호 수락할 수 있고 모든 당사국의 권리 및 이익을 정당하게 고려하는 하나의 해결에 이르지 못한 때에는, 관계당사국은 당해 분쟁의 정황 및 성질에 맞는 다른 평화적 절차를 스스로 선택하여 당해 분쟁의 해결을 위하여 모든 조치를 취해야 하며, 협의 개시에 관련하여 다툼이 발생하는 경우 또는 협의가 상호 수락할 수 있는 하나의 해결에 이르지 못한 경우에는, 어떠한 당사국도 당해 문제를 해결하기 위하여 다른 어떤 관계당사국의 동의를 구하지 않고 UN사무총장의 원조를 구할 수 있으며, 일 당사국이 타 당사국과 외교관계를 갖지 않을 때에는, 일 당사국은 자국의 선택에 의하여 당해 협의에 스스로 또는 제3당사국 혹은 UN사무총장을 중개기관으로 하여 참가해야 한다고 규정하고 있다.

MA의 핵심은 인류공동유산개념인데 이와 관련된 조항은 제11조이다. 우선 제11조 1항에서 달과 그것의 천연자원은 "인류공동의 유산"이라고 명시하고 있고, 제11조 2항은 1967년 우주조약 제2조와 동일하게 달은 주권의 주장, 사용이나 점령, 기타 어떠한 수단에 의해서도 국가전유의 대상이 될 수 없다는 '비전유원칙' (principle of non-appropriation)[21]을 재확인하고 있다. 또한 제11조 3항에서 달의 표면 또는 그 지하, 달의 어느 부분이나 달에 위치한 천연자원은 어느 국가, 정부간 또는 비정부간 국제기구, 국가기관, 비정부간 기관 또는 어떠한 자연인의 재산이 될 수 없으며 달의 표면이나 그 지하에 사람, 우주차량, 장비, 시설물, 기지 및 군사시설은 달의 표면이나 지하를 연결한 구조물과 함께 달의 표면이나 지하 또는 어느 지역에 대한 소유권을 창설하지 않는다고 하고, 이는 제11조 제5항에 언급된 '국제제도' (international regime)를 손상하지 않는다고 규정하고 있다.[22] 또한

21) 본서 제2편, 제1장, 제1절 우주조약, 2. 전유화금지 참조.
22) 김한택, 달 협정의 내용 및 우리나라의 비준가능성, 48.

제11조 4항에서 당사국은 평등에 기초하고 국제법과 이 협정의 규정에 따라 달의 탐사와 이용의 권리를 갖는다고 규정하고 있다. 국제제도와 관련하여 제11조 7항에 다음과 같이 그 목적을 명시하고 있다.

(a) 달 천연자원의 질서 있고 안전한 개발
(b) 달 자원의 합리적 경영
(c) 달 자원의 사용기회의 확장
(d) 달 자원으로부터 파생하는 이익을 모든 당사국에게 공평하게 분배하되 달의 개발에 직접 또는 간접적으로 공헌한 국가의 노력은 물론 개발도상국의 이익과 필요에 대한 특별한 고려가 있어야 한다.

이와 같은 국제제도는 당사국이 달의 자원개발이 가능한 시기에 수립할 의무를 지며(달조약 제11조 5항) 또한 이와 같은 국제제도의 수립을 용이하게 하기 위하여 당사국은 달에서 발견되는 모든 천연자원에 관하여 최대로 가능한 범위 내에서 UN사무총장, 대중(public) 및 국제과학공동체에 알려주어야 한다고 규정하고 있다(MA 제11조 6항).

'달의 천연자원의 개발이 가능해질' (exploitation of the natural resources of the Moon is about to become feasible) 시기에 국제제도를 수립해야 한다는 규정은 국제제도의 수립 전에는 자원개발을 금지하는 것을 의미하는가? 해양법에서 1982년 해양법협약이 제정되기 전 심해저자원과 해상(海床)의 자원개발을 금지하는 '개발유예' (moratorium)에 관한 UN총회의 결의 2574가 채택되어 심해저의 국제제도가 조약으로 확정되기까지는 심해저 자원의 탐사 및 개발을 금지시켜야 한다는 선언을 한 것과 비교한다면 MA도 그러한가? MA의 제정과정을 살펴보면 국제제도의 수립 전에 달과 다른 천체의 천연자원에 대한 개발유예는 예정되지 않았다고 해석해야 된다.[23] 사실 MA에 필사적으로 반대하는 미국 내 우주개발그룹인 L-5 Society는 미 국무성이 MA는 우주자원의 질서 있고 안전한 개발을 위한 원칙을 수립하는 조약이며 제한성이 우주조약과 별 다를 것이 없다는 주장에도 불구하고, 이들은 MA를 사기업의 개발을 유예시키고 선진국을 희생하면서 제3세계가 통제권을 가지는 조약이라고 반박한 바 있다. 여기에 대하여 그 당시 COPUOS의 미국대표였던 호슨볼(Neil Horsenball)은 MA는 국제제도가 확립되기 전에는 개발유예를 부과하지 않으며 단지 자원개발이 가능하고 실질적일 때 질서 있는 개발을 허용하는 것이라고 답변하였는데[24] 소련대표도 어떠한 반대의견을 제기하지 않았던 점[25]을 보아도 이것은 인정된다고 할 수 있다. 그러나 이것은 그와 같은 개발에 어떠한 제한이나 한계가 없음을 의미하는 것이 아니

23) Sylvia Maureen Williams. Celestial Bodies, 11 *Encyclopedia of Public International Law* (이하 *EPIL*로 약칭), North-Holland (1989), 53 그리고 Eilene Galloway, Agreement Governing the Activities of States on the Moon and Other Celestial Bodies, 5 *AASL* (1980), 500 참조.

24) Nandasiri Jasentuliyana, *International Space Law*, 231.

25) Carl Q Christol, The Moon Treaty Enter into Force (이하 Moon Treaty), 79 American Journal of International Law (1985), 166.

고 달과 다른 천체는 인류공동유산영역이므로 모든 개발가는 그들이 인류공동유산인 천연자원을 개발하고 있음을 명심할 것이 요구된다.[26)]

또한 MA 제11조 7항 d에 명시된 구절에 대한 명확한 해석이 요구되는데 달과 다른 천체의 천연자원에서 파생되는 이익을 당사국간에 공평하게 분배한다는 것은 가공하지 않은 산물(raw product)에 대한 분배를 의미하는 것이 아니고 그로부터 파생되는 이익의 분배를 의미한다는 것이다. 그리고 공평분배란 단순한 평등분배가 아니고 달의 개발에 직접 또는 간접적으로 참가한 국가와 개발도상국의 이익을 고려해야 하는 분배를 의미한다는 점이다.[27)] 이것은 필자 나름대로의 해석이긴 하나 '배분적 정의' (*justitia distributiva*)에 기초한 분배를 의미하는 것 같다. 즉 당사국 모두에게 똑같이 배분되는 것이 아니고 달 개발에 공헌한 국가와 개발도상국을 좀 더 실제적으로 고려한다는 의미이다.

2. 우주조약과의 관계

우주조약 제2조에서 규정한 바와 같이 우주조약은 달과 다른 천체들의 법적지위를 무주지(*res nullius*)에서 국제공역(*res extra commmercium*)으로 전환시켰다는 점에 주목해야 한다.[28)] 국제공역은 마치 공해(high seas)의 지위와 같아서 각 국가가 이곳을 전유할 수 없고, 다만 이곳의 자원을 자유롭게 이용할 수 있을 뿐이다. 그러면 우주조약상 우주와 천체의 법적지위인 국제공역은 현재 국제관습법으로 수용될 만큼 발전되었는가? 만약 우주조약에서 부여하는 국제공역이라는 법적지위가 조약당사국 뿐만 아니라 비당사국에게도 적용되는 국제관습법으로 발전되었다고 볼 수 있다면 MA 상 우주와 천체의 지위인 인류공동유산영역과는 어떠한 관련이 있을까? 필자의 견해로는 우주조약상 국제공역은 국제관습법적 효력을 지니고 있다고 생각된다. 따라서 이 조약에 가입한 국가들은 물론 가입하지 않은 국가들도 달과 다른 천체의 전부나 일부를 자국영토로 식민지화 하거나 전유할 수는 없는 것이다. 이와 같은 '비전유의 원칙' (principle of non-appropriation)은 볼프룸(Rüdiger Wolfrum)이 주장하는 바와 같이 국제법상 강행규범(또는 강행법규, *jus cogens*)이라고 해도 무리가 없을 것이다.[29)] 또한 우주조약이 달과 다른 천체의 탐사 및 이용에 관한 일반원칙을 선언한 조약이라면 MA는 달과 다른 천체의 천연자원이용에 관한 특별규정을 담고 있으므로[30)] 우주조약과 MA의 관계를 일반법(*lex generalis*)과 특별법(*lex specialis*)의 관계로 파악하는 학자도 있다.[31)]

---

26) Kevin B Walsh, Controversial Issues under Article XI of the Moon Treaty, 6 *AASL* (1981), 494.
27) Galloway, 500.
28) Williams, 52.
29) Rüdiger Wolfrum, Common Heritage of Mankind, 11 *EPIL* (1989), 67.
30) Carl Q. Christol, The Common Heritage of Mankind Provision in the 1979 Agreement Governing the Activities of States on the Moon and Other Celestial Bodies, 14 *International Lawyer* (1980), 429-430.
31) Wassenbergh, 624.

3. 맺음말

위에서 살펴본 바와 같이 MA는 우주조약과는 근본적으로 다른 입장을 취하고 있다. 우주조약의 경우에는 우주를 자유지역, 즉 공해(公海)와 같은 국제공역(*res extra commercium*)으로 파악하여 모든 국가가 자유롭게 탐사하고 이용할 수 있는 반면, MA는 우주를 '인류공동유산' 으로 파악함으로써 마치 1982년 "UN해양법협약"에서 심해저 개발을 위한 국제심해저기구(International Sea-Bed Authority)가 제시되었듯이 달의 천연자원의 개발이 가능할 시기에 국제기구를 통하여 개발할 것을 예정하고 있다.

현재 국가들은 달에 관하여 그것의 천연자원이 배분문제를 다루는 국제기구를 설정할 정도로 가치 있는 것인가에 관하여 확신을 갖고 있지 못하다.[32] 실제로 달개발은 거의 40년 넘게 제자리 걸음에 그치고 있는데, 만일 달에서 인간 생존에 필요한 물로 전환되는 얼음과 지구에 필요한 자원이 다량 발견된다면 자원개발과 우주기지건설을 위한 국가들의 경쟁은 치열할 것이고 마치 1982년 해양법협약 이전 심해저자원개발의 상황이 예견될 것이다. 해양법상 심해저자원과 달조약상 달과 다른 천체의 천연자원은 바로 후자의 자원이 전자의 자원보다 아직 국가들에는 접근하기에는 너무나 멀리 있고 많은 재원과 기술이 필요하므로 심해저자원개발의 접근성을 우주자원개발의 접근성과 같은 선상에서 판단할 수는 없다는 데에 있다.

한편 MA는 미국이 사람을 다시 달에 보내기 위해 NASA가 추진하는 '아르테미스 프로그램' (Artemis Program)을 위해서 만들어진 2020년 "아르테미스 약정" (Artemis Accords)[33]과 관련해서 문제가 생길 수 있다. 그 이유는 MA가 달을 포함한 외계 행성 자원에 대한 상업적 이용을 금지하고 있기 때문이다. 미국은 아예 MA에 서명도 비준도 하지 않았다. 트럼프 대통령은 행정명령(Executive Order)[34]으로 MA가 국제관습법을 반영한다는 점을 명시적으로 부인했다. 따라서 MA가 아르테미스 약정과 공존할 수 있을지는 불분명하다. 전자는 달과 달의 천연 자원이 "인류의 공동 유산" 이라고 선언하고, 우주 자원 추출을 관리하기 위한 국제체제를 수립하기 위해 당사자들에게 약속한 조약인데, 두 개념이 아르테미스 약정에는 없다.

더구나 달의 유산 보호 및 안전 구역에 대한 아르테미스 약정의 승인과 관련하여 더 많은 문제가 발생할 수 있다. 둘 다 일반적으로 달의 장비 또는 시설 주변과 그 아래 달 표면의

32) Christol, *The Moon Treaty*, 47.

33) Han Taek Kim, Legal Implications and Prospects for Korea's Participation in the Artemis Accords, *Korean Yearbook of International Law*, vol. 9(2021), 2022, pp. 99-128.

34) 미국 대통령은 행정부에 대한 지시사항을 조문형태로 명령함으로써 자신의 정책을 실현할 수 있다. 행정명령은 발령한 대통령의 임기 중에만 효력이 있는 것이 아니며 개정 또는 폐지하기 전까지는 효력을 가진다. 한국에는 행정명령과 유사한 성질을 가진 법규문서가 존재하지 않는다. 긴급명령, 긴급재정경제명령은 법률과 같은 효력을 가지지만 매우 예외적인 경우에 제정할 수 있으며, 사후에 국회의 승인을 얻어야 한다는 점에서 미국의 대통령 행정명령과는 차이가 있다(윤강욱, 미국 대통령 행정명령의 구조와 효력에 관한 연구. *행정법연구* 제54호, 행정법이론실무학회, 2018. 45-66 참조).

장기 또는 무기한 점유를 수반한다. 그러나 MA의 제11조 3항은 구체적으로 다음과 같이 명시하고 있다.

“달의 표면 또는 그 지하, 달의 어느 부분이나 달에 위치한 천연자원은 어느 국가, 정부간 또는 비정부간 국제기구, 국가기관, 비정부간 기관 또는 어떠한 자연인의 재산이 될 수 없으며 달의 표면이나 그 지하에 요원, 우주차량, 장비, 시설물, 기지 및 설비들은 달의 표면이나 지하를 연결한 구조물과 함께 달의 표면이나 지하 또는 어느 지역에 대한 소유권을 창설하지 않는다. 이 항의 규정은 제11조 제5항에 언급된 ‘국제제도’ (international regime)를 손상하지 않는다.”

지금까지 살펴본 MA는 달과 관련된 분쟁을 방지하고 자원 공유를 촉진하기 위한 것이었지만, 달 탐사 및 자원 추출 활동에 대한 구속력 없는 프레임워크를 설정하는 아르테미스 약정의 새로운 규범과 상충된 측면이 분명하게 존재한다.[35] 실제로 MA가입국이었던 사우디 아라비아는 2022년 7월 아르테미스 약정국이 되면서 MA 제20조[36]에 의거, 2024년 1월 5일 MA를 탈퇴했다. 우주법상 조약탈퇴는 이 사건이 유일하다.

이렇게 국제적인 지지를 아직도 받지 못하는 MA의 제정과정을 살펴보면 1960년대 말과 1970년대 초에 새로 독립한 개발도상국들은 ‘신국제경제질서’ (New International Economic Order) 수립을 추진했는데, 이들은 우주 탐험과 활용에서 파생되는 이익에도 관심을 가지고 있었다.[37] 결과적으로, COPUOS 법률소위원회(LSC)에서 우주 자원의 활용과 관련된 논의가 수년 동안 계속되었는데,[38] 그러나 이에 관한 진전은 거의 없었다. 일부 국가에서는 새로운 조약을 제정하는 것이 시기상조라고 주장했고,[39] 새로운 조약이 달에만 적용되어야 하는지 아니면 다른 천체에도 적용되어야 하는지에 대한 합의에 도달하지 못했다.[40] 그러나 MA는 15일 만에 비밀 논의 끝에 체결되었다.[41] MA는 투표 없이 UN총회에서 컨센서스(consensus) 방식으로 통과되었는데, 그렇다면 MA는 국제관습법의 규칙으로 발전하였는가?[42] MA 당사국가 수가 매우 적은 것은 국가들이 이 협정을 준수하기를 꺼렸다는 것을

35) 우주에서의 분쟁: 국제 분쟁해결 메커니즘, 법률신문, 2024.07.31.

36) 〈제20조〉

“이 협정의 어떤 당사국도 이 협정의 효력이 발생하고 나서 1년이 경과한 후에는 국제연합 사무총장 앞으로 통고서를 보냄으로써 이 협정으로부터 탈퇴를 통고할 수 있다. 이 탈퇴는 이 통고서의 수령일로부터 1년으로 효력이 생긴다.”

37) *See* Comm. on the Peaceful Uses of Outer Space, Rep. of the Legal Subcomm. on Its Eighth Session, Annex I, U.N. Doc. A/AC.105/58, at 4-7 (1969).

38) Nirav S., Comprehensive Essay on New International Economic Order (NIEO), PRESERVE ARTICLES, *available at* http://www.preservearticles.com/essay/comprehensive-essay-on-new-international-economic-order-nieo/20115 (last visited Jan. 7, 2024).

39) *See e.g.*, Comm. On the Peaceful Uses of Outer Space, Rep. of the Legal Subcomm. on Its Eleventh Session, 187th mtg., A/AC.105/C.2/SR.187, at 3 (May 2, 1972).

40) *See e.g.*, Comm. On the Peaceful Uses of Outer Space, Rep. of the Legal Subcomm. on Its Eleventh Session, 188th mtg., U.N. Doc A/AC.105/C.2/SR.188, at 21 (May 3, 1972).

41) Bin Cheng, *Studies in International Space Law*, *op. cit.*, pp. 361-362; Fengna Xu, Jinyuan Su and Miqdad Mehdi, A Re-Examination of Fundamental Principles of International Space Law at the Dawn of Space Mining, 44 *Journal of Space Law*, no.1, (2020), 3.

42) Ricky J. Lee, 112.

의미하는데, 모든 국가를 구속하는 국제관습법을 형성하지 못했다고 할 수 있다.[43] 따라서 미국의 트럼프 대통령도 행정명령을 통해서 MA가 국제관습법을 반영하지 못한다는 점을 명시적으로 언급한 것이다.[44] 만일 어느 국가의 민간기업이 광물 채굴업무에 수백만 달러를 투자했는데, 기술은 물론이고 아무것도 기여하지 않은 다른 기관이나 국가와 함께 이익을 공유해야 한다면 문제가 될 것이다. 어쨌든 국제사회는 MA 제11조 7항[45]에 명시된 메커니즘을 확립하는 데 실패했다고 볼 수도 있다.[46]

---

43) Mahulena Hofmann and Federico Bergamasco, Space resources activities from the perspective of sustainability: legal aspects, *Global Sustainability*, (23 January 2020), 3; Thomas Gangale, The Legality of Mining Celestial Bodies, 40 *Journal of Space Law*, (2015-2016), 190.

44) Executive Order on Encouraging International Support for the Recovery and Use of Space Resources, Issued on April 6, 2020, *available at* https://trumpwhitehouse.archives.gov/presidential-actions/executive-order-encouraging-international-support-recovery-use-space-resources/(last visited on Jan. 11, 2024).

45) 〈MA 제11조 7항〉
제정할 개발규칙의 주요한 목적은 다음의 것을 포함하는 것으로 한다.
(a) 달 천연자원의 질서 있고 안전한 개발
(b) 달 자원의 합리적 경영
(c) 달 자원의 사용기회의 확장
(d) 달 자원으로부터 파생하는 이익을 모든 당사국에게 공평하게 분배하되 달의 개발에 직접 또는 간접적으로 공헌한 국가의 노력은 물론 개발도상국의 이익과 필요에 대한 특별한 고려가 있어 야 한다.

46) Ricky J. Lee, The Jus ad Bellum in Spatialis: The Exact Content and Practical Implications of the Law on the Use of Force in Outer Space, 29 *Journal of Space Law* (2003), 93; 김한택, 우주의 상업화와 우주자원채굴에 관한 우주법, *통상법률* 제162호 (2024.2.), 41-42.

02 장

연성법으로서 UN결의

Space Law and Policy

제1절 연성법

연성법(soft law)은 국가간 이익의 다양성과 국제적 수준의 사적행위자들의 출현으로 구속력 있는 국제다자조약을 제정하기 힘든 경우에 만들어 지는데, '선언' (declarations), '결의' (resolutions), '원칙' (principles), '지침' (guidelines), '행위규범' (code of conduct), '틀' (frameworks), '성명서' (statements), '실행규범' (codes of practice), '행동계획' (action plans) 등으로 불리며, 법적 구속력은 전혀 없지만 국제법에서 중요한 역할을 하고 있다.[1] 연성법은 종종 경성법 문서를 채택하기에 힘든 경우에 컨센서스(consensus)를 도출하게 해준다. 대표적인 예가 1992년 리우환경개발회의(Rio Conference on Environment and Development)에서 채택된 "산림원칙" (Forest Principles)(모든 형태의 산림자원의 관리, 보존 및 지속 가능한 개발에 관한 세계적 컨센서스를 위한 원칙들에 관한 법적으로 비구속적인 권위 있는 성명; A Non-legally binding Authoritative Statement of Principle for Global Consensus on Management, Conservation and Sustainable Development of all Types of Forests)[2] 이다. 또한 1975년 헬싱키 최종의정서(Helsinki Final Act)에 근거한 '유럽안보협력회의' (Conference on Security and Cooperation in Europe)의 사례처럼, 국가들은 어떠한 법적 구속의무를 인정하지 않고 국제적 임무를 수행하기 위해 그들 자신의 기관과 조직을 가지고 국제기구를 창설하기로 결정할 수 있다. 비록 이러한 지침이 비구속적인 것으로 명백하게 작성되었을 지라도 실제 관행에 있어 국제행위를 조직화하는 상당한 위력을 가지고 있는 것이다.

연성법은 UN총회의 결의(resolution)와 선언(declaration) 그리고 국제환경법의 많은 부분에서 활용되고 있으며, 1972년 스톡홀름 선언(Stockholm Declaration of the United Nations Conference on the Human Environment)과 1992년 리우 선언(Rio Declaration on Environment and Development), 2002년 요하네스버그 선언(Johannesburg Declaration on Sustainable Development) 등의 선언들과 유엔환경계획(UNEP), 국제해사기구(IMO), 국제자연보호연합(IUCN) 등이 추진한 주요 계획들과 지침 및 행위원칙 등에서 볼 수 있다. 특히 1972년 스톡홀름 선언의 원칙 21은 UN헌장과 국제법에 따라 각국이 자국의 자원을 개발할 주권적 권리가 있고 자국 내에서의 행위가 타국이나 국가관할권 외부의 환경에 피해를 초래하지 않도록 할 책임이 있다고 선언하였는데, 이 원칙은 오늘날 국제환경법

1) *A BRIEF OVERVIEW OF NORMS DEVELOPMENT IN OUTER SPACE*, 2012 United Nations Institute for Disarmament Research (UNIDIR), 1.

2) *31 International Legal Materials* (1992), 881.

의 근본규범을 표현하는 것으로 일반적으로 인정되고 국제관습법의 중요한 선언이라고 간주되고 있다. 적어도 국가간 자국의 법적 권리나 의무를 논할 때 자주 인용되는 구절이다.[3] 이 선언은 또한 리우선언 원칙 2에 명시된 바와 같이 각 국가는 UN헌장과 국제법 원칙에 조화를 이루면서 자국의 환경 및 개발정책에 따라 자국의 자원을 개발할 수 있는 주권적 권리를 갖고 있으며 자국의 관리구역 또한 통제범위 내에서의 활동이 다른 국가나 관할범위 외부지역의 환경에 피해를 끼치지 않도록 할 책임을 갖고 있다는 선언에서도 반복되었다.[4] 한편 1974년 11월 12일 유엔은 "국제사법재판소의 역할에 관한 검토" (Review of the role of the International Court of Justice)라는 제목하에 총회결의 3232(XXIX)를 통하여 채택된 결의에서 '선언' (declaration)과 '결의' (resolution)는 국제법의 발전에 반영될 수 있는 한 방법으로서 국제사법재판소(ICJ)에 의해서 고려되어야 한다고 권고한 바 있다는 점에 주목할 필요가 있다.[5]

힐겐버그(Hartmut Hillgenberg)는 국제사회가 조약을 회피하고 비조약적 합의를 선택하는 이유로, '일반적인 상호간 신뢰구축필요' (a general need for mutual confidence-building), '진행 중인 발전을 촉진할 필요' (need to stimulate developments still in progress), '단계적 발전을 제공하는 예비적이고 탄력적인 체제의 창설' (creation of preliminary, flexible regime possibly providing for its development in stages), '국내입법의 협력추동' (impetus for coordinated national legislation), '경성조약이 실패위협이나 관계악화를 야기할 경우에 국제관계에 부담을 줄 수 있다는 우려' (concern that international relations will be overburdened by a hard treaty, with risk of failure and a deterioration in relations), '절차의 단순함에 의해 신속하게 최종합의에 도달촉진, 예를 들어 조약회의보다는 컨센서스 선호' (simpler procedures, thereby facilitating more rapid finalization, *e.g.* consensus rather than a treaty conference), '개정시 성가신 국내승인절차의 회피' (avoidance of cumbersome domestic approval procedures in case of amendments), '신뢰강화' (greater confidentiality), '국제법상 조약체결권을 갖지 아니한 당사자간 합의' (agreements can be made with parties which do not have the power to conclude treaties under international law), '한 당사자가 인정을 꺼려하는 다른 당사자간 합의' (agreements can be made with parties that other parties to the agreement are not willing to recognize) 등을 들고 있다.[6]

---

3) Pierre-Marie Dupy, Soft Law and the International Law of the Environment, *12 Michigan Journal of International Law* (1991), 422.

4) B Hunter, J Salzman & D Zaelke, *International Environmental Law and Policy*, 3rd ed., Foundation Press (2007), 171-172; 김한택, *국제환경법과 정책*, 강원대·환경부 (2010), 33.

5) Preamble, UNGA Res. 3232(XXIX), November 12, 1974.

6) Hartmut Hillgenberg, A Fresh Look at Soft Law, *10 European Journal of International Law* (1999), 501 *recited from* 정경수, 국제법상 연성법의 재인식, *안암법학*, 제34권 (2011), 946-947; 김한택, 국제법상 우주폐기물감축 연성법의 역할에 관한 연구, *항공우주정책·법학회지* 제30권 제2호 (2015), 475-476 참조.

제2절 우주연성법

1. 우주법선언

UN 총회는 1963년 12월 13일 우주활동을 규제하는 법원칙 선언을 채택하게 되었는데, 이 결의의 정식 명칭은 "외기권 우주의 탐사 및 이용에 관한 국가들의 활동을 규제하는 법원칙 선언" (Declaration of Legal Principles Governing the Activities of States in the Exp1oration and Use of Outer Space; 우주법 선언)[1]이다. 이 결의의 주요 내용은 다음과 같다.

1. 우주의 탐사와 이용은 전 인류의 이익을 위해서 행하여 져야 한다.
2. 모든 국가는 평등을 기초로 국제법에 따라 우주공간과 천체를 탐사하고 이용할 권리를 갖는다.
3. 우주공간과 천체는 주권의 주장, 점유 또는 기타의 수단에 의한 국가에 의해서 취득되지 않는다.
4. 우주의 탐사와 이용은 UN헌장과 국제법에 따라 국제평화와 안전을 위해서 및 국제협력과 이해를 위해서 행해져야 한다.
5. 국가는 정부기관에 의해서든 비정부단체에 의해서든 불문하고 우주공간에서의 활동에 대하여 국제적 책임을 진다. 비정부단체에 의한 경우 책임당사국은 허가를 발급하고 계속적인 감독을 행하지 않으면 안된다. 국제기구에 의해서 활동을 할 경우 그 책임은 당해기관 및 기관의 참가국이 부담한다.
6. 우주의 탐사와 이용 시 국가는 협력과 상호부조의 원칙에 따른다. 국가는 타국의 상응할 이익에 타당한 고려를 배려하고 국가가 자국이나 지국민에 의한 우주활동이 타국의 활동에 잠재적으로 유해한 간섭이나 또는 실험이 존재한다고 믿는 경우 그와 같은 활동이나 실험계획을 개시하기 전에 적당한 협의를 해야 한다.
7. 국가는 우주공간에 발사된 우주물체와 그 승원에 대해서 관할권과 통제의 권한을 가진다. 우주공간에 발사된 물체와 그 구성부분의 소유권은 우주공간을 통과하거나 지구로 돌아올 때 영향을 받지 않는다. 등록국의 영역 외에서 발견될 이러한 물체들 또는 그 구성부분은 반환되는 것으로 등록국으로 반환되어야 하며 등록국은 반환 전에 요청시 식별데이타를 제공해야 한다.
8. 우주공간에 물체를 발사한 발사국 또는 발사시설을 조달하는 국가는 외국 혹은 그 국민 또는 법인의 손해에 대한 국제책임을 진다.
9. 국가들은 우주비행사를 우주공간에서 인류의 사절로 간주한다. 국가는 외국영역 또는 공해에서

---

1) UN Resolution 1962(XVIII), 13 December 1963.

사고, 조난 또는 긴급한 착륙이 있는 경우에는 그들에게 모든 가능한 원조를 해주어야 한다. 우주비행사는 등록국에 신속하고 안전하게 송환되어야 한다.

이 결의는 우주활동의 포괄적 법원칙을 처음으로 모색하였다는 점에서 의의가 크다. 또한 UN 총회의 결의형식으로 된 이 우주법 원칙의 선언이 정확한 의미의 강제력을 가진 법규범은 아니지만 그 당시 우주활동의 독점적 위치에 있는 미국과 소련이 수락한 법원칙이기 때문에 적어도 우주법 형성의 기초이며 1967년 우주조약에서 구체화되었다. 현재 대부분 조항들에 대하여 국가들로부터 이의제기가 없었기 때문에 이제는 국제관습법화되었다고 해도 과언이 아닐 것이다. ICJ 판사였던 Manfred Lachs도 1963년 우주법선언은 단순한 권고사항이 아니라 법으로 인정된 문서라고 주장한 바 있다.[2)]

2. 위성 직접 TV 방영(DBS)에 관한 원칙

'위성 직접 TV방영' (Direct Television Broadcasting by Satellite: DBS)은 지구정지궤도(Geostationary Orbit)에 있는 위성을 이용하여 지상에서 송신한 TV 방영내용을 인공위성에서 증폭하여 지상에 재송신하여 지상의 광범위한 지역에서 직접 수신할 수 있는 방송방식을 말한다. DBS의 유리한 점은 개발도상국은 물론 선진국에서도 건강 및 위생문제, 농업기술전파, 고등교육전수 등 교육목적과 뉴스, 스포츠, 예술, 다큐멘터리 등 사회문화 발전에 이용될 수 있다는 점이다. 또한 여러 개의 섬으로 이루어진 나라나 여러 인종으로 이루어진 국가들에게 커뮤니케이션 전달의 방법으로 DBS의 사용은 매우 좋은 방법이다.

이러한 위성 TV방영문제는 1968년 스웨덴이 COPUOS의 법률소위원회에 제의한 이래 오랫동안의 교섭을 거쳤다. UN총회의 요구에 따라 위성 TV방영문제를 다루기 위한 작업그룹(working group)이 설치되어 1969년부터 준비작업에 들어갔다. 1972년 소련의 제의로 직접 TV방영을 위한 인공위성 사용에 관한 조약제정을 다루기 시작하였다. 이 문제도 서방선진국과 소련 등 동구권 및 일부 개도국 간에 국경을 넘는 '월경' (越境, 또는 전파침투, spill-over)문제를 둘러싸고 심한 대립을 보였다. 어느 나라에서 위성을 이용하여 TV를 방영하는 경우 위성방영의 성격상 불가피하게 그 나라 국경을 넘어 다른 나라 영토에도 방영되는데 방영국가의 영토를 넘어 외국에 흘러 들어가는 이러한 현상을 전파침투 혹은 '월경' 이라고 한다. 이러한 DBS를 이용하여 발생하는 정치적 문제는 타국의 정체성에 커다란 영향을 줄 수도 있고, 전체주의국가들에게는 지나친 서구식 자본주의 내지는 상업주의가 국민들을 혼란에 빠지게 할 우려가 있기 때문에 소련을 위시한 동구권국가들은 주권존중의 원칙을 내세워 전파침투에 대하여 강력하게 반발하였고 미국을 위시한 서구의 국가들

2) Manfred Lachs, *The Law of Outer Space: An Experience in Contemporary Law Making*, Sijthoff (1972,) 138.

은 정보의 자유원칙을 내세워 자유로운 DBS체제를 선호하였다. 법적 근거로는 세계인권선언 제19조, 제26조, 제27조, UN헌장, 로마협약, UNESCO선언[3], 유럽인권협약 제10조, 미주인권협약 등 국제문서에 나타난 정보의 자유원칙을 들고 있다.[4] 또한 1947년의 11월 3일의 UN총회 결의 110(II) 및 1970년 12월 16일의 UN총회 결의 2733(XXV)는 국제적 규모에서의 방송의 협력을 규정하고 있다. 이러한 대립 때문에 위성 TV방영에 관한 조약제정은 10여년이 지난 후 1983년 2월 4일 UN총회에서 "국제 직접 TV방영을 위한 국가들의 인공위성 이용을 규율하는 원칙"(Principles Governing the Use by States of Artificial Earth Satellites for International Direct Television Broadcasting; DBS원칙)을 결의[5]로 채택하였다. 결국 이 문제는 조약으로 발전되지 못하고 UN결의를 통하여 법원칙을 선언하는 데에 그쳤다.

이 원칙 선언은 그 목적에서 위성을 통한 직접 TV 방영활동은 주권존중원칙과 합치하고 동시에 정보를 추구하고 얻을 권리와도 합치해야 한다고 하여 대립의 조화를 추구하고 있다. 동 원칙 선언에 따르면 위성을 통한 TV방영활동은 UN헌장, 1967년 우주조약, 국제통신조약과 무선규칙, 국가간의 우호와 협력, 인권에 관한 국제법 규정에 따라 수행해야 하고,[6] 모든 국가는 위성을 통한 TV방영 활동을 수행할 동등한 권리를 가지며 이 활동의 이익을 누릴 권리를 갖는다. 그리고 이 분야의 국제협력을 증진해야 하며 특히 개발도상국의 수요를 고려해야 한다. 또한 국가들은 이 활동에 대한 국제책임을 지며, 관계국가들 간에는 협의를 해야 할 권리와 의무가 있다.[7]

3. 원격탐사(RS)에 관한 원칙

원격탐사(Remote Sensing; RS)는 우주로부터 전자파를 지구표면에 발사하여 그 반사, 회절하는 특성을 이용하여 천연자원 경영의 개선, 토지이용, 환경의 보호를 목적으로 지구표면을 탐사하는 것을 말한다. 원격탐사는 자원의 탐사, 농작물 상황, 해양관찰, 기상관측, 산불, 극지역 빙산의 움직임, 물고기 떼의 움직임, 공기 및 물의 오염, 지도제작 등에 필수적인 기능을 하고 있다. 원격탐사는 1960년대부터 인간의 경제생활과 매우 깊은 관련을 맺고 있는데, 우주활동국과 일부 개발도상국간에 우주이용의 자유 및 정보의 자유와 주권존중의 원칙 간 조화를 놓고 크게 대립되어 이 분야의 법규제정이 늦어지고 있다. 이 문제에 대한 견해는 세 가지 부류로 나누어 볼 수 있는데 우선 개도국의 경우 그들 자신의 자원에 대한

3) 1972년 11월 14일에 작성된 "정보의 자유유출, 교육의 전파, 문화교류의 확장을 위한 위성방송의 사용에 관한 지침원칙 선언"(Declaration of Guiding Principles on the Use of Satellite Broadcasting for Free Flow of Information, the Spread of Education and Greater Cultural Exchange) (UNESCO Doc. 17C/98, 1972).

4) N. M. Matte, *Aerospace Law-Telecommunications Satellites-*, Butterworths (1982), 186.

5) UNGA Resolution 37/92, 10 December (1982).

6) Principle A, art. 2, 3.

7) 김한택, *TV직접위성방영과 국제법원칙*, 고려대학교 법학석사학위논문 (1984) 참조.

정보에 관하여 주권적 권리를 가지고 있다고 주장하는데, 이들의 부존자원에 대한 정보가 선진국들의 손에 들어가 있다는 점을 우려하고 있고, 동 자원에 대한 정보 역시 주권에 속한다고 보고 있으며, 둘째 소련을 위시한 사회주의 국가들은 일부의 데이터는 자유롭게 이용할 수 있으나 일부는 반드시 제한되어야 하며 국가들은 그들의 사기업, 비정부실체들이 기술을 남용할지 모르는 문제에 반드시 책임을 져야한다고 강조하였다. 마지막으로 미국은 모든 국가는 원격탐사활동을 수행할 수 있으며 그로부터 파생된 정보는 반드시 자유롭게 유포되어야 한다고 주장하고 탐사를 받는 국가는 원격탐사에 의한 정보에 관하여 아무런 권리를 갖지 못하며 더구나 미국은 미국에 의하여 수집된 정보를 국민들이 이용하는데 어떠한 국제책임도 지지 않을 것을 주장했다.[8)]

원격탐사에 관한 조약준비 노력은 1970년 아르헨티나가 COPUOS 법률소위원회에 협정초안을 제의하면서 구체화하였는데, 1972년 과학기술소위원회에서 작업그룹을 설치하면서 조약준비노력은 본격화되었다. 이러한 교섭은 15년 이상 지속되었으나 조약으로 발전하지는 못하였고 마침내 1986년 4월 1일 작업그룹에서 컨센서스(consensus)에 의하여 결의로 채택하였다. 총 15개 항목으로 된 이 원칙의 정식명칭은 "우주로부터 지구의 원격탐사에 관한 원칙"(Principles Relating to Remote Sensing of the Earth from Space; RS원칙)[9)]이다.

원격탐사활동의 기본원칙을 보면 원격탐사활동은 경제적·기술적 발전정도와 관계없이 모든 국가의 이익을 위하여 수행되어야 하며, 특히 개발도상국의 필요를 고려해야 한다(원칙 II). 원격탐사는 UN헌장, 1967년 우주조약 등 국제법에 따라 수행해야 한다(원칙 III). 원격탐사활동은 1967년 우주조약 제1조에 포함된 원칙에 따라 수행되어야 하며, 특히 모든 국가의 이익을 위하여 수행하는 원칙과 우주의 자유로운 탐사이용원칙에 따라야 한다. 또한 탐사대상국의 주권을 존중하고 그 정당한 권리 및 이익을 침해하지 말아야 한다(원칙 IV). 원칙 X은 지구자연환경을 보호하기 위하여 탐사국으로 하여금 지구환경에 유해한 현상을 저지할 수 있는 정보를 관련 당국에 공개하도록 하는 한편 원칙 XI은 자연재해로부터 인류를 보호하기 위하여 탐사국이 자료를 가공하고 분석하여 자연재해에 대처하는데 유용한 자료를 확인하는 대로 동 자료를 관련 당사국에 즉각 전달하도록 하고 있다. 따라서 탐사국이 가공하고 분석한 모든 자료를 유포하는 것이 아니고 탐사국의 판단에 따라 선별하여 공개한다는 점이다.

원칙 XII는 피탐사국의 주권과 탐사국의 주권을 조화시켰다. 동 원칙은 '기초자료'(primary data)와 '가공된 자료'(processed data)를 구분하여 언급함으로써 자료의 단계별 이용가치를 명백히 하였다. 기타 자료는 탐사국이 생산하는 대로 피탐사국이 이용할 권리가 있다고 규정하였다. 동 원칙은 피탐사국이 정당한 실비를 지급할 경우 탐사에 관하여 국가가 작성한 '분석자료'(analysed data)를 동 탐사국으로부터 구할 수 있도록 하면서 피탐사국이 개도국인 경우 특별한 고려를 하도록 하였다. 그러나 분석자료는 이용

---

8) S. Gorove, Current Issues of Space Law Before the United Nations, 11 *Journal of Space Law* (이하 *JSL*) (1983), 7.
9) UNGA Resolution 41/65, 3 December (1986).

가능한 분석자료(available analysed data)라고 기술하였는데 이용 가능한 여부를 판단하는 측이 탐사국이므로 피탐사국은 대등한 입장에서 자료를 접하기 힘들다.

원칙 XIII은 피탐사국의 요청이 있을 경우 탐사국이 피탐사국에게 가능한 기회를 주고 쌍방 모두의 이익증진을 위하여 상호 협의하도록 하고 있다. 원칙 XIV는 우주조약 제6조에 따라서 원격탐사위성을 운영하는 국가가 국제책임을 지고 동 탐사활동이 정부, 비정부기관 또는 국제기구인지의 여부를 묻지 않는다. 그밖에 분쟁의 평화적 해결원칙 등이 포함되어 있다.[10)]

4. 우주에서의 핵원료(NPS)사용에 관한 원칙[11)]

우주활동은 인류에게 많은 이익을 부여하지만 반면 이러한 우주활동으로 인하여 발생하는 해(害)도 감수해야 한다. 우주활동이 환경과 관련되어 문제가 되는 것은 우주의 탐사활동과 이용을 통해 우주공간이나 천체(celestial bodies) 및 지구의 환경이 현저하게 오염될 수 있기 때문이다. 특히 우주에서 핵연료(Nuclear Power Sources; 약칭하여 'NPS')를 사용하는 위성이나 우주물체가 기능부전(malfunction)으로 인하여 지구에 재진입하면서 추락했을 경우, 그에 따른 재앙은 실로 엄청날 것이다. 1961년 미국에서 원자력 발전기에 의한 인공위성을 쏘아 올린 이래 원자로를 핵연료로 이용한 원자력위성은 무수히 많다. 주로 달이나 행성에 발사하는 위성이라든지 군사적인 목적을 띤 위성이 주로 이러한 위성들인데 이들이 우주공간에서 파괴되던가 또는 지표면에 충돌하는 경우에 발생하는 피해는 상당히 심각한 것으로 우려되고 있다. 즉 이들이 적재하고 있던 우라늄 235나 우라늄 238 또는 플루토늄 등이 우주공간이나 지구 표면 위에 노출되면서 방사능 오염을 일으키게 되면 우주는 물론이고 지구환경과 인류전체에 치명적인 피해를 입힐 수 있는 것이다.

따라서 여기서는 대표적인 인공위성 추락사건인 1978년 소련의 핵원료위성 "Cosmos 954 사건"과 이로 인해 UN내에서 '우주의 평화적 이용에 관한 위원회'(Committee on the Peaceful Uses of Outer Space; COPUOS)를 통해서 장기간 논의하다가 1992년 UN총회의 결의를 통해 채택된 "우주에서의 핵원료 사용에 관한 원칙"(Principles Relevant to the Use of Nuclear Power Sources in Outer Space; NPS원칙)[12)]의 내용과 그것의 우주법적 의미에 관하여 살펴본다.

러시아는 우주개발을 함에 있어서 핵연료를 40년 이상 사용한 오랜 역사를 가지고 있는데 2005년 7월 9일 중국과 우주핵에너지(space nuclear energy)를 상호 협력하여 사용할 것을 약속하는 의정서(Protocol)를 체결하였다.[13)] 따라서 이러한 NPS 문제는 국제사회는 물론 중

---

10) 박원화, *우주법*, 제2판, 명지출판사 (2009), 186-187.

11) 김한택, 우주에서의 핵연료(NPS)사용과 국제법, *항공우주법학회지*, 제22권 1호 (2007), 30-54 참조.

12) Report of the Committee on the Peaceful Uses of Outer Space, U.N.GAOR 47th Session, Supp. No.20, A/47/20,25.

국에 인접한 한국을 비롯한 동북아 국가들에게는 매우 중요한 주제가 되고 있는 것이다. 현재 한국은 NPS 위성을 발사할 능력은 갖추지 못하고 있으나 한반도 위를 타국이 발사한 NPS 위성들이 지금 이 시간에도 떠다니고 있으며 그것의 추락가능성을 아무도 예측할 수 없다는 점을 고려할 때, NPS와 우주법 및 일반국제법의 관계를 살펴보는 연구는 매우 중요하다.

(1) Cosmos 954 사건[14)]

미국과 러시아(구소련 포함)는 현재 '방사성 동위원소' (radioisotope)나 '핵원자로' (nuclear reactor)를 사용하는 위성을 발사하고 있어 이들이 귀환할 때 기능부전과 계획차질 및 비통제로 인한 부작용은 이제는 새로운 사실이 아니다. 1990년도 기준으로 6개의 '핵발전 위성' (nuclear powered satellites)[15)]이 지구귀환 중 추락했으며, 그중 몇 개는 원형 그대로 태평양에 추락했고 2개는 아직도 위험한 방사능물질을 보유하고 있는 것으로 밝혀졌다.[16)] 1964년 4월 미국의 위성 Transit 5BN-3은 인도양 대기권 상층부에 17,000 큐리(cury)의 플루토늄(plutonium)-238을 방출한 바 있고, 고도의 대기권에서 추출한 샘플에서 광범위한 방사능이 누출되었음이 밝혀졌다.[17)] 1968년 5월 18일 미국의 Nimbus-B-1 기상위성이 사고가 발생하여 동 위성에 플루토늄-238이 적재된 채 미국 캘리포니아 연안 Santa Barbara Channel에 추락한 바 있다.[18)] 또한 1970년 아폴로(Apollo) 13호가 달에 착륙하려다 실패하여 다시 지구로 귀환했을 때 남태평양에 추락하여 핵연료탱크가 20,000 피트 수심에 가라앉았는데, 아직도 그대로 수장된(buried) 상태이고 현재로서는 무해(無害)하다고 한다.[19)] 소련은 이 논문에서 소개하는 1978년 핵발전 위성 Cosmos 954 사고[20)] 이외에도 1982년 초에 Cosmos 1402를 발사하여 인도양에 추락하는 사고가 났는데, 이것은 다행히 연료와 원자로가 재진입시에 함께 연소되도록 새롭게 고안된 것이었다.[21)] 또한 1988년에 발사된 Cosmos 1900도 마찬가지로 기능부전으로 대기 중에 재진입하다가 분해되었는데 잔해는 대기 중에 연소되었거나 흔적 없이 바다에 추락한 것으로 알려졌다.[22)]

---

13) Russian News and Information Agency, Novosti, September 10, 2005; Steven A. Mirmina, Use of Nuclear Power Sources in the Exploration of Outer Space, *Proceedings of the 48th Colloquium on the Law of Outer Space*, American Institute of Aeronautics and Astronautics (2005), 131-2.

14) 동 사건에 관하여 김한택, Cosmos 954사건과 국제법, *강원법학* 제13권 (2001), 187-213 참조.

15) 이를 'NPS'로 표현하기도 한다.

16) Joseoh A. Bosco, International Law Regarding Outer Space-An Overview, 55 *Journal of Air Law and Commerce* (1990), 644.

17) He Qizhi, Towards a New Legal Regime for the Use of Nuclear Power Sources in Outer Space, 14 *JSL* (1986), 96.

18) E. R. C. van Bogaert, *Aspects of Space Law*, Kluwer Law and Taxation Publishers (1986), 249.

19) I. H. Ph. Diederiks-Verschoor, Environmental Protection in Outer Space, 30 *German Yearbook of International Law* (1987), 154.

20) 이를 'Kosmos-954' 라고 표기하는 학자들도 있다.

21) Bosco, 644-645.

22) Lubos Perek, The Scientific and Technological Basis of Space Law, in Nandasiri Jasentuliyana(ed.), *Space Law-Development and Scope*, Praeger (1992), 183.

Cosmos 954사건을 요약하면 다음과 같다. 소련은 1977년 9월 18일 50kg의 우라늄연료를 사용하는 핵원자로를 탑재한 5톤 무게의 정찰용 인공위성 Cosmos 954를 Tyura Tam 근처의 우주선기지(Cosmodrome)에서 발사하였는데,[23] 동 위성은 3주전에 발사된 Cosmos 952와 함께 대서양과 태평양을 정찰하는 해양정찰위성(ocean surveillance satellite)이었다. 1978년 1월 24일 이 위성이 다시 지구의 대기권으로 들어오면서 분해되어 그 잔해가 캐나다의 북서부지역 Great Slave 호수에서 Baker 호수방면에 떨어졌는데,[24] 그 면적은 오스트리아의 크기에 상당하였다. 이 지역은 인구가 밀집된 곳이 아니므로 다행히 인명이나 재산의 피해는 없는 것으로 보고되었으나 잔해에서 방사능이 누출될 가능성이 높았다.[25] 그 폐기물의 태반이 농도가 다른 방사성 물질이었으나 그 중에서는 인간이 접촉하면 2-3시간 후에 치사 효과를 갖는 파편도 있었다. 이 사고는 지구상에만 영향을 준 일이지만 핵에너지가 오염의 잠재적 위험이 될 수 있다는 것을 충분히 증명하고 있다.[26]

캐나다 정부는 즉각적으로 위성의 잔해와 방사능에 대한 대규모의 공중 및 지상추적을 시작하였다. 동 작전은 캐나다 육군과 원자력관리위원회(Atomic Energy Control Board of Canada)의 합동으로 이루어졌으며 작전명은 '아침햇살작전'(Operation Morning Light)으로 명명되었다. Cosmos 954의 잔해에 대한 청소작업과 복구작업에 미국의 카터(Carter) 대통령이 캐나다 수상 튀르도(Turdeau)에게 즉각적인 기술적 도움을 주겠다고 함으로써 1978년 10월까지 진행되었는데, 500마일에 이르는 영역에서 약 60여개의 방사능오염지역이 포착되었고, 이 작업을 통하여 2개의 파편이 방사능물질임이 확인되었다. 캐나다는 이러한 사실을 소련과 UN 사무총장에게 통보하였으며 소련은 이러한 방사능오염이 Cosmos 954에서 유래하였음을 인정하고, 전문가를 캐나다에 파견하여 방사능추적에 도움을 주겠다고 제의했으나 거절당하였다. 소련은 캐나다의 요구대로 위성과 핵원자로에 관한 정보를 제공하였다.

1979년 1월 23일 캐나다는 1972년 책임협약과 일반국제법에 근거하여 소련 측에 손해배상을 청구하였다. 특히 1972년 책임협약 제2조는 손해가 지상이나 비행중인 항공기에 발생한 경우에는 발사국에 절대책임을 규정하고 있다. 책임협약 제9조는 관계국가들이 외교적 경로를 통하여 해결할 것을 제시하고 있고, 제10조는 손해발생 후 1년 내에 손해배상을 청구하도록 하고 있으며, 제12조에 발사국은 그들의 우주물체로 인하여 발생한 손해에 대하여 책임질 것을 명시하고 있다. 캐나다는 소련의 위성이 캐나다의 영공을 침범하여 주권을 손상시키고, 위험한 방사능으로 인하여 캐나다의 영토를 오염시킨데 대해 국제법원칙을 원용하였다.[27]

캐나다가 이 사건으로 인해 위성잔해 수색과 방사능검사 및 청소작업을 수행하는데 소요된

---

23) Paul G. Dembling, Cosmos 954 and the Space Treaties, 6 *JSL* (1978), 129.
24) Bryan Schwartz and Mark L. Berlin, After the Fall : An Analysis of Canadian Legal Claims for Damage Caused by Cosmos 954, 27 *McGill Law Journal* (1982), 677.
25) Kevin D. Heard, Space Debris and Liability: An Overview, 17 *Cumberland Law Review* (1986), 173.
26) van Bogaert, 65.
27) Karl-Heinz Böckstiegel, Case Law on Space Activities, in N. Jasentuliyana (ed.), *Space Law-Development and Scope-*, Praeger (1992), 206.

비용은 약 14,000,000 캐나다 달러였으나 실제로 소련에게 청구한 금액은 6,041,177 캐나다 달러였다. 캐나다와 소련은 약 3년간의 교섭을 거쳐 1981년 4월 2일 모스크바에서 "Cosmos 954로 인한 손해에 대한 캐나다의 배상청구 해결에 관한 의정서" (Protocol on Settlement of Canada's Claim for Damages Caused by Cosmos 954)[28]를 체결함으로써 동 사건을 종결하였다. 이 의정서에 의하면 소련은 1978년 1월 Cosmos 954의 사고와 관련된 문제의 해결을 위하여 3,000,000 캐나다 달러를 지급하고 캐나다는 이를 수락하여 배상문제를 해결하는 것으로 하였다. '아침햇살작전' 에 참가한 미국은 미화 200만 내지 250만 달러를 썼으나[29] 소련에 대하여 청구하지 않았다.

동 사건은 우주개발사상 한 주권국가가 다른 국가에게 우주물체의 추락에 의해 입은 손해를 배상하도록 청구한 첫 번째 사례라고 볼 수 있으며, 또한 캐나다의 청구에 응해 소련이 부분적인 배상을 한 것은 주권국가간 이루어진 첫 번째 우주책임배상사건이라는 점에서 국제법상 하나의 좋은 선례를 남겼다고 볼 수 있다. 다만 아쉬운 점이 있다면 소련과 캐나다가 1972년 책임협약의 당사국이었지만 동 협약이 적용되지 못했다는 것이다.

(2) NPS의 필요성과 정의

1967년 우주조약에서도 명시된 바와 같이 우주에서의 핵무기사용은 금지되어 있지만,[30] NPS의 사용은 금지되지 않고 있다.[31] 현재 지구궤도에서 활동 중인 소형 위성의 발전을 위해서는 약 400 와트(watts)의 전력이 필요하다. 단기간이나 적은 양의 힘이 소모되는 위성에서는 화학연료전지(chemical fuel cells)나 태양열전지(solar power cells)로도 가동이 가능하나 장기간 많은 힘을 필요로 하는 그리고 태양계내의 탐사에 에너지를 필요로 하는 위성에 충분한 전력을 공급하기 위해서는 핵연료가 유일한 에너지원인 것으로 알려져 있다. 화학연료전지는 수명이 짧고, 태양열전지의 경우 화성까지만 효과가 있기 때문에 장기간의 비행에 필요한 행성 탐사용 인공위성들은 핵연료를 적재하고 있는 것이다. 미국은 1964년부터 유인 Apollo, 화성에 보낸 로봇방식의 Viking 그리고 Pioneer, Voyager, Galileo, Ulysses 등 로봇방식의 태양계 탐험계획에 이용하였다.[32]

NPS의 정의에 관하여는 NPS원칙 중 가장 핵심적인 내용을 담고 있는 원칙 제3에 명시되어 있는 내용을 살펴봐야 하는데 이것은 안전사용에 관한 지침과 규준을 명시하고 방사능

---

28) 20 *International Legal Materials* (이하 *ILM*) (1981), 689.

29) Alexander F. Cohen, Cosmos 954 and the International Law of Satellite Accidents, 10 *Yale Journal of International Law* (1984), 80.

30) 1967년 우주조약 제4조 참조.

31) P. P. C. Haanappel, *The Law and Policy of Air Space and Outer Space-A Comparative Approach*, Kluwer Law International (2003), 64.

32) Ricky J. Lee, Nuclear and Radioisotopic Power in Space: The Cumulative Content and Effect of the United Nations Space Treaties and Declarations, *Proceedings of the 46th Colloquium on the Law of Outer Space* (2003), 399; Mirmina, 133-134.

보호와 핵안전에 대한 일반적 목표, '핵원자로' (nuclear reactor) 및 '방사성 동위원소 발전기' (radioisotope generators)에 대한 안전을 구별하여 규정하고 있다. 핵원자로의 경우는 우라늄 235의 핵분열을 통제함으로써 열에너지를 방출하는 핵원자로를 사용하는 방법이고, 방사성 동위원소 발전기는 방사성 동위원소가 방출하는 에너지를 이용하는 방법이다. 두 시스템에 대한 선택은 주로 동력과 작동시간의 조건에 달려있다. 방사성 동위원소 발전기를 사용하는 경우는 1킬로와트(kw)이하의 발전수준에 이용되고, 그보다 더 많은 양의 발전이나 작동시간이 수백시간이상 지속되는 경우는 핵원자로를 사용하게 된다.[33] 방사성 동위원소 발전기는 핵분열을 하는 것이 아니므로 핵원자로가 아니다. 그럼에도 불구하고 이것이 NPS로 간주되는 것은 방사성 동위원소 플루토늄-238이 자연적으로 발생하는 열을 전력으로 전환할 때 연료로 사용되기 때문이다.

COPUOS의 '법률소위원회' 내에서 원칙 제3의 용어를 일치하는 데에는 1978년부터 1992년까지 장기간의 시간이 소요되었다. 핵원자로의 경우 반드시 '고농축 우라늄 235' (highly enriched uranium 235)를 연료로 사용하도록 하고 있는데, 그 이유는 '플루토늄 239' (plutonium 239)가 인체에 위험하다면 우라늄 235는 비교적 해를 덜 주기 때문이다.[34] NPS의 위험성은 그것의 충돌 가능성이 더욱 높아지고 있음에 존재하는데 그 이유는 NPS 위성의 대다수가 이미 포화 상태인 지구 저궤도(low earth orbits)에 위치하고 있어 충돌 가능성이 높으며, 충돌로 인한 방사능 누출 이외에 지구표면에 대한 오염손해를 유발시킬 수 있기 때문이다.[35]

(3) NPS 원칙

Cosmos 954 사건 직후 캐나다 정부는 UN사무총장에게 이 사실을 알렸으며, 1978년 2월 13일부터 3월 2일까지 진행되었던 회기에서 COPUOS의 '과학기술소위원회' (Scientific and Technical Sub-Committee)는 우주에서 핵에너지사용의 결과를 전반적으로 검토하였다.[36] 이 문제가 COPUOS에 제기된 것은 이 사건에 의해서만 유래된 것은 아니었고 다만 이전에는 1972년 책임협약과 관련해서만 논의되었을 뿐이다.[37] 캐나다 정부대표는 이러한 문제를 위하여 일단의 안전조치를 만들 필요가 있으며, 또한 '작업그룹' (working group)을 구성할 것을 제안하였는데, 호주, 콜롬비아, 이집트, 에콰도르, 이태리, 일본, 나이제리

33) Nandasiri Jasentuliyana, A Perspective of the Use of Nuclear Power Sources in Outer Space, 2 *Annals of Air and Space Law* (1979), 523-524.

34) Perek, 184.

35) Andrea Bianchi, Environmental Harm resulting from the Use of Nuclear Power Sources in Outer Space : Some Remarks on State Responsibility and Liability, in Francesco Francioni & Tullio Scovazzi(eds), *International Responsibility for Environmental Harm*, Graham & Trotman/Martinus Nijhoff (1993), 238-239.

36) van Bogaert, 249.

37) I. H. Ph Diederiks-Verschoor and V, Kopal, *An Introduction to Space Law,* 3rd revised ed., Wolster Kluwer Law and Business (2008), 102.

아, 스웨덴의 지지를 받았고, 그 밖의 많은 대표들도 캐나다의 요구에 호응적이었다.[38] 그러나 소련과 다른 동구권 국가들은 동 제안에 반대하였으며, 그 결과 작업그룹의 설치는 무산되고 말았다. 그러나 과학기술소위원회는 동 주제에 관한 정보는 관련국가들에 의하여 UN사무총장, UN의 관련기관 및 국제과학기구에 반드시 제공되어야 한다고 주장하였다.[39] 1978년 3월 15일 캐나다 대표는 계속해서 COPUOS의 '법률소위원회' 에서 핵에너지의 사용에서 발생하는 위험으로 인해 동 위원회에서 채택된 이전의 법문서들을 개정할 필요가 있는가 하는 것과 필요하다면 핵에너지의 사용에 관한 문제를 규율하는 새로운 규칙을 제정할 것을 제안하였다. 따라서 두 소위원회는 COPUOS에게 이 문제에 관한 역할을 논의할 것을 촉구하였다. 1978년 6월 26일부터 7월 7일까지 열린 COPUOS의 본회의에서 작업그룹을 창설할 것에 합의하였다.[40] 따라서 두 위원회는 각각의 영역에서 핵에너지 문제를 연구하도록 요청받았다.[41]

1982년부터 COPUOS의 '법률소위원회' 는 핵발전 위성의 재진입문제를 다루기 시작하여, 1986년 NPS를 규율하는 원칙을 컨센서스(consensus)에 의하여 채택하였다.[42] 동 원칙은 핵발전 위성의 발사국은 동 위성이 기능부전상태로 대기권에 재진입할 시에는 관계국에 적시에 그 상황을 통보하도록 하고 있다. 이 원칙의 법적 성격은 별문제로 하고 법률소위원회에서 이러한 컨센서스가 이루어졌다는 사실은 확실하게 '법적확신' (*opinio juris*)의 증거를 형성하고 있는 것이며, 동 주제에 관한 국제법의 현 상태를 평가하는데 많은 고려가 될 수 있다는 데에 그 가치가 있을 것이다.[43] 결국 이러한 문제를 해결하기 위한 원칙에 관한 논의는 그 후 계속되었지만 당사국을 구속하는 조약으로까지는 발전하지 못하고 UN 총회의 결의를 통하여 표결 없이(without vote) 채택되었는데, 1992년 12월 14일 총회결의 47/68인 "우주에서의 핵원료 사용에 관한 원칙"(Principles Relevant to the Use of Nuclear Power Sources in Outer Space; NPS원칙)[44]이 그것이다.

동 원칙은 총 11개의 조항으로 이루어졌는데, 전문에서 UN총회는 COPUOS의 제35차 보고서와 동 위원회에서 승인된 "우주에서의 핵원료 사용에 관한 원칙" 을 고려하여 채택된 것임을 밝히고 있고, 원칙 제1에서 우주에서의 핵원료 사용은 UN헌장 및 1967년 우주조약을 포함한 국제법에 따라 수행되어야 한다고 명시하고 있다. 원칙 제2에서는 용어의 사용에 있어서 '발사국' 을 'launching State' 와 'State launching' 으로 표현하는데 이것은 관할권과 통제권을 행사하는 국가를 의미한다. 원칙 제3에서는 안전사용에 관한 지침과 규준을 명시하고 방사능보호와 핵안전에 대한 일반적 목표, '핵원자로' (nuclear reactor) 및 '방사성 동위원소 발전기' (radioisotope generators)에 대한 안전을 구별하여 규정하고

38) Doc. A/AC105/C1/L103, 27 February 1978.
39) Doc. A/AC105/220.
40) Doc. A/AC105/PV 179-188, June-July 1978.
41) van Bogaert, 250-251.
42) UN. Doc. A/AC. 105/370 (1988), 10.
43) Bianchi, 243.
44) Report of the Committee on the Peaceful Uses of Outer Space, U.N.GAOR 47th Session, Supp. No.20, A/47/20, 25.

있다. 원칙 제4는 원칙 제3에 내포된 안전사용의 규준에 따라서 발사국이 안전평가(safety assessment)를 수행할 것을 의무화하고 있다. 원칙 제5에서는 핵원료를 사용하는 우주물체를 발사한 국가는 동 물체가 기능부전으로 인하여 재진입시 지구에 방사능물질을 누출할 위험이 있는 경우, 반드시 적절한 시기에 관계국가에 발사체의 제원(諸元) 및 핵원료에 관한 정보를 통보하도록 규정하고 있다. 원칙 제6은 국가들 간의 추가정보에 관한 협상과 요구에 관한 규칙을 제시하고 있다. 원칙 제7은 국가에 대한 원조를 규정하고 있는데, 핵원료를 탑재한 우주물체를 발사하고 우주관제 및 추적시설을 갖춘 모든 국가는 동 물체가 대기권에 예상대로 재진입했다는 정보를 통지한 후, UN사무총장과 다른 관계국가에게 가능한 조속하게 기능부전으로부터 얻은 정보를 국제협력의 정신에 따라 교환해야 한다. 이것은 동 물체로 인하여 영향을 받을지 모르는 국가들에게 이로 인한 상황을 판단할 수 있는 시간을 벌어주며, 필요한 사전조치를 취할 수 있게 한 것이다. 발사체의 재진입후에 발사국은 즉각적으로 실제적인 또는 가능한 위해를 제거하기 위한 필요한 원조를 제공해야 한다.[45] 또한 원조를 제공함에 있어서 개발도상국들의 특별한 필요성이 고려되어야 한다는 것이다. 원칙 제8에서는 1967년 우주조약 제6조에 따라서 발사국이 책임을 지도록 규정하고, 원칙 제9에서는 1967년 우주조약 제7조와 1972년 책임협약의 규정에 따라서 발사국은 국제적인 책임을 질 것과 국제법 및 정의와 형평에 따라서 배상할 것을 규정하고 있다. 원칙 제10은 이와 같은 원칙의 적용에서 발생하는 분쟁의 해결을 다루고 있고, UN 헌장에 따른 협상이나 다른 기존의 절차를 통한 해결을 모색하고 있다. 마지막으로 원칙 제11은 이 결의안이 채택된 후 2년 내에 COPUOS에 의해서 개정될 수 있도록 하고 있다. 그러나 지금까지 개정이 된 바는 없다.[46] 리(Ricky J. Lee)는 이 원칙들 중 제1, 제6, 제7, 제8, 제9 그리고 제10원칙은 단지 NPS를 다루는 조약들의 규정을 재언급하고 있고, 결국 제3, 제4, 제5원칙들이 새로운 규정들이라고 주장하는데, 혹자는 이것들도 단지 1967년 우주조약 제9조를 연장하여 설명하는 것으로 파악하기도 한다.[47]

NPS원칙들은 UN 결의이기 때문에 법적 구속력은 없다. 다시 말해서 국가들을 구속하는 법문서는 아니다. 현존하는 우주법에 관한 협약들의 관점에서 볼 때는 일종의 권고의 형태로써 NPS에 관한 우주협약 상 보충적 역할을 할 수 있을 뿐이다. 그럼에도 불구하고 많은 학자들이 동 결의 속에 나타난 몇 개의 원칙들은 국제관습법을 표명하고 있다고 주장한다. 구체적으로 우주에서의 NPS의 통지나 사용, 책임에 관한 규칙들은 법의 일반적 성격에 대한 기초를 형성하는 것으로 간주되는 '근본적으로 규범창설적 성격' (a fundamentally norm-creating character)을 지닌 것으로 볼 수 있는데, 국가관행이 이를 더욱 증명해주고 있다. 러시아가 플루토늄 238에 의한 Mars 96위성을 발사할 예정이라고 UN사무총장에게 통지한 바 있으며, 미국도 35kg무게의 플루토늄 238 이산화물(dioxide)을 실은 로켓

45) Bosco, 646-647.
46) Diederiks-Verschoor & Kopal, 105.
47) Lee, 400-401.

Cassini의 발사를 UN에 통보한 바 있다.[48] 이러한 선진 우주개발국들이 NPS원칙들을 준수할 때 동 원칙들은 국제관습법으로 발전할 가능성을 지니게 되고,[49] 또한 국제조약으로도 발전할 수 있는 것이다.

(4) 핵관련 조약

NPS문제는 핵관련조약들과 관련지어 연구되어야 하는데, 대표적인 핵사고로는 1986년 4월 25일 소련의 체르노빌(Chernobyl) 원자력발전소에서 안전부주의로 원자로가 폭발한 '체르노빌 사건' 이 있다.[50] 이와 관련하여 몇몇 조약들은 '핵에너지의 평화적 이용' (peaceful use of nuclear energy)에 관한 책임문제를 언급하고 있는데, 국가의 책임은 규율하지 않고 운영자의 민사상책임에 관해서만 규율하고 있다. 여기에는 1960년과 1963년의 "핵에너지분야의 제3자 책임에 관한 협약" (Convention on the Third Party Liability in the Field of Nuclear Energy)[51]이나 1963년의 "핵으로 인한 손해에 대한 민사책임에 관한 비엔나 협약" (Vienna Convention on Civil Liability for Nuclear Damage),[52] 1971년의 "핵 물질의 해상운송분야에 관한 민사책임에 관한 협약" (Convention Relating to Civil Liability in the Field of Maritime Carriage of Nuclear Material)[53]을 들 수 있다. 그러나 이러한 조약들로는 체르노빌 사건과 같은 경우를 다루기에는 불충분하여 이 사건 이후 국제원자력기구(IAEA)의 주관으로 새로운 두 개의 협정이 체결되었는데, 1986년 "핵사고의 조기통보에 관한 협약" (Convention on Early Notification of a Nuclear Accident)[54], 1986년 "핵사고 또는 방사능비상사태시 지원에 관한 협약" (Convention on Assistance in the Case of a Nuclear Accident or Radiological Emergency)[55]이 그것이다.[56]

NPS와 관련 있는 조약은 위의 두 개의 조약이라고 할 수 있는데, 전자의 경우 제1조에 "동 협약은 체약국 또는 체약국의 관리, 관할 하에 있는 자연인 또는 법인이 제2항에서 정하고 있는 시설 및 활동에 관한 사고에서 방사성물질을 방출하거나 그러한 우려가 있는 경우 또는 타국에 방사성안전에 관한 영향을 초래할 정도의 국경을 넘는 방출을 초래하거나 그러한 우려가 있는 사고에 적용 된다" 고 하는데 제2항 중 관련 있는 사항은 (a) 소재지를

48) Yun Zhao, Discussion on Extending/Modifying The 1992 Nuclear Power Sources Principles to Broader Space Operations, *Proceedings of the 46th Colloquium on the Law of Outer Space* (2003), 414-415.

49) Natalia R. Malysheva & Oleg B. Chebotaryov, International and Peaceful use of Nuclear Power Sources in Outer Space, *Proceedings of the 47th Colloquium on the Law of Outer Space* (2004), 483.

50) 동 사건에 관하여 Alexandre Kiss & Dinah Shelton, *International Environmental Law*, London (1991), 331-335참조.

51) 956 *United Nations Treaty Series* (이하 *UNTS*) 252; 2 *ILM* (1963) 685.

52) 2 *ILM* (1963), 727.

53) 974 *UNTS* 255.

54) 25 *ILM* (1986), 1370.

55) 25 *ILM* (1986), 1377.

56) Caterine Redgwell, International Environmental Law, in Malcolm D. Evans(ed.), *International Law*, Oxford University Press (2003), 674.

불문하고 모든 원자로, (f) 우주물체에서의 발전을 위한 방사성 동위원소의 이용을 들 수 있다. '핵원자로' 및 '방사성 동위원소 발전기'가 모두 NPS로 사용되므로 동 협약이 우주에서 활동하는 국가들에게 적용됨은 당연하다.[57] 후자의 경우 동 조약은 원칙적으로 NPS 우주물체에도 적용되는데 국가 영역 내 원자력 발전소에 적용하기 위한 실정법적 체제에도 불구하고 제2조에서 국가관할권내의 모든 원자력 사고 및 방사능 비상사태로 적용범위를 확대함으로써 우주 활동으로 인한 사고에도 적용시킬 수 있는 결정적 역할을 제공하고 있다. 또한 동 협정은 제1조에서 신속한 원조를 촉진하기 위한 일반적 협력의무를 규정하고 있는데 이 조항은 원자력 사고로 인한 유해한 결과를 최소화하고, 방사능 오염으로 인한 인명, 재산, 환경의 보호를 목적으로 하고 있다. 제2조 3항에서는 구체적인 의무가 피해국의 원조요청 통지를 받은 국가에게 있음을 명시하고 있다.[58]

(5) 국제환경법의 원칙

우주에서의 NPS의 사용에 국제환경법의 일반원칙이 적용되어야 하는 데에 컨센서스가 이루어진 바는 없다.[59] 그러나 이 문제는 국제환경법과 매우 관련되는 문제인데, 이에 관하여 가장 많이 언급되는 사건으로는 1926년에 시작되어 1941년에 결론이 맺어진 캐나다와 미국 간 중재재판인 "트레일 제련소 사건"(Trail Smelter Case)[60]을 들 수 있다. 위 사건에서 인용된 "국가는 자국영역을 사용함에 있어서 타국에 피해를 주지 않도록 사용할 의무가 있다"는 근본적인 법적 진술(basic legal proposition)은 1963년 스페인과 프랑스 간 "라누 호수(Lac Lanoux) 사건"[61]에서도 재확인된 바 있다. 이밖에 "다른 사람의 것에 해를 주지 않도록 네 자신의 것을 사용하라"(*sic utere tuo ut alienum non laedas;* use your own so as not to injure another)는 원칙, 권리남용의 개념, 영토보전의 원칙, 선린관계(*bon voisinage*)의 원칙 등이 국제환경법의 일반원칙들로 들 수 있다.[62]

그리고 비록 연성법이지만 1972년 스톡홀름회의에서 만장일치로 채택된 스톡홀름선언의 원칙 21[63]과 원칙 22[64]는 현대 국제환경법의 이정표로 간주되고 있다. 원칙 21은 모든 국가가 그들의 관할권이나 통제권내에서의 활동이 다른 국가나 국내관할권의 한계를 넘어선

---

57) Bianchi, 242.

58) Bianchi, 248.

59) Mirmina, 140.

60) 이 사건의 개요에 관하여 K. J. Madders, Trail Smelter Arbitration, 2 *Encyclopedia of Public International Law* (1995), 653-656 참조.

61) XII *Reports of International Arbitral Awards* (1963), 281.

62) Malanczuk, 246.

63) "각 국은 UN헌장과 국제법원칙에 따라 자국의 자원을 그 환경정책에 의거하여 개발할 주권을 갖는다. 각 국은 또한 자국의 관할권내 또는 지배하의 활동이 타국의 환경 또는 국가관할권범위를 벗어난 지역의 환경에 손해를 주지 않도록 조치할 책임이 있다."

64) "각 국은 자국의 관할권내 또는 지배하의 활동이 자국관할권밖에 있는 지역에 미친 오염, 그 외 환경상의 손해피해자에 대한 책임 및 보상에 관한 국제법을 더욱 발전시키도록 협력해야 한다."

영역의 환경에 해를 끼치지 말아야 할 책임이 있다고 명시하고, 또한 각 국은 UN헌장과 국제법의 원칙에 따라 그들의 환경정책을 바탕으로 자원을 개발할 권리가 있다는 점을 확인하고 있다. 이러한 원칙들을 구체화하기 위해서 좀 더 특별한 권리와 의무가 공식화될 필요가 있었는데, 이것은 원칙 22에 반영되어 국가가 그 관할권과 통제권의 범위 내에서 그 관할권 밖의 영역에 대하여 끼친 공해나 환경침해의 희생자에게 보상과 책임을 지는 국제법을 발전시킬 것을 요구하고 있다.[65] 이러한 원칙들은 1992년 리우선언(Rio Declaration)에 반영되었고, 국제관습법으로 발전되고 있다고 할 수 있다.[66]

5. 우주탐사 및 이용에 관한 우주혜택선언

1996년 6월 COPUOS의 제39차 회기에서 채택되고 제51차 UN총회 결의의 부속서 형태로 되어 있는 이 선언의 원래 명칭은 "개발도상국의 특별한 필요를 고려하면서 모든 국가의 혜택과 이익을 위하여 우주의 탐사와 이용에 관한 국제협력에 관한 선언"(Declaration on International Cooperation in the Exploration and Use of Outer Space for the Benefit and in the Interests of all States, Taking into Particular Account the Needs of Developing Countries; 일명 '우주혜택선언')[67]인데 그야말로 제목대로 개도국의 특별한 필요를 고려하여 모든 국가의 이익을 위해서, 그리고 국제법에 따라서 우주활동에 관한 국제협력을 수행해야 한다고 천명하고 있다. 이와 같은 목적은 1967년 우주조약 제1조에 명시된 바와 같이 외기권 우주의 탐사와 이용은 개도국을 고려한 모든 국가의 이익과 이해를 위해서 개발되어야 한다는 원칙에 기초를 두고 있는 것이다.[68] 또한 각국이 외기권우주탐사 및 이용에 관한 국제협력에의 참가를 결정하는 것은 자유이지만, 협력에 따른 계약조건은 공정하고 합리적이어야 하며, 지적재산권(intellectual property rights)과 같은 관련국의 합법적 권리와 이해관계에 완전히 부합해야 한다고 규정하고 있다. 개도국의 특별한 필요를 고려한다는 원칙과 관련하여 이 선언은 국제협력의 수행은 개도국에 대한 기술지원 필요성, 재정 및 기술재정의 합리적이고 효율적인 배분을 고려하여 ①우주과학 및 기술개발 진흥, ②관심 있는 국가의 적절한 우주능력개발 육성, ③상호 수용할 수 있는 조건 하에서의 국가 간 전문지식 및 기술교류촉진 등에 그 목표를 두고 이루어져야 한다고 규정하고 있다.[69]

65) Malanczuk, 241-242.
66) Mirmina, 141-142.
67) UN Doc. A/AC.105/C.2/L.211. of June 11. 1996.
68) Nandasiri Jasentuliyana, *International Space Law and The United Nations*, Kluwer Law International (1999), 46-47.
69) 오윤경외, *21세기 현대국제법질서*, 박영사 (2001), 413.

6. 유엔 우주폐기물감축 가이드라인

유엔에서 우주관련 문제를 다루는 중심은 COPUOS인데 여기서 1994년 이래 우주폐기물 문제 논의를 주도한 것은 법률소위원회가 아니라 과학기술소위원회로서 1999년 우주폐기물에 관한 기술보고서(Technical Report on Space Debris)를 발간하였다. IADC(Inter-Agency Space Debris Coordination Committee, 기관간 우주폐기물 조정위원회)는 우주에서 인공 혹은 자연적으로 발생한 폐기물과 관련된 활동의 조정을 위한 정부기관 간 국제포럼으로서 회원 우주기관 간에 우주폐기물 연구활동 정보를 교환하여 연구협력 기회를 증진시키며, 진행 중인 협력활동을 점검하는 등의 방법으로 우주폐기물 감소방안을 찾고 있다. COPUOS의 요청에 의하여 IADC는 2001년 이래 컨센서스에 의해 우주활동의 제 단계에서 폐기물의 발생을 감소 또는 제거할 수 있는 비용효과적인 가이드라인인 "IADC 우주폐기물 감축 가이드라인"(IADC Space Debris Mitigation Guidelines)을 개발, 권고한 바 있다.[70] 여기서 만들어진 가이드라인들은 2007년 6월 COPUOS 제527차 회의 시 '우주폐기물작업반' 에서 개발한 '우주폐기물작업반' 에서 개발한 "우주폐기물감축 가이드라인"(UN Space Debris Mitigation Guidelines)의 기초가 되었는데, 2007년 12월 제62차 UN총회에 제출되어 총회결의로 채택되었다.[71]

이 가이드라인은 우주비행체와 발사체 최상단의 임무 계획, 제조 그리고 운용(발사, 임무 및 처분) 단계시, 7개 가이드라인을 고려되어야 할 사항으로 담고 있는데, 연성법(soft law)의 역할을 하고 있다. 7개 가이드라인이란 가이드라인 1(정상작업 중 폐기물 배출 제한), 가이드라인 2(작업 단계에서 분리가능성 최소화), 가이드라인 3(궤도에서의 우발적 충돌가능성 제한), 가이드라인 4(고의적 파괴나 다른 유해행위의 회피), 가이드라인 5(탑재연료 때문에 임무 후에 분리할 가능성을 최소화), 가이드라인 6(저궤도에서 위성이나 우주정거장의 임무완료 후 존속기간 제한), 가이드라인 7(지구정지궤도에서 위성이나 우주정거장의 임무완료 후 존속기간 제한)을 들 수 있다.[72]

---

70) Lotta Viikari, *The Environmental Element in Space Law-Assessing the Present and Charting the Future-*, Martinus Nijhoff Publishers (2008), 94.

71) UNGA Resolution 62/217 (A/RES/62/217) of 21 December 2007, para. 26.

72) 김한택, 국제법상 우주폐기물감축 연성법의 역할에 관한 연구, *항공우주정책 · 법학회지* 제30권 제2호 (2015), 481-484 참조.

03장

아르테미스 약정

김한택, 아르테미스 약정의 우주법적 의미에 관한 연구, *항공우주정책·법학회지* 제38권 제1호 (2023), 77-110 참조.

2021년 5월 27일 미국 주도의 유인 달탐사 프로젝트인 "아르테미스 프로젝트"(Artemis Project)에 한국이 참여하게 되었다. 미국이 50년 만에 인류를 다시 달로 보내는 이 국제 프로젝트는 국가 간 기술개발 프로젝트가 아니라 민간기업이 참여하는 프로젝트로 뉴스페이스(New Space) 시대에 맞추어 진행되고 있다. 1970년대 아폴로 프로젝트(Apollo Project)가 국가가 주도한 올드스페이스(Old Space) 시대[1)]에 미국 정부의 프로젝트였던 반면, 아르테미스 프로젝트는 미국 주도의 국제 협력 프로그램이자 민간 참여 프로그램이다. 평화적 목적의 달·화성·소행성 탐사 및 이용에 관해 아르테미스 프로젝트의 참여국들이 지켜야 할 원칙을 담고 있는 것이 "아르테미스 약정"(Artemis Accords)인데, 미국, 일본, 영국, 이탈리아, 호주, 캐나다, 룩셈부르크, 아랍에미리트(UAE) 등 8개국이 2020년 10월 우선 서명하였고, 추가적으로 우크라이나, 대한민국, 앙골라, 아르헨티나, 바레인, 벨기에, 브라질, 불가리아, 콜롬비아, 체코, 에콰도르, 프랑스, 독일, 그리스, 아이슬란드, 인도, 이스라엘, 멕시코, 네덜란드, 뉴질랜드, 나이지리아, 폴란드, 루마니아, 르완다, 사우디아라비아, 싱가포르, 슬로베니아, 스페인, 스위스, 스웨덴, 우루과이, 리투아니아, 페루, 슬로바키아, 아르메니아, 등 2024년 7월 현재 총 43개국이 서명하였다.

최근 미국을 비롯한 우주개발국가들이 달에 관심을 갖게 된 것은 달 표토층에 약 110만t(추정 채굴 가능량)이 매장돼 있을 것으로 추정되는 헬륨3 때문이다. 헬륨3은 방사선 오염 물질이 발생하지 않는 핵융합 청정에너지원으로, 인류의 안전한 미래를 위해 가치가 매우 높은 에너지 자원으로 꼽힌다. 달의 헬륨3 매장량은 약 110만t으로, 약 70억 지구인들이 약 1만년 동안 쓸 수 있는 에너지를 제공해 줄 수 있을 것으로 분석되고 있다. 1t의 헬륨3의 경제적 가치는 약 30억 달러로 예측되는데, 미 항공우주국(National Aeronautics and Space Administration, 'NASA')은 달의 헬륨3를 채굴해 지구로 가져와서 발전소를 만들어 전력을 생산하게 되면 모든 비용을 감안해도 경제성이 82배 이상일 것으로 판단하고 있다. 또한 달의 표토층에 포함된 희토류들은 지구보다 상대적으로 농도가 높아 특정 희토류의 경우 지구에 가져와 사용할 수도 있다. 또한 달의 바다에 집중적으로 분포되어 있는 것으로 알려진 티타늄이나 지구만큼이나 흔한 철광석 등은 달 현지에서 기지 구축 등을 위한 구조물 제작에 사용할 수 있을 전망이다.[2)]

이 글에서 필자는 우선 UN의 "우주의 평화적 이용위원회"(Committee on the Peaceful Uses of Outer Space, 'COPUOS')의 주도로 체결되었으며, 우주법의 '대헌장'(Magna Charter)[3)]이라고 할 수 있는 1967년 '우주조약'(달과 다른 천체를 포함한 외기권 우주의 탐사 및 이용에 관한 국가활동을 규제하는 원칙조약, Treaty on Principles Governing the Activities of States in the Exp1oration and Use of Outer Space, including the Moon and Other Celestial Bodies, 'OST')[4)]에 기초하여 아르테미스 약정의 우주법적 의미를 분석한 후, 특히 아르테미스 약정과 우주자원개발의 의미를 살펴볼 것이며, 그리고 결론적으로 아르테미스 약정으로 인한 국제사회의 분열을 최소화하기 위한 법적 방안을 찾아볼 것이다.

---

1) 항공우주산업이 중심이 정부저책에 의해서 이루어지던 시대를 말함.
2) "70억이 1만년 쓸 자원 있다"…달, 인류의 광산으로 뜬다[과학을 읽다], 아시아경제, 2022.08.24.
3) He Qizhi, The Outer Space Treaty in Perspective, 25 *Journal of Space Law* (이하 *JSL*) (1997), 93.
4) UNGA Res. 2222(XXI), 19 December 1966; 1967년 10월 10일 효력이 발생하였으며, 1967년 10월 13일 한국에 대하여 발효되었다.

제1절 아르테미스 약정의 우주법적 의미

아르테미스 프로젝트는 NASA가 2024년까지 인간을 다시 한번 달에 보내는 것을 목표로 추진하고 있는 우주 프로그램이다. 아르테미스 임무를 위해 NASA는 혁신적인 기술을 사용하여 그 어느 때보다 더 많은 달 표면을 탐험하며, 최초의 여성이자 최초의 유색인종을 달에 착륙시킬 예정이다. 그 이유는 아폴로 계획이 백인 남성 위주로 진행되었기 때문이다. 또한 아르테미스 프로젝트는 달 탐사에만 국한되지는 않고, 화성, 혜성, 소행성에도 적용된다. 아르테미스(Artemis)는 그리스 신화에서 달, 사냥, 야생 동물, 순결의 여신으로, 로마 신화에서는 디아나(Diana)와 동일시된다. 제우스(Zeus)와 레토(Leto)의 딸인 그녀는 아폴로(Apollo)와는 남매지간이다.

이번 달 탐사 프로젝트가 아폴로 달 탐사 프로젝트의 후속으로 이루어진다는 의미로 아르테미스라고 명명했으며, 여성 우주 요원을 먼저 달에 착륙하게 하는 이유도 그러한 이유에서이다. 아르테미스 약정서 첫 페이지에도 "평화적인 목적을 위해 달, 화성, 혜성, 소행성[1]의 민간 탐사 및 활용을 위한 협력원칙"(Principles for Cooperation in the Civil Exploration and Use of the Moon, Mars, Comets, and Asteroids for Peaceful Purposes)이라는 부제가 달려있듯이, NASA는 우주개발과 우주 이용을 위한 혁신적인 신기술과 시스템을 개발하고 달 탐사를 발판 삼아 화성을 비롯한 심우주 탐사로 도약하는 것을 목표로 하고 있다.

NASA는 아르테미스 약정의 주요 내용을 2024년 7월 현재 당사국이 115개국에 이르는 1967년 우주조약(OST)에서 근거로 찾고 있지만, 아르테미스 약정은 연성법(soft law)이 주로 활용되는 기존 우주법 체계의 흐름과 다른 양상을 띠고 있다. 다시 말해서 아르테미스 약정은 유엔(UN)이라는 공간에서 협의되지 않았다.[2] 따라서 기존 우주 관련 다자협약의 형태와 다르다고 할 수 있는데, 그렇다고 미국 국무부(United States Department of State)가 주도한 것도 아니다. 본 약정은 NASA가 주도하여 양자합의의 형태로 체결되었으므로,

---

1) 대부분의 발견된 소행성(asteroid)은 화성과 목성 궤도 사이의 소행성대에 존재하는데, 다양한 금속을 포함한 광물로 이루어져 있다. 백금이 풍부한 것으로 알려진 지름 500m 정도 크기의 소행성 가치가 미국 달러로 약 29조 달러, 우리나라 돈으로는 약 3경 원이나 된다고 한다. 물이 풍부한 소행성은 500m 정도 크기가 무려 50조 달러에 해당한다. 백금보다도 더 높게 평가 받는 건 지구에는 풍부한 물을 우주에서는 얻기 어렵기 때문이다. 우주에서 필요한 물을 지구에서 가져가려면 1리터당 무려 2만 달러나 든다. 소행성의 물을 사용할 수 있으면 우주에서 인간이 마시는 것은 물론, 로켓의 연료로 쓸 수도 있고, 산소를 만들 수도 있다(희귀한 자원 풍부한 달과 소행성[이태형의 생활천문학] 이태형의 생활천문학 28, 사이언스타임즈, 2015.11.26.).

2) Han Taek Kim, Legal Implications and Prospects for Korea's Participation in the Artemis Accords(이하 'Artemis Accords' 로 약칭), 9 *Korean Yearbook of International Law* (2021), 2022, 192.

1969년 "조약법에 관한 비엔나협약"(Vienna Convention on the Law of Treaties, 'VCLT') 상 조약이라고 말하기는 어렵다.[3)]

1. 목적과 범위

내용 면에서 아르테미스 약정의 전문은 동 약정의 "목적과 범위"(Purpose and Scope)에 관하여 모든 우주법의 기초적인 내용을 표현하고 있는 OST 조항을 구현하는 것을 목표로 한다고 명시하고 있다.[4)] 따라서 아르테미스 약정은 인간의 천체탐사를 위한 모범 사례, 즉 우주 공간의 평화적 사용, 투명성, 상호 운용성, 우주 공간에서 활동하는 인력에 대한 비상시 원조, 우주물체등록, 과학 데이터 공개, 우주 유산의 보존, 우주 자원의 활용, 우주 활동에서의 충돌 해소 및 우주 공간의 지속 가능한 사용 등을 촉진하기 위한 일련의 지침을 수립하고 있다. 전술한 바와 같이 아르테미스 약정은 법적인 측면에서는 공식적으로 구속력이 없는데,[5)] 그 이유는 아르테미스 약정 섹션 13(2)에서 미국 정부는 이 협정의 원본을 보존하고 유엔 사무총장에게 이 협정의 사본을 전달할 것이나, 이것을 유엔의 공식 문서로서 기구의 모든 회원국에게 회람할 목적으로 하는 UN헌장 제102조[6)]에 따라 등록할 수 없다고 명시하고 있기 때문이다. 따라서 아르테미스 약정은 국제법의 맥락에서 구속력이 없는 '정치적 약속'(political commitment)이다.[7)]

2. 평화적 목적

아르테미스 약정의 섹션 3은 "평화적 목적"(Peaceful Purposes)을 언급하고 있는데, 서명국이 수행하는 모든 활동은 "배타적으로 평화로운 목적을 위한 것"이어야 한다고 명시

---

3) 오시진, 국제우주법체계 상 아르테미스 약정의 함의, *국제법평론* (2021-III, 통권 제60호), 40.

4) Frans von der Dunk with Fabio Tronchetti(ed.), *Handbook of Space Law*, Edward Elgar Publishing (2015), 49.

5) Rossana Deplano, The ARTEMIS Accords: Evolution or Revolution in International Space Law? 70 *International and Comparative Law Quarterly* (2021), 801.

6) 제102조
  1. 본 헌장이 발효된 후 국제연합 회원국이 체결한 모든 조약 및 국제협정은 가능한 한 조속히 사무국에 등록되고 공표되어야 한다.
  2. 본조 1항의 규정에 따라 등록되지 않은 그러한 조약 또는 국제협정의 어떠한 당사자도 국제연합의 어떤 기관 앞에서도 그 조약 또는 협정을 원용할 수 없다.

7) Elya A. Taichman, The Artemis Accords: Employing Space Diplomacy to De-Escalate a National Security Threat and Promote Space Commercialization, 11 *American University National Security Law Brief*, no. 2, (2021), 128; Han Taek Kim, Artemis Accords, 103.

하고 있다. 이것은 OST 제4조 후반부 조항을 복제하였다.[8] 한편 OST보다 앞서 1963년 12월 13일 유엔총회가 장래의 우주 활동에 관련된 법원칙으로 채택한 "우주 공간의 탐사 및 이용을 위한 국가활동을 규율하는 법원칙 선언"(Declaration of Legal Principles Governing the Activities of States in the Exp1oration and Use of Outer Space, 이하 '우주법 선언')[9]은 원칙 4에서 "우주활동은 유엔 헌장과 국제법에 따라 국제평화와 안전을 위해서 그리고 국제협력과 이해를 위해서 행해져야 한다." 고 함으로서 우주의 탐사 이용은 군사적 목적이 아닌 '평화적 목적' 으로 수행되어야 함을 밝히고 있다. '우주법 선언' 에 관하여 우주탐사 초기에는 이러한 우주 활동에 관한 국가 관행이 제한적이었지만, 그럼에도 불구하고 1972년 ICJ 판사 Manfred Lachs는 "1963년 우주법 선언을 단순한 권고로 간주하기는 어렵고, 이는 법률로 받아들여진 문서였다." 라고 언급한 바 있다.[10] 다시 말해서 1963년 우주법 선언이 국제관습법의 효력을 지니게 되었음을 밝힌 것이다.

OST 4조 후반부에 따르면 달과 다른 천체는 '평화로운 목적' 을 위해서만 사용해야 한다. 군사기지나 시설 및 요새의 설립, 모든 유형의 무기 시험, 천체 상에서 군사 기동 수행은 금지된다. 다만 과학적 연구 또는 기타 평화적 목적을 위한 군인의 사용이나, 달과 다른 천체의 평화적 탐사에 필요한 장비나 시설의 사용도 금지되지 않는다. OST 4조의 '평화적 목적' 의 의미에 대해 소련은 '비군사적'(non-military)으로 해석했고, 미국은 우주의 군사적 이용은 '비침략적'(non-aggressive) 목적으로 제한해야 한다고 주장했는데, 지금까지 '평화로운 목적' 이라는 용어는 일반적으로 비군사적이라기보다는 비침략적인 것을 의미하는 것으로 이해되고 있다.[11] 이 견해는 전통적으로 미국에 의해 유지 되어 왔으며, 천체에 대한 군사 활동을 명시적으로 금지하지 않았기 때문에 아르테미스 약정에도 반영된 것이다. 소련은 처음부터 우주의 '비군사적' 입장을 주장했지만, 사실 미국과 마찬가지로 우주에 군사위성을 계속 발사하였으므로 더 이상 이 주제의 논의가 필요 없다.[12]

OST에서 특별한 병기를 언급하지는 않고 있으므로 탄도미사일(ballistic missiles) 또는 로켓(rockets)을 금지하고 있지 않다는 해석이 있다.[13] 다시 말해서 ASAT(anti-satellite, 위성

---

8) Rossana Deplano, 802; 간혹 OST 제4조 후반부를 제4조 (2)항으로 표시하는 글도 보이나 OST 제4조는 전반부와 후반부로 구성되어 있다.

9) UN Resolution 1962(XVIII), 13 December 1963; 이 결의가 우주 활동의 포괄적 법원칙을 처음으로 모색하였다는 점에서 의의가 크며, 또한 유엔 총회의 결의형식으로 된 이 9개의 우주법 선언 원칙들이 정확한 의미의 강제력을 가진 법규범은 아니지만, 그 당시 우주 활동의 독점적 위치에 있는 미국과 소련이 수락한 법원칙이기 때문에 적어도 우주법 형성의 기초가 되었으며, 1967년 OST에 반영되었다. 더구나 우주법 선언의 원칙들의 대부분 조항들에 대하여 국가들로부터 이의제기가 없었기 때문에 이것은 국제관습법화되었다(김한택, *우주법론*, 도서출판 아진, 2020, 146-147); 우주관습법의 형성에 관하여 V S. Vereshchetin & G M. Danilenkio, Custom As a Source of International Law of Outer Space, 13 *JSL* (1985), 22-35 참조.

10) Manfred Lachs, *The Law of Outer Space: An Experience in Contemporary Law-Making*, Leiden: Sijthof (1972), 138; Michael P. Scharf, *Customary International Law in Times of Fundamental Change-Recognizing Grotian Moments*, Cambridge University Press (2013), 123-124.

11) Bin Cheng, *Studies in International Space Law*, Clarendon Press · Oxford (1997), 515-516.

12) Ram Jakhu, Legal Issues Relating to the Global Public Interest in Outer Space, 32 *Journal of Space Law* (2006), 44, 48; Carl Christol, Article 2 of the 1967 Principles Treaty Revisited, 9 *Annals of Air and Space Law*(이하 *AASL*로 약칭) (1984), 85.

요격 무기)[14]와 BMD(space based ballistic missile defense, 우주 기반 탄도미사일 방어)는 금지하지 않고 있는데, 그 이유는 미국과 소련이 지금까지 이 두 종류의 무기개발이 합법이라는 견해에 합의했기 때문이다.[15] 한편 2022년 4월 18일 미국이 우주쓰레기를 만드는 ASAT 시험을 금지한다고 선언하였다.[16] ASAT 시험을 금지한 것은 미국이 처음인데, 한국정부도 2022년 10월 3일 개회되는 UN총회 1위원회에서 위성요격실험을 하지 않을 것을 국제사회에 발표하기로 하였다. 2023년 8월 현재 미국, 캐나다, 뉴질랜드, 일본, 독일, 영국과 27개 유럽연합(EU)국가, 한국이 ASAT 시험금지에 동참하고 있다.[17]

최근에는 '우주의 군사화'(militarisation of outer space)라는 용어보다는 '우주의 무기화'(weaponisation of outer space)라는 용어가 더 많이 사용되고 있다. 2008년 2월 12일 우주의 무기화를 우려한 중국과 러시아가 유엔 총회 군축 특별회기(UN General Assembly' s Special Session)가 위임한 군축회의(Conference on Disarmament; CD)에 "우주에서의 무기배치와 우주물체에 대한 무력의 위협이나 사용금지조약안"(Draft Treaty on the Prevention of the Placement of Weapon in Outer Space and of the Threat or Use of Force against Outer Space Objects; PPWT)[18]을 공동으로 제기하고, 그리고 일부 수정을 거쳐 2014년 6월 16일 유엔 군축회의에 "Draft Treaty on the Prevention of the Placement of Weapons in Outer Space, the Threat or Use of Force against Outer Space Objects"를 재차 제출한 바 있는데, 미국은 현재 우주에서는 무기경쟁이 없다는 이유로 이를 계속 반대하고 있다. 미국은 "제안된 군비통제 협정안이나 제한은 미국의 국익을 위해서는 우주에서 연구, 개발, 시험, 작전 또는 기타 활동을 수행할 미국의 권리를 침해해서는 안 된다."는 입장을 취하고 있다.[19]

또한 아르테미스 약정의 섹션 3은 서명국이 '국제법에 따라' 활동을 수행할 것을 요구하는데, 이것은 OST 제3조에 포함된 조항을 반영하고 있다. 국제법에 따른 예로는 유엔헌장, 특히 국제분쟁의 평화적 해결, 국내문제 불간섭 원칙, 국제기구의 틀 안에서의 협력 등

13) E. R. C, van Bogaert, *Aspects of Space Law*, Kluwer Law and Taxation Publishers (1986), 68.

14) 2019년 3월 28일 인도가 미국, 러시아, 중국에 이어 세계 네 번째로 ASAT 시험에 성공했다. ASAT는 지상이나 전투기에서 미사일, 레이저 등을 발사해 전략위성을 파괴하는 인공위성 요격 무기시스템을 통칭하는 말인데, 이러한 시험의 문제점은 인공위성이 파괴되면서 나오는 우주쓰레기가 다른 위성들을 위협할 수 있다. 중국이 2007년 1월 11일 ASAT 탄도미사일로 530마일(약 853㎞) 상공에 떠 있는 자국의 낡은 기상위성 '펑윈(風雲) 1호'를 격추시키는 데 성공하였는데, 당시 미사일에 맞은 위성의 파편이 약 3,000여 개나 발생하였다. 그중 하나가 지구 궤도를 돌다가 2013년 1월 22일 러시아의 과학실험용 인공위성 '블리츠(BLITS)'와 부딪혀 고장을 일으키고 궤도를 이탈시킨 적이 있다(중 우주쓰레기 때문에 러 인공위성 고장, 경향신문, 2013.03.10.).

15) Jakhu, 85.

16) 백악관 국가 우주위원회 위원장인 카멀라 해리스(Kamala D. Harris) 부통령은 2022년 4월 18일 캘리포니아주 반덴버그(Vandenberg) 우주군 기지를 방문한 자리에서 "미국은 오늘부로 파괴적인 직접 발사 대(對) 위성 미사일시험을 하지 않겠다"고 밝혔다(미, 인공위성 요격 미사일시험 금지…러·중 압박, 연합뉴스, 2022.04.19.).

17) Seven Countries Join ASAT Test Ban, Arms Control Association, November 2022, available at https://www.armscontrol.org/act/2022-11/news-briefs /seven-countries-join-asat-test-ban(last visited on Feb.14, 2023); EU 모든 회원국, '인공위성 요격 미사일 시험'중단 선언, SPACEMAP, 2023.08.27.

18) CD/1839, 29 February 2008.

19) Outer Space, Reaching Critical Will, *availble at* http://www.reachingcriticalwill.org/resources/fact-sheets/critical-issues/5448-outer-space(last visited on Nov. 28, 2022).

을 들 수 있고, OST 자체는 조약법 및 일반 국제법(general international law)이 부여하는 모든 효력 조건에 의해 규율되는 것으로 해석할 수 있다. 이에 따라 조약체결능력, 비준절차, 조약의 탈퇴, '조약은 준수되어야 한다' (*pacta sunt servanda*), '계약 불이행의 항변' (*exceptio non adimpleti contractus*)의 원칙 및 '사정변경의 원칙' (*rebus sic stantibus*)에 관한 규칙들이 적용될 수 있을 것이다.[20] 1969년 VCLT 제31조 1항도 "조약은 조약문의 문맥 및 조약의 대상과 목적으로 보아 그 조약의 문면에 부여되는 통상적 의미에 따라 성실하게 해석되어야 한다." 고 명시하고 있고, 조약의 준수에 관한 기본원리인 "*pacta sunt servanda*" 에 관하여 VCLT 제26조는 "유효한 모든 조약은 당사자들을 법적으로 구속하며, 또한 당사국에 의하여 신의 성실하게(good faith) 이행되어야 한다." 라고 규정하고 있다.[21]

3. 투명성

아르테미스 약정의 섹션 4는 우주활동의 "투명성" (Transparency)을 다루고 있는데, 서명국가가 "OST 제11조에 따라" 신의성실을 바탕으로 대중 및 과학계와 우주활동으로 인한 과학적 정보를 공유할 것을 요구하고 있다. OST 제11조는 평화로운 우주 탐사 및 이용에 있어 국제 협력을 촉진하기 위해 달과 기타 천체를 포함하여 우주에서 활동을 수행하는 본 조약의 당사국은 그러한 활동의 성격, 행동, 위치 및 결과에 대해 실행 가능하고 실행 가능한 최대 범위까지 일반 대중 및 국제 과학계뿐만 아니라 UN 사무총장에게도 정보를 제공하는 데 동의해야 하며, UN사무총장은 전술한 정보를 접수하는 즉시 이를 즉시 효과적으로 배포해야 한다고 명시하고 있다.[22]

이렇게 현행 국제우주제도는 투명성과 개방성을 규범적으로 요구하고 있는데, 이것은 우주활동이 '전세계적 공공 이익' (global public interest)과 관련되어 있음을 시사하고 있다.[23] 이러한 우주에서의 '전세계적 공공이익' 에 대한 원리는 국제공동체에게 '대세적 의무' (obligation *erga omnes*)[24]를 부과하고 있다. '전세계적 공공이익' 에 대한 원리는 국제우주체제의 다음과 같은 간략하게 설명된 측면을 다루는 법적 규범에서 상당한 지지를 찾을

20) van Bogaert, 41-42.

21) Han Taek Kim, Artemis Accords, 103-106.

22) Rossana Deplano, 802-803.

23) Ram Jakhu, 49, 54.

24) '모든 국가의 관심사' (concern of all states)라는 대세적 의무규범의 존재는 ICJ의 1970년 "바르셀로나 전력회사 사건" (Barcelona Traction Case)에서 다음과 같이 인정되었다.
"한 국가의 국제공동체 전체에 대한 의무와 외교적 보호 분야에서 타국에 대해 발생하는 의무 본질적으로 구분되어야 한다. 그 본질상 전자는 모든 국가들의 관심사이다. 관련된 권리들의 중요성을 고려하면, 모든 국가가 그들의 보호에 법적 이익을 갖는 것으로 인정될 수 있는데, 이들이 바로 대세적 의무(obligation *erga omnes*)이다." (Barcelona Traction Case, ICJ Rep. 1979, 4, 32).

수 있는데, (i) 우주를 모든 인류의 영역이라고 선언한 점, (ii) 우주에서의 협력의 의무, (iii) 우주비행사를 인류의 사절이라고 한 점, (iv) 우주활동에서 해로운 오염을 피하라고 한 점, (v) 우주활동을 국가, 사적 실체 그리고 정부간 조직체(Intergovermental Organizations; IGOs)로 제한한 점, (vi) 우주활동으로 인한 손해배상에 대한 절대책임원칙, (vii) 우주에서의 핵무기 및 대량파괴무기 배치 금지, (viii) 우주활동의 공개성과 투명성 그리고 (ix) 국제우주제도의 보편적 적용 등을 들 수 있다.[25)]

4. 상호 운용성

아르테미스 약정의 섹션 5는 "상호 운영성"(Interoperability)을 다루고 있는데, 서명국가가 우주 기반 탐사에 사용되는 모든 기반 시설(연료 저장 및 전달 시스템, 착륙 구조, 통신 시스템 및 전력 시스템)의 상호 운용성을 보장하는 공통 탐사 인프라(common exploration infrastructure) 및 표준(standards)을 채택할 것을 요구한다.[26)] 이러한 발전은 우주 기반 탐사, 과학적 발견 및 상업적 활용을 향상시킬 것임을 인식한다고 하였다. 상호 운용성에 관하여 OST에는 명시된 바 없으나,[27)] 이 조항은 1975년 7월 미국과 소련의 아폴로-소유즈(Apollo-Soyuz) 우주선의 공동 임무를 위한 역사적인 도킹프로젝트로 거슬러 올라가 우주 공간에서 국제 협력 분야에서 확립된 관행을 반영하고 있다.[28)] 즉, 조난을 당한 다른 국가의 요원을 지원하는 것을 예로 들 수 있다. 이와 관련하여, 아르테미스 약정의 섹션 5의 규정은 우주비행사들이 사고나 조난을 당한 경우 또는 다른 당사국의 영역이나 공해상에 비상착륙한 경우에 그들에게 모든 가능한 원조를 제공하도록 당사국에게 요구하는 OST 제5조와 관련이 있다.[29)]

25) Ram Jakhu, *op. cit.*, 48-49; 김한택, 우주조약의 국제법적 의미에 관한 연구, *항공우주정책·법학회지* 제28권 2호 (2013), 234-235.

26) Rossana Deplano, 803.

27) Walker A. Smith, Using the Artemis Accords to Build Customary International Law: A Vision for a U.S.-Centric Good Governance Regime in Outer Space, 86 *Jounal of Air Law and Commerce* (2021), 680.

28) 50년 전 달 착륙은 미-소 합작품이 될 뻔했다, 한겨레, 2019.07.12.

29) 2023년 2월 24일 러시아는 카자흐스탄 바이코누르 우주기지에서 국제우주정거장(ISS)에 있는 우주인 3명을 태우고 돌아올 러시아 유인 캡슐 '소유스 MS-23'을 발사했으며, 캡슐은 발사 9분 후 안전하게 목표 궤도에 진입했다. 소유스 MS-23에는 우주인들에게 보내는 의료와 과학장비, 물, 음식물 등 430kg의 보급품이 실려 있으며, 2023년 3월 6일 오전 ISS에 도킹한 후 9월에 NASA 우주인 프랭크 루비오와 러시아 우주인 세르게이 프로코피예프, 드미트리 페텔린 등 3명을 태우고 지구로 돌아올 예정이다. 현재 ISS에 머물고 있는 우주인 3명은 2022년 9월 소유스 MS-22를 타고 도착하여 6개월간 임무를 수행한 뒤 2023년 3월 말경 지구로 귀환할 예정이었으나, 2022년 12월 ISS에 도킹해 있던 소유즈 M-22 캡슐의 외부 냉각관에 작은 운석 충돌에 의한 것으로 보이는 구멍이 생겨 냉각수가 유출되면서 귀환이 연기됐고, 임무 기간도 다음 팀이 도착하는 2023년 9월까지로 연장됐다. 현재 우크라이나 전쟁으로 미국과 러시아의 갈등이 고조된 상황이지만, 미국 NASA와 러시아의 로스코스모스(Roscosmos)는 소유즈 M-22를 통한 우주협력과 소유스 MS-23를 통한 우주인 구조 임무를 함께 보여주고 있는 것이다('ISS에 발 묶인 우주인들을 구출하라' …러시아, 구조선 발사 카자흐 바이코누르서 발사…오는 9월 우주인 태우고 귀환 예정, 매일경제, 2023.02.24.).

5. 비상시 원조

아르테미스 약정의 섹션 6은 "비상시 원조" (Emergency Assistance)를 다루고 있는데, 서명국에게 '조난을 당한 우주 요원' (personnel in outer space who are in distress) 에게 필요한 지원을 제공하도록 요구하고 있다. 이것은 OST 제5조에 따른 의무를 복제했다. OST 제정 이전의 1963년 우주법선언은 원칙 7에서 "국가는 우주물체와 그 승무원에 대해서 관할권과 관리의 권한을 가지며, 등록국의 영역 외에서 발견될 이러한 물체들 또는 그 구성부분은 반환되어야 한다."는 것과 원칙 9에서 "우주비행사(astronaut)는 우주 공간에 있어 '인류의 사절' (envoys of mankind)로 간주되고, 국가는 외국영역 또는 공해에서 사고, 조난 또는 긴급한 착륙이 있는 경우에는 그들에게 모든 가능한 원조를 제공하고, 우주비행사는 등록국에 신속하고 안전하게 송환되어야 한다."고 밝히고 있다. 전술한 바와 같이 1963년 우주법 선언은 국가들로부터 이의제기가 없었기 때문에 국제관습법으로 발전한 조항들이다. 이것을 그대로 반영한 OST 제5조에 의하면 조약의 당사국은 우주비행사를 우주 공간에 있는 인류의 사절로 간주하고 사고, 조난 또는 다른 당사국의 영토 또는 공해에 비상착륙하는 경우 가능한 모든 지원을 제공해야 한다. 우주비행사가 그러한 착륙을 하면 안전하고 신속하게 우주선을 등록국가로 귀환시켜야 한다. 우주 공간과 천체에서 활동을 수행함에 있어 한 당사국의 우주비행사는 다른 당사국의 우주비행사에게 가능한 모든 지원을 제공해야 한다. 조약 당사국은 달 및 기타 천체를 포함하여 우주 공간에서 발견한 모든 현상에 대해 조약의 다른 당사국 또는 유엔사무총장에게 즉시 알려야 한다.

아르테미스 약정은 또한 가맹국들이 '구조협정' (우주비행사의 구조, 우주비행사의 귀환 및 외기권에 발사된 물체의 회수에 관한 협정, Agreement on the Rescue of Astronauts, the Return of Astronauts and the Return of Objects Launched into Outer Space)[30)]의 제반 조항을 준수할 것을 명시하고 있다. 구조협정은 서문에서는 우주조약을 언급할 때 우주조약 제5조 상 명시된 '우주비행사' 라는 용어를 사용하고 있지만, 조약 본문에서는 '우주선의 요원' (personnels of spacecraft)이라고 하여 이보다 더 넓은 의미로 규정하고 있다. 미국 University of Southern California의 크리스톨(Carl Q. Christol) 교수는 구조협정이 OST 제5조보다 우주 요원에 대한 보호를 더 광범위하게 규정하고 있으므로 우주 활동에 참여하는 모든 승무원은 구조협정의 보호를 받을 자격이 있다고 언급한 바 있다.[31)]

우주비행사라는 용어는 우주선을 조종하는 모든 인간 또는 우주선 내에서 조종하는 데

30) UNGA Resolution 2345(XXI), 19 December 1967; 1967년 12월 19일 채택되고, 1968년 12월 3일에 효력을 발생하였다. 1969년 4월 4일 한국에 대하여 발효됨.

31) Carl Q. Christol, *The Modern International Law of Outer Space,* Permagon Press (1982), 183.

필요한 인간을 의미한다. 그러나 많은 경우, 이를 담당하지는 않지만 우주 임무를 완수하는 데 필요한 사람이 우주선에 탑승하여 실제로 우주탐사 및 기타 우주 활동의 발전을 돕는 경우가 많다. 예를 들어, 우주 임무를 수행하는 과학자들이 때때로 탑승하지만 요원으로 간주되지 않을 수 없다. 따라서 우주선에 탑승하여 임무 완수에 필요한 활동을 수행하기 위한 모든 인간을 포함하기에는 우주비행사보다는 요원이라는 용어를 사용하는 것이 적절하다. 따라서 구조협정에는 요원에 대한 정의가 나와 있지 않지만, 우주비행사, 우주엔지니어, 우주과학자 등이 포함된다고 볼 수 있다.[32] 아르테미스 약정의 섹션 6도 '조난을 당한 우주 요원' 이라고 표현한 것은 구조협정 상 용어에 맞춘 것 같다.[33]

6. 우주물체의 등록

1963년 우주법 선언의 원칙 7을 반영한 OST 8조에 따르면, 우주 공간으로 발사된 물체를 등록한 조약의 당사국은 우주 공간이나 천체에 있는 동안 그러한 물체와 그 물체에 대한 관할권과 통제권을 갖는다. 천체에 착륙하거나 건설된 물체를 포함하여 우주 공간으로 발사된 물체와 그 구성 부품의 소유권은 우주 공간이나 천체에 존재하거나 지구로 돌아오더라도 영향을 받지 않는다. 여기서 우주물체의 법적 지위는 선박 국적의 지위와 유사하다. 이에 따라 선박은 선박등록국이, 항공기는 항공기등록국이, 우주물체는 우주물체등록국이 관할권을 갖는다. 이와같이 한 국가의 수송수단이 가지는 관할권을 '준영토관할권' (quasi-territorial jurisdiction)이라고 한다.[34] 우주물체의 등록과 관할권 문제는 1974년 11월 12일에 제정된 '등록협약' (외기권 우주에 발사된 물체의 등록에 관한 협약, Convention on Registration of Objects Launched into Outer Space)[35]과 관련이 있다. 아르테미스 약정 섹션 7은 "우주물체의 등록" (Registration of Space Objects)을 다루고 있는데, 이 약정에 따른 협력 활동을 위해 서명국은 등록협약에 따라 관련 우주물체를 등록해야 하는 국가를 결정하기로 약속하고 있다. 등록협약의 비당사국과 관련된 활동의 경우, 당사국은 해당 비당사국과 협의하여 적절한 등록 수단을 결정하는 데 협력한다고 명시하고 있다. 사실 등록은 우주 활동의 기반이 되는 것으로 우주물체를 등록하지 않으면 책임 문제뿐만 아니라, 어떠한 우주 활동으로 인한 문제해결에 적절하게 대처할 수 없기 때문에 중요한 것이다.[36]

32) Zhao Yun, A Legal Regime for Space Tourism: Creating Legal Certainty in Outer Space 74 Journal of Air Law and Commerce, 2009, p. 978; 김한택, 구조협정의 주요 내용과 우주법상 의의에 관한 연구, *법제연구* 제57호, 법제연구원 (2019), 226.

33) Han Taek Kim, Artemis Accords, 106-108.

34) Bin Cheng, Studies in International Space Law, 73.

35) UNGA Resolution 3235(XXIX), 12 November 1974; 1975년 1월 14일 체결되어, 1976년 9월 15일에 효력을 발생하였으며, 1981년 10월 15일 한국에 대하여 발효됨.

36) Walker A. Smith, 681.

현재 우주물체의 등록에 관하여 두 가지 법제도가 존재하는데, 등록협약에 가입하지 않은 국가들은 유엔 총회의 1961년 결의 1721(XVI) 및 1963년 우주법 선언 원칙 7을 따라야 할 것이고,[37] OST의 당사국은 OST 제8조와 등록협약의 당사국은 등록협약의 지배를 받을 것이다. 전자의 경우 연성법(soft law)이, 후자의 경우 경성법(hard law)이 적용되는 것이다.

He Qizhi는 국가가 우주로 발사된 우주물체에 대한 관할권과 통제권을 유지한다는 원칙은 매우 짧은 시간 안에 이루어졌다고 하면서, '인스턴트 국제관습법' (instant customary international law)[38]의 출현 문제에 대한 논란이 있지만, 대부분의 국제법학자들은 특히 우주관습법이 장기간의 관행의 존재를 요구하지 않는다고 주장하고 있다.[39] 따라서 UN결의 1721 (XVI)과 1963년 우주법 선언 원칙 7은 그 자체로는 구속력은 없지만, 국제관습법의 규범으로 발전했다고 할 수 있다. 그러나 우주법 선언 원칙 7과 OST 모두 정보의 성격과 범위의 제공에 관하여 통보국가의 재량에 맡기고 있는 한계가 있다.[40] 한편 유엔 총회는 "발사국 개념의 적용" (Application of the Concept of the 'launching State')에 관한 2004년 12월 10일 결의 59/115를 통하여 우주 활동의 하는 국가들은 OST를 비롯한 '책임협약' (우주물체로 인한 손해의 국제책임에 관한 협약, Convention on International Liability for Damage Caused by Space Object)[41]과 등록협약 상 국제의무를 수행할 것을 촉구한 바 있다.[42]

7. 궤도폐기물

아르테미스 약정의 섹션 12는 서명국들에게 양자협정에 "궤도폐기물" (Orbital Debris) 즉, '우주쓰레기' (또는 우주폐기물, 우주잔해물, space debris, space junk, space garbage, space trash, space waste)[43] 감소 계획을 포함하도록 요구하고 있다. 우주쓰레기는 지구를

37) Gennady Zhukov and Yuri Kosolov (translated from the Russian by Belitzky Boris), *International Space Law*, Praeger (1984), 91.

38) 사실 이 문제는 University College London의 법과대학 교수였던 Bin Cheng 교수가 1965년 그의 논문 "United Nations Resolutions on Outer Space: 'Instant' International Customary Law ?(23 Indian Journal of International Law, 1965, p. 23)에서 법적 확신과 관행의 관계를 연구하면서 우주법을 예로 들 때, 인스턴트 국제관습법 문제가 제기되었다. Bin Cheng 교수는 우주법 발전의 광범위한 틀은 1963년 우주법 선언이라고 하면서 관습을 형성하는데 있어서 핵심요소는 '법적 확신' (*opinio juris*)이며, 오랜 기간 동안 실행의 존재가 필요하지 않다고 하였다.

39) He Qizhi, 97.

40) 김한택, 우주법상 등록협약의 의의와 미래과제에 관한 연구, *항공우주정책·법학회지* 제35권 제2호 (2020), 394.

41) UNGA Resolution 2777(XXVI), 29 November 1971; 동 협약은 1972년 9월 1일에 효력을 발생하였다, 1980년 1월 14일 한국에 대하여 발효됨; 책임협약에 관한 최근 논의에 관하여 김한택, 우주책임협약 50년의 국제법적 의미에 관한 연구, *저스티스* 통권 제189호(2022. 4), 400-426.

42) United Nations A/RES/59/115, 25 January 2005; Han Taek Kim, Artemis Accords, 109-110.

43) 유럽우주국(ESA)에 따르면 1957년 소련의 Sputnik 1호 발사로 시작된 우주 시대의 도래 후 2024년 6월 18일 현재까지 로켓 발사 횟수는 약 6,6400회(고장 제외)이며, 로켓 발사로 인해 지구 궤도(Earth orbit)에 배치한 위성의 수는 약 18,400개이며, 아직 우주에 있는 위성의 수는 약 12,540개이며, 여전히 작동하는 위성의 수는 약 10,000개이다. Space

도는 위성의 수가 증가하면서 발생하는 현상으로, 사실 OST 조항에서는 다루지 않았다. 그럼에도 불구하고, 아르테미스 약정 섹션 12는 OST 제9조에 명시된 다른 국가의 "해당 이익을 적절히 고려하여" 우주활동을 수행하는 국가의 의무와 관련되고, 이에 비추어 해석될 수 있다. 전반적으로 아르테미스 약정의 이러한 유형의 조항은 확립된 국제관행에서 벗어나지 않으므로 논란의 여지가 없다.

우주쓰레기에 관하여 2007년 6월, 제527차 COPUOS 회의에서 "우주폐기물 경감 가이드라인"(UN Space Debris Mitigation Guidelines)이 승인되었고, 동년 12월 제62차 유엔총회에서 채택되었다. 이 가이드라인은 우주비행체와 발사체 최상단의 임무 계획, 제조 그리고 운용(발사, 임무 및 처분) 단계시, 7개 가이드라인을 고려되어야 할 사항으로 담고 있는데, 연성법의 역할을 하고 있다. 7개 가이드라인이란 가이드라인 1(정상작업 중 폐기물 배출 제한), 가이드라인 2(작업 단계에서 분리가능성 최소화), 가이드라인 3(궤도에서의 우발적 충돌가능성 제한), 가이드라인 4(고의적 파괴나 다른 유해행위의 회피), 가이드라인 5(탑재연료 때문에 임무 후에 분리할 가능성을 최소화), 가이드라인 6(저궤도에서 위성이나 우주정거장의 임무완료 후 존속기간 제한), 가이드라인 7(지구정지궤도에서 위성이나 우주정거장의 임무완료 후 존속기간 제한)을 들 수 있다.[44]

8. 우주 유산 보존

아르테미스 약정 섹션 9는 OST를 포함한 기존의 우주관련 조약들에서는 볼 수 없는 조항으로, "우주 유산의 보존"(Preserving Outer Space Heritage)을 명시하고 있다. 섹션 9(1)에서 서명국은 역사적으로 중요한 인간 또는 로봇의 착륙 지점, 인공물, 우주선, 그리고 상호 개발된 표준 및 관행에 따라 천체에 대한 활동의 기타 증거로 구성된 것으로 간주되는 우주 유산을 보존하기로 하며, 섹션 9(2)에서 서명국은 우주 유산 보존에 적용할 수 있는 국제관행과 규칙을 더욱 발전시키기 위한 다자간 노력을 위해 동 약정에 따른 경험을 사용할 계획이라고 명시하고 있다. 이 원칙의 목적은 역사적으로 중요한 천체 활동에 대한 인간 또는 로봇의 증거를 보호하여 달이나 다른 천체의 표면에 대한 새로운 임무가 아폴로호가 탐사하던 장소와 같은 과거 수년 동안 수행된 임무의 잔해에 부정적인 영향을 미치지 않도록 한다는 것이다. 실제로 닐 암스트롱(Neil Armstrong)과 버즈 올드린(Buzz Aldrin)이 아폴로 11호를 타고 달을 방문했을 때 달 착륙선의 일부와 미국 국기, 여러 가지 쓰레

Surveillance Networks에서 정기적으로 추적하고 카탈로그에 유지 관리되는 우주쓰레기 수는 약 36,040개이며, 해체, 폭발, 충돌 또는 단편화를 초래하는 비정상적인 사건의 예상 횟수는 640회 이상이며, 지구 궤도에 있는 모든 우주쓰레기의 총 질량은 12,400톤 이상인데, 모든 우주물체가 추적되고 카탈로그화되는 것은 아니다. 현재 10cm보다 큰 우주쓰레기는 40,500개이며, 1cm에서 10cm 사이는 1,100,000개, 1mm에서 1cm 사이는 1억 3천만 개나 된다. *available at* https://www.esa.int/Space_Safety/Space_Debris/Space_debris_by_the_numbers(last visited on Jan, 5, 2024).

44) 김한택, 국제법상 우주폐기물감축 연성법의 역할에 관한 연구, *항공우주정책 · 법학회지*, 제30권 2호 (2015), 481-484.

기를 포함해 약 100개의 물체를 남기고 왔는데, 이 물체들은 여전히 달에 있으며, 인류의 첫 발자국에 둘러싸여 있다. 2019년 7월 11일자 뉴욕타임스(NYT)는 "달에 대한 관심이 다시 높아지면서 인류의 달 유산을 보존할 것인가, 어떻게 보존할 것인가를 고려해야 할 때가 되었다는 목소리가 나오고 있다" 고 보도한 바 있다. 한편 NASA와 미 천제지질과학센터(ASC)에 따르면 1959년 9월 소련이 발사한 루나(Luna) 2호가 최초로 달 표면에 도달한 이후 60년간 달 연착륙에 성공한 우주선은 20기에 달한다고 한다.[45]

9. 과학적 데이터의 공개

아르테미스 약정의 섹션8은 "과학적 데이터의 공개"(Release of Scientific Data)에 관한 것인데, OST는 제11조에서 우주 활동을 수행하는 당사국은 "가능한 최대한으로 그리고 실행 가능한 범위까지 그러한 활동의 성격, 행위, 위치 및 결과를" 국제사회에 알려야 한다고 명시하고 있다. 과학적 데이터의 공개는 NASA 초기 때부터의 관례였으며, 아르테미스 약정은 이 관례를 우주법의 규범으로 널리 준수하도록 촉진하고자 하는 의도가 있다.[46] NASA의 이러한 정책은 과학적 데이터를 포함하여 더 광범위한 정보를 공유하는 것이고, 따라서 다른 서명국도 동일한 작업을 하도록 장려하는 것이다. 단, 이 약속은 그러한 작업이 서명 국가를 대신하여 수행되지 않는 한 민간 부문 작업에는 적용되지 않는다고 명시하고 있다. 이렇게 민간기업의 활동을 예외로 둔 것은 OST에 담겨져 있지 않은 내용이다.[47]

45) "달에 찍힌 인류 첫 발자국, 없어질 수도 있다"…우주 유산 보존 '과제', 헤럴드경제, 2019.07.12; Han Taek Kim, Artemis Accords, 112.

46) Walker A. Smith, 682.

47) 최남미, 한국의 아르테미스 약정 가입의 의의와 약정의 쟁점, *한국항공우주학회 2022 추계학술대회 논문집* (2022), 767.

제2절 아르테미스 약정과 우주자원개발

1. 우주 자원

아르테미스 약정 섹션10의 주제는 "우주 자원"(Space Resources)으로, OST 제2조에 규정된 '비전유원칙'(principle of non-appropriation)에 대한 해석을 할 때, 우주 자원의 추출 및 이용도 가능한가 하는 것이다. 우주의 '비전유원칙'은 우주를 마치 공해(high seas)와 마찬가지로 간주하여, 누구나 우주 공간에 자유롭게 접근하고 사용할 수 있지만, 점유할 수 없다는 원칙을 내포하고 있는 국제법상 '국제공역'(國際公域, *res extra commercium*)[1]에 대한 선언이다.[2] 영국 런던대학교(UCL)의 Bin Cheng 교수는 OST는 동 조약 이전의 국제관습법 상 외기권 우주를 국제공역으로, 그리고 천체를 무주지(*res nullius*)의 상태로 보아왔던 입장을 우주와 천체 전부를 국제공역으로 만드는 데에 기여하였다고 언급한 바 있다.[3] 국제공역은 국제법상의 공해와 유사하여 각 국가가 공해를 독점적으로 소유할 수는 없지만, 동 지역의 자원을 자유롭게 사용할 수 있다는 것이다. 이 조항은 우주법의 인접 분야인 항공법에는 없는 것으로 1959년 남극조약(Antarctic Treaty)에 전적으로 영향을 받았다.[4]

우주법 상 비전유원칙은 모든 국가들을 구속하는 국제관습법[5]과 강행규범(*jus cogens*)으로 발전된 조항이라고 할 수 있다. 비전유원칙은 어떠한 공적인 또는 사적인 실체에 의해서도 전유가 금지됨을 의미한다. 일부 학자들은 비전유원칙이 국가전유(national appropriation)만을 의미하는 것이므로 개인이나 사기업체가 전유할 수 있다는 해석을 하고 있으나, 분명한 것은 어느 국가의 공공기관이건 사적기관이든 어떠한 방법으로도 전유화 할 수 없음을 의

---

1) *Res extra commercium* (라틴어로 '상업 이외의 것')은 문자 그대로 상업 무역의 대상이 될 수 없는 것을 의미하는데, 예를 들면 로마법 상 무덤과 같다(Gbenga Oduntan, Sovereignty and Jurisdiction in the Airspace and Outer Space-Legal Criteria for Spatial Delimitation, Routledge, 2012, p. 197); 미국 네브래스카 링컨대 로스쿨 우주법 교수인 Frans G. von der Dunk는 우주가 공해와 비슷한 지위를 가진다는 이론을 소개하면서, 다만 어업자원의 이용에 관해서만 언급하고 있다(Frans G. von der Dunk, Asteroid Mining: International and National Legal Aspects, 26 Michigan State Law Review, 2017, 86, 93).

2) 신홍균, 미국 국내법령상 우주자원 소유권의 국제법상 의의, *항공우주정책 · 법학회지* 제33권 제2호 (2018), 424-425.

3) Bin Cheng, The 1967 Space Treaty, 95 *Journal du Droit International* (1968), 564.

4) P. P. C. Haanappel, *The Law and Policy of Air Space and Outer Space-A Comparative Approach*, Kluwer Law International (2003), 11-12.

5) Ricky J. Lee, "Article II of the Outer Space Treaty: Prohibition of State Sovereignty, Private Property Rights, or Both?", 11 *Australian Journal of International Law* (2004), 141.

미하고 있다.[6] 이와 같은 국제공역의 선언은 15세기 이후 유럽국가들에 의해서 무주지에 대하여 선점의 원리를 적용시켰던 식민지이론을 배제한 것이라고도 할 수 있다.[7]

아르테미스 섹션10(1)은 "우주자원의 활용은 안전하고 지속 가능한 운영을 위한 중요한 지원을 제공함으로써 인류에게 혜택을 줄 수 있다" 고 명시하고 있다. 이 조항은 과학적 작업을 지원하기 위해 우주자원을 활용하는 것을 의미하는 것으로 보이며, 그 결과는 대중과 과학 공동체가 함께 공유한다. 이것은 우주 공간의 탐사 및 사용은 모든 국가의 이익을 위해 수행되어야 하며, 국가는 과학적 조사 분야에서 국제협력을 촉진해야 한다는 OST 제1조 및 제10조와도 일치한다. 그러나 아르테미스 약정 섹션10(2)는 "우주 자원의 추출은 본질적으로 국가의 전유를 구성하지 않는다" 고 하면서 "우주 자원과 관련된 계약 및 기타 법적 문서는 OST와 일치해야 한다"고 명시하고 있다. 틀림없이, 이 두 번째 인용문의 언급은 국가가 우주공간에서 활동하는 민간 행위자를 승인하고 지속적으로 감독하도록 요구하는 OST 제6조와 관련된 것인데, 중요한 것은 아르테미스 약정 서명국들은 우주 자원의 추출이 본질적으로 OST 제2조에 따른 국가전유를 구성하지 않는다는 것을 확인하고 있다는 점이다.[8] 또한 섹션10(3)은 서명국은 유엔 사무총장, 대중 및 국제 과학계에 OST에 따른 우주자원 추출 활동을 알릴 것을 약속한다고 명시하고 있다.

아르테미스 약정 섹션10은 2015년 미국 "상업용 우주 발사 경쟁법" (2015 U.S. Commercial Space Launch Competitiveness Act; 이하 'CSLCA')의 제4편과 2020년 4월 6일 "우주자원의 복구 및 사용을 위한 국제 지원 장려에 관한 행정명령" (Executive Order on Encouraging International Support for the Recovery and Use of Space Resources)에 의해 수립된 해석을 따르고 있다. 전자는 미국 기업이 국제법을 위반하지 않고 우주 자원을 "점유(possess), 소유(own), 운송(transport), 이용(use), 판매(sell)" 할 자격이 있음을 설정하고 있고, 후자는 우주에서 자원을 추출할 권리를 재확인하고 있다. 한편 러시아는 미국의 이러한 행정명령에 대하여 유엔의 틀 밖에서 채택된 우주 공간의 자원 탐사 및 사용에 대한 모든 규제는 "우주를 포함한 국제협력과 이해에 심각한 위험이 따른다" 고 비난한 바 있다.[9]

소위 '소행성법' (Asteroids Act)으로 불리는 CSLCA는 민간 우주 회사가 달과 소행성을 포함하여 우주에서 추출한 자원을 소유하고 판매할 수 있는 권한을 부여하고 있지만,[10] 미국이 특정한 천체에 대한 주권 및 주권적 또는 배타적 권리나 관할권을 주장하거나 소유를 주장하지 않겠다는 점도 분명하게 밝히고 있다. 이것은 달과 천체를 포함한 우주의 법적 지위에 관하여

---

6) Jakhu, 44, 48.

7) Heidi Keefe, Making the Final Frontier Feasible: A Critical Look at the Current Body of Outer Space Law, 11 *Santa Clara Computer & High Technology Law Journal* (1995), 358.

8) Rossana Deplano, 804-807.

9) Almudena Azcárate Ortega, Artemis Accords: A Step Toward International Cooperation or Further Competition?, LAWFARE, December 15, 2020, *available at* https://www.lawfareblog.com/artemis-accords-step-toward-international-cooperation-or-further-competition (last visited on 28 Nov. 2022).

10) 51 U.S.C.A. § 51303.

국제법상 공해의 법적 지위와 유사한 국제공역 개념을 기반으로 하고 있다. 2017년 룩셈부르크가 미국의 CSLCA과 유사한 "우주자원의 탐사와 이용에 관한 법"(Law on the exploration and use of space resources)[11]을 제정하였는데, 동 법률은 일단 추출된 우주자원을 소유할 수 있는 회사의 권리를 인정하고 승인을 위한 메커니즘을 제공하고 있다.[12] 이후 2019년 아랍에미리트(UAE)[13]와 2021년 일본[14]도 유사한 법률을 제정하였다.[15]

1979년 달협정(달과 다른 천체에 관한 국가활동을 규율하는 협약, Agreement Governing the Activities of States on the Moon and Other Celestial Bodies: 이하 'MA')[16]은 제1조에서 지구를 제외한 태양계 내의 달과 기타 천체 및 천연자원은 제11조에서 "인류공동유산"(Common Heritage of Mankind, 이하 'CHM')으로 선언하였는데, CHM이라는 새로운 개념이 국제법상 최초로 도입된 조약이라는 점에서 큰 의미가 있다.[17] 또한 제11조 2항에서 "달은 어떠한 주권의 주장에 의해서도, 이용이나 점용의 수단에 의해서도, 또는 기타 어떠한 수단에 의해서도, 국가의 취득의 대상이 되지 않는다."고 하여 OST 제2조와 마찬가지로 달은 국가전유의 대상이 될 수 없다는 비전유원칙을 반복해서 명시하고 있다.[18]

CHM의 개념은 공유물(*res communis*) 또는 국제공역(*res extra commercium*)과 관련하여 소유권을 행사할 수 없다는 점에서 매우 유사해 보이지만 서로 구별된다. 국제공역과 CHM이 어떤 국가에 의해서도 영토로서 전유될 수 없다는 점에서 같은 성격을 지니나, 전자가 소극적인 개념이고 후자가 적극적인 개념이라는 점에서 차이가 있다. 즉 일반국제법상 국제공역에서는 국가들이 동 지역 내에서 천연자원의 취득이 가능하나, 새로 생긴 인류공동유산 개념은 아직까지 이에 관한 명확한 정의를 내리고 있지는 못하지만 인류공동유산 영역 내에서의 천연자원의 경영, 개발, 분배는 개별국가나 국민의 창의나 재량에 의해서가

---

11) LAW OF JULY 20TH 2017 ON THE EXPLORATION AND USE OF SPACE RESOURCES, available at https://space-agency.public.lu/en/agency/legal-framework/law_space_resources_english_translation.html (last visited on Feb. 13, 2023).

12) 룩셈부르크는 우주를 바다에, 그리고 우주 자원을 물고기에 비유한다; 정영진, 국제법상 우주자원의 법적 성격과 관리제도, *국제법학회논총* 제62권 제4호(통권 제147호), (2017), 160.

13) United Arab Emirates, Federal Law No. (12) of 2019-on the Regulation Space Sector, 2019.

14) 일본 의회는 2021년 6월 15일, "우주 자원의 탐사 및 개발에 관한 사업 활동의 촉진에 관한 법률안"(일명 '우주자원법')을 가결했다. 이 법에 따라 일본은 미국과 룩셈부르크, 아랍에미리트(UAE)에 이어 천체에서 채굴된 우주 자원에 대한 소유권을 인정한 세계 4번째 나라로, 자원에는 광물이나 물 등의 천연자원을 모두 포함한다([우주산업 리포트]아시아 우주 비즈니스의 핵심 거점 정조준한 일본 우주산업, 동아사이언스, 2021.07.09.).

15) Ben McKeown, Andrew G. Dempster, Serkan Saydam, Artemis Accords: Are Safety Zones Practical for Long Term Commercial Lunar Resource Utilisation?, 62 *Space Policy* (2022), 3.

16) UNGA Resolution 34/68, 5 December 1979; 1979년 12월 18일 체결되어 1984년 7월 11일에 효력을 발생하였다. 현재 한국은 미가입 상태이다.

17) Bin Cheng, The Legal Regime of Airspace and Outerspace; The Boundary Problem, Functionalism versus Spatialism; The Major Premises, 5 *AASL* (1980), 81.

18) *See* Han Taek Kim, Thirty Years of the Moon Agreement: its retrospect and prospect, 55 *The Korean Journal of International Law* (2010), 79-99; 인류공동유산의 원칙을 최초로 공식화한 것은 달 협정이었지만, 1982년 "유엔해양법협약"(United Nations Convention on the Law of the Sea, UNCLOS)은 이 원칙을 실질적으로 법적으로 발전시킨 유일한 조약이다. 국가 관할권 밖의 지역에서 광물 자원을 추출하기 위한 프레임워크인 UNCLOS의 제11부는 이러한 활동에 대한 법적 요구 사항을 자세히 설명하고 있다(Ben McKeown, Andrew G. Dempster, Serkan Saydam, 2).

아니라 국제공동체(international community)에 의하여 결정될 문제라는 사고를 근본적으로 제시하고 있다.[19)]

MA 제11조 5항에 명시된 "달의 천연자원개발이 가능해질"(exploitation of the natural resources of the Moon is about to become feasible) 시기에 국제제도(international regime)를 수립해야 한다는 규정은 그 의미가 국제제도의 수립 전에는 천연자원개발을 금지하는 것을 의미하는가? MA 제정과정을 살펴보면 국제제도의 수립 전에 달과 다른 천체의 천연자원에 대한 개발유예(moratorium)는 예정되지 않았다고 해석하는 것이 옳다.[20)] 2024년 7월 현재 MA는 우주의 상업적 발전을 방해하는 조약이라는 우려에서 가입국 수가 17개국으로 매우 적은 편이다.[21)] 더욱 아쉬운 점은 MA 가입국 17개국 중 미국, 러시아, 중국 등 주요 우주활동국들이 들어 있지 않아서 그 의미가 많이 퇴색되어 있다.[22)] 따라서 2008년 호주, 벨기에, 칠레, 멕시코, 네덜란드, 파키스탄, 필리핀은 공동선언문을 통해 MA는 달개발이 CHM 원칙에 부합하다면 공적단체나 사적단체에 의한 개발의 양상(modality of exploitation)을 배제하지 않으며, 그 자원의 상용화도 금지하지 않는다고 한 바 있다. 따라서 MA에 가입하는 것이 유익하다는 논리를 피력했다.[23)] 한편 호주가 MA에 가입한 국가인데도 아르테미스 약정의 서명국이 가능한 것은 전술한 바와 같이 MA 제11조 5항에 명시된 "달의 천연자원개발이 가능해질 시기"에 국제제도(international regime)를 수립해야 한다는 규정이 국제제도의 수립 전에는 천연자원개발을 금지하는 것이 아니라는 해석을 따르고 있는 것이라고 할 수 있다. 그러나 실제로 국제제도의 수립이 가능한 시기가 도래한다면, MA와 아르테미스 약정에 가입한 호주를 비롯한 국가들은 MA와 아르테미스 약정 중에서 하나를 선택해야 할 것이다.[24)] 실제로 MA가입국이었던 사우디 아라비아는 2022년 7월 아르테미스 약정국이 되면서 MA 제20조에 의거, 2024년 1월 5일 MA를 탈퇴했다.

미국은 현재 MA를 단지 17개 국가만이 비준했고, 그중에서 미국, 러시아, 중국을 포함한 주요 우주활동 국가가 포함되어 있지 않기 때문에 국제관습법을 구성하지 못하는 실패한 조약으로 여기면서 전술한 행정명령을 통해서 MA의 우주영역을 '글로벌 커먼즈'(global commons), 즉 CHM으로 분류하는 것에 명시적으로 거부하고 있다. 아르테미스 약정 전문에서도 우주탐사 및 사용에 관한 중요한 문제에 대한 국제적 합의를 위한 노력을 더욱 강

---

19) Bin Cheng, Studies in International Space Law, 386.

20) Sylvia Maureen Williams. Celestial Bodies, 11 Encyclopedia of Public International Law, 1989, p. 53: Eilene Galloway, Agreement Governing the Activities of States on the Moon and Other Celestial Bodies, 5 *AASL* (1980), 500; 김한택, 달조약의 의미와 전망에 관한 연구, *항공우주법학회지* 제21권 1호 (2006), 222.

21) Henry R. Hertzfeld and Frans von der Dunk, Bringing Space Law into the Commercial World: Property Rights without Sovereignty, 6 *Chicago Journal of International Law* (2005), 85.

22) 이준, 우주자원 채굴 및 이용의 법적 검토, *항공우주산업기술동향* 17권 1호 (2019), 13.

23) Virgine Blanchette-Seguin, Reaching for the Moon: Mining in Outer Space, 49 *New York University Journal of International Law and Politics* (2017), 963.

24) 달협정 당사국인 호주의 아르테미스 약정가입에 관하여 Fabio Tronchetti and Hao Liu, Australia's signing of the Artemis Accords: a positive development or a controversial choice?, 75 *Australian Journal of International Affairs*, No. 3, (2021), 243-251.

화하기 위해 유엔의 COPUOS와 같은 다자 포럼을 통한 조정의 이점을 확인하면서, OST, 구조협정, 책임협약, 등록협약의 중요성을 강조하고 있지만, MA를 언급조차 하지 않은 것은 아르테미스 약정이 MA에 관하여 매우 부정적이라 점을 간접적으로 보여주고 있다고 할 수 있다.[25)]

2. 충돌 해소

아르테미스 약정 섹션 11은 "우주활동 상 충돌 해소"(Deconfliction of Space Activities) 문제를 다루고 있다. 섹션 11(2)는 서명국이 2019년 6월 COPUOS가 채택한 유엔의 "우주 활동의 장기 지속 가능성에 대한 지침"(Guidelines for the Long-term Sustainability of Outer Space Activities)[26)]을 적절히 고려하여 우주탐사 및 사용을 수행해야 하며 운영 성격을 반영하기 위해 저궤도(LEO) 이원에 대하여 적절한 변경을 해야 한다고 규정하고 있다. 동 가이드라인은 우주 활동에 대한 정책 및 규제 프레임워크에 대한 지침, 우주 작전의 안전, 국제 협력, 역량 강화 및 인식, 과학 및 기술 연구 및 개발 등을 명시하고 있다. 섹션 11(3)과 섹션 11(4)는 OST 제9조에 명시된 두 가지 원칙, 즉 국가는 조약의 다른 당사국과 상응하는 이익을 고려하여 우주 공간에서 활동을 수행해야 한다는 원칙을 언급하고 있다. 다른 당사국의 활동에 대한 유해한 간섭을 방지할 의무의 원칙을 실시하기 위해 아르테미스 약정 섹션 11(5)은 서명국이 활동의 "위치 및 성격에 관한 필요한 정보"를 서로 제공하고 잠재적인 유해 간섭을 피하기 위해 '안전지대'(Safety Zone)를 설치할 것을 요구하고 있다.[27)]

여기서 아르테미스 약정의 특이한 점은 OST에도 언급되어 있지 않았던 안전지대의 개념을 제시하고 있다는 것이다. 이러한 점에서 아르테미스 약정의 섹션 11에 도입된 안전지대의 개념은 일종의 혁신이다. 이것은 아르테미스 약정 섹션 11의 규정이 VCLT의 31(3)(b)조[28)]에 따른 후속 관행, 즉 이것이 OST의 권위 있는 해석인지 여부를 묻게 한다.[29)] 행위 측면에서 아르테미스 약정 섹션11(7)은 서명국이 준수하기로 약속한 안전지대 설정을 안내하는 4가지 원칙을 제시하고 있다.

---

25) Han Taek Kim, Artemis Accords, 115-119.

26) A/AC.105/2018/CRP.20; 동 지침은 2010년 유엔 COPUOS의 '과학기술소위원회'(Scientific and Technical Subcommittee, STSC)에서 논의를 시작하여 2019년 6월 마침내 21개 지침이 채택되었다. 채택된 지침은 우주환경의 무기한 보전을 목적으로 우주쓰레기를 포함한 궤도상 우주물체의 상황 관측능력을 증진 및 지원하기 위한 국제협력, 우주기상(Space Weather)에 관한 유효한 데이터 및 예보 공유, 국제법에 합치하는 각국의 우주정책 공표, 국내 제도를 개선해 정부가 우주활동을 적절히 감독하는 것 등을 포함하고 있다(신상우, UN 우주활동 장기 지속가능성(LTS) 가이드라인 채택의 의미, 13 *Journal of Aerospace System Engineering*, No.5, 2019, 49).

27) Rossana Deplano, 808.

28) 제31조(해석의 일반규칙)
(3) 문맥과 함께 다음의 것이 참작되어야 한다.
(b) 조약의 해석에 관한 당사국의 합의를 확정하는 그 조약 적용에 있어서의 추후의 관행.

29) Rossana Deplano, 808-809.

- 안전지대의 크기와 범위, 통지 및 조정은 수행되는 작업의 성격과 그러한 작업이 수행되는 환경을 반영해야 한다.
- 안전지대의 크기와 범위는 일반적으로 인정되는 과학 및 공학적 원칙을 활용하여 합리적인 방식으로 결정되어야 한다.
- 안전지대의 성격과 존재는 관련 작업의 상태를 반영하여 시간이 지남에 따라 변경될 것으로 예상된다. 운영의 성격이 변경되면 운영 서명자는 해당 안전지대의 크기와 범위를 적절하게 변경해야 한다. 안전지대는 궁극적으로 일시적이며 관련 작업이 중단되면 종료된다.
- 서명국은 우주조약 제11조에 따라 안전지대의 설정, 변경 또는 종료를 유엔 사무총장뿐만 아니라 서로에게 즉시 통지해야 한다.

사실 안전지대를 설정하는 것은 유해한 간섭을 방지할 수 있는 다양한 방법 중 하나이다. 그 결과, 아르테미스 약정 섹션11의 규정은 우주 활동으로 인한 환경피해의 방지규정을 두고 있는 OST 제9조의 범위를 확대하거나 제한하지 않는다고도 볼 수 있다.[30] 이러한 관점에서 볼 때 VCLT 제31(3)(b)조에 따른 후속 관행의 기준을 충족하는 것으로도 보인다. 그러나 아르테미스 약정을 미국이 주도하기 때문에 그러한 후속 관행이 OST의 모든 당사국들의 동의를 얻어 낼 것으로 보이지는 않는다.[31] 우선 중국이 안전지대의 경계선이 달에서 일종의 국경선에 준하는 개념이 될 것으로 의심하고 있으며,[32] 이 안전지역 설정이 국제법을 위반한 영토 강탈이라고까지 주장한다.[33]

따라서 아르테미스 약정국들은 안전지대를 전유의 수단으로 취급해서는 안 되며, 실행 단계에서 행위자들은 전유하지 않음을 명확하게 해야 한다. 만약 어느 우주광산이 약정국의 작업을 위한 안전지대로 선언되었다면, 양자 간 안전 협의와 관련된 영역으로만 해당 영역을 취급해야 한다. 따라서 약정국은 해당 안전지대 내의 자원을 (자국의) 재정적 목적을 위한 자원 기반의 일부로 생각하면 안되며, 제3자의 우주 임무를 위한 접근을 물리적으로 방해하거나 배제하면서 일방적으로 동 지대를 강화해서도 안된다.[34] 특히 달에서 물자원 확보는 매우 첨예한 문제이므로 국가간 분쟁가능성이 높다고 할 수 있다.[35]

---

30) 우주조약 제9조의 제정과정에 관하여 Howard A. Baker, Protection of the Outer Space Environment: History and Analysis Article IX of the Outer Space Treaty, 12 *AASL* (1987), 143-171 참조.

31) Han Taek Kim, Artemis Accords, 113-115.

32) 한·중·일, 달을 향한 열망 '먼저 MOON 열어라', 경향신문, 2022.12.11.

33) '태양계 페르시아만' 달 자원 둘러싼 미·중 경쟁 본격화, 한국경제, 2022.05.18.

34) Alexander Q. Gilbert, Implementing safety zones for lunar activities under the Artemis Accords, Journal of Space Safety Engineering, 2023, p. 5. *available at* https://www.sciencedirect.com/science/article/abs/pii/S2468896722001458?via%3Dihub(last visited on Feb. 13, 2023).

35) NASA는 2018년 달의 극지방 주변의 그늘진 분화구에서 얼음이 존재한다고 확인했고, 2020년에는 달 표면에 물 분자가 광범위하게 분포한다고 발표했다. 중국의 무인 탐사선도 달 표면 흙과 암석에 물이 존재한다는 사실을 입증할 첫 '현장증거'를 찾아냈다는 연구 결과가 발표됐다. 2022년 1월 9일 홍콩 일간 사우스차이나모닝포스트(SCMP)에 따르면 린훙레이가 이끄는 중국과학원 산하 지질·지구물리학연구소는 1월 7일 과학 저널 '사이언스 어드밴시스'(Science Advances)에 실은 논문에서 달 표면 흙과 암석에서 물과 관련된 징후를 감지했다고 밝혔다, 논문에 따르면 지난 2020년 12월 달에 도착하고 나서 계속 활동 중인 창어 5호의 착륙선이 광물학 분광계를 이용해 달 표면의 흙과 암석 샘플의 성분을 분석한 결과, 흙과 암석 내 물 함유 비율이 각각 120ppm(피피엠·100만분의 1을 나타내는 단위), 180ppm 이하인 것으로 나타났다. 만일 실제로 달 흙의 물 함유 비율이 120ppm이라면 대략 흙 1t당 120 g 의 물이 들어 있다는 것을 뜻한다(흙 1t당 120g…달에 물 존재 첫 '현장증거' 확인, 동아사이언스, 2022.01.10.).

제3절 맺음말

아르테미스 약정은 일종의 '우주 거버넌스'(Space Governance)의 도구로서, 우주조약(OST)의 의무를 준수하도록 설계된 지속 가능한 인간의 우주탐사 협력을 위한 국제 프레임워크(framework)이면서, 국제법의 맥락에서 볼 때는 구속력이 없는 '정치적 약속'(political commitment)이다. 아르테미스 약정이 비록 법적인 구속력은 없지만, 우주자원개발 활동을 수행하기 위한 원칙적인 접근 방식을 제공하고 있는데, 현재 우주자원의 개발을 규제하는 국제기구가 없는 상황에서 OST의 의무 이행을 장려하고 촉진한다는 특징을 지녔다. 현재 미국을 비롯한 우주개발 선진국들의 기술의 발전 상황을 감안할 때 달과 다른 천체의 천연자원을 상업적으로 이용할 가능성이 임박한 것으로 보인다. 결과적으로 아르테미스 약정은 1979년 달협정(MA)의 채택으로 야기된 우주개발의 교착 상태를 깨는 것과, 이에 관한 구체적인 단계를 제공하고 있다고 볼 수 있다.[1)]

국제사회는 조만간 우주 자원 추출의 합법성을 주장하는 미국을 비롯한 아르테미스 약정 국가들과 이에 반대하는 국가들로 양분될 것이 분명하다. 미국은 아르테미스 약정을 통해서 국내 민간 우주 산업을 더욱 발전시킬 수 있을 것이고, 아마도 중국 및 러시아보다 경쟁 우위에 놓이게 될 것이 분명하다. 그러나 이러한 상황을 중국과 러시아는 어떠한 희생을 치르더라도 저지하려고 할 것인데, 러시아는 아르테미스 프로그램이 현재의 형태로 서명하기에는 너무 '미국 중심적'(US-centric)이라고 불만을 토로한 바 있고,[2)] 최근 중국과 달기지 건설에 서로 손을 잡았다. 양측은 2021년 3월 9일 '국제달연구기지'(International Lunar Research Station, ILRS) 공동건설을 위한 양해각서(MOU)를 체결하였다. 러시아 로스코스모스(ROSCOSMOS, 연방우주공사)는 해당 기지가 실험·연구 시설의 집합체로 설계 되어 달 표면이나 궤도에 지어질 것이며, 다른 관심 있는 국가들과 국제 파트너들이 이용할 수 있을 것이라고 설명하였다.[3)] 2022년 11월 16일 아르테미스 1호 발사 성공을 계기로 최근 아르테미스 약정국이라는

---

1) Rossana Deplano, 819.

2) Artemis Accords: why many countries are refusing to sign Moon exploration agreement, THE CONVERSTION, October 19, 2020 *available at* https://theconversation.com/artemis-accords-why-many-countries-are-refusing-to-sign-moon-exploration-agreement-148134 (last visited on 28 Nov. 2022).

3) 2021년 6월 16일 러시아 상트페테르부르크에서 열린 국제우주탐사회의(Global Space Exploration Conference, GLEX)에서 중국 국가우주국(CNSA)과 러시아 로스코스모스는 2035년까지 달에 '국제달연구기지'(ILRS)를 건설하기로 하고 로드맵을 공개했다. 동 로드맵에 따르면 2021년 ILRS 건설지를 물색하는 탐사작업이 시작되며 2025년 건설지가 결정되고, 이후 2035년까지 공사가 진행된 뒤 2036년 운영에 들어간다는 것이다. ILRS는 달 표면과 궤도의 한 곳 또는 그 이상의 장소에 건설된다. 달의 지형과 지질, 내부구조 등을 연구하는 시설·장비와 달에서 우주와 지구를 관측하는 시설 등이 갖춰질 예정이다(중국·러시아, 달에 공동 우주 기지 건설…MOU 체결, 동아닷컴, 2021.03.09.).

한 축과 중국과 러시아 공조라는 다른 축의 우주 '신냉전' (New Cold War) 대결 양상이 점차 커지고 있다. 실제로 러시아는 미국과 공동 운영해온 국제우주정거장(ISS)에서 2024년 탈퇴하겠다고 선언했고,[4] 최근 사우디아라비아와 앙숙인 이란이 러시아와 우주개발 공동전선을 펴기로 했으며, 이에 사우디아라비아도 2022년 7월 아르테미스 약정에 가입했다.[5]

이러한 상황에서 현재의 우주법 체계에서는 '선착순의 원리' (first come, first served)에 따라 우주자원개발이 이루어질 것이고, 국가 간 분쟁은 불 보듯이 뻔한 것이다. 이에 따라 국제사회는 우주 활동 중 발생할지 모르는 분쟁에 관한 해결방법에 주의를 기울여야 할 것이다. 이 문제에 관한 조약체결이 불가능하다면 선언이나 결의 등 연성법(soft law)으로도 해결해야 할 필요가 있는 것이다.[6] 현재 이 문제를 다루기 위해 유엔의 COPUOS는 2016년 제55차 회기부터 "우주자원의 탐사, 개발 및 활용 활동에 대한 잠재적 법적 모델" (Potential legal models for activities in exploration, exploitation and utilization of space resources)을 의제로 채택하여 논의 중에 있다.[7] 이러한 연성법의 법적 효력에 관련하여서는, 1974년 11월 12일 유엔은 총회 결의안 3232호(XXIX)를 통해서 "국제사법재판소의 역할 검토" (Review of the role of the International Court of Justice)라는 제목 아래 '선언' (declaration)과 '결의' (resolution)를 국제법 발전에 반영될 수 있는 방법으로 국제사법재판소(ICJ)에 의해서 고려하도록 권고한 점을 상기할 필요가 있다.[8]

---

4) 러시아, 2024년 이후 우주정거장 떠난다, *동아사이언스*, 2022.07.27.

5) 미국 아르테미스 프로젝트의 결과 속, 이코리아, 2022.11.14.; 한편 2022년 12월 5일 아랍에미리트(UAE)의 아부다비 국영석유회사(Abu Dhabi National Oil Company, ADNOC) 비즈니스센터에서 열린 '아부다비 스페이스 디베이트(Abu Dhabi Space Debate) 포럼(Forum)에서 "우주의 새로운 지정학" 을 주제로 열린 토론회에 참석한 미국 군사정치전문가이며 지정학적 예측가(geopolitical forecaster)인 조지 프리드만(George Friedman)은 제3차 세계대전이 우주에서 일어날 수 있다는 불길한 전망을 하기도 했다("3차세계대전은 우주서 일어날 수도" ...70여개국이 눈독 들이기 시작했다, 동아사이언스, 2022.12.06.).

6) Han Taek Kim, Fundamental Principles of Space Resources Exploitation: A Recent Exploitation of International and Municipal Law, 11 *Journal of East Asia and International Law*, Spring 2018, 51-52.

7) UNCOPUOS의 논의에 관하여 강우현, 우주자원 탐사·채취·이용에 대한 국제법적 규율, *서울국제법연구* 제28권 2호 (2021), 152-158 참조.

8) Preamble, UNGA Res. 3232(XXIX), November 12, 1974.

03 편

우주법상 제 문제

01 장

우주법상 분쟁해결

김한택, 국제우주법상 분쟁해결에 관한 연구, *안암법학* 제41호 (2013), 219-245 참조.

Space Law and Policy

제1절 외교적 해결방법

국제분쟁의 해결방법에 관하여 UN헌장 제33조는 "어떠한 분쟁이라도 그것이 계속되어 국제평화와 안전의 유지를 위태롭게 할 우려가 있는 사건에 관하여 그 당사자는 우선 교섭, 심사, 중개, 조정, 중재재판, 사법적 해결, 지역적 기관 또는 지역적 협정의 이용, 기타 당사자가 선택하는 평화적 수단에 의한 해결을 하도록 하여야 한다." 고 명시하고 있다. 따라서 분쟁을 다루는 기술은 외교절차(diplomatic procedure)에 의한 방법과 사법재판(adjudication)에 의한 방법의 두 범주로 분류될 수 있다. 국가 간 우주활동 중에 분쟁이 발생할 경우 다른 국제법과 마찬가지로 우주법 분야에서도 국내법과는 달리 분쟁당사국들에게 자동적으로 법적 구제를 추구할 수 있는 제도가 마련되어 있지 않다는 약점이 있고, 국가들도 아직은 전통적인 분쟁해결방법을 선호하는 경향이 있다.[1]

1. 교 섭

교섭(negotiation)은 분쟁해결방법 중 가장 간략하고 유용한 방법으로서 이해관계국이 직접 만나서 상호 다른 견해와 주장을 조정하는 방법이다. 교섭은 분쟁해결의 여러 가지 방법 중에서 직접 당사자끼리 만나므로 가장 만족스러운 결론을 도출하기도 한다. 그러나 이 방법은 항상 성공의 열쇠를 가진 것은 아니며 상호간의 신뢰, 유연성, 감정 등에 좌우되기도 한다.[2] 1978년 "Cosmos 954 사건"[3]에서 캐나다는 소련 위성이 캐나다의 영공을 침범하여 주권을 손상시키고, 위험한 방사능으로 인하여 캐나다의 영토를 오염시킨데 대한 국제법원칙을 원용하였다.[4] 결국 캐나다와 소련은 약 3년간의 교섭을 거쳐 1981년 4월 2일 모스크바에서 "Cosmos 954로 인한 손해에 대한 캐나다의 배상청구 해결에 관한 의정서" (Protocol on Settlement of Canada's Claim for Damages Caused by Cosmos 954)[5]를 체결함으로

1) Karl-Heinz BÖckstiegel, Arbitration and Adjudication Regarding Activities in Outer Space, 6 *Journal of Space Law* (이하 *JSL*)1978), 4.
2) Malcom N. Shaw, *International Law*, 6th ed., Cambridge University Press (2008), 1014-1015.
3) 제2편 제2장 제2절 4. (1) Cosmos 954 사건 참조.
4) Karl-Heinz Böckstiegel, Case Law on Space Activities, in N. Jasentuliyana (ed.), *Space Law-Development and Scope,* Praeger (1992), 206.

써 동 사건이 종결된 바 있다.[6] 이 사건에서 소련은 국가책임을 진다는 명백한 성명은 없었지만 그들의 행위를 볼 때 국가책임을 묵시적으로 인정하고 있었다고 볼 수 있다.[7] 동 사건에서 소련은 캐나다에게 Cosmos 954나 그 구성부분품의 반환을 요구하지 않았고,[8] 캐나다의 '아침햇살작전' (Operation Morning Light)에 참가한 미국도 미화 200만-250만 달러를 썼으나 소련에 대하여 일체 청구하지 않았다.[9]

동 사건은 우주개발사상 한 주권국가가 다른 국가에게 우주물체의 추락에 의해 입은 손해를 배상하도록 청구한 첫 번째 사례라고 볼 수 있으며, 또한 캐나다의 청구에 응해 소련이 부분적인 배상을 한 것은 주권국가간 이루어진 첫 번째 우주책임배상사건이라는 점에서 국제법상 하나의 좋은 선례를 남겼다.[10]

2. 주선과 중개

국제분쟁의 당사자들이 교섭으로 분쟁을 해결할 수 없을 때, 제3자의 개입을 통해 당사자들이 뛰어넘지 못한 난국을 돌파하여 양측이 받아들일 수 있는 해결책을 마련할 수도 있다. 제3자의 이러한 개입은 여러 가지 형태로 나타나는데, 제3자가 분쟁 당사자들에게 지금까지 이용되지 않은 다른 대화경로를 제공할 수도 있고, 단순히 중단된 교섭을 다시 계속할 것을 당사자들에게 권유할 수도 있다. 제3자가 하는 이러한 역할을 '주선' (good offices)이라고 한다. 이와는 달리, 제3자의 역할이 분쟁을 조사하고, 해결 방안을 당사자들에게 제시하는 것일 수도 있는데, 이런 식의 개입을 '조정' (conciliation)이라고 한다. 제3자의 역할이 주선과 조정의 중간에 해당되는 것이 바로 '중개' (mediation)이다. 1997년 "국제수로의 비항행적 이용에 관한 법에 관한 협약" (Convention on the Law of the Non-Navigational Use of International Watercourses)[11] 제33조 2항은 당사국간 협상이 실패할 경우 주선이나 조정, 또는 공동위원회의 방법을 찾을 것을 규정하고 있다.[12] 1979년 달조약(Moon Treaty)은 제15조 제3항에서 일 당사국이 타 당사국과 외교관계를 갖지 않을 때에는, 일 당사국은 자국의 선택에 의하여 당해 협의(consultation)에 스스로 또는 제3당사국 혹은 UN사무총장을

---

5) 20 *International Legal Materials* (이하 *ILM*) (1981), 689.

6) Phillip Sands, *Principles of International Environmental Law*, 2nd ed., Cambridge University Press (2003), 202.

7) Kevin D. Heard, Space Debris and Liability: An Overview, 17 *Cumberland Law Review* (1986), 188.

8) Peter P. Haanappel. Some Observations on the Crash of Cosmos 954, 6 *JSL* (1978), 148.

9) Alexander F. Cohen, Cosmos 954 and the International Law of Satellite Accidents, 10 *Yale Journal of International Law* (1984), 80.

10) Pamela L. Meredith & George S. Robinson, *Space Law : A Case Study for the Practioner*, Maritinus Nijhoff Publishers (1992), 68.

11) 36 *ILM* (1997), 719.

12) Sands, 2nd, 204.

중개기관으로 하여 참가해야 한다고 규정하고 있다.[13)]

3. 사실심사

분쟁 당사자 간 사실문제에 관한 의견대립이 있는 경우, 믿을만한 관측자에 의하여 분쟁이 되는 사실을 명확하게 규명하는 소위 '사실심사' (혹은 사실조사, inquiry)라는 제도가 있다. 여기서 말하는 사실심사는 국가들이 논란이 되고 있는 문제가 독립된 제3자에 의해 조사되도록 하기 위해, 중재재판(arbitration) 등 다른 수단을 사용하는 대신에 특별한 합의를 통해 만든 기구를 이용하는 것을 의미한다. 따라서 이런 제도적 관점에서 말하는 사실심사는 1899년 헤이그 협약에 의해 도입된 '사실심사위원회' (commission of inquiry)를 통한 분쟁해결 방법을 지칭한다.[14)] 1974년 파리에서 체결된 "육지에서 유래된 해양오염의 방지에 관한 협약" (Convention for the Prevention of Marine Pollution from land-based sources)도 이 협약의 해석이나 적용에 관한 당사국간의 분쟁을 먼저 위원회에 의한 사실심사나 조정에 부탁하도록 하고 이것이 불가능할 경우에 중재재판에 부탁하도록 하고 있다. 한편 1974년 "북유럽환경보전협약" (Nordic Environmental Protection Convention)은 당사국이 사건의 조사를 위하여 사실심사위원회를 설치할 것을 요구할 수 있다고 규정하고 있다. 이 위원회는 위원장과 3인의 위원으로 구성되는데 위원회가 의견을 개진할 때까지는 사건이 결정될 수 없다.[15)]

4. 조 정

중개(mediation)가 그 본질상 교섭(negotiation)을 확장한 방법이라면, 조정(conciliation)은 제3자가 공식적인 법적 지위를 가지고 개입할 수 있도록 제도화한 점에서 사실심사(inquiry)나 중재재판(arbitration)과 비슷하다고 할 수 있다. 그리고 조정은 '당사자들에 의해 받아들여질 수 있는' 조건을 모색할 뿐, 조정안이 당사자에게 구속력은 없다. 이 점은 조정이 중재재판과 매우 다른 점이고, 오히려 중개와 유사하다. 조정은 제3자가 분쟁의 기초가 되는 내용을 심사하고 분쟁해결을 위한 제안을 구체화시킨 보고서를 제출하는 방법이

---

13) "If difficulties arise in connection with the opening of consultations or if consultations do not lead to a mutually acceptable settlement, any State Party may seek the assistance of the Secretary-General, without seeking the consent of any other State Party concerned, in order to resolve the controversy. A State Party which does not maintain diplomatic relations with another State Party concerned shall participate in such consultations, at its choice, either itself or through another State Party or the Secretary-General as intermediary".

14) 김한택, *현대국제법-이론과 사례연구*, 지인북스 (2007), 264.

15) 노명준, *신국제환경법*, 법문사 (2003), 365.

다. 여기서 제3자라 함은 이미 설치된 조정위원회일 수도 있고 단독 조정자일 수도 있다.[16)]

수많은 다자조약에서도 조정을 분쟁해결방법으로 제시하고 있는데, 예를 들면 1948년 "평화적 해결에 관한 아메리카조약", 1957년 "분쟁의 평화적 해결에 관한 유럽협약", 1964년 아프리카 단결기구(Organization of African Unity; OAU)[17)]의 헌장에 대한 중개, 조정 및 중재재판위원회의정서, 1969년 "조약법에 관한 비엔나협약", 1981년 "동 카리브해국가기구의 설정을 위한 조약", 1982년 "UN해양법협약" 등이 있다.[18)] 그밖에 1985년 "오존층보호를 위한 비엔나협약" 제11조, 1992년 "생물다양성협약" 제27조, 2001년 "식량과 농업을 위한 식물유전자원에 관한 국제조약"(International Treaty on Plant Genetic Resources for Food and Agriculture) 제22조에서는 당사국들이 중재재판이나 국제사법재판소(ICJ)에 의한 강제분쟁해결방법에 의뢰하기를 거부한다면 조정이 활용될 것을 규정하고 있다.[19)]

한편 우주분쟁법 분야에서 세계국제법협회(International Law Association; ILA)는 1998년 타이페이(Taipei) 회의에서 "우주법분쟁해결에 관한 협약안"(Draft Convention on the Settlement of Space Law Dispute)을 채택한바 있다. 여기에는 비구속적 해결절차와 구속적 해결절차를 규정하고 있는데, 비구속적 해결절차는 교섭(negotiation)이나 기타 분쟁해결의 평화적 수단 혹은 조정(conciliation)에 초점을 맞추어 의견을 교환하고 갈등을 해소하도록 의무를 부과하고 있고(제4조), 조정절차에 관하여는 협약안에 별도로 규정하고 있다.[20)]

16) van Bogaert, 501.

17) OAU를 대신해 2001년 5월 아프리카연합(African Union, AU)이 공식 출범함.

18) Shaw, 6th, 1022-1023: 김한택, *현재국제법-이론과 사례연구*, 266-268.

19) Sands, 2nd, 204.

20) Geradine Meishan Goh, *Dispute Settlement in International Space Law-A Multi-Door Courthouse for Outer Space*, Martinus Nijhoff Publishers (2007), 68.

제2절 사법적 해결방법

국가들은 제도화되어 있는 재판에 의한 해결보다는 정치적 해결을 더 좋아한다. 더구나 재판중에서도 제도가 비교적 잘 갖추어진 사법재판보다는 그보다 유연한 제도를 갖춘 중재재판을 더 좋아한다. 그 이유는 제도화가 유연한 재판일수록 당사자의 의견이 강하게 반영되기 때문이다.

1. 중재재판

중재재판(또는 仲裁, arbitration)은 사법재판보다 유연성이 있으며 당사자들이 소위 '중재합의서'(compromis)라고 불리는 특별협정을 통해서 재판소의 소재지, 중재재판관의 선정, 그들의 자질에 대한 선택, 진행될 절차를 자유롭게 선택할 수 있는 장점을 가지고 있다. 또한 분쟁당사국간의 내부의 문제를 공개적으로 보여주지 않음으로써 중재재판절차에 대한 신뢰성을 가지고 있는 장점이 있다.[1] 중재재판은 사실심사나 조정과는 달리, 중재의 결과로 나온 판정(또는 재정, awards)은 구속력을 가진다. 그러므로 해석상의 문제나 재정의 무효 주장 등이 제기되지 않는 한 판정으로 분쟁은 종식된다.

이 재판의 기원은 미국독립전쟁 후 영국과 미국 간 법적 분쟁을 해결할 영미혼성위원회(mixed commissions)를 규정한 1794년 '제이(Jay) 조약'에서 찾을 수 있다. 제1차 헤이그 평화회의는 1899년 5월 18일부터 7월 29일까지 26개국 대표가 네덜란드 헤이그에 모여 개최되었는데, 아메리카 대륙에서는 미국과 멕시코 2개국만이 참가하였다. 이 회의 결과 채택된 "1899 국제분쟁의 평화적 해결에 관한 협약"(1899 Convention for the Pacific Settlement of International Disputes)은 중재재판에 관한 규정을 많이 담고 있고, '상설중재재판소'(Permanent Court of Arbitration; 약칭하여 PCA)[2]의 설치를 규정하여 마침내 1901년 헤이그에 PCA가 설치되었다. 이것은 1900년에 설치되어 1902년부터 기능이 시작되었는데

---

1) Peter Malanczuk, *Akehurst's Modern Introduction to International Law*, 7th revised ed., Routledge (1997), 293.
2) 한국은 1999년 PCA에 가입하였다.

현재까지 존재하고 있다. 또한 제2차 헤이그 평화회의가 44개국 대표 225명이 참석한 가운데 1907년 6월 15일부터 10월 18일까지 개최되었는데, 이 회의 결과 "1907 국제분쟁의 평화적 해결에 대한 협약" (1907 Convention for the Pacific Settlement of International Disputes)이 채택되었는데. 이 협약은 1899년 협약을 화장한 것으로 2017년을 기준으로 1899년 협약에 102개국이 당사국이며, 1907년 117개국이다. PCA는 국제사법재판소(ICJ)처럼 고정된 판사들로 구성된 재판소가 아니기 때문에 진정한 의미의 재판소는 아니라고 할 수 있다. PCA는 체약국에서 추천된 국제법문제를 다룰 능력이 있고 높은 도덕적 명망을 갖춘 4명의 중재재판관(또는 仲裁官, arbitrator)으로 구성된 패널(panel)를 가지고 있으며 체약국간에 분쟁이 발생할 경우 체약국이 이중에서 중재재판관을 선택할 수 있도록 하고 있다. 현재 약 300명의 중재재판관 명부가 제시되고 있다. 동 조약의 당사국이 분쟁을 PCA에 부탁하는 것에 동의하는 경우, 각 당사국은 위의 명부로부터 2인의 중재재판관을 지명하고, 그리고 4인의 중재재판관이 1인의 상급중재재판관을 선정하게 된다.[3)]

1900년과 1932년 사이에 약 20개의 사건이 PCA를 거쳐 해결 되었는데 그 중 유명한 재판이 "팔마스(Palmas) 섬 중재재판" 이다.[4)] 지난 수십 년 간 이 제도에 새로운 활력소를 불어 넣어 주어야 한다는 제의도 있었으나 그 이후 숫자가 격감하였다. 그럼에도 불구하고 중재재판에 관한 관심은 지속되어 1958년 국제법위원회(ILC)가 UN결의[5)]를 통하여 "중재재판절차에 관한 모델규칙" (Model Rules on Arbitral Procedure)을 마련한 바 있으며, 1992년 PCA자체도 "두 국가 간 중재재판분쟁해결을 위한 선택적 규칙" (Optional Rules for Arbitrating Disputes between Two States)을 채택한 바 있다.[6)]

2011년 12월 6일 PCA는 "우주활동관련분쟁의 중재재판에 관한 선택규칙" (Optional Rules for Arbitration of Disputes Relating to Outer Space Activities)을 제정하였는데, 동 규칙은 2001년 PCA가 처음으로 전문분야분쟁해결규칙을 제정한 "천연자원과 환경관련 분쟁의 중재재판에 관한 선택규칙" (PCA Optional Rules for Arbitration of Disputes Relating to Natural Resources and/or the Environment)을 모델로 하였다.[7)] PCA는 2012년 각국의 우주활동이 활발해지며 분쟁이 늘어날 것에 대비해 우주활동관련 분쟁의 중재재판관을 16명으로 구성하였다.

---

3) Ian Brownlie, *Principles of Public International Law*, 7th ed., Oxford University Press (2008), 702.
4) 2 *Reports of International Arbitral Awards* (1928), 829.
5) UN Res. 1262 XI.
6) Malcom N. Shaw, *International Law*, 6th ed., Cambridge University Press (2008), 1048-1050.
7) Fausto Pocar, An Introduction to the PCA's Optional Rules for Arbitration of Disputes Relating to Outer Space Activities, 38 *Journal of Space Law* (이하 *JSL*) (2012), 180-181.

2. 국제사법재판소(ICJ)

분쟁의 사법적 해결은 분쟁을 상설재판소에서 재판하여 법적 구속력을 갖는 결정을 얻어내는 방법이다. 이런 방법은 중재재판으로부터 발전해 온 것이기 때문에 중재재판과 사법재판 사이에는 비슷한 점이 많다. 1945년에 설립된 '국제사법재판소' (International Court of Justice: ICJ)규정은 상설국제사법재판소(Permanent Court of International Justice: PCIJ)의 규정과 매우 유사하며 UN헌장의 부속서로 되어 있다. UN헌장 제92조는 ICJ가 UN의 주요한 사법기관이며, 재판소는 부속된 규정에 따라 임무를 수행하고, 이 규정은 PCIJ 규정에 기초하며, 이 헌장의 불가분의 일부를 이룬다고 명시하고 있다.[8] 따라서 모든 UN회원국은 자동적으로 ICJ규정의 회원국이 된다. 하지만 일정한 경우에는 비록 UN회원국이 아닌 국가들도 재판소에 출정할 수 있으며, 심지어는 ICJ규정의 당사국이 될 수 있다(UN헌장 제93조 2항). 국제사법재판소(ICJ)는 UN의 6대 주요기관중의 하나이다.[9] ICJ의 판사(또는 재판관)는 15명으로 구성되어 있으며 같은 국가에서 2명이 선출될 수 없다. 매 3년마다 5명의 재판관이 선출되어 9년의 임기를 지내며 재임이 가능하다. 갑자기 공석이 된 자리를 대신하여 선출된 판사는 전임자의 잔여임기를 채운다. 판사 중 재판소장(president)과 부소장(vice-president)이 3년 임기로 선출되는데, 이들 또한 재임이 가능하다. 판사의 자격으로는 국적과 관계없이 높은 도덕적 자질을 지니고 자국에서 최고판사직에 임명될 자격을 지니고 있거나 국제법에 정통한 사람이어야 한다(ICJ규정 제2조).

재판소에 출정하는 국가가 ICJ에 자국 국적의 판사가 없는 경우에는 그 사건에 관하여 '임시재판관' (*ad hoc* judge), 또는 '국적판사' 를 지명할 수 있다. 이러한 임시재판관제도는 중재재판관을 선임하던 전통적 방법의 유물인데 재판소가 소송당사자에게 그들의 의견을 무시하지 않음을 보여주기 위함이다. 또한 ICJ 규칙(Rules)에 따르면 재판장이 자국의 사건에 관한 판결을 할 때는 재판장으로서의 역할을 자제해 줄 것을 명시하고 있다. 에이커스트(M. Akehurst) 교수는 이것은 판사는 공평하고, 독립적이라는 원칙과 판사가 자국 정부를 대표하는 자들이 아니라는 원칙과는 양립하지 않는다고 지적한 바 있다.[10]

ICJ에 소송을 제기할 수 있는 당사자는 오로지 국가뿐이며(ICJ 규정 34조), 소송절차의 관할권은 당사국의 동의에 달려 있다. 1945년 샌프란시스코 회의 때 많은 약소국들이 UN헌장에 강제관할권을 규정할 것을 주장하였지만 강대국들이 그와 같은 규정의 채택을 반대하였다. 결국 이들 주장들의 절충안으로서 ICJ 규정 제36조 2항을 두게 되었는데 회원국들로 하여금 소위 '선택조항' (optional clause)이라고 불리는 강제관할권을 다음과 같이 선택

---

8) I. H. Ph. Diederiks-Verschoor, The Settlement of Disputes in Space: New Developments, 26 *JSL* (1998), 42.
9) UN의 6대 중요기관으로는 총회, 안전보장이사회, 경제사회이사회, 신탁통치이사회, 사무국 그리고 국제사법재판소를 들고 있다.
10) Michael Akehurst, *A Modern Introduction to International Law*, 5th ed., George Allen & Unwin (1985), 206.

할 수 있도록 하고 있다.

"2. 본 규정의 회원국은 모든 법률적 분쟁에 있어서 재판소의 관할권을 동일한 의무로 수락하는 모든 다른 국가에 대한 관계에 있어서 당연히 또는 특별한 합의 없이 의무적이라고 인정함을 언제라도 선언할 수 있다.
3. 이러한 선언은 무조건적으로 또는 다수국 혹은 특정국과의 상호주의의 조건으로 또는 일정한 기간으로 행할 수 있다."

따라서 ICJ 규정 제36조 2항을 수락한 국가들 간에는 별도의 특별한 조약을 체결하지 않고도 제36조 2항에 명시된 법률적 분쟁에 관하여 재판소의 강제관할권을 상호 인정하고 있는 것이다. 이와 같이 선택조항 하에서 ICJ의 재판관할권을 수락한 국가는 제36조 2항에 따라 단지 '동일한 의무를 수락하는 국가와의 관계'에서만 강제관할권이 성립되므로 이를 '상호성의 원칙' (principle of reciprocity)이라고도 한다.

ICJ 규정 제41조에 의하면 재판소는 사정상 필요하다고 인정할 때에는 각 당사국의 권리를 보호하기 위하여 취할 조치를 지시할 권한이 있는데, 이를 '잠정조치', '임시보호조치', '가보전조치' 또는 '가조치' (interim measures of protection)라고 부른다. 이러한 권한행사의 목적은 사법절차상 분쟁의 대상이 되는 권리를 보호하기 위함이고, 일단 그와 같은 권리에 대한 분쟁이 재판소의 본안판결에 의해서 해결이 되면 그와 같은 조치가 더 이상 요구될 수 없다. 잠정조치는 단지 권고적 성격을 지닌 것이며 사건의 본안에 대한 판결로 간주되지는 않는다.

잠정조치는 그 명칭처럼 재판이 진행 중인 동안 당사국들의 권리가 보호되도록 하는 것이다. 재판소의 결정은 실효성을 가져야 한다는 사법제도의 기본원칙에서 이런 조치들의 정당성을 찾고 있다. 그리고 이 원칙이 지켜지기 위해서는 재판이 진행되는 동안 당사국들은 상황을 더 악화시키는 일을 자제해야 하고, 상대방에게 상황이 돌이킬 수 없이 불리한 상태가 되도록 하는 행위를 해서도 안 된다. 소송당사국들의 권리를 보호하려는 제도적 장치는 물론 국내법제도에서도 널리 이용되고 있지만, 이런 장치는 국제분쟁에서 더 필요하다. 그 이유는 국제재판이란 그 진행에 시간이 상당히 걸리고, 재판관할권 여부에 논란이 있는 경우에는 더욱 지연되기 때문이다. 또 만약 분쟁이 국제적 위기를 고조시키고 있는 상황이라면, 당사국들은 분쟁의 평화적 해결을 불가능하게 만드는 행동을 취할 수 있기 때문이다.[11]

재판소는 국가 간의 분쟁에 관한 결정뿐만 아니라 권고적 의견(advisory opinion)을 제시할 권한을 가지고 있다. ICJ규정 제65조 1항은 권고적 의견에 관하여 다음과 같이 규정하고 있다. "재판소는 UN헌장에 의하여 또는 동 헌장에 따라 요청하는 것이 허가된 단체의 요청이 있는 때에는 어떤 법률문제에 대해서도 권고적 의견을 부여할 수 있다." 또한 UN헌장 제96조는 총회 및 안전보장이사회에 권고적 의견을 요청할 권한을 부여하고, 또 총회의 허가에 근거하여 UN의 기타 기관 및 전문기관에 같은 권한이 부여될 수 있다고 규정하고 있는데, 제96조의 내용은 다음과 같다.

---

11) J. G. Merrills(강병근 옮김), 제6판, *국제분쟁해결(International Dispute Settlement)*, 피엔씨미디어 (2021), 175-176.

"1. 총회와 안전보장이사회는 국제사법재판소에 어떠한 법적 문제 관한 것이라도 권고적 의견을 제시하도록 요구할 수 있다.
2. UN의 기타 기관과 전문기관 또한 총회로부터 권고적 의견을 요구할 수 있도록 허락받은 경우에는 언제라도 그들의 활동범위 내에서 발생하는 법률문제에 관하여 재판소에 권고적 의견을 요구할 수 있다."

ICJ가 권고적 의견을 표명할 수 있도록 한 목적은 국제기구들의 요청이 있는 경우에 법적 견해를 제공하여 도움을 주려는 것이다. 이와 같이 권고적 의견을 요구하는 절차는 국가들에게 개방된 것이 아니고 단지 국제기구에만 한정하고 있는데, 현재 UN의 6개 기관과 16개 전문기관이 재판소에 권고적 의견을 요구할 수 있도록 위임받고 있다. UN총회와 안전보장이사회는 모든 법률문제에 대하여 ICJ에 권고적 의견을 요청할 수 있지만, 다른 UN 기관이나 전문기관은 동 기구들의 활동범위 내에서 발생하는 법률문제에 대해서만 권고적 의견을 요청할 수 있다. 이와 같은 권고적 의견은 판결과는 달리 단지 자문적(consultive) 역할을 할 뿐이지 요구기관을 구속하지 않는다. 그러나 대부분의 권고적 의견은 정치적인 영향을 미쳤을 뿐만 아니라 또한 대부분 이행되었다. 몇몇 권고적 의견은 국제법 발전과정을 중대하게 변경시킨 것도 있다. 특히 UN회원국 가입에 관한 권고적 의견[12], UN 봉사 중 입은 손해에 대한 배상 사건[13], 서 사하라의 영토적 지위 사건[14], UN 활동에 관한 비용문제 사건[15], UN 본부협정의 적용 사건[16], UN의 특권과 면제에 관한 협약의 적용 사건[17], 핵무기사용의 적법성 사건[18] 등에 관한 권고적 의견들이 이에 속한다.[19]

12) ICJ Rep. (1948), 57-119.
13) ICJ Rep. (1949), 177-220.
14) ICJ Rep. (1975), 12-176.
15) ICJ Rep. (1962), 151.
16) ICJ Rep. (1988), 12.
17) ICJ Rep. (1989), 177.
18) 35 *ILM* (1996), 809.
19) Malanczuk, 김한택, *국제법원론-이론과 실제*, 북스힐, 2007, 232-243,

제3절 국제우주법상 분쟁해결방법

국제우주법상 분쟁에 관한 법적절차는 1967년 우주조약(또는 외기권 우주조약), 1979년 달협정 그리고 1972년 책임협약만이 이 문제를 다루고 있고, 그 중 책임협약은 다른 조약보다 보다 비교적 상세한 규정을 가지고 있다. 1968년 구조협정 및 1975년 등록협약은 분쟁해결을 위한 특별한 규정을 가지고 있지 않다.[1)]

1. 우주조약

우주조약은 제3조에서 본 조약의 당사국은 외기권의 탐색과 이용에 있어서의 활동을 UN 헌장을 포함한 국제법에 따라 국제평화와 안전의 유지를 위하여 그리고 국제적 협조와 이해를 증진하기 위하여 수행하여야 한다고 규정하고 있는데, 이는 우주활동에서 야기된 분쟁은 일반국제법상의 분쟁해결방식에 의해서 해결되어야 함을 의미한다.[2)] 우주조약 제9조는 예방적 성격의 분쟁해결을 위한 절차조항을 규정하고 있는데, 동 규정에서 분쟁을 해결하기보다 예방한다는 의미는 다른 조약당사국의 활동과 더불어 우주활동에 잠재적으로 유해한 방해를 야기할 가능성이 있는 경우를 전제로 하는 제한적인 규정이다. 따라서 동 조항에 의거한 실제적 절차는 매우 불확실한 측면을 가지고 있는데, 그 이유는 명문화된 기간을 지정해 놓지도 않았을 뿐 아니라 어떠한 국가도 이러한 협의(consultation)를 하기 위한 특정의 절차를 따르도록 요구받지 않기 때문이다.[3)]

그밖에 어떤 '실제적 문제'(practical questions)가 발생한 경우 취해야 할 절차에 대한 또 다른 조항이 우주조약 제13조인데 동 조항은 해결되어야 할 실질적 문제발생의 경우를 상정하고 있다. 이들 우주조약 규정에 따르면 다른 나라에서 계획된 우주활동이나 실험이 자국의 활동에 잠재적으로 유해한 방해를 초래할 수 있다고 믿을 만한 이유가 있을 때 협의를 요청할 수 있으며 상기한 우주조약 제13조는 정부 간 국제기구(international intergovernmental

---

1) E. R. C. van Bogaert, *Aspects of Space Law*, Kluwer Law and Taxation Publishers (1986), 178.

2) Gérardine Meishan Goh, *Dispute Settlement in International Space Law-A Multi-Door Courthouse for Outer Space*, Martinus Nijhoff Publishers (2007). 25.

3) Goh, 30.

organization)에 의해 일어날 수 있는 분쟁을 보충적으로 다루고 있다. 이러한 기구들이 우주활동에 참여하고, 국가들이 그 활동으로 인한 실제적 문제들로 인해 어려움에 봉착했을 때 국가들은 당해 기구 또는 그 기구의 가맹국과 함께 그 문제들을 해결하기 위해 노력해야 한다. 다만 여기서의 두 조항에서는 협의가 어떻게 이루어져야하고, 문제가 어떤 방식으로 해결되어야 하는지에 관해서는 어떠한 혁신적 방안이나 제3자에 의한 분쟁의 평화적 해결에 관한 규정은 소개되지 못하고 있다. 따라서 이들 조항들은 법에 의뢰하지 않고 외교적 교섭을 통한 전통적 방식을 도입하고 있는 것으로 간주된다.[4] 타 국가가 독단적으로 유해한 활동을 할 우려가 있을 때 국가는 그러한 당사자와 외교적 경로에 의해 협상을 진행하는 것이 국가작용의 일반적 행태인 것이다.[5] 따라서 우주조약은 협력, 상호원조, 협상에 관하여 언급할 뿐 분쟁의 실질적 해결을 제시하지 못하고 있다.[6]

2. 달협정

달협정(또는 달조약)에서 각 국가는 우주공간 이용자유의 원칙아래 평등의 기초 위에서 어떤 형태의 차별 없이 국제법과 달협정이 규정하고 있는 조건에 의거하여 탐사와 이용의 권리를 가지며 달에서의 천연자원 개발이 실현가능하게 되는 때에는 적절한 절차를 포함하여 자원의 개발을 규율할 수 있도록 '국제제도' (international regime)의 설립을 예정하고 있다(달협정 제11조 제4항과 제5항). 이처럼 국제협력과 자원개발을 위한 국제제도의 확립을 통해 분쟁의 회피와 사전 예방을 할 수 있도록 규정하고 있는 것이다.

달의 탐사와 이용과정에서 조약상의 의무를 이행치 않는 국가가 있는 경우 당사국은 일차적으로 협의를 요청할 수 있고 타 당사국은 지체 없이 이 협의에 응하여야 한다. 이에 의거해서도 상호 수락할 수 있는 해결책에 이르지 못한 경우에는 분쟁의 성질에 비추어 다른 적절한 평화적 수단을 택하여 해결하여야 한다. 이때 협의의 개시나 해결에 난관이 있는 경우에는 어떤 당사국이라도 UN사무총장에게 원조를 요청할 수 있도록 배려하고 있다. 협의 의무 및 분쟁의 해결방법이나 절차와 관련하여 달 조약 관계 조항을 살펴보면, 우선 달협정 제8조는 분쟁해결에 관하여 규정하고 있고, 그리고 달협정 제15조에 비교적 상세하게 규정하고 있다.

달협정은 제8조 제3항에 명시된 바와 같이 동 조항 제1항과 제2항에 따라 당사국의 활동이 다른 당사국의 달 위에서의 활동을 간섭해서는 안 된다. 이러한 간섭이 발생할 수 있는 경우에는 관계당사국은 이 조약의 제15조의 제2항과 제3항에 따라 협의(consultation)를 분

4) van Bogaert, 178.
5) 이영진, 우주활동에 있어서 분쟁의 해결과 예방, *항공우주법학회지*, 제25권 제1호 (2010), 166-167.
6) Karl-Heinz BÖckstiegel, Proposed draft Convention on the Settlement of Space Law Disputes, 12 *Journal of Space Law* (1985), 136.

쟁해결방안으로 제시하고 있다. 미흡하지만 달협정은 1967년 우주조약보다는 분쟁해결에 있어서 당해 다른 당사국은 적절한 협의가 행해지기 위하여 방문처에서 안전의 확보와 일상업무의 간섭 회피를 위한 최대한의 예방조치가 취해지도록 방문계획에 대하여 합리적인 사전 통고를 하도록 하여 일보 전진하고 있다고 할 수 있다.[7] 그러나 분쟁의 평화적 해결을 위해서는 달조약에 규정된 절차도 단순하고 강제적인 규제를 포함하지 않는다. 실제로 이 절차는 전통적인 방법인 외교교섭에 한하고 또 UN사무총장에 의한 중개를 규정하고 있지만 그것조차도 UN이라는 최고행정기관의 제안을 수락할 의무를 포함하지 않는다.[8]

3. 책임협약

책임협약이 채용하고 있는 원칙은 당사자 간의 외교교섭과 청구위원회에 의한 해결을 기반으로 하고 있다. 우선 분쟁해결을 위한 손해배상을 발사국에 제기할 수 있는 청구의 주체는 '손해를 입은 국가 또는 그 자연인이나 법인이 손해를 입은 국가' 이다. 손해를 입은 자연인 또는 법인의 국적을 지닌 국가가 손해배상청구를 제출하지 않은 경우에는 "다른 국가가 당해 자연인 또는 법인이 자국의 영역에서 입은 손해에 관해 발사국에 대하여 청구를 할 수 있다." 이러한 규정은 동일지역 내에서 발생한 손해에 대해서는 국적 여하를 불문하고 동일한 구제를 인정해 주려는 의도에서 국적국 이외에 손해발생지역과 영주민의 거주국에도 보충적으로 청구주체로서의 자격을 부여해 준 것이다(책임협약 제8조).

책임협약 제9조에 의하면 손해배상의 청구는 '외교경로' (dip1omatic channels)를 통하여 발사국에 제기한다. 청구국가와 발사국 사이에 외교관계가 없으면 제3국을 통하여 제기할 수 있다. 또한 청구국이나 발사국이 모두 UN회원국인 경우에는 UN사무총장을 통하여 청구할 수 있다. 손해배상의 청구는 손해발생일로부터 또는 책임 있는 발사국의 확인일로부터 1년 이내에 제기하여야 한다. 청구국가가 손해의 발생을 모르거나 책임 있는 발사국을 확인할 수 없는 때에는 이러한 사실을 안 때로부터 1년 이내에 제기하면 된다. 그러나 상당한 주의를 하였으면 알 수 있었으리라고 합리적으로 기대되는 날로부터 1년을 초과할 수 없다. 손해를 처음부터 모두 알 필요는 없으며 1년이 지난 다음에도 손해가 더 확인되면 손해액을 수정하여 청구하면 된다(책임협약 제10조).

책임협약상의 구제절차는 강제적인 것은 아니다. 책임협약 제11조에 따르면 손해배상청구를 추구함에 있어서는 일반 국제법상의 국제책임제도와는 달리 사전에 '국내구제의 완료' (exhaustion of local remedies)를 요구하지 않는다. 전통적인 국제법에 따르면 피해를

7) Goh, 41.

8) van Bogaert, 179.

입은 개인(또는 자연인 및 법인)은 그를 위한 국제소송이 제기되기에 앞서 피해야기국가(피고국)의 법정에서 구제절차를 완료하여야 한다. 그러나 책임협약에서는 국제책임을 추구하기 위하여 사전에 피해국가의 국내법에서 규정해 놓은 구제절차를 반드시 완료해야 하는 것은 아니다.[9] 물론 책임 있는 발사국의 국내법원 등에서 배상청구를 해도 된다. 다만 발사국의 국내구제절차나 다른 조약상의 국제구제절차를 추구하는 동안에는 동일한 손해에 대하여 동시에 동 협약상의 손해배상추구를 할 수 없다.

책임협약 제12조에 의하면 "발사국이 이 협약에 의거, 책임지고 지불하여야 할 손해에 대한 보상은 손해가 발생하지 않았을 경우의 상태대로 자연인, 법인, 국가 또는 국제기구가 입은 손해가 보상될 수 있도록 국제법 및 정의와 형평의 원칙에 따라 결정되어야 한다."고 명시하고 있다. 책임협약은 다른 국제조약과는 달리 '책임의 한계' (limitation of liability)를 규정하고 있지 않다. 사실 '우주의 평화적 이용 위원회' (Committee on the Peacefu1 Uses of Outer Space; COPUOS)의 대부분 회원들은 책임의 한계를 두려고 하였으나 이에 반대하는 회원들은 그러한 규정은 무의미하다고 제안하였다. 따라서 그와 같은 문제의 타협안으로서 책임협약 제12조가 탄생하게 되었고, 결국 당사자들은 '정의와 형평의 원칙' (principles of justice and equity)에 따라서 배상을 결정해야 하는 것이다.[10] 그러나 제12조의 조항은 매우 이상적 표현이기 때문에 의무보험제도(obligatory insurance regime)를 도입하거나 국제배상기금(international compensation fund)을 설치하자는 견해도 있다.[11] 한편 책임협약 제13조는 이 협약에 의거하여 청구국과 보상 지불국이 다른 보상 방식에 합의하지 못할 경우, 보상은 청구국의 통화로 지불되며, 만일 청구국이 요구하면 보상 지불국의 통화로 지불된다고 명시하고 있다.

청구국이 청구에 관한 증거서류를 송부한 취지를 발사국에게 통지한 날로부터 1년 이내에 제9조에 따른 외교교섭에 의해 배상청구가 해결되지 않을 경우에는 관계당사국은 어느 일방의 요청에 의해 청구위원회(Claims Commission)를 구성하여 이용할 수 있다(책임협약 제14조). 이는 청구절차의 제2단계로서 당사자의 일방적 요구에 의해서도 설치된다. 동 청구위원회는 3인의 위원으로 구성되는데 1인은 청구국에 의해 또 다른 1인은 발사국에 의해 임명된다. 의장이 되는 3번째 위원은 쌍방 당사국에 의해 선정된다. 각 당사국은 청구위원회의 설치요청일로부터 2개월 이내에 위원을 임명한다. 위원회 설치요청일로부터 4개월 이내에 의장 선정에 관해 합의에 도달하지 아니한 경우 어떤 당사국이든 UN사무총장에게 곧 2개월 이내에 의장을 임명하도록 요구할 수 있다(책임협약 제15조).

위원회의 모든 결정과 판정은 다수결로 행한다. 또한 위원회는 그 설치일로부터 1년 이내에 손해배상청구의 당부와 배상액의 결정을 하게 되는데 이 결정에 대한 재심은 인정되지 않

9) van Bogaert, 181.

10) Gennady Zhukov & Yuri Kolosov, translated by Boris Belitzky, *International Space Law,* Praeger (1984), 104.

11) Bruce A Hurwitz, *State Liability for Outer Space Activities in Accordance with the 1972 Convention on International Liability for Damage caused by Space Objects*, Martinus Nijhoff Publishers (1992), 57-59.

는다. 효력 면에 있어서는 당사국이 합의하는 경우에 한하여 구속력이 인정되며 그 밖의 경우에는 권고적 효력을 가진다(책임협약 제14조-제18조). 책임협약 제19조는 제2항에 위원회의 결정은 당사국이 동의한 경우 최종적이며 구속력이 있다. 당사국이 동의하지 않는 경우, 위원회는 최종적이며 권고적인 판정을 내리되 당사국은 이를 성실히 고려하여야 한다. 위원회는 그 결정 또는 판정에 대하여 이유를 설명하여야 한다고 명시하고 있다.

책임협약은 우주조약이나 달협정보다는 비교적 상세한 분쟁해결조항을 가지고 있으나 1978년 "Cosmos 954 사건" 에서 보듯이 소련은 캐나다와 함께 책임협약의 당사국임에도 불구하고 동 협약을 거론하지 않았다는 사실은 국가들은 조약에 의존하기 보다는 전통적인 국제분쟁해결방안을 더 선호하고 있다는 것이다.

4. UN총회 결의

UN총회는 다음과 같은 세 가지 원칙에 관한 결의안을 채택한 바 있고 그 가운데에는 일정한 우주활동으로 인하여 발생한 분쟁의 해결절차에 관한 규정을 포함하고 있다.

1. 1982년 위성직접TV방송(International Direct Television Broadcasting)을 위한 국가의 인공위성 이용규제에 관한 원칙(DBS 원칙)

2. 1986년 우주로부터의 지구 원격탐사(Remote Sensing)에 관한 원칙(RS 원칙)

3. 1992년 우주에서의 핵원료(Nuclear Power Sources) 사용에 관한 원칙(NPS 원칙)

DBS원칙 제7조는 "이 원칙에 의해 다루어지는 활동으로부터 발생하는 국제분쟁은 UN헌장 규정에 따라 분쟁당사자에 의해 합의된 분쟁의 평화적 해결절차를 통해 해결되어야 한다." 고 규정하고 있으며 여기에 덧붙여 동 원칙 제10조는 청구가 있을 경우 즉시 협의(consultation)에 들어가도록 하는 국가의 의무와 권리에 관해 상세히 설명하고 있다. 또한 동 원칙 제13-15조는 나아가 어떤 국가가 국제 직접TV방송서비스를 개설하려 하거나 개설을 허가하려 할 때, 청구가 있는 경우 반드시 협의에 들어가야 할 의무가 있음을 규정하고 있다.

RS원칙 제15조는 "이 원칙의 적용으로부터 발생하는 분쟁은 확립된 분쟁의 평화적 해결절차를 통해 해결되어야 한다." 는 분쟁해결에 관한 원칙적인 규정을 재정립하면서 나아가 동 원칙 제13조에서는 국가의 협의 의무에 대해 규정하고 있는 데, 원격탐사를 행하는 국가는 탐지된 국가의 청구가 있을 시 실행가능한 참여 기회를 만들고 그로부터 얻어지는 상호 이익의 증진을 위하여 협의에 들어가야 한다.

NPS원칙 제10조에서도 "이 원칙의 적용으로부터 발생하는 분쟁은 UN헌장에 따라 협상(negotiation)이나 기타 분쟁의 평화적 해결절차를 통해 해결되어야 한다." 고 언급하고 있다. 또한 NPS 원칙 제6조에 의하면 국가는 핵원료를 탑재한 우주물체가 지구대기로 재진입하는 것에 대하여 다른 국가가 상세한 정보나 협의를 청구할 경우 특별한 사유가 없는 한 이에 대해 신속하게 응해야 한다.

UN총회 결의안은 원칙적으로 국제법상의 법적 구속력(binding legal force)이 없다. 그러나 일반적으로 우주활동에 기인한 분쟁의 평화적 해결 원칙에는 구속력이 인정된다고 할 수 있다. 이것은 지금까지의 여러 가지 UN총회 결의안의 관련 원칙들이 국제관습법의 일부로 수용되어 왔기 때문이다. 주지하는바와 같이 국제관습법은 국제사법재판소의 규정 제38조 제1항 (b)에 명시된 바와 같이 국제법 연원의 일부이기 때문이다. 특히 비차별 접근원칙(principle of non-discriminatory access)은 국제관습법이 되기 위한 요소인 '법적 확신' (*opinio juris*)과 관행을 만족시키기 때문이다.[12)]

어떤 일반원칙이 단기간에 국제관습법의 일부가 되기 위해서는 법적 확신(*opinio juris*)과 더불어 "광범위하고 대표적이며 사실상 일치된 국가 관행" 이 존재해야 한다. 우주활동과 관련된 충돌이나 갈등에 대해 지금까지 무력의 사용에 호소하는 경우는 전혀 없었다. 몇몇 잠재적인 충돌 상황에서는 위의 UN총회 결의안의 원칙들과 일반국제법상의 원칙에 따라 협상(negotiation)과 협의(consultation)라는 외교적 채널을 통해 해결된 사안들이 있었다. 그러한 외교적 해결 중의 한 예로서 "Cosmos 954 사건" 을 들 수 있을 것이다.[13)]

12) Goh, 43.
13) Goh, 45.

제4절 세계국제법협회(ILA)초안

세계국제법협회(ILA)는 1994년 부에노스아이레스와 1996년 헬싱키 회의를 거쳐 1998년 타이페이(Taipei) 회의에서 "우주법분쟁해결에 관한 협약안"(Draft Convention on the Settlement of Space Law Dispute)을 채택하였다.[1] 타이페이 협약안 제1조에 따르면 동 협약안은 당사국과 국제기구에 의해 수행되는, 우주에서의 모든 활동과 우주에 영향을 주는 활동에 적용된다. 또한 그것은 당사국간 1967년 우주조약에 규정된 국제적 의무의 적용을 확인하면서 국가의 지속적인 감독 의무를 통해서 사기업 및 비정부 실체에게도 적용됨을 규정하고 있다.

동 협약안은 비구속적 해결절차와 구속적 해결절차를 규정하고 있는데, 비구속적 해결절차는 교섭(negotiation)이나 기타 분쟁해결의 평화적 수단 혹은 조정(conciliation)에 초점을 맞추어 의견을 교환하고 갈등을 해소하도록 의무를 부과하고 있고(제4조), 조정절차에 관하여는 협약안에 별도로 규정하고 있다. 구속적 해결절차는, 비구속적 절차에 대한 방법으로 해결되지 않을 때, 어떤 분쟁당사자의 청구에 의해서도 개시될 수 있다. 이 절차는 아래와 같은 방안 가운데에서 우선순위 없이 선택할 수 있도록 하고 있다(제6조 제1항).

1. 만약 국제우주법재판소(International Tribunal for Space Law)가 설치될 경우의 동 재판소
2. 국제사법재판소(ICJ)
3. 동 협약 규정에 의거하여 설치되는 중재재판소

동 협약안은 몇몇 규정들을 통해서 중재재판소와 국제우주법재판소의 절차에 관하여 광범위하게 인정된 내용들을 포함하고 있다.[2] 절차의 선택은 당사자가 협약의 최종 초안에 서명하거나 인준하거나 또는 선언이라는 수단에 의해 동의를 할 때 이루어질 수 있다. 유효한 선언에 포함되지 않는 분쟁에 관련된 당사자는 분쟁해결수단으로서 중재재판을 인정한 것으로 간주된다(제6조 제2항). 당사자들이 동일한 절차를 받아들일 경우에는 분쟁은 그 절차에만 맡겨져야 한다. 그러나 만약 분쟁당사자들이 그들 사이의 분쟁해결을 위하여 동일

---

1) Final Draft of the Revised Convention on the Settlement of Disputes related to Space Activities, ILA, *Report of the 68th Conference Taipei, Taiwan, Republic of China* (1998), 249-267.

2) Gérardine Meishan Goh, Dispute Settlement in International Space Law-A Multi-Door Courthouse for Outer Space, Martinus Nijhoff Publishers (2007), 67-68.

한 절차를 받아들이지 않는다면 그들 사이에 별도의 방법에 동의하지 않는 한 중재재판에 만 맡겨질 수 있다. 과학적 내지 기술적인 문제에 관하여 동 협약의 규정은 중재재판소 내지 재판소에 두 명의 기술 전문가의 지원을 받도록 하고 있지만 그들에게 투표권이 인정되는 것은 아니다(제8조). 관할권을 가지는 법정이나 재판소에 의한 결정은 모든 분쟁당사자들에게 최종적이고 구속적인 것으로 간주 되어야 한다(제13조 제1항).[3] 한편 동 협약안은 넓은 범위에서 다양한 방법으로 적용될 수 있는 여지도 있는가 하면 협약의 일정 조항이 배제되는 경우도 있을 수 있다. 이것은 다수의 당사국들이 동 협약체제에 동참하도록 할 가능성을 높여 주게 된다. 그러나 당사자들이 또 다른 평화적 분쟁처리절차에 따르기로 이미 합의를 했고 그 절차가 구속력 있는 결정을 수반한다면 그러한 합의가 무효화되지는 않는다(제1조 제1항, 제2항, 제5항).

---

3) *Goh.*, 68-69.

제5절 맺음말

지금까지 전통적인 국제법상 분쟁해결절차와 국제우주법상 분쟁해결문제를 다루었다. 우주법은 분쟁해결 면에서 학문적 접근법이 가장 가까운 국제해양법에 비교해볼 때 매우 초보적인 수준이고, 분쟁이 발생할 경우 국가들은 오히려 우주조약들에 의존하기보다는 전통적인 국제법상 분쟁해결절차인 교섭, 심사, 중개, 조정, 중재재판 등에 의존할 가능성이 높다. 대표적으로 1978년 Cosmos 954 사건의 경우 소련과 캐나다는 1967년 우주조약, 1972년 책임협약의 당사국이었고, 특히 1972년 책임협약은 동 사건과 가장 밀접한 관련성을 가진 조약이었으나, 소련은 우주조약법에 의한 해결을 원치 않았던 것 같다.

우주활동은 항공활동이나 해양활동에 비하여 매우 많은 비용이 요구되므로 전 세계 200개국 중 현재 우주활동을 본격적으로 벌이는 나라는 미국과 러시아를 비롯해 영국, 프랑스, 인도, 중국, 일본, 이란, 이스라엘, 한국 등 제한적이다. 그러나 모든 국가들이 재정만 확립된다면 그 어느 분야보다도 우선적 과제로 우주개발에 심혈을 기울일 것이다. 자국의 자원상황과 안보상황이 타국의 위성을 통하여 항시 감시받는다면 이를 반길 나라는 한 나라도 없기 때문이다. 더욱이 북한의 경우 로켓개발이 소형핵개발과 연결될 경우 핵탄두를 탑재한 '대륙간탄도미사일' (intercontinental ballistic missile; ICBM)로 전환될 수 있으므로 UN 안보리 국가들을 비롯한 여러 나라들이 우려하고 있는 것이다. 그러한 면에서 특히 중국, 일본, 북한의 우주개발은 우리로 하여금 그 어느 때보다 우주개발에 박차를 가하는 계기를 마련해주고 있다.

이러한 상황을 고려할 때 우주법상 분쟁해결에 관한 연구는 매우 중요한 주제이다. 비록 국제해양법재판소(International Tribunal of the Law of the Sea)와 같은 전문적 사법기관인 우주법재판소의 설치는 아직 요원하나 점차 우주개발을 하는 나라 수가 많아질수록 분쟁을 전문적으로 다룰 기관의 탄생도 예상할 수 있다. 그러한 의미에서 1998년 세계국제법협회(ILA)의 "우주법분쟁해결에 관한 협약초안" (Draft Convention on the Settlement of Space Law Dispute)은 우주법학자들이나 각 국가들에게 좋은 모델을 제시하고 있다. 필자는 국제사회에서 국가 간 적용될 새로운 조약을 체결한다는 것은 매우 힘든 작업임을 고려할 때 새로운 독립된 분쟁해결협약을 제정하기 보다는 기존의 우주관련조약에 부속서를 만들어 체약국들로 하여금 부속서에 참여케 하는 방법, 예를 들어 1967년 우주조약이나 1972년 책임협약 등에 우주분쟁해결부속서를 만들어 국가들이 참여하게 하는 방법이 이 문제를 해결하는데 더욱 수월하지 않을까 생각한다.

한편 중재재판소이긴 하나 2011년 PCA가 "우주활동관련 분쟁의 중재재판에 관한 선택규칙"(Optional Rules for Arbitration of Disputes Relating to Outer Space Activities)을 제정하고, 2012년 우주활동관련 분쟁의 중재재판관을 새롭게 임명한 점은 우주법상 분쟁해결분야에서 많은 발전을 예상하고 있다고 할 수 있다.

02 장

우주의 환경보호

김한택, 환경보호에 관한 우주법연구, *항공우주법학회지* 제25권 제1호 (2010), 205-236 참조.

1957년 옛 소련의 스푸트니크(Sputnik) 1호가 발사된 이래 지구궤도를 돌고 있는 인류가 쏘아올린 위성의 수는 실제로 2016년 기준으로 3,599기나 되는 것으로 알려졌지만, 전문가들은 각국이 군사용 · 첩보용으로 비밀리에 쏘아올린 위성까지 합하면 그 숫자가 약 6,000여기에 달할 것으로 추측하고 있다.[1] 그런데 이들 중 상당수가 수명이 다해 기능이 정지된 상태이다. 2009년 2월 10일 미국 이리듐(Iridium)사의 통신위성인 이리듐 33호와 러시아의 통신위성 코스모스(Cosmos) 2251호가 충돌한 바 있다.[2] 이리듐 33호는 발사된 지 12년 된 위성으로 전 세계 25만 명의 이용자에게 위성통신 서비스를 제공하는 66개의 이리듐 위성 네트워크 중 하나이고, 코스모스 2251호는 오래전에 작동이 정지된 상태였다. 이리듐 33호와 코스모스 2251호의 무게는 각각 500㎏과 900㎏이었다. 위성 간 충돌은 당장 국제우주정거장(International Space Station; ISS)과 이곳에 탑승해 있는 우주비행사들에게 위협이 된다. 파편이 충돌 현장보다 낮은 궤도에서 지구를 돌고 있는 ISS에 2차 충돌을 일으킬 가능성이 있기 때문이다.[3] 현재 정확한 수는 알 수 없지만 약 350만개 이상의 '우주폐기물' (space debris)[4]이 지구궤도를 떠돌고 있는 것으로 추산된다. 이 같은 상황에서 우주폐기물이 여타 위성이나 우주선에 부딪힐 경우 상상을 초월하는 상황이 벌어질 수 있는 것이다. 이러한 우주활동 중에 발생한 우주폐기물은 우주공간자체의 환경문제를 발생시킬 뿐 아니라 지구상공의 영공과 지상에서의 활동에 손해를 발생시킬 수 있는데,[5] 이와 관련하여 유명한 사건으로 우리에게 잘 알려진 소련의 핵추진 위성이 캐나다에 추락한 1978년 "Cosmos 954 사건" 이 있다.[6]

이장에서는 우주환경문제에 대한 조약상의 규범 즉, 1967년 우주조약, 1968년 구조협정, 1972년 책임협약, 1975년 등록협약, 1979년 달협정의 내용을 살펴보고, 우주에서의 핵연료(NPS) 사용에 관한 원칙결의, '우주의 평화적 이용 위원회' (Committee on the Peaceful Uses of Outer Space: COPUOS)의 우주폐기물 경감에 관한 가이드라인 및 세계국제법협회(ILA)의 우주폐기물로 인한 피해로부터 환경을 보호하기 위한 국제협약초안 등을 살펴볼 것이다.

---

1) 지구궤도 6,000대 인공위성...충돌 막을 관측소 본격 가동, 중앙일보, 2018. 10. 25.

2) 유럽우주기구(ESA)에 따르면 1957년 소련의 Sputnik 1호 발사로 시작된 우주 시대의 도래 후 2024년 6월 18일 현재까지 로켓 발사 횟수는 약 6,6400회(고장 제외)이며, 로켓 발사로 인해 지구 궤도(Earth orbit)에 배치한 위성의 수는 약 18,400개이며, 아직 우주에 있는 위성의 수는 약 12,540개이며, 여전히 작동하는 위성의 수는 약 10,000개이다. Space Surveillance Networks에서 정기적으로 추적하고 카탈로그에 유지 관리되는 우주쓰레기 수는 약 36,040개이며, 해체, 폭발, 충돌 또는 단편화를 초래하는 비정상적인 사건의 예상 횟수는 640회 이상이며, 지구 궤도에 있는 모든 우주쓰레기의 총 질량은 12,400톤 이상인데, 모든 우주물체가 추적되고 카탈로그화되는 것은 아니다. 현재 10cm보다 큰 우주쓰레기는 40,500개이며, 1cm에서 10cm 사이는 1,100,000개, 1mm에서 1cm 사이는 1억 3천만 개나 된다. *available at* https://www.esa.int/Space_Safety/Space_Debris/Space_debris_by_the_numbers(last visited on Jan, 5, 2024).

3) 이동훈, 위성충돌 · 우주쓰레기, 우주탐사 발목잡는다, *서울경제 파퓰러사이언스*, 3월호, 2009.

4) 이는 '우주잔해', '우주파편', '우주쓰레기' 로도 불리며 영어로는 'space wreckage', 'space junk', 'space refuse', 'space garbage', 'space waste', 'space litter' 등으로 표현된다.

5) Howard A. Baker에 의하면 우주폐기물은 정지된 페이로드(inactive payloads), 손상되지 않은 폐기물(operational debris), 파쇄된 폐기물(fragmentation debris), 극소립자(microparticulate matter)로 구분되는데, 정지된 페이로드를 제외한 우주폐기물의 약 57%가 미국에 의해서, 40%가 러시아에 의해서, 나머지 3%가 프랑스, 일본, 인도, 중국 등의 국가에 의해서 발생하였다고 한다; Howard A. Baker, Liability for Damage Caused by Space Refuge, 13 *Annals of Air and Space Law* (이하 *AASL*로 약칭) (1988), 184.

6) Cosmos 954 사건에 관하여 Paul G. Dembling, Cosmos 954 and the Space Treaties, 6 Journal of Space Law (이하 *JSL* 로 약칭)(1978); Peter P. Haanappel. Some Observations on the Crash of Cosmos 954, 6 *JSL*(1978); Eilene Galloway, Nuclear Powered Satellites; The U.S.S.R. Cosmos 954 and the Canadian Claim, 12 *Akron Law Review* (1979); Bryan Schwartz and Mark L. Berlin, After the Fall; An Analysis of Canadian Legal Claims for Damage Caused by Cosmos 954, 27 *McGill Law Journal* (1982); Alexander F. Cohen, Cosmos 954 and the International Law of Satellite Accidents, 10 *Yale Journal of International Law* (1984) 참조.

제1절 환경보호에 관한 우주관련조약

1. 우주조약

1967년 우주조약 제9조는 우주활동으로 인한 환경피해의 방지규정을 두고 있다.[1] 즉, 달과 기타 천체를 포함한 우주의 탐색과 이용에 있어서 당사국은 협조와 상호 원조의 원칙에 따라야 하며, 다른 당사국의 상응한 이익을 충분히 고려하면서 달과 기타 천체를 포함한 우주에 있어서의 그들의 활동을 수행하여야 한다. 당사국은 '유해한 오염' (harmful contamination)을 회피하고 또한 물질의 도입으로부터 야기되는 지구 주변에 '환경의 불리한 변화' (adverse changes in the environment)를 가져오는 것을 회피하는 방법으로 달과 천체를 포함한 우주의 연구를 수행하고, 이들의 탐색을 행하며 필요한 경우에는 이 목적을 위하여 '적절한 조치' (appropriate measures)를 취하여야 한다. 만약 달과 기타 천체를 포함한 우주에서 국가 또는 그 국민이 계획한 활동 또는 실험이 달과 기타 천체를 포함한 우주의 평화적 탐색과 이용에 있어서 다른 당사국의 활동에 잠재적으로 '유해한 방해' (harmful interference)를 가져올 것이라고 믿을 만한 이유를 가지고 있는 당사국은 이러한 활동과 실험을 행하기 전에 적절한 국제적 협의를 거쳐야 한다.

이 조항은 다음과 같은 세 가지 의무로 요약될 수 있는데, 첫째, 다른 국가의 이해관계에 합치되는 우주활동수행 둘째, 유해한 오염 및 불리한 변화를 회피하도록 우주공간을 연구 및 탐사하고 필요한 경우 이를 위한 적절한 조치를 채택 그리고 마지막으로 타국의 우주활동에 유해한 간섭을 잠재적으로 야기할 수 있는 경우 협의할 의무 등이다.[2]

사용된 중요한 용어들인 '유해한 오염', '환경의 불리한 변화' 가 너무 일반적인 용어로 사용되어 금지가 강제적이지 못하다.[3] 더구나 이러한 용어들은 국가들로 하여금 자의적 해석을 할 수 있는 여지를 제공하고 있고, 특정한 행위를 명확하게 명시하여 협의하라는 지정을 하지 않고 주관적으로 협의상황을 결정하도록 한 것과 거부가 가능하게 한 점 등도 의무의 강제성을 인정하기 어려운 근거로 지적된다.[4] 그럼에도 불구하고 제9조에 포함되는 규칙 중

---

1) 우주조약 제9조의 제정과정에 관하여 Howard A. Baker, Protection of the Outer Space Environment: History and Analysis Article IX of the Outer Space Treaty, 12 *Annals of Air and Space Law* (이하 *AASL*) (1987), 143-171 참조.

2) Nicolas M. Matte, Environmental Implications and Responsibilities in the Use of Outer Space, 14 *AASL* (1989), 428-29.

3) Lotta Viikari, *The Environmental Element in Space Law-Assessing the Present and Charting the Future-*, Martinus Nijhoff Publishers (2008), 60.

4) Nicolas M. Matte, Environmental Implications and Responsibilities in the Use of Outer Space, 14 *AASL* (1989), 429.

달과 그 외의 천체를 포함한 우주공간의 탐사 및 이용에 있어서 협력 및 상호원조의 원칙에 따른 의무 및 조약의 다른 모든 당사국의 대응하는 이익을 고려하여, 달과 그 외의 천체를 포함한 우주공간에서의 모든 활동을 실시해야 할 의무는 '우주폐기물' 에 관한 국제적 조치를 강구할 경우의 법적 근거가 되며, 또한 이들의 의무는 우주조약상의 의무를 떠나 국제관습법상의 규칙으로 인정된다고 주장하는 견해도 있다.[5)]

2. 구조협정

1968년 구조협정은 우주사고와 관련하여 제한적으로 적용된다고 볼 수 있는데, 구조협정 제5조 1항에 의하면 대기권에 발사된 물체 또는 그 구성부품이 체약국의 관할권 하에 있는 영역내의 지구상, 공해 또는 어느 국가의 관할권에도 속하지 않는 기타 어떤 장소에 귀환하였다는 정보를 입수하거나 또는 이러한 사실을 발견한 체약국은 발사당국 및 UN사무총장에게 이 사실을 통보하여야 한다. 1978년 동 협정에 의거하여 캐나다는 발사국인 소련과 UN사무총장에게 "Cosmos 954 사건" 에서 발생된 상황을 통지한 바 있다.

구조협정 제5조 4항에 의하면 체약국의 관할권 하에 있는 영역에서 발견되거나 또는 체약국이 기타 다른 장소에서 회수한 대기권에 발사된 물체 및 그 구성부분품이 위험성이 있거나 또는 이와 유사한 성질의 것이라고 믿을만한 이유가 있는 경우, 동 체약국은 이와 같은 사실을 발사당국에 통보할 수 있다. 발사당국은 전기 체약국의 지시와 통제 하에서, 유해 위험성을 제거하기 위한 가능한 효과적인 조치를 즉시 취하여야 한다. 실제로 Cosmos 954 사건에서 이로 인해 발생할 위험이나 위해를 제거하는데 있어서 소련은 캐나다에게 도움을 주겠다고 했으나 거절당하였으며, 캐나다는 소련에게 어떠한 도움도 요청하지 않았다. 구조협정 제5조 5항은 또한 물체 또는 그 구성부분품을 회수 및 반환하기 위한 임무를 수행함에 있어서 발생하는 경비는 발사국이 부담하여야 한다고 명시하고 있는데, Cosmos 954 사건에서 소련은 캐나다에게 Cosmos 954나 그 구성부분품의 반환을 요구하지 않았다.

Cosmos 954 사건에서 양국이 구조협정 제5조 제1항을 적용하기로 합의한 것은 간접적으로 우주폐기물이 '우주물체 또는 그 구성부분품' 이 될 수 있다는 국가실행을 구성한다. 대부분의 국제문건 및 학자들의 견해는 우주폐기물에 대한 발사국의 책임을 인정하고 있다. 특히 구조협정 제5조가 우주에 발사된 물체의 회수와 관련한 모든 활동을 "발사국의 요청에 따라" 행하도록 한 점이나, 우주조약 제8조가 우주물체에 대한 관할권을 전적으로 등록국에 부여한 점에 비추어 우주폐기물이라고 하여 제3국이 무단으로 수거, 폐기하지 못한다. 문제는 현시점에서 많은 우주폐기물의 (특히 파편화된 경우에는) 등록국을 확인하기가 어렵다는 것이다. 또한 등록국이 확인되는 경우에도 기술적으로 등록국이 우주폐기물을

5) 이영진, 우주에서의 환경오염 방지를 위한 국제법적 규제, *항공우주법학회지,* 제24권 제1호 (2009), 162.

처리할 능력이 없는 경우, 정치·군사적인 이유로 우주폐기물이 추락한 지역을 관할하는 국가가 발사국의 개입을 원치 않는 상황에서는 구조협정 제5조의 신축적 적용이 불가피하다. 예컨대 Cosmos 954 사건에서 캐나다는 발사국인 소련의 지원제안을 거절하고 오히려 미국의 지원을 받아서 우주물체를 수거하였다.

3. 책임협약

책임협약 제2조에 의하면 우주물체로 인한 손해가 지구상에서 발생하였거나 비행중인 항공기에 대하여 발생한 경우에는 발사국이 절대적으로 배상책임을 진다. 이 정의에 따르면 배상이 이루어지기 위해서는 반드시 세 가지 요건이 증명되어야 하는데 첫째, '손해' (damage)가 발생되어야 하고 둘째, 반드시 '우주물체' (space object)가 존재하여야 하며 셋째, 손해는 반드시 우주물체에 '의하여' (by) 발생되어야 한다는 것이다. '과실의 증명' (proof of negligence)이 반드시 요구되지는 않는데 그 이유는 손해가 지구상에서 발생하였거나 비행중인 항공기에 대하여 발생한 경우에는 발사국이 절대적으로 배상책임을 지기 때문이다.

책임협약에서 손해(damage)의 의미는 매우 중요한 것으로서 손해가 없으면 책임(liability) 문제도 발생하지 않는다. 손해는 일반적으로 직접적인 손해와 간접적인 손해로 구분된다. 책임협약상 손해란 제1조에 명시된 바와 같이 "인명의 손실, 인체의 상해 또는 기타 건강의 손상 또는 국가나 개인의 재산, 자연인이나 법인의 재산 또는 정부간 국제기구의 재산의 손실 또는 손해" 를 말한다. 이러한 정의는 발사국의 우주물체로 인하여 발생한 직접적인 또는 즉각적인 손해를 의미하며, 대부분의 '불법행위' (tort) 사건에 사용되는 원칙과 같다.

손해에 관한 정의는 우선 책임협약의 문언적 해석에 달려있다. Cosmos 954 사건은 책임협약상의 손해를 해석하는데 어려움을 제기하였다. 책임협약 상 재산상의 손해를 회복하기 위해서는 "재산의 손실이나 손해" 가 발생하여야 한다. 이것은 재산의 파괴나 손해를 발생시키는 직접적인 '방해' (interference)나 '해' (harm)가 있어야 함을 의미한다.

책임협약은 인명의 손실, 인체의 상해 또는 기타 건강상의 손상에 신체적인 손해뿐만 아니라 정신적 또는 사회복지차원에 영향을 주는 손해까지 포함하고 있다. 이와 같은 입장은 세계보건기구(WHO)가 건강을 "완전한 신체적, 정신적 그리고 사회복지 차원의 상태" 라고 전문에 밝히고 있는 점을 보아도 알 수 있다. 따라서 발사국은 책임협약 상 인적 손해에 대하여 사망은 물론 우주활동의 결과로 희생자들이 입은 육체적·정신적 손해에 대해 직접손해이든 간접손해이든 피해국에게 배상할 의무가 있는 것이다.

책임협약 상 국가는 '우주물체' (space objects)에 의하여 야기된 손해에 대하여 책임을 지도록 되어 있다. 따라서 우주물체가 무엇인가에 대한 정의가 필요하다. 책임협약 제1조에서 '우주물체' 라 함은 우주 물체의 구성 부분 및 우주선 발사기, 발사기의 구성부분을 공히 포함한다고 명시하고 있다. 그러나 이러한 정의는 궤도로 진입하려는 목적이 아닌 또는 궤도에 진입하지 못한 물체 때문에 적절치 못한 경우가 있다. 따라서 보다 완전한 정의로써 우주물체가 어떠한 것인지를 찾기 위해서는 다른 조약이나 문서를 찾아봐야 한다.

우주조약은 우주물체란 우주에 발사된 물체이며(우주조약 제7조), 지구주변의 궤도에 배치된 물체[6] 및 단순히 발사된 물체라고 정의하고 있다. 또한 우주에서 사용될 목적으로 고안된 지구로부터 발사된 '인공의 물체' (man-made object)라고도 정의할 수 있다. 이와 같이 좀 더 총체적인 정의는 궤도에 도달하지 못한 물체도 포함하는 것 같다. 그러나 어느 정의도 달과 다른 천체에 영구적인 설치물에 있는 사람이나 재산에 대한 손해는 포함하고 있지 않다.[7] 우주에서 사용될 목적으로 발사된 원자로는 우주물체인가 하는 문제가 제기되는데 이는 우주물체로 볼 수 있으며, Cosmos 954 위성도 위성자체는 물론 그 부품 및 원자로가 이러한 정의의 범위에 포함되어 우주물체를 구성한다는 데에는 이의가 없을 것이다. 그러나 소련은 공식적으로 책임을 인정하지 않았고, 책임협약에 따른 구제절차를 원용하지 않았다.[8]

책임협약 제2조에 의하면 발사국은 자국 우주물체가 지구 표면에 또는 비행중의 항공기에 끼친 손해에 대하여 배상할 절대적인 책임을 진다. 따라서 청구국은 배상을 위하여 발사국 측의 과실이나 태만을 입증할 필요가 없다. 청구국은 단지 자신이 손해를 입었고 그와 같은 손해는 발사국의 우주물체에 의하여 야기되었음을 증명하면 된다. 발사국이 이와 같이 절대적인 책임을 지는 데에는 몇 가지 이유가 있다. 그중 하나는 우주활동을 추구하는 국가 측에 '위험성' (risk)을 부과하기 때문인데, 비록 예상적 조치가 손해를 방지할 지라도 그와 같은 활동을 하는 국가나 실체에 위험성이 귀속되게 된다.[9] 이와 같은 이론은 우선적으로 우주활동으로부터 혜택을 받는 국가가 그로 인하여 발생하는 손해에 대하여 배상한다는 원칙에 기초하고 있는 것이다.

절대책임이론이 적용되는 또 다른 이유는 '지극히 위험한 활동' (ultra-hazardous activity) 이론에 기초하고 있다. 이 이론에 따르면 특별히 위험한 활동을 수행하는 당사자는 그와 같은 활동으로 인한 손해에 대하여 절대적인 책임을 진다는 것이다.[10] 우주비행은 그야말로 특별한 위험성 있는 활동으로 여겨지므로 절대책임이론이 적용되는 것은 당연하다. 책임협약 제6조에 의하면 발사국 측의 절대책임의 면제는 손해를 입히려는 의도 하에 행하여진 청구국 또는 청구국이 대표하는 자연인 및 법인 측의 작위나 부작위 또는 중대한 부주의로 인하여 전적으로 혹은 부분적으로 손해가 발생하였다고 발사국이 입증하는 한도까지 인정된다. 특히 UN헌장 및 1967년 우주조약을 포함한 국제법과 일치하지 않는 방법으로 발사국에 의하여 행하여진 활동으로부터 손해가 발생한 경우에는 어떠한 면책도 인정되지 않는다.

---

6) 우주조약 제4조.

7) W. F. Foster, The Convention on International Liability for Damage Caused by Space Objects, 10 *Canadian Yearbook of International Law* (1972), 145-146.

8) Howard A. Barker, *Space Debris: Legal and Policy Implications*, Martinus Nijhoff Publishers (1989), 66.

9) Gennady Zhukov & Yuri Kolosov, translated by Boris Belitzky, *International Space Law*, Praeger (1984), 104.

10) Bin Cheng, International Liability for Damage Caused by Space Objects, in N. Jasentuliyana & R. S. K. Lee (eds), 1 *Manual on Space Law*, Oceana Publications, Inc. (1979), 117.

책임협약 제9조에 의하면 손해배상의 청구는 '외교경로' (dip1omatic channels)를 통하여 발사국에 제기한다. 청구국가와 발사국 사이에 외교관계가 없으면 제3국을 통하여 제기할 수 있다. 또한 청구국이나 발사국이 모두 UN 회원국인 경우에는 UN사무총장을 통하여 청구할 수 있다. 손해배상의 청구는 손해발생일로부터 또는 책임 있는 발사국의 확인일로부터 1년 이내에 제기하여야 한다.

4. 등록협약

1975년 등록협약 제2조에 의하면 우주물체를 지구궤도나 그 이상에 발사한 국가는 적절한 등록부를 마련하여 발사한 우주물체의 등록을 하고 UN사무총장에 통보해야 한다. 또한 등록협약 제4조 3항에 의하면 각 등록국은 이전에 정보를 전달하였으나 지구 궤도상에 존재하지 않는 관련 우주 물체에 대해서도 가능한 한 최대로, 또한 실행 가능한 한 신속히 UN 사무총장에게 통보하여야 한다.

그리고 등록협약 제6조에 의하면 본 협약 제 조항의 적용으로 당사국이 그 자연인 또는 법인에 손해를 야기시키는 또는 위험하거나 유해한 성질일지도 모르는 우주 물체를 식별할 수 없을 경우에는, 우주탐지 및 추적시설을 소유한 특정 국가를 포함하여 여타 당사국은 그 당사국의 요청에 따라 또는 대신 UN 사무총장을 통하여 전달된 요청에 따라 그 물체의 정체파악에 형평스럽고 합리적인 조건하에 가능한 최대한도로 원조를 하여야 한다. 그러한 요청을 한 당사국은 그러한 요청을 발생케 한 사건의 일시, 성격 및 정황에 관한 정보를 가능한 최대한도로 제출하여야 한다. 그러한 원조가 부여되어야 하는 약정은 관계 당사국 사이의 합의에 의한다. 동 협약의 규정들은 우주활동에 책임 있는 당사자들을 확인하고 발생된 환경피해에 대한 책임부과를 용이하게 하는데 도움을 주는 규정들이다.[11)]

5. 달협정

1979년 달협정(또는 달조약)은 우주관련조약 중 환경분야에서 가장 발전된 조약이다.[12)] 동 협약 제7조에 달의 탐사이용에 있어서 당사국들은 환경의 변화를 가져오거나 외계물질의 도입을 통한 오염으로 달환경의 현존하는 균형을 붕괴시키지 않도록 조치를 취해야 하고, 동시에 외계물질(extraterrestrial matter)의 도입으로 지구의 환경을 해치지 않도록 조

11) R. I. R. Abeyratne, The Use of Nuclear Power Sources in Outer Space and its Effect on Environmental Protection, 25 *JSL* (1997), 24.

12) Viikari, 62.

치를 취해야 한다고 명시하고 있다(달협정 제7조 1항). 또한 이러한 조치는 UN사무총장에게 통보해야 하며, 모든 방사능물질(radio-active materials)이 달에 배치되는 경우에는 UN사무총장에게 통보해야 한다고 명시하고 있다(달협정 제7조 2항). 물론 달에 관한 규정은 태양계내의 다른 천체에도 적용한다.

우주조약에서 규정하는 천체는 우주 전체에 있는 견고한 자연적 물질을 말하나, 달조약 제1조 1항은 태양계[13]의 천체에 국한시키고 있는 점을 주목해야 한다. 달협정 제7조는 다음과 같이 규정하고 있다.

1. 달의 탐사 및 이용을 행하는 경우에는 당사국은 달의 환경과 양립될 수 없는 변화의 도입, 환경외물질의 도입에 의한 달의 유해한 오염, 기타 원인에 의한 현재의 달의 환경에 균형을 파괴하는 것을 방지하는 조치를 취해야 한다. 또한 당사국은 외계물질 기타 도입에 의한 지구의 환경에의 유해한 영향을 피하는 조치도 취해야 한다.

2. 당사국은 이 조항의 1에 따라 자국이 취한 조치를 UN사무총장에게 통지하여야 하며, 실행가능한 최대한도까지 달 위에서의 자국의 모든 방사성 물질의 설치장소 및 그 설치목적을, 사전에 UN사무총장에게 통지하여야 한다.

3. 당사국은 다른 당사국의 권리에 영향을 미치는 일 없이 과학적으로 흥미 있는 달의 지역을 국제과학보존지구로서 지정하는 것에 대하여 고려하고, 당해 지역에 대하여 다른 당사국 및 UN사무총장에게 보고해야 한다. 단, 그 지정에 대해서는 특별한 보호 규약이 UN의 관계전문기관과의 협의에서 협정될 것을 요하는 것으로 한다.

이 조항을 요약해 보면 첫째, 불리한 변화, 유해한 오염 또는 기타 행위에 의하여 달 및 기타 천체 환경의 기존 균형을 침해하는 것을 방지하기 위한 조치를 취할 것, 둘째, 우주물체 또는 기타 물질의 유입으로 지구환경에 대한 유해한 효과의 발생을 회피할 것, 마지막으로 국제과학보존지구와 같은 특수지역의 지정가능성 등을 규정하고 있다.

달협정 제7조는 우주조약 제9조보다 확실히 진전된 것으로 평가된다. 달협정 제7조는 달 및 기타 천체의 기존 균형을 파괴하는 것을 금지하는 것을 주요 의무로 규정하고 있고 '불리한 변화' (adverse changes)와 '유해한 오염' (harmful contamination) 및 기타 형태의 방해를 회피하여야 한다고 의무내용을 특정하고 있다. 그러나 달협정의 환경관련 핵심조항이라고 할 수 있는 제7조도 우주조약과 마찬가지로 '유해한 오염', '불리한 변화', '환경의 방해' (disruption of the environment), '유해한 영향' (harmfully affecting) 등과 같은 중요한 개념에 대한 정의를 내리지 않고 있다.[14]

13) 태양을 중심으로 하는 많은 소천체의 집단으로서 크기와 운동의 차이에 따라 행성, 위성, 소행성, 혜성 등으로 구분된다. 태양계의 주요한 구성원은 행성이라는 천체로 태양에 가까운 쪽부터 수성, 금성, 지구, 화성, 목성, 토성, 천왕성, 해왕성, 명왕성 등 9개가 있고 태양을 중심으로 공전하고 있다(세계백과대사전, 27권, 동서문화, 1994, 16324 참조).

14) Nicolas M. Matte, Environmental Implications and Responsibilities in the Use of Outer Space, 430-431.

제2절 환경보호에 관한 우주관련 UN결의, 가이드라인 및 협약안

1. UN결의 및 가이드라인

(1) 우주에서의 핵연료(NPS) 사용에 관한 원칙

Cosmos 954 사건 직후 캐나다 정부는 UN사무총장에게 이 사실을 알렸으며, 1978년 2월 13일부터 3월 2일까지 진행되었던 회기에서 '우주의 평화적 이용에 관한 위원회' (COPUOS)의 '과학기술소위원회' (Science and Technical Subcommittee: STSC)는 우주에서 핵에너지사용의 결과를 전반적으로 검토하였다.[1] 이 문제가 COPUOS에 제기된 것은 Cosmos 954 사건에 의해서만 유래된 것은 아니었고 다만 이전에는 1972년 책임협약과 관련해서만 논의되었을 뿐이었다.[2] 캐나다 정부대표는 이러한 문제를 위하여 일단의 안전조치를 만들 필요가 있으며, 또한 '작업그룹' (working group)을 구성할 것을 제안하였는데, 호주, 콜롬비아, 이집트, 에콰도르, 이태리, 일본, 나이지리아, 스웨덴의 지지를 받았고, 그밖의 많은 대표들도 캐나다의 요구에 호응적이었다.[3] 그러나 소련과 다른 동구권 국가들은 동 제안에 반대하여 그 결과 작업그룹의 설치는 무산되고 말았다. 한편 과학기술소위원회는 동 주제에 관한 정보는 관련국가들에 의하여 UN사무총장, UN의 관련기관 및 국제과학기구에게 반드시 제공되어야 한다고 주장하였다.[4]

1982년부터 COPUOS의 '법률소위원회' 는 핵발전 위성의 재진입문제를 다루기 시작하여, 1986년 NPS를 규율하는 원칙을 컨센서스(consensus)에 의하여 채택하였다.[5] 동 원칙은 핵발전 위성의 발사국은 동 위성이 기능부전 상태로 대기권에 재진입할 시에는 관계국에 적시에 그 상황을 통보하도록 하고 있다. 이 원칙의 법적 성격은 별문제로 하고 법률소위원회에서 이러한 컨센서스가 이루어졌다는 사실은 확실하게 '법적 확신' (*opinio juris*)의 증거를 형성하고 있는 것이며, 동 주제에 관한 국제법의 현 상태를 평가하는데 많은 고

---

1) E. R. C. van Bogaert, *Aspects of Space Law*, Kluwer Law and Taxation Publishers (1986), 249.
2) I. H. Ph. Diederiks-Verschoor & V. Kopal, *An Introduction to Space Law*, 3rd ed., Wolsters Kluwer Law and Business (2008), 102.
3) Doc. A/AC105/C1/L103, 27 February 1978.
4) Doc. A/AC105/220.
5) UN. Doc. A/AC. 105/370 (1988), 10.

려가 될 수 있다는 데에 그 가치가 있을 것이다. 결국 이러한 문제를 해결하기 위한 원칙에 관한 논의는 그 후 계속되었지만 당사국을 구속하는 조약으로까지는 발전하지 못하고 UN 총회의 결의를 통하여 표결 없이(without vote) 채택되었는데, 1992년 12월 14일 총회결의 47/68인 "우주에서의 핵연료사용에 관한 원칙" (Principles Relevant to the Use of Nuclear Power Sources in Outer Space)[6]이 그것이다.

NPS원칙들은 UN결의이기 때문에 법적 구속력은 없다. 다시 말해서 국가들을 구속하는 법문서는 아니다. 현존하는 우주법에 관한 협약들의 관점에서 볼 때는 일종의 권고의 형태로써 NPS에 관한 우주협약상 보충적 역할을 할 수 있을 뿐이다. 그럼에도 불구하고 많은 학자들이 동 결의 속에 나타난 몇 개의 원칙들은 국제관습법을 표명하고 있다고 주장한다. 구체적으로 우주에서의 NPS의 통지나 사용, 책임에 관한 규칙들은 법의 일반적 성격에 대한 기초를 형성하는 것으로 간주되는 '근본적으로 규범창설적 성격' (a fundamentally norm-creating character)을 지닌 것으로 볼 수 있는데, 국가관행이 이를 더욱 증명해주고 있다. 러시아가 플루토늄 238에 의한 Mars 96위성을 발사할 예정이라고 UN사무총장에게 통지한 바 있으며, 미국도 35kg무게의 플루토늄 238 이산화물(dioxide)을 실은 로켓 Cassini의 발사를 UN에 통보한 바 있다.[7] 이러한 선진 우주개발국들이 NPS원칙들을 준수할 때 동 원칙들은 국제관습법으로 발전할 가능성을 지니게 되고,[8] 또한 국제조약으로도 발전할 수 있는 것이다.[9]

(2) IADC(기관간 우주폐기물 조정위원회)의 가이드라인

NASA를 비롯한 주요 우주활동국의 우주활동 주관기관들이 우주폐기물 문제를 논의하기 위해 설립한 "기관간 우주폐기물 조정위원회" (IADC; Inter-Agency Space Debris Coordination Committee)는 우주폐기물을 감소시키기 위한 노력의 일환으로 우주폐기물감축지침을 채택하여 왔다. 우주폐기물감축을 위한 국제협력은 1987년에 이미 미국과 유럽 간에 실무선의 협력이 있었고, 1989년 일본과 소련을 포함하게 되었는데, 1993년 이것이 확대, 공식화되어 IADC가 조직된 것이다. 현재 동 위원회에 가입된 기관으로는 이태리의 ASI (Agenzia Spaziale Italiana), 영국의 BNSC(British National Space Centre), 프랑스의 CNES(Centre National d'Etudes Spatiales), 중국의 CNSA(China National Space Administration), 독일의 DLR(German Aerospace Center), 유럽우주기구(ESA: European Space Agency), 인도의 ISRO(Indian Space Research Organisation), 일본의 JAXA(Japan Aerospace Exploration

---

6) Report of the Committee on the Peaceful Uses of Outer Space, U.N.GAOR 47th Session, Supp. No.20, A/47/20, 25.
7) Yun Zhao, Discussion on Extending/Modifying The 1992 Nuclear Power Sources Principles to Broader Space Operations, *Proceedings of the 46th Colloquium on the Law of Outer Space* (2003), 414-415.
8) Natalia R. Malysheva & Oleg B. Chebotaryov, International and Peaceful use of Nuclear Power Sources in Outer Space, *Proceedings of the 47th Colloquium on the Law of Outer Space* (2004), 483.
9) 김한택, 우주에서의 핵연료(NPS) 사용과 우주법, *항공우주법학회지* 제22권 1호 (2007), 34-39.

Agency), 미국의 NASA(National Aeronautics and Space Administration), 우크라이나의 NSAU(National Space Agency of Ukraine), 러시아의 ROSCOSMOS(Russian Federal Space Agency) 등이 있다.[10)]

IADC는 우주에서 인공 혹은 자연적으로 발생한 폐기물과 관련된 활동의 조정을 위한 정부기관 간 국제포럼으로서 회원 우주기관 간에 우주폐기물 연구활동 정보를 교환하여 연구협력 기회를 증진시키며, 진행 중인 협력활동을 점검하는 등의 방법으로 우주폐기물 감소 방안을 찾고 있다. COPUOS의 요청에 의하여 IADC는 2001년 이래 컨센서스에 의해 우주활동의 제 단계에서 폐기물의 발생을 감소 또는 제거할 수 있는 비용효과적인 가이드라인인 "IADC 우주폐기물 감축 가이드라인"(IADC Space Debris Mitigation Guidelines)을 개발, 권고한 바 있다.[11)] 여기서 만들어진 가이드라인들은 2007년 COPUOS의 '우주폐기물작업반'에서 개발한 "우주폐기물감축 가이드라인"(UN Space Debris Mitigation Guidelines)의 기초가 되었다.

(3) UN우주폐기물감축 가이드라인

UN에서 우주관련 문제를 다루는 중심은 COPUOS인데 여기서 1994년 이래 우주폐기물 문제 논의를 주도한 것은 법률소위원회가 아니라 과학기술소위원회로서 1999년 우주폐기물에 관한 기술보고서(Technical Report on Space Debris)[12)]를 발간하였다. 2007년 6월 COPUOS 제527차 회의는 '우주폐기물작업반'에서 개발한 "우주폐기물감축 가이드라인"(UN Space Debris Mitigation Guidelines)을 승인하였는데, 이 가이드라인은 동년 12월 제62차 UN총회에 제출되어 총회결의로 채택되었다.[13)] 회원국과 국제기구는 국제적 집행절차나 각자의 고유한 집행절차에 따라 우주폐기물 감축 관행과 절차에서 가능한 최대한도로 이 가이드라인을 이행하는 자발적 조치를 취하여야 하고, 이 가이드라인은 우주선이나 궤도정류장의 임무기획과 운영에 적용된다. 한편 이 가이드라인은 그 자체가 국제법상 법적구속력이 없음을 명시하고 있다.

가이드라인의 내용을 살펴보면 가이드라인 1(정상작업 중 폐기물 배출 제한)에서는 우주시스템은 정상작업 중 폐기물이 배출되지 않도록 설계되어야 하고, 만약 이것이 불가능하다면 우주환경에 미치는 폐기물 배출의 영향을 최소화하여야 한다고 하였다. 우주시대 초기에는 발사체와 우주선 설계사들은 센서덮개, 분리·전개 물품 등 임무수행과 관련된 다양한 물건을 지구궤도에 배출하는 것을 허용하였지만, 현재는 이러한 폐기물이 위협적이라는 인식에 따른 설계 개선 노력이 상황을 효과적으로 호전시키고 있다고 하였다. 여기서 '폐

10) IADC 홈페이지(http://www.iadc-online.org/index.cgi) 참조.

11) Lotta Viikari, *The Environmental Element in Space Law-Assessing the Present and Charting the Future-*, Martinus Nijhoff Publishers (2008), 94.

12) United Nations, Sales no. E.99.I.17.

13) UNGA Resolution 62/217 (A/RES/62/217) of 21 December 2007, para. 26.

기물이 위협적이라는 인식' (recognition of the threat posed by such objects)이 사적 또는 공적 우주행위자들의 우주활동평가에서 매우 중요한 요소로 평가된다.[14]

가이드라인 2(작업 단계에서 분리가능성 최소화)에서는 우주선과 우주정거장은 실패모드에서 우발적인 분리가 일어나지 않도록 설계되어야 한다고 하며, 실패상황에서는 분리가 일어나지 않도록 폐기나 패시베이션(passivation)[15] 조치가 이루어져야한다고 하였다. 과거에 추진 혹은 동력시스템의 고장 등 우주시스템 오작동이 분리를 초래하였는데, 오작동 분석에 분리위험을 포함시킴으로서 이와 같은 사태의 발생가능성을 줄일 수 있다고 하였다. 이 가이드라인에서는 '손해의 예견가능성' (foreseeability of the damage)을 언급했다는 점이 중요하다.[16]

가이드라인 3(궤도에서의 우발적 충돌가능성제한)에서는 우주폐기물의 양적, 수적 증가로 인해 우발적 충돌이 새로운 우주폐기물 생성의 주원인으로 주목되고 있음을 밝히며, 우주비행체와 발사체의 설계와 임무내용을 개발할 때, 발사시나 궤도상에서 이미 알려진 물체와의 우발적 충돌가능성을 계산, 제어해야 하며, 데이터에 의해서 충돌가능성이 예측되는 경우 발사시간을 조정하거나 궤도상 충돌회피작업을 고려하여야 한다고 하였다. 또한 많은 연구에 의하면 우주폐기물의 수와 양이 증가하고 있으며 앞으로 우주폐기물의 가장 주요 원인은 충돌에 의한 것일지도 모르며, 충돌회피조치가 몇몇 가맹국과 국제기구에 의해 이미 채용되고 있다고 하였다. 여기서 말하는 몇몇 가맹국과 국제기구는 UN가맹국과 UN기구를 포함한 국제기구를 의미한다.

가이드라인 4(고의적 파괴나 다른 유해행위의 회피)에서는 궤도상의 우주 비행체이나 발사체를 고의적으로 파괴하거나 다른 유해행위를 하여 장기폐기물(long-lived debris)을 생성하는 것은 회피되어야 하며, 분리가 불가피한 경우에는 발생하는 파편의 궤도상 수명을 줄이도록 충분히 낮은 고도에서 행해 져야 한다고 하였다. 이 가이드라인은 장기폐기물이 위협적이라고 하여 이에 반하는 조치는 '요구되는 주의기준' (required standard of care)을 따르지 않는 것이라고 하였다.[17]

가이드라인 5(탑재연료 때문에 임무 후에 분리할 가능성을 최소화)에서는 우주선이나 우주정거장이 폭발하는 위험을 줄이기 위하여, 모든 탑재 연료는 더 이상 필요 없게 되었을 때에는 소진되거나 임무 후 안전하게 폐기되어야 하며, 우주폐기물의 파편화는 탑재연료가 남은 채로 우주선 등을 방치한 경우에 많이 발생하므로, 가장 효과적인 감축조치는 임무를 완수한 우주선 등을 패시베이션하는 것이라고 하였다. 패시베이션할때는 잔류 추진제, 압축액체 연료 등 모든 에너지를 제거하고 동력저장장치를 방기할 것이 요구된다고 하였다. 이

---

14) Irmgard Marboe (ed.), *Soft Law in Outer Space-The Function of Non-binding Norms in International Space Law*, Böhlau Verlag Wien et al. (2012), 141.

15) 우주선의 패시베이션은 우주선이 그 임무나 유용한 기간이 끝날 때 그 동체에 남아있는 내부에너지의 제거를 의미한다 (The passivation of a spacecraft is the removal of any internal energy contained in the vehicle at the end of its mission or useful life) *from* "Passivation(spacecraft)" in *Wikipedia*.

16) Irmgard Marboe (ed.), 141.

17) Irmgard Marboe (ed.), 141.

가이드라인은 '최첨단'(state of the art)기술을 요구하는 것이다.[18]

가이드라인 6(저궤도에서 위성이나 우주정거장의 임무완료 후 존속기간 제한)에서는 저궤도를 통과하는 궤도상 활동이 끝난 우주선과 발사체 궤도에서 제거되어야 하며, 이것이 가능하지 않으면 저고도 궤도상에 장기간 존재하지 않는 궤도상에 처분되어야 한다고 하였다. 저궤도로부터 우주물체를 제거하는 경우 불연소하고 지표에까지 닿을 폐기물이 사람이나 인조물, 자연에 불필요한 위험을 주지 않도록 상당한 고려를 하여야 한다고 하였다. 이 가이드라인은 2002년 "IADC 우주폐기물 감축 가이드라인"과 관련하여 비교적 덜 상세한 규정이며, 비조종우주물체(non maneuverable space object)에 대한 25년 한도규정을 소개하지 않고 있다. 이 가이드라인은 최첨단기술을 요구하지 않는 것으로 판단된다.[19]

마지막으로 가이드라인 7(지구정지궤도에서 위성이나 우주정거장의 임무완료 후 존속기간 제한)에서는 지구정지궤도를 통과하는 위성이나 우주정거장이 임무완료 후 방치되어 지구정지궤도에 장기간 방해가 되는 것을 피해야 하며, 임무가 완료된 위성체를 지구정지궤도보다 더 먼 궤도에 옮기는 것도 충돌 위험을 줄이는 방법이 될 수 있다고 하였다. 이 가이드라인은 1967년 우주조약 제1조와 제9조에서 국제협력의 의무와 타국의 이해에 상당한 주의를 기우려야 한다는 원칙과 제2조의 '비전유원칙'(non-appropriation)을 보완하고 있는 것이다.[20]

2. 세계국제법협회(ILA)의 국제협약안

우주폐기물에 관하여 직접적으로 이를 다루는 우주관련조약은 현재 없다고 할 것이다.[21] UN의 최근 회의에서 몇몇 대표는 우주폐기물에 관한 비구속적 가이드라인의 채택으로는 충분치 않으며 개도국에게 불리하게 작용할 수 있으므로 COPUOS의 법률소위원회에서 구속력을 갖는 법적 문서를 개발하는 것에 대해 검토해야 한다고 지적한 바 있다.[22]

별도의 전문조약을 제정하자는 접근으로, 일찍이 세계국제법협회(ILA) 우주법위원회는 1986년부터 우주폐기물 문제를 논의하여 1994년 부에노스아이레스에서 열린 제66차 ILA연차회의에서 "우주폐기물로 인한 피해로부터 환경을 보호하기 위한 국제협약"(International Instrument on the Protection of the Environment from Damage Caused by Space Debris)을 채택하였다. 이 협약은 제1조 (c)에서 '우주폐기물'을 "현재 작동하지 않고 예견 가능한 미래에 이러한 상태에 변화가 예상되지 않는 우주상의 인공물체"(Space debris

18) Irmgard Marboe (ed.), 142.
19) Irmgard Marboe (ed.), 142.
20) 김한택, 국제법상 우주폐기물감축 연성법의 역할에 관한 연구, *항공우주정책 · 법학회지* 제30권 제2호 (2015), 481-484 참조.
21) Viikari, 32.
22) UNCOPUOS, A/63/20 pp. 117-118; A/62/20, 17-18.

means man-made objects in outer space, other than active or otherwise useful satellites, when no change can reasonably be expected in these conditions in the foreseeable future)로 정의하고, 협약 체약국과 국제기구에 관할 또는 통제하의 활동으로부터 야기되는 우주폐기물로 인한 손해나 위험을 예방, 감소, 통제하기 위하여 적절한 모든 조치를 취할 의무를 부과하고 있다. ILA 협약초안은 적용범위가 포괄적이라는 점,[23] 정보와 기술의 협력과 교환의 의무규정(제4조), 1967년 우주조약과 1972년 책임협약에 따른 국제책임(제7조), 우주공간에서 발생한 손해에 대해서 절대책임원칙을 택한 점(제8조), 분쟁해결절차를 구체화한 것(제9조)이 기존의 책임협약과 비교된다. ILA 협약안은 우주폐기물로 인한 위험과 결과에 대한 최초의 국제협약안이라는데 그 의의가 있을 것이다.[24]

3. 우주활동에 관한 국제행동규범(ICoC)

2010년 9월 유럽연합(EU)은 우주활동의 장기지속가능성·안전·안보를 보장할 필요를 느끼고 우주폐기물의 증가를 우려하여 2008년 8월 우주활동행동규범의 초안을 작성하고, 주요 우주활동국과의 협의 및 의견을 수렴한 후 우주활동행동규범의 수정초안(revised draft for a Code of Conduct for Outer Space Activities)을 채택하였다. 2012년 6월 다자전문가회의 개최한 후, "우주활동국제행동규범안" (Draft International Code of Conduct for Outer Space Activities; ICoC)으로 명칭을 변경하였다. 제1차(2013.5, 키예프), 제2차(2013.11, 방콕), 제3차(2014.5, 룩셈부르크) 조정회의를 개최하여 ICoC를 수정하였으며 조정회의를 1차례 더 개최한 후 2015년 외교회의를 개최하여 ICoC를 최종 채택할 예정이었다. 2015년 7월 뉴욕 외교회의를 개최하여 ICoC를 최종 채택할 예정이었다. 뉴욕 회의에는 2개의 정부 간 국제기구와 무려 109개국이 참석하였으며 특히, 북한도 참여하였다. 그러나 절차의 정당성, 내용의 투명성 등을 둘러싼 첨예한 대립으로 ICoC의 규범적 내용에 대한 논의는 전혀 이루어지지 않았다. 게다가 뉴욕 회의 이후의 계획에 대한 논의도 이루어지지 않아 현재 ICoC에 대한 공식적인 논의는 정지된 상태이다.

ICoC는 그 목적을 모든 우주활동의 안보·지속가능성을 강화하고 정부 간 국제기구, 서명국 및 서명국 관할권 하의 비정부 기관에 의해 발사된 모든 우주물체를 포함한 우주활동을 다루며, 명성과 신뢰구축 조치에 기여하며 기존 규범에 대한 보충적 역할을 하는 것으로 한다. UN헌장에 따라 서명국은 개별적 또는 집단적 자위권의 고유한 권리, 우주활동에서

23) 첫째, 직접손해뿐만 아니라 간접손해, 현실적 손해뿐만 아니라 손해의 우려가 있는 우주폐기물에도 적용된다. 둘째, 사람과 사물에 대한 손해뿐만 아니라 그 밖의 환경에 대한 손해도 포함한다. 셋째, 적용대상 우주영역이 한정되지 않는다.

24) Maureen Williams, Space Debris: the academic world and the world of practical affairs, *Proceedings of the 44th Colloquium on the Law of Outer Space* (2001), American Institute of Aeronautics and Astronautics, 328; ILA 협약 초안분석에 관하여 이재곤, *우주활동과 국제환경법*, 충남대 출판부 (2009), 202-211 참조.

해로운 간섭의 예방을 위해 신의성실에 따라 협력, 과학적·상업적·군사적 활동의 수행에서 우주의 평화적 탐사와 이용의 촉진과 우주의 분쟁지역화를 예방하며 기존 우주활동 관련 규범을 준수한다. 우주운영조치로 타국 활동에 대한 해로운 간섭을 최소화하기 위한 정책과 절차를 수립 및 시행하고, 우주물체의 피해 및 파괴를 의도하는 모든 직·간접적 행위의 자제하며, 우주물체 충돌 위험을 최소화하기 위한 적절한 조치를 마련한다. 우주폐기물의 통제 및 경감조치로 우주물체의 의도적 파괴 또는 장기 잔존 우주폐기물을 야기하는 활동을 자제하고, COPUOS가 제시한 UN결의인 "우주폐기물감축 가이드라인" (UN Space Debris Mitigation Guidelines)의 이행을 위해 적절한 정책과 절차 또는 다른 효과적인 조치를 채택하고 이행한다. 우주의 활동 통지로 서명국은 자국의 우주활동에 잠재적으로 영향을 받는 모든 국가에게 관련정보를 통지한다.[25)]

4. 우주활동의 장기지속가능성에 관한 가이드라인

UN의 COPUOS는 지속가능한 우주활동을 위협하는 위험요인들을 해결하기 위해 2000년 과학기술소위원회에 우주활동의 장기지속가능성이라는 의제를 두었고, 2004년 동 위원회의 의장인 되치(Karl Doetsch)가 중요성을 언급한 이후 COPUOS의 틀(framework)내에서 계속 논의가 되었다. 또한 2007년 브라쉐(Géard Brachet)가 동 주제에 관한 백서(white paper)를 준비하였다. 2008년 프랑스대표의 제안에 따라 동 주제가 COPUOS의 주제로 산입되었고, 2010년 COPUOS내 남아공화국의 마아티네즈(Peter Martinez)를 단장으로 하는 작업그룹(Working Group)이 신설되어 "우주활동의 장기지속가능성을 위한 가이드라인" (Guidelines on the Long-term Sustainability of Outer Space Activities)이 작성되었다.[26)] 과학기술소위원회 작업그룹은 아래의 주제에 따라 다시 4개의 전문가 그룹(expert group A, B, C, D)으로 구성되었는데, 체약국의 대표들은 각 전문가그룹에 추천전문가로 초청되어 2011년부터 관련작업을 지원하고 있다. 4개의 전문가 그룹은 아래와 같다.

A. 지속가능한 지구의 발전을 위한 우주활용(Sustainable space utilization supporting sustainable development on Earth)
B. 우주폐기물과 우주물체운용에 관한 우주상황인식협력체계구축(Space debris, space operations and tools to support collaborative space situational awareness)
C. 우주기상(space weather)

---

25) 김한택, 우주의 평화적 이용에 관한 국제법 연구, *항공우주정책·법학회지*, 제30권 1호 (2015), 294; 유럽연합(EU)의 우주활동 국제행동규범에 관하여 정영진, 유럽연합의 우주활동 국제행동규범의 내용 및 전망, *국제법학회논총*, 통권 제134호 (2014), 217-240 참조.

26) The UN COPUOS Guidelines on the Long-term Sustainability of Outer Space Activities-A Secure World Foundation Fact Sheet-, Updated December 2014.

D. 규제체제 및 우주활동주체들을 위한 지침(Regulatory regimes and guidance for actors in the space arena.)

4개 전문가그룹은 우주활동의 기술적·정책적 조치 등에 관한 가이드라인 초안을 작성하였고, 유사하거나 중복된 지침을 통합하여 18개로 재구성하였다. 이후 미국, 러시아, 브라질 등이 10개 가이드라인을 새로 제안하여 2015년 COPUOS 과학기술소위원회에서 총 28개의 가이드라인을 논의하였다. 2016년 12개 지침이 합의되었고, 나머지 16개 지침에 대한 논의를 지속할 수 있도록 실무그룹 가동을 2018년까지 연장하기로 하였다. 2018년 2월 제55차 COPUOS 과학기술소위원회에서 서문과 9개 지침만 추가적으로 합의되었다. 마침내 2019년 6월 제62차 COPUOS 본회의에서 LTS(long-term sustainability) 가이드라인을 채택하고 유엔총회에 상정하였다. 2010년 COPUOS에서 논의를 시작하여 2019년 6월 마침내 21개 LTS 지침이 채택되었다. 채택된 지침은 우주환경의 무기한 보전을 목적으로 우주폐기물을 포함한 궤도상 우주물체의 상황 관측능력을 증진 및 지원하기 위한 국제협력, 우주기상에 관한 유효한 데이터 및 예보 공유, 국제법에 합치한 각국의 우주정책 공표, 국내 제도를 개선해 정부가 우주활동을 적절히 감독하는 것 등을 포함하고 있다. 가이드라인은 서문과 21개 지침으로 구성되어 있다. 서문에는 우주의 지속가능성 정의, 목적, 성격을 기술하고 있으며, 21개 지침은 4가지 분야(정책 및 규제, 우주운용의 안전, 국제협력 및 역량강화, 과학기술연구개발)로 구분한다.[27]

---

27) Committee on the Peaceful Uses of Outer Space (Vienna, 20-29 June 2018), Guidelines for the Long-term Sustainability of Outer Space Activities(A/AC.105/2018/CRP.20): 신상우(한국항공우주연구원 우주정책팀), UN 우주활동 장기 지속가능성(LTS) 가이드라인 채택의 의미, Journal of Aerospace System Engineering (항공우주시스템공학회지), Volume 13 Issue 5, pp. 49-56 (2019).

제3절 맺음말

우주폐기물을 포함한 우주의 환경보호를 위한 국제우주법들을 살펴보면 1967년 우주조약을 포함한 1968년 구조협정, 1972년 책임협약, 1975년 등록협약, 1979년 달조약이 국제법상 우주에서의 환경문제를 다루는 조약이지만 환경문제를 비교적 매우 적게 다루고 있다. 그 이유는 이 협약들이 제정될 당시 국가들은 우주활동의 기본규칙제정에 주로 관심을 쏟았지 우주활동과정에서 파생되는 환경훼손이나 위험요소에 관한 문제는 그리 심각한 문제가 아니었기 때문이다. 특히 1967년 우주조약은 '유해한 오염' (harmful contamination)이나 '유해한 방해' (harmful interference), '환경의 불리한 변화' (adverse changes in the environment)라는 용어만 사용할 뿐 이것들에 대한 정의가 없으며, 1979년 달조약 역시 우주조약과 마찬가지로 '유해한 오염', '불리한 변화', '환경의 방해' (disruption of the environment), '유해한 영향' (harmfully affecting) 등과 같은 중요한 개념에 대한 정의를 내리지 못하고 있다. 이 두 협약은 구조협정과 등록협약과 함께 모두 '우주폐기물' (space debris)에 관하여 언급하지 않고 있다. 또한 1972년 책임협약이 배상문제를 다루고 있지만 동 협약에서 규정하고 있는 우주물체(space objects)의 개념에 우주폐기물이 포함되는지의 여부도 Cosmos 954 사건의 선례에도 불구하고 아직 불분명하다. 따라서 우주폐기물을 포함한 환경보호문제를 위하여 기존협약들을 수정·보완하는 별도의 추가의정서를 채택하거나 또는 별도의 조약을 제정하자는 필요성이 제기되는 것이다.

한편 COPUOS의 우주폐기물 경감에 관한 가이드라인이나 NPS원칙과 같은 UN결의나 ILA 협약안들은 엄밀하게 말해서 법적 구속력은 없다. 다시 말해서 이것들은 국가들을 구속하는 법문서는 아니다. 현존하는 우주법에 관한 조약들의 관점에서 볼 때는 일종의 권고의 형태로써 우주관련조약들의 보충적 역할을 할 수 있을 뿐이다. 그럼에도 불구하고 많은 학자들이 이러한 결의 속에 나타난 몇 개의 원칙들은 국제관습법을 표명하고 있다고 주장하기도 한다. 예를 들어 우주에서의 NPS의 통지나 사용, 책임에 관한 규칙들은 법의 일반적 성격에 대한 기초를 형성하는 것으로 간주되는 '근본적으로 규범창설적 성격' (a fundamentally norm-creating character)을 지닌 것으로 볼 수 있는데, 국가관행이 이를 더욱 증명해주고 있다. 이러한 결의들은 연성법(soft law)으로 경성법(hard law)인 조약의 부족한 부분을 보충해주고 있으며 조약으로 발전하기도 한다. 또한 연성법은 국가들이 점차 수용할 때 그것은 국제관습법이 될 수 있으며 국제관습법은 모든 국가를 구속한다는 점에서 그 의의를 찾을 수 있다.[1)]

---

1) 김한택, *국제환경법과 정책*, 강원대/환경부 (2010), 206-215 참조.

1974년 11월 12일 유엔은 총회 결의안 3232호(XXIX)를 통해서 "국제사법재판소의 역할 검토"(Review of the role of the International Court of Justice)라는 제목 아래 '선언'(declaration)과 '결의'(resolution)를 국제법 발전에 반영될 수 있는 방법으로 국제사법재판소(ICJ)에 의해서 고려하도록 권고한 점을 상기할 필요가 있다.[2)]

2) Preamble, UNGA Res. 3232(XXIX), November 12, 1974.

03 장

우주안보

김한택, 우주안보에 관한 우주법, *사법*, 제67호, 사법발전재단, 2024년 3월호, 631-651 참조.

Space Law and Policy

제1절 우주안보의 중요성

2023년 11월 22일 북한이 군사정찰위성[1]이라고 주장하는 '만리경 1호'를 탑재한 우주 발사체를 발사[2]한 뒤, 정찰위성 발사에 성공했다고 했다.[3] 대한민국도 2023년 12월 2일 미국 캘리포니아주 반덴버그 공군기지에서 스페이스X의 '팰컨9' 발사체에 정찰위성 1호기를 실어 발사했다.[4] 또한 이틀 후 12월 4일 국내 최초 우리 군이 개발한 고체 연료 추진 우주발사체(로켓)가 제주 해상에서 성공적으로 발사되었다.[5] 한반도가 정찰위성경쟁의 각축장이 되고 있다.

인간의 우주(또는 외기권, outer space) 사용과 탐사는 역사적으로 안보(security)와 밀접한 관련이 있다. 우주탐사 자체는 부분적으로 대륙간 탄도 미사일(Intercontinental Ballistic Missile, 이하 'ICBM')의 개발 경쟁에 의해서 촉발되었으며, 1957년 10월 4일의 소련의 스푸트니크(Sputnik) 1호[6]의 발사는 소련과 미국 사이에 이른바 '우주경쟁'(Space Race)을 유발시켰다.[7] 우주 공간은 점차 기존의 지상, 해상 또는 대기권 상공과 별 다르지 않은

---

1) 군사정찰위성은 광학기기 및 전파 등을 이용하여 군사정찰의 목적을 가진 위성이다.

2) 북한 위성 발사의 경우 한국과는 달리 탄도 미사일 기술을 이용한 위성 발사를 금지한 2016년 3월 2일 유엔 안보리 결의 2270호 5항에 따라 국제법을 위반한 행위로 간주되는데, 유엔 안보리 결의는 유엔 총회결의의 권고적 성격과는 달리 법적 구속력이 있기 때문이다. 안보리 상임 이사국인 러시아와 중국도 동 결의에 찬성표를 던진 것은 북한의 탄도 미사일 기술을 활용한 위성 발사가 국제 사회의 위협이라고 공감하고 있다는 의미이다(김한택, 막 오른 우주 패권 경쟁, 우리도 서둘러야, 매일일보, 2023.12.17.).

3) 北 "정찰위성 성공적 발사, 궤도에 정확히 진입", 조선일보, 2023.11.22.; 러시아가 북한의 군사정찰위성 발사를 '우주 무기화'로 볼 수 없다며 두둔하고 나섰다. 2023년 12월 28일(현지시간) 리아노보스티통신 등에 따르면 세르게이 랴브코프 러시아 외무부 차관은 이날 기자들을 만나 "군사 목적의 원격 감지 위성은 무기가 아니라는 점을 강조하고 싶다"며 "우주에는 타격형 무기가 없어야 하며 북한의 정찰위성은 우주 무기화의 요소가 아니다"고 주장했다. 한편 전문가들은 북한의 군사정찰위성 발사가 북러 정상회담의 성과라고 평가한다. 러시아가 북한과의 무기 거래를 대가로 위성 기술을 직접적으로 제공한 결과라는 것이다. 러시아와 북한은 무기 거래 사실 자체를 여전히 부인하고 있다(러시아 "北 군사정찰위성 발사, '우주 무기화' 아니다", 머니투데이, 2023.11.28.).

4) 한국 첫 군정찰위성 발사 성공…남북 '정찰 경쟁' 시작됐다, 한겨레, 2023.12.02.

5) 軍, 고체연료 추진 우주발사체 시험발사 '성공'…실제 위성 탑재, 서울신문, 2023.12.04.

6) 인류 최초의 인공위성인 소련의 스푸트니크 1호는 R-7 로켓에 의해 궤도에 발사되었는데, 이것은 원래 탄도 미사일 발사용으로 개발된 것이다. 스푸트니크 1호의 근지점은 약 228 km, 원지점은 947 km, 무게는 83.6kg이었다. 1945년, 제2차 대전이 끝나자마자 미국은 독일의 V-2 로켓의 개발자인 베르너 폰 브라운(Wernher von Braun)을 포함한 118명의 독일 로켓 전문가들을 소련보다 한 발 앞서 미국으로 빼돌리는데 성공했다. 그러나 탄도 미사일 프로그램 개발에 흥미가 없어진 미국 정부는 가장 값진 전리품으로 간주되었던 이들을 그냥 방치하게 된다. 당시 미국에 폰 브라운 있었다면 소련에는 세르게이 코롤료프(Sergey Korolyov)가 있었는데, 그는 1957년에 3번의 R-7 발사를 모두 실패하다가, 8월에 행한 4번째 발사가 6,500km 떨어진 캄차카 반도에 있는 목표물을 명중시켜, 미국보다 먼저 ICBM을 처음으로 시험 발사하는데 성공하였다. 그리고 마침내 R-7은 동년 10월 4일에 스푸트니크 1호를 지구 주위를 도는 궤도에 진입시켰다. 다급해진 미국은 1958년 1월 31일 폰 브라운으로 하여금 레드스톤(Redstone) 로켓에 익스플로러 1호(Explorer-1)를 실어 발사에 성공하였다(김유제, 우주시대를 연 최초의 인공위성, 스푸트니크 호, The Science Times, 2004.02.20.). 이 레드스톤 로켓 뿐 아니라, 스푸트니크를 궤도에 올려놓은 R-7 로켓, 모두 대륙간 탄도 미사일로 개발되었다는 점에서 로켓개발과 미사일개발은 동전의 양면인 것이다.

전쟁 실행이 가능한 미래의 장으로 간주되기 시작하였는데,[8] 이것은 우주 공간이 대기권과는 달리 운동법칙(중력과 인력 등)에 영향을 받지 않으며, 그 운용범위가 전 지구적이며 광범위하다는 특성으로 인해 기존의 영역과는 차별화되기 때문이다. 특히, 군사적 측면에서 우주 공간은 전 지구적 범위에서 '눈' 과 '귀' 의 기능을 제공한다.[9] 비록 우주에는 사람이 거의 거주하지 않지만, 우주에서의 무력충돌이 지상의 민간인에게 피해를 미칠 수 있다는 점에서 우주에서 무력충돌 발생 시 국제인도법(International humanitarian law)의 적용가능성이 제기되고 있다. 국제인도법은 "무력충돌 시 적대행위에 가담하지 않거나 더는 가담할 수 없는 사람들을 보호하고 전투의 수단과 방법을 규제하는 법" 체계를 말한다.[10] 현재 우주에서 무력분쟁 발생 시 국제인도법의 적용가능성에 관하여 'Tallinn 매뉴얼' [11]이 NATO(북대서양 조약기구)의 협동사이버방위센터(CCDCOE)라는 군사동맹을 기반으로 소집된 국제전문가 그룹에서 만들어진 반면, 호주 Adelaide 대학의 'Woomera 매뉴얼' [12]과 캐나다 McGill 대학의 'MILAMOS 프로젝트' [13]는 대학에서 진행되고 있다.[14]

우주 시대가 시작된 이래 등장한 '우주안보' (space security)의 개념은 단순히 ICBM의 위협으로부터 국가를 보호하는 것 이상의 의미를 갖게 되었는데, '우주전쟁' (space war)[15]

---

7) Jack Mawdsley, Applying Core Principles of International Humanitarian Law to Military Operations in Space, 25 *Journal of Conflict & Security Law,* no. 2, (2020), 263.

8) Dale Stephens, The International Legal Implications of Military Space Operations: Examining the Interplay between International Humanitarian Law and the Outer Space Legal Regime, 94 *International Law Studies* (2018), 77.

9) David E. Lupton, On Space Warfare: A Space Power Doctrine, Air University Press, 1998, p. 23; 조홍제, 미국의 우주전략과 정책-우주의 군사적 이용에 관한 이론을 중심으로-, *항공우주정책·법학회지* 제34권 제2호 (2019), 309-310.

10) 홍지운, 뉴 스페이스 시대의 우주무기화에 대한 국제법적 고찰: 국제인도법 원칙을 중심으로, *한양법학* 제33권 제1집(통권 제77집), (2022.2.), 170.

11) The Tallinn Manual, *available at* https://ccdcoe.org/research/tallinn-manual/(last visited on Jan. 3, 2024).

12) The Woomera Manual on the International Law of Military Space Operatopns, *available at* https://law.adelaide.edu.au/woomera/system/files/docs/Woomera%20Manual.pdf(last visited on Jan. 3, 2024); Woomera Manual project, *available at* https://law.unl.edu/space-telecom-law/woomera-manual-project/(last visited on Jan. 3, 2024).

13) The McGill Manual on International Law Applicable to Military Uses of Outer Space, *available at* https://www.mcgill.ca/milamos/(last visited on Jan. 3, 2024).

14) 신소현, 우주 안보와 국제법, *국제법학회논총* 제66권 제1호, 통권 제160호 (2021), 171.

15) 최초의 '우주전쟁' 으로 불리는 전쟁은 이라크의 쿠웨이트 침공과 병합에 대응하기 위한 미국 주도의 34개국 다국적 연합군 병력에 의해 수행된 1991년 '걸프전쟁' (Gulf War)이었다(Ross Brown, Conflict on the Final Frontier: Deficiencies in the Law of Space Conflict Below Armed Attack, and How to Remedy Them, 51 Georgetown Journal of International Law, 2019, 56.). 이라크군의 방공체계를 순식간에 무너뜨리기 위해서 미군은 개전과 동시에 막대한 양의 순항 미사일과 정밀유도무기를 전장에 퍼부었다(미·중 간 불붙는 '제3의 스타워즈' …우주패권은 누구 손에?, 중앙일보, 2019.11.15.). 물론 이 전쟁에서 국가들은 우주 공간에서 직접 물리적으로 싸우지는 않았지만, 지상 환경 내에서 연합 전투를 촉진하기 위해 우주 기반 자산(space-based assets)에 크게 의존하였다(Dale Stephens and Cassandra Steer, Conflicts in Space: International Humanitarian Law and Its Application to Space Warfare, 40 *Annals of Air and Space Law,* 이하 *AASL,* 2015, 2). 이 전쟁이 위성 능력에 대한 의존도가 컸었기 때문에 이어서 아프간, 이라크, 시리아 등의 전쟁에서도 위성의 역할이 작전수행의 성공에 필수 요소가 되었다. 이렇게 우주강대국들은 위성을 통해 감시정찰, 정보, 통신, 위성항법 등의 역할을 수행하면서 전시에는 전투에 기여하고, 평시에는 자국과 적국의 군사정보를 수집하고 있다. 한편 2022년 2월 24일 러시아의 우크라이나 침공으로 시작된 우크라이나 전쟁 초기에 스페이스X 사의 일론 머스크(Elon Musk)는 러시아의 공격으로 인터넷망이 끊긴 우크라이나에 스타링크(Starlink)를 제공하며 전투를 이어갈 수 있게 도왔지만, 이후 일방적으로 이 서비스를 끊기도 했다. 우크라이나가 러시아 함정을 공격하는 자폭 드론 작전을 펼치고 있다는 사실을 알고 이것을 막으려 했다는 것인데, 실제로 우크라이나의 이 작전은 이로 인해 실패로 돌아갔다(권력이 된 기술…스타링크 갖고 전쟁판 뒤흔드는 머스크, SBS 뉴스, 2023.11.05. *available at*

에 대한 우려나 우주 군사 작전에 대한 대비 및 우주무기에 대한 규제를 넘어서 시민의 일상생활과 직접적으로 밀접하게 연관된 우주자산에 대한 사이버 공격(cyberattack)[16]이나 테러의 위험에 이르기까지 그 양상이 넓고 다양해졌다.[17] 우주안보는 군사적 활동에 국한된 의미로만 사용되지 않고, 군사적, 공공적, 상업적으로 활용되는 위성 등의 우주자산을 안전하게 보호하고, 한정된 우주 궤도 및 환경을 지속가능하게 이용할 수 있게 하기 위한 활동까지 포함하고 있다. 또한, 소행성 충돌 및 태양 활동 등의 자연적 우주 환경으로 부터의 영향으로부터의 지구를 보호하는 문제 등도 포함하고 있으며,[18] 최근 세계의 우주개발이 과거에 정부가 우주개발을 주도하던 방식인 '올드 스페이스 시대'(Old Space Age)에서 민간 주도의 우주개발시대인 '뉴 스페이스 시대'(New Space Age)로 전환되고 있는데, 수많은 로켓발사로 인해 인간이 만든 우주쓰레기(우주파편, 우주잔해물, space debris)로부터 우주자산을 보호하는 문제도 우주안보에 관한 접근법 중 하나로 부각되었다.[19]

이 글은 지면상 우주자산에 대한 사이버 공격이나 테러의 위험, 우주쓰레기 및 우주에서 무력충돌 발생할 시 적용될 국제인도법의 연구 등 광범위한 주제보다는 주로 군사적 활동에 관련된 우주안보에 관하여 우주법 상의 문제점을 다루려고 한다. 우선 1967년 우주조약(달과 기타 천체를 포함한 우주의 탐사 및 이용에 관한 국가의 활동을 규율하는 원칙에 관한 조약, 이하 'OST')[20], 1979년 달협정(달 및 기타 천체에 대한 국가 활동을 관리하는 협정, 이하 'MA')[21] 등 경성법(hard law)과 비록 법적 구속력은 없지만 우주안보에 관하여 중요한 역할을 하고 있는 결의나 선언 등 연성법(soft law)[22]을 살펴보고자 한다. 그리고 연성법 중 러시아와 중국이 공동으로 제시한 "우주 공간에서의 무기 배치 및 우주물체에 대한 위협 또는 무력사용 방지에 관한 조약안"(2008 PPWT)[23]과 "우주 공간에서의 무기배치, 우주물체에 대한 무력 위협 또는 무력사용 방지에 관한 조약안"(2014 PPWT)[24]을 분석할 것이다.

---

https://news.sbs.co.kr/news/endPage.do?news_id=N1007411248(last visited on Jan. 5, 2024).

16) 사이버 안보에 관하여는 장노순, 사이버안보와 국제규범의 발전: 정부전문가그룹(GGE)의 활동을 중심으로, *정치·정보연구* 제19권 1호 (2016), 1-28 참조.

17) 신소현, 179.

18) 임종빈, 우주 안보와 글로벌 우주 거버넌스, *한국항공우주학회 2019 추계학술대회 논문집*, 497.

19) 우주쓰레기 문제에 대한 안보적 접근에 관하여 조원선, 우주잔해 문제에 대한 국제우주법 적용가능성 연구-우주잔해 문제의 환경문제와 안보문제화, 국제법학회논총 제66권 제1호(통권 제160호), 2021, pp. 228-234 참조; 박명현, 신흥안보로 보는 우주 쓰레기: 미국의 사례를 중심으로, *한국콘텐츠학회 2022 국내종합학술대회*, Session V-1. 국방콘텐츠, 95-96 참조.

20) Treaty on Principles Governing the Activities of States in the Exploration and Use of Outer Space, including the Moon and Other Celestial Bodies, UNGA Res. 2222(XXI), 19 December 1966.

21) Agreement Governing the Activities of States on the Moon and Other Celestial Bodies, G.A. Res. 34/68, U.N. Doc. A/34/68 (Dec. 5, 1979).

22) 엄격하게 구속력을 가진 것도 아니고 전혀 법적 의미가 없는 것도 아닌 '연성법'(軟性法, soft law)에는 국제기구의 결의나 행동규범(codes of conduct), 실행규범(codes of practice), 리우선언의 아젠더 21(Agenda 21) 같은 행위계획(action plans) 등이 이에 속한다; 우주연성법에 관하여 김한택, *우주법론*, 도서출판 아진 (2020), 141-161 참조.

23) *See* 2008 Draft Treaty on the Prevention of the Placement of Weapons in Outer Space, the Threat or Use of Force against Outer Space Objects, *available at* https://www.fmprc.gov.cn/mfa_eng/wjb_663304/zzjg_663340/jks_665232/kjfywj_665252/200802/t20080212_599554.html(last visited on Jan. 5, 2024).

24) *See* 2014 Draft Treaty on the Prevention of the Placement of Weapons in Outer Space, the Threat or Use of Force against Outer Space Objects, *available at*

제2절 우주안보에 관한 경성법

1. 우주조약

우주안보와 관련하여 우선적으로 살펴봐야 할 경성법은 1963년 12월 13일 UN총회에서 채택된 결의인 "외기권 우주의 탐사 및 이용에 관한 국가들의 활동을 규제하는 법원칙 선언" (Declaration of Legal Principles Governing the Activities of States in the Exp1oration and Use of Outer Space; '우주법 선언')[1]을 조약으로 발전시킨 1967년 우주조약(OST)이다. 2024년 7월 현재 OST에는 우주강대국인 미국, 러시아, 중국을 포함하여 총 115개국이 비준을 하였으며, 22개국이 서명을 하였다. 우주안보와 관련하여 OST 제4조의 '우주의 평화적 이용'에 관한 해석이 중요한데, OST 제4조는 다음과 같이 규정하고 있다.

"제4조
본 조약의 당사국은 지구주변의 궤도에 핵무기 또는 기타 모든 종류의 대량파괴 무기를 설치하지 않으며, 천체에 이러한 무기를 장치하거나 기타 어떠한 방법으로든지 이러한 무기를 외기권에 배치하지 아니할 것을 약속한다.
달과 천체는 본 조약의 모든 당사국에 오직 평화적 목적을 위하여서만 이용되어야 한다. 천체에 있어서의 군사기지, 군사시설 및 군사요새의 설치, 모든 형태의 무기의 실험 그리고 군사연습의 실시는 금지되어야 한다. 과학적 조사 또는 기타 모든 평화적 목적을 위하여 군인을 이용하는 것은 금지되지 아니한다. 달과 기타 천체의 평화적 탐색에 필요한 어떠한 장비 또는 시설의 사용도 금지되지 아니한다."

이 규정은 1963년 우주법 선언 원칙 4의 내용을 발전시킨 것으로 우주의 탐사이용은 군사적 목적이 아닌 '평화적 목적'으로 수행되어야 함을 강조하고 있다. OST 제4조의 첫 번째 단락[2]은 핵무기 또는 기타 모든 종류의 대량 살상 무기(any other kinds of weapons of mass destruction)[3]를 지구 궤도에 배치하거나 '천체'(celestial bodies)에 설치하거나 우주 공간에

---

https://www.fmprc.gov.cn/mfa_eng/wjb_663304/zzjg_663340/jks_665232/kjfywj_665252/201406/t20140616_599726.html(last visited on Jan. 5, 2024).

1) UN Resolution 1962(XVIII), 13 December 1963.

2) 실제로 OST의 제4조는 (1)항과 (2)항으로 구성되어 있지 않고, 첫 번째 단락과 두 번째 단락으로 구성되어 있음에 유의해야 한다. 국내 및 국외 일부 학자들은 제4조 (1)항과 제4조 (2)항으로 설명하고 있는데, 이는 잘못된 기술이다; Han Taek Kim, Militarization and Weaponization of Outer Space in International Law, 33 *The Korean Journal of Air & Space Law and Policy*, no. 1 (2018), 265.

배치하는 것을 금지하는 군비통제 기능을 가지고 있다면, 두 번째 단락은 우주의 평화적 이용을 강조하는 규범적 기능을 가지고 있다.[4)]

(1) 우주조약 제4조 첫 번째 단락

OST는 "달과 천체를 포함한 우주"라는 표현을 끊임없이 사용하고 있는데, 일반적으로 조약의 목적상 '우주'에는 '천체'가 포함되고, '천체'에는 '달'(moon)이 포함된다.[5)] Bin Cheng 교수의 견해에 따르면 우주라는 용어에는 '천체'와 구별되는 '우주 공간'(outer void space, 천체 사이의 공간)이라는 용어를 도입할 필요가 있다고 한다.[6)] 따라서 우주는 우주 공간과 달을 포함한 천체를 말하는 것이다.

OST 제4조 첫 번째 단락에서 재래식 무기를 우주 공간에서 사용할 수 있는지에 관하여는 논쟁의 여지가 있다. 또한 탄도미사일(또는 탄도로켓, ballistic missile)은 OST에 언급되지 않았기 때문에 금지되지 않는다는 해석이 가능하다.[7)] 즉 탄도미사일, ICBM, FOBS (Fractional Orbital Bombardment System, 부분궤도 폭격체계)[8)], 그리고 핵이나 기타 대량살상무기를 탑재하지 않은 모든 군사용 우주물체는 OST 제4조 첫 번째 단락의 금지체계에 포함되지 않는다.[9)] 미사일 선진국들에 의해 발사되어 우주를 '통과'하는 탄도미사일 또는 요격미사일은 핵 및 화생무기 등의 대량살상무기 탄두를 장착하더라도 '설치, 장치, 배치' 만을 금지하는 조약의 적용대상에서 제외되기 때문이다.[10)] 위성공격무기(또는 대위성무기. Anti-satellite, 이하 'ASAT')는 대량살상무기로 사용되지 않는 한 허용된다.[11)] 미국과 소련은 우주무기의 적법성을 판단하면서 ASAT와 "우주 기반 탄도미사일 방어" 활동이 적법하다고 주장하는 근거를 전적으로 OST 제4조에 의존해 왔다. 실제로 러시아(구소련 포함)는 "우주의 비군사적 이용"를 주장해 왔지만, 미국과 마찬가지로 많은 군사 위

---

3) 대량살상무기라는 용어는 일반적으로 핵무기, 화학무기, 생물학무기, 방사능 무기를 포함하지만, 레이저 및 기타 지향성 에너지 무기(directed-energy weapons)는 포함하지 않는다(UN Doc. S/C.3/32/Rev.1, August 18, 1948).

4) Michel Bourbonnière and Ricky J. Lee, Legality of the Deployment of Conventional Weapons in Earth Orbit: Balancing Space Law and the Law of Armed Conflict, 18 The European Journal of International Law, No. 5, 2008, p. 877.

5) Bin Cheng, *Studies in International Space Law*, Clarendon Press Oxford (1997), 527.

6) Bin Cheng, Outer Void Space-the Reason for this Neologism in Space Law, Australian International Law Journal, International Law Association-Australian Branch, 1999, p. 1, *available at* http://www.austlii.edu.au/au/journals/AUIntLawJl/1999/3.pdf(last visited on Jan. 5, 2024).

7) E. R. C, van Bogaert, *Aspects of Space Law*, Kluwer Law and Taxation Publishers (1986), 6; Ram Jakhu, Legal Issues Relating to the Global Public Interest in Outer Space, 32 *Journal of Space Law* (이하 *JSL*), 2006, p. 85.

8) FOBS는 일단 저고도로 발사한 뒤 지구를 완전히 한 바퀴 돌아 궤도 이동용 역추진 로켓을 이용해 목표를 향해 강하 공격하는 방식으로, 옛 소련이 실험에 성공한 것으로 알려졌다.

9) Marko G. Markoff, Disamarment and "Peaceful Purpose" Provisions in the 1967 Outer Space Treaty, 4 *JSL* (1976), p. 4.

10) 임채홍, '우주안보'의 국제조약에 대한 역사적 고찰, *軍史* 제80호(2011.9), 266.

11) Sylvia Maureen Williams, International Law and the Military Uses of Outer Space, 9 *International Relations* (May 1989), 414; 홍지운, 165.

성을 우주 공간으로 발사했다.[12] 따라서 기존의 국제법은 넓은 의미에서 우주는 평화적 사용과 목적을 위해서만 보존한다는 정책 선언에도 불구하고, 위성 응용 프로그램을 사용하는 군사 활동의 적법성과 관계없이 우주에서 군사 목적으로 위성 응용 프로그램을 사용하는 것을 사실상 분명하게 금지하지 않았다.[13]

(2) 우주조약 제4조 두 번째 단락

OST 제4조의 두 번째 단락에 따르면 달과 다른 천체는 '평화적인 목적' 으로만 이용되어야 한다. 군사기지나 시설의 설치, 무기실험이나 군사훈련은 천체에서 금지되지만, 과학과 평화를 위한 목적으로 군인이나 장비, 시설을 사용하는 것은 금지되지 않는다. 제4조와 관련하여 미국은 '평화적 목적' 을 '비공격적' (non aggressive)으로 해석하고, 소련은 '평화적 목적' 을 '비군사적' (non military)으로 해석하였다.[14] Bin Cheng 교수는 지구궤도를 포함한 '우주 공간' (outer void space)은 "핵무기 또는 기타 대량 살상 무기가 배치되지 않는 한 일반국제법과 유엔 헌장에 부합하는 모든 군사활동에 사용될 수 있다" 고 주장하면서, '달과 기타 천체' 의 사용을 '배타적으로' , '평화적 목적' 으로 제한하는 제4조의 두 번째 단락은 좁은 의미의 우주 공간, 즉 '천체 사이의 공간'에는 적용되지 않는다고 하였다.[15]

미국 미시시피 로스쿨 교수의 Stephen Gorove 교수도 제4조의 두 번째 단락은 첫 번째 단락과 마찬가지로 조약의 당사국들에게만 의무를 부여하며, 모든 국가가 준수해야 하는 일반적인 의무를 선언하지는 않고 있다고 하였다. 또한 이 조항에서 우주 공간이 언급되지 않았다는 점에 유의해야 하며, 이것은 우발적인 누락이 아니라고 하였다.[16]

1) 비군사적 이론

소련은 OST 제4조에 명시된 '평화적인' 의 의미는 '비군사적' 이라고 해석하였다. 이것은 1959년 남극조약(The Antarctic Treaty) 제1조[17]에 규정된 완전한 비군사적이라는 표

12) Ram Jakhu, 85.

13) Ricky J. Lee & Sarah L. Steele, Military Use of Satellite Communications, Remote Sensing, and Global Positioning Systems in the War on Terror, 79 *Journal of Air Law and Commerce* (2014), 112; Allan Rosas, The Militarization of Space and International Law, 20 *Journal of Peace Research*, no. 4 (Dec. 1983), 357-358.

14) Jinyuan Su, The "peaceful purposes" principle in outer space and the Russia-China PPWT Proposal, 26 *Space Policy* (2010), 82-84 참고.

15) Bin Cheng, Studies in International Space Law, 529-530.

16) Stephen Gorove, Arms Control Provisions in the Outer Space Treaty: A Scrutinizing Repprisal, 3 *The Georgia Journal of International and Comparative Law* (1973), 117-118.

17) 〈제1조〉
1. 남극 대륙은 평화적 목적으로만 사용된다. 무엇보다도 군사기지와 요새의 건설, 군사작전의 수행, 모든 종류의 무기 시험과 같은 군사적 성격의 조치는 금지된다.
2. 본 조약은 과학 연구 또는 기타 평화적 목적을 위한 군인 또는 장비의 사용을 금지하지 않는다.

현에서 같은 맥락으로 해석할 수 있고,[18] OST 제4조의 평화적 이용원칙을 엄격하게 해석하면, 우주의 비군사화는 "우주 기반 시설을 군사적 목적으로 사용하는 것을 금지하는 것"을 의미한다는 것이다.[19] 그러나 지금까지 국가 관행을 볼 때 국가들이 우주 공간의 비군사화에 대한 이러한 엄격한 해석을 따르지 않았으며, 우주 공간은 최초의 통신 위성이 발사된 이후 실제로 군사화되었다고 할 수 있다.[20] 사실 제2차대전 직후부터 시작되어 1991년 소련이 와해될 때까지 지속되었던 냉전시대에 우주에 발사된 인공위성의 약 75%가 군사위성[21]이었다는 점을 고려하면 '평화적인'의 의미를 '비군사적'으로 해석하는 것은 별 설득력이 없는 이론이라고 생각한다.

2) 비공격적 이론

미국은 달과 다른 천체를 포함한 우주 공간의 활동에서 공격적이지 않은 한 모든 군사적 사용이 허용되고 합법적이라고 주장한다. '비공격적' 이론은 모든 군사적 사용이 기본적으로 '무력의 위협 또는 사용'을 금지하는 유엔 헌장 제2조 (4)항[22]에서 허용하는 '비공격적' 상태를 유지하는 한, 합법적이라는 것이다.[23] 2001년 럼스펠드 위원회 보고서(Rumsfeld Commission Report)에 따르면, "미국과 대부분의 국가들은 '평화적'을 '비공격적'으로 해석하고 있다. 이는 공해(high seas)와 마찬가지로 우주 공간에서도 일상적인 군사활동을 허용하는 국제관습법에 부합한다."는 것이다.[24] 미국 서던캘리포니아 대학교(University of Southern California)의 Carl Q. Christol 교수도 만장일치는 아니지만, 지배적인 견해는 공격적인 행위만이 평화적 사용과 목적의 규범을 위반한다고 하였다.[25]

---

18) Marko G. Markoff, 7.

19) Jinyuan Su, Use of Outer Space for Peaceful Purposes: Non-Militarization, Non-Aggression and Prevention of Weaponization, 36 *JSL* (2010), 255.

20) Ané Ferreira-Snyman, Selected Legal Challenges Relating to the Military use of Outer Space, with Specific Reference to Article IV of the Outer Space Treaty, 18 PER/PELJ (Potchefstroom Electronic Law Journal//Potchefstroomse Elektroniese Regsblad) no. 3, 2015, p. 499, *available at* https://perjournal.co.za/article/view/595/455(last visited on Jan. 5, 2024).

21) Setsuko Aoki, Law and Military Uses of Outer Space in *Routledge Handbook of Space Law* (edited by Ram S. Jakhu and Paul Stephen Dempsey), Routledge (2017), 197.

22) 〈제2조 4항〉
"모든 회원국은 그 국제관계에 있어서 다른 국가의 영토보전이나 정치적 독립에 대하여 또는 국제연합의 목적과 양립하지 아니하는 어떠한 기타 방식으로도 무력의 위협이나 무력행사를 삼간다."

23) Johannes M. Wolf, 'Peaceful uses' of outer space has permitted its militarization-does it also mean weaponization ?, *Disarmament Forum*, one · 2003, p. 8, *available at* http://www.unidir.org/files/publications/pdfs/making-space-for-security-en-346.pdf(last visited on Jan. 5, 2024).

24) Ram Jakhu, 86.

25) Carl Q. Christol, The Common Interest in the Exploration, Use and Exploitation of Outer Space for Peaceful Purposes: The Soviet-American Dilemma, 18 *Akron Law Review*, Iss. 2, (1984), 197.

2. 달협정

1979년 달협정(MA)의 제1조 1항에 따라 조약에 규정된 천체에 관한 언급은 '지구 이외의 태양계(solar system) 내의 다른 천체' 에 적용된다. 그렇다면 OST는 태양계를 언급하지 않기 때문에 태양계와 은하계(galaxy)를 포함한 우주 전체에 적용된다고 확대해석할 수 있다. MA 제3조[26]에 관한 한, 지금까지 우주 공간의 군사적 이용이 금지된 적은 없다. MA 제3조는 OST 제4조보다 내용을 좀 더 발전시켰지만, 부분적으로 비무장화에 그쳤다. 따라서 지구 궤도에 대량살상무기 배치를 금지하는 것 외에 다른 모든 군사적 용도는 허용된다고 해석된다.[27]

달 위에서는 어떠한 위협, 무력 혹은 기타 어떠한 적대적인 행위의 사용 또는 적대적인 행위의 위협도 금지한다는 MA 제3조 (2)항[28]의 금지사항을 도입함에 있어, MA는 유엔 헌장 제2조 (4)항의 기본 원칙을 반복하는 것이며, 동시에 OST의 '평화적인 목적' 을 반복하고 있다.[29] 2024년 7월 현재 MA 가입국은 17개국에 불과하다.[30] MA는 우주 강대국인 미국, 러시아, 중국이 가입하지 않은 소수의 국가들에서만 수락되었다는 점에서 OST와 비교하면 그 영향력이 매우 적은 조약이다. 한편 2023년 1월 미국 NASA가 주도하는 아르테미스 약정(Artemis Accords)의 가입국[31]인 사우디아라비아가 MA 탈퇴를 선언[32]함으로 말

---

26) 〈제3조〉

1. 달은 모든 당사국에 의하여 오로지 평화 목적을 위하여 이용된다.
2. 달 위에서는 어떠한 위협, 무력 혹은 기타 어떠한 적대적인 행위의 사용 또는 적대적인 행위의 위협도 금지한다. 마찬가지로 지구, 달, 우주선, 우주선의 요원 또는 인공우주물체에 관하여 어떠한 적대적인 행위를 하기 위하여 달을 이용하는 것을 금지한다.
3. 당사국은 핵무기 혹은 기타 종류의 대량파괴무기를 운반하는 물체를 달을 선회하는 궤도 또는 달로 향하거나 혹은 달을 선회하는 기타 궤적에 설치해서는 안 되며, 이들 무기를 달 위 혹은 달 안에 설치하거나 이용해서는 안 된다.
4. 달 위에서는 군사기지, 군사시설 및 요새의 설치도, 어떠한 형태의 무기의 실험도, 군사훈련의 실시도 금지한다. 과학연구 기타 어떠한 평화 목적을 위한 군 요원의 이용은 금지하지 않는다. 달의 평화적인 탐사 및 이용을 위하여 필요한 어떠한 장비 또는 설비의 이용 또한 금지하지 않는다.

27) Sylvia Maureen Williams, 412.

28) "달 위에서는 어떠한 위협, 무력 혹은 기타 어떠한 적대적인 행위의 사용 또는 적대적인 행위의 위협도 금지한다. 마찬가지로 지구, 달, 우주선, 우주선의 요원 또는 인공우주물체에 관하여 어떠한 적대적인 행위를 하기 위하여 달을 이용하는 것을 금지한다".

29) Bin Cheng, Studies in International Space Law, 53.

30) 2024년 7월 기준으로 MA 비준국으로는 아르메니아. 호주, 오스트리아, 벨기에, 칠레, 카자흐스탄, 쿠웨이트, 레바논, 멕시코, 모로코, 네덜란드, 파키스탄, 페루, 필리핀, 터키, 우루과이, 베네수엘라 등 17개국이 있고, 아직 비준하지 않은 서명국으로는 프랑스, 인도, 과테말라, 루마니아가 있다.

31) 2024년 7월 현재 아르테미스 약정 서명국은 앙골라, 아르헨티나, 호주, 바레인, 벨기에, 브라질, 불가리아, 캐나다, 콜롬비아, 체코, 에콰도르, 프랑스, 독일, 그리스, 아이슬란드, 인도, 이스라엘, 이탈리아, 일본, 리투아니아, 룩셈부르크, 멕시코, 네덜란드, 뉴질랜드, 나이지리아, 페루, 폴란드, 대한민국, 루마니아, 르완다, 사우디아라비아, 싱가포르, 슬로바키아, 슬로베니아, 스페인, 스웨덴, 스위스, 우크라이나, 아랍에미리트, 영국, 미국, 우루과이. 아르메니아 등 43개국이다. *available at* https://www.state.gov/artemis-accords/(last visited on Aug. 7, 2024).

32) 실제로 2024년 1월에 사우디 아라비아의 MA 탈퇴가 이루어졌으며, 지금까지 OST를 비롯한 우주관련조약에서 조약탈퇴 행위가 발생한 경우는 처음이다.

미암아 아르테미스 약정으로 인해 MA의 제11조에 명시된 달과 그것의 천연자원을 '인류 공동유산' (Common Heritage of Mankind, CHM)으로 선언한 원칙이 훼손되는 것이 아닌가 하는 우려가 있다. 현재로서는 MA가 우주 안보문제에 중요한 역할을 제공할 것 같지는 않다.

3. 기타 우주관련 조약

1963년 8월 5일 미국, 영국, 소련 3국 외무 장관이 모스크바에서 서명하고, 1963년 10월 10일 이들 3개국의 비준서 교환에 의해 발효된 "부분적 핵실험 금지 조약" (대기권 · 외기권 및 수중에서의 핵무기실험금지조약; Treaty of Banning Nuclear Weapons Tests in the Atmosphere in Outer Space and Under Water)[33]은 제1조에 우주공간에서의 핵실험을 금지하고 있는데, 이 조약은 최초로 우주에서의 핵실험 금지를 명시한 조약으로도 기록된다.[34] 또한 1977년 "환경변경기술의 군사적 또는 다른 적대적 이용에 관한 금지 협약" (Convention on the Prohibition of Military or any Other Hostile Use of Environmental Modification Techniques)[35]은 환경 변화를 초래하는 기술, 예를 들면 태풍의 진로 전환, 강우제 또는 강설제를 이용한 기상변화 유도 등 첨단 환경변경기술 뿐만 아니라 재래식 환경변경기술을 군사적 또는 적대적 목적으로 사용하는 것을 금지함으로써 환경변경기술 사용에 의한 대량의 환경파괴 위험을 사전에 방지하기 위하여 채택되었는데, 동 협약 제2조[36]에서 우주공간을 명시하고 있으므로 1967년 OST 제4조를 보완하고 있다고 할 수 있다.[37]

---

33) 동 조약은 1963년 8월 5일에 체결되었으며, 그 해 10월 10일에 발효되었다. 한국도 1964년에 서명 · 가입하였다.

34) Christopher M. Petras, The Debate over the Weaponization of Space-A Military-Legal Conspectus, 28 *AASL* (2003), 178; 김한택, 우주의 평화적 이용에 관한 국제법 연구, *항공우주정책 · 법학회지*, 제30권 1호 (2015), 277.

35) 16 *International Legal Materials* (1977), 88.

36) 〈제2조〉

제1조에서 사용된 "환경변경기술"이란 용어는 자연과정의 고의적 조작을 통하여 생물상, 암석권, 수권 및 대기권을 포함한 지구의 또는 외기권(outer space)의 역학, 구성 또는 구조를 변화시키는 모든 기술을 의미한다.

37) 김한택, 우주의 평화적 이용에 관한 국제법 연구, 287.

제3절 우주안보에 관한 연성법

1. 우주안보관련 연성법

1974년 11월 12일 UN총회는 연성법인 총회의 '선언' (declaration)과 '결의' (resolution)는 국제법의 발전에 반영될 수 있는 방법으로서 국제사법재판소(ICJ)에 의해서 고려되어야 한다고 권고한 바 있다.[1] 이러한 UN총회 결의는 국제법을 구체화하고 점진적으로 발전시키는데 있어서 중대한 영향력을 가지고 있는 것으로 볼 수 있고, 아래와 같이 1996년 ICJ의 "핵무기 위협 및 사용의 적법성에 관한 권고적 의견" (Legality of the Threat or Use of Nuclear Weapons, Advisory Opinion)에서도 인정된 바 있다.

"UN총회 결의안은 규칙의 존재나 법적확신(*opinio juris*)의 발생을 성립시킬 수 있다. 이것이 사실인지 여부를 확인하기 위해서는----그 채택의 내용과 상황을 살펴보는 것이 필요하다. 또한 법적 확신이 규범적 성격과 관련하여 존재하는지를 살펴보는 것도 필요하다." [2]

유엔 군축회의(CD)는 정부전문가그룹(Group of Governmental Experts, 'GGE')을 구성해서, 우주에서의 무기경쟁 방지(Prevention of an Arms Race in Outer Space, 이하 'PAROS')를 위한 법문서를 검토(consideration) 및 권고(recommendation)하도록 임무를 부여했다.[3] 2009년 10월 28일, CD는 "우주 공간에서의 군비경쟁 방지" (Prevention of an Arms Race in Outer Space)라는 제목의 결의안을 채택하였고,[4] 2014년 12월 4일 UN 총회는 우주에서의 군비 경쟁을 방지하기 위한 두 번째 결의안인 "우주 공간에 최초의 무기 배치 금지" (No first placement of weapons in outer space)안을 통과시켰다.[5]

---

1) Preamble, UNGA Res. 3232(XXIX), November 12, 1974; 김한택, 우주의 평화적 이용에 관한 국제법 연구, 288.

2) Legality of the Threat or Use of Nuclear Weapons, Advisory Opinion, lCJ Rep, 1996 para. 70.

3) 이준, PAROS (외기권 무기배치 금지), *한국항공우주학회 2018 추계학술대회 논문집*, 516.

4) "Proposed Prevention of an Arms Race in Space (PAROS) Treaty" . Nuclear Threat Initiative. Nuclear Threat Initiative. May 31, 2017; 모든 국가, 특히 주요 우주 능력을 가진 국가에 우주 공간의 평화로운 사용에 적극적으로 기여하고, 그곳에서 군비 경쟁을 방지하고, 그 목적에 반하는 행동을 자제할 것을 촉구하였는데, 178개국이 찬성했고, 미국과 이스라엘 2개국은 기권하였다.

5) No first placement of weapons in outer space(A/C.1/71/L.18); 우주에서의 군비 경쟁 방지를 강조하고 우주 무기가 우주 공간에 배치되지 않도록 하자는 결의로, 126개국이 찬성하였고, 미국, 이스라엘, 우크라이나, 그루지아 등 4개국이 EU 회원국과 함께 기권하였다; Jinyuan Su, Space Arms Control: *Lex Lata* and Currently Active Proposals, 7 *Asian Journal of International Law* (2017), 77-80 참조.

우주안보와 관련된 COPUOS의 작업으로는 1978년 소련의 핵원료위성 "Cosmos 954 사건"[6]으로 인해 COPUOS를 통해서 장기간 논의하다가 1992년 유엔총회의 결의를 통해 채택된 "우주에서의 핵원료 사용에 관한 원칙"(Principles Relevant to the Use of Nuclear Power Sources in Outer Space; NPS원칙)[7]과 COPUOS의 요청에 의하여 IADC(Inter-Agency Space Debris Coordination Committee, 기관 간 우주쓰레기 조정 위원회)가 2001년 이래 컨센서스에 의해 우주활동의 제 단계에서 폐기물의 발생을 감소 또는 제거할 수 있는 가이드라인인 "IADC 우주폐기물 감축 가이드라인"(IADC Space Debris Mitigation Guidelines)[8]을 기초로 2007년 12월 제62차 유엔총회에 제출되어 결의로 채택된 "우주폐기물감축 가이드라인"(UN Space Debris Mitigation Guidelines)[9]을 들 수 있다.

한편 2019년 6월 COPUOS가 채택한 "우주 공간 활동의 장기적 지속 가능성에 대한 가이드라인"(Guidelines for the Longterm Sustainability of Outer Space Activities of the Committee on the Peaceful Uses of Outer Space, '장기 지속 가능성 가이드라인')[10]은 국제 투명성과 규범 구축으로 찬사를 받았다. 이것은 40여년 전인 1979년 달협정이 채택된 이후 처음으로 우주 활동의 장기적인 지속 가능성을 보장하고, 우주 운영의 안전을 강화하기 위해 국제적으로 합의된 조치와 관행에 대한 개요라고 할 수 있다.[11]

지역공동체로서 유럽연합(EU)은 2012년 "우주활동의 국제행동규범안"(Draft International Code of Conduct for Outer Space Activities: ICoC)을 채택하고, 이후 2014년 수정안을 제안하였는데, 기본적으로 법적 구속력이 없는 행동규범이 채택되었다.[12] ICoC는 당면한 우주 공간에서의 위협과 관련 군비경쟁금지, 우주쓰레기 경감 등을 통한 우주의 안전과 안보를 위한 지침, 그리고 우주활동의 정보공유 등의 행동규범을 제시하였다.[13]

한편 유엔총회는 2022년 12월 7일 미국을 포함한 여러 국가들이 제기한 "파괴적인 직접상승(DA) ASAT 테스트"(Destructive direct-ascent anti-satellite missile testing)를 수행

---

6) 소련은 1977년 9월 18일 우라늄연료를 사용하는 핵원자로(nuclear reactor)를 탑재한 5톤 무게의 정찰용 인공위성 Cosmos 954를 발사하였는데, 1978년 1월 25일 이 위성은 기능부전을 일으켜 원래 계획했던 궤도로 진입하지 못하고 다시 지구의 대기권으로 들어올 수밖에 없었다. 동 위성은 캐나다 영공에 진입하여 분해되고 그 잔해가 캐나다 북서부지역 Great Slave 호수를 둘러싼 여러 곳과 그곳에서 Baker 호수를 향해 북동쪽에 떨어졌는데, 그 면적은 오스트리아의 크기에 상당하였다. Cosmos 954의 잔해에 대한 청소작업과 복구작업에서 500 마일에 이르는 영역에서 약 60여개의 방사능오염지역이 포착되었다. 이 작업을 통하여 2개의 파편이 방사능물질임이 확인되었다. 이 지역은 인구가 밀집된 곳이 아니므로 다행히 인명이나 재산의 피해는 없는 것으로 보고되었다; Paul G. Dembling, Cosmos 954 and the Space Treaties, 6 *JSL* (1978), 129-136 참조.

7) Report of the Committee on the Peaceful Uses of Outer Space, U.N.GAOR 47th Session, Supp. No.20, A/47/20,25; 김한택, 우주에서의 핵연료(NPS)사용과 국제법, *항공우주법학회지*, 제22권 1호 (2007), 30-54 참조.

8) Lotta Viikari, *The Environmental Element in Space Law-Assessing the Present and Charting the Future-*, Martinus Nijhoff Publishers (2008), 94.

9) UNGA Resolution 62/217 (A/RES/62/217) of 21 December 2007, para. 26; 김한택, 국제법상 우주폐기물감축 연성법의 역할에 관한 연구, 481-484 참조.

10) A/74/20, para 163 and Annex II.

11) David Kuan-Wei Chen, New Ways and Means to Strengthen the Responsible and Peaceful Use of Outer Space, 48 Georgia Journal of International & Comparative Law, 2020, pp. 674-675.

12) 유준구, 우주안보 국제규범 형성의 쟁점과 우리의 과제, 국립외교원 외교안보연구소 정책연구시리즈 (2018), 3-4.

13) 유준구, 우주안보 국제규범 형성 논의의 쟁점과 시사점, 한국항공우주학회 2018 추계학술대회 논문집, 522.

하지 않도록 국가들에게 장려하는 결의안[14]을 채택한 바 있는데,[15] 동 결의안은 국가가 그러한 테스트를 중단하도록 요구하는 것이 아니라 국가에 테스트 수행을 자제하도록 요구한다는 점에서 법적 구속력은 없다.[16] 그러나 이러한 시험 자제 약속을 "우주 환경에 대한 피해를 방지하는 동시에 우주 군비 경쟁 방지를 위한 추가 조치 개발에 기여하기 위한 긴급하고 초기 조치" 로 간주한다고 명시하고 있으며, 우주 공간의 위험을 줄이기 위해 "더욱 실용적인 단계" 를 개발하려는 지속적인 노력을 지원한다고 명시하고 있다.[17] 사실 미국은 다른 어떤 국가와도 비교할 수 없는 정도로 우주 기술이 발달했기 때문에 구속력 있는 법제정을 강력히 반대하고, 오히려 연성법을 선호하고 있는 경향이 있다.[18]

2. 우주의 무기화와 PPWT안(2008/2014)

국가들은 우주의 전통적 활용에서 벗어나 자국 위성에 대한 적국의 위협을 억제하려고 우주무기를 개발하기 시작하였고,[19] 이러한 우주무기의 발달로 인해 국제사회는 군사적 측면에서 '우주의 군사화' 보다는 '우주의 무기화' 에 더욱 관심을 갖게 되었다. 마침내 미국은 2020년 '미국 우주사령부' (United States Space Command)를 창설하고, 공군과 별도로 '미국 우주군' (United States Space Force, USSF)을 신설하였고, 현재 러시아, 중국, 프랑스, 인도 및 일본 역시 비슷한 행보를 보이고 있다.

Andrew Young은 '우주의 군사화' 를 "통신, 조기 경보 감시, 항법, 측지학, 기상학, 정찰과 같이 우주에서 수행되는 안정화(stabilising), 수동적(passive), 비 침입(non-intrusive),

---

14) Destructive direct-ascent anti-satellite missile testing, UNGA Res. A/RES/77/41(2022.12.07).

15) 현재까지 미국, 러시아(구소련 포함), 중국, 인도만이 ASAT 시험을 수행한 국가들인데, 이 시험은 우주에서 엄청난 양의 파편을 생성하고 있다. 실제로 2007년 중국이 약 800㎞ 고도에 있던 퇴역 위성 펑윈(風雲) 1호를 대상으로 시험했을 때, 약 3,000개가 넘는 파편이 만들어졌고, 이 파편은 우주 궤도를 떠돌다가 결국 2013년에 러시아의 과학실험용 인공위성 '블리츠(BLITS)' 와 충돌하여 블리츠가 궤도를 이탈하는 사고를 일으켰다(인도 "인공위성 요격에 성공" 美·러·中 이어 세계 네 번째, 동아사이언스, 2019.03.28.). 한편 미국은 2022년 4월 18일 우주쓰레기를 만드는 ASAT 시험을 금지한다고 선언하였다. 백악관의 국가우주위원회 위원장인 카멀라 해리스(Kamala D. Harris) 부통령은 이날 캘리포니아주 반덴버그(Vandenberg) 우주군 기지를 방문한 자리에서 "미국은 오늘부로 ASAT 시험을 하지 않겠다" 고 밝혔다(미, 인공위성 요격 미사일시험 금지…러·중 압박, 연합뉴스 TV, 2022.04.19). ASAT 시험을 금지한 나라는 미국이 처음인데, 2023년 10월 현재 미국, 캐나다, 뉴질랜드, 일본, 독일, 영국, 한국, 프랑스, 네덜란드, 오스트리아, 이태리, 코스타리카, 노르웨이 등 37개국이 동참하고 있다. *available at* *https://swfound.org/news/all-news/2023/10/direct-ascent-anti-satellite-missile-tests-state-positions-on-the-moratorium-unga-resolution-and-lessons-for-the-future/*(last visited on Feb. 13, 2024).

16) 이 결의안에는 미국을 비롯하여 155개국이 찬성하였고, 중국과 러시아, 벨라루스, 볼리비아, 쿠바, 이란, 니카라과, 시리아, 중앙아프리카 공화국 등 9개국이 반대하였으며, 인도를 포함한 9개국이 기권하였다.

17) United Nations General Assembly approves ASAT test ban resolution, SPACENEWS, December 13, 2022, *available at* https://spacenews.com/united-nations-general-assembly-approves-asat-test-ban-resolution/(last visited on Jan. 5, 2024).

18) Han Taek Kim, Militarization and Weaponization of Outer Space in International Law, 33 The Korean Journal of Air & Space Law and Policy, no.1, 2018, pp. 270-273.

19) 이석수, 현실이 된 우주전쟁, 우주무기, 한국일보, 2021.11.04.

지원적(supportive) 군사 활동으로 보고, '우주의 무기화' 를 ASAT 및 우주 기반 탄도 미사일 방어(spaced-based ballistic missile defences)와 같은 능동적(active), 잠재적 침입(potentially intrusive), 독립적(independent), 불안정한(destabilising) 군사 활동이라고 구분하고 있다.[20] 여기서 우주의 무기화는 항상 군사화의 한 형태이지만, 군용 우주선의 우주이용과 같은 우주의 군사화가 반드시 우주의 무기화를 포함하는 것은 아니다.[21]

'우주의 무기화' 는 무기를 우주 공간이나 천체에 배치하는 것 외에도 우주 공간을 통과하거나 우주의 목표물을 공격하거나 파괴하기 위해 단순히 지구를 통과하는 무기를 만드는 것을 포함하고 있다. 따라서 이것은 공격적인 성격의 무기를 우주에 배치하거나 의도된 목표를 우주에 두고 지상에 배치하는 것과 관련하여 사용되는 것을 의미한다.[22] 예를 들어, 적의 위성을 공격할 의도로 궤도 또는 준궤도에 위성을 배치하거나, 우주 자산을 공격하기 위해 '지상 기반 직접 상승 미사일' (ground-based direct ascent missiles)을 사용하거나, 적 위성에서 보낸 신호에 대한 '전파방해' (jamming), 레이저를 사용하여 적 위성을 무력화하거나, '플라즈마' (plasma) 공격, 궤도 탄도 미사일, 지구 목표물에 대하여 위성 공격을 실행하는 행위를 말한다.[23] 이러한 무기 범주를 종종 '항우주무기' (抗宇宙武器, counterspace weapons)라고 한다.[24]

따라서 우주의 무기화는 "의도된 목표를 우주에 두고 우주 또는 지상에 공격적인 성격의 무기를 배치하는 것" (deployment of weapons of an offensive nature in outer space or on the ground with their intended target located in space)으로 설명될 수 있다.[25] 현재 '우주무기' (space weapon)라는 용어는 현재의 OST나 우주관련조약, 국내법에 정의되어 있지 않기 때문에 이 주제를 더욱 혼란스럽게 한다.[26]

---

20) Andrew J Young, *Law and Policy in the Space Station' s Era*, Dordrecht; Boston: Nijhoff, 1989, p. 202; Detlev Wolter, Common Security in Outer Space and International Law, UNIDIR (United Nations Institute for Disarmament Research), Geneva, Switzerland, United Nations, 2006, p. 27.

21) Abdul Rehman Khan, Space Wars: Dual-Use Satellites, 14 *Rutgers Journal of Law and Public Policy*, (2017), 314, 329; 우주의 무기화 개념은 1980년대 초 미국의 '스타워즈' (Star Wars) 프로그램으로 알려진 "전략적 방어 구상" (Strategic Defense Initiative, SDI)을 통해 등장하였다. 이 아이디어는 적의 미사일 발사를 감지하고 격추할 수 있는 많은 수의 위성을 궤도에 올리는 것이었는데, 이 우주 기반 미사일 방어는 지상 기반 방어를 대체하는 것이 아니라 선박에 탑재되는 해상 기반 요격체와 지상 기반 THAD(Terminal High Altitude Area Defense, '사드' 또는 '종말 고고도 지역 방어 체계'), 즉, 단거리 및 중거리 미사일의 교전을 위해 설계된 시스템을 포함하는 다층적 방어 개념의 일부로 인식되었다. 본질적으로 이 아이디어는 핵탄두 탑재 가능한 미사일 공격에 대한 보호막을 형성하는 것이었다(PN Tripathi, Weaponisation and Militarisation of Space, CLAWS Journal, Winter 2013, 192-193, *available at* https://archive.claws.in/images/journals_doc/464050849_PNTripathi.pdf,(last visited on Jan. 5, 2024).

22) Frans von der Dunk with Tronchetti, Fabio (ed.), *Handbook of Space Law*, Edward Elgar Publishing (2015), 333-334.

23) Harsh Vasani, How China Is Weaponizing Outer Space, The Diplomat, January 19, 2017, *available at* https://thediplomat.com/2017/01/how-china-is-weaponizing-outer-space/(last visited on Jan. 5, 2024).

24) Kaitlyn Johnson, What Is Space Security and Why Does It Matter?, 20 *Georgetown Journal of International Affairs*, (Fall 2019), 81.

25) Fabio Tronchetti, A Soft Law Approach to Prevent the Weaponisation of Outer Space, 364-365 in Irmgard Marboe (ed.), *Soft Law in Outer Space: The Function of Non-Binding Norms in International Space Law*, Bohlau Verlag (2012).

이러한 상황에서 2008년 2월 12일, 러시아와 중국은 공동으로 "우주 공간에서의 무기 배치 및 우주물체에 대한 위협 또는 무력사용 방지에 관한 조약안"(2008 PPWT)을 유엔 총회 특별 회의에서 위임받아 국제사회의 주요 다자간 군축협상 포럼으로 활동하는 '군축회의'(Conference on Disarmament, 이하 'CD')에 제출하였다.[27] 2008 PPWT는 "우주 공간에서의 무기"의 개념을 "우주 공간에 위치한 여하한 기기로서 우주 공간, 지표 또는 지구 대기권에서 우주물체의 파괴, 손상 또는 정상적 기능의 방해를 목적으로 하거나 또는 인류의 존재에 필수적인 생명권의 구성인자를 배제하거나 손상하려는 목적으로 생산 또는 전환된 기기"라고 규정하고 있다.[28] 2008 PPWT는 다음과 같은 3가지 기본 의무를 제공하고 있다.

첫째, 우주 공간과 천체에 어떤 종류의 무기도 배치하지 않는다.
둘째, 우주물체에 대하여 위협이나 무력사용에 의지하지 않는다. 그리고
셋째, 다른 국가들이 이러한 금지된 활동에 참여하도록 지원하거나 권장하지 않는다.[29]

그리고 2014년 6월 10일 러시아와 중국은 "우주 공간에서의 무기 배치, 우주 물체에 대한 무력 위협 또는 무력 사용 방지에 관한 조약안"(2014 PPWT)이라는 새로운 버전(version)을 제출하였는데, 이 새 버전에서 변경 사항은 '우주'(outer space)의 정의가 제1조에서 삭제되었고, '무력사용'(use of force) 또는 '우주무기'(weapon in space)에 대한 정의가 약간 수정되었다. 그리고 자위권(또는 정당방위권)에 관한 제4조[30]도 일부 수정되었다.

2008 PPWT는 제1조에서 '우주 공간에서의 무기'(weapons in outer space)를 정의하고, 무기의 확산을 금지하려고 시도하였는데, 우주 공간에 배치된 무기는 우주 공간, 지구 또는 지구의 대기에 있는 물체의 정상적인 기능을 파괴, 손상 또는 방해하거나 인간 존재에 중요한 오염을 제거하거나 또는 생물권 구성 요소를 제거하거나 손상을 입히기 위해 특별히 생산 또는 변환된 무기라고 정의하였다.[31] 그러나 2014 PPWT는 2008 PPWT와 마찬가지로 직접 상승 대위성인 ASAT 시스템을 다루거나, 위성을 영구적으로 또는 일시적으로

---

26) Brünner Christian and Soucek Alexander (eds), *Outer Space in Society, Politics and Law*, Springer-Verlag Vienna, (2011), 363; Andrew T Park, Incremental Steps for Achieving Space Security: The Need for a New Way of Thinking to Enhance the Legal Regime for Space, 28 *Houston Journal of International Law*, no. 3, (2006), 882.

27) Jinyuan Su, Space Arms Control: *Lex Lata* and Currently Active Proposals, 71,

28) 신홍균, 우주공간에서의 무기배치와 사용의 법적 지위, *항공우주정책·법학회지*, 제32권 제2호 (2017), 252.

29) Michel Bourbonnière and Ricky J. Lee, 890.

30) 〈제4조〉
이 조약은 유엔 헌장 제51조에서 인정하는 개별적 또는 집단적 자위권에 대한 당사국의 고유한 권리에 결코 영향을 미치지 않는다.

31) David C. DeFrieze, Defining and Regulating the Weaponization of Space, 74 Joint Force Quarterly, July 01, 2014, p. 111, *available at* http://ndupress.ndu.edu/Portals/68/Documents/jfq/jfq-74/jfq-74_110-115_DeFrieze.pdf(last visited on Jan. 5, 2024).

비활성화하는 데 사용할 수 있는 레이저와 같은 '소프트 킬 무기'(soft-kill weapons)는 다루지 않았다. 또한 PPWT는 저궤도에서 우주공간의 장기적인 지속 가능성과 배치되는 우주쓰레기 문제도 다루지 못했는데, 우주쓰레기 문제는 우주공간에 무기를 배치하는 것보다 훨씬 더 큰 문제를 발생할 수 있다는 점에서 매우 중요하다.

미국은 PPWT에서 사용하는 '우주물체'의 정의는 이미 1972년 '책임협약'("우주 물체로 인한 손해에 대한 국제적 책임에 관한 협약")[32] 및 1968년 '구조협정'("우주비행사의 구조 및 송환 및 우주공간에 발사한 물체의 반환에 관한 협정")[33] 상에 규정된 '우주물체'에 대한 정의를 오히려 혼란스럽게 한다고 하였다. 미국은 또한 PPWT에 관하여 아직 우주 공간에서는 군비경쟁이 일어나지 않았기 때문에 군비통제로 해결할 문제는 없다고 하면서, PPWT에는 위협(threat)에 대한 정의가 없고,[34] PPWT가 "군사적 이점을 얻기 위한 러시아와 중국 두 나라의 외교 책략"이라고 비난한 바 있다.[35] 사실 미국은 우주에서 군사적 우위를 유지하고 있으며, 러시아는 그러한 정책에 도전하기로 결정한 것으로 보이는데, 러시아와 미국은 이러한 기본 입장들을 계속 유지할 것으로 예상된다.[36]

---

32) Convention on International Liability for Damage Caused by Space Objects, UNGA Resolution 2777(XXVI), 29 November 1971; 책임협약에 관하여 김한택, 우주책임협약 50년의 국제법적 의미에 관한 연구, 저스티스 통권 189호 (2022), 400-426 참조.

33) Agreement on the Rescue of Astronauts, the Return of Astronauts and the Return of Objects Launched into Outer Space, UNGA Resolution 2345(XXII); 구조협정에 관하여 김한택, 구조협정의 주요 내용과 우주법상 의의에 관한 연구, *법제연구* 제57호, 법제연구원 (2019), 213-238 참조.

34) 박원화·정영진, *우주법*, 제3판, 한국학술정보(주) (2012), 273.

35) Proposed Prevention of an Arms Race in Space (PAROS) Treaty, NTI, https://www.nti.org/learn/treaties-and-regimes/proposed-prevention-arms-race-space-paros-treaty/(last visited on Jan. 5, 2024); Andrew Hoffmann, 337.

36) Paul B. Larsen, Outer Space Arms Control: Can the USA, Russia and China Make this Happen, 23 *Journal of Conflict & Security Law*, no. 1, (2018), 148.

제4절 맺음말

1967년 미국이 OST에 가입할 때, 당시 미국 린든 B. 존슨(Lyndon B. Johnson) 대통령은 OST를 1963년 "부분적 핵실험 금지 조약" 이후 가장 중요한 군비 통제 개발이라고 환영했다. 동 조약의 동의를 위해 미국 상원에 제출하면서, 존슨 대통령은 이제 "아무도 전쟁을 시작하기 위해 우주나 천체를 사용할 수 없다" 고 하였다.[1] 그러나 점차 많은 국가들이 광범위한 군사작전을 지원하기 위해 감시, 정찰 및 정보 수집, 전략적 및 전술적 커뮤니케이션, 미사일 조기 경보 및 추적 등의 우주 자산에 의존함에 따라 우주에서의 충돌 가능성은 점차 높아지고 있다. 비록 지금까지 적에게 적대적인 ASAT 공격 행위가 발생하지는 않았지만, 일부 국가에서는 이제 우주 공간을 전쟁의 영역으로 간주하고, 우주 시스템을 방해하거나 물리적으로 손상시키는 기능의 개발 및 시연이 가속화되고 있다.[2] 또한 국제사회는 우주에서 무력충돌 시 국제인도법의 적용가능성에 관하여도 논의하기 시작하였다.

우주안보와 관련하여 미국은 기존의 1967년 우주조약(OST)의 일부 보완으로 충분하고, 우주공간에서의 군비경쟁은 존재하지 않는다는 입장 하에 행동지침이나 우주에서 운용되는 다양한 주체의 우주자산이 안전하고 안정적으로 운용될 수 있게 하기 위한 조치인 '우주교통관리' (Space Traffic Management, STM),[3] 우주에서의 '투명성 및 신회구축조치' (Transparency and Confidence-Building Measure, TCBM) 등 강제성 없는 자발적 조치의 강화가 필요하다는 입장을 가진 반면, 러시아와 중국은 급격히 변화하는 우주환경에 대응하기에는 OST가 허점이 많아 우주에서의 군비경쟁방지(PAROS)를 위해 법적 구속력 있는 새로운 국제조약인 "우주 공간에서의 무기배치, 우주물체에 대한 무력 위협 또는 무력사용 방지에 관한 조약안" (PPWT)의 채택이 필요하다고 강조하고 있다.[4] 미국은 PPWT에 관하여 아직 우주 공간에서는 군비경쟁이 일어나지 않았기 때문에 군비통제로 해결할 문제는 없다고 보고 있다.

사실 우주 공간의 군사적 이용을 규제하기 위해 법적 구속력이 있는 경성법인 조약을 채

1) Letter of Transmittal to the Senate of the United States by President Lyndon Johnson: Hearings before the Comm of Foreign Relations, U.S. Senate, 90th Congo 105, at 107; Ram Jakhu, 87.

2) Space Security, Space Security Index, *available at* https://spacesecurityindex.org/space-security/(last visited on Jan. 5, 2024).

3) 2018년 미국 우주정책지침-3(United States Space Policy Directive-3)은 STM을 "우주환경에서의 운용 안전성, 안정성, 그리고 지속가능성을 강화하기 위한 전략, 조정 및 궤도상 동기화 활동" 으로, SSA(Space Situational Awareness, 우주상황인식)를 "안전하고 안정적이며 지속 가능한 우주활동을 위한 우주물체와 우주물체의 운용환경에 대한 지식 및 특성 파악" 으로 정의하고 있다.

4) 유준구, 우주안보 국제규범 형성 논의의 쟁점과 시사점, 522.

택해야 한다는 경성법 지지자들의 견해는 맞는 말이지만, 1979년 달협정(MA) 이후 조약제정이 어려워진 현 시점에서는 우주 공간의 이용과 관련된 모든 측면에 대한 통합되고 구속력 있는 법적 도구의 궁극적인 생성을 위한 잠정적 조치인 연성법을 개발하여 국가들의 참여를 독려하는 방법도 좋을 듯하다. 그러한 면에서 UN총회가 2022년 12월 7일 미국을 포함한 여러 국가들이 제기한 "파괴적인 직접 상승(DA) ASAT 테스트"(Destructive direct-ascent anti-satellite missile testing)를 수행하지 않도록 장려하는 결의안(A/RES/77/41)을 채택한 것은 좋은 모델이다.

04 장

우주자원개발

김한택, 국제법상 우주자원개발원칙, *항공우주정책·법학회지* 제33권 제2호 (2018), 35-59;
김한택, 우주의 상업화와 우주자원채굴에 관한 우주법, *통상법률*, 제162호 (2024-01), 28-56 참조.

Space Law and Policy

제1절 우주자원

2022년 기준으로 세계에는 인류가 약 50년 동안 사용할 수 있는 천연가스가 매장되어 있다. 석유는 47년 동안 사용할 분량이 남아 있으며, 매장량은 연간 소비량의 50배 정도이다. 매장지가 새로 발견되지 않는다면 현재 소비량 기준으로 인류는 47년 뒤면 석유 고갈, 50년 뒤면 가스 고갈이란 현실에 직면할 수 있다.[1] 달은 헬륨3·희토류·우라늄·백금 등 희귀자원이 풍부하다. 지구와는 달리 달에는 대기가 없어 일교차가 300도를 넘고 우주에서 방사선·운석이 쏟아지는데 헬륨3이 달 표면에 쌓여 있다.[2] 미국이 1969년 달에서 가져온 운석에 헬륨3이 풍부하다는 사실을 처음 발견한 미국 위스콘신대학교 응용기술연구소의 제럴드 쿨친스키(Gerald L. Kulcinski) 소장은 블룸버그 통신(Bloomberg Professional Services)을 통해서 달에는 100만t 분량의 헬륨3이 있다고 하면서도 단지 25%만 지구로 가져올 수 있을 것이라고 말했다.[3] 이 정도의 양으로도 현재 지구 수요대로라면 짧게는 200년에서 길게는 500년 동안 사용할 수 있는 에너지원이 된다.[3] 제럴드 쿨친스키 소장은 달에는 약 100만t이 매장된 것으로 추정된다고 하였다. 마이닝닷컴(Mining.Com)에 따르면, 지구에는 미량만 매장돼 있는 헬륨3은 톤당 약 50억 달러(약 5조 9275억원)나 하는 초고가 광물이다. 헬륨3에 대해 유럽우주기구(ESA)도 이 동위원소가 방사능이 없어 위험한 폐기물을 남기지도 않는 만큼 융합로에서 더 안전한 핵에너지를 생산할 수 있을 것으로 보고 있다.[4] 헬륨3을 핵융합발전에 활용하면 불과 25톤으로 핵폐기물 걱정 없이 미국의 연간 소비전력을 생산할 수 있다. 방사능물질도 전혀 발생하지 않는다. 다만 달에서 광물을 채취하더라도 수송선 상용화가 전제돼야 해 경제성 있는 자원 채취의 경우 2055-2060년 경 가능해질 것으로 보인다.[5] 한편 헬륨3 경쟁에서 현재까지 가장 앞선 곳은 미국 우주탐사 기업 인터룬(Interlune)이다. 이 회사는 2024년 4월까지 투자금 1800만달러를 모았다. 인터룬은 2028년까지 달에 공장을 건설하고 2030년 채굴을 시작할 계획이다. 로봇착륙선이 달에 가서 달 토양을 처리하여 헬륨3가스를 추출한 다음 지구로 보낸다는 계획이다. 일본과 중국

---

1) 저개발국 성장…에너지 소비 증가 불가피, 이코노미 인사이트, 2022.12.17.
2) 태양풍에 섞여 있는 헬륨3은 지구에는 거의 도달하지 못하지만, 달에는 상당량이 유입되어 퇴적되어 있다.
3) 달 표토를 지구로 처음 가져온 건 1969년 발사된 아폴로 11호이다. 미국은 아폴로 17호까지 여섯 번에 걸쳐 달 표토 380㎏가량을 2400여 개 표본 형태로 지구에 가져왔다. 소련도 1970년 루나 16호를 시작으로 1976년까지 여러 차례 달 표토를 채취했다(달에 묻힌 '마법 광물' 6년 뒤부터 캔다, IT·과학, 2024.05.07.).
3) 달나라 자원 경쟁… 두 나라 우주 전쟁, 서울신문, 2020.05.18.
4) 우주자원 시대 '성큼' … 인도 달탐사선, 헬륨3 채굴 가능성 타진, 서울신문, 2019.06.24.
5) 달, 희귀자원 품은 기회의 땅…우주 신대륙 연구 전초기지, 서울경제, 2019.07.19.

도 헬륨3을 가져오기 위한 사업을 추진하고 있다.[6]

2015년 7월 지구를 스쳐 간 소행성 '2011 UW158'에 6000조원 가치의 백금 1억t이 매장돼 있었다는 사실이 알려지며 화제가 된 적이 있다. 소행성은 백금 외에도 이리듐·팔라듐 등 희귀 원소가 가득한 자원의 보고이다. 소행성은 다양한 금속을 포함한 광물로 이루어져 있다. 백금이 풍부한 것으로 알려진 지름 500m 정도 크기의 소행성 가치가 미국 달러로 약 29조 달러, 우리나라 돈으로는 약 3경 원이나 된다고 한다. 물이 풍부한 소행성은 500m 정도 크기가 무려 50조 달러에 해당한다. 백금보다도 더 높게 평가 받는 건 지구에는 풍부한 물을 우주에서는 얻기 어렵기 때문이다. 우주에서 필요한 물을 지구에서 가져가려면 1리터당 무려 2만 달러나 든다. 소행성의 물을 사용할 수 있으면 우주에서 인간이 마시는 것은 물론, 로켓의 연료로 쓸 수도 있고, 산소를 만들 수도 있다. 소행성에서의 자원 채취는 달과는 다를 것이다. 현재 미국항공우주국(NASA)에서 생각하고 있는 방식은 작은 크기의 소행성을 달 궤도로 끌고 와 인공적으로 달을 돌게 하고, 달과 소행성을 오가면서 자원을 채취한다는 것이다. 물론 기술이 더 발전하면 커다란 소행성에서 직접 자원을 채굴하는 것도 가능할 것이다.[7]

미국 정부가 자국 기업이 달을 비롯한 우주 자원을 자유롭게 채굴하는 것을 돕겠다는 행정명령(executive order)[8]을 2020년 4월 12일 발표했다. 우주에서 자원을 자급해 우주 탐사를 지속하겠다는 뜻과 함께 기업 또한 자원에서 이익을 얻을 수 있을 것이란 기대도 밝혔다. 영국 BBC 라디오는 전문가들과 함께 도널드 트럼프 미국 대통령이 이달 6일 서명한 '달과 화성을 비롯한 우주 공간에서의 자원 발견과 이용을 장려하는 행정명령'을 분석했다. 트럼프는 행정명령에서 "혁신 우주 기업가들을 위해서는 안정적이고 예측 가능한 투자 환경 조성이 중요하다"며 "이번 정책은 달과 화성 및 다른 우주 지역의 탐사와 개발의 장기적 지속가능성에 있어 필수"라고 밝혔다. 행정명령은 "우주 공간은 법률적으로나 물리적으로 인간 활동의 영역"이라며 "미국은 우주를 세계 공동 자산으로 보지 않는다"고 강조했다. 이어 미국은 18개국이 체결한 달 협정에 가입하지 않았다고 부연했다. '달협정'은 달 탐사는 모든 국가의 이익을 위해 수행해야 하며 달 천연자원은 인류 공동유산으로 규정하는 내용을 담았다. 다만 이 협정에는 미국과 옛소련을 비롯해 중국, 일본 등 우주탐사 강국 대다수가 가입하지 않았다. 트럼프 대통령은 "행정명령은 미국법과 일관되며 우주에서의 상업적 탐사와 자원 사용에 관여할 권리를 가져야 한다는 의회 의도와 일치한다."고 밝혔다. 미국 의회는 미국 기업들이 달과 소행성에서 자원을 쓸 수 있도록 하는 법을 2015년 이미 통과시켰다. 또 "미국 기업 및 미국과 같은 견해를 가진 국가의 기업은 지구를 넘어 경제적 영역을 확장함으로써 이익을 얻을 것"이라고 밝혔다. 국제법에는 우

---

6) 달에 묻힌 '마법 광물' 6년 뒤부터 캔다, IT·과학, 2024.05.07.

7) 희귀한 자원 풍부한 달과 소행성, [이태형의 생활천문학] 이태형의 생활천문학 28, The Science Times, 2015.11.26.

8) 행정명령은 미 헌법이 대통령에게 부여한 권한으로, 행정기관에 의하여 정립되는 일반적 명령으로 해당 대통령의 임기 내에는 유효하지만 차기 대통령이 이를 취소할 수 있다는 점에서 의회에서 통과된 법과는 다르다(행정명령, 단비뉴스, 2016,01.12)..

주 영토를 소유하는 건 불가능하지만 자원 채굴에는 제한이 없다. 미국과 러시아, 중국, 한국 등 115개국이 가입한 '우주조약' 에 따르면 모든 국가는 국제법에 따라 평등하게 우주를 탐사 이용하고 자유롭게 접근할 수 있다. 우주는 특정국가의 영역이 아닌 것으로 정의했다. 다만 우주의 자원을 이용하는 데 대한 명확한 규제는 없다.[9)]

달은 2030년대 화성으로 가는 전초기지이다. 화성 땅을 밟기 위한 준비도 가속화한다.[10)] NASA, CSA, ESA, JAXA가 공동으로 계획하고 있는 우주정거장 루나 게이트웨이(Lunar Gateway)를 통해 달 탐사도 본격화할 전망이다. 도널드 트럼프 대통령이 이끄는 미국 행정부는 '아르테미스 프로그램' (Artemis Program)의 하나로 달에 먼저 도착한 이들의 활동 범위를 보장해 주는 '안전지대' 설치안을 마련했다. 아르테미스는 그리스 신화에서 아폴로의 쌍둥이 여동생으로, 아폴로 프로젝트에 이어 이번에는 여성을 달에 보내겠다는 의도가 있어 보인다. 아르테미스 합의는 향후 10년 이내에 달에 인간을 보내고, 우주정거장을 설치하려는 미국 항공우주국(NASA)의 계획으로, 우주에서 동맹을 구축하려는 시도이다. NASA가 이름 붙인 아르테미스 합의는 경쟁국이나 기업들이 향후 인접 지대에서 활동함에 따라 발생할 방해나 간섭을 막기 위해 '안전지대' 설치를 제안하였다. 안전지대는 달에서의 활동 범위에 따라 크기가 다를 수 있다. 우주 활동자들 사이에서 기술적으로 주권 즉 영토 주장이 없이 조정할 수 있도록 했다. 안전지대는 결국 달에 먼저 들어가 활동하는 국가나 기업을 보호하는 구조여서 강대국의 놀이터일 수밖에 없다는 비판을 받고 있다. 아르테미스 합의에는 또 달에서 채광하는 자원은 채광한 기업이 소유하게 하는 국제법 체계를 제공할 목적도 있다. 미국은 2015년 우주에서 채광한 자원은 채광 기업이 소유권을 갖도록 하는 법(CSLCA)을 제정했지만, 국제사회에는 1967년 우주조약 제2조[11)]의 전유화금지 조항을 두고 논란만 있지 아직 이런 법이 제정되지 않았다.[12)]

---

9) 트럼프 '우주 채굴 지원' 행정명령 서명...전문가들 "광물전쟁서 뒤진 미국 반전 노려", 동아닷컴, 2020.04.13.

10) 전방위에서 다가오는 우주…10년 후 세계는?, 한겨레, 2020.01.20.

11) 〈제2조〉
달과 기타 천체를 포함한 외기권은 주권의 주장에 의하여 또는 이용과 점유에 의하여 또는 기타 모든 수단에 의한 국가 전용의 대상이 되지 아니한다.

12) 트럼프 행정부 '달 채광' 아르테미스 합의 초안 마련… '안전 지대' 관건, 2020.05.06.

제2절 우주자원개발 국내법

1. 2015년 미국의 상업적 우주발사 경쟁력 법(CSLCA)

2015년 미국은 미국 시민과 기업에게 영리목적으로 우주자원을 이용하도록 허용하는 "상업적 우주발사 경쟁력 법" (Commercial Space Launch Competitiveness Act: 이하 CSLCA)[1]을 제정하였다. 이 법은 총 4편으로 이루어졌는데, 제1편(민간항공우주기업경쟁력강화; Spurring Private Aerospace Competitiveness and Entrepreneurship), 제2편(상업적 원격탐사; Commercial Remote Sensing), 제3편(우주상업사무국; Office of Space Commerce), 제4편(우주자원의 탐사와 이용; Space Resource Exploration and Utilization)이 그것이다.[2]

이 법은 미국의 우주 산업 발전을 위한 것으로 가장 중요한 부분은 우주자원의 상업적 탐사와 이용에 관하여 개인뿐만 아니라 기업에도 자격을 부여하고 있는데, 미국인이 운영하는 기업뿐만 아니라 다른 나라 기업에게도 이를 허용하고 있다. 동 법에서는 소행성자원(asteroid resource)과 우주자원(space resource)을 구분하여 정의하고 있는데, 소행성자원이란 단일 소행성의 표면 또는 내부에서 발견되는 우주자원을 의미한다.[3] 그리고 우주자원에는 물이나 광물 등이 포함되며,[4] 다만 "무생물" 만 이용할 수 있다.[5] 만약 미생물을 발견하여도 그 미생물을 영리목적에 이용할 수 없다. 이른바 '소행성법' (Asteroids Act)으로 불리는 이 법은 민간우주개발회사에 달과 소행성을 포함해 우주에서 채취한 자원의 소유권과 판매를 허가하는 내용을 담고 있다. 동법에서 "본법의 적용을 받는 소행성자원 또는 우주자원의 상업적 탐사와 회수에 관여한 미국시민은, 국제법적 의무 및 관련 미국법의 범위 내에서 해당자원에 대한 점유(possess), 소유(own), 운송(transport), 이용(use), 판매(sell)에 대한 권리를 행사할 수 있다" 고 규정하고 있다.[6] 하지만 이 법은 미국이 특정한 천체에 대한 주권 및 주권적 또는 배타적 권리나 관할권을 주장하거나 소유를 주장할 수 없다는 점도 분명하게 밝히고 있다는 점에 주목해야 한다.[7]

---

1) U.S. Commercial Space Launch Competitiveness Act, Pub. L. No. 114-190, 129 Stat. 704 (2015).
2) CSLCA의 제정과정과 내용에 관하여 김영주, 우주 자원의 상업적 이용에 관한 법적 문제-미국의 2015년 '우주 자원의 탐사 및 이용에 관한 법률' 의 구조와 쟁점-, *항공우주정책 · 법학회지,* 제32권 1호 (2017), 419-477 참조.
3) 51 U.S.C.A. § 51301(1).
4) 51 U.S.C.A. § 51301(2)(B).
5) 51 U.S.C.A. § 51301(2)(A).
6) 51 U.S.C.A. § 51303.

2015년 CSLCA는 1967년 미국이 OST에 가입하면서, 린든 B. 존슨 대통령이 조약 비준 동의를 위해 상원에서 미국은 우주에 대한 소유자를 인정하지 않겠다고 한 발언[8]에 배치된다. 사실 존슨 대통령의 이 발언은 내부 성명(internal statement)이며 국제법에 따라 일방적으로 철회될 수 있는 국가의 일방적 선언(unilateral declaration)인데, 미국은 2015년 CSLCA로 인해 존슨 대통령의 일방적 선언을 철회한 것이라고 할 수 있다.[9] 한편 러시아는 CSLCA를 "국제법 질서를 전면적으로 무시"(total disrespect for international law order)했다고 비판하였다.[10]

2. 2017년 룩셈부르크의 우주자원개발법

2017년 7월 20일 룩셈부르크도 미국의 CSLCA를 모델로 하여 룩셈부르크 의회를 통하여 "우주자원탐사 및 활용에 관한 법"(Law on the Exploration and Use of Space Resources)을 제정하였는데, 2017년 8월 1일부로 효력이 발생하였다. 룩셈부르크는 민간사업자들의 우주자원에 대한 채굴권을 보장해주는 법체계를 마련한 최초의 유럽국가가 되었는데, 동법에서 우주자원의 소유가 국제법에 따라 가능하다는 규정하고 있으며, 또한 우주탐사임무에 관한 승인 및 감독 절차를 규정하고 있다.[11] 룩셈부르크는 민간사업자들의 우주자원에 대한 채굴 권리를 보장 해주는 법체계를 마련한 최초의 유럽국가가 되었는데, 룩셈부르크가 유럽 내 우주 광산의 전진기지가 되겠다는 것이다. 동법 제1조에서 우주자원의 소유가 국제법에 따라 가능하다는 규정하고 있으며, 또한 우주탐사임무에 관한 승인 및 감독 절차를 규정하고 있다.[12]

동법은 룩셈부르크 대학교(University of Luxembourg)의 호프만(Mahulena Hofmann)

7) SEC. 403. DISCLAIMER OF EXTRATERRITORIAL SOVEREIGNTY.
It is the sense of Congress that by the enactment of this Act, the United States does not thereby assert sovereignty or sovereign or exclusive rights or jurisdiction over, or the ownership of, any celestial body; Han Taek Kim, Fundamental Principles of Space Resources Exploitation: A Recent Development of International and Municipal Law(이하 Fundamental Principles로 약칭), 11 *Journal of East Asia and International Law*, Spring 2018, No. 1, p. 38; 김한택, 국제법상 우주자원개발원칙, *항공우주정책·법학회지,* 제33권 제2호 (2018), 2-3;

8) "오늘날 우주 공간은 무료입니다. ---어떤 나라도 그곳에 양보를 하지 않습니다. 이대로 남아 있어야 합니다---[미국은] 우주 공간의 소유자가 있다는 사실을 인정하지 않습니다." (Treaty on Outer Space: Hearing before the Committee on Foreign Relations, 90th Cong. (1967), 105-106.

9) Eng Teong See, Commercialization of Space Activities-The Laws and Implications, 82 *Journal of Air Law and Commerce*, Issue 1 (2017), 160.

10) Philip de Man, The Exploitation of Asteroids and The Non-Appropriation Principle: Reflections on the nature of property rights in light of the US Space Resource Act of 2015, 40 *Journal of Space Law*, (2015-2016), 2; ; 김한택, 우주의 상업화와 우주자원채굴에 관한 우주법, *통상법률* 제162호 (2024.2.), 39.

11) Han Taek Kim, Fundamental Principles, 39; 김한택, 국제법상 우주자원개발원칙, 37.

12) Luxembourg adopts space resources law, Space News, July 17, 2017, *available at* https://spacenews.com/luxembourg-adopts-space-resources-law/(last visited on Aug. 29, 2018).

교수의 주도하에 미국 네브래스카 링컨대(university of Nebraska Lincoln; UNL) 로스쿨의 본더 덩크(Frans von der Dunk) 교수 등 국제우주법 전문가들의 도움으로 제정되었다.[13) 본더 덩크 교수는 네덜란드 레이덴 대학교 교수출신으로 UNL이 스카우트한 우주법 전문가인데, 필자는 본더 덩크 교수 초청으로 2015-2016년 1년간 UNL 로스쿨 연구교수를 수행한 바 있다.

룩셈부르크 우주자원개발법은 제1조에 "우주 자원은 국제법에 따라 전유될 수 있다."는 규정을 명시하면서 다음과 같은 내용들을 명시하고 있다.

1. 운영자는 룩셈부르크의 관계 장관으로부터 서면 승인을 얻어야 한다(제2조).

2. 운영자의 중앙 행정 및 등록 사무소는 룩셈부르크에 소재하여야 하며, 특히 (i) 권한을 부여받은 운영자의 행정 및 회계 구조, (ii) 필요한 재정, 탐사 및 활용 임무 (우주 자원의 상업화를 포함하여)가 계획하고 실행하는 기술적 및 법적 절차와 배치, 그리고 (iii) 운영자의 내부 통제 체계를 갖추어야 한다(제7조).

3. 운영자는 건전하고 신중한 운영을 한다는 증명을 해야 한다(제7조 및 제8조).

4. 운영자의 연례 회계는 하나 이상의 독립적 인 감사인이 감사해야 한다(제11조).

인구 50만 명의 소국 룩셈부르크는 작은 규모에도 1인당 GDP가 10만 달러가 넘는 유로존(Eurozone) 내 가장 부유한 국가 중 하나이다. 풍부한 자본력에 힘입어 룩셈부르크는 이미 우주산업에 진출한 상태이다. 미국의 우주벤처업체 '딥 스페이스 인더스트리' (Deep Space Industries)에 2억 유로(2,507억 6,600만 원)를 투자해 위성 통신과 '프로스펙터 엑스' (Prospector-X)라는 이름의 우주탐사 장비개발에 나섰다. 룩셈부르크 정부는 유럽 안팎에 약 20개 기업 및 기업인과 공식적인 제휴 관계를 맺기 위한 협상이 진행되고 있음을 밝혔다. 미국 기업 '딥스페이스사' (Deep Space Industries)와 '플래너터리 리소시스' (Planetary Resources)는 이미 룩셈부르크에 유럽 자회사를 설립하였다.[14] 한편 민관협력 사업으로 1985년에 출범해 현재 세계 최대 인공위성 사업자가 된 유럽 인공위성 협회(Société Européenne des Satellites, SES)가 30년 전에 발족된 이래 그 운영 본부를 룩셈부르크에 두고 있다.[15]

룩셈부르크는 '우주 자원 개발 계획' 을 국가적 차원에서 추진하는 동시에 우주자원 활용의 미래 지배 관리 제도와 글로벌 규제 체계를 마련하기 위해 국제적 협력을 계속 추진하고 있는데, 최근 유럽우주국(European Space Agency, ESA)과 소행성 탐사 임무, 관련

13) Luxembourg' s new space law guarantees private companies the right to resources harvested in outer space in accordance with international law (November 11, 2016, Released by the Luxembourg Ministry of the Economy).
14) 신상우, 룩셈부르크, 우주 채굴 자원의 민간소유권 보증법안 통과, *한국항공우주연구원 e-정책정보센터,* 참조.
15) 룩셈부르크, 민간 사업자들이 우주에서 채굴한 자원에 대한 권리 보장, *일요서울*, 2017.07.14.

기술, 우주 자원 탐사 및 활용과 관련한 미래 활동에 대한 공동 성명에 서명했다. 룩셈부르크와 ESA는 우주 자원 탐사 및 활용 활동의 기술적 및 과학적 측면을 더 연구할 기회를 갖는다는 데 합의한 것이다.[16]

3. 2019년 아랍에미리트(UAE)의 우주자원법

UAE는 국가우주법(National Space Law)을 2019년 도입했다. 2020년 초에 발효된 이 법은 UAE의 우주 활동을 규제하기 위한 9개의 장과 54개 조항으로 구성되어 있으며, 우주국(Space Agency)의 역할을 규정하고 있다.[17]

(1) UAE 우주법

UAE의 우주 부문은 우주 부문 조직에 관한 2023년 연방법 제46호의 적용을 받는다. 이 법은 다음 목표 외에도 UAE의 국가 우주 정책 목표를 달성하기 위한 규제 환경을 조성하는 것을 목표로 한다. 우주 부문 활동에 대한 투자를 촉진하고 민간 부문의 참여를 장려한다:

- 우주 활동과 관련된 안전, 보안 및 환경 조치 구현
- 우주와 관련된 국제 협약 및 조약 조항을 이행하려는 UAE의 약속의 지지.

(2) 법률로 규제되는 우주 활동

동법 제4조에는 법이 규제하는 여러 우주 활동이 언급되어 있다. 활동은 다음과 같다:

- 궤도에서 우주 물체를 발사, 재진입, 제거 또는 폐기
- 우주물체 운용 및 위성통신 활동
- 우주 공간에서 물류 지원 서비스 제공
- 우주 데이터 활동 관리
- UAE에 떨어진 운석을 수집하거나 거래.

16) 룩셈부르크, 우주자원 활용 법률 마련, *모닝선데이*, 2017.07.17.
17) SpaceRadar(https://www.spaceradar.co.kr)

(3) 허가 요건

동법에 따르면 누구도 UAE 우주국의 허가 없이는 우주 물체를 소유하거나 우주 활동을 수행 또는 참여하거나 관련 우주 시설을 설치, 사용 또는 소유할 수 없다. 이 법은 우주 부문 규제를 담당하는 연방 기관으로서 UAE 우주국의 역할을 다루고 있다.[18]

4. 2021년 일본의 우주자원법

일본은 미국, 룩셈부르크, 아랍에미리트(UAE)에 이어 네 번째로 2021년 6월 23일 "우주자원의 탐사 및 개발사업 촉진에 관한 법률" (이하 '우주자원법')을 제정했다. 동 법은 민간사업자의 우주자원 개발 촉진을 목적으로 하며, 지원책으로 우주자원 탐사・개발을 위한 인공위성관리 특례와 채굴된 우주자원에 대한 소유권을 인정하고 있다.[19] 일본의 우주자원법은 2015년 미국이 만든 "상업적 우주발사 경쟁력 법"(Commercial Space Launch Competitiveness Act)과 비슷하다. 이 법은 미국 기업에 다른 천체에 대한 재산권은 부여하지 않지만 거기서 추출한 우주 자원에 대한 권리는 인정하고 있다.[20] 동 법에는 사전에 제출한 사업 계획대로 우주 자원을 채취한 사업자가 해당 자원을 사용해 수익을 올리거나 자원을 처분할 권리를 취득할 수 있도록 하는 방안이 포함됐다. 또한 달이나 화성 등 천체를 포함해 우주 공간에 존재하는 물이나 광물 자원을 탐사하거나 개발하기 위한 인공위성을 허용하는 특례도 반영됐다. 아울러 일본 정부가 우주 관련 산업의 국제 경쟁력 강화를 위해 노력할 것을 촉구하는 내용이나 '자유롭게 우주 공간을 탐사하거나 이용할 타국의 이익을 부당하게 침해하지 않는다'는 유의 사항도 담겼다.[21]

---

18) Space regulation, *available at* https://u.ae/en/about-the-uae/science-and-technology/key-sectors-in-science-and-technology/space-science-and-technology/space-regulation(last visited on May 2 2024).

19) 국회도서관, 우주자원 개발에 관한 일본 입법례, 2021.10.26.

20) '달 자원 선점' 민간 경쟁 점화…한발 앞선 일본, 뒤쫓는 미국, 한겨레, 2022.11.28.

21) 일본, 민간이 우주에서 자원 채취하면 소유권 주기로, 연합뉴스, 2020.09.22.; 일본의 우주자원법에 관하여, 김영주, 2021년 일본 우주자원법의 입법 구조와 적용 논점, *사법* 제1권 제64호, 사법발전재단 (2023.6), 885-926 참조.

제3절 우주자원개발과 국제법

1. 우주자원개발과 일반국제법

일반국제법상 '우주' 라는 용어는 영어의 'outer space' 또는 'space' 를 의미하는데, '외기권 우주' 또는 '외기권' 으로도 표기된다. outer space는 '천체' (celestial bodies)를 포함하며, 천체는 '달' (moon)도 포함하고 있다.[1] 영국 런던대학교 UCL(University College London)의 교수였던 Bin Cheng 교수는 이러한 용어의 혼동을 피하기 위하여 천체 사이의 공간을 '우주공간' (outer void space)으로 부르자는 제의를 한 바 있다.[2] 우주 및 천체의 법적지위에 관하여 Bin Cheng 교수는 우주공간은 마치 바다의 공해(high seas)처럼 *res extra commercium*(국제공역)으로 파악되며, 천체는 크리스토퍼 콜럼버스(Christopher Columbus, 1450-1506)가 발견했던 신세계처럼 법적으로 실효적 점유(effective control)의 방법으로 지배할 수 있는 *res nullius*(또는 *terra nullius*, 무주지)와 같다고 하였다.[3]

*res extra commercium*란 '불융통물' (a thing outside commerce)로서 로마법에서 유래하였는데,[4] 어느 물건이 개인소유가 될 수 없고 따라서 거래의 대상이 되지 않는 것을 의미한다. 국제법에서는 우주나 심해저 같은 국가경계선밖에 존재하는 지역을 말하기도 하는데, 동 지역에 대하여 국가들은 국가주권을 행사할 수 없으나 탐사 및 이용의 자유를 가진다.[5] 따라서 동지역은 국가들 사이에 존재하는 곳으로 국제공동체내에서 지위와 기능을 가지고 있으므로 혹시 점유자라고 주장하는 자가 이곳을 소유, 배제, 또는 양도할 수 없다.[6] 이것은 또한 *res communis*(또는 *terra communis*)라고도 표현되는데 *res communis*란 국가영토에 종속되어 편입되지 않는 곳이며, 국가영토를 넘어서 존재하는 영역으로 모든 국가들에 의해서 일방적으로 사용되고 탐사되는 곳으로 대표적인 예로 공해(high seas)

---

1) Bin Cheng, *Studies in International Space Law*, Clarendon Press·Oxford (1997), 527.

2) Bin Cheng, Outer Void Space-the Reason for this Neologism in Space Law, *Australian International Law Journal*, International Law Association-Australian Branch, 1999, p. 1; Han Taek Kim, Militarization and Weaponization of Outer Space in International Law, 33 *The Korean Journal of Air & Space Law and Policy* (2018), 265.

3) Bin Cheng, The 1967 Space Treaty (이하 OST로 약칭), 95 *Journal du Droit International* (1968), 564.

4) Rudolph Sohm, *The Institutes: A Textbook of the History and System of the Roman Private Law*, Oxford At the Clarendon Press (1901), 320-323.

5) Kemal Baslar, *The Concept of the Common Heritage of Mankind in International Law*, Martinus Nijhoff Publishers (1998), 41-42.

6) Philip Steinberg, *The Social Construction of the Ocean*, Cambridge University Press (2001), 91.

를 들 수 있다. 따라서 *res extra commercium*은 마치 공해상에서 각국의 원양어선들이 물고기를 잡아서 판매하는 것과 같다. 물고기를 잡고 판매하는 데 필요한 허가는 각 국가에서 받아야 하지만 바다를 소유하지 않고도 물고기를 잡아서 판매하는 것은 가능하기 때문이다.

우주관련 다자조약이 일반국제법상 우주 및 천체의 법적지위를 어떻게 전환시켰는가하는 문제를 검토해봐야 하는데 여기서 유의해야 할 점은 다자조약 자체가 일반국제법을 창설할 수는 없다는 사실이다. 이러한 내용이 1969년 "조약법에 관한 비엔나 협약" (Convention on the Law of the Treaties) 제34조에서 조약은 제3국에 대하여 동의 없이 의무 또는 권리를 창설하지 않는다고 명시되어 있다. 또한 동 협약 제38조에 명시된 바와 같이 동 협약 제34조 내지 제37조의 어떠한 규정도 조약에 규정된 규칙이 국제관습법의 규칙으로 인정된 규칙으로서 제3국을 구속하는 것은 배제하지 않는다고 명시되어 국제관습법을 성문화시킨 조약의 조항은 조약의 당사국이 아닌 제3자에게도 법적효력을 지니고 있음을 또한 밝히고 있다.

1963년 12월 13일 UN총회가 1961년 결의[7]를 통하여 "우주의 탐사 및 이용에 관한 국가들의 활동을 규제하는 법원칙 선언" (Declaration of Legal Principles Governing the Activities of States in the Exp1oration and Use of Outer Space; 우주법 선언)[8]을 결의로 채택하였다. 이 선언에서 9가지 원칙이 천명되었는데, 원칙3[9]에서 어느 국가도 우주 및 천체에 관하여 소유권을 주장할 수 없다고 하였다. 그러나 이러한 UN총회 결의는 단순한 권고사항이지 국가들을 구속하는 법적효력을 가지지 못하는 한계가 있다. 그러나 이러한 UN총회 결의문들은 우주관계다자조약을 탄생시키기 위한 전주곡, 즉 입법촉진역할을 하였고, 그 내용이 우주관계다자조약에 전부 반영되었으며, 현 시점에서 본다면 동 선언의 발표 이후 이에 반대하는 국가들이 없었으므로 대부분의 내용들이 모든 국가들을 구속하는 국제관습법으로 발전하였다고 하여도 과언이 아니다.[10]

7) UNGA Res. 1721(XVI), 20 December 1961.
8) UNGA Res. 1962(XVIII), 13 December 1963.
9) "Outer space and celestial bodies are not subject to national appropriation by claim of sovereignty, by means of use or occupation, or by any other means."
10) Han Taek Kim, Fundamental Principles, 39-40.

2. 우주자원개발과 국제조약

(1) 우주조약

UN총회는 1959년 UN총회에 의해 설립된 우주문제의 상설위원회격인 '우주의 평화적 이용 위원회' (Committee on the Peacefu1 Uses of Outer Space: COPUOS)[11]에게 우주활동에 관한 법원칙을 정식법규로 제정하는 조약안을 마련하도록 하여 마침내 1967년 1월 27일 60개국의 서명을 받아 '우주조약' (Outer Space Treaty)으로 불리는 조약이 체결되었다. 동 조약의 정식명칭은 "달과 다른 천체를 포함한 외기권 우주의 탐사 및 이용에 관한 국가활동을 규제하는 원칙조약" (Treaty on Principles Governing the Activities of States in the Exp1oration and Use of Outer Space, including the Moon and Other Celestial Bodies; 이하 OST)[12]으로 1967년 10월 10일 효력이 발생하였다.

1) 비전유원칙(principle of non-appropriation)

OST는 우주활동분야에서 '마그나 카르타' (*Magna Carta*)[13]로 불리는데, 우주법의 기본원칙을 명시한 것으로서, 우선 전문에서 "외기권에 인간이 진입함으로써 인류 앞에 전개된 위대한 전망에 고무되고 평화적 목적을 위한 외기권의 탐색과 이용의 발전에 대한 모든 인류의 공동이익(common interest of all mankind)을 인정하고 … 외기권의 탐색과 이용을… 모든 사람의 이익(for the benefit of all peoples)을 위하여 수행되어야 한다." 고 하고 제1조에 아래와 같이 명시하고 있다.

"달과 다른 천체를 포함한 외기권의 탐색과 이용은 경제적 또는 과학적 발달의 정도에 관계없이 모든 국가의 이익을 위하여 수행되어야 하고 '모든 인류의 영역' (the province of all mankind)이어야 한다."

위에 명시된 '모든 국가의 이익을 위하여' 라는 구절과 '모든 인류의 영역' 의 구절은 전 우주를 "인류공동유산" (Common Heritage of Mankind; CHM)으로 생각하기에 충분한 것인가? OST 제정 시부터 국가들은 동 구절의 의미에 관하여 서로 상이한 견해를 나타내고 있었는데, 특히 개발도상국들은 '모든 인류의 영역' (province of all mankind)의

11) COPUOS에는 1961년 설립된 두 개의 보조위원회, 즉 과학기술소위원회(Scientific and Technical Subcommittee)와 법률소위원회(Legal Subcommittee)가 있다.
12) UNGA Res. 2222(XXI), 19 December 1966.
13) Rainer Arziner, On the Legal Contents and Significance of the Common Heritage of Mankind in Outer Space Law, *Proceedings of the 28th Colloquium of the Law of Outer Space* (1986), p. 208.

문구를 CHM개념으로 파악하려는 경향이 있었다.[14]

또한 OST는 제2조에 달과 다른 천체를 포함한 외기권 우주에 대한 '비전유원칙'(principle of non-appropriation)을 다음과 같이 명시하고 있는데 이것의 의미는 국제법상 매우 중요하다.

"달과 기타 천체를 포함한 외기권은 주권의 주장에 의하여 또는 이용과 점유에 의하여 또는 기타 모든 수단에 의한 국가 전용(專用)의 대상이 되지 아니한다."

Bin Cheng 교수는 OST는 동 조약 이전의 국제관습법 상 외기권 우주를 *res extra commercium*으로 그리고 달과 천체를 *res nullius*의 상태로 보아왔던 입장을 우주공간과 달과 천체 전부를 체약국간에는 *res extra commercium*화하는 데에 기여하였다고 언급한 바 있다.[15] 실비아 윌리엄스(Sylvia Maureen Williams) 교수도 동 조항으로 인해 달과 다른 천체들의 법적지위가 *res nullius*에서 *res extra commmercium*으로 전환되었다고 주장하고 있다.[16] 따라서 *res extra commercium*은 15세기 이후 유럽의 국가들이 선점의 원리를 적용시켜 *terra nullius*를 점령했던 식민지이론을 배제한 것이며,[17] *res extra commmercium*은 마치 해양법상 공해의 지위와 유사하여 각 국가가 이곳을 전유할 수 없고, 다만 동 지역의 자원을 자유롭게 이용할 수 있도록 허용하는 법원칙이다.

OST 제2조상 비전유원칙은 1961년 유엔결의[18]에도 명시된 바 있지만, 전술한 1963년 우주법선언 원칙 3에 명시된 "우주와 천체는 주권의 주장, 점유 또는 기타의 수단에 의한 국가에 의해서 취득되지 않는다."는 내용을 그대로 반영한 것이다.[19] 우주활동이 시작되던 미소냉전시기에 국가들은 우주가 전략적으로나 경제적으로 충돌의 장이 되는 것이 두려워서 우주와 천체 대한 영유권을 쉽게 포기하게 된 것이다.[20] 특히 국가들은 우주를 상대국가에게 공격을 가할 기지로 활용되는 것을 우려하였는데, 당시에는 우주의 평화적 이용과 자유로운 탐사 및 이용을 위해서 비전유조항의 채택이 가장 최선의 방법이 된 것이다.[21] 이 조항은 다시 1979년 달협정("달과 다른 천체에 관한 국가 활동을 규율하는 협약"; Agreement Governing the Activities of States on the Moon and Other Celestial Bodies; 일명 '달조약', 이하 MA)[22] 제11조 2항에서도 반복되어 달은 주권주장, 사용

14) Bradley Larschan and Bonni C. Brennan, The Common Heritage of Mankind Principal in International Law, 21 *Columbia Journal of Transnational Law,* (1983), 327.

15) Bin Cheng, OST, 564.

16) Sylvia Maureen Williams, Celestial Bodies, 11 *Encyclopedia of Public International Law* (1989), 52.

17) Heidi Keefe, Making the Final Frontier Feasible: A Critical Look at the Current Body of Outer Space Law, 7 *Santa Clara Computer & High Technology Law Journal* (1995), 358.

18) UNGA Res. 1721(XVI), 20 December 1961.

19) UNGA Res. 1962(XVIII), 13 December 1963.

20) Sarah Coffey, Establishing a Legal Framework for Property Rights to Natural Resources in Outer Space, *Case Western Reserve Journal of International Law,* (2009), 125.

21) Frans von der Dunk with Fabio Tronchetti (eds.), *Handbook of Space Law,* Edward Elga Publishing (2015), 778.

22) UNGA Resolution 34/68, 5 December 1979.

및 점유, 기타 어떠한 수단에 의해서도 국가전유대상이 될 수 없다고 명시하고 있다.

He Qizhi는 비전유원칙과 우주에서의 탐사 및 과학조사의 자유원칙은 빠른 시일에 관습법으로 발전된 '인스턴트 국제관습법' (instant customary international law)이라고 언급한 바 있다.[23] 사실 이 용어는 Bin Cheng 교수가 1965년 논문 "United Nations Resolutions on Outer Space: 'Instant' International Customary Law ?"[24]에서 '법적 확신' (*opinio juris*)과 관행의 관계를 설명할 때, 관습법 형성에 있어서 핵심요소는 법적확신이라고 주장한데서 기인하고 있는데, 결국 국제관습법형성에서 국가관행과 시간적 요소의 중요성이 부인되고 있다.[25]

현 시점에서 비전유원칙은 국제조약법의 규범은 물론 모든 국가들을 구속하는 국제관습법과 강행규범(*jus cogens*)으로 발전되는 조항이라고 할 수 있는가에 관하여 필자는 이에 동조하는 바이다.[26] 다시 말해서 동 조항은 50년간 국가들의 실행에서 인정된 원칙이며 그리고 OST에 가입한 당사국은 물론 비당사국에게 적용되는 국제관습법상 인정된 원칙이라는 것이다.[27] 따라서 현대 우주법에서는 우주공간과 달과 천체 전부의 법적 지위가 *res extra commercium*화되어 이 원칙이 OST 당사국은 물론 비당사국간에도 적용된다고 할 수 있다.

비전유원칙을 강력하게 주장하는 학자들에게는 이러한 비전유화는 어떠한 공적 또는 사적 실체에 의해서도 금지된다는 것으로, 이는 정부이건 공공기관이건 사적기관이든 개인이든 어떠한 방법으로도 전유화 될 수 없다고 한다.[28] 만일 어느 국가가 개인이나 사기업체에게 우주에 대한 사용 · 수익 · 처분에 대한 권리나 점유권을 인정해 준다면 이는 국제불법행위를 저지르는 것인데, 그 이유는 "누구도 자기가 가진 것을 초과하는 권리를 타인에게 양도할 수 없다" (*Nemo plus juris transfere potest quam ipse habet*)는 원칙이 적용되기 때문이라는 것이다.[29] 또한 몇몇의 국내법원에서 연방국가(federal states)인 경우 연방을 구성하는 주(state)나 시(cities) 및 지자체(municipalities) 등 지방정부가 우주 및 천체를 전유할 수 있다는 판결을 내릴 수 도 있겠지만 국제우주법상 이러한 전유는 결코 허락될 수 없는 것이다.[30]

---

23) He Qizhi, The Outer Space Treaty in Perspective, 25 *Journal of Space Law*(이하 *JSL*로 약칭), (1997), 97.

24) Bin Cheng, United Nations Resolutions on Outer Space: 'Instant' International Customary Law ?, 23 *Indian Journal of International Law* (1965), 23.

25) Peter Malanczuk, *Akehurst's Modern Introduction to International Law*, 7th revised ed., Routledge (1997), 46; 김한택, 우주조약의 국제법적 의미에 관한 연구, 230-231.

26) Ricky J. Lee, "Article II of the Outer Space Treaty: Prohibition of State Sovereignty, Private Property Rights, or Both?" , 11 *Australian Journal of International Law* (2004), 141; Ram Jakhu, Legal Issues Relating to the Global Public Interest in Outer Space, 32 *JSL* (2006), 48; Han Taek Kim, Fifty Years of Outer Space Treaty: its retrospect and prospect (이하 OST로 약칭), 50 *Kangwon Law Review* (2017), 564-565.

27) Leslie I. Tennen, Enterprise Rights and the Legal Regime for Exploitation of Outer Space Resources, 47 *The University of Pacific Law Review* (2015), 284.

28) Jakhu, 44, 48; Carl Christol, Article 2 of the 1967 Principles Treaty Revisited, 9 *Annals of Air and Space Law* (이하 *AASL*로 약칭), 1984, 263; *See* Han Taek Kim, OST, 599-583.

29) Zachos A. Paliouras, The Non-Appropriation Principle: The Grundnorm of International Space Law, *Leiden Journal of International Law* (2014), 50

30) *See* Sullivan v. Sao Paulo, 36 F.Supp.503 (E.D.N.Y.), aff' d 122 F.2d 355 (2d Cir. 1941) *recited from* Stephen

OST 제2조가 단지 국가전유를 금지할 뿐 개인이나 사기업체의 전유는 허용해야 한다는 견해에 대하여 비전유원칙을 주장하는 학자들은 동 조항이 제정될 당시 국가전유의 의미는 국가는 물론 국가에 속하는 개인이나 사기업체는 당연히 비전유의 대상이 되었다는 것인데, 그 이유는 이 조항의 제정자 입장에서 볼 때 당시 우주 활동을 할 수 있는 주체 중에서 개인이나 사기업체는 찾아 볼 수 없었고 국가만이 활동주체였으며, 국가전유금지에는 개인이나 사기업체의 전유금지도 당연히 내포하고 있었다고 주장한다. 따라서 조약 문구상 개인이나 사기업체에 관한 언급이 없다고 이를 확대해석할 수는 없다는 것이다.[31]

호주 노틀담 대학교(University of Notre Dame Australia)의 리키 리(Ricky J Lee) 박사도 OST 제2조의 전유화금지조항은 '배타적 재산권' (exclusive property right)에 관하여는 침묵을 지키고 있으나, 국가나 그 국민에 의한 주권행사(exercise of sovereign right)를 금지시키는 효과를 가진 것은 분명하다고 주장하였고,[32] 실제로 2015년 COPUOS의 과학기술소위원회(Scientific and Technical Subcommittee) 2월회기 때 브라질과 러시아 대표가 미국의 CSLCA가 OST의 제2조 전유화금지원칙에 어긋나는 법이며, 국제법을 위반하는 행위라고 이의를 제기한 바 있다.[33]

2) 전유가능이론(principle of appropriation)

미국 미시시피대학교(University of Mississippi) 로스쿨 교수였던 고로브(Stephen Gorove, 1917-2001) 교수는 OST상 전유(appropriation)는 임시적이거나 일시적인 사용(casual or temporary use)과는 구별되어야 한다고 하면서, 전유라는 의미는 항구적 목적으로 재산을 배타적으로 취득하는 경우를 의미하기 때문에, 만일 어느 국가의 개인이 국가로부터 승인을 받고 천체의 일부에 정착지를 설정하고 상업적으로 그 일부를 사용한다면 이는 국가전유에 상당하나, 국가가 동 지역에 배타적인 국가권력을 행사하지 않는다면 이 문제는 달리 파악되어야 한다고 주장한 바 있다.[34] 그에 의하면 OST 제2조는 단지 국가전유(national appropriation)를 금지하는 것이지 개인의 전유는 허용해야 한다는 견해를 가지고 있다. 이러한 주장은 세계인권선언 제17조에 명시된 바와 같이 "모든 사람은 단독으로는 물론 타인과 공동으로 자신의 재산을 소유할 권리를 가지고, 어느 누구도 자신의 재산을 자의적으로 박탈당하지 아니한다." 는 규정에서 그 권리를 찾을 수 있다. 또한 OST 제1조에 명시된 '모든 인류의 영역' (province of all mankind)이라는 문구는 우주를 인간이 집단적으로 소유하라는 의미가 아니기 때문에[35] 개인이나 사기업, 국제기구는 천체를

Gorove, Interpreting Article II of the outer Space Treaty, 37 *Fordham Law Review*(이하 OST로 약칭), (1969), 352.

31) Fabio Tronchetti, *The Exploitation of Natural Resources of the Moon and other Celestial Bodies-A Proposal for a Legal Regime*, Martinus Nijhoff Publishers (2009), 29-30.

32) Ricky J. Lee, 137.

33) Mark Sundahl, Don' t muddy the message to space mining companies, *Spacenews*, June 9, 2016; Han Taek Kim, Fundamental Principles, 40-43.

34) Stephen Gorove, OST, 352.

포함한 우주의 어느 일부를 합법적으로 전유할 수 있다고 보는 것이다.[36] 한편 국가기관과는 달리 사기업의 우주자원의 상업적 활용에 관하여 미국 퍼시픽 대학교(University of the Pacific) 로스쿨의 John Sprankling 교수도 그의 저서 "The International Law of Property" 에서 달과 다른 천체를 포함한 외기권 우주를 전유하지 않고 사용할 수 있는 이용권(usufruct)의 개념을 들어 이들의 활동을 지지하고 있다.[37] 법해석상 "특정한 사항을 표시하는 것은 다른 사항을 배제하는 것을 의미한다."(*expressio unius est exclusio alterius*)는 법언을 OST에 적용시켜 OST가 국가전유만을 금지시킨 것은 개인이나 사적주체의 전유도 금지시킨 것이 아니라 이를 허용한다고 보는 것이다.[38]

1980년 데니스 호프(Dennis Hope)라는 미국인이 UN총회와 소련 정부에 편지를 보내 달을 포함해 외기권 우주 및 천체에 대해 자신의 소유권은 인정받아야 하며, 본인은 이를 분할해 매각할 계획이라고 밝힌 바 있다. 그는 OST 제2조가 개인의 전유에 관하여는 언급하지 않고 국가의 비전유 만을 명시하였기 때문에 1862년 미국이 서부개척 때 활용했던 홈스테법(Homestead Act)[39]처럼 누구나 원하면 우주 및 천체를 소유할 수 있다고 하였다. 결국 그는 UN과 소련정부로부터 어떠한 답변도 받지 못했지만, 현재까지도 달을 1에이커(4000㎡)당 24달러에 판매하고 있으며, 땅을 산 사람들에게는 등기부에 해당하는 양도증명서와 땅의 위치를 표시한 지적도를 발부하고 있다. 또한 1996년 '달 대사관' (Lunar Embassy)이라는 회사를 차려서 운영하고 있는데, 미국 네브래스카 링컨대학교(University of Nebraska Lincoln) 로스쿨의 본 더 둥크(Frans von der Dunk) 교수는 뉴욕타임지와의 인터뷰에서 "Dennis Hope의 소유권은 의미 없는 권리이거나 사기" (either a hollow claim or a fraud)라고 한 바 있다."[40]

한편 2004년 "Nemitz v. United States 사건"[41]에서 미국 네바다주 연방법원(U.S. District Court for the District of Nevada)은 OST는 비전유원칙을 의미한다는 판결을 내린 바 있다. 원고 Gregory Nemitz는 'Eros 433' 이라고 부르는 소행성(astroid)을 웹사이트(website)를 통하여 2000년 3월 3일에 Archimedes Institute에 등록한 바 있다. NASA(미항공우주국)가 동 소행성에서 탐사를 하려고 하자 Nemitz는 사용료 20달러를 요구했으나

---

35) Austin C. Murnane, The Prospector' s Guide to the Galaxy, 37 *Fordham International Law Journal* (2013), 262-263.

36) Stephen Gorove, Interpreting Article II of the Outer Space Treaty, 11 *Proceedings of the Colloquium on the Law of the Outer Space* (1968), 40, 42.

37) John G. Sprankling, *The International Law of Property*, Oxford University Press (2014), 181-183, 189.

38) Alan Wasser and Douglas Jobes, Space Settlement, Property Rights, and International Law: Could a Lunar Settlement Claim the Lunar Real Estate It Needs to Survive, 73 *Journal of Air Law and Commerce* (2008), 47.

39) 미국 서부의 미개발 토지를 한 구역당 160 에이커(약 20만평) 씩 무상으로 제공한다는 내용으로 토지를 불하를 받고자 하는 신청자는 21세 이상이어야 하며, 파티션을 설치하고 12피트 x 14피트 (3.6 x 4.3m) 이상 크기의 집을 짓고, 최소 5년 동안 농사를 지어야 했다. 미국에 적대적인 행동을 취한 적이 없는 사람(해방 노예 포함)이면 누구나 이 법에 따라 토지를 증여 받을 수 있었으며, 이 법의 결과로 1862년에서 1986년 동안 160만의 자영농이 새로 불하를 받았으며, 이들의 면적은 총 2억 7천 에이커(약 110만 km^2)에 달했는데, 미국 총 면적의 10%에 달한다. *available at* https://www.archives.gov/education/lessons/homestead-act(last visited on 7 Aug. 2024).

40) Michael B Kelley, The Man Who 'Owns' The Moon Has Made Serious Bank, *Business Insider*, Mar. 26, 2013.

41) No. CV-N030599, 2004 WL 3167042, at *1(D.Nev.Apr.26, 2004).

NASA가 개인이 소행성에 대하여 소유권을 주장하는 것은 법에도 없는 사항이라고 거부하자 연방법원에 소송이 제기된 사건이다. 법원은 OST의 어느 문구도 Archimedes Institute나 Nemitz에게 소행성에 대한 소유권을 허용하지는 않는다고 결정하였다.[42] 그러나 이 판결은 미국이 1984년 "상업우주발사법" (Commercial Space Launch Act)이후 계속해서 주장해온 우주의 상업적 이용을 배척하는 판결은 아니라는 점에 주목해야 한다. Nemitz의 경우 웹사이트를 통해 등록만 했을 뿐 실제로 소행성에 접근하여 소유할 수 없었다는 것이 판결이유였기 때문이다.[43]

'주권 없는 소유권' (property right without sovereignty)은 가능한가? 21세기 초 캐리비안 해의 "스완 제도에 대한 영유권(Sovereignty over Swan Islands) 사건" 이 주목할 만하다. 1971년 온두라스(Honduras)에 귀속된 스완 제도는 당시 *res nullius*였는데, 1856년 구아노 제도법(Guanno Islands Act)에 따라서 '스완 제도 상사 회사' (Swan Islands Commercial Company)가 이 제도를 관리해온 것에 관하여 미 법무장관(Attorney General)에게 법적인 해석을 요구한 사건이다. 구아노 제도법이란 미국시민에게 무인도에 가서 비료로 쓰이는 구아노를 채취할 권한을 주었던 법이다.[44] 미 법무장관은 미국 정부가 이 제도에 대한 주권을 주장하지 않는 한 동 회사는 이 제도에 대한 소유권을 갖지 못한다고 하였다.[45] 마찬가지 논리로 우주와 천체에 대해서 주권을 주장하지 않은 국가에 속하는 개인이나 사기업체는 이것들에 대한 소유권을 주장할 수는 없다고 할 것이다.[46]

(2) 달협정

1969년 최초로 달에서 채취된 토양이 지구에 소개되었을 때 우주의 천연자원에 관한 장래의 사용문제가 첨예하게 대두되었는데, 1970년 7월 3일 아르헨티나 대표가 COPUOUS에 달과 다른 천체의 천연자원의 사용에 관한 국가 활동을 규제하는 협정안을 제출하였는데,[47] 마침내 1979년 12월 18일 달협정(MA)이 체결되었으며, 1984년 7월 11일 효력을 발생하였다.

MA는 제1조에 명시된 태양계(Solar System) 내에서 지구를 제외한 달과 다른 천체 및 그것의 천연자원을 제11조에 "인류공동유산" (CHM)이라고 천명하였는데, 이는 국제법상 최초로 새로운 국제영역인 CHM이 소개된 조약이라는데 큰 의의가 있다.[48] 다만 여기서

42) Nemitz, 2004 WL 3167042 at *2; Blake Gilson, Defending Your Client' s Property Rights in Space: A Practical Guide for the Lunar Litigator, 80 *Fordham Law Review* (2011), 1391; Bryon C. Brittingham, Does the World Really Need New Space Law?, 12 *Oregon Review of International Law* (2010), 44.

43) Blake Gilson, 1399.

44) Kyle A. Jacobson, From Interstate to Interstellar Commerce Incorporating the Private Sector into International Aerospace Law, 87 *Temple Law Review*, 2014, 161.

45) John J Davis, Sovereignty over Swan Islands, 31 U.S. Op. Att' s Gen. 216, 220 (1918); Samuel Roth, Developing a Law of Asteroids: Constants, Variables, and Alternatives, 54 *Columbia Journal of Transnational Law* (2016), 851.

46) Han Taek Kim, Fundamental Principles, 43-46.

47) Committee on the Peaceful Uses of Outer Space, Legal Sub-committee, Ninth Session, UN Doc. A/AC 105/C. 2/L. 71 and Com.1, 1970.

다른 천체란 태양계(Solar System)[49]의 천체에 적용되는데, 이것이 태양계의 천체에만 국한되는가 아니면 은하계의 천체 등도 포함되는가 하는 문제가 논란의 대상이 되었으나, 현재의 과학수준을 고려하여 태양계의 천체만으로 국한하자는 스웨덴 주장에 동조하여 태양계의 천체를 의미하게 되었다.[50] MA 제11조 1항에서 달과 그 천연자원은 CHM이라고 명시하고 있고, 제11조 2항[51]에서 OST 제2조와 마찬가지로 "달은 어떠한 주권의 주장에 의해서도, 이용이나 점용의 수단에 의해서도, 또는 기타 어떠한 수단에 의해서도, 국가의 취득의 대상이 되지 않는다." 고 하여 달은 국가전유의 대상이 될 수 없다는 비전유원칙을 반복해서 명시하고 있다.

MA 제11조 5항에 명시된 '달의 천연자원개발이 가능해질' (exploitation of the natural resources of the Moon is about to become feasible)시기에 국제제도(international regime)를 수립해야 한다는 규정은 그 의미가 국제제도의 수립 전에는 천연자원개발을 금지하는 것을 의미하는가? MA 제정과정을 살펴보면 국제제도의 수립 전에 달과 다른 천체의 천연자원에 대한 개발유예(moratorium)는 예정되지 않았다고 해석하는 것이 옳다.[52] MA는 우주의 상업적 발전을 방해하는 조약이라는 우려에서 가입국 수가 17개국으로 매우 적은 편이다.[53] 따라서 2008년 호주, 벨기에, 칠레, 멕시코, 네덜란드, 파키스탄, 필리핀은 달조약에 가입하는 것이 유익하다는 공동선언문을 발표하게 되는데, 달조약은 달개발이 CHM원칙에 부합한다면 공적단체나 사적단체에 의해서 개발의 양상(modality of exploitation)을 배제하지 않으며, 그 자원의 상용화도 금지하지 않는다고 한 바 있다.[54] 2024년 7월 현재 OST의 가입국수가 115개국인 점을 고려하면 현재의 우주법에서는 CHM 개념이 OST상 *res extra commercium*개념보다 앞설 수는 없다고 할 것이다.[55]

---

48) Bin Cheng, The Legal Regime of Airspace and Outerspace; The Boundary Problem, Functionalism versus Spatialism; The Major Premises, 5 *AASL* (1980), 81.

49) 태양계는 대략 46억 년 전 분자운의 중력붕괴로 형성된 태양과, 항성인 태양의 중력에 이끌려 있는 주변 천체가 이루는 체계를 말하는데. 태양을 중심으로 공전하는 행성은 소행성대를 기준으로 안쪽에 있는 네 개의 고체 행성인 수성, 금성, 지구, 화성, 즉 지구형 행성과, 바깥쪽에 있는 네 개의 유체 행성인 목성, 토성, 천왕성, 해왕성, 즉 목성형 행성으로 알려져 있다(http://solarviews.com/eng/solarsys.htm.).

50) UN Doc. A/AC. 105/196.

51) 달협정 11조 2항 원문은 다음과 같다; "The moon is not subject to national appropriation by any claim of sovereignty, by means of use or occupation, or by any other means."

52) Sylvia Maureen Williams. Celestial Bodies, *op. cit.*, p. 53: Eilene Galloway, Agreement Governing the Activities of States on the Moon and Other Celestial Bodies, 5 *AASL* (1980), 500; 김한택, 달조약의 의미와 전망에 관한 연구, *항공우주법학회지* 제21권 1호 (2006), 222.

53) Henry R. Hertzfeld and Frans von der Dunk, Bringing Space Law into the Commercial World: Property Rights without Sovereignty, 6 *Chicago Journal of International Law* (2005), 85; 2024년 7월 현재 MA 비준국은 17개국밖에 안 되는 소수(아르메니아. 호주, 오스트리아, 벨기에, 칠레, 카자흐스탄, 쿠웨이트, 레바논, 멕시코, 모로코, 네덜란드, 파키스탄, 페루, 필리핀, 터키, 우루과이, 베네수엘라)이며, 프랑스, 과테말라, 인도, 루마니아가 서명국인데 프랑스와 인도만이 우주개발국에 속한다. 현재 미국과 러시아, 중국을 비롯한 우주개발국들이 가입하지 않았고, 한국, 일본도 아직 가입하지 않고 있다. 2024년 1월 사우디아라비아는 동 협정에서 탈퇴하였다.

54) Virgine Blanchette-Seguin, Reaching for the Moon: Mining in Outer Space, 49 *New York University Journal of International Law and Politics* (2017), 963.

55) *See* Han Taek Kim, Thirty Years of the Moon Agreement: its retrospect and prospect, 55 *The Korean Journal of International Law* (2010), 79-99; Han Taek Kim, Fundamental Principles, 46-49.

제4절 아르테미스 약정[1)]

아르테미스(Aetemis)는 그리스 신화에서 제우스(Zeus)와 레토(Leto)의 딸로 그녀는 아폴로(Apollo)와 남매지간이다. 아르테미스는 그리스 신화에서 달, 사냥, 야생 동물, 순결의 여신으로 로마 신화에서는 디아나(Diana)와 동일시된다. 미국 NASA의 아르테미스 프로젝트(Aetemis Project)는 NASA가 인간을 다시 달에 보내고 달을 우주탐사의 발판이자 전진기기로 삼겠다는 것을 목표로 추진하고 있는 우주 프로그램이다. 아르테미스 임무를 위해 NASA는 혁신적인 기술을 사용하여 최초의 여성과 최초의 유색인종을 착륙시킬 것인데, 이는 아폴로 프로젝트가 백인 남성들만 달에 착륙시켰던 점을 고려한 것이다.[2)] 아르테미스 프로젝트는 우주개발과 우주 활용을 위한 혁신적인 신기술과 시스템을 개발하고, 달 탐사를 발판 삼아 화성을 비롯한 심우주 탐사로 도약하는 것을 목표로 하고 있다. 아르테미스 약정(Artemis Accords)[3)]의 부제는 "평화로운 목적을 위한 달, 화성, 혜성, 소행성의 민간 탐사 및 이용 협력 원칙"(Principles for Cooperation in the Civil Exploration and Use of the Moon, Mars, Comets, and Asteroids for Peaceful Purposes)이라고 되어 있다. 본 약정은 NASA가 주도하여 기존의 조약체결 관행과는 그 형태가 다른 형태로 체결되었으므로, 1969년 "조약법에 관한 비엔나협약"(Vienna Convention on the Law of Treaties, 이하 'VCLT') 상 조약이라고 보기는 어렵다.[4)]

---

1) 아르테미스 약정에 관하여 본서 제2편 제3장 아르테미스 약정 참조.

2) NASA에 따르면 2022년 11월 16일 달로 떠난 아르테미스 1호에 실린 오리온(Orion) 우주선이 한국시간으로 2022년 12월 12일 오전 2시경 태평양 연안에 도착하며 성공적으로 귀환했다. 이번 발사는 달탐사 아르테미스의 첫 번째 프로젝트 일환으로 진행되었는데, 아르테미스 1호 우주선에는 사람 대신 3개의 마네킹이 탑승했다. 무니킨 캄포스(Moonikin Campos)라는 이름의 사령관 마네킹과 조하르(Zohar), 헬가(Helga)라는 이름의 여성 마네킹이었다. 2024년 11월 아르테미스 2호를 통해 우주비행사 4명을 태운 오리온 탐사선이 달 궤도를 돌고, 2025년에 달에 착륙하는 아르테미스 3호를 진행할 계획이었다. 하지만 오리온 내부에서 우주비행사들의 생명을 유지하도록 돕는 시스템 밸브에 기술적 문제가 있다는 점이 발견돼 아르테미스 2호 발사는 2025년 9월로, 아르테미스 3호 발사는 2026년으로 미뤄졌다(아르테미스 1호 달 향해 출발…우주 '그레이트 게임' 본격화, 한겨레, 2022.11.16.).

3) 2024년 7월 현재 아르테미스 약정에 미국, 일본, 영국, 이탈리아, 호주, 캐나다, 룩셈부르크, 아랍에미리트(UAE) 등 8개국이 2020년 10월 우선 서명하였고, 추가적으로 우크라이나, 대한민국, 앙골라, 아르헨티나, 바레인, 벨기에, 브라질, 불가리아, 콜롬비아, 체코, 에콰도르, 프랑스, 독일, 그리스, 아이슬란드, 인도, 이스라엘, 멕시코, 네덜란드, 뉴질랜드, 나이지리아, 폴란드, 루마니아, 르완다, 사우디아라비아, 싱가포르, 슬로베니아, 스페인, 스위스, 스웨덴, 우루과이, 리투아니아, 페루, 슬로바키아, 아르메니아, 등 총 43개국이 서명하였다.

4) 오시진, 국제우주법체계 상 아르테미스 약정의 함의, *국제법평론*, 2021-III(통권 제60호), p. 40;
〈VCLT 제31조〉(해석의 일반규칙)
(3) 문맥과 함께 다음의 것이 참작되어야 한다.
(b) 조약의 해석에 관한 당사국의 합의를 확정하는 그 조약 적용에 있어서의 추후의 관행.

아르테미스 약정 섹션 13(2)에서도 미국 정부는 이 협정의 원본을 보존하고 유엔 사무총장에게 이 협정의 사본을 전달할 것이나, 이것을 유엔의 공식 문서로서 기구의 모든 회원국에게 회람할 목적으로 하는 유엔헌장 제102조[5]에 따라 등록할 수 없다고 명시하고 있다. 따라서 아르테미스 약정은 국제법의 맥락에서 구속력이 없는 '정치적 약속'(political commitment)이다.[6] 아르테미스 약정은 인간의 천체탐사를 위한 모범 사례, 즉 우주 공간의 평화적 사용, 투명성, 상호 운용성, 우주 공간에서 활동하는 인력에 대한 비상시 원조, 우주물체등록, 과학 데이터 공개, 우주 유산의 보존, 우주 자원의 활용, 우주활동에서의 충돌 해소 및 우주 공간의 지속 가능한 사용 등을 촉진하기 위한 일련의 지침을 수립하고 있다.

NASA가 아르테미스 약정 웹사이트 첫 페이지에도 "안전하고 평화롭고 번영하는 미래를 위한 원칙"이라는 문구를 넣었고,[7] 아르테미스 약정의 주요 내용들이 1967년 OST 조항을 따를 것을 추구하고 있지만, 아르테미스 약정에 서명하는 국가들은 미국이 주도하는 새로운 우주개발 질서에 동의하는 것으로 해석할 수 있다. 사실 아폴로 시대 달 탐사가 전적으로 NASA 중심이었다면 아르테미스 달 탐사는 NASA가 여러 민간기업들과 파트너십으로 추진하고 있는 것이다.[8]

아르테미스 약정에서 중요한 조항은 우주 활동에서 발생하는 충돌 방지 문제를 다루는 섹션 11이다. 아르테미스 약정의 섹션 11(2)에서 우주 자원의 추출 및 활용이 OST를 준수하고 안전하고 지속 가능한 우주 활동을 지원하는 방식으로 실행되어야 함을 강조하고 있다. 동 약정 섹션 11(3)과 11(4)는 OST 9조에 명시된 원칙, 즉 조약 당사국은 다른 당사국 및 해당 이익을 고려하여 우주 공간에서 활동을 수행해야 한다는 것을 명시하고 있다. 다른 당사국의 활동에 대한 유해한 간섭을 방지할 의무의 원칙을 운영하기 위해 동 약정 섹션 11(5)는 서명국이 서로 '활동의 위치 및 성격에 관한 필요한 정보'를 제공하고 제공할 것을 요구한다. 또한 잠재적인 유해한 간섭 및 유해한 간섭을 피하기 위해 동 약정 섹션 11(7)은 '안전지대'(safty zone)를 설치해야 한다고 규정하고 있다.[9]

아르테미스 약정 섹션11에 언급된 안전지대설치는 일종의 혁신이다. 그 이유는 OST에는 안전지대 개념이 언급되지 않았기 때문이다. 이로 인해 아르테미스 약정의 섹션 11이 1969년 VCLT 상 제31조 (3)항 (b)[10]에 따른 후속 관행인지, 즉 이것이 OST의 권위 있는 해석

---

5) 〈제102조〉
   1. 본 헌장이 발효된 후 국제연합 회원국이 체결한 모든 조약 및 국제협정은 가능한 한 조속히 사무국에 등록되고 공표되어야 한다.
   2. 본조 1항의 규정에 따라 등록되지 않은 그러한 조약 또는 국제협정의 어떠한 당사자도 국제 연합의 어떤 기관 앞에서도 그 조약 또는 협정을 원용할 수 없다.

6) Elya A. Taichman, The Artemis Accords: Employing Space Diplomacy to De-Escalate a National Security Threat and Promote Space Commercialization, 11 *American University National Security Law Brief*, no. 2, (2021), 128.

7) The Artemis Accords *available at* https://www.nasa.gov/specials/artemis-accords/index.html(last visited on 28 Nov. 2021); 아르테미스 약정의 세부내용에 관하여 김한택, 아르테미스 약정의 우주법적 의미에 관한 연구, *항공우주정책 · 법학회지*, 제38권 제1호, (2023), 77-110 참조.

8) 최남미 · 정서영, 한국의 아르테미스 약정 가입의 의의와 향후 과제, *항공우주산업기술동향*, 21권 1호 (2023), 43.

9) Rossana Deplano, The Artemis Accords: Evolution or Revolution in International Space Law? 70 *International and Comparative Law Quarterly* (2021), 808.

인지 여부에 대한 질문이 있을 수 있다.[11] 아르테미스 약정은 OST 조문에 세부 사항과 명확성을 추가하여 결국 혁신 요소를 도입하고 있는데, VCLT 제31조 (3)항 (b)에 따른 후속 관행에 대한 기준을 충족하는 것으로 보인다. 그러나 아르테미스 약정은 미국이 주도하므로 그러한 후속 관행은 OST의 모든 당사자의 합의를 반영하지 않을 수 있다. 그 이유는 이미 중국과 러시아는 이러한 미국 중심의 연합체의 반대편에 섰기 때문이다. 아르테미스 계획과 달리, 중국과 러시아는 독자적인 우주개발에 나선 상황인데, 러시아는 아르테미스 약정이 '미국 중심적' (US-centric)이라며 참여를 거절하였다. 현재 미국의 아르테미스 프로젝트의 확장 전략은 중국·러시아와의 치열한 우주 경쟁 속에서 진행되고 있는데, 이는 '우주 냉전' 을 고착화할 수 있다는 관측도 나온다.[12]

아르테미스 약정의 섹션 10(2)는 "우주 자원의 추출은 본질적으로 OST 제2조에 따른 국가전유를 구성하지 않는다" 고 하면서, "우주 자원과 관련된 계약 및 기타 법적 문서는 OST에 따라야 한다" 고 명시하고 있는데, 이 두 번째 언급은 조약 당사국이 우주에서 활동을 수행하는 민간 행위자를 승인하고 계속 감독하도록 요구하는 OST 제6조와 관련이 있다.[13] 결국 아르테미스 약정에서 우주 자원의 추출 및 활용이 OST를 준수하고 안전하고 지속 가능한 우주 활동을 지원하는 방식으로 실행되어야 함을 강조하면서 OST 제2조에 규정된 '비전유 원칙' (non-appropriation principle)을 따른다는 것은 앞에서 설명한 국제법상 '국제공역' (*res extra commercium*) 원칙을 따른다는 것을 의미한다.[14]

1979년 MA 이후 지금까지 우주관련조약이 제정되지 못했는데, 그 이유는 과거 미국과 소련이 주도하던 우주시대보다도 최근 우주개발 능력을 갖춘, 그리고 우주에 관심을 갖고 있는 국가들이 많아졌기 때문이다. COPUOS의 회원국 수도 1958년에 18개국으로 출발하여 1977년에 47개국, 2024년 7월 현재 102개국으로 1975년 이후 두 배 이상 증가했다.[15] 그리고 상업 우주 활동이 급속히 확대되면서 이제는 국가들간 조약제정을 위하여 표결방식이 아닌 컨센서스 방식은 매우 어렵고 불가능한 일이 되었다.[16] 이런 시점에서 아르테미스 약정의 등장은 국제사회에 커다란 파장을 일으키고 있는 것이다.[17]

---

10) 〈VCLT 제31조〉(해석의 일반규칙)
(3) 문맥과 함께 다음의 것이 참작되어야 한다.
(b) 조약의 해석에 관한 당사국의 합의를 확정하는 그 조약 적용에 있어서의 추후의 관행.

11) Rossana Deplano, 808-809.

12) 우주 新냉전… 확대되는 미국 주도 '아르테미스', 조선일보, 2022.08.16.

13) Rossana Deplano, 802-807.

14) *Res extra commercium* (lat. "a thing outside commerce") literally means something that cannot be the object of commercial trade, *e.g.* tombs under Roman Law(*See* Gbenga Oduntan, *Sovereignty and Jurisdiction in the Airspace and Outer Space-Legal Criteria for Spatial Delimitation*, Routledge, 2012, 197).

15) *Available at* https://www.unoosa.org/oosa/en/ourwork/copuos/members/evolution.html(last visited on Jan. 7, 2024).

16) Jack Wright Nelson, The Artemis Accords and the Future of International Space Law, 24 *ASIL Insights*, issue 3, (2020), 5.

17) 김한택, 우주의 상업화와 우주자원채굴에 관한 우주법, *통상법률*, 제162호 (2024-01). 43-46.

제5절 맺음말

Bin Cheng 교수의 주장대로 일반국제법상 우주가 *res extra commercium*, 달과 다른 천체들이 *res nullius*의 지위를 가졌던 것이 이 OST 제2조의 비전유원칙에 의하여 달과 다른 천체들이 *res nullius*에서 *res extra commmercium*으로 전환되는 법적 지위를 가진다는 점에 필자는 동의한다. 따라서 우주와 천체는 모두 *res extra commmercium*이 되어 마치 공해와 같이 각 국가가 이곳을 전유할 수는 없으나, 이곳의 자원을 자유롭게 이용할 수 있다. 그러면 OST 제2조의 비전유원칙은 비당사국도 구속하는 조항인가 하는 점인데 다수의 학자들은 동 원칙은 국제조약상 규범은 물론 모든 국가들을 구속하는 국제관습법으로 심지어는 강행규범(*jus cogens*)으로 발전된 조항이라고 보고 있는데 필자도 역시 이에 동의하는 바이다.

MA 제11조 2항도 우주조약 제2조의 '비전유원칙'을 재확인하고 있는데, MA의 이 조항은 OST와는 달리 큰 영향력을 발휘하지 못하여 당사국들만 구속하겠지만 이미 OST에서 국제관습법의 지위가 확보된 만큼 조약의 비당사국도 구속하는 조항이라고 할 수 있을 것이다. 특이한 사항은 MA는 태양계 내에서 지구를 제외한 달과 다른 천체 및 그것의 천연자원에 관하여만 적용되는 데 반해, OST는 이에 관한 명문규정이 없으므로 그 적용범위가 태양계뿐만 아니라, 은하계에 있는 천체에도 적용된다고 할 수 있다.

그렇다면 미국의 2015년 CSLCA나 2017년 룩셈부르크의 우주자원의 탐사 및 활용에 관한 법에서 명시된 바와 같이 두 국가가 자국민은 물론 타국이 운영하는 기업에게도 우주자원의 상업적 탐사와 이용할 수 있도록 허용하는 조항은 OST 제2조 및 MA 제11조 2항의 우주 및 천체의 비전유원칙에 위반되는 조항인가 하는 점이다. 물론 미국의 CSLCA의 경우에는 이 법에 의해 특정 천체에 대한 주권이나 점유권, 사법권을 주장하거나 소유를 주장할 수 없다고 분명하게 명시하고 있다.

필자는 우주 및 천체의 지위가 마치 해양법상 공해에 적용되는 *res extra commmercium*이기 때문에 어느 국가나 사기업 또는 개인이 우주 및 천체의 비전유원칙을 존중하는 한 그곳의 사용 및 수익행위를 할 수 있다고 생각한다. 그러면 우주 및 천체에 접근하지 못하는 국가나 개인 또는 사기업체들은 후발주자로서 손해를 크게 보게 될 것이고 이렇게 방치될 경우 우주개발국의 무제한의 우주자원채취는 우주자원이 고갈되는 상태를 불러일으킬 것이 분명하다. 이를 극복하기 위하여 1979년 CHM개념이 도입된 MA가 등장한 것인데, 심지어 MA 제정에 참가한 국가들마저 동 협정의 조약당사국이 되기를 꺼려하고 있는 것이 현실이다. 그 이유는 CHM개념이 1982년 유엔해양법협약상 심해저처럼 장래에 우주 및 천체의 경영, 개발, 분배에 국제제도를 설치하여 운영하려는 취지를 가지고 있으므로 많은 국가들이 이에 부담을 느끼기 때문이다. 해양법상에는 유엔해양법협약의 모든 당사국을 회원으로 하여 자메이카에 설치된 기구로서, 심해저자원을 관리하며, 심해저의 자원을 탐사 개발하는 심해저활동을 조직 통제하는 기구인 '국제심해저기구'(International Sea-bed Authority)가 있다.[1)]

그러면 이러한 우주와 천체에 대한 *res extra commercium*의 지위는 지구의 공해에 대한 *res extra commercium*과는 어떻게 다른가? 공해상 자원채취행위와 우주자원개발은 달리 생각해야 하는데 그 이유는 공해상 자원채취는 어로행위의 경우 별문제 없이 능력에 따라 채취할 수 있으나 심해저자원의 경우는 유엔해양법협약상상 CHM지역이므로 국제기구에 의해 운영되어야 하므로 달과 천체에 고정되어 있는 우주자원과는 자원의 성질과 형태가 다르다고 할 수 있다. 그러므로 개인이나 사기업체가 이러한 자원을 채취하기 위해서는 일정구역을 확보한 후 자원채취 또는 채굴작업을 실행하여야 하는데 이때 국제법상 비전유원칙을 고수하면서도 자원수집을 위해서 일정구역을 우선적으로 확보하는 행위에 대하여 다른 국가들은 어떻게 볼 것인가 하는 문제가 있다. 만일 미국의 어느 기업체가 미국정부의 승인을 얻어 달의 일부 중 가장 좋은 지점을 확보하고 자원을 수집할 때, 타국 기업체도 이에 접근할 수 있는가? 그리고 일정지역이란 달에서 어느 정도 크기의 영역인가? 그리고 얼마동안 수집할 수 있는가? 현재 국제우주법체계에서는 '선착순의 원리'(first come, first served)에 따라 이를 허용하는 수밖에 없을 것이다. 따라서 이제 국제공동체는 국가들의 우주활동 중 예견되는 분쟁해결을 위한 국제회의를 조만간 개최하여야 하며, 조약으로 해결할 수 없는 우주법 문제들을 선언 및 결의와 같은 연성법(soft law)을 통해서라도 조속히 이 문제를 해결해야 한다.[2)]

한편 2020년 1월 27일 우주 자원의 활용을 위해 국제법 및 우주 자원 활동 분야의 정부, 업계 및 학계 전문가로 구성된 "헤이그 국제 우주 자원 거버넌스 실무그룹"(Hague International Space Resources Governance Working Group)[3)]이 발표한 "우주 자원 활동에 관한 국제 프레임워크 개발을 위한 구성 요소"(Building Blocks for the Development of an International Framework on Space Resource Activities, 이하 'Hague Building Blocks')는 실무그룹의 4년간 작업을 통하여 국제법적 프레임워크 개발에서 고려해야 할 20개 구성요소[4)]를 국제사회에 제시하고 있는데,[5)] 장차 새로운 조약제정 시 참고할 만하다.[6)]

---

1) 국제심해저기구에 관하여 박찬호 · 김한택, *국제해양법* 제3판, 와이북스 (2016), 163 참조.

2) Han Taek Kim, Fundamental Principles, 51-52.

3) 동 실무 그룹은 우주 자원에 대한 거버넌스 프레임워크의 필요성을 평가하고 그러한 프레임워크의 기반을 마련하기 위한 목적으로 2016년에 설립되었다. 이를 위해 우주 자원 활동과 관련된 다양한 조항을 포함하고 잠재적으로 미래 거버넌스 프레임워크의 일부를 형성하고 이와 관련하여 국가 및 국제기구에서 고려할 수 있는 일련의 구성 요소(Building Blocks)에 관하여 작업을 했다. 실무그룹 구성원은 우주 자원 활동의 이해관계자이며 컨소시엄(Consortium) 파트너, 업계, 국가, 국제기구, 학계 및 NGO를 대표한다. 실무그룹의 구성원 수는 35명으로 제한되지만, 참관인 수에는 제한이 없었다.

4) 20개 구성 요소는 1. 목적, 2. 주요 용어의 정의, 3. 범위, 4. 원칙, 5. 우주 자원 활동에 대한 국제적 책임, 6. 우주 자원 활동에 사용되는 우주 제작 제품에 대한 관할권 및 통제, 7. 우선권, 8 자원권, 9. 모든 국가와 인류의 이익에 대한 정당한 고려, 10. 우주 자원 활동으로 인해 발생할 수 있는 잠재적으로 유해한 영향의 회피 및 완화, 11. 우주 자원 활동에 대한 기술 표준, 사전 검토 및 안전 구역, 12. 우주 자원 활동으로 인한 유해 영향 모니터링 및 시정, 13. 우주 자원 활용으로 인한 이익 공유, 14. 정보 등록 및 공유, 15. 조난 시 지원 제공, 16. 우주자원 활동으로 인한 피해 발 생 시 책임, 18. 제도적 장치, 19. 분쟁 해결, 20. 모니터링 및 검토로 이루어졌다.

5) Rossana Deplano, 814-818, *available at* https://www.universiteitleiden.nl/binaries/content/assets/rechtsgeleerdheid/instituut-voor-publiekrecht/lucht--en-ruimterecht/space-resources/final-report-phase-2_the-hague-international-space-resources-governance-working-group.pdf(last visited on Jan. 12, 2024).

6) 김한택, 우주의 상업화와 우주자원채굴에 관한 우주법, 42.

05 장

우주의 상업적 이용

김한택, 우주의 상업화와 우주자원채굴에 관한 우주법, *통상법률* 제162호(2024.01), 28-56 참조.

Space Law and Policy

제1절 우주의 상업적 이용

1957년 10월 4일 소련의 스푸트니크(Sputnik) 1호 발사 이후 우주 공간에서 이루어진 초창기 국가들의 상업활동은 주로 위성 통신(satellite communications)에 집중되었다.[1] 그러나 최근 우주 공간에서의 상업활동은 기상(氣像) 및 지질 평가, 위성발사, 원격 탐사(remote sensing) 및 GPS(global positioning system, 범지구위치결정시스템) 등에 중점을 두고 있다. 동시에 각 정부들은 위성발사 및 위성제공 분야를 점차 민간 부문으로 이전하는 계획을 세우고 있다.[2] 기타 우주에서의 상업적 분야로는 우주관광, 우주정거장(space station) 개발, 우주항공교통(aerospace transportation), 준궤도 우주선(suborbital space vehicles) 개발, 소행성(小行星, asteroid) 및 기타 지구에 가까운 천체(天體, celestial body)에서의 자원채굴, 탑재량 전달 시스템, 특수 복합 구조 설계, 분석, 제작, 개발 비행 테스트, 소규모 추진 시스템 개발, 펌프(pumps), 발사체 부품, 연구, 개발 및 프로젝트 관리 등이 있다.[3] 현재 우주 관련 상업 활동의 주요 발전 중 하나는 민간 기업가가 미국 항공우주국(National Aeronautics and Space Administration, 이하 'NASA')이나 국가 우주 기관 등에 상품과 서비스를 제공하게 된 것이다. 투자은행 모건스탠리(Morgan Stanley)는 세계 우주산업이 2020년 3850억달러(약 480조원) 규모에서 2030년 5900억달러(약 735조원), 2040년 1조1000억달러(약 1370조원)로 성장할 것으로 예측했는데,[4] 우주활동이 더욱 상업화됨에 따라 이 수치는 기하급수적인 속도로 계속 증가할 것으로 예상된다. 더구나 2020년 10월 미국 NASA가 달에서 물을 발견하면서 달이 미래 우주 탐사 작전 기지나 잠재적인 식민지로 활용될 수 있다는 기대가 높아지고 있다.[5]

---

1) 우주에서 상업적 활동이 처음으로 시작된 것은 통신사업분야로서 우주에서의 상업적 활동중 가장 수익이 큰 분야이다. 한 예로 국제통신위성기구(International Telecommunications Organization; INTELSAT)에 참여하고 있는 미국의 COSMAT는 수입만 수조 달러에 이른다고 하고, 다른 지역적 콘소시움(consortium)인 아랍위성체제(Arab Satellite Communications System; ARABSAT)와 유럽통신위성기구(European Telecommunications Satellite Organization; EUTELSAT)는 다른 국가들과 함께 위성체제를 보유하면서 연간 약 5백억 달러의 수입을 올리는 위성산업으로 등장하였다. 통신사업은 또한 우주환경문제와의 관계에서 가장 손해를 덜 끼치는 사업으로 분류되고 있다: Harold Craig Manson, The Impact of International Outer Space Commerce on the Environment, 26 *Texas International Law Journal* (1991), 544; 이영진, 상업적 우주활동의 국제법적 규제, *항공우주정책·법학회지,* 제28권 제2호 (2013), 188; 김한택, *우주법론*, 도서출판 아진 (2020), 283.

2) Paul Stephen Dempsey, National Laws Governing Commercial Space Activities: Legislation, Regulation, & Enforcement, 36 *Northwestern Journal of International Law & Business*, no. 1, (2016), 3.

3) Information and materials about SpaceX are *available at* http://www.spacex.com/(last visited on Dec. 26, 2023); The Space Settlement Institute, "Private Space Companies," *available at* http://www.space-settlement-institute.org/private-space-companies.html#sthash.de0F0fA9.dpuf(last visited on Dec. 26, 2023).

4) 세계 우주산업 규모 2030년 735조원… 한국 시장점유율은 1%, 조선일보, 2023.01.12.

최근 과학발전을 통해 달과 다른 천체를 포함한 우주 공간에는 인류가 생각했던 것보다 더 많은 천연자원이 있다는 사실이 입증되고 있다. 따라서 점점 더 많은 국가와 민간기업들이 우주 자원은 물론이고 수익성 있는 우주 사업에 집중하고 있다. 경제적 인센티브에 의해 우주 활동에 더 많은 민간기업의 참여가 활발해지면 본질적으로 제한된 천연자원에 대한 국가간 채굴 경쟁 문제가 발생할 수밖에 없는데, 이러한 문제에 대처하기 위해서 우주에 관련된 현재의 국제법(international law)과 우주법(space law)[6]이 충분히 확립되어 있는가 하는 점이 제기되고 있다.[7]

민간 기업가들은 우주 공간과 그 자원의 법적 소유권, 재산권, 영토 소유라는 개념에 많은 열망을 표명했지만, 이러한 발전의 일부 측면은 우주법의 내용 및 정신과 뚜렷한 대조를 이루고 있다는 것이다.[8] 그중 가장 중요한 것은 우주 공간 참여에 대한 두 가지 법적 기준, 즉 '우주법의 마그나 카르타' (*Magna Carter* of Space Law)로 불리는 1967년 우주조약(달과 기타 천체를 포함한 외기권의 탐색과 이용에 있어서의 국가 활동을 규율하는 원칙에 관한 조약, Treaty on Principles Governing the Activities of States in the Exploration and Use of Outer Space, including the Moon and Other Celestial Bodies, 이하 'OST')[9] 제1조에 명시된 '인류의 영역' (province of mankind)이라는 공식[10]과 달을 포함한 태양계의 천체에 적용될 1979년 달협정(달과 기타 천체의 국가 활동을 관리하는 협정, Agreement Governing the Activities of States on the Moon and Other Celestial Bodies, 이하 'MA') 제11조 1항에 명시된 '인류의 공동유산' (common heritage of mankind, 이하

---

5) Jonathan P. Ziga, Commercialization of Resource Extraction Throughout the Final Frontier & the Parallel to Terrestrial Procedures, 55 *Case Western Reserve Journal of International Law,* 2023, pp. 673-674.

6) 우주법은 '국제우주법' (international space law)과 '국내우주법' (national space law)으로 구분할 수 있는데, 일반적으로 우주법이라 함은 국제우주법을 지칭한다. 그러나 장래에는 점차 우주법에 관한 국내법규가 발달할수록 국제우주법과 국내우주법의 구별이 요구될 것이다. 현재 미국에서 우주의 사영화(privatization)와 상업화(commercialization)에 관련한 국내법규가 활발하게 제정되고 있으며, 그밖에 영국, 한국, 일본, 러시아, 프랑스, 브라질, 남아공화국, 필리핀, 우크라이나 등 여러 국가에서도 국내우주법규가 발달하고 있다. 국내우주법에 관하여 "National Space Law" (The United Nations Office for Outer Space Affairs, UNOOSA) 참조, *available at* https://www.unoosa.org/oosa/en/ourwork/spacelaw/nationalspacelaw/index.html(last visited on Feb. 12, 2024).

7) Eng Teong See, Commercialization of Space Activities— The Laws and Implications, 82 *Journal of Air Law and Commerce,* Issue 1, (2017), 145-146.

8) 소련은 "달이나 다른 천체에서의 인간 활동은 국가 전유를 정당화할 수 없다" 고 했다(*See* Pravda, November 18, 1959 and United Nations, September 22, 1960, Official Records, p. 48 para. 58). 그리고 미국의 존슨 대통령은 "우리는 우주에 대한 국가 주권 개념을 거부한다. 달은 물론 어떤 행성도 단일 국가의 깃발을 휘날릴 수 없다." 또한 "현재 인류가 달성할 수 있는 목표는 전리품으로 나누어지기에는 너무 크고, 경쟁국가 간의 맹목적인 경쟁에서 세상이 노력을 낭비하기에는 너무 크다" 라고 언급하였다(Legal Sub-committee, October 20, 1966, A/AC.105/C.2/SR.63).

9) 18 UST 2410, 610, U.N.T.S. 205; 1967년 발효된 동 조약은 2024년 1월 현재 안보리 상임이사국 5개국을 포함하여 114개국이 당사국이다; OST에 관하여 김한택, 우주조약의 국제법적 의미에 관한 연구, *항공우주정책 · 법학회지,* 제28권 2호 (2013), 223-258 참조.

10) 〈제1조〉

달과 기타 천체를 포함한 외기권의 탐색과 이용은 그들의 경제적 또는 과학적 발달의 정도에 관계 없이 모든 국가의 이익을 위하여 수행되어야 하며 모든 인류의 활동범위이어야 한다. 달과 기타 천체를 포함한 외기권은 종류의 차별 없이 평등의 원칙에 의하여 국제법에 따라 모든 국가가 자유로이 탐색하고 이용하며 천체의 모든 영역에 대한 출입을 개방한다. 달과 기타 천체를 포함한 외기권에 있어서의 과학적 조사의 자유가 있으며 국가는 이러한 조사에 있어서 국제적인 협조를 용이하게 하고 장려한다.

'CHM')[11] 원칙에 관한 것이다.

이에 관하여 일부 학자들은 인류의 영역 공식과 CHM 원칙은 모두 '일반적인 목표에 대한 진술'(statements of general goals)일 뿐이며, 단순한 도덕적, 철학적 의무로 보아야 한다고 주장하면서, 특히 OST 제2조[12] 상의 '비전유원칙'(principle of non-appropriation)이 국가들의 우주활동을 크게 제한하고 있다고 주장하고 있다. 이들의 견해에 따르면, OST 제1조의 '사용'(use)이라는 용어는 최소한 제한된 수준의 자원 사용이 허용되며,[13] 조약법과 우주에서의 국가 관행 모두 국제법에 따라, 우주활동의 사적 참여가 허용되고 있다는 것이다.[14] 최근 선진국은 물론 개발도상국에서도 국가의 통제 하에서 자국 기업의 우주활동을 독려하는 규정들을 마련하고 있는 추세인데, 심지어는 공산국가인 중국과 같은 명령경제(command economies) 체제에서조차도 우주 공간에서의 상업적 활동에 관하여 많은 관심을 표명하고 있다.[15]

현재 민간기업들이 우주 공간을 상업적으로 이용할 수 있는 주요 영역은 아래와 같이 5가지이다.

(a) 위성 기술 및 통신을 활용하여 우주에서 지구 기반 고객(earth-based customers) (개인이든 정부이든)에게 서비스를 제공.

(b) 소행성이나 다른 행성의 광물자원과 같이 잠재적으로 유한한 자원의 추출.

(c) 태양 에너지 또는 기타 파동 에너지 활용과 같은 무한한 성격의 자원 추출.

(d) 우주 관광 또는 과학 교육 목적으로 우주 경험을 상업화하는 행위.

(e) 우주 제품 및 응용 분야의 제조, 서비스, 연구 및 개발.[16]

---

11) G.A. Res. 34/68, U.N. GAOR, 34th Sess. Supp. No. 46 at 77, U.N. Doc. A/34/664, 1979.; *See also* Sylvia Maureen Williams, The Law of Outer Space and Natural Resources, 36 *International and Comparative Law Quarterly* (1987), 109; R. V. Dekanozov, The Common Heritage of Mankind in the 1979 Agreement Governing the Activities of States on the Moon and Other Celestial Bodies," *Proceedings of Twenty Fourth Colloquium on the Law of Outer Space* (1981), 186.

12) 〈제2조〉
달과 기타 천체를 포함한 외기권은 주권의 주장에 의하여 또는 이용과 점유에 의하여 또는 기타 모든 수단에 의한 국가 전용(專用)의 대상이 되지 아니한다.

13) Gbenga Oduntan, Aspects of the International Legal Regime concerning Privatization and Commercialization of Space Activities, 17 *Georgetown Journal of International Affairs*, no. 1, Winter/Spring, 2016, p. 80.

14) 예를 들어, 민간 위성 기술의 우주 참여는 신흥 글로벌 정보 인프라의 일부로 1970년대 이후 거의 아무런 문제 없이 이루어졌으며, 유럽연합(EU), 국제전기통신연합(International Telecommunications Union) 등 초국가적 기구에서는 이러한 발전에 긍정적인 관심과 지지를 보내왔다; Hamid Mowlana, *Global Information and World Communication: New Frontiers in International Relations,* London: Sage (2005), 14, 81, 109, 170.

15) 최근 우주산업에 대한 민간 투자가 늘어나고 있는데, 2009년부터 2021년 2분기까지 전세계 1553개 우주기업에 투자된 금액이 총 1998억 달러에 달하였다. 2021년 기준 미국의 투자가 절반 정도이고, 중국이 25%를 차지할 정도로 양국 간 경쟁이 치열하다. 중국은 국가 정책적으로 우주산업을 육성해오고 있는데, 2015년이 본격적인 상업화에 전환점이 되었다. 바로 그해부터 중국 정부는 민영기업과 사회자원이 항공우주 분야로 진출할 수 있게 허락했는데, 정부 주도에서 상업화로 전환하는 중요한 발걸음을 내디딘 것이다('미국 넘볼 태세' …중국 우주산업, 초고속 발전 이유는?[김광수의 中心잡기], *서울경제*, 2022.09.27.).

16) Gbenga Oduntan, 81.

이러한 우주 활동의 상업화에 관한 내용들은 아래와 같이 우주법 상 조약인 경성법(hard law)과 선언, 결의 및 원칙 등 연성법(soft law)에 내포되어 있다. 경성법으로는,

(a) 1963년 대기권, 외기권 우주 및 수중에서의 핵무기 실험을 금지하는 조약(The Treaty Banning Nuclear Weapon Tests in the Atmosphere, in Outer Space and Under Water 1963), 핵실험 금지 조약으로도 알려져 있다.[17)]
(b) 우주조약 (OST, 1967).
(c) 우주비행사의 구조 및 송환 및 우주 공간에 발사한 물체의 반환에 관한 협정(Agreement on the Rescue of Astronauts, the Return of Astronauts and the Return of Objects Launched into Outer Space) (1968), '구조 협정' 이라고도 한다.[18)]
(d) 우주물체로 인한 손해에 대한 국제 책임에 관한 협약(Convention on International Liability for Damage caused by space Objects) (1972), '책임협약' 이라고도 한다.[19)]
(e) 우주로 발사된 물체의 등록에 관한 협약(Convention on Registration of Objects Launched into Outer Space) (1975), '등록협약' 이라고도 한다.[20)]
(f) 달협정 (MA, 1979) 등이 있고,

연성법으로는,

(g) 우주탐사 및 이용에 관한 국가의 활동을 규율하는 법적 원칙 선언(Declaration of Legal Principles Governing the Activities of States in the Exploration and Use of Outer Space, 일명 '우주법선언'),[21)]
(h) 국제 직접 TV방영을 위한 국가들의 인공위성 이용을 규율하는 원칙(Principles Governing the Use by States of Artificial Earth Satellites for International Direct Television Broadcasting) (1982),[22)]
(i) 우주로부터 지구의 원격탐사에 관한 원칙(Principles Relating to Remote Sensing of the Earth from Space) (1986),[23)]
(i) 우주에서의 원자력 사용과 관련된 원칙(The Principles Relevant to the Use of Nuclear Power in Outer Space) (1992),[24)]
(k) 개발도상국의 필요를 특히 고려하여 모든 국가의 이익을 위한 우주 탐사 및 이용에 관한 국제협력 선언

17) 480 UNTS (1963).
18) U.K.T.S. 56 (1969), Cmnd. 3997; 1968년 발효된 동 조약은 2024년 1월 현재 안보리 상임이사국 5개국을 포함하여 98개국이 당사국이다.
19) U.K.T.S. 16 (1974), Cmnd. 5551; 961 U.N.T.S. 187; 10 ILM. 965. 1973년 발효된 동 조약은 2024년 1월 현재 안보리 상임이사국 5개국을 포함하여 98개국이 당사국이다.
20) UNTS 187; 14 ILM 43; UKTS 70 (1978); 1976년 발효된 동 조약은 2024년 1월 현재 안보리 상임이사국 5개국을 포함한 72개국이 당사국이다.
21) General Assembly Resolution 1962(XVIII), 13 December 1963; 우주법 선언의 원칙들의 대부분 조항들에 대하여 국가들로부터 이의제기가 없었기 때문에 국제관습법화되었다고 할 수 있다. ICJ 판사였던 Manfred Lachs도 1963년 우주법 선언은 단순한 권고사항이 아니라 법으로 인정된 문서라고 주장한 바 있다; Manfred Lachs, *The Law of Outer Space: An Experience in Contemporary Law Making*, Sijthoff, (1972), 138.
22) UNGA Resolution 37/92, 10 December 1982.
23) UNGA Resolution 41/65, 3 December 1986.
24) 85th Plenary Meeting, 14 December 1992.

(Declaration on International Cooperation in the Exploration and Use of Outer Space for the Benefit and in the Interest of all States, Taking into Particular Account the Needs of Developing Countries) (1996),[25)]

(l) "발사국" 개념의 적용(Application of the concept of the "launching State"),[26)]

(m) 우주물체 등록에 있어 국가 및 정부 간 국제기구의 관행 강화에 관한 권고 사항 (Recommendations on enhancing the practice of States and international intergovernmental organizations in registering space objects),[27)]

(n) 우주쓰레기 경감 가이드라인(Space Debris Mitigation Guidelines),[28)]

(o) 우주의 평화적 탐사 및 이용과 관련된 국내입법에 대한 권고 사항(Recommendations on national legislation relevant to the peaceful exploration and use of outer space)[29)]

(p) 우주 공간 활동의 장기적 지속 가능성에 대한 지침(Guidelines for the Long-term Sustainability of Outer Space Activities)[30)] 등이 있다.[31)]

25) A/RES/51/122, 11 June 1996.

26) A/RES/59/115, 10 December 2004.

27) A/RES/62/101, 17 December 2007.

28) A/RES/62/217, 21 December 2007.

29) A/RES/68/74, 16 December 2013.

30) A/AC.105/2018/CRP.20, 27 June 2018.

31) 국제환경법에서도 연성법의 역할이 중요한데, 1972년 스톡홀름 선언(Stockholm Declaration), 1982 년 나이로비 선언(Nairobi Declaration), 1982년 세계자연헌장(World Charter for Nature), 1992년 환경과 개발에 관한 리우 선언(Rio Declaration), 2002년 요하네스버그 선언(Johanesberg Declaration) 등이 여기에 속한다. 동 연성법들에 관하여 Paolo Galizzi, From Stockholm to New York, via Rio and Johannesburg: Has the Environment Lost its Way on the Global Agenda?, 29 *Fordham International Law Journal*, Issue 5, (2005), 952-1008 참조: 김한택, 우주의 상업화와 우주자원채굴에 관한 우주법, 28-34.

제2절 우주운송과 우주여행

1. 우주운송

미국, 러시아, 영국, 독일, 프랑스, 일본 등 선진우주개발국들의 연구기관들은 항공기와 우주선의 성격을 동시에 지닌 '우주항공기' (aerospace plane)의 개발에 주력하고 있는데, 이것은 이륙 시에는 공기흡입(airbreathing) 방식을 사용하여 일반공항의 활주로에서 수평으로 이륙하여 대기권을 통과하여 우주에 진입하여 비행한 후, 다시 대기권에 재진입하여 대기권을 비행하고 나서 수평으로 기존의 일반공항에 착륙하는 항공기를 가리킨다.[1] 이 우주항공기는 우주왕복선(space shuttle)과 비행의 성격상 매우 비슷한 면이 있으나 분명하게 구별된다. 우주왕복선은 임무를 수행하는 단계에서 한편은 항공기(aircraft)로서 다른 한편은 우주선(spacecraft)으로 간주된다. 현재 미국의 우주왕복선에 대한 해석과 일반 관행에서 볼 때는 항공기가 아니라 우주선으로 파악하는 경향이 있다.[2] 더구나 우주왕복선은 미국 내에서 발사되고 착륙하며 준궤도비행(suborbital flight)은 대부분 공해나 미국의 영토를 비행한다는 것이다. 이러한 우주왕복선과는 달리 우주항공기는 대기권에서 궤도에 오르지 않은 비행이 가능하며 국가 간의 국제여행에 이용된다는 점에서 독특하다.[3] 한편 2011년 7월 9일, 아틀란티스(Atlantis) 우주왕복선을 끝으로 추가적인 우주운송제도(Space Transportation System; STS) 발사 프로그램이 종료되었다.

우주항공기의 비행은 과연 항공법과 우주법, 다시 말해서 영공주권을 기초로 하고 있는 항공법과 주권배제를 원칙으로 하고 있는 우주법 중 어느 법에 의하여 규제되어야 하는가? 우주항공기가 어느 비행하부국(또는 下土國, superjacent country)의 영토상공을 비행하거나 궤도비행을 할 때 상공비행의 자유를 누리는가? 혹은 사전허가를 받아야 하는가? 기존의

1) 우주항공기는 대륙 간의 장거리 비행에 혁명을 일으킬 정도인데, 예를 들어 뉴욕과 도쿄를 현재 16시간이상 비행하던 것을 단 2시간 만에 그리고 미국의 캘리포니아에서 뉴욕까지 적어도 5시간 이상 걸리던 비행이 단지 1시간 이내로 단축된다. 더구나 우주항공기는 기존의 위성보다도 좀 더 많은 목표물을 감시하는데 사용될 수 있는 정보비행이나 첩보임무와 같은 군사적 활용으로도 사용될 수 있다. 법적인 관점에서 볼 때 우주항공기를 분류하거나 그것에 적용될 법규는 없다. 만일 우주항공기의 운항이 시작될 때는 국제공동체는 이러한 물체가 항공법을 준수할 것인가 우주법을 준수할 것인가 아니면 항공법과 우주법을 조합시킨 법을 준수할 것인가, 아예 '그 자체의 '(*sui generis*) 법체계를 따를 것인지 고민하게 될 것이다; Joseph A. Bosco, International Law Regarding Outer Space-An Overview, 55 *Journal of Air Law and Commerce* (이하 *JALC*) (1990), 635-636.

2) E. R. C. van Bogaert, *Aspects of Space Law*, Kluwer Law and Taxation Publishers (1986), 143.

3) Bosco, 637.

국제항공법에 의하면 그와 같은 비행에는 사전허가가 요구된다. 1944년 시카고협약은 민간항공기에게 다른 체약국의 상공을 논스톱(non-stop)으로 비행할 권리를 부여하며[4], "국제항공업무통과협정" (International Air Services Transit Agreement)은 체약국의 부속영토(adherent territory)를 착륙하지 않고 비행할 특권을 정기비행에까지 확장하고 있는데, 과연 우주항공기는 이와 같은 특권을 향유할 수 있는가 하는 문제가 제기된다. 더구나 이러한 특권은 민간항공기에만 허용되고 국가항공기나 군용기에는 허용되지 않는다.[5]

우주항공기문제는 수년간 COPUOS의 의제로 다루어 졌는데, 러시아가 1992년 "항공우주물체에 대한 법규범에 관한 설문" (Questions Concerning the Legal Regime for Aerospace Object)이라는 작업문서(working paper)를 제31차 법률소위원회에 제기하여 계속 논의되었다. 우주항공기의 법적지위에 관하여 영역구분론자들의 견해는 지상 100-120km 상공을 기준으로 경계획정을 함으로서 우주와 항공영역을 구분하여 법을 적용시키자는 것이고, 기능론자들의 견해는 우주항공기활동의 성격과 위치에 따라서 각 경우를 평가하면 된다는 입장이다.

이러한 우주항공기가 항공기로 파악될 경우 운송책임과 관련하여 1929년 "국제항공운송에 관한 일정 규칙의 통일에 관한 협약" (Warsaw Convention for the Unification of Certain Rules Relating to International Carriage by Air; 바르샤바협약)을 중심으로 한 바르샤바협약체제 및 바르샤바협약체제의 불편함과 국제항공운송인의 책임원칙을 통일하고 현대화하기 위하여 ICAO 주최로 1999년 제정된 "국제항공운송에 있어서 일정 규칙의 통일에 관한 협약" (Convention for the Unification of Certain Rules for International Carriage by Air; 1999년 몬트리올협약약)의 적용문제를 고려해볼 수 있다.

또한 지상 제3자에게 끼친 손해와 관련하여 1952년 "지상의 제3자에게 외국 항공기가 끼친 손해에 관한 협약" (Convention on Damage Caused by Foreign Aircraft to Third Parties on the Surface; 1952년 로마협약)과 1978년 "지상의 제3자에게 외국 항공기가 끼친 손해에 관한 협약을 개정하기 위한 몬트리올의정서" (Montreal Protocol to Amend the Convention on Damage Caused by Foreign Aircraft to Third Parties on the Surface; 1978년 몬트리올의정서) 및 2009년 채택된 "항공기 사용 불법방해행위로 인한 제3자 피해배상에 관한 협약"(Convention on Compensation for Damage Caused by Aircraft to Third Parties, Resulting from Acts of Unlawful Interference Involving Aircraft; 불법방해보상협약)[6]와 "항공기에 의해 제3자 피해배상에 관한 협약" (Convention on Compensation for Damage Caused by Aircraft to Third Parties; 일반위험협약) 등의 적용문제를 고려할 수 있다.

---

4) 시카고협약 제5조.

5) 시카고협약 제3조.

6) 동 협약에 관하여 Ruwantissa Abeyrantne, The Unlawful Interference Compensation Convention of 2009 and Principles of State Responsibility, 35-1 *Annals of Air and Space Law* (2010), 177-211 참조.

우선 운송책임과 관련하여 살펴보면 국제항공법에서는 국제민간항공운송인의 책임문제를 통일적으로 규율하기 위하여 1929년 "바르샤바(또는 워소오, Warsaw)협약"[7]이 체결된 이래 이를 보완하는 많은 조약들이 체결되어 이른바 바르샤바협약체제(Warsaw System)를 이루고 있다. 바르샤바협약체제란 1929년 바르샤바협약 외에도 1955년 헤이그의정서[8], 1961년 과다라하라 협약[9], 1971년 과테말라의정서[10], 1975년 몬트리올 제1의정서[11], 제2의정서[12], 제3의정서[13], 제4의정서[14]가 추가적으로 제정되었는데, 두 개의 협약과 여섯 개의 의정서로 이루어진 이 조약체제를 말한다. 이 바르샤바협약의 목적은 무엇보다도 국제항공운송인의 민사책임에 대한 통일법을 제정하여 한 사건에 대한 각 국가 간의 '법의 충돌' (conflicts of laws)을 방지하고, 거의 모든 사고의 경우에 항공운송자의 책임을 전제로 하는 대신 '고의적 과실' (wilful misconduct)의 경우가 아닌 한 국제운송인의 책임을 일정 한도로 제한하여 국제민간항공운송업무의 발전을 도모하는 데에 있다. 이는 책임한도를 일정 금액으로 확정하는 것이 항공운송사업자의 책임발생시 배상액을 예상할 수 있게 하여 주며, 동 배상액으로부터 역산하여 보험료, 항공요금 및 재투자 등 사업전반에 대한 계획을 수립 가능케 함으로써 안정과 예측을 통한 항공운송산업발전이 가능할 수 있기 때문이다. 동 협약은 국제민간항공운송인 책임의 성립, 책임추구절차, 손해배상의 범위 등에 관한 기본내용을 규정하고 있다. 바르샤바회의는 프랑스, 독일, 영국, 소련 등 30개국이 참가한 회의로서 상이한 법제도를 지닌 여러 나라가 통일된 규범을 만든다는 것이 그리 쉬운 일은 아니었다. 항공기술의 발전과 비교해 볼 때 그 당시 이와 같은 협약이 제정되었다는 것은 국제사법통일에 획기적인 전기를 마련한 것이다.

그 후 상당한 기간이 경과하면서 산업발전과 함께 많은 국가들의 생활수준이 향상됨에 따라 승객사망 시 배상금의 인상이 필요하다는 인식하에 이 협약을 보완하기 위하여 여러 조약들이 체결되었다. 1929년 바르샤바협약을 개정한 1955년 "헤이그의정서"[15]는 현대 항

7) Convention for the Unification of Certain Rules Relating to International Carriage by Air.

8) Protocol to Amend the Convention for the Unification of Certain Rules Relating to International Carriage by Air signed at Warsaw on 12 October 1929.

9) Convention, Supplementary to the Warsaw Convention, for the Unification of Certain Rules Relating to International Carriage by Air Performed by a Person Other than the Contracting Carrier.

10) Protocol to Amend the Convention for the Unification of Certain Rules Relating to International Carriage by Air signed at Warsaw on 12 October 1929 as Amended by the Protocol.

11) Additional Protocol No. 1 to Amend the Convention for the Unification of Certain Rules Relating to International Carriage by Air signed at Warsaw on 12 October.

12) Additional Protocol No. 2 to Amend the Convention for the Unification of Certain Rules Relating to International Carriage by Air signed at Warsaw on 12 October 1929 as Amended by the Protocol done at The Hague on 28 September 1955.

13) Additional Protocol No. 3 to Amend the Convention for the Unification of Certain Rules Relating to International Carriage by Air signed at Warsaw on 12 October 1929 as Amended by the Protocols done at The Hague on 28 September 1955 and at Guatemala City on 8 March 1971.

14) Montreal Protocol No. 4 to Amend the Convention for the Unification of Certain Rules Relating to International Carriage by Air signed at Warsaw on 12 October 1929 as Amended by the Protocol done at The Hague on 28 September 1955.

15) Protocol to Amend the Convention for the Unification of Certain Rules Relating to International Carriage by Air signed at Warsaw on 12 October 1929.

공운송 수요에 적응하기 위하여 바르샤바협약을 보완하는 것으로서 항공운송업자의 배상한도액을 바르샤바협약의 125,000 프앙카레 프랑[16]에서 250,000 프앙카레 프랑으로 늘렸으며, 바르샤바협약상의 항공운송업자의 '고의적 과실' (wilful misconduct)을 '고의적 또는 무모한 과실' (intentional or reckless misconduct)로 변경하여 배상책임한도를 철폐하는 과실의 정도를 좀 더 엄격하게 개정하였다. 미국은 승객에 대한 배상금액이 적다고 판단하여 동 의정서를 비준하지 않았다.[17]

바르샤바협약 제17조에 의하면 승객이 항공여행 중에 사망하거나 부상을 당한 경우에는 운송인이 배상책임을 진다. 또한 운송되는 '수하물' (baggage)이나 '화물' (goods)에 손해가 있는 경우에도 운송인이 책임이 있다(바르샤바협약 제18조). 항공기 지연으로 손해가 있는 경우에도 운송인이 배상책임이 있다(바르샤바협약 제19조). 책임원칙으로는 과실추정주의(過失推定主義)와 유한책임주의를 채택하고 있는데, 과실책임주의란 항공운송 중에 발생하는 모든 사고에 대하여 일단 운송인에게 과실이 있는 것으로 추정한다는 것이다. 따라서 운송인은 스스로 무과실을 입증하여야만 면책될 수 있다(바르샤바협약 제20조 1항). 바르샤바협약이 적용되는 것은 운송에 관련된 문제에 국한되며, 제조회사의 책임이나 항공관제소의 책임은 적용대상이 아니다.

운송인은 이용자가 사고에 기여하였음을 주장할 수 있다. 이용자의 책임이 있는 한 운송인은 손해에 대하여 비율에 따라 책임을 지는 것으로 주장할 수 있고, 따라서 이용자의 청구액은 감소된다. 또한 운송인이 전부 또는 일부의 책임을 면할 수 없느냐는 그 사건을 다루는 법정지법에 의하여 판결할 수 있다(바르샤바협약 제21조).

바르샤바협약 제20조에 의하면 운송인이나 그 고용인들이 손해발생을 피하기 위하여 필요한 모든 조치를 취하였거나 그러한 조치를 취하는 것이 불가능함을 증명한 경우에는 책임이 없다. 무엇이 손해발생을 피하기 위하여 필요한 조치였는지에 관한 판단은 구체적으로 법관이 판단할 일이나 많은 판례를 통하여 여러 가지 기준이 마련되고 있다. 대체로 손해발생을 피하기 위하여 합리적으로 예상되는 모든 조치를 취하면 된다는 것 등이 그 예다.

운송인은 책임이 없는 경우나 무한책임을 지는 경우를 제외하고는 일정한 한도 내에서 책임을 진다. 바르샤바협약 제22조에는 운송인 책임의 최고한도액이 규정되어 있는데, 승객 1 인당 125,000 '프앙카레 프랑' (francs Poincare, 약 미화 10,000달러)이고, check된 수하물(checked baggages)이나 화물(goods)은 위탁인(또는 송하인)이 특별가액을 선언하고 추가요금을 지불한 경우를 제외하고는 kg당 250 프앙카레 프랑이다. 또한 휴대수하물

---

16) 1 프앙카레 프랑은 순도 900/1,000인 금 65.5 밀리그램으로 된 프랑스 프랑(franc)을 말한다.

17) 이밖에 항공운송 시 운송계약을 한 운송자가 아닌 자에 의해서 운송이 되었을 경우의 법적 운송책임관계를 규율할 목적으로 멕시코의 과다라하라에서 1961년 9월 18일 "과다라하라협약" (Guadalajara Convention)이 체결되었다. 이 과다라하라협약은 1964년 5월 1일에 효력을 발생하였다. 이어서 바르샤바협약의 내용을 수정하기 위하여 1971년 3월 8일 "과테말라 의정서" (Guatemala Protocol)가 체결되었다. 그리고 1975년 9월 25일에는 다시 바르샤바협약을 수정하는 4개의 의정서가 몬트리올(Montreal에서 체결되었는데 "몬트리올의정서" (Montreal Protocols) 또는 개별적으로 "Montreal Protocol No.1, 2, 3, 4." 로 부른다. 또한 1966년 5월 16일에 체결된 "몬트리올협정" (Montreal Agreement)이 있는데, 이것은 '국제항공운송협회' (International Air Transport Association; IATA)와 미국 '민간항공국' (Civil Aeronautics Board; CAB) 사이에 체결된 사적인 합의서이다.

(hand carrier)은 승객 1인당 5,000 프앙카레 프랑이다.

1955년 헤이그 의정서에서는 특히 승객 1인당 손해배상한도액을 125,000 프앙카레 프랑에서 250,000 프앙카레 프랑으로 100% 증액하였고 또한 운송인의 편의를 위하여 항공권이나 운송 상의 필요기재사항을 출발 및 도착장소, '합의된 경유지' (agreed stopping places), 바르샤바협약의 적용을 받는다는 표시 등으로 단순화하였다. 이밖에 바르샤바협약 제25조의 '고의' (wilful misconduct)의 개념을 구체화하고 운송인의 이행보조자(servants and agents)도 그들이 고용계약의 범위 내에서 행동한 이상 협약이 정한 책임한도를 스스로 원용할 수 있게 한 점 등을 들 수 있다.

바르샤바협약체제는 지금까지 국제항공업무의 처리와 국제항공기사건을 다룸에 있어서 매우 불편하고 신속성을 가지지 못하였다는 평가 하에 이러한 복잡한 바르샤바협약체제를 가능한 하나의 조약으로 통합하여 새로운 체제를 구축하자는 노력이 1970년대부터 세계국제법협회(ILA), ICAO와 IATA 법률위원회 등에서 시작되어 최근까지 작업이 진행되어 1999년 5월 28일 ICAO는 이러한 시대적 요청에 부응하여 몬트리올에서 "국제항공운송에 있어서 일정 규칙의 통일에 관한 협약" (Convention for the Unification of Certain Rules for International Carrige by Air; 1999년 몬트리올협약)을 성립시켰다. 당사국은 2024년 현재 139개국으로 미국, 영국, 일본, 중국, 독일, 프랑스, 이태리, 스페인, 뉴질랜드 등의 국가들이 가입되어 있고, 한국은 2007년 10월에 가입하였다.

승객에 관하여 1999년 몬트리올협약은 제17조는 바르샤바 협약에서처럼 "운송인은 승객의 사망 또는 신체상해를 입은 경우에 받은 손해를 책임진다." 고 하여 바르샤바 협약체제를 계승하였다. 유일한 조건은 이러한 사망 또는 상해를 유발하는 사고가 비행기 내에서 또는 탑승 또는 하기(下機, disembarking)과정에서 발생한다는 것이다. 1929년 바르샤바협약과 비교해서 조항의 변화가 본질적인 것 같지는 않다.

몬트리올협약의 핵심 조항은 제21조로 사망 또는 상해의 경우 배상에 관한 규정이다. 위에서 언급된 것처럼 지난 수십 년의 경향에 따라 책임한도는 증대되어 지금 수준에 이른 반면, 동시에 입증책임은 승객에게 유리하게 되어 훨씬 더 운송인에게 부과되는 변화가 있었다. 제17조 제1항 하에서 발생한 손해에 대해 운송인은 항상 최고 100,000 SDR[18]까지 책임을 진다. 이 책임은 배제되거나 제한되지 아니한다. 이 금액을 초과하는 손해에 대해서 운송인은 손해가 그의(그의 부하나 대리인의 것이 아닌) 의무태만이나 과실로 인한 것이 아니거나, 또는 그러한 손해가 단지 제3자의 의무태만이나 과실 때문이라는 것을 입증하지 못하면 무한책임을 진다. 여기서 100,000 SDR까지의 손해에 대해서는 절대책임체제(strict liability system)가 운송인과 승객의 관계를 규정하고 있다. 운송인이 미리 이 제한을 알고 있을 때, 그는 충분한 보험보상을 준비한다. 그러나 운송인이 100,000 SDR을 초과한 손해

18) SDR은 국제통화기금(IMF)의 특별인출권으로 일종의 국제준비통화이다. 금, 달러에 이은 제3의 화폐로 인정되고 있으며, 1998년 한국도 SDR의 형태로 IMF로부터 지원을 받은 바 있다. 약 1달러와 같은 가치로 이용되고 있지만 2000년대인 현재에는 미국의 달러, 유럽연합(EU)의 유로화, 일본의 엔화, 영국의 파운드의 통화의 가치를 평균하여 SDR의 가치를 평가하고 있다.

에 대하여 무죄를 입증할 가능성은 단지 이론적이라는 점을 유의해야 한다. 사건은 사고의 정확한 원인이 결코 밝혀지지 않는 경우에 발생한다. 이러한 경우에 운송인이 필요한 증거를 제공할 수 없게 되어 무한책임을 지게 된다. 바르샤바협약과 큰 차이점이 있다면 운송인이 만약 필요한 모든 조치를 취했거나 이러한 조치를 취하는 것이 불가능하였다는 것을 입증하면, 연착과 수하물소송의 경우에 방어가 단지 가치 있는 경우에만 책임을 면할 수 있다는 가능성이 몬트리올협약에서는 삭제되었다.[19]

'지상손해' (surface damage) 문제란 항공기내의 승객이나 화물이 아니라 항공기가 지상의 제3자에게 끼친 손해의 배상책임문제를 말하는데, 이 문제는 바르샤바협약에서 규제하고 있지 않기 때문에 별도로 규제해야만 했다. 1927년부터 이 문제가 논의되어 "1933년 로마협약" (Rome Convention)[20]과 "1938년 브뤼셀 보험의정서" (Brussel Insurance Protocol)[21]를 마련하였으나 국가들이 참여하지 않아 별 성과가 없었다. 1933년 로마협약은 비행중인 항공기가 지상 또는 해상에 있는 인명 또는 재산에 손해를 줄 경우, 피해자는 동 손해가 발생하였고 손해가 항공기에 연유한 것이라는 것을 증명하기만 하면 배상을 받기로 규정하였다. 배상책임은 일반적으로 항공기를 운항하는 '운항자' (operator)에게 귀속된다. 여기서 운항자는 자신의 책임 하에 항공기를 사용한 자로서 항공기 사용 중 발생한 지상피해에 대하여 책임을 지지만, 무단 사용되도록 감독을 소홀히 한 항공기운항자도 책임을 진다(제5조). 이 문제는 제2차 세계대전 이후 항공운송의 발전에 따라 다시 중요하게 대두되어 1947년부터 ICAO에서 다루었는데 마침내 "1952년 로마협약" [22]이 체결되었다.

1952년 로마협약은 1933년 로마협약을 보다 명료하게 기술하는 한편, 피해의 적용범위를 축소하여 항공관제규정에 따라 정상적으로 비행하는 항공기에 의한 간접적인 피해는 배상대상에서 제외하였다(제1조 1항). 그러나 이 협약은 배상액한도가 너무 낮고 소음공해문제를 다루지 않는 등 몇 가지 결함이 있어서 ICAO의 170개 회원국 중 38개국만이 비준하였는데 미국, 영국, 독일, 캐나다 등 등 주요 항공강대국들이 참여하지 않았다. 그러므로 1964년부터 개정문제가 대두되어 1965년 ICAO에서 개정작업을 다루기 시작하였다. 1978년 ICAO이사회는 이를 위한 국제회의를 소집하여 '몬트리올의정서' (Montreal Protocol)[23]를 체결하였다. 이 의정서는 로마협약 제11조를 수정한 것인데, 가장 해결하기 어려웠던 운항자(operator)의 책임의 한계를 상세하게 취급하고 있다. 그러나 동 의정서도 소음문제를 규제하지 못하였고, 핵물질관계손해도 다른 조약들이 규제하기 때문에 다루지 않았다.

1952년 로마협약 제23조에 의하면 지상의 제3자가 외국항공기에 의하여 손해를 본 경우

---

19) 몬트리올협약 제17조 2항과 제19조

20) International Convention for the Unification of Certain Rules relating to Damage Caused by Aircraft to Third Parties on the Surface.

21) Additional Protocol to International Convention for the Unification of Certain Rules relating to Damage Caused by Aircraft to Third Parties on the Surface.

22) Convention on Damage Caused by Foreign Aircraft to Third Parties on the Surface.

23) Protocol to Amend the Convention on Damage Caused by Foreign Aircraft to Third Parties on the Surface signed at Rome on 7 October 1952.

에 적용된다. 그러나 1978년 몬트리올의정서는 외국항공기 뿐만 아니라 항공기 등록국이 어디든 간에 항공기 운항자가 주된 사업장소를 외국에 가지고 있는 경우에도 적용한다. 주된 사업장소가 없는 경우에는 '상설거주지' (permanent place of residence)가 외국에 있는 경우에도 적용한다.

1952년 로마협약 제1조에서는 항공기 운항자의 '위험책임' (risk liability)을 규정한다. 즉 지상에 있는 제3자가 비행중인 항공기에 의하여 손해를 입거나 비행중인 항공기로부터 떨어지는 사람이나 물건에 의하여 손해를 입는 경우에는 항공기 운항자의 과실을 묻지 않고 항공기 운항자에 대하여 손해배상을 주장할 수 있다. 단 손해발생이 직접적인 결과가 없거나 항공기가 현행 항공규칙을 준수하여 단순히 통과를 위한 비행에 불과한 경우에는 지상의 손해가 발생하더라도 운항자는 책임을 부담하지 아니한다. 그리고 제5조에 손해가 무력분쟁 또는 내란의 직접적인 결과이거나 정부의 행위에 따른 항공기의 사용에 방해가 된 경우에는 운항자는 면책된다고 하고 있다. 그리고 피해자가 손해발생에 관하여 과실이 있는 경우에는 운항자는 사정에 따라 책임의 전부 또는 일부가 면책된다(제6조).

또한 이 협약은 유한책임원칙을 채택하고 있는데, 제8조에 운항자와 기타 동 조약에서 책임을 부담하지 않으면 안 되는 자는 비행중의 항공기 또는 비행기에서 낙하하는 사람 또는 물체가 끼친 손해에 대하여 동 조약에서 명문으로 정한 것 이외에는 책임을 지지 않는다. 운항자의 책임한도는 항공기 무게에 따라서 다르다.[24] 동 협약은 항공기의 최대이륙중량에 의해 책임전체에 대한 한도액을 정하고 있는데 사망 및 상해에 대한 책임한도액을 125,000 SDR로 정하고 있다(제12조). 그리고 동 협약 제22조에서는 공해상의 선박 및 항공기에 대하여도 항공기에 의해서 손해가 가해졌을 경우 협약 상 지상 제3자에 대한 손해와 같은 동일한 원칙이 적용되는데 공해상의 선박이나 항공기는 준영토관할권(quasi-territorial jurisdiction)[25]의 지배를 받기 때문이다.

9・11테러 이후 지상 제3자에 대한 책임문제가 더욱 부각되었다. 2007년 9월 ICAO 총회 제36차 회의에서 이 문제가 논의가 되어, 마침내 2009년 2개의 협약, "불법방해보상협약" (Unlawful Interference Compensation Convention)[26]과 "일반위험협약" (General Risk Convention)"[27]이 채택되었다. 상기 2개의 조약은 대규모 제3자 피해 발생을 염두에 두고 배상 상한을 대폭 인상하여 피해 배상을 현실화함과 동시에 신체적 피해로 인한 정신적 피해도 배상 대상에 포함시키면서 오늘날 항공운송 사고 시 승객에게 적용되는 조건을 제3자 피해자에게도 적용하는 등 조약의 내용을 현대화 시켰다.[28] 이 두 협약 모두 '책임' 이란 단

---

24) I. H. Ph, *Diederiks-Verschoor, An Introduction to Air Law*, 8th revised ed., Kluwer Law International (2006), 211-231 참조.

25) 영국 런던대학교(UCL) 법과대학의 명예교수인 빈쳉(Bin Cheng) 교수는 국제법상 국가관할권(state jurisdiction)의 형태를 영토관할권, 준영토관할권 그리고 인적관할권으로 분류하고 있다; Bin Cheng, The Extra-terrestrial Application of International Law, 18 *Current Legal Problems* (1965), 135-136 참조.

26) Convention on Compensation for Damage Caused by Aircraft to Third Parties, Resulting from Acts of Unlawful Interference Involving Aircraft.

27) Convention on Compensation for Damage Caused by Aircraft to Third Parties.

28) 박원화, 항공운항시 제3자 피해배상 관련협약 채택-그 혁신적 내용과 배경 고찰-, *항공우주법학회지*, 제24권 제1호 (2009), 55.

어의 사용을 피하고 있지만 핵심내용의 대부분은 운송인의 책임을 다루고 있는데, 특히 운송인의 엄격책임은 피해가 비행 중인 항공기에서 발생했을 때에만 적용되도록 하고 있다. 불법방해보상협약은 9·11과 같은 대규모 제3자 피해를 배상하기 위해 국제기금을 창설한다는 내용을 담고 있고, 일반위험협약은 1978년 몬트리올 의정서의 내용을 업데이트시켜 배상 상한액을 상향한 것이다. 불법방해보상협약과 일반위험협약과 각 각 35억 SDR, 5억 SDR을 규정하고 있다.[29)]

한편 책임문제와 관련하여 1972년 책임협약은 제2조에 발사국은 자국 우주물체가 지구 표면에 또는 비행중의 항공기에 끼친 손해에 대하여 배상할 절대책임(absolute liability)을 진다고 명시하고 있다. 따라서 청구국은 배상을 위하여 발사국 측의 과실이나 태만을 입증할 필요가 없다. 청구국은 단지 자신이 손해를 입었고 그와 같은 손해는 발사국의 우주물체에 의하여 야기되었음을 증명하면 된다. 국제항공법상의 책임제도와는 달리 1972년 책임협약은 발사국이 손해에 대하여 책임져야 할 배상액의 한계를 명시하지 않고 있다. 그리고 1972년 책임협약이 1952년 로마협약과 다른 점은 후자가 절대책임을 항공기 운영자에게 부과하고 있으나, 전자는 국가에게 부과한다는 점이다.[30)] 또한 1972년 책임협약 제12조는 발사국이 이 협약에 의거하여 책임지고 지불하여야 할 손해에 대한 보상은 손해가 발생하지 않았을 경우에 예상되는 상태대로 자연인, 법인, 국가 또는 국제기구가 입은 손해가 보상될 수 있도록 국제법 및 정의와 형평의 원칙에 따라 결정되어야 한다는 모호한 규정을 두고 있다.[31)] 따라서 장차 국가들의 우주활동이 활발해지면 이 분야도 국제항공법상의 배상책임제도를 도입해야 할 것이다.[32)]

2. 우주여행

러시아의 로스코스모스(ROSCOSMOS)는 미국의 우주여행업체 스페이스 어드벤처스(Space Adventures)와 계약을 맺고 2001년부터 ISS 관광사업을 펼쳤다. 세계 최초로 자비를 들여 우주여행을 한 인물로 미국의 기술자이며 기업인 데니스 티토(Dennis Anthony Tito, 1940-)가 있는데, 그는 NASA에서 화성탐사선 마리나 4호와 5호 프로젝트에 참여하는 등 5년간의 경력을 가진 개인사업가로 2001년 4월 28일 러시아의 소유즈(Soyuz) TM-32를 타

29) 상법, 항공사고 피해보상 규정, 국제기준과 맞지 않아, *아시아 투데이*, 2015년 5월 26일자 참조.

30) W. F. Foster, The Convention on International Liability for Damage Caused by Space Objects, 10 *Canadian Yearbook of International Law* (1972), 150.

31) 동 문제와 관련하여 Vladimir Kopal, Some Considerations on the Legal Status of Aerospace System, 22 *Journal of Space Law* (1994), 64-67 참조.

32) 김한택, 21세기 우주법의 과제, *항공우주법학회지* 제19권 (2003), 195-197; 김한택, 국제법상 항공법과 우주법의 비교연구, *항공우주법학회지* 제23권 1호 (2008), 93-98 참조.

고 국제우주정거장(ISS)을 방문하고 8일 동안 머물면서 지내다가 소유즈 TM-33으로 지구에 귀환하였다. 그는 총 여행비용으로 미화 2천만 달러를 지불하였다.

그 후 영국 국적을 소유한 남아공화국(Republic of South Africa)의 사업가 마크 셔틀워스(Mark Richard Shuttleworth)가 미화 2,000만 달러를 지불하고, 2002년 4월 25일 러시아의 소유즈TM-34를 타고 11일간 ISS에 머물며 아프리카의 고질병인 에이즈(AIDS·후천성면역결핍증) 치료실험을 한 후, 소유즈 TM-33으로 지구에 귀환하였다. 세 번째 민간 우주여행자로 미국의 물리학자이며 사업가인 그레고리 올슨(Gregory Olsen)이 2005년 10월 1일 미화 2천만 달러를 지불하고, 러시아의 소유즈 TMA-7을 타고 ISS에 11일간 체류하다가 소유즈 TMA-6으로 지구에 귀환하였다. 네 번째로 이란 국적을 소유한 미국인 여성사업가 아누셰흐 안사리(Anousheh Ansari)가 미화 2천만 달러를 지불하고 2006년 9월 19일 러시아의 소유즈 TMA-9를 타고 ISS에 12일간 머무르다 소유즈 TMA-9로 지구에 귀환했는데, 최초의 여성우주여행자로 기록된다. 다섯 번째로 이란 국적을 소유한 미국의 사업가 찰스 시모니(Charles Simonyi)가 2007년 4월 7일 러시아의 소유즈 TMA-10을 타고 ISS에 15일간 머물다 소유즈 TMA-9로 지구에 귀환했는데 그 비용이 미화 약 2천 5백만 달러로 추정된다. 그는 2009년 3월 26일 소유즈 TMA-14를 타고 ISS에 14일간 머물다 소유즈 TMA-13으로 지구에 귀환했는데, 그 비용이 미화 약 3천 5백만 달러로 추정된다. 여섯 번째로 영국 국적을 소유한 미국의 사업가 리처드 개리엇(Richard Garriott)이 러시아의 소유즈 TMA-13을 타고 2008년 10월 12일 ISS에 12일간 머물다 소유즈 TMA-12로 지구에 귀환했는데, 그 비용이 미화 3천만 달로 추정된다. 그리고 캐나다의 사업가 기 랄리베르테(Guy Laliberté)가 2009년 9월 30일 러시아의 소유즈 TMA-16을 타고 ISS에 11일간 머물다 소유즈 TMA-14로 지구에 귀환했는데 그 비용이 미화 4천만 달러 추정된다. 2009년까지 러시아 소유즈 우주선을 이용해 7명의 관광객(1명은 두번)이 8차례에 걸쳐 ISS를 방문했다.

현재 여러 우주관광업체들은 '우주승객'(space tourist, 또는 space passenger)들이 비교적 싼 가격에 우주여행을 즐길 수 있는 계획을 발표하고 있는데, 98,000 달러에 '준궤도 비행'(sub-orbital flight)을 할 수 있게 하거나 심지어는 히말라야산맥의 에베레스트 봉에 오르는 비용보다 저렴한 가격을 제시하는 회사도 있다. 문제는 이 모든 것이 항공법처럼 사적 분야에서 처리되는 것이 아니고 현행의 우주법상에는 국가의 국제책임에 귀속된다는 데에 있다.

현재 가능한 우주여행은 인공위성 궤도 내 여행이다. 인공위성 궤도 내 여행은 고도 350-450km 궤도를 도는 국제우주정거장(ISS)에 수일간 머무는 궤도 우주여행과 지구 대기권과 우주의 경계선인 고도 100km까지 올라가 3분 정도 무중력을 체험하고, 우주선 창밖으로 지구와 우주의 모습을 볼 수 있는 준궤도 우주여행으로 나눌 수 있다. 대다수 기업이 개발 중인 우주여행 상품은 준궤도 우주여행이다. 준궤도 여행은 지구와 우주의 경계선까지만 가서 아주 짧은 시간 우주를 느끼고 돌아오는 것이기 때문에 우주선을 만드는 데 필요한 기술의 난이도가 상대적으로 낮고, 탑승객의 훈련기간도 3일 정도로 짧다. 반면 궤도 우주여행은 우주정거장까지 가는 매우 높은 수준의 기술과 비용이 요구되며 탑승객들이 받아야 할 훈련기간도 길다. 궤도 우주여행을 한다는 것은 곧 ISS에 간다는 것인데, 그곳에 가기 위해선 6개월 이상의 전문적인 훈련이 필요하다.[33]

2021년 7월 11일(이하 현지시간) 리처드 브랜슨(Sir Richard Branson) 영국 버진그룹 회장이 자회사인 버진 오빗(Virgin Orbit)의 'VSS 유니티'(VSS Unity)를 타고 고도 86km 준궤도 우주여행에 성공한 것에 이어, 제프 베이조스(Jeff Bezos) 아마존 창업자가 2021년 7월 20일 자신이 설립한 민간 우주기업 블루오리진(Blue Origin)이 개발한 우주발사체 '뉴 셰퍼드'(New Shepard)[34]를 타고 10분 10초간 준궤도 우주여행에 성공했다. 뉴 셰퍼드와 VSS 유니티가 제공하는 우주 관광은 여러 면에서 다르다. 가장 뚜렷한 차이는 뉴 셰퍼드는 전통적인 발사체를 이용한 수직 이착륙 비행이고, 버진갤럭틱은 항공기와 로켓을 혼합한 활공 비행이라는 점이다. 뉴 셰퍼드는 돔(dome) 형태의 캡슐에 승객이 탑승하고, 버진 갤럭틱은 승객들이 항공기와 비슷한 창문을 통해 바깥을 바라보게 된다. 뉴 셰퍼드는 승객이 탄 유인 캡슐을 발사체에 싣고 지상에 설치된 발사대에서 수직으로 날아오른 이후 목표 지점에서 유인 캡슐을 분리해 고도 100km 안팎의 준궤도 이상 오르는 발사체이다. 베이조스가 탑승한 뉴 셰퍼드 크루 캡슐은 해발 고도로 107km까지 올랐다. 반면 비행기 모양의 VSS 유니티는 모선에 매달려 고도 13.6km 상공에서 분리된 다음 고도 86km까지 날아올랐다. 뉴 셰퍼드는 약 10분 전후의 짧은 여행을 진행하는 반면, VSS 유니티는 이륙에서 착륙까지 걸리는 시간이 90분으로 길다. 하지만 우주 경계 부근에서 무중력을 체험할 수 있는 시간은 둘 다 3-4분에 불과하다. 뉴 셰퍼드는 조종사가 없이 모든 과정이 자동으로 진행되는 반면, VSS 유니티는 두 명의 조종사가 탑승해 우주선을 운행한다.[35]

일론 머스크(Elon Musk)가 이끄는 스페이스X가 2021년 9월 15일 최초로 승무원 전원을 민간인으로 구성해 '인스피레이션 4(Inspiration 4)호'를 발사했다. 인스피레이션 4호가 도달한 고도는 575km로 국제우주정거장(ISS), 허블우주망원경의 궤도보다 높으며, 앞에서 우주여행에 성공했던 버진 갤럭틱, 블루 오리진의 고도보다 훨씬 높다. 준궤도 관광과 달리 이번 우주여행은 우주공간에서 3일 동안 머문 뒤 돌아왔다는 점에서 본격적인 민간 우주관광의 시작으로 평가된다. 스페이스X는 버진 갤럭틱, 블루 오리진에 이어 민간 우주 관광에 합류한 세 번째 기업이 됐다.[36]

러시아의 우주관광사업은 2011년 미국 NASA가 모든 우주왕복선을 퇴역시킨 이후 소유즈를 이용하게 되면서 중단됐다. 그러다 2020년 미국의 스페이스X가 유인 우주선을 개발함으로써 좌석에 여유가 생겨 러시아가 12년 만에 ISS 관광을 재개할 수 있게 되었다. NASA가 러시아에 지불한 소유즈 우주선 이용요금은 1인당 7천만-1억 달러였다. 이번 ISS 관광 역시 스페이스 어드벤처스의 주선으로 이뤄졌다. 첫 손님은 일본의 억만장자 기업인 마에자와 유사쿠(前澤友作) 일행 2명이다. 이들을 태운 러시아 소유즈 MS-20 우주선은 2021년 12월 8일 카자흐스탄 바이코누르우주기지를 출발해 6시간 만에 ISS에 도착했다. 러시아 우주비행사 알렉산데르 미수르킨(Alexander A. Misurkin)이 조종사로 동행했다. ISS 관광 비용은 알려지지 않았으나, 블룸버그는 1인당 8800만 달러(1030억원)에 이르는 것으로 추정했다.

---

33) 현실화되는 우주여행, 어디까지 왔나, 성대신문, 2023.09.04.

34) 이 캡슐의 이름은 미국인 최초로 우주비행을 하고, 1971년 아폴로 14호를 타고 다섯 번째로 달에 발을 디딘 사람인 앨런 셰퍼드(Alan Shepard, Jr., 1923-1998)의 이름을 따서 명명되었다.

35) 블루오리진과 버진갤럭틱 우주관광 뭐가 다를까, 동아사이언스, 2021.07.20.

36) 본격적인 우주관광 시대 개막…스페이스X, 민간인만 태운 채 역대 가장 먼 우주여행, 경향신문, 2021.09.16.

2022년 4월 9일(현지시간) 우주여행을 떠난 '액시엄(Axiom) 1'의 민간인 여행객 3명이 8일간 ISS에 머물며 암 조기 발견, 뇌 건강과 심장 줄기세포 등 액시엄이 요청한 연구 프로젝트 25건을 수행하기 위하여 미국 플로리다주 케네디우주센터에서 스페이스X 우주선을 타고 이륙한 지, 약 21시간 만에 국제우주정거장(ISS)에 도착했다. 이번 우주여행은 정부 기관이 아닌 민간 기업이 주도하는 첫 우주정거장 방문 프로젝트이다. 앞서 러시아의 소유즈 우주선을 타고 부호 7명이 ISS 관광을 다녀온 적은 있지만, 이처럼 민간 기업이 모집한 우주 여행객이 민간 기업에서 제작한 로켓과 우주선을 타고 ISS를 방문하는 것은 이번이 처음이다. NASA도 민간인들만의 ISS 비행을 최초로 승인했다. 사령관 역할을 맡은 마이클 로페즈 알레그리아(Michael López-Alegría) 액시엄 부사장을 제외한 이들은 우주선 탑승과 우주정거장 숙박, 식사비로 각각 5500만달러(약 675억 4000만원)를 지불했다.[37]

현행 우주법상 우주승객에 관한 규정은 없다. 심지어는 엄격하게 말하여 1968년 구조협정상 보호의 대상이 아닐 수도 있다. 그 이유는 동 협정이 우주비행사(astronaut)만을 언급하고 있기 때문이다. 그러나 우주비행사라는 용어는 우주선을 조종하는 모든 인간, 또는 우주선상에서 조종에 필요한 행동을 하는 인간을 가리키는 것일 것이다. 그러나 이것을 담당하는 사람은 아니지만 임무를 완수하기 위해서 필수적으로 필요한 사람이 우주선에 승선하는 경우, 우주탐사 및 기타 우주활동의 발전에 도움이 될 것이다. 예를 들면 우주에서의 임무를 위해 과학자가 동승하는 일도 있을 수 있는데, 이들을 요원으로 간주하는 것은 어려울 것이다. 따라서 1968년 구조협정에서 우주선에 승선하고 임무의 완수를 위하여 필요한 활동을 하는 모든 인간을 포함하는 요원(personnel)이라는 표현방법이 적절하다.[38] 크리스톨(Carl Q. Christol) 교수도 1968년 구조협정은 우주요원(space personnel)에 관하여 1967년 우주조약 제5조에서보다 더 광범위한 보호를 규정하고 있고, 따라서 우주활동에 참여한 모든 승무원은 구조협정의 보호를 받을 수 있다고 주장한다.[39] 미국의 경우 '2004년 상업용 우주발사개정규정'(Commercial Space Launch Amendment Act of 2004)이 국내법모델을 제시하고 있으나 우주승객보다는 우주산업보호가 우선적이라는 점에서 우주승객보호를 위한 국제법의 모델이 될 수 없다.[40] 따라서 우주관광이 새로운 사업으로 등장하고 있는 시점에서 항공운송법의 승객보호에 관한 제반 항공사법을 모델로 하여 우주승객의 국제적 보호를 위한 법제정이 필요하다고 생각한다.[41]

---

37) 일반인 4명, 민간 로켓타고 '최초' ISS 도착—NASA 승인 이례적, Hello DD.com, 2022.04.11.

38) van Bogaert, 100-101.

39) Carl Q. Christol, *The Modern International Law of Outer Space*, Permagon Press (1982), 183.

40) Stefan Kaiser & Martha Mejia-Kaiser, Space Passenger Liability, *Proceedings of the 48th Colloquium on the Law of Outer Space* (2005), 211.

41) 김한택, 국제법상 항공법과 우주법의 비교연구, *항공우주법학회지* 제23권 1호 (2008), 101.

06 장

우주자산 의정서

항공기, 철도차량, 인공위성 등 이동장비로 총칭될 수 있는 물체들은 그 가격이 높아, 단순한 매매에 의하기 보다는 담보권을 이용한 소유권유보부매매나 리스(lease)에 의해 거래가 이루어지는 경우가 많다. 이때 담보권 적용 법규는 물건의 소재지법이 되는데 이동이 빈번한 이동장비의 경우 물건의 소재지법이 수시로 변경된다는 문제점이 있고, 또한 나라마다 담보관련 법규의 내용이 다르다는 문제점이 있다. 그리고 서로 상이한 국내법에 따르다 보니 위험부담이 생기게 되어 실제로 리스를 주거나 담보제공을 받고 판매하는 제작업체는 담보액을 높이거나 거래를 꺼리는 경향이 있었다. 담보권제도를 국제적으로 통일함으로써 법률의 불통일에서 오는 불편함을 해소하고, 이동장비에 대한 효율적인 금융을 제공하여 국제거래를 원활히 하자는 취지에서 나온 것이 동 협약이다.[1)]

이태리 로마에 본부를 두고 있는 '사법통일국제기구' (UNIDROIT: International Institute for the Unification of Private Law)[2)]는 반민, 반관의 형태로 운영하면서 사법의 통일에 기여하는 국제기구이다. 2001년 남아공화국 케이프타운에서 "이동장비에 대한 국제권리에 관한 협약" (Convention on International Interests in Mobile Equipment; 일명 '케이프타운 협약')[3)]과 "항공기 장비관련 이동장비의 국제적 권리에 관한 협약의 의정서" (Protocol to the Convention on International Interests in Mobile Equipment on Matters Specific for Aircraft Equipment; 일명 '항공기 의정서')[4)]가 채택되었다. 케이프타운 협약을 각 이동장비별로 구체적 적용하기 위한 보충의정서로서 케이프타운 협약과 동시에 채택된 항공기 의정서 이후, 2007년에 채택된 "철도 의정서" (Railway Protocol)로 불리는 "철도차량에 고유한 문제에 대한 이동장비 국제담보권 협약에 관한 의정서" (Protocol to the Convention on International Interests in Mobile Equipment on Matters Specific to Railway Rolling Stock)가,[5)] 그리고 2012년 "우주자산 의정서" (Space Assets Protocol)로 불리는 "우주자산에 고유한 문제에 대한 이동장비 국제담보권 협약에 관한 의정서" (Protocol to the Convention on International Interests in Mobile Equipment on Matters Specific to Space Assets)가 채택되었다. 이것들은 모두 UNIDROIT의 주도하에 진행되었다. 우주자산 의정서에서는 재정능력이 부족한 후진국이 금융조달을 통하여 방송, 통신 또는 원격탐사위성을 발사하여 국가발전에 기여하는 것이 수월하여진다.[6)] 한편 2019년 11월 22일 남아공화국의 프레토리아(Pretoria)에서 케이프타운 협약의 네 번째 의정서인 "농업장비, 건설장비, 광업장비의 특정한 문제의 이동장비에 관한 국제담보권 협약의 의정서" (Protocol to the Convention on International Interests in Mobile Equipment on Matters specific to Agricultural, Construction and Mining Equipment: 일명 "MAC 의정서")가 채택되었다. 케이프타운 협약과 의정서를 통해서 항공기, 철도차량, 우주물체, 농업장비, 건설장비, 광업장비의 고가의 이동장비에 대한 담보권 설정 등을 통한 채권의 확보를 국제적으로 인정함으로써 고가의 이동장비를 구입하기 위한 자금조달을 용이하게 할 뿐만 아니라 동 조달경비를 최소화시키는 계기가 마련되었다.

---

1) 이준, 최수미, UNIDROIT 이동장비담보권협약과 항공기장비 및 우주자산의정서의 성안이 갖는 의미, 항공우주산업기술동향 2권 2호 (2004), 3-4.

2) UNIDROIT는 독립된 국제기구로 국제 사법의 통일과 일관성을 높일 목적으로 설립된 단체이다. 특히 국가간 상법의 표준화에 힘쓰고 있으며 각종 협약 및 조약을 작성하고 있다. 1926년 국제연맹의 하부조직으로 설립되었으며 현재 로마에 위치해 있다. 연구소가 1964년에 제정하여 확정 · 채택한 "국제물품매매에 관한 통일법" (A Convention relating to a Uniform Law for the International Sale of Goods, 1964)과 "국제물품매매계약의 성립에 관한 통일법" A Convention relating to a Uniform Law on the Formation of Contracts for the International Sale of Goods, 1964)은 "국제물품 매매계약에 관한 국제연합 협약" (United Nations Convention on Contracts for the International Sale of Goods, 1980)의 기초자료라고 할 수 있다.

3) ICAO Doc 9793.

4) ICAO Doc 9794.

5) 46 ILM 662, 미발효.

6) 박원화, 우주법 분야의 국제동향 및 우리 정부에 대한 시사점 연구, *국제법 동향과 실무*, 통권 제26호, 2011, pp. 28-29.

제1절 케이프 타운 협약

로마에 소재한 UNIDROIT는 "고가 이동자산 협약"(high value mobile assets convention)을 위한 연구를 수행하였으며 비정부기구인 '항공실무그룹'(Aviation Working Group: AWG)이 이해관계자를 대표하기 위해 설립되기도 하였다.[1)]

AWG와 UNIDROIT가 협력하면서 IATA를 참여시켰고 이후 ICAO까지 합세하여 1997년 항공기의정서그룹(Aircraft Protocol Group: APG)를 설립하고자 하였다. IATA는 등기소 역할을 맡아 법률 초안에 따라 그 기능을 향상시키고자 했고, ICAO는 국제적, 제도적 신용도를 이 협의과정에 부여하고자 하였다. 그러나 잠재적 채권자들의 이익을 잘 대변되었으나 채무자를 위한 이익은 뚜렷하게 대표되지 못했다.

"법률초안의 주제 또는 이동장비, 특히 항공기에 관한 이동장비의 권리에 관한 법률 초안을 연구하기 위해" ICAO 법률위원회 소위원회가 1998년 후반에 조직되었다. 이 소위원회는 'UNIDROIT 정부 전문가 위원회'와 세 차례 회의를 가졌다. '이동장비의 국제적 권리에 관한 협약' 초안과 '항공기 장비관련 문제에 관한 보충의정서'가 2000년 8월 28일부터 9월 8일까지 몬트리올에서 열린 법률위원회 제 31차 회의에 상정되었는데, 이 회의에서는 여러 번의 수정작업을 통해 두 가지 법을 통합한 하나의 법률문서를 채택하였다.[2)] 협약은 아래에 관한 '국제적 권리'를 설정한다.

a) 항공기기체, 항공기엔진, 헬리콥터
b) 철도차량
c) 우주 자산

ICAO가 부족한 재원을 항공과 동떨어진 철도차량과 우주자산에 투입한 것은 놀라운 일이었다. 보충의정서 상의 항공기 장비에 관한 지원업무는 당연한 것이지만 그 이상은 ICAO 본연의 임무를 벗어나기 때문이다. 이사회는 전례 없이 ICAO와 UNIDROIT의 공동후원으로 2001년 10월 29일부터 11월 16일까지 케이프타운에서 외교회담을 개최하였다. ICAO는 회의에서 국제기구로서의 권한을 UNIDROIT에게 위임하였고 남아프리카 정부가 회의를 주재하였다. 2001년 11월 16일, 회의는 다음의 두 개의 법 문서를 채택하여 서명하도록 하였다.

---

1) A32-WP/71.
2) A33-WP/30.

- 이동장비의 국제적 권리에 관한 협약(일명 “케이프타운 협약”)
  (Convention on International Interests in Mobile Equipment)[3)]
- 항공기 장비관련 이동장비의 국제적 권리에 관한 협약의 의정서(일명 “항공기 의정서”)
  (Protocol to the Convention on International Interests in Mobile Equipment on Matters Specific for Aircraft Equipment)[4)]

케이프타운 협약은 제1장 적용범위 및 총칙, 제2장 국제담보권의 성립, 제3장 채무불이행시 구제수단(가구제 수단 포함), 제4장 국제등기제도, 제5장 기타 등기와 관련된 사항, 제6장 등기감독청과 등기기관의 특권 및 면책, 제7장 등기기관의 책임, 제8장 제3자에 대한 국제담보권의 효과(도산 시 효과 포함), 제9장 국제담보권의 양도와 대위권, 제10장 체약국의 선언에 따른 권리 또는 이익, 제11장 매매에 대한 협약의 적용, 제12장 관할권, 제13장 다른 협약들과의 관계, 제14장 최종 규정으로, 총 14장 62개의 조문으로 구성되어 있다.[5)] 2018년 기준으로 케이프타운 협약에는 유럽연합(EU)을 포함하여 77개국이 비준하였고 항공기 의정서에는 74개국이 비준하였다.

3) ICAO Doc 9793.
4) ICAO Doc 9794.
5) 이재규, Cape Town 협약-MAC의정서 예비 초안에 관한 연구, *저스티스*, 2018,2, p. 284.

제2절 우주자산 의정서

우주자산 의정서는 총 6장 47개조로 구성되어 있다. 제1장은 적용 범위와 일반규정으로 우주자산 등의 개념 정의, 채무자의 권리, 우주자산의 반환, 판매 계약의 등록, 우주자산의 식별, 적용법규, 권리 및 양도 등을, 제2장은 불이행, 구제조치, 소유권 및 양도에 관한 규정으로 불이행 구제조치, 파산시 구제조치, 파산 지원, 소유권 규정 변경, 양도 규정 변경, 채무자 규정 및 구제조치의 제한 등을, 제3장은 우주자산, 국제적 권익에 관한 등록 규정으로 감독기관, 우주자산 등록을 위한 우주자산의 식별, 등록 규정의 변경 등을, 제4장은 관할권으로 주권면제 포기를, 제5장은 다른 협약과의 관계로 UNIDROIT 국제금융리스협약, 우주 관련 조약 및 문서와의 관계 등을 제6장은 최종규정으로 서명 및 가입, 발효, 잠정 규정, 유보 등을 다루고 있다.

우주자산 의정서는 제1조 제2항에 따라 우주에 있는 우주자산뿐만 아니라 발사 전 지상에 있는 우주자산도 담보 설정의 대상으로 하고 있다. 우주자산 의정서 제1조 제2항 (a)호는 "채무자의 권리(debtor's rights)는 우주자산에 관하여 어떤 사람이 채무자에게 변제 또는 다른 의무의 이행 또는 지불하여야 할 권리를 의미한다." 고 규정하면서 우주자산 의정서 제1조 제2항 (k)호는 1967년 우주조약과 동일하게 우주(space)를 "달과 기타 천체를 포함하는 우주(outer space, including the Moon and other celestial bodies)" 로 기술하고 있다.

우주자산 의정서 제1조 제2항 (l)호는 국제담보의 대상이 될 수 있는 '우주자산(space asset)' 을 다음과 같이 정의한다.

> "우주자산은 우주에 있는 또는 우주에 발사하기 위하여 제작된 사람이 만든 확인 가능한 모든 자산을 의미하며 다음을 포함한다: (i) 아래의 (ii) 또는 (iii)에 해당하는 우주자산을 포함하는지 여부를 불문하고, 인공위성, 우주정거장, 우주모듈, 우주캡슐, 우주발사체 또는 재사용 우주발사체와 같은 우주비행체;
>
> (ii) 규칙에 따라 개별 등록할 수 있는 탑재체(통신, 항법, 관측, 과학 및 기타);
>
> (iii) 설치되고 포함된 또는 부착된 모든 부대용품, 부품과 장비 그리고 모든 데이터, 매뉴얼 그리고 기록과 함께, 규칙에 따라 개별 등록을 할 수 있는 우주비행체의 일부분 또는 중계 장치와 같은 탑재체의 일부분."

우주자산 의정서 제1조 제2항 (l)호는 "발사체(launch vehicle)란 우주로 또는 우주에까지 사람이나 물건을 수송하는 데 사용할 목적으로 사용되거나 또는 사용할 가구를 의미한다." 고 규정하고 있다. 1972년 책임협약이 우주물체(space object)에 관하여 제1조 (d)에서 "우주물체라 함은 우주 물체의 구성 부분 및 우주선 발사기, 발사기의 구성부분을 공히 포함한다." 고 하고, 1975년 등록협약이 제1조 (b)에서 "용어 '우주물체' 라 함은 우주물체의 복합 부품과 동 발사 운반체 및 그 부품을 포함한다." 명시하고 있는 것에 비하면 우주자산 의정서의 우주자산에 대한 정의는 광범위하다고 할 수 있다.[1)]

우주자산의정서는 제2조에서 "우주자산 및 채무자 권리에 관한 조약의 적용" 에 관하여 아래와 같이 규정하고 있다.

1. 조약은 본 의정서가 정함에 따라 우주자산에 적용한다.
2. 조약 및 본 의정서는 우주자산에 대해 적용되는 곳에서의 이동물건의 국제적 권익에 관한 조약이라 칭한다.
3. 우주자산은 지구 또는 대기권 또는 우주공간에 있는지 항공기 기체에 적용되는 것처럼 조약의 목적을 위해 항공기 기체의 일부를 구성하여서는 아니된다.

우주자산의정서는 제8조 2항에 "채무자, 담보권자 등 당사자들이 우주자산에 대한 담보계약 시 적용 법규를 자유롭게 설정할 수 있도록 규정하고 있다. 즉, '합의, 판매 계약, 권리 양도 또는 권리 재양도 또는 관련 담보계약 또는 하위 합의 당사자들은 그들의 계약상 권리와 의무를, 전체적으로 또는 부분적으로, 규제하는 법에 대하여 합의할 수 있다." 고 명시하고 있다. 당사자들에 의한 적용 법규의 선택은 크게 두 가지 의미를 갖는다. 첫째, 상거래상 예측가능성을 부여함으로써 채무불이행이 발생한 경우 당사자의 실익에 어느 정도 균형을 유지할 수 있다. 둘째, 법의 선택은 당사자 간 합의에 의하여 배제될 수 없다는 점에서 강제성을 갖는 *lex fori* (법정지법: 소송이 행해지는 나라의 법률)을 대체하는 효과가 있다. 제8조 2항에서 당사자에 의하여 선택된 법률은 지정된 국가의 국내법규를 의미하며, 그 국가가 여러 개의 지방으로 구성되어 있는 경우에는 지정된 지방의 내국법을 의미한다고 명시하고 있다.[2)]

채무자의 채무불이행이 발생한 경우 채권자의 권리 보호를 위하여 구제조치가 필요하다. 구제조치는 기본적으로 채무자와 채권자가 합의한 방식에 따라 이루어지며, 단 그러한 합의는 상거래 상 합리적이어야 한다.[3)] 구제조치는 우주자산의정서의 모델조약인 케이프타운 협약 제8조 제1항이 규정하는 바와 같이 다음 세 가지 방법으로 이루어질 수 있다.

---

1) Zhao Yun, Revisiting Selected Issues in the Draft Protocol to the Cape Town Convention on Matters Specific to Space Assets, 76 *Journal of Air Law and Commerce* (2011), 815-816.
2) 정영진, 우주자산의정서의 현황과 전망, *강원법학* 제46권 (2015), 635.
3) 우주자산의정서 제18조 제1항.

- 담보로 제공된 목적물의 점유 또는 관리의 취득;
- 담보로 제공된 목적물의 매각 또는 임대;
- 담보로 제공된 목적물의 관리 또는 사용으로부터 발생하는 소득 또는 수익의 추심 및 수령.

담보권자는 목적물을 매각 또는 임대하고자 할 경우 그 의사를 채무자에게 서면으로 '상당한 사전 통지(reasonable prior notice)'를 해야 한다. 상당한 사전통지라는 요건은 케이프타운 협약 제8조 4항에 규정되어 있지만 구체적인 기간에 대한 언급은 없다. 우주자산의정서는 우주자산의 국제등록을 관리하기 위하여 제28조에서 감독기구(Supervisory Authority)의 설립을 규정하고 있다. 감독기구는 국제적 실체(international entity)로서 감독기구 자신과 소속 직원은 면책을 향유한다.[4] 감독기구의 역할은 아래와 같다:

- 국제등록부(International Registry)의 설치;
- 국제등록부 운영에 관한 규칙 제정;
- 등록 비용의 산정;
- 등록 담당관(Registrar)의 임명과 감독 등

우주자산의정서는 감독기구의 국제등록 업무를 자문하기 위하여 전문가 위원회(Commission of Experts)를 설립하도록 규정하고 있다.[5] 전문가위원회는 우주자산의정서의 작성에 참여한 국가에 의하여 지명된 20인 이하의 전문가로 구성된다.[6]

우주자산의정서는 우주법의 분야에 비즈니스와의 접점을 찾았다는 의미에서 우주의 상업적 이용에 있어서 상당한 의미가 있을 것으로 본다. 비록 직접적으로는 자산담보금융이라는 특정의 문제에 대한 제도를 준비하는 것에 지나지 않지만 우주와 관련된 금융수단의 확립은 본격적인 사업 활동의 전제조건이기 때문에 우주의 상업적 이용에 있어서 중요한 인프라를 구축한 것임에 의심의 여지가 없다. 더구나 민사법에 관한 전문적인 국제기관으로 있는 UNIDROIT가 작성하고 각국의 비즈니스가 관여하고 있다는 점에서도 지금까지는 오직 공법적 관점에서 논해져 왔던 우주법의 발전에서 획기적인 의의를 가진다.[7]

---

4) 우주자산의정서 제28조 제2항.
5) 우주자산의정서 제28조 제3항.
6) 정영진, 635-648.
7) 김선이, 우주자산의정서에 관한 고찰-케이프타운조약의 우주자산의정서안의 검토, *경희법학* 제47권 제1호 92012), 134.

07 장

우주교통관리(STM)

김한택, 우주교통관리(STM)에 관한 우주법, *강원법학*, 제76권 (2024.8), 249-283, 참조.

최근 뉴스페이스(New Space) 시대에 접어들면서 우주행위자와 우주물체 수[1])가 증가했으며, 민간 우주여행 상품 판매[2])가 활발하다. 이러한 민간인 우주여행도 일면 위험한 요소를 가지고 있는데, 그 이유는 우주물체가 움직이는 속도가 엄청나게 빠르고, 이로 인한 충돌은 치명적일 수 있기 때문이다. 이러한 상황은 민간 기업들의 우주개발은 상당한 수준으로 발전하고 있는데, 수많은 우주물체 운영자를 조정하기 위한 우주교통관리(Space Traffic Management, 이하 'STM') 시스템이 더욱 필요하다는 것을 의미한다. STM은 우주 활동을 가리키는 새로운 개념으로, 이것의 최우선 순위는 우주 공간과 그곳에서 수행되는 모든 작업의 안전과 보안이다. STM은 최근 우주가 혼잡해 지면서, 발사단계부터, 우주에서의 운용 및 지구 재진입 단계까지 통제 가능한 관리를 하자는 목적으로 주창되고 있는 개념이다.[3])

각국의 위성개발 현황을 살펴보면 지금까지 주로 군사적 목적으로 발사되었던 정찰위성[4])에서 최근 점차 상업적 목적의 위성발사로 확대되고 있는 경향을 보이고 있는데, 이러한 결과로 발생하는 우주물체의 증가는 우주쓰레기(우주잔해, 우주폐기물, space debris)[5])를 양산하고 있으며, 우주쓰레기는 위성과 충돌하거나 이로 인한 우주쓰레기들이 또 다른 우주쓰레기를 만들고 있다. 2009년 2월 10일에 있었던 미국 인공위성 이리듐(Iridium) 33호와 러시아 인공위성 코스모스(Cosmos) 2251호의 충돌 사고[6])에서 분명하게 확인된 바 있다. 이 충돌로 인해 최소 10cm 크

---

1) 유럽우주국(ESA)에 따르면, 주기적인 궤도로 움직임이 정기적으로 추적되는 우주물체와 우주쓰레기를 살펴보면, 2024년 6월 18일 현재 1957년 최초의 인공위성인 스푸트니크 1호 발사로 시작된 우주시대 이후 로켓 발사 횟수는 약 6,640회(고장 제외), 로켓 발사로 지구 궤도에 진입한 위성의 수는 약 18,400개이며, 이들 중 상당수(약 12,540개)는 아직 우주에 있다. 아직 작동 중인 위성의 수는 약 9,800개이다. *available at* https://www.esa.int/Space_Safety/Space_Debris/Space_debris_by_the_numbers(last visited on June 24, 2024).

2) 현재 개발 중인 우주여행 관광 상품은 크게 4종류이다. 첫째는 기구를 이용해 30km 높이 성층권에서 지구를 2-3시간 동안 여행하는 방법이며, 두 번째는 로켓 추진 우주선을 이용해 지구와 우주의 경계선인 지상 80-100km까지 비행하는 방법이다. 세 번째는 전통적인 우주비행을 지상 수백km 상공에서 초속 7.9km의 속도로 지구 궤도를 일주하거나 국제우주정거장(ISS)에 머물다 귀환하는 비행이다. 네 번째는 지구에서 출발해 달을 왕복하는 비행이다(우주관광의 시대 온다…우주산업 잠재력은, 오피니언뉴스, 2023.07.16.).

3) 이준, 우주교통관리, *한국항공우주학회 2020 춘계학술대회 논문집*, 509.

4) 2024년 현재 군사위성을 보유한 국가로는 미국 247개, 중국 157개, 러시아 110개, 프랑스 17개, 이스라엘 12개, 이탈리아 10개, 인도 9개, 독일 8개, 영국 6개, 스페인과 호주 4개, 멕시코와 UAE, 노르웨이 3개, 일본과 이란, 튀르키예, 태국, 콜롬비아, 대한민국 2개, 브라질, 이집트와 캐나다, 칠레, 스웨덴, 덴마크, 카타르, 룩셈부르크가 1개를 가지고 있다. *available at* https://worldpopulationreview.com/country-rankings/military-satellite-by-country(last visited on Aug. 20, 2024).

5) 유럽우주국(ESA)에 따르면, 2024년 6월 현재 미군의 우주감시네트워크(Space Surveillance Networks, SSN)가 정기적으로 추적하고 카탈로그에 유지 관리하는 우주쓰레기의 수는 약 35,670개이다. 지구 궤도에 있는 모든 우주 물체의 총 질량은 약 12,400톤 이상이며, 모든 개체가 추적되고 목록화되는 것은 아닌데, 통계 모델을 기반으로 궤도에 진입할 것으로 추정되는 우주쓰레기의 수는 10cm보다 큰 우주쓰레기는 약 36,500개, 1cm-10cm까지의 우주쓰레기는 약 1,000,000개, 1mm 이상에서 1cm 크기의 우주쓰레기는 약 1억 3천만 개이다. *available at* https://www.esa.int/Space_Safety/Space_Debris/Space_debris_by_the_numbers(last visited on June 24, 2024).

6) 2009년 2월 10일 미국 이리듐(Iridium) 사의 통신위성인 이리듐 33호와 러시아의 통신위성 코스모스(Cosmos) 2251호가 충돌한 바 있는데, 이리듐 33호는 발사된 지 12년 된 위성으로 전 세계 25만 명의 이용자에게 위성통신 서비스를 제공하는 66개의 이리듐 위성 네트워크 중 하나이고, 코스모스 2251호는 오래전에 작동이 정지된 상태였다. 이리듐 33호와 코스모스 2251호의 무게는 각각 500㎏과 900㎏이었고, 이것들은 시속 42,120km로 달리다가 시베리아 타미르반도(Taymyr Peninsula) 789 km 상공에서 충돌하였다. 위성 간 충돌은 당장 국제우주정거장(International Space Station; ISS)과 이곳에 탑승해 있는 우주비행사들에게 큰 위협이 된다. 파편이 충돌 현장보다 낮은 궤도에서 지구를 돌고 있는 ISS에 2차 충돌을 일으킬 가능성이 있기 때문이다(김한택, 국제법상 우주폐기물감축 연성법의 역할에 관한 연구, *항공우주정책·법학회지* 제30권 제2호, 2015, 470); 사실 이리듐 33호는 발사의뢰국인 미국, 바이코누르(baikonur) 발사지의 영토국인 카자흐스탄, 발사시설 제공국인 러시아가 모두 발사국이 된다(박원화·정영진, 우주법, 제3판, 한국학술정보(주), 2012, 283-284).

기의 거의 2,000개의 우주쓰레기와 수천 개의 작은 조각들이 발생하였는데, 이 우주쓰레기의 대부분은 수십 년 또는 그 이상 우주 궤도에 남아 있을 것으로 예측된다.[7] 이렇게 우주쓰레기의 증가는 국제우주정거장(International Space Station, 이하 'ISS')은 물론 러시아의 소유즈(Soyuz)나 SpaceX의 크루드래곤(Crew Dragon)과 같이 인간이 탑승한 우주선을 포함하여 모든 우주비행체에 대하여 잠재적 위험이 되고 있다.

최근 일론 머스크(Elon R. Musk)의 스페이스엑스(SpaceX)가 운용하는 미국의 저궤도 우주인터넷 통신사업인 스타링크(Starlink)가 큰 이슈로 부상하고 있는데, 스타링크는 고도 1200km 이하의 지구 저궤도에 1만 2천개의 위성을 띄워 지구 전역에 초고속 인터넷 서비스를 제공하는 사업이다.[8] 문제는 스타링크의 위성이 지구 저궤도에 쏟아져 들어오기 시작하면서 '우주 충돌' 위험도 늘어나고 있다는 점인데,[9] 이러한 문제들을 해결하기 위하여 STM 문제가 여러 분야에서 자주 제기되고 있는 것이다.[10] 결국 STM은 우주안전의 유지와 우주 활동의 질서 있는 발전에 필수적인 것으로, "안전하고, 안정성 있고, 지속 가능한 우주환경"은 모든 유형의 우주 활동의 초석이고, 모든 우주 개발국가의 공통 관심사인 것이다.[11]

현재 STM에 관한 정의가 없기 때문에 규제 기관은 국제민간항공기구(International Civil Aviation Organization, 이하 'ICAO')의 기존 규정에서 제시하는 민간항공기의 '항공교통관리'(Air Traffic Management, 이하 'ATM')의 예를 사용할 수도 있지만, 우주물체는 민간항공기와는 다르다는 점에서 여러 가지 문제가 제기되고 있다.[12] 우선 항공기의 경우 국가주권의 관할 하에 있는 영공을 비행하거나 국가 주권이 미치지 못하는 공해의 상공과 같은 국제공역을 비행하지만, 우주물체는 어떠한 주권이 미치지 못하는 우주공간에 떠 있다는 점이 다르고, 항공기의 경우 문제가 발생하면 항공사 아니면 항공기 운영자가 책임을 지지만, 우주물체의 경우 국가가 전적으로 책임을 진다는 점이 크게 다르다.[13]

---

7) 2009 Iridium-Cosmos Collision Fact Sheet, Updated November 10, 2010, *available at* https://swfound.org/media/6575/swf_iridium_cosmos_collision_fact_sheet_updated_2012.pdf(last visited on June 30, 2024).

8) 저궤도 인터넷위성은 고도 3만6000km의 정지궤도 통신위성을 이용하는 기존 위성 인터넷보다 거리가 훨씬 가깝고, 위성간 통신도 가능해 데이터 전송 속도가 빠르다. 따라서 광케이블이 깔려 있지 않은 곳에도 고속 인터넷 서비스가 가능하다. 스페이스엑스가 2019년 5월 첫 60기를 발사한 이후 2024년 6월까지 2년 동안 29번에 걸쳐 발사한 위성 수는 모두 1737개이다. 이 가운데 현재 1638개 위성이 궤도에서 정상 작동하고 있다. 스페이스엑스는 2024년까지 6천개, 2027년까지 1만2000개의 위성을 쏘아올려 세계 전역에 초고속 위성인터넷을 제공한다는 계획이다(위성 1584개…우주인터넷 '스타링크' 첫 궤도 구역 완성-스페이스엑스, 2년만에 1700여개 발사 사업 요건 갖춰…하반기에 정식 서비스-, 한겨레, 2024.06.29).

9) 저궤도 위성의 수명은 5년 정도로 짧아서 수명이 다한 위성은 대부분 우주쓰레기로 전락할 가능성이 크다. 이 때문에 기존 위성이 퇴역할 때 지구 대기권에 진입시켜 처리하거나 우주 밖으로 날려 보내는 등 관련 기술을 연구하고 있다. 강철 그물이나 자석, 로봇 팔로 우주쓰레기를 처리하는 '포집 위성' 연구도 활발하다. 결국 위성 간 충돌 확률을 낮추기 위해 위성 간 '교통정리'가 필요하다는 주장도 나오는 것이다(지구 저궤도에 바글바글… 우주 교통 방해꾼 '스타링크', 조선일보, 2023.07.13.).

10) Rafael Moro-Aguilar & Steven A Mirmina, Space Traffic Management and Space Situational Awareness, in *Routledge Handbook of Space Law* (ed. by Ram S Jakhu & Paul Stephen Dempsey, Routledge, 2016), 195.

11) Haydar Cukurtepe & Ilker Akgun, Towards Space Traffic Management System, 65 *Acta Astronautica* (2009), 874.

12) Tanja Masson-Zwaan & Yun Zhao, Towards an International Regime for Space Traffic Management. 48 *Air & Space Law*, Special Issue (2023), 77.

13) Paul Stephen Dempsey and Maria Manoli, Suborbital flights and the delimitation of air space vis-à-vis outer space: functionalism, spatialism and state sovereignty, 29 March 2018, UN Doc A/AC.105/C.2/2018/CRP.9, p. 10, *available at* https://www.unoosa.org/res/oosadoc/data/documents/2018/aac_105c_22018crp/aac_105c_22018crp_9_0_html/AC105_C2_2018_CRP09E.pdf(last visited on Aug. 21, 2024).

이 글에서는 주로 STM에 관련된 우주법(*Corpus Juris Spatialis*) 문제를 다루고 있으며, 우선 STM의 개념을 설명한 후, STM에 관련된 '실정법'(*lex lata*)인 우주법을 분석하고, 결론적으로 STM에 관한 '장래의 법'(*lex ferenda*)과 그것을 위한 국제적 협력방안에 관하여 논의할 것이다.

제1절 우주교통관리의 개념

1. 우주상황인식(SSA)

STM과 관련하여 우주상황인식(Space Situational Awareness, 이하 'SSA') 시스템이 매우 중요하다. SSA는 STM과는 달리 레이더나 광학 망원경과 같은 지상 또는 우주 센서를 사용하여 우주물체를 추적하고, 이를 다시 여러 센서의 데이터와 결합하여 우주물체의 궤도를 추정하고 미래 궤적을 예측하는 정보를 제공하는 것이고,[1] STM은 SSA를 통해 파악된 정보를 적시에 정확하게 사용하여 충돌을 회피할 목적으로 우주진입과 우주 이용을 통제하는 적극적인 개념이다.[2] 가능한 한 정확하고 결정적인 인지 참조 도구인 SSA 시스템의 구축은 미래 STM의 중요한 요소가 되고 있다. SSA는 항상 우주로부터의 위협 및 우주위험(space risk)[3]과 연결되어, 위험을 완화하거나 줄일 수 있는 기회가 제공된다는 점에서 매우 유용하다.[4] 특히 SSA는 우주활동의 안전한 수행을 위한 필수 전제 조건으로 인식되게 되었는데, 높은 수준의 SSA는 사용자에게 신뢰를 줄 수 있고, 정확하고 시기적절한 정보를 제공하여 궤도 및 재진입 중 위험 관리를 지원하고 우주자산 및 관련 서비스의 안전하고 안전한 운영을 가능하게 한다.[5] SSA는 또한 자연우주물체(소행성, 혜성, 유성체 같이 지구 주변으로 접근하는 천체)의 파편화, 유성폭풍(meteor storms) 등 기타 자연적 사건으로 인해 발생하는 파편들을 예측하고 대응하는데 활용되기도 한다.[6]

---

1) M Polkowska, Space Traffic Management (STM)-Legal Aspects, 50 *Polish Political Science Yearbook*, no.(1), (2021), 167-168.

2) 김호식, 우주안보와 우주상황인식, *한국항공우주학회 2018년 추계학술대회논문집*, 513.

3) '우주위험' 이란 지구 주변의 우주환경이 인간과 인간의 우주활동에 피해를 줄 수 있는 상황을 의미한다. 이는 지구에 직접적인 피해를 주는 경우와 지구근접 우주공간에서 발생하는 위험상황을 포함한다(조성기, 우주위험 감시를 위한 레이다의 활용 및 기술개발 현황. 한국전자파학회지, The Proceedings of the Korean Institute of Electromagnetic Engineering and Science, v. 28 no.2, 2017, p. 12.); 우주물체에는 우주공간에서 자연으로 만들어진 천체(혜성, 유성체, 소행성)인 '자연우주물체' 와 우주공간에서 특정 목적으로 사용하기 위해 설계·제작된 물체로(인공위성, 발사체, 추진체, 우주선 및 그 구성품 등) 운용 중인 것과 비운용 중인 것을 모두 포함하는 '인공우주물체' 가 있다.

4) 최은정, 우주상황인식을 위한 인공우주물체 추락 예측 소프트웨어 개발, *우주기술과 응용(Journal of Space Technology and Applications)*. vol. 1(1), (2021), 24.

5) Eun-Jung Choi, Sungki Cho, Deok-Jin Lee, Siwoo Kim, Jung Hyun Jo, A Study on Re-entry Predictions of Uncontrolled Space Objects for Space Situational Awareness, *Journal of Astronomy and Space Science*. The Korean Space Science Society, vol. 34(4), (2017), 289; 김한택 · 신동일, 국가안보를 위한 우주감시 전력 구축과 법적 과제, *공군법률논집*, 제19집 2권(통권 44호), (2015), 180-298 참조.

6) SPACE SITUATIONAL AWARENESS, *available at* https://aerospace.org/ssi-space-situational-awareness(last visited on June 23, 2024); 자연우주물체의 추락으로 피해를 본 대표적인 사건으로 "첼랴빈스크 운석우(隕石雨) 사건" 을 들 수 있는데, 2013년 2월 15일 오전 9시 23분경 러시아 우랄산맥 동쪽 첼랴빈스크 주 일대에 섬광과 굉음을 동반한 운석우가 떨

2. 우주교통관리의 개념

2018년 미국 '우주정책지침-3' (Space Policy Directive-3)[7]은 SSA를 "안전하고 안정적이며 지속 가능한 우주활동을 위한 우주물체와 우주물체의 운용환경에 대한 지식 및 특성 파악" 으로, STM을 "우주환경에서의 운용의 안전성, 안정성, 그리고 지속가능성을 강화하기 위한 계획, 조정 및 궤도 상 동기화 활동" 으로 정의하고 있다.[8] 이 STM의 용어는 체코의 천문학자인 루보스 페렉(Luboš Perek) 박사가 1982년 파리에서 열린 제25회 우주법에 관한 국제콜로키움(International Colloquium on Space Law)에서 발표한 "Traffic Rules for Outer Space" 에서 나온 것이다.[9] 국제우주학회(International Academy of Astronautics, IAA)에서는 국제우주연맹(International Astronautical Federation, IAF) 및 국제우주법연구소(International Institute of Space Law, IISL)와 함께 STM을 "물리적 또는 무선 주파수 간섭 없이 우주 공간으로의 안전한 접근, 우주 공간에서의 작업 및 우주 공간에서부터 지구로의 귀환을 촉진하기 위한 일련의 기술 및 규제 규정" 으로 정의하고 있다.[10] IAA의 연구에 따르면 STM의 목적은 우주질서 유지와 우주안전의 보호이며, 데이터 수집 및 SSA, 우주경보시스템 및 특정 교통관리 규칙의 세 가지 주요 영역을 포함하고 있다.[11]

어졌다. 러시아는 운석우 충돌로 건물 4천 여채의 유리창이 파손되었으며, 이로 인해 부상 당한 사람만 1,200명이 넘었고, 한화 약 350억 원의 피해가 발생했다고 밝혔다. 당시 러시아 과학기술원은 무게 약 10t, 지름 약 20m인 운석이 지상 30-50km 상공에서 폭발해 작은 조각의 운석우로 떨어진 것으로 추정했다. NASA는 폭발 당시 위력은 히로시마 원자폭탄의 약 30배가 넘는 것으로, 운석이 대기권에 진입할 때 32.5㎞/h의 속도에 이르렀다고 파악했다(2년 전 러시아 충돌 운석, 여전히 미스터리, *동아사이언스*, 2015.02.17./첼랴빈스크 운석우 낙하, *아시아타임즈*, 2022.02.15.).

7) 미국의 행정명령(Executive Orders)은 행정부의 권한으로 연방부처는 행정명령을 근거로 법규와 규정을 제정할 수 있는 반면, 정책지침(Policy Directives)은 행정명령과 달리 법적 효력이 없으며, 통상적으로 對국민 공개를 하지 않아도 된다. SPD-3은 민간 STM 활동으로부터 국방부(Department of Defense)의 부담을 덜어주기 위해 상무부(Department of Commerce) 내에 OADR(Open Architecture Data Repository)를 창설할 것을 요구하였으며, 궤도 잔해 완화 표준 관행의 개정을 촉구했다. 기술적 관점에서 미국은 최근 최첨단 레이더 시스템인 스페이스 펜스(Space Fence)가 추가되면서 지상 및 우주 기반 SSA 센서(레이더, 망원경, 위성)로 구성된 방대하고 지리적으로 분산된 우주감시네트워크(Space Surveillance Networks, SSN)에 의존하고 있다. 미국의 우주 감시 능력은 현재 세계에서 가장 완성도가 높은 것으로 평가되고 있는데, 이러한 기술 자산은 미군에 속하며, 미군은 이를 운용하고(Space Object Catalogue 포함), 우주 감시 데이터를 전 세계 다른 국가에 제공한다. 이를 위해 미국은 외국의 주체, 공공 및 민간과 수백 개 이상의 SSA 공유 협정을 체결했다(2nd STM Brief Approaches to STM across the world, *Spaceways*, The Current State of Play in Space Traffic Management May 2022), *available at* https://www.iai.it/sites/default/files/stm_brief_2.pdf(last visited on July 1 2024).

8) For the purposes of this memorandum, the following definitions shall apply: (a) Space Situational Awareness shall mean the knowledge and characterization of space objects and their operational environment to support safe, stable, and sustainable space activities. (b) Space Traffic Management shall mean the planning, coordination, and on-orbit synchronization of activities to enhance the safety, stability, and sustainability of operations in the space environment; Space Policy Directive-3, National Space Traffic Management Policy, (22 August 2018), *available at* https://trumpwhitehouse.archives.gov/presidential-actions/space-policy-directive-3-national-space-traffic-management-policy/(last visited on June 24, 2024).

9) Tanja Masson-Zwaan & Yun Zhao, 76.

10) Space traffic management means the set of technical and regulatory provisions for promoting safe access into outer space, operations in outer space and return from outer space to Earth free from physical or radio-frequency interference (International Academy of Astronautics, *Cosmic Study on Space Traffic Management*. 2006. p. 10); Małgorzata Polkowska, Space Traffic Management (STM)-Legal Aspects, 50 *Polish Political Science Yearbook*, no.(1), (2021), 160.

11) Tanja Masson-Zwaan & Yun Zhao, 78.

STM에 관한 명확한 개념은 아직 정립되지 않은 상태이나 SSA와 같은 소극적인 개념을 초월하여 우주자원을 보다 자유롭게 이용할 수 있는 기술 및 법령체계를 의미한다. SSA를 통하여 파악된 정보를 적시에 정확하게 사용하여 안전한 우주진입과 운영을 보장하고, 이를 위해 우주이용을 통제하는 적극적인 행위개념인 것이다. 현재 우주 공간의 교통에 관하여 적용될 통일된 규범은 없다. 그러나 만약 STM 국제표준(international STM norms)이 만들어 진다면 모든 항행교통이 동일된 교통 규칙을 사용할 수 있다는 장점이 될 수 있다.[12] STM은 어쩌면 항공교통관리(ATM)의 연장선으로 볼 수도 있지만, 우주물체는 민간항공기와는 달리 국가가 책임을 지는 특징을 가지고 있다.[13] ATM은 항공 교통 서비스, 공역 관리 및 항공 교통 흐름 관리를 포함한 항공 교통 및 공역의 동적이고 통합적인 관리가 모든 당사자와 협력하고 공중 및 지상 기능을 포함하는 시설 및 원활한 서비스 제공을 통해 안전하고 경제적이며 효율적으로 수행하는 것을 말한다.[14] 따라서 ATM이 항공환경을 관리하고, 항공기의 충돌 및 이착륙 등 항공상황을 파악하여 항공기 교통을 관리한다면, STM은 우주환경을 관리하고, 우주물체의 우주투입, 충돌, 지구귀환 등 우주상황을 파악하여 우주교통을 관리하는 것이다. 1944년 시카고 협약[15]은 민간항공기에만 적용되며. 국가항공기에는 적용되지 않는다.[16] 따라서 ICAO의 비행 표준(flight standards)은 군용기에 적용되지 않는다. 그럼에도 불구하고 군용기는 자체 안전을 위해 ICAO 비행 표준을 따르는 경향은 있다.[17] 궁극적으로 우주 공간의 교통에는 ICAO 안전 규정과 유사한 포괄적인 표준이 필요한 것이다. 이를 위해서는 우선적으로 ICAO의 항공항행위원회(Air Navigation Commission)와 같은 우주항행위원회(Space Navigation Commission)가 필요하다.[18]

---

12) 우주교통관리(STM)의 국제표준화 참조모델에 관하여 김상윤 · 황호원, 우주교통관리(STM)의 국제표준 수립을 위한 탐색적 연구, *항공우주정책 · 법학회지* 제39권 제1호 (2024), 72-82 참조.

13) 우주법상 사기업체들의 우주발사도 반드시 국가의 허락하에 이루어지며, 모든 책임은 국가가 진다. 국가는 구상권을 통하여 사기업체의 배상을 받는다. 한국의 2017년 '우주손해배상법' 제5조(손해배상책임 한도액)도 "우주물체 발사자가 배상하여야 하는 책임한도는 2천억원으로 한다." 라고 규정하고 있다.

14) ICAO Doc 4444 PANS-ATM.

15) 국제민간항공협약(Convention on International Civil Aviation)은 1947년 4월 발효되어 2024년 7월 현재 당사국수 193개국이다.

16) 시카고협약 제3조.

17) Paul B. Larsen, Space Traffic Management Standards, 83 *Journal of Air Law and Commerce*, Issue 2 (2018), 385.

18) 동 위원회는 다음과 같은 표준을 설정할 수 있다.
(1) 통신 및 항행(내비게이션)에 대한 최소 기준 및 절차
(2) 민간 우주 발사 시설에 대한 기준
(3) 우주 교통 관리 표준
(4) 운영 허가
(5) 우주물체의 우주감항능력(또는 우주내항능력, space worthiness)에 대한 기준
(6) 등록 기준
(7) 우주 비행 조건에 관한 정보 절차
(8) 기록 요건
(9) 항해 보조 장치에 대한 표준
(10) 세관 및 출입국 절차
(11) 우주선 사고의 조사 기준
(12) 실제 교통 상황과 요구 사항에 대한 비정부 운영자 및 사용자의 실용적인 정보를 표준 제정하여 프로세스에 가장 잘 전달하는 방법 등이다.
위의 범주는 시카고 협약 제37조에서 가져온 것인데, 우주교통에는 이와는 다른 안전 기준이 필요할 것이다 (Paul B. Larsen, Space Traffic Management Standards, 385).

STM 문제가 2016년부터 유엔의 '우주의 평화적 이용 위원회' (The Peaceful Uses of Outer Space, 이하 'COPUOS')[19]의 법률소위원회Legal Subcommittee, LSC)에서 "우주교통관리의 법적 측면에 관한 일반적 의견교환" (General exchange of views on the legal aspects of space traffic management)이라는 제목의 의제로 논의되고 있다.[20] STM은 이렇게 새롭게 부상하고 있는 분야이나, 아직 초기 단계에 있으므로, 국제사회에서 논의되는 부분은 주로 행동 규범과 기준을 마련하고 정비에 관한 것들이다.

19) 현재 우주문제에 관하여는 유엔에서 항공문제를 다루는 ICAO와 같은 전문기구는 없으며, 1959년 설립된 유엔 우주의 평화적 이용위원회' (United Nations Committee on the Peaceful Uses of Outer Space, UNCOPUOS)가 담당하고 있다. 2024년 6월 현재 102개국이 UNCOPUOS의 회원국이다.

20) 박배근, 장민영(연구책임자), 미래세대 보호를 위한 법적 과제3-우주교통관리 등 UN외기권위원회(COPUOS) 논의를 중심으로-, *한국법제연구원* (2020), 282.

제2절 우주교통관리에 관한 우주법

현재까지 STM을 직접 규제하는 구체적으로 구속력이 있는 국제법은 없다.[1] 그러나 "우주법의 마그나 카르타" (*Magna Carta* of Space Law)로 불리는 '우주조약' (달과 기타 천체를 포함한 우주의 탐사 및 이용에 관한 국가의 활동을 규율하는 원칙에 관한 조약, Treaty on Principles Governing the Activities of States in the Exploration and Use of Outer Space, including the Moon and Other Celestial Bodies, 이하 'OST')[2]을 비롯한 우주관련조약들을 통하여 STM에 대한 우주법의 적용 가능성을 진단해 볼 수 있다.

1. 국제조약

(1) 우주조약

STM은 우주관련조약들이나 기타 법적 구속력이 있는 국제협정에 명시적으로 언급되어 있지 않다. 그러나 이러한 조약들에는 STM의 활동 및 책임과 관련될 수 있는 여러 조항들이 존재하는데,[3] 가장 중요한 조약은 'OST' (Outer Space Treaty)이다. OST는 1967년 1월 27일 미국, 영국 및 소련에서 서명을 위해 공개되었으며, 1967년 10월 10일에 발효되었다. 2024년 6월 현재 115개국이 조약의 당사국이고, 22개국이 서명하였다.

1967년 OST 채택 당시에는 우주기술이 어떻게 발전할지에 대한 불확실성이 컸다. 따라서 OST 자체는 이미 확립된 활동이었던 우주물체의 발사 및 유인 우주 비행과 같은 소수의 잠재적 기술만을 언급하고 있다. 이를 위해 OST는 특정 기술과 관련된 규칙을 채택하는 대신 기술적으로 중립적인 광범위한 원칙을 채택했다. 이러한 원칙의 핵심에는 협력 및 정보 공유의 개념이 있으며, 외견상 OST의 핵심 목표는 다자간 협력을 가능하게 하고 촉진하는 법적 환경을 우주에서 만드는 것인데, 이것은 OST에서 다른 어떤 법적 용어보다 더 많이 나타나는 '국제협력' 이라는 용어의 사용에서 볼 수 있고(서문, 제1조, 제3조, 제4

1) Tanja Masson-Zwaan & Yun Zhao, Towards an International Regime for Space Traffic Management, 80.

2) UNGA Res. 2222(XXI), 19 December 1966.

3) Mariel Borowitz, Legal Considerations and Future Options for Space Situational Awareness, 48 *The Georgia Journal of International and Comparative Law* (2020), 698.

조, 제10조, 제11조), 우주 행위자 간의 정보 공유 조항을 포함하는 조항들(제5조, 제8조, 제9조, 제10조, 제11조, 제12조)에서 볼 수 있다.[4)]

OST가 STM을 조정하기 위한 특정 기관이나 체제를 찾고자 노력하지는 않지만,[5)] STM을 위한 가장 중요한 법적 기반을 제공하고 있다는 점을 좀 더 살펴보면 다음과 같다. 우선 OST 제1조는 달과 기타 천체를 포함한 외기권의 탐색과 이용은 그들의 경제적 또는 과학적 발달의 정도에 관계 없이 모든 국가의 이익을 위하여 수행되어야 하며, 모든 인류의 활동범위이어야 하며, 달과 기타 천체를 포함한 우주공간은 종류의 차별 없이 평등의 원칙에 의하여 국제법에 따라 모든 국가가 자유로이 탐색하고 이용하며, 천체의 모든 영역에 대한 출입을 개방하고, 달과 기타 천체를 포함한 우주공간에 있어서의 과학적 조사의 자유가 있으며, 국가는 이러한 조사에 있어서 국제적인 협조를 용이하게 하고 장려한다고 명시하고 있다. 여기서 "우주의 탐사와 이용은 모든 국가의 이익과 이익을 위해 수행되어야 한다."는 구절은 우주물체 충돌과 우주쓰레기 생성을 줄이는 것을 목표로 하는 우주활동의 전반적인 문화를 제시하고 있다.[6)]

또한 제2조는 달과 기타 천체를 포함한 외기권은 주권의 주장에 의하여 또는 이용과 점유에 의하여 또는 기타 모든 수단에 의한 국가 전유의 대상이 되지 아니한다고 명시하고 있다. 이것은 우주활동을 수행하는 운영자는 우주 궤도를 사용할 수는 있지만 궤도를 소유할 수는 없다.[7)] 제2조를 통해 궤도의 소유권을 인정하지 않고 있으므로 기존에 궤도를 선점하고 있는 우주물체는 필요시 우주교통관리 표준에 따라 특정조치가 취해질 수 있음을 의미한다.[8)] 제3조는 우주의 사용과 탐사가 UN헌장을 포함한 국제법에 따라야 한다고 명시하고 있다. 이는 우주공간이 국제공법 및 국제사법의 적용을 받으며, 국제인도법과 "개인 또는 집단의 고유한 자위권" (UN헌장 제51조)과 같은 중요한 법적 원칙을 포함한다는 것을 의미한다.[9)] 또한 OST는 우주비행사는 '인류의 사절' (envoy of mankind)로 간주 되어야 하며, 조난 시에는 이들의 우주선은 등록국에 안전하고 신속하게 반환되어야 하며, 이들에 대한 가능한 원조를 제공하여야 한다고 명시하고 있다(제5조).

OST에 따르면 당사국은 "정부 기관 또는 비정부 기관에 의한 우주활동에 대해 국제적 책임"을 진다(제3조). 책임구성은 최근 몇 년 동안 국제사회에서 강화되고 성숙된 법체계의 일부인데, 당사국의 정부 또는 비정부 우주 활동으로 인해 발생하는 사건으로 인해 필요하다고 판단되는 경우, 당사국은 궁극적으로 배상책임을 지게 된다. OST는 또한 당사국이 "유해한 오염을 방지" 할 의무가 있으며, 당사국이 "우주공간에서 자신 또는 그 국민에 의한 활동이... 잠재적으로 유해한 간섭

---

4) P. J. Blount, Space Traffic Coordination: Developing a Framework for Safety and Security in Satellite Operations, 2021 *Space: Science & Technology*, May 2021, p. 4. *available at* https://spj.science.org/doi/10.34133/2021/9830379(last visited on June 24, 2024).

5) Tanja Masson-Zwaan & Yun Zhao, 79.

6) Gerie W. Palanca, Space Traffic Management at the National and International Levels, 16 *ASTROPOLITICS* (2018), 141.

7) Paul B. Larsen, Space Traffic Management Standards, 366.

8) 김상윤 · 황호원, 68.

9) Joanne Irene Gabrynowicz, Space Situational Awareness: Key Issues in an Evolving Landscape, in the Subcommittee on Space and Aeronautics of the Committee on Science, Space, and Technology United States House of Representatives February 11, 2020.

을 일으킬 것이라고 믿을 만한 이유가 있는 경우" 를 규정하고 있고, "적절한 국제협의를 해야 한다." 고 명시하고 있다(제9조). 따라서 OST의 정신에 따라 우주에서 활동하는 국가는 이러한 조항에 기초하여 STM을 위한 SSA 정보를 수집, 사용 및 공유하여 우주쓰레기 생성을 방지하고, 현재와 미래에 모든 국가에서 우주를 지속적으로 사용할 수 있도록 해야 할 것이다. 전문가들은 OST의 제6조에 특히 주의를 환기시키고 있는데, 이 조항은 조약 당사국이 우주공간에서의 국가활동에 대해 국제적 책임을 진다고 명시하고 있다는 점이다. 이러한 활동은 비정부 기관이 수행하더라도 마찬가지이다. 또한 국가에 등록된 우주물체는 지속적인 국가의 감독을 받으며, 국가 관할권과 통제를 받는다(제8조). 우주 활동에서 국가는 다른 국가의 이익을 적절히 고려해야 하며(제9조), "해당 활동의 성격, 수행, 위치 및 결과에 대해 실행 가능하고 실행 가능한 최대 범위까지" 다른 국가에 알려야 한다. 이것은 당사국이 "이러한 활동에 대한 승인 및 지속적인 감독" 을 해야 함을 의미한다. 따라서 이것은 유해한 오염을 방지할 책임과 함께 정부기관이든 상업적 기관이든지 막론하고 해당 국가의 위성 운영자는 SSA 데이터를 사용하여 다른 우주물체를 손상시키거나, 오염 물질을 생성할 수 있는 충돌을 방지하도록 보장해야 함을 의미하는 것으로도 해석할 수 있다.[10)]

OST 제7조는 달과 기타 천체를 포함한 우주 공간에 물체를 발사하거나 또는 그 물체를 발사하여 궤도에 진입케 한 본 조약의 각 당사국과 그 영역 또는 시설로부터 물체를 발사한 각 당사국은 지상, 공간 또는 달 및 기타 천체를 포함한 우주 공간에 있는 그러한 물체 또는 그 구성 요소에 의해 본 조약의 다른 당사국 또는 자연인 또는 법인에게 가한 손해에 대해 국제적으로 책임을 진다고 명시하고 있다. OST 제8조에 따르면 우주공간에 발사된 물체의 등록국인 본 조약의 당사국은 동 물체가 우주공간 또는 천체에 있는 동안, 동 물체 및 동 물체의 인원에 대한 관할권 및 통제권을 보유하기 때문에 국가의 STM은 해당 국가에 등록된 우주물체만을 관리한다. 따라서 다른 국가에게 그들의 우주물체에 관한 우주교통을 통제하도록 남겨두는 것이다.[11)]

OST 제11조에 의하면 우주의 평화적 탐색과 이용에 있어서의 국제적 협조를 증진하기 위하여 달과 기타 천체를 포함한 우주에서 활동을 하는 본 조약의 당사국은 동 활동의 성질, 수행, 위치 및 결과를 실행 가능한 최대한도로 일반 대중 및 국제적 과학단체 뿐만 아니라 UN사무총장에게 통보하는데 동의하며, 동 정보를 접수한 UN사무총장은 이를 즉각적으로 그리고 효과적으로 유포하도록 하여야 한다고 규정하고 있다.

한편 OST의 본질적인 내용들은 이제 국제관습법을 구성하기 때문에 OST의 적용은 조약의 당사국이 아닌 국가로까지 확장될 수 있다. 이는 어느 국가가 OST에서 탈퇴하기로 결정한 경우에도 동 국가와 그 운영자가 OST 조항의 적용을 받는다는 것을 의미한다.[12)] 이렇게

10) Mariel Borowitz, 698-699.

11) Bin Cheng, *Studies in International Space Law*, Oxford University Press (1997), 230; Paul B. Larsen, Space Traffic Management-The Bin Cheng Model, 44 *Journal of Space Law*, no 2 (2020), 507.

12) 캐나다 맥길(McGill)대학교 Jakhu교수는 OST에서 규정하고 있는 조항 중 우주활동은 모든 국가들의 이익을 위한다는 원칙(제1조), 외기권 우주의 자유로운 탐사와 이용(제1조), 전유화금지(제2조)와 타국의 권리존중(제9조)은 조약법은 물론

OST 조항은 국가와 개별 상업 운영자에게 직접 적용된다. 개별 운영자는 조약 요건을 준수해야 하며, 국가는 조약 요건을 준수해야 한다. 국가는 조약 규칙을 준수하지 못한 것에 대해 국제법에 따라 책임을 질 수 있다. 따라서 그들은 비정부 기구에 의한 우주 공간 활동을 허가하고 감시하는 OST 제6조 요건을 이행하기 위해 국내법을 채택할 수도 있다.[13] 사실 OST가 제정될 당시 STM문제를 가정할 수는 없었다. 그럼에도 불구하고 OST는 우주법의 근본원칙들을 잘 명시하고 있으므로 위에 언급한 조항들을 고려하여 STM규정을 만들 필요가 있는 것이다.

(2) 책임협약

우주교통으로 인한 충돌로 인해 발생하는 손해에 대한 책임문제가 제기되는데, 국가책임은 자발적으로 계약했든 관습에 따라 부과되었든 관계없이 다른 국가에 대해 손해가 발생한 경우, 국가가 부담하는 의무의 모든 측면을 포괄하고 있다.[14] OST 제7조도 우주물체를 우주공간으로 발사하거나 조달하는 국가는 국제적 책임을 져야 한다고 규정하고 있는데, 이에 관하여는 1972년의 "우주물체에 의하여 발생한 손해에 대한 국제책임에 관한 협약" (Convention on International Liability for Damage Caused by Space Objects, 이하 '책임협약')[15]이 상세하게 규정하고 있다. 책임협약은 1972년 3월 29일에 체결되어 서명을 위해 공개되었는데, 1972년 9월 1일에 발효되었고, 2024년 6월 현재 98개 국가가 책임협약을 비준하였으며, 19개 국가가 서명하였다.

책임협약은 특히 STM 및 우주쓰레기와 관련이 있다. 책임협약은 두 가지 책임 체제를 체계화했는데, 우주에 적용 가능한 "결함 기반(과실)" (fault-based negligence, 책임협약 제3조)과 "지구와 비행 중인 항공기에 발생한 피해에 대한 절대적 책임" (책임협약 제2조)이 그것이다. 첫 번째 체제는 피해를 일으킨 당사자가 자신의 행동이 피해로 이어질 것임을 알았거나 알았어야 한다는 것을 증명해야 한다. 두 번째 제도는 책임자의 목적이 피해를 일으켰다는 증명만이 요구된다. 책임 당사자가 과실이 없는 것은 중요하지 않다. 두 가지 다른 책임 기준은 우주에 있는 물체가 손해를 입힐 경우, 우주에 우주물체를 배치한 주체가 피해를 일으킨 원인과 책임자가 누구인지 결정하는데 가장 적합하다는 사실에 기반하고 있다. 반대로 지구나 비행 중인 항공기에 피해가 발생한 경

모든 국가들을 구속하는 국제관습법과 '강행규범' (*jus cogens*)으로까지 발전된 조항들이라고 주장하고 있다. 더구나 우주에서의 '전세계적 공공이익'(global public interest)에 대한 원리는 국제공동체에게 '대세적 의무'(obligation *erga omnes*)를 부과하고 있는데, 우주를 모든 인류의 영역이라고 선언한 점, 우주에서의 협력의 의무, 우주비행사를 인류의 사절이라고 한 점, 우주활동에서 해로운 오염을 피하라고 한 점, 우주활동을 국가, 사적 실체 그리고 정부간 조직체(IGOs)로 제한한 점, 우주활동으로 인한 손해배상에 대한 절대책임원칙, 우주에서의 핵무기 및 대량파괴무기 배치 금지, 우주활동의 공개성과 투명성 그리고 국제우주제도의 보편적 적용 등이 이를 뒷받침 해주고 있다(김한택, *우주법론*, 도서출판 아진, 2020, 83-85).

13) Paul B. Larsen, Space Traffic Management Standards, 366.

14) Sompong Sucharitkul, State Responsibility and International Liability Under International Law, 18 *The Loyola of Los Angeles International and Comparative Law Review* (1996), 821, 832.

15) UNGA Resolution 2777(XXVI), 29 November 1971; 책임협약의 분석에 관하여 김한택, 우주책임협약 50년의 국제법적 의미에 관한 연구, *저스티스* 통권 189호, (2022.4.), 400-426 참조.

우에는 우주에서 어떤 일이 발생했는지 또는 발생하지 않았는지 알 수 없다. 따라서 피해 당사자에게 알 수 없는 것을 증명하도록 요구하는 것은 부당하다는 논리이다.[16)]

책임협약의 제4조는 국가가 책임을 지는 우주물체가 다른 국가의 우주물체에 손상을 입힌 경우, 국가가 국제적으로 책임이 있음을 분명히 하고 있다. 이는 국가가 위성 운영자로 하여금 잠재적 충돌을 피하기 위해 SSA 데이터를 사용하도록 보장해야 하는 인센티브를 강화하고 있다. 다른 위성에 피해를 주는 충돌이 발생하면 국가가 그 피해에 대하여 책임을 져야 한다. 그러나 두 우주선 간의 충돌에서 결함을 결정하는 데 명확한 지침이 없다는 사실 때문에 이러한 인센티브가 복잡하다는 점에 유의해야 한다. 우발적인 충돌이 발생하는 경우, 관련된 두 상태 중 어느 쪽이 잘못인지 명확하지 않으며, 아마도 어느 쪽도 책임을 지지 않으려고 할 것이다. 이것은 우주충돌과 관련된 청구가 책임협약에 따라서 제기되지 않는 이유 중 하나가 될 수 있다.[17)]

또한, 책임협약 제1조는 '우주물체' 라는 용어를 "우주물체의 구성 부품, 발사체 및 그 부품을 포함하는 것" 으로 정의하고 있다. 이는 국가가 초기 충돌에서 발생한 손상뿐만 아니라 충돌로 인해 생성된 파편으로 인해 발생하는 후속 손상에 대해서도 책임이 있음을 시사하고 있다. 이는 시간이 지남에 따라 발생하는 총 피해량이 상당할 수 있으므로 충돌을 피하기 위해 SSA 데이터를 수집하고 사용하는 데 더 많은 인센티브를 제공할 수 있다.

한편 우주법에는 집행 메커니즘이 없다는 결점이 있다. 책임협약에 청구 해결 시스템이 포함되어 있지만, 우주 공간에는 질서유지를 위한 '경찰' 도 없으며 정교한 '분쟁 해결 시스템' 도 없는 것이 현실이다.[18)] 이와 관련하여 소련의 핵추진 위성이 캐나다에 추락한 1978년 "Cosmos 954 사건" [19)]이 있다. 사실 책임협약이 제정될 당시 STM문제를 가정할 수는 없었다. 그럼에도 불구하고 책임협약은 우주법의 책임규정들을 잘 명시하고 있으므로 위에 언급한 조항들을 고려하여 STM규정을 만들 필요가 있을 것이다.

(3) 등록협약

OST 제8조는 등록은 어느 국가가 관할권과 통제권을 행사하는지를 결정한다고 명시하고 있다. 따라서 우주물체의 궤도 위치를 알면 위성 운영자가 위성이 궤도를 변경할 경우 충돌을 피할 수 있다.[20)] 등록을 통해 우주교통의 회피 및 책임을 목적으로 위성의 위치를 식별할 수 있는 것이

16) Joanne Irene Gabrynowicz, *op. cit.*

17) Mariel Borowitz, 699.

18) International Academy of Astronautics (IAA), *The Cosmic Study on Space Traffic Management* (2005), 40, *available at* https://www.black-holes.eu/resources/IAA_spacetrafficmanagement.pdf(last visited on June 24, 2024).

19) 동 사건은 1978년 1월 24일, 소련의 핵추진위성 Cosmos 954호가 캐나다에 낙하했는데, 그 잔해가 캐나다 북서부지역 Great Slave 호수를 둘러싼 여러 곳과 그곳에서 Baker 호수를 향해 북동쪽에 낙하하여 그 피해면적은 남한 면적보다 큰 124,000km² 에 이르는 크기였는데, 다행히 인명 피해는 발생하지 않았다. 미국 카터 대통령의 협력으로 이루어진 캐나다와 미국의 합동작전은 '아침햇살작전' (Operation Morning Light)이라고 불렀는데, 동 작전은 제1단계(1978년 1월 24일-1978년 4월 20일), 제2단계(1978년 4월 21일-1978년 10월 15일)로 실시되었다. 약 12개의 위성파편을 발견하였는데, 그중 10개가 방사능물질 파편이었다. 1979년 3월 캐나다 정부는 소요된 비용은 거의 1천 4백만 캐나다 달러였으나, 실제로 러시아에게 청구한 금액은 약 6백만 캐나다 달러였다. 마침내 양국간 체결된 의정서에 의하여 소련이 캐나다에게 3백만 캐나다 달러를 지급함으로써 해결되었다(김한택, 국제법상 우주폐기물감축 연성법의 역할에 관한 연구, 473).

다.[21] 등록의 가장 중요한 특징은 우주물체와 국가의 책임 소재를 식별하는 것이다. 따라서 등록되지 않은 우주물체는 국가책임, 통제 및 관할권에 관하여 위성 운영자에 대한 불확실성을 제공하는 것이고, 게다가 국제등록이 늦어지는 경우, 미등록 우주물체가 존재하는 기간 동안 다른 운영자는 이를 알지 못하므로 불확실성이 더욱 존재한다. 최근 초소형 위성[22] 발사가 활발해지고 있는데, 간혹 위성이 추적하기에는 너무 작을 경우 등록되지 않은 채로 두면 특히 충돌 위험이 크게 존재한다.[23] Bin Cheng 교수는 우주물체가 등록되지 않으면 우주 공간에서 국가를 보호하기 위한 권리가 부여되지 않을 수도 있다고 언급한 바 있다.[24]

STM은 1975년의 "우주에 발사된 물체의 등록에 관한 협약" (Convention on Registration of Objects Launched into Outer Space, 이하 '등록협약')[25]에 비추어 고려되어야 한다. 동 협약은 1974년 UN총회에서 채택되어 1976년 발효되었는데, 2024년 6월 현재 72개국에서 비준하고, 3개국이 서명하였다. 등록협약 제1조에서 '발사국' (launching States)이라 함은, (i) 우주물체를 발사하거나, 발사를 구매한 국가, (ii) 그 영토 또는 시설로부터 우주물체가 발사된 국가를 의미한다. 등록협약 제2조는 가맹국들이 UN사무총장에게 특히 그들이 책임지고 있는 우주물체의 기본 궤도 매개변수를 가능한 한 빨리 제공해야 한다고 명시하고 있다. 등록협약 제4조 (1)항과 (2)항은 국가가 UN사무총장에게 공개해야 하는 정보를 정확하게 정의하고 있으며, 그 결과 UN사무총장은 이것을 국제사회에 공개해야 해야 한다. 그러나 국가는 자발적으로 추가 정보를 제공할 수 있지만, 법적 의무를 지는 것은 아니다.[26]

등록협약은 우주로 발사된 물체를 등록하기 위한 필수 시스템을 설정한다. 우주물체는 물체의 궤도 및 일반 기능에 대한 기본 정보와 함께 UN사무총장에게 등록해야 한다. 등록에는 발사 날짜와 위치가 포함되며, 우주물체가 더 이상 지구 궤도에 있지 않을 때 국가는 UN사무총장에게 통지해야 한다. 등록협약의 목표 중 일부는 이러한 물체의 식별을 지원하고 "우주탐사 및 이용을 규율하는 국제법의 적용에 기여" 하는 것이다. 실제로 UNOOSA(United Nations Office for Outer Space Affairs, 유엔우주업무사무소)에 따르면 등록협약에 따른 등록에 관한 국가 관행은 전체 위성의 86%에 불과하는데, 어느 통계에서는 7%의 우주물체가 등록되지 않은 상태로 남아 있다.[27] 또한 유엔등록부(UN Registry)의 주요 문제 중 하나는 데이터 자체가 종종 부족하다는 것이다. 등록협약은 예를 들어 궤도 매개변수가 변경되거나 우주선이 변경과

20) Paul B. Larsen, Space Traffic Management-The Bin Cheng Model, 501.
21) Paul B. Larsen, Small Satellite Legal Issues, 82 *Journal of Air Law & Commerce* (2017), 275, 289.
22) 초소형 군집위성은 무리를 이뤄 지구 궤도를 도는 작은 위성들이다. 일반 위성과 비교하면, 더 자주 신속하고 정밀한 지구관측이 가능하다. 또한 막대한 비용이 들어가는 대형위성보다 용도가 특화되고 상대적으로 저렴한 소형위성 시장에서 경쟁이 치열해지고 있다. 미국 등 우주 선진국은 10㎏ 이하 나노위성(Nano Satellite)까지 개발 중이다("돈 되는 우주" 열렸다…'초소형 군집위성' 발사 성공, 중앙일보, 2024.04.24.).
23) Francis Lyall & Paul B. Larsen, *Space Law: A Treaties,* 2nd ed., Routledge (2018), 75-116.
24) Bin Cheng, *Studies in International Space Law,* 625.
25) UNGA Resolution 3235(XXIX), 12 November 1974.; 등록협약에 관한 분석에 관하여 김한택, 우주법상 등록협약의 의의와 미래과제에 관한 연구, *항공우주정책ㆍ법학회지* 제35권 제2호 (2020), 375-402 참조.
26) Stefan A. Kaiser, Legal and policy aspects of space situational awareness, 31 *Space Policy* (2015), 10-11.
27) Paul B. Larsen, Space Traffic Management-The Bin Cheng Model, 501.

같은 변경 사항이 있는 경우 제출한 정보를 업데이트하도록 국가에 요구하지 않고 있다는 점이다. 등록협약 제4조 3항에 따르면, 각 등록국은 이전에 정보를 전달하였으나, 지구 궤도상에 존재하지 않는 관련 우주물체에 대해서도 "가능한 한 최대로, 또한 실행 가능한 한 신속히" UN사무총장에게 통보하여야 한다고 규정하고 있지만, 이 문구가 언제까지인지 밝히고 있지 않아서 그 정확한 기간을 알 수 없다.[28)]

등록협약은 발사 이전에 통보를 요구하지 않으며 발사 후 등록만을 요구하고 있다. 사전 발사 통보(pre-launch notifications)에 대한 조항은 법적 구속력이 없는 "탄도 미사일 확산 방지에 대한 헤이그 행동 강령" (Hague Code of Conduct against Ballistic Missile Proliferation, HCoC)에 다자간 기준으로만 존재하고 있다.[29)] 그럼에도 불구하고 등록협약은 공개 데이터 소스를 생성함으로써 투명한 우주 운영을 촉진하려고 시도한 것으로, 실제 등록은 이 목표를 달성하기에는 역부족이지만, 미래의 우주 교통 조정을 용이하게 할 수 있는 데이터 소스 생성을 위한 중요한 역할을 하고 있다.[30)] 사실 등록협약이 제정될 당시 STM문제를 가정할 수는 없었다. 그럼에도 불구하고 등록협약이 OST나, 책임협약처럼 우주법의 기본원칙들을 잘 명시하고 있으므로 위에 언급한 조항들을 고려하여 STM규정을 만들 필요가 있다.

2. 국제관습법

지금까지 STM에 관하여 OST를 비롯한 우주관련조약의 관련성에 관하여 살펴보았다. 이러한 조약들은 당사국만 구속하기 때문에 한계가 있으므로 모든 국가를 구속하는 국제관습법의 측면에서도 살펴보아야 한다. 정부 또는 비정부 위성 운영자가 우주 공간에 있는 다른 국가의 우주물체에 손상을 입힌 경우 발사 국가가 책임을 져야 하는가?

UN총회가 1963년 12월 13일 채택한 "외기권 우주의 탐사 및 이용에 관한 국가들의 활동을 규제하는 법원칙 선언" (Declaration of Legal Principles Governing the Activities of States in the Exploration and Use of Outer Space, 일명 '우주법선언')[31)]은 우주법 및 국제관습법과 관련하여 매우 중요한 선언이다. 동 선언은 1967년 OST를 비롯한 우주관련조약들에 모두 반영되었는데, 선언의 원칙들은 우주활동은 전 인류의 이익을 위해서 행하여져야 한다는 것과 무력 사용에 대한 제한을 포함하여 유엔 헌장의 조항이 우주 공간에 적용되고, 우주 공간과 천체는 주권 주장에 의한 국가 소유의 대상이 아니라고 하면서, 국가는 국제법에 따라 협력과 상호부조의 원칙에 따를 것을 규정하고 있다. 국가는 타국의 상응할 이익에 타당한 고려를 배려하고

28) P. J. Blount, 4.
29) International Academy of Astronautics (IAA), *Cosmic Study on Space Traffic Management,* 39.
30) P. J. Blount, 4.
31) UN Resolution 1962(XVIII), 13 December 1963.

국가가 타국의 활동에 유해한 간섭으로 하는 활동 또는 실험의 하나가 존재한다고 믿는 경우 계획을 개시하기 전에 적당한 협의를 해야 한다는 것과 국가는 다른 국가의 영토에 착륙하는 우주물체의 일부에 대하여 책임을 지며, 우주물체의 등록국은 우주물체와 우주물체가 운반하는 모든 인원에 대해 독점적인 관할권을 갖는다고 하였으며, 국가는 우주비행사를 '인류의 사절' 로 간주하고 지원을 제공하고 신속하게 등록국으로 돌려보내야 한다는 내용을 담고 있다. 이러한 조항들은 OST, 구조협정, 책임협약, 등록협약에 잘 명시되어 있다. 국제관습법이 중요한 이유는 아직도 OST를 비롯한 우주관련조약에 가입하지 않은 국가들은 국제관습법에 구속을 받기 때문이다.

우주탐사 초기에는 이러한 우주활동에 관한 국가 관행이 제한적이었지만, 그럼에도 불구하고 1972년 ICJ 판사 Manfred Lachs는 "1963년 선언을 단순한 권고로 간주하기는 어렵고, 이는 법률로 받아들여진 문서였다." 라고 언급한 바 있다.[32] 다시 말해서 1963년 우주법선언이 국제관습법의 효력을 지니게 되었음을 밝힌 것이다. He Qizhi 교수도 매우 짧은 시간에 형성되는 관습법인 '인스턴트 국제관습법' (Instant International Customary Law)[33]의 출현 문제에 관하여 국제법, 특히 우주공간에 관한 관습법은 오랜 기간 동안 실행의 존재가 필요하지 않다고 보았는데,[34] 국제사법재판소(ICJ)도 "북해 대륙붕 사건" (North Sea Continental Shelf case)에서 "단시간의 경과가 반드시 필요한 것은 아니다. 그 자체가 관습법의 새로운 규칙을 형성하는 데 방해가 된다." 고 판시한 바 있다.[35]

우주쓰레기, 우주 교통 및 근지구물체(Near-Earth Object, 궤도를 따라 지구에 가까워지는 태양계의 작은 물체, NEO)에 대한 규범은 국제관습법의 적용을 받는다. 따라서 국가든 비정부 기관이든 오염자는 우주쓰레기 오염으로 인한 피해에 대해 책임을 져야 한다. 또한 국가 및 비정부 기구는 우주 파편을 유발할 수 있거나 우주 물체와 충돌할 가능성이 있는 우주 물체를 발사할 지 여부를 결정할 때 특별한 주의를 기울여야 한다는 사전예방원칙(Precautionary Principle)[36]을 준수하지 못한 것에 대한 책임도 진다.[37]

---

32) Manfred Lachs, *The Law of Outer Space: An Experience in Contemporary Law-Making*, Leiden: Sijthof, 1972, p. 138; Michael P. Scharf, *Customary International Law in Times of Fundamental Change-Recognizing Grotian Moments*, Cambridge University Press (2013), 123-124.

33) 사실 이 문제는 University College London의 법과대학 교수였던 Bin Cheng 교수가 1965년 그의 논문 "United Nations Resolutions on Outer Space: 'Instant' International Customary Law ?(23 *Indian Journal of International Law*, 1965, 23)" 에서 법적 확신과 관행의 관계를 연구하면서 우주법을 예로 들 때, 인스턴트 국제관습법 문제가 제기되었다. Bin Cheng 교수는 우주법 발전의 광범위한 틀은 1963년 우주법 선언이라고 하면서 관습을 형성하는데 있어서 핵심요소는 '법적 확신' (*opinio juris*)이며, 오랜 기간 동안 실행의 존재가 필요하지 않다고 하였다.

34) Bin Cheng, United Nations Resolutions on Outer Space: "Instant" International Customary Law?, 36 참조.

35) 1969 I.C.J. 43; He Qizhi, The Outer Space Treaty in Perspective, 25 *Journal of Space Law* (1997), 97.

36) 사전예방원칙은 의사결정자가 환경 또는 인체의 건강 위험에 대한 과학적 증거가 불확실하지만 이해 관계가 높을 때 예방조치를 채택할 수 있도록 하는 것이다.

37) Paul B. Larsen, Minimum International Norms For Managing Space Traffic, Space Debris, and Near Earth Object Impacts, 83 *Journal of Air Law and Commerce*, Issue 4 (2018), 772.

3. 연성법

우주법을 형성하는 우주관련조약이라는 경성법(hard law)과 국제관습법 이외에 조약으로 발전하지 못하여 법적 구속력을 가지지 못하지만 국가들에게 영향을 주는 UN결의 형태의 연성법(soft law)이 있다.[38] 현재 효과적인 국제체제로 이끄는 다양한 법률 유형들 중 지속 가능한 우주활동의 국제체제가 운영 단계에 있음을 고려한다면, 법적 구속력이 없는 새로운 원칙을 이러한 제도에 점진적으로 도입하는 것이 훨씬 더 효과적일 수 있다. 결과적으로 이 점진적 도입은 국제법의 발전에 기여하게 될 것이기 때문이다.[39]

최근 STM을 포함한 우주활동의 국제규범 형성에 있어서 가장 주목받는 연성법 중 하나는 '우주활동 장기지속가능성(LTS) 가이드라인' (Guidelines for the Long-Term Sustainability of Outer Space Activities)이다. 2010년 COPUOS의 '과학기술소위원회' (Scientific and Technical Subcommittee, STSC)에서 논의를 시작하여 2019년 6월 마침내 21개 지침이 채택되었다. 채택된 지침은 우주환경의 무기한 보전을 목적으로 우주쓰레기를 포함한 궤도상 우주물체의 상황 관측능력을 증진 및 지원하기 위한 국제협력, 우주기상(Space Weather)[40]에 관한 유효한 데이터 및 예보 공유, 국제법에 합치하는 각국의 우주정책 공표, 국내 제도를 개선해 정부가 우주활동을 적절히 감독하는 것 등을 포함하고 있다.[41] 이 가이드라인은 우주 교통 관리 활동과 직접적인 관련이 있는데, 규제보다는 강력한 정보 공유를 통해 조정을 위한 조건을 만들려고 시도하고 있다.[42] 이 가이드라인은 또한 국가의 법률 및 규정에 그대로 쉽게 통합될 수 있는 명확하고 직접적인

---

38) 이러한 유엔 결의로는 "외기권 우주의 탐사 및 이용에 관한 국가들의 활동을 규제하는 법원칙 선언"(Declaration of Legal Principles Governing the Activities of States in the Exploration and Use of Outer Space of 13 December 1963, UNGA Res. 1962(XVIII)), "국제 직접 TV방영을 위한 국가들의 인공위성 이용을 규율하는 원칙"(Principles Governing the Use by States of Artificial Earth Satellites for International Direct Television Broadcasting of 10 December 1982, UNGA Res. 37/92), " 우주로부터 지구의 원격탐사에 관한 원칙"(Principles Related to Remote Sensing of the Earth from Outer Space of 3 December 1986 (UNGA Res. 41/65), "우주에서의 핵원료 사용에 관한 원칙"(Principles Relevant to the Use of Nuclear Power Sources in Outer Space of 14 December 1992, UNGA Res. 47/68), "개발도상국의 특별한 필요를 고려하면서 모든 국가의 혜택과 이익을 위하여 우주의 탐사와 이용에 관한 국제협력에 관한 선언"(Declaration on International Cooperation in the Exploration and Use of Outer Space for the Benefit and in the Interest of All States, Taking into Particular Account the Needs of Developing Countries of 13 December 1996, UNGA Res. 51/122) 등이 있다. 동 유엔 결의에 관하여 김한택, *우주법론*, 62-64 참조.

39) Paul B. Larsen, Space Traffic Management Standards, 367.

40) 인류 역사에 기록된 가장 강력한 태양폭풍은 1859년에 일어났다. 당시 사건은 '59년의 태양대폭풍' 또는 최초 발견자의 이름을 따서 '캐링턴 사건' (Carrington event)이라고 불린다. 1859년 8월 28일 늦은 밤 런던 외곽, 리처드 캐링턴의 사설 천문대에서. 캐링턴(Richard Christopher Carrington, 1826-1875)이 태양에서 연이은 대형 폭발(플레어)을 관측했다. 전 세계에서 오로라가 관측되었고, 극지방에서 멀리 떨어진 하와이나 쿠바 같은 지역에서도 오로라가 나타났다. 로키산맥에서 금광을 캐는 광부들은 오로라가 너무 밝아서 아침으로 착각하고 아침식사를 준비했다고 한다. 전 유럽과 북아메리카의 전신 시스템이 마비되었으며, 몇몇 전신기사들은 감전되기도 했다. 1989년 캐나다와 북미 일부 지역의 대규모 정전도 태양 활동의 직접적인 영향을 받은 결과이다. 실제로 지난 2012년 초대형 태양 폭풍이 발생해 거대한 코로나 물질이 형성됐으나 지구를 살짝 비켜간 적도 있다(1859년 태양대폭풍, *서울경제*, 2020.08.27.).

41) 신상우, UN 우주활동 장기 지속가능성(LTS) 가이드라인 채택의 의미, 13 *Journal of Aerospace System Engineering*, No.5, (2019), 49.

42) P. J. Blount, 5.

지침은 아니지만, 오히려 이것들은 국가와 국제기구가 기존 우주법관련 조약들과 ITU 법체제뿐만 아니라 유엔총회 결의안들에 명시된 지속 가능한 개발 목표를 이행하도록 안내하고 있다. 이 가이드라인에서 각 국가는 우주에서의 활동에 대한 정보를 공유하고, 다른 국가의 활동을 적절히 고려하고, 위험을 최소화하고, 안전을 개선하고, 해를 끼치지 않도록 해야 한다는 것을 명시하고 있다.[43)]

이러한 연성법 문서들로는 2002년 IADC(Inter-Agency Space Debris Coordination Committee, 우주기관간 우주폐기물 조정위원회)가 수립한 "IADC 우주폐기물 감축 가이드라인"(IADC Space Debris Mitigation Guidelines)과 이것을 기초로 2007년 12월 22일 UN총회에서 승인된 COPUOS가 정한 자체적인 지침인 "우주폐기물 감축 가이드라인"(Space Debris Mitigation Guidelines)[44)]과 2013년 "우주 활동의 투명성 및 신뢰 구축 조치(TCBM)에 관한 유엔 정부 전문가 그룹(GGE) 보고서"(UN Group of Governments Expert (GGE) Report on Transparency and Confidence-building Measures (TCBMs) in Outer Space Activities) 등도 포함된다. 또한 2004년 12월 10일의 "발사국 개념 적용"(Application of the concept of the "launching State")에 관한 UN총회결의,[45)] 2007년 12월 17일의 "우주물체 등록에서의 국가실행과 국제기구 실행에 관한 권고"(Recommendations on enhancing the practice of States and international intergovernmental organizations in registering space objects)에 관한 UN총회결의[46)], 2013년 12월 11일 "우주의 평화로운 탐사 및 이용과 관련된 국내입법에 대한 권고"(Recommendations on national legislation relevant to the peaceful exploration and use of outer space)[47)]에 대한 UN총회결의, 2022년 12월 7일 "파괴적인 직접 상승(DA) ASAT 테스트"(Destructive direct-ascent anti-satellite missile testing)[48)]에 대한 UN총회결의 등이 이에 속한다. 룩셈부르크 대학의 P. J. Blount는 규범의 수명주기는 3단계 과정으로 이루어지는데, 먼저 "규범 출현"(norm emergence)이 있고, 그 다음에 "수많은 규범"(norm cascade)이 수용되고, 마지막으로 수용된 규범에 관한 "내면화"(internalization)가 이루어지는데, 여기서 STM은 여전히 "규범 출현"이라는 첫 번째 단계에 있다는 것이다.[49)] 그런 면에서 연성법 연구는 STM 법제

---

43) Paul B. Larsen, Space Traffic Management Standards, 373.

44) UN COPUOS 가이드라인(ST/SPACE/49, 2010)은 2007년 2월 과학기술소위원회(STSC) 44차 회기에서 채택(A/AC. 105/890, para.99)된 이후 2007년 6월 COPUOS 총회를 통과하였으며(A/62/20, paras. 118 and 119), 2007년 12월 22일 UN 총회에서 승인되었다(A/RES/62/217). 이 가이드라인은 임무수립 단계부터 운용 종료에 이르기까지 전 과정에 걸쳐 지켜야 하는 총 일곱 가지 가이드라인을 담고 있는데, 그 주요 내용은 1. 정상운영 기간 중 우주폐기물 방출 억제, 2. 운영 기간 중 파열(break-up) 가능성 최소화, 3. 궤도 내 우발적 충돌 가능성 억제, 4. 의도적 파괴 및 기타 유해한 활동 회피, 5. 임무종료 후 잔존 에너지로 인한 파열 가능성 최소화, 6. 임무종료 후 장기간 저궤도(LEO) 잔류 제한, 7. 임무종료 후 장기간 정지궤도(GEO) 잔류 제한 등이다(권희석, 이진호, 이은정, 미국의 국가 우주기상 대응 전략 및 실천계획, *항공우주산업기술동향* 14권 1호, 2016, 6); 이 가이드라인의 분석에 관하여 김한택, 국제법상 우주폐기물감축 연성법의 역할에 관한 연구, 481-484 참조.

45) A/RES/59/115.

46) A/RES/62/101.

47) A/RES/68/74.

48) A/RES/77/41; 위성요격미사일(ASAT) 시험 금지를 촉구하는 동 결의안에 관하여 김한택, 우주안보에 관한 우주법 연구, *사법* 제67호 (2024.3.), 434-435 참조.

49) P. J. Blount, Space Traffic Coordination: Developing a Framework for Safety and Security in Satellite Operations,

화 작업에서 중요한 역할을 할 것이다.

법적 구속력이 없는 이러한 연성법들이 국제법상 어떤 의미를 가지는가 하는 의심이 제기되지만, 유엔은 1974년 11월 12일 "국제사법재판소의 역할에 관한 검토"(Review of the role of the International Court of Justice)라는 제목하에 총회결의 3232(XXIX)를 통하여 분명하게 '선언'(declaration)과 '결의'(resolution)는 국제법의 발전에 반영될 수 있는 한 방법으로서 국제사법재판소(ICJ)에 의해서 고려되어야 한다고 권고한 바 있다.[50] 이러한 연성법은 확실히 정부 차원에서 문제에 대한 공동의식을 고취하고 국제적 논의를 탐색하거나, 관련 기술 표준을 개발하는 모멘텀을 높이는 데 도움이 되고 있다.[51]

---

op, cit.,; M. Finnemore and K. Sikkink, International Norm Dynamics, and Political Change, 52 *International Organization*, no. 4, 1998. p. 895.

50) Preamble, UNGA Res. 3232(XXIX), November 12, 1974.

51) Yu Takeuchi, Space Traffic Management as a Guiding Principle of the International Regime of Sustainable Space Activities, 4 *Journal of East Asia International Law*, no.2, (2011), 331-333.

제3절 맺음말

현재 '실정법' (*lex lata*)으로서 우주법을 구성하고 있는 우주관련조약들과 국제관습법 중에서 그 어느 것도 STM에 관하여 상세하게 규정하고 있는 것은 없다. 그 이유는 STM이 최근에 출현한 개념이기 때문인데, OST를 비롯한 우주관련조약들의 제정 당시에는 우주행위자도 미국과 소련 등 몇몇 국가 뿐이였으며, 우주능력도 제한되었던 시대였기 때문에 STM 및 충돌 회피에 대한 적절한 고려가 부족하였다. 그러나 최근 뉴스페이스 시대에 들어오면서 점차 우주행위자의 다변화와 상업위성발사의 증가로 인해 무선주파수와 우주궤도의 사용이 빈번해졌다.

STM의 목적은 우주분야에서 기술 및 법적 메커니즘의 채택을 통해 항공분야의 항공교통관리(ATM)와 유사하게 사고를 줄이는 것이다.[1] STM은 우주물체의 발사 중, 우주 공간에서의 작동 및 궤도 이탈(deorbit) 시 다른 우주물체와의 충돌을 방지하는 것을 목적으로 하며, 국제기관이나 국가 당국이 우주물체와 우주쓰레기를 추적하고 우주운영자가 우주물체를 배치하는 위치를 규제하고, 우주쓰레기 완화 및 복원 노력을 감독하는 것이다. 따라서 국내 정부와 국제기관 그리고 상업적인 단체가 처음부터 STM을 위한 정책 프레임워크에서 긴밀한 조정이 매우 필요한 제도이다.[2] 따라서 우주 기술이 더 넓고 깊고 높은 수준에서 인간의 복지를 제공하고 향상시킬 수 있도록 STM을 규제하고, SSA 데이터의 글로벌 공유를 개선하기 위한 법적 프레임워크의 개발 가능성을 조사할 필요가 있다.[3]

STM의 필요성은 실제 위성 운영에 관련된 사람들뿐만 아니라 정부와 COPUOS의 STM 실무그룹에서 계속해서 논의되고 있다.[4] 실제로 2010년부터 COPUOS의 '과학기술소위원회'에서 논의되어 2019년 채택된 '우주활동 장기지속가능성(LTS) 가이드라인' 의 실질적인 요소 중 일부는 STM 구조를 강조하고 있다.[5] 그리고 2015년 COPUOS '법률소위원회' 의 연례 심의에서도 STM이 단일 의제 항목이어야 한다는 데 대한 동의가 이루어졌다. 이러한 것들

---

1) P. J. Blount, Space Traffic Management: Standardizing On-Orbit Behavior, 113 *AJIL Unbound* (2019), 120-124.

2) Mir Sadat & Julia Siegel, Space Traffic Management: Time for Action, *Atlantic Council, Scowcroft Center for Strategy and Security, Issue Brief,* Aug. 2 (2022), 3, *available at* https://www.atlanticcouncil.org/in-depth-research-reports/issue-brief/space-traffic-management-time-for-action/(last visited on June 21, 2024).

3) Tanja Masson-Zwaan & Yun Zhao, 92.

4) Paul B. Larsen, Space Traffic Management-The Bin Cheng Model, 484.

5) 특히 가이드라인 B1, B2, B3은 국가간 취해야 할 정보교환에 대한 지침으로 각국 정부는 우주비행의 안전을 위해 궤도정보과 정확성을 높이고 국제적으로 통용되는 표준을 사용하도록 하며 궤도정보의 공유시 운용자는 국제 표준을 사용하도록 권고되어야 한다. 특히, B3은 정부가 우주잔해물 관찰정보의 수집, 공유 및 보급을 촉진해야 한다고 하고 있다(신상우, 53).

을 통해 알 수 있는 것은 STM의 요소가 이미 존재하고 있으며, 기존 우주법에 관련 조항들이 이미 그것을 포함되어 있다고 보는 것이다. 그러나 이러한 논의 전에 우선적으로 STM에 관한 정의부터 내려야 할 것이다. 그 이유는 STM의 목표가 예를 들면 주로 우주 안전, 광활한 우주공간에서의 추적인지 여부를 명확하게 해야 하기 때문이다. 우주쓰레기의 추적인지, 충돌 방지 인지 목표가 무엇인지 이해하지 못한 채 STM 시스템을 개발하는 것이 어렵기 때문이다.[6)]

STM을 규율하는 '장래의 법' (*lex ferenda*)과 관련해서는 그것이 새로운 독립 조약이 될 수도 있고, 우주법의 기본조약인 OST에 대한 보충의정서가 될 수도 있다. 사실 경성법, 연성법, 국제관습법이든 준법(quasi-law)이든 나름의 장점과 단점이 있는데, 현재 지속 가능한 우주 활동에 대한 국제체제가 초기운영단계에 있다는 점을 고려할 때, 법적 구속력이 없는 새로운 원칙인 연성법을 이 제도에 점진적으로 도입하는 것이 훨씬 더 효과적일 수 있다.[7)]

---

6) Bhavya Lal, Asha Balakrishnan, Becaja M. Caldwell, Reina S. Buenconsejo, Sara A. Carioscia, Global Trends in Space Situational Awareness (SSA) and Space Traffic Management (STM), IDA Document D-9074, The Institute for Defense Analyses(IDA) Science and Technology Policy Institute, 2018, p. 61, *available at* https://www.ida.org/-/media/feature/publications/g/gl/global-trends-in-space-situational-awareness-ssa-and-space-traffic-management-stm/d-9074.ashx(last visited on June 24, 2024).

7) Yu Takeuchi, Space Traffic Management as a Guiding Principle of the International Regime of Sustainable Space Activities, 4 *Journal of East Asia and International Law,* no. 2, (2011), 334.

04 편

우주법과 항공법의 비교

김한택, 국제법상 항공법과 우주법의 비교연구, *항공우주법학회지* 제23권 1호 (2008), 83-109 참조.

이 편에서는 우주법과 항공법 두 영역을 상호 비교하면서 공통점과 차이점을 발견하고, 특히 항공법에서 21세기 우주법 발전에 기여할 것들을 찾고자 한다. 우주법은 특히 항공법과 상호 관련성이 많은 분야이다. 특히 국제법 분야에서 두 분야의 발전은 괄목할 만하다. 항공법은 '항공공법' (public air law)과 '항공형사법' (criminal air law) 그리고 '항공사법' (private air law)을 총칭하는 분야인데, 간혹 '항공운송법' (air transportation law)이라는 용어가 항공법을 대신하는 것처럼 사용되기도 하나 이것은 항공사법의 일부이다.[1] 항공법 분야를 이해하기 위해서는 일반적인 법이론, 국내법, 유럽연합(EU)법, 학자들의 이론과 사례를 연구해야 하는 반면, 우주법의 경우는 우주조약을 비롯한 우주관련협약의 연구에만 제한되는 한계가 있었다. 최근에 와서야 우주에 관한 국내법들이 제정되기 시작하였고, 우주법 관련 사례들도 항공법에 비해 매우 적은 편이다. 그러나 최근 우주조약으로 발전하지는 못했지만 국가들이 준수하도록 권고하는 UN결의 및 가이드라인 등이 우주법 분야에서 발전하고 있다.

1. 우주법과 항공법의 적용범위

(1) 우주법

항공법이 주로 '민간항공기' (civil aircraft)에만 적용되는 반면, 우주법의 원칙조약으로 불리는 1967년 "달과 다른 천체를 포함한 외기권 우주의 탐사 및 이용에 관한 국가활동을 규제하는 원칙조약" (Treaty on Principles Governing the Activities of States in the Exp1oration and Use of Outer Space, including the Moon and Other Celestial Bodies, 일명 '우주조약')은 우주활동에 관하여 국가의 '모든 활동' (all activities)과 '모든 우주물체' (all space objects)에 적용된다고 함으로서 우주선이 민간용이나 군용을 가리지 않는다는 점에 주목해야 한다.[2] 그 근거로 우주조약 제3조와 제4조를 들 수 있는데, 제3조는 당사국들이 우주의 탐사이용활동을 국제평화와 안전의 유지, 국제협력과 이해의 증진에 기여하도록 UN헌장 등 국제법에 따라 수행해야 한다고 규정하고 있다. 국제법 규칙을 우주에 적용한다는 것은 우주조약 제1조에 명시된 '모든 인류' 의 이익을 더욱더 보장한다는 의미로 해석할 수 있다.[3] 우주조약 제1조 2항에서 국제법에 따라 자유롭게 이용한다고 규정하고 나서 제3조에서 별도의 조문으로 우주활동에 국제법을 적용한다고 한 것은 우주의 자유이용체제가 국제법상의 자유이용체제임을 분명히 하려는 것이다. 우주의

1) 항공사법에는 항공운송법 외에도 항공기의 지상 제3자에 끼친 손해문제도 포함된다.

2) P. P. C. Haanappel, *The Law and Policy of Air Space And Outer Space-A Comparative Approach*, Kluwer Law International (2003), 11.

3) Carl Christol, *The Modern International Law of Outer Space*, Permagon Press (1982), 47-48.

탐사이용은 군사적 목적이 아닌 '평화적 목적'(peaceful purposes)으로 수행되어야 한다. 우주조약 제4조 전반부에 의하면 핵무기 기타 대량파괴무기를 실은 물체를 지구주위 궤도에 배치할 수 없고 또한 이러한 무기를 우주나 그 천체에 배치할 수 없다. 이는 1959년 남극조약(Antarctic Treaty)에 이어 우주에 대한 '비핵지대'(Nuclear-Free-Zone)를 형성하자는 의미로 볼 수 있다.[4)]

(2) 항공법

1944년 미국의 시카고에서 열린 국제회의에서 "시카고협약"으로 알려진 "국제민간항공에 관한 협약"(Convention on the International Civil Aviation)[5)]이 체결되었다. 이 협약과 함께 "국제항공운송협정"(International Air Transport Agreement)[6)]과 "국제항공업무통과협정"(International Air Service Transit Agreement)[7)]도 체결되었다. 1944년 시카고협약은 민간항공기에만 적용되므로 민간항공기와 국가항공기를 구별해야 한다. '민간항공기'(civil aircraft) 내지 '사용항공기'(private aircraft)와 '국가항공기'(state aircraft) 내지 '공용항공기'(public aircraft)의 구별은 선박과 마찬가지로 소유자의 자격을 기준으로 하는 것이 아니고 항공기의 용도 내지 기능을 기준으로 하는 것이다. 국가항공기 내지 공용항공기는 국가나 공공단체의 기능수행을 위하여 사용되는 것으로 군사, 관세, 경찰업무 등 비상업적 공공업무에 상용되는 항공기를 말한다. 그밖에 상업용 또는 개인용으로 사용되는 항공기가 민간항공기 또는 사용항공기이다. 국가소유항공기라도 상업적 운송에 사용되면 민간항공기에 속한다. 또한 민간항공기라도 군요원이나 장비를 수송하는 항공기는 국가항공기이다. 그리고 국가원수가 탑승한 항공기는 비록 민간항공기라도 국가항공기로 파악된다. 그 이유는 국가원수는 한 국가의 최고 통치권자이기 때문이다. 예를 들어 미국의 대통령 전용기인 보잉(Boeing) 747기 '에어포스 원'(Air Force 1)이 그 예이다.[8)]

---

4) 〈남극조약 제1조〉
  1. 남극지역은 평화적 목적을 위해서만 이용된다. 특히, 군사기지와 방비시설의 설치, 어떠한 형태의 무기실험 및 군사훈련의 시행과 같은 군사적 성격의 조치는 금지된다.
  2. 이 조약은 과학적 연구를 위하거나 또는 기타 평화적 목적을 위하여 군의 요원 또는 장비를 사용하는 것을 금하지 아니한다.

  〈남극조약 제5조〉
  1. 남극지역에서의 모든 핵폭발과 방사선 폐기물의 동 지역에서의 처분은 금지된다.
  2. 핵폭발과 방사선 폐기물의 처분을 포함하는 핵에너지의 이용에 관한 국제협정이 체결되고, 제9조에 규정된 회의에 대표를 참가시킬 권리를 가지는 모든 체약당사국이 동 협정의 당사국일 경우, 그러한 협정에 따라 정해진 규칙은 남극지역에 적용된다.

5) 1952년 12월 11일 한국에 대하여 발효.

6) 한국 미가입.

7) 1960년 6월 22일 한국에 대하여 발효.

8) Haanappel, 44.

2. 우주법과 항공법의 기구

우주법의 경우는 '국제민간항공기구' (International Civil Aviation Organization; ICAO) 같은 우주문제를 종합적으로 다루는 공기구가 존재하지 않으며, 다만 1959년 UN 총회가 우주문제를 계속 다룰 상설위원회가 필요하다고 보아 '우주의 평화적 이용 위원회' (Committee on the Peaceful Uses of Outer Space; COPUOS)를 설립하였는데, 우주법 제정의 중심기관으로 우주법 관련 여러 조약안을 마련하였다. COPUOS에는 2개의 소위원회(Sub-Committee)를 두고 있는데 하나는 '과학기술소위원회' (Scientific and Technical Sub-Committee)이고 다른 하나는 '법률소위원회' (Legal Sub-Committee)이다. COPUOS는 1962년 3월 '법률소위원회' 를 설립하여 우주법제정의 실무를 맡겼다. 우주문제를 다루는 UN내의 기구로는 국제통신위성기구(International Telecommunications Satellite Organization; INTELSAT), 국제해사위성기구(International Maritime Satellite Organization; INMARSAT), 국제전신연합(International Telecommunication Union; ITU), 세계기상기구(World Meteorological Organization; WMO), 세계지적재산권기구(World Intellectual Property Organization; WIPO)를 들 수 있고, 지역기구로서는 유럽우주기구(European Space Agency; ESA), 구 공산권의 INTERCOSMOS, INTERSPUTNIK, 아랍위성기구(Arab Satellite Communication Organization; ARABSAT) 등을 들 수 있다.

우주문제를 종합적으로 다룰 국제기구의 설립과 관련하여 달조약이 제정되기 전 협상단계에서 국제우주기구(international space authority)의 설립에 관한 제안들이 있었는데,[9] 특히 소련이 수년간 세계우주기구(World Space Organization)의 설립을 주장한 바 있다.[10] 정부간기구이든지 비정부간기구이든지 간에 장래에 우주개발이 활발해지면 우주의 탐사, 개발 및 이용에 관련된 국제상업기구나 콘소시움(consortium)이 등장할 것으로 예상된다. 따라서 기존의 INTELSAT이나 INMARSAT같은 우주기구도 그와 같은 작업들이 진행되는데 적지 않은 역할을 할 것이다. 장래에는 ICAO나 국제해사기구(IMO)와 같이 우주의 상업적 이용과 우주의 오로지 평화적인 목적을 위하여 역할을 할 국제민간우주기구(International Civil Space Organization)의 설립도 기대해 볼 수 있다.[11]

그 다음 중요한 기구로는 국제항공운송협회(International Air Transport Association; 일명 'IATA')가 있는데, 이 기구는 국제기구가 아니라 비정부기구(NGO)로서 1919년 헤이그에서 설립된 국제항공수송협회(International Air Traffic Association)를 계승한 것인데, 1944년 시카고회의가 국제상업항공의 경제적 측면에 합의를 도출하지 못하자 이로 인

9) A/AC.105/C.2/SR.190(4.5.72), 42; Bin Cheng, *Studies in International Space Law*, Clarendon Press·Oxford (1997), 665.

10) A/41/470(1986), 34-38; 소련의 제안에 관하여 V. Vereshchetein and E. Kamenetskaya, On the Way to a World Space Organization, 12 *Annals of Air and Space Law* (이하 *AASL*), (1986) 337-346 참조.

11) Bin Cheng, The Commercial Development of Space; The Need for New Treaties, 19 *Journal of Space Law* (이하 *JSL*) (1991), 42-43.

한 무질서를 우려한 민간항공업체들이 상호 합의하여 경제적 문제를 통일적으로 규율할 것을 목적으로 1945년 쿠바의 하바나(Havana)에서 조직되었다. 이 기구의 목적은 안전하고 규칙적이고 경제적인 항공운송을 세계인들에게 제공하고자 설립되었으며, 국제항공운송회사들 간에 협력수단을 제공하고 ICAO와 다른 관련기관과도 협력을 도모하고 있다. 초기에는 주로 유럽지역에서 활동했으나, 항공기술이 급속도로 발전하고 대형 항공기가 개발되는 등 여러 조건의 개선에 힘입어 항공운송수요가 날로 늘어남에 따라 이 기구의 중요성이 날로 더해 가고 있다. 주로 국제항공운임을 결정하고 항공기 양식통일, 연대운임 청산, 일정한 서비스 제공 등의 활동을 하는 이 기구는 조직으로서는 총회·집행위원회 이외에 재정·기술·법무·운수·보건 등 5개 상설위원회가 있고 해마다 연차 총회가 열린다.

그 밖에 지역항공기구로서는 유럽민간항공회의(European Civil Aviation Conference: ECAC)를 들 수 있는데 이것은 ICAO와 협력하여 유럽항공운송을 용이하게 하고 통일적으로 운영하기 위하여 유럽평의회(Council of Europe)의 후원을 받아 1955년에 설립한 기구이다. 각 지역별로 아프리카지역의 아프리카민간항공위원회(African Civil Aviation Commission; AFCAC), 아랍지역의 아랍민간항공이사회(Arab Civil Aviation Council; ACAC), 라틴아메리카지역의 라틴아메리카 민간항공위원회(Latin American Civil Aviation Commission; LACAC)가 있다.

3. 우주법과 항공법의 국가주권

(1) 우주의 국제공역 및 인류공동유산

1) 국제공역

1967년 우주조약 제1조에 의하면 달과 모든 천체를 포함한 우주의 탐사이용은 경제나 과학발전 정도에 관계없이 모든 나라의 이익을 위하여 수행되어야 하며 '모든 인류의 영역'(province of all humanity)이 되어야 한다. 원래 소련안은 일반적 공간으로서의 우주뿐 아니라 '천체'(celestial bodies)까지를 포함하고, 미국안은 천체를 제외하였으나 많은 대표들이 소련안을 지지하여 미국대표도 이에 합의하였다.[12] 여기서 '이용'(use)이라는 용어는 비배타적인 기초하의 '개발'(exploitation)을 의미하는 것으로 볼 수 있으므로 모든 국가는 조약의 규정을 따르는 한, 우주의 자원을 개발할 동등한 자격을 가지고 있다고 할 수 있

12) Paul G. Dembling, Treaty on Principles Governing the Activities of States in the Exploration and Use of Outer Space Including the Moon and Other Celestial Bodies, in Nandasiri Jasentuliyana and Roy S. K. Lee (ed.), I *Manual on Space Law* (1979), 9.

다.[13] 또한 '모든 인류의 영역' 이라는 표현은 국제협약 상 처음으로 사용된 용어이다.

1967년 우주조약에서 규정하는 천체는 이와 같이 우주 전체에 있는 견고한 자연적 물질을 말하나 1979년 달조약 제1조 1항은 태양계의 천체에 국한시키고 있다. 우주조약 제1조는 우주에 대한 과학적 조사의 자유를 규정하면서 국가들은 과학조사의 국제협력을 용이하게 하고 격려하도록 요구하고 있다.

자유로운 우주이용체제의 당연한 귀결이며 보장수단으로서 우주조약은 우주의 '비전유원칙' (principle of non-appropriation)을 선언하고 있다. 1967년 우주조약 제2조에 의하면 우주는 주권주장, 사용이나 점령수단, 기타 어떤 수단에 의해서도 전유화의 대상이 되지 않음을 명백히 규정하고 있다. 이 원칙은 우주조약 제1조와 연계하여 볼 때 달과 다른 천체뿐만 아니라 우주의 모든 부분을 탐사하고 사용할 자유를 유지하는데 도움을 주고 있다. 그러나 이용이나 점유에 의한 전유를 금지한다고 해서 유인 우주시설물까지 건설하는 것을 금지하는 것은 아니다. 우주정거장(space station)이나 달기지의 건설은 전유행위를 구성하지 않는다.[14]

이 비전유원칙은 우주를 마치 공해(公海)와 같이 누구나 자유롭게 접근하여 사용 수익이 가능하나 점유할 수 없다는 원칙을 내포하는 국제법상 국제공역(*res extra commercium*)으로 파악하고 있는 것이며, 이제는 1967년 우주조약에 가입한 국가들은 물론 동 조약에 가입하지 않은 국가들에게도 적용되는 국제관습법의 하나라고 볼 수 있다. 이와 같이 1967년 우주조약은 동 조약 이전의 국제관습법 상 외기권 우주를 국제공역으로 보고 천체를 무주지(*res nullius*)의 상태로 보아왔던 입장을 우주와 천체 전부를 국제공역화하는 데에 기여하였다.[15] 국제공역은 마치 공해(high seas)의 지위와 같아서 각 국가가 이곳을 전유할 수 없고, 다만 이곳의 자원을 자유롭게 이용할 수 있을 뿐이다. 네덜란드의 하나펠(P. P. C. Haanappel)교수는 이 조항이 우주법이 항공법과 차별화되는 것 중의 하나이며, 항공법에서는 찾아볼 수 없는 것으로써 이것은 전적으로 1959년 남극조약(Antarctic Treaty)[16]의 영향을 받았다고 한다.[17]

---

13) Carl Q. Christol, *The Modern International Law of Outer Space*, 39-42.

14) James J. Trimble, The International Law of Outer Space and its Effect on Commercial Space Activity, 11 *Pepperdine Law Review* (1984), 530-531.

15) Bin Cheng, The 1967 Space Treaty, 95 *Journal du Droit International* (1968), 564.

16) 〈남극조약 제4조〉

1. 이 조약의 어떠한 규정도 다음과 같이 해석되지 아니한다.
   (a) 어느 체약당사국이 종전에 주장한 바 있는 남극지역에서의 영토주권 또는 영토에 관한 청구권을 표기하는 것.
   (b) 어느 체약당사국이 남극지역에서의 그 국가의 활동 또는 그 국민의 활동의 결과 또는 기타의 결과로서 가지고 있는 남극지역의 영토주권에 관한 청구권의 근거를 포기하는 것 또는 감소시키는 것.
   (c) 남극지역에서의 타국의 영토주권, 영토주권에 관한 청구권 또는 그 청구권의 근거를 승인하거나 또는 승인하지 않는 것에 관하여 어느 체약당사국의 입장을 손상하는 것.
2. 이 조약의 발효 중에 발생하는 여하한 행위 또는 활동도 남극지역에서의 영토주권에 관한 청구권을 주장하거나 지지하거나 또는 부인하기 위한 근거가 되지 아니하며, 또한 남극지역에서의 어떠한 주권적 권리도 설정하지 아니한다. 이 조약의 발효 중에는 남극지역에서의 영토주권에 관한 새로운 청구권 또는 기존 청구권의 확대를 주장할 수 없다.

17) Haanappel, 11-12.

2) 인류공동유산

1979년 "달과 다른 천체에 관한 국가활동을 규율하는 협약" (Agreement Governing the Activities of States on the Moon and Other Celestial Bodies)은 1979년 12월 18일 체결되었으며 1984년 7월 11일에 효력을 발생하였다(일명 '달협정')[18]의 핵심은 '인류공동유산' (common heritage of mankind)의 개념인데 이와 관련된 조항은 제11조이다. 우선 제11조 1항에서 달과 그것의 천연자원은 인류공동유산이라고 명시하고 있고, 제11조 2항은 1967년 우주조약 제2조와 동일하게 달은 주권의 주장, 사용이나 점령, 기타 어떠한 수단에 의해서도 국가전유의 대상이 될 수 없다는 비전유원칙(principle of non-appropriation)을 재확인하고 있다. 또한 제11조 3항에서 달의 표면 또는 그 지하, 달의 어느 부분이나 달에 위치한 천연자원은 어느 국가, 정부간 또는 비정부간 국제기구, 국가기관, 비정부간 기관 또는 어떠한 자연인의 재산이 될 수 없으며 달의 표면이나 그 지하에 사람, 우주차량, 장비, 시설물, 기지 및 군사시설은 달의 표면이나 지하를 연결한 구조물과 함께 달의 표면이나 지하 또는 어느 지역에 대한 소유권을 창설하지 않는다고 하고, 이는 제11조 제5항에 언급된 '국제제도' (international regime)를 손상하지 않는다고 규정하고 있다. 또한 제11조 4항에서 당사국은 평등에 기초하고 국제법과 이 협정의 규정에 따라 달의 탐사와 이용의 권리를 갖는다고 규정하고 있다. 국제제도와 관련하여 제11조 7항에 다음과 같이 그 목적을 명시하고 있다.

(a) 달 천연자원의 질서 있고 안전한 개발
(b) 달 자원의 합리적 경영
(c) 달 자원의 사용기회의 확장
(d) 달 자원으로부터 파생하는 이익을 모든 당사국에게 공평하게 분배하되 달의 개발에 직접 또는 간접적으로 공헌한 국가의 노력은 물론 개발도상국의 이익과 필요에 대한 특별한 고려가 있어야 한다.

이와 같은 국제제도는 당사국이 달의 자원개발이 가능한 시기에 수립할 의무를 지며(달조약 제11조 5항) 또한 이와 같은 국제제도의 수립을 용이하게 하기 위하여 당사국은 달에서 발견되는 모든 천연자원에 관하여 최대로 가능한 범위 내에서 UN사무총장, 대중(public) 및 국제과학공동체에 알려주어야 한다고 규정하고 있다(달협정 제11조 6항). [19]

(2) 영공주권

대기권 상공 중에서 영토상공에 관하여는 1919년에 제정된 파리협약의 선례에 따라 1944년의 시카고협약은 제1조에서 "각국은 그 영토의 상공에서 완전하고 배타적인 주권을 가지고 있다." (every state has complete and exclusive sovereignty over the airspace

---

18) UNGA Resolution 34/68, 5 December 1979.
19) 이에 관하여 김한택, 달조약의 의미와 전망에 관한 연구, *항공우주법학회지*, 제21권 제1호 (2006), 215-236 참조.

above its territory)고 명시함으로써 배타적 영공주권을 천명하고 있다.

제1차 세계대전 전까지만 해도 영공이 모든 국가에 자유롭게 개방될 수 있는가 또는 그것은 자유이지만 하부국의 자존권(self-preservation)에는 종속된다든가 또는 영해와 같은 영토적 벨트에는 한정되어야 한다든가 또는 외국비행기의 '무해통항권' (innocent passage)이 인정되어야 한다든지 하는 여러 이론이 제기되었으나, 제1차 세계대전 이후 영공주권 원칙은 국내법은 물론 제반 국제조약에서도 널리 인정되어 이제는 국제관습법의 일부로서 여겨지게 되었다.[20] 이런 점에서 협약국에 의한 영공주권 원칙의 인정은 그들 상호관계에 뿐만 아니라 이 협약에 참가하지 않은 비당사국에까지 적용되는 국제관습법으로 해석하여야 할 것이다. 그 이유는 제1조에서 이 주권은 모든 국가에 의하여 행사된다고 명시되었기 때문이다.

또한 1944년 시카고협약 제2조는 국가영토의 의미를 정의함으로써 영공주권의 수평적 한계를 명시하고 있다. 이 정의 역시 이 협약의 비당사국에도 적용된다고 할 수 있다. 이 협약 자체는 명시하고 있지 않지만, 당사국들은 공해(公海)와 무주지(*res nullius*)의 상공에는 국가주권이 적용되지 않는다는 원칙을 묵시적으로 인정하고 있는 것 같다. 한편 1982년 "UN해양법협약" (The United Nations Convention on the Law of the Sea, UNCLOS)의 제정으로 인해 기존의 공해의 범위가 축소되었다. 공해는 영해와 내수는 물론이고 접속수역, 배타적 경제수역이 아닌 수역[21]으로 동 협약 제87조의 공해의 자유[22]도 줄어 들었다.

---

20) Bin Cheng, *The Law of International Air Transport*, Stevens & Sons Limited (1962), 120.

21) 〈제86조〉

이 부 규정의 적용이 부의 규정은 어느 한 국가의 배타적경제수역 · 영해 · 내수 또는 군도국가의 군도 수역에 속하지 아니하는 바다의 모든 부분에 적용된다. 이 조는 제58조에 따라 배타적경제수역에서 모든 국가가 향유하는 자유에 제약을 가져오지 아니한다.

22) 〈제87조 공해의 자유〉

1. 공해는 연안국이거나 내륙국이거나 관계없이 모든 국가에 개방된다. 공해의 자유는 이 협약과 그 밖의 국제법규칙이 정하는 조건에 따라 행사된다. 연안국과 내륙국이 향유하는 공해의 자유는 특히 다음의 자유를 포함한다. (a) 항행의 자유, (b) 상공비행의 자유, (c) 제6부에 따른 해저전선과 관선 부설의 자유, (d) 제6부에 따라 국제법상 허용되는 인공섬과 그 밖의 시설 건설의 자유, (e) 제2절에 정하여진 조건에 따른 어로의 자유, (f) 제6부와 제13부에 따른 과학조사의 자유
2. 모든 국가는 이러한 자유를 행사함에 있어서 공해의 자유의 행사에 관한 다른 국가의 이익 및 심해저활동과 관련된 이 협약상의 다른 국가의 권리를 적절히 고려한다

4. 우주법과 항공법상 책임

(1) 우주법상 책임문제

1) 우주책임법

1967년 우주조약은 국가에게 두 가지 형태의 책임을 부과하고 있다. 우선 우주조약 제6조에 의하면 당사국들은 모든 우주활동에 대하여 국제책임을 진다. 이러한 우주활동을 외기권 공간에서 수행하든 천체(celestial bodies)에서 수행하든 또한 정부기관에 의하여 수행하든 비정부기관(non-governmental organization)에서 수행하든 상관없이 관계국가가 국제책임을 부담한다. 비정부기관이 우주활동을 수행하려면 관계국가의 허가를 받아 그 감독 하에서 수행하여야 한다. 비정부기관에 관한 정의가 불명확하지만 국가가 배타적으로 운영하지 않는 기관을 의미한다. 따라서 국가와 국가관할권 하에 있는 자연인과 법인은 우주활동에 대한 책임을 지게 되는 것이다. 또한 이러한 우주활동을 국제기구에서 수행하는 경우에는 국제기구와 회원국들이 다함께 국제책임을 진다. 여기서 국제기구란 국가가 회원국으로 있는 정부간 국제기구를 의미하는 것으로서 우주조약 제13조도 정부 간 국제기구(international intergovernmental organizations)라는 표현을 분명하게 하고 있다. 만일 정부 간 국제기구가 아닌 기구에 의한 우주활동의 경우는 관련국가의 허가와 통제를 받아야 하며 이러한 활동으로 인한 손해도 관련국가가 배상하여야 한다.

그 다음 1967년 우주조약 제7조에 의하면 우주물체의 발사국이나 발사의뢰국 또는 발사영토국이나 발사설비관할국은 그 우주물체로 인하여 다른 당사국이나 그 국민에 끼친 손해에 대하여 국제책임을 진다. 이러한 우주조약상의 국제책임원칙을 구체적으로 적용하기 위하여 "우주물체로 인한 손해의 국제책임에 관한 협약" (Convention on International Liability for Damage Caused by Space Object)은 1972년 3월 29일 체결되었고, 1972년 9월 1일에 효력을 발생하였다(일명 '책임협약')[23]을 체결하였다.

우주물체로 인한 손해가 지구상에서 발생하였거나 비행중인 항공기에 대하여 발생한 경우에는 발사국이 절대적으로 배상책임을 진다(책임협약 제2조). 그러나 이러한 손해가 피해국의 중대한 과실에서 발생하였거나 피해국이나 그 국민의 고의적인 작위, 부작위에 의하여 발생한 것을 발사국이 증명한 때에는 절대책임이 면제된다. 다만 이러한 손해가 발사국의 국제법위반 행위에 의하여 발생한 경우에는 어떠한 책임의 면제도 생기지 않는다(책임협약 제6조). 또한 손해가 발사국의 국민에게 발생한 경우나 그 우주활동에 참가한 외국인에게 발생한 경우에는 발사국의 국내법이 적용될 뿐 이 조약은 적용되지 않는다(책임협약 제7조). 제7조의 의미는 발사에 참여하고 있는 사기업체가 고용한 내·외국인에 대한 피해는 동

23) UNGA Resolution 2777(XXVI), 29 November 1971.

업체의 등록국법에 따라 해결해야 한다는 의미이다. 결국 발사국은 자국민에 대한 피해를 국내법에 따라 해결해야 하고 책임협약의 보호대상은 외국국민과 재산에 대한 피해인 셈이다. 여기서 유의할 점은 책임협약의 당사국이 타 당사국인 발사국의 법원에 제소하여 발사국의 국내법에 따라 배상을 청구할 수도 있다는 점이다. 또한 이러한 외국의 제소를 허용하는 국가에서도 피해국 정부 또는 피해를 받은 외국인이 그 나라 소재 법원의 국내법에 따라 제소할 수 있다. 손해가 지상이 아닌 곳에서 다른 우주물체나 그 안의 사람이나 재산에 발생한 경우에는 피해를 준 우주물체의 발사국이나 그 관할하의 사람에게 과실이 있는 경우에만 책임이 있다(책임협약 제8조). 이러한 사고로 다시 제3국이나 그 국민에게 손해를 준 경우에는 이 사고에 관련된 두 국가는 이 손해에 대하여 '연대책임 및 단독책임' (jointly and severally liable to the third State)을 진다.

손해배상을 청구할 수 있는 국가는 자신이나 그 국민(개인 또는 법인)이 손해를 받은 국가이다. 이러한 피해국가는 발사국에 대하여 자신이나 그 국민이 입은 손해의 배상을 요구할 수 있다. 만일 국적 국가가 손해배상청구를 요구하지 않으면 피해국은 아니나 손해가 발생한 영토국도 그 영토상에서 손해를 본 개인을 위하여 발사국에 손해배상을 청구할 수 있다. 손해배상의 청구는 '외교경로' (diplomatic channels)를 통하여 발사국에 제기한다. 청구국가와 발사국 사이에 외교관계가 없으면 제3국을 통하여 제기할 수 있다. 또한 청구국이나 발사국이 모두 UN 회원국인 경우에는 UN사무총장을 통하여 청구할 수 있다(책임협약 제9조). 손해배상의 청구는 손해발생일로부터 또는 책임있는 발사국의 확인일로부터 1년 이내에 제기하여야 한다. 청구국가가 손해의 발생을 모르거나 책임있는 발사국을 확인할 수 없는 때에는 이러한 사실을 안 때로부터 1년 이내에 제기하면 된다. 그러나 상당한 주의를 하였으면 알 수 있었으리라고 합리적으로 기대되는 날로부터 1년을 초과할 수 없다. 손해를 처음부터 모두 알 필요는 없으며 1년이 지난 다음에도 손해가 더 확인되면 손해액을 수정하여 청구하면 된다(책임협약 제10조).

이 협약상의 손해배상청구를 추구함에 있어서는 일반 국제법상의 국제책임제도와는 달리 사전에 '국내구제절차의 완료' (exhaustion of local remedies)를 요구하지 않는다. 다시 말해서 국제책임을 추구하기 위하여 사전에 가해국가의 국내법에서 규정해 놓은 구제절차를 반드시 완료해야 하는 것은 아니다. 물론 책임 있는 발사국의 국내법원 등에서 배상청구를 하여도 된다. 다만 발사국의 국내구제절차나 다른 조약상의 국제구제절차를 추구하는 동안에는 동일한 손해에 대하여 동시에 이 협약상의 손해배상추구를 추진할 수 없다(책임협약 제11조). 발사국이 책임을 지는 배상액은 국제법과 정의 및 형평의 원칙에 따라 결정하되, 그러한 손해가 발생하지 않았으면 존재하였을 상태로 회복시키는 것을 원칙으로 한다(책임협약 제12조).

2) 우주승객의 법적 지위

최근에 우주를 이용한 관광사업 및 우주의 상업화가 매우 빠르게 진행되고 있다. 미국을 비롯한 유럽국가, 캐나다, 인도, 일본, 중국도 이와 같은 문제에 매우 빨리 접근하고 있으며, 심지어는 러시아의 경우 그들이 가지고 있는 우주발사기술을 마케팅(marketing)화하였으며 특히 우주를 이용한 상업화에 매우 많은 관심을 보이고 있다.[24]

현재 여러 우주관광업체들은 우주승객(space tourist, 또는 space passenger)들이 비교적 싼 가격에 우주여행을 즐길 수 있는 계획을 발표하고 있는데, 98,000 달러에 '준궤도 비행'(sub-orbital flight)을 할 수 있게 하거나 심지어는 히말라야산맥의 에베레스트 봉에 오르는 비용보다 저렴한 가격을 제시하는 회사도 있다. 문제는 이 모든 것이 항공법처럼 사적 분야에서 처리되는 것이 아니고 현행의 우주법상에는 국가의 국제책임에 귀속된다는 데에 있다.

현행 우주법상 우주승객에 관한 규정은 없다. 심지어는 엄격하게 말하여 1968년 구조협정상 보호의 대상이 아닐 수도 있는데, 그 이유는 동 협정이 우주비행사만을 언급하고 있기 때문이다. 그러나 우주비행사라는 용어는 우주선을 조종하는 모든 인간, 또는 우주선상에서 조종에 필요한 행동을 하는 인간을 가리키는 것일 것이다. 그러나 이것을 담당하는 사람은 아니지만 임무를 완수하기 위해서 필수적으로 필요한 사람이 우주선에 승선하는 경우, 우주탐사 및 기타 우주활동의 발전에 도움이 될 것이다. 예를 들면 우주에서의 임무를 위해 과학자가 동승하는 일도 있을 수 있는데, 이들을 요원으로 간주하는 것은 어려울 것이다. 따라서 우주선에 승선하고 임무의 완수를 위하여 필요한 활동을 하는 모든 인간을 포함하는 데에는 요원(personnel)이라는 표현방법이 적절하다.[25] 크리스톨(Carl Q. Christol) 교수도 1968년 "우주비행사의 구조와 외기권 우주에 발사된 물체의 반환에 관한 협정"(Agreement on the Rescue of Astronauts, the Return of Astronauts and the Return of Objects Launched into Outer Space)은 1967년 12월 19일 채택되고 1968년 12월 3일에 효력을 발생하였다(일명 '구조협정')[26]은 우주요원(또는 우주승원, space personnel)에 관하여 1967년 우주조약 제5조에서보다 더 광범위한 보호를 규정하고 있고, 따라서 우주활동에 참여한 모든 승무원은 구조협정의 보호를 받을 수 있다고 주장한다.[27]

미국의 경우 '2004년 상업용 우주발사개정규정'(Commercial Space Launch Amendment Act of 2004)이 국내법모델을 제시하고 있으나 우주승객보다는 우주산업보호가 우선적이라는 점에서 우주승객보호를 위한 국제법의 모델이 될 수 없다.[28] 따라서 우주관광이 새로운

---

24) H. L. van Traa-Engelman, *Commercial Utilization of Outer Space-Law and Practice-*, Martinus Nijhoff Publishers (1993), 17-18.

25) E. R. C. van Bogaert, *Aspects of Space Law*, Kluwer Law and Taxation Publishers (1986), 100-101.

26) UNGA Resolution 2345(XXⅠ), 19 December 1967.

27) Carl Q. Christol, *The Modern International Law of Outer Space*, Permagon Press (1982), 183.

28) Stefan Kaiser & Martha Mejia-Kaiser, Space Passenger Liability, *Proceedings of the 48th Colloquium on the Law of Outer Space* (2005), 211.

사업으로 등장하고 있는 시점에서 항공운송법의 승객보호에 관한 제반 항공사법을 모델로 하여 우주승객의 국제적 보호를 위한 법제정이 필요하다고 생각한다.

(2) **항공법상 책임문제**

항공운송책임과 관련하여 1929년 "바르샤바(또는 워소오, Warsaw)협약" 으로 알려진 "국제항공운송에 관한 일정 규칙의 통일에 관한 협약"(Warsaw Convention for the Unification of Certain Rules Relating to International Carriage by Air)이 체결되었다. 이 협약의 제정으로 항공사법 분야가 발전하기 시작한다. 1929년 바르샤바 협약 이외에도 이를 개정하기 위한 1955년 헤이그 의정서, 1961년 과다라하라 협약, 1971년 과테말라 의정서, 1975년 몬트리올 제1의정서, 제2의정서, 제3의정서, 제4의정서가 추가적으로 제정되었는데, 이렇게 두 개의 협약과 여섯 개의 의정서로 이루어진 이 조약체제를 '바르샤바협약체제' 라고 부른다. 그리고 1999년 4월 4일 바르샤바협약체제의 불편함과 국제항공운송인의 책임원칙을 통일하고 현대화하기 위하여 ICAO 주최로 몬트리올에서 "국제항공운송에 있어서 일정 규칙의 통일에 관한 협약"(Convention for the Unification of Certain Rules for International Carriage by Air; 일명 "1999년 몬트리올협약")이 제정되었는데, 동 협약이 현재 항공운송책임을 담당하고 있다.

1999년 몬트리올협약의 핵심 조항은 제21조로 사망 또는 상해의 경우 배상에 관한 규정이다. 지난 수십 년의 경향에 따라 책임한도는 증대되어 지금 수준에 이른 반면, 동시에 입증책임은 승객에게 유리하게 되어 훨씬 더 운송인에게 부과되는 변화가 있었다. 제17조 제1항 하에서 발생한 손해에 대해 운송인은 항상 최고 100,000 SDR까지 책임을 진다. 이 책임은 배제되거나 제한되지 아니한다. 이 금액을 초과하는 손해에 대해서 운송인은 손해가 그의(그의 부하나 대리인의 것이 아닌) 의무태만이나 과실로 인한 것이 아니거나, 또는 그러한 손해가 단지 제3자의 의무태만이나 과실 때문이라는 것을 입증하지 못하면 무한책임을 진다. 여기서 100,000 SDR까지의 손해에 대해서는 절대책임체제(strict liability system)가 운송인과 승객의 관계를 규정하고 있다. 운송인이 미리 이 제한을 알고 있을 때, 그는 충분한 보험보상을 준비한다. 그러나 운송인이 100,000 SDR을 초과한 손해에 대하여 무죄를 입증할 가능성은 단지 이론적이라는 점을 유의해야 한다. 사건은 사고의 정확한 원인이 결코 밝혀지지 않는 경우에 발생한다. 이러한 경우에 운송인이 필요한 증거를 제공할 수 없게 되어 무한책임을 지게 된다. 바르샤바협약과 큰 차이점이 있다면 운송인이 만약 필요한 모든 조치를 취했거나 이러한 조치를 취하는 것이 불가능하였다는 것을 입증하면, 연착과 수하물소송의 경우에 방어가 단지 가치 있는 경우에만 책임을 면할 수 있다는 가능성이 몬트리올협약에서는 삭제되었다.

한편 항공기가 지상 제3자에게 끼친 손해와 관련하여 '지상손해'(surface damage) 문제도 또한 중요한 문제인데, 이것은 항공기 내의 승객이나 화물이 아니라 항공기가 지상의 제3자에게 끼친 손해의 배상책임문제를 말한다. "1933년 로마협약"(Rome Convention)과 이를 보완하기 위한 "1938년 브뤼셀 보험의정서" (Brussel Insurance Protocol)가 마련되었으나 국가들이 참여하지 않아 별 성과가 없었다. 마침내 1952년 10월 7일 로마협약이 체결되는데, 이 협약의 정식명칭은 "지상의 제3자에게 외국 항공기가 끼친 손해에 관한 협약" (Convention on Damage Caused by Foreign Aircraft to Third Parties on the Surface: 일명 "1952년 로마협약")이며 1958년 2월 4일에 효력을 발생하였다. 1964년부터 로마 협약의 개정문제가 대두되어 마침내 1978년 9월 23일 ICAO 이사회는 이를 위한 국제회의를 소집하여 "몬트리올 의정서" (Montreal Protocol)를 체결하였다. 이 조약의 정식명칭은 "지상의 제3자에게 외국 항공기가 끼친 손해에 관한 협약을 개정하기 위한 몬트리올 의정서" (Montreal Protocol to Amend the Convention on Damage Caused by Foreign Aircraft to Third Parties on the Surface: 일명 "1978년 몬트리올 의정서")이다.

2001년 9월 11일에 미국에서 발생했던 항공기 납치 동시다발 자살 테러 사건인 9/11사태로 인해 뉴욕의 110층짜리 세계무역센터 쌍둥이 빌딩이 붕괴되고, 버지니아 주 알링턴 군의 미국 국방부 펜타곤이 공격받아 일부가 파괴되었으며, 약 2,996명의 사람이 사망하고 최소 6천명 이상의 부상자가 발생하였다. 기존 로마협약체제의 문제점과 9/11사태 이후 항공보험시장의 위기로 인하여, 지상 제3자 손해를 신속하고 충분하게 보호하고 9/11과 같은 대재앙적 손해가 발생하더라도 항공운송기업의 위험을 분산함으로써 항공운송의 지속성을 보장하기 위하여, 로마 협약의 현대화가 필요하게 되었다. 2007년 9월 ICAO 총회 제36차 회의에서는 두 협약초안이 채택되었고, 2009년 5월 2일 최종 협약으로 채택된 것으로 그 하나는 "항공기 사용 불법방해행위로 인한 제3자 피해배상에 관한 협약"(Convention on Compensation for Damage Caused by Aircraft to Third Parties, Resulting from Acts of Unlawful Interference Involving Aircraft)이며, 흔히 "불법방해보상협약" (Unlawful Interference Compensation Convention; UICC)이라고 부르고, 또 다른 협약으로 "항공기에 의해 제3자 피해배상에 관한 협약" (Convention on Compensation for Damage Caused by Aircraft to Third Parties)이 있는데, 이를 "일반위험협약" (General Risk Convention; GRC)라고 부른다. 이 두 협약은 아직 발효되지 못하였다.[29)]

5. 우주법과 항공법상 구조 및 귀환

항공기의 사고, 긴급착륙 또는 의도하지 않은 착륙에 관하여 1944년 시카고 협약의 제12조 및 제13부속서가 있으며, 시카고 협약 제25조가 이 문제를 폭넓게 수용하고 있다. 동조에 의하면 체약국은 그 영역 내에서 조난 당한 항공기에 대해서 실행 가능한 구조조치를

29) 항공법상 책임문제에 관하여 상세한 조약명칭은 본서 제3편 제5장 제2절 1. 우주운송 참조.

강구할 것, 자국당국의 규제 하에서 그 항공기의 소유자 또는 등록국이 상황에 따라 필요로 하는 조치를 취하는 것에 동의하고 있다. 이와 같이 시카고협약의 규정은 행방불명된 항공기의 수색 시에는 협의가 이루어지도록 하고 있지만, 조난당한 우주비행사 및 우주물체에 관하여는 적용될 수 없는 것이다. 다시 말해서 시카고 협약은 민간항공기만 다루고 있으므로 군용항공기뿐 아니라 통상 발사국의 소유인 우주선에는 협약을 적용시킬 수는 없다.[30] 이와 같은 현실을 반영하여 구조협정이 제정되었는데, 구조협정의 제2조는 체약국에게 구조를 위해서 '즉시 가능한 모든 조치를 강구' (immediately take all possible steps)할 것을 요구한다. 이 문언은 1944년 시카고협약이 조난당한 항공기의 구조에 관하여 규정하는 것보다도 더 강도 높은 원조를 규정하고 있다고 해석할 수 있다. 시카고 협약 제25조는 조난당한 항공기를 위해서 강구되는 원조의 조치는 당해국이 실행가능하다고 인정하는 정도라고 규정하고 있다. 항공기의 소유자 또는 그 등록당국은 상황에 따라서 필요한 원조를 영역국의 감독 하에서 제공하는 것이 가능하다. 항공기의 경우 때로는 특별하게 체결된 양국 간 협정이 적용되지만 사고가 사람의 사망 혹은 중대한 상해를 포함하는 또는 항공기 혹은 항공시설의 중대한 기술상의 흠결이 발견된 경우에는 일반원칙으로서 시카고 협약 제26조의 규정에 의한 '사실조사' (inquiry)가 필요하다. 사고가 발생한 국가는 국내법이 그 절차를 허용하는 경우에는 국제민간항공기구(ICAO)의 권고에 따라서 사실조사를 개시할 수 있다. 항공기의 등록국은 사실조사에 출석하는 입회인을 임명할 수 있고, 사실조사의 보고 및 소견을 전달받을 수 있다.[31] 이와 같은 상세한 규칙을 수반한 절차가 구조협정을 포함한 우주관계조약들에서는 없다.[32] 한편 시카고 협약의 전신인 1919년 "파리협약" (Paris Convention)은 제22조에서 체약국의 항공기가 착륙한 경우 특히 조난을 당한 경우, 국가항공기도 마찬가지로 구조될 자격을 지닌다고 명시한 바 있다.[33]

우주법에서는 1968년 "우주비행사의 구조와 외기권 우주에 발사된 물체의 반환에 관한 협정(Agreement on the Rescue of Astronauts, the Return of Astronauts and the Return of Objects Launched into Outer Space, 일명 '구조협정')[34]이 채택되었는데, 구조협정 제3조는 체약국의 영역 외에 착륙한 우주선의 승원에 대한 원조를 규정하고 있다. 우선 승원이 공해 또는 어느 국가의 관할 하에도 없는 기타 지역에 착륙했다는 정보를 입수 또는 그것을 발견한 경우, 수색 및 구조활동을 제공하는 체약국은 필요한 경우에 원조를 할 수 있다. 체약국은 이와 같이 신속한 구조를 지원하는데, 발사당국 및 유엔사무총장에게 그 강구하고 있는 조치 및 그 실시상황을 통보해야 한다. 통보에 관계하는 이러한 규정들은 그 임무를 UN사무총장에게 귀속시키고 있다. 이 규정은 신속하고 지체 없이 행

30) Bin Cheng, *Studies in International Space Law*, 277.

31) Bin Cheng, *The Law of International Air Transport*, London: Stevens & Sons Limited (1962), 166. 349.

32) van Bogaert, 108.

33) P. G. Dembling and D. M. Arons, The Treaty on Rescue and Return of Astronauts and Space objects, 9 *William and Mary Law Review* (1968), 645.

34) UNGA Resolution 2345(XXⅠ), 19 December 1967, 1967년 12월 19일 채택되고 1968년 12월 3일에 효력을 발생하였다; 1969년 4월 4일 한국에 대하여 발효됨.

동해야 할 의무에 관한 것인데, UN사무총장은 정보의 공표를 장려하고 시간을 절약하기 위해서 중개를 하는 것이다. 다시 말해서 UN사무총장은 관계국을 통제하기 위해서 행동하는 것은 아니고, 발사국에게 정보가 신속하게 전달되도록 가능한 모든 원조를 제공하고 있는 것이다. 이는 또한 통보를 받은 국가 또는 자국의 기관이 사고, 긴급 또는 의도하지 않은 착륙을 한 것을 발견한 국가가 발사국과 연락을 취하는 기술적 능력을 가지지 못할 경우도 예상한 것이다. 사고, 긴급 또는 의도하지 않은 착륙이 자국의 영역, 공해 혹은 어떤 국가의 관할 하에도 없는 기타 지역상에서 발생한 경우에만 통보의 의무가 존재하는 것으로 볼 수 있다. 이 규정에 의하면 그와 같은 사건이 다른 체약국의 영역 상 혹은 협정의 체약국 이외의 국가가 관할하는 장소에서 발생한 경우에는 그것을 통보할 의무는 없다. 의도하지 않은 착륙이 하이재킹이나 무력, 또는 전면적인 공격으로 인하여 발생한 경우에도 발생할 수 있기 때문이다.[35]

6. 우주법과 항공법의 형사문제

우주에서 형사법문제가 제기된 바는 아직 없다. 그러나 우주활동 중에 우주선내에서 우주비행사를 비롯한 우주요원들 간 형사문제가 발생하지 않는다는 보장은 없다. 더구나 제한된 공간에서 장기간 체류하는 우주요원들 간 스트레스는 경험하지 못해도 짐작이 간다. 현재 1998년 1월에 체결된 "국제우주정거장에 관한 국제협약"(International Agreement on International Space Station)의 제22조에서는 국제우주정거장내의 형사관할권 문제를 언급하고 있다.[36] 아직은 우주에서의 형사문제가 발생하지는 않았지만 우주활동이 빈번해짐에 따라 형사법의 문제는 조만간 제기될 것으로 예측되므로 이에 관한 법제정도 미리 준비할 필요가 있을 것이다.

한편 항공형법 분야를 살펴보면 항공기의 안전과 기내의 인명과 재산, 그리고 일반적으로 민간항공의 안전을 도모하기 위하여 1963년 9월 14일 도쿄에서 채택된 "항공기내에서 범한 범죄 및 기타 행위에 관한 협약"(Convention on Offences and Certain Other Acts Committed on Board Aircraft; 일명 "도쿄협약")[37]이 채택되었고, 기내난동문제를 해결하기 위하여 2014년 4월 4일 몬트리올에서 채택된 도쿄협약의 개정의정서인 "항공기내에서 범한 범죄 및 기타 행위에 관한 협약의 개정을 위한 의정서"(Protocol to Amend the Convention on Offences and Certain Other Acts Committed on Board Aircraft: 일명 "2014년 몬트리올 의정서")[38]가 채택되었다. 항공기 불법납치행위인 하이재킹(hijacking)

35) Gorove, 600-601; 김한택, 구조협정의 주요 내용과 우주법상 의의에 관한 연구, *법제연구* 제57호 (2019), 224-225, 227-229.
36) 김종복, 국제우주정거장 협정의 법제도에 관한 고찰방안, *항공우주법학회지* 제22권 제1호 (2007), 16.
37) 1969.12.04. 발효: 1971.05.20. 한국에 대하여 발효(조약 제385호).
38) 2020.01.01. 발효.

문제의 해결을 위하여 1970년 12월 16일 헤이그에서 채택된 “항공기의 불법납치억제를 위한 협약”(Convention for the Suppression of Unlawful Seizure of Aircraft; 일명 “1970년 헤이그협약”)[39]과 또한 이 협약을 개정하기 위해 2010년 9월 10일 베이징에서 제정된 “항공기의 불법납치억제를 위한 협약의 보충의정서”(Protocol Supplementary to the Convention for the Suppression of Unlawful Seizure of Aircraft; 일명 “베이징의정서”)[40]가 채택되었는데, 후자는 9/11 사태가 발생한 지 만 9년 만에 탄생하였다. 그리고 항공기 폭파(sabotage)를 억제하기 위해 1971년 9월 23일 몬트리올에서 “민간항공의 안전에 대한 불법적 행위의 억제를 위한 협약”(Convention for the Suppression of Unlawful Acts Against the Safety of Civil Aviation, 일명 “1971년 몬트리올협약”)[41]이 제정되었고. 공항테러를 억제하기 위하여 1988년 2월 24일 몬트리올에서 “1971년 9월 23일 몬트리올에서 채택된 민간항공의 안전에 대한 불법적 행위의 억제를 위한 협약을 보충하는 국제민간항공용 공항에서의 불법적 폭력행위의 억제를 위한 의정서”(일명 “1988년 몬트리올 의정서”)[42]가 채택되었다. 1988년 12월 21일 미국의 Pan Am(Pan-American Airlines)기가 스코틀랜드의 로커비(Lockerbie) 상공에서 폭파된 사건(일명 ‘로커비 사건’)을 계기로 1991년 3월 1일 몬트리올에서 “가소성 폭약의 탐지를 위한 식별조치에 관한 협약”(Convention on Marking of Plastic Explosives for the Purpose of Detention; 일명 “가소성폭약협약”)[43]이 채택되었고, 9/11테러와 같이 항공기를 무기로 사용하거나 항공기나 지상목표물을 공격하기 위해서 위해물질을 사용하는 경우, 이를 규제하는 테러협약으로 2010년 9월 10일 베이징에서 “국제민간항공과 관련된 불법적 행위의 억제를 위한 협약”(Convention on the Suppression of Unlawful Acts relating to International Civil Aviation; 일명 “베이징협약”)[44]이 채택되었다. 이 협약은 베이징 의정서와 함께 9/11 사태가 발생한 지 만 9년 만에 탄생하였다. 만일 우주선을 이용한 납치행위나 폭파행위의 가능성이 있다면 위에서 언급한 협약들도 고려될 수 있을 것이다.

39) 1973.02.17. 발효: 1973.02.17. 한국에 대하여 발효(조약 제460호).

40) 2018.01.01. 발효.

41) 1973.09.01. 발효: 1973.09.01. 한국에 대하여 발효(조약 제484호).

42) Protocol for the Suppression of Unlawful Acts of Violence at Airports Serving International Civil Aviation, Supplementary to the Convention for the Suppression of Unlawful Acts Against the Safety of Civil Aviation, Done at Montreal on 23 September 1971; 1990.07.27. 발효: 1990.07.27. 한국에 대하여 발효(조약 제1012호).

43) 2002.03.03. 발효: 2002.03.03. 한국에 대하여 발효(조약 제1584호).

44) 2018.07.01. 발효.

색인

Index

(G)

(H)

(I)

(J)

(K)

(L)

(M)

(N)

(P)

(R)

(S)

(T)

(U)

(V)

(W)

(ㄱ)

(ㅂ)

(ㅈ)

(ㅊ)

(ㅋ)

(ㅌ)

저자약력

김 한 택(金 漢 澤)

〈학력〉

고려대학교 대학원 법학과 졸업(법학박사)
런던대학교(UCL) 법대 대학원 항공 · 우주법디플로마과정 수료(영국 외무성 장학생)
고려대학교 대학원 법학과 졸업(법학석사)
강원대학교 법대 법학과 졸업(법학사)
춘천고등학교 졸업

〈주요경력〉

강원대학교 법학전문대학원 명예교수(2020-현재)
강원대학교 법과대학 및 법학전문대학원 교수(1992-2020)
미국 네브래스카 링컨대학교 로스쿨 연구교수(2015-2016)
미국 펜실베이니아주립 슬리퍼리록 대학교 강의파견교수(1997-1998, 2004-2005)
영국 런던 세계문제연구소(London Institute of World Affairs) 항공 · 우주법 과정 이수(1985-1986)
강원대학교 교수협의회 회장 역임
강원대학교 법과대학 학장 겸 법학전문대학원 원장 역임
강원대학교 비교법학연구소 소장 역임
강원대학교 비교법학연구소 항공 · 우주법센터 센터장 역임
강원대학교 비교법학연구소 국제법 및 우주법 센터 Fellow(2024-현재)
고려대학교 법학연구원 국제법연구센터 우주분과 고문(Advisor)(2021-현재)
민주평화통일자문회의(대통령직속 헌법기관) 자문위원 역임
국무총리직속 독도지속가능이용위원회 위원 역임
교육과학기술부 우주사고조사위원회 위원 역임
교육인적자원부 법학전문대학원(로스쿨) 교육과정 및 교수법 개발연구
국제법분야 연구위원 역임
글로벌 법과 사회 포럼 대표 역임, 현재 명예대표
사단법인 한국안보통상학회 회장 역임, 현재 고문
사단법인 한국항공우주정책 · 법학회 부회장 역임, 현재 고문
사단법인 한국항공우주학회 산하 우주정보연구회 운영위원 역임

사법시험, 외무·행정·입법고시위원 역임

〈주요저술〉

우주법론, 도서출판 아진
항공법론, 도서출판 아진
우주법, 와이북스
국제항공법, 와이북스
국제항공우주법(초판-지인북스, 제2판-와이북스)
항공 · 우주법, 지인북스
국제법원론-이론과 실제, (주) 북스힐
국제법원론, 지인북스
현대국제법-이론과 사례연구-, 지인북스
현대국제법(초판, 개정판), 강원대학교 출판부
테러리즘과 국제법, 지인북스
환경분쟁과 국제법(편저), 강원대/환경부
국제환경조약법, 강원대/환경부
국제환경법과 정책, 강원대/환경부
국제해양법(2인공저)(초판-지인북스, 개정판-도서출판 서울경제경영, 제3판-와이북스)
유엔해양법해설서 III(공저), 국제해양법학회
유엔해양법해설서 II(공저), 사단법인 해양법포럼
세계영토분쟁의 과거와 현재(공저) 강원대 출판부
국제인권법(공저), 세창출판사
국제법판례연구(공저), 진성사
생활과 법률(공저)(개정판), (주)북스힐
남북한 법제비교(공저), 강원대학교 출판부
법학개론(공저), 강원대학교 출판부

우주법과 정책

A-JIN

지은이와 협의 인지 생략

인　　쇄 :	2024년 09월 10일
발　　행 :	2024년 09월 20일
저　　자 :	김한택
발 행 처 :	도서출판 아진 437-120 경기도 의왕시 이미로 40 (포일동 653번지) 인덕원IT밸리 A동 1019호 TEL:02-737-0663 FAX:02-6499-0669 Homepage:ajin.to E-mail:kgb@ajin.to
발 행 인 :	김 근 배
등록번호 :	제330-1995-56호
I S B N :	978-89-5761-725-0　　93360

가격 35,000원